EUROPA-FACHBUCHREIHE
für Metallberufe

Ewald Bach
Ulrich Maier
Dr. Bernd Mattheus
Falko Wieneke

Kraft- und Arbeitsmaschinen

16., völlig überarbeitete Auflage 2015
mit Vertiefungs- und Wiederholungsaufgaben
und Lösungshinweisen

VERLAG EUROPA-LEHRMITTEL · Nourney, Vollmer GmbH & Co. KG
Düsselberger Straße 23 · 42781 Haan-Gruiten

Europa-Nr.: 10412

Autoren:

Ewald Bach	Oberstudienrat	Uhlingen/Fils
Ulrich Maier	Dr. rer.nat., Oberstudienrat	Heilbronn/Neckar
Bernd Mattheus	Dr.-Ing.	Essen
Falko Wieneke	Dipl.-Ing., Studiendirektor	Essen

Lektorat:
Falko Wieneke

Lektorat bis zur 15. Auflage:

Horst Herr	Dipl.-Ing.	Kelkheim/Taunus

Bildbearbeitung:
Zeichenbüro des Verlages Europa-Lehrmittel GmbH & Co. KG, 73760 Ostfildern,
Petra Gladis-Toribio

Diesem Buch wurden die neuesten Ausgaben der DIN-Normen und der sonstigen einschlägigen Regelwerke zugrunde gelegt. Es wird jedoch darauf hingewiesen, dass nur die Regelwerke selbst verbindlich sind. Autoren, Lektorat und Verlag übernehmen keinerlei Haftung.

16. Auflage 2015, Nachdruck 2017

Druck 5 4 3 2

Alle Drucke derselben Auflage sind parallel einsetzbar, da sie bis auf die Behebung von Druckfehlern untereinander unverändert sind.

ISBN 978-3-8085-1169-5

Satz: Satz+Layout Werkstatt Kluth GmbH, 50374 Erftstadt
Umschlag: braunwerbeagentur, 42477 Radevormwald
Umschlagfotos: © photosoup und Michael Rosskothen – fotolia.com
Druck: Konrad Triltsch Print und digitale Medien GmbH, 97199 Ochsenfurt-Hohestadt

Vorwort

Wer in der Zukunft lesen will,
muss in der Vergangenheit blättern.
André Malraux

Bei dem in der **16. Auflage** vorliegendem Buch handelt es sich um eines der ältesten Verlagswerke des Verlages Europa-Lehrmittel. Bis zur 12. Auflage wurde das Buch „Kraft- und Arbeitsmaschinen von den Autoren Prof. Dr.-Ing. Walter Kittl und Prof. Dipl.-Ing. Wolfgang Schöner aktualisiert und verbessert. Die 13. Auflage wurde im Jahr 2003 von Horst Herr, Ewald Bach, Ulrich Maier und Falko Wieneke vollständig überarbeitet und mit neuen Inhalten gefüllt. Aus der nun vorliegenden 16. Auflage hat sich Horst Herr aus gesundheitlichen Gründen vollständig zurückgezogen. Seine Kapitel hat größtenteils Dr. Bernd Mattheus übernommen. Das Lektorat und die Leitung des Arbeitskreises übergab Horst Herr an Falko Wieneke. Das Autorenteam möchten sich an dieser Stelle für die gute und freundschaftliche Zusammenarbeit mit Horst Herr bedanken.

Das Buch Kraft- und Arbeitsmaschinen versteht sich nicht nur als ein Werk, das Fachwissen vermittelt. Es verdeutlicht einen „Spaziergang" durch den Maschinenbau. Beim Aufführen der Kraft- und Arbeitsmaschinen werden an entsprechenden Stellen neben der Erläuterung der technischen Zusammenhänge auch die Namen und der zeitliche Lebensraum der Wissenschaftler und Techniker benannt. Das Motto von André Malraux wurde gewählt, weil das Buch sowohl die grundlegenderen „alten" Technologien der Kraft- und Arbeitsmaschinen, als auch neue zukunftsorientierte Entwicklungen aufnimmt.

Das Buch Kraft- und Arbeitsmaschinen wendet sich an **Auszubildende der Metalltechnik,** Studierende der **Fachschule für Technik,** Lernende in der Meisterausbildung sowie Schülerinnen und Schüler der **Berufsfachschule für Technik** und des **Technischen Gymnasiums.** Für Studierende der **Hochschulen** und **Universitäten,** die sich in einem Studium der Maschinenbautechnik befinden, ist dieses Buch eine wertvolle Hilfe. Aber auch **Gesellen, Meister, Techniker** und **Ingenieure** können dieses Buch zur Weiterbildung ihres Fachwissens einsetzen.

Die vorliegende **16. Auflage** wurde im Vergleich zur 15. Auflage umfassend überarbeitet und aktualisiert. Inhaltlich wurde eine Gliederung der Hauptkapitel mit den Buchstaben A (Naturwissenschaftliche Grundlage), B (Energie), C (Kraftmaschinen) und D (Arbeitsmaschinen) vorgenommen. Das Hauptkapitel A fasst die Grundlagen zusammen, die als unbedingte naturwissenschaftliche Voraussetzungen der Maschinenbautechnik notwendig sind. Im Hauptkapitel B wird die Grundlage behandelt, ohne die keine Kraft- oder Arbeitsmaschine funktionsfähig wäre, die Energie. Es werden insbesondere erneuerbare Energien aufgeführt, die – getreu dem obigen Motto – unsere Zukunft bestimmen. Neben der Solartechnik, der Technik mit Windenergieanlagen und der Wärmepumpentechnologie wird in diesem Buch auch die Technologie mit Brennstoffzellen verdeutlicht.

In den Hauptkapiteln C (Kraftmaschinen) und D (Arbeitsmaschinen) werden umfassend Maschinen und Anlagen vorgestellt und die jeweiligen Funktionsweisen erläutert. Es ist kaum zu erwarten, dass ein Buch dieser Größenordnung das gesamte Gebiet der Kraft- und Arbeitsmaschinen aufnimmt. Sie dürfen aber erwarten, dass die wichtigsten Teilbereiche Beachtung finden. Zu Beginn der Hauptkapitel wird eine Einführung in die Maschinenkunde gegeben. Mit der Gruppierung und der Begriffsbestimmung von Kraft- und Arbeitsmaschinen werden Sie mit dem Thema des Buches vertraut gemacht.

Das vorliegende Buch bietet dem Lernenden die Möglichkeit, anhand der Wiederholungs- und Vertiefungsaufgaben das eigene Verständnis und Wissen zu überprüfen. Die Lösungshinweise hinter den Hauptkapiteln des Buches befähigen den Lernenden zur Selbstkontrolle seiner Ergebnisse. Somit kann dieses Buch auch im **Selbststudium** seinen Einsatz finden.

Wir wünschen unseren Leserinnen und Lesern viel Freude bei der Erkundung der Kraft- und Arbeitsmaschinen. Hinweise zur Verbesserung und Weiterentwicklung des Buches nehmen wir gerne unter der Verlagsadresse oder per E-Mail (lektorat@europa-lehrmittel.de) entgegen.

Frühjahr 2015 **Autoren und Verlag**

Hinweise zum Arbeiten mit diesem Buch

Das Buch Kraft- und Arbeitsmaschinen kann sowohl unterrichtsbegleitend, als auch zum Selbststudium eingesetzt werden.

Die Lernenden finden bei jedem Kapitel Informationen zu den jeweiligen Lerngegenständen. Wichtige Informationen sind in den **blau unterlegten Merksätzen** zusammengefasst.

Am Ende eines oder mehrerer Kapitel werden **Wiederholungs- und Vertiefungsaufgaben** vorgegeben. Die Lernenden können somit die Inhalte aus den Kapiteln wiedergeben und weiterführen.

Im letzten Abschnitt des Buches befinden sich die **Lösungshinweise** zu den jeweiligen Wiederholungs- und Vertiefungsaufgaben. Lernende können somit die Ergebnisse ihrer Aufgaben eigenständig kontrollieren.

Das Buch ist in Hauptkapitel **A (Naturwissenschaftliche Grundlagen)**
B (Energie)
C (Kraftmaschinen)
D (Arbeitsmaschinen)

unterteilt. Die Bezeichnungen von den Unterkapiteln bestehen aus einem Buchstaben und einer Zahl, die sich jeweils vor den Überschriften befinden, z. B.

D1 Pumpen

Die Kennzeichnung ermöglicht die Verkettung der Sachverhalte durch Hinweispfeile, z. B.

(→ **C 3.1**) Weitere Informationen im Hauptkapitel C, Unterkapitel 3.1

Bitte nutzen Sie diese Möglichkeit, denn durch den Sprung zu den vorhergehenden Sachverhalten wiederholen Sie das Gelernte ständig und es ergibt sich ein sehr viel größerer Lerneffekt.

Das umfangreiche und übersichtliche **Inhaltsverzeichnis** des Buches bietet eine erste Orientierungshilfe an. Noch mehr hängt aber der Wert eines Fachbuches vom Sachwortverzeichnis ab. Dieses enthält etwa 1800 Begriffe.

Orientieren Sie sich in diesem Buch vor allem mithilfe des Sachwortverzeichnisses.

Zum besseren Verständnis werden die Lerninhalte mit **Bildern** unterstützt. In den zahlreichen Bildern werden größtenteils die Sachverhalte vereinfacht skizziert und auf das Wesentliche reduziert. Bei den meisten bildlichen Darstellungen wurde bewusst auf Fotos von Maschinen oder Anlagen verzichtet und dafür Skizzen von den jeweiligen Maschinen oder Anlagen im Ganzen oder in Teilbereichen mit entsprechenden Legenden angefertigt. Erfahrungsgemäß haben reine Fotos von Maschinen oder Anlagen nur eine geringe Aussagekraft.

Wir wünschen Ihnen viel Erfolg beim Arbeiten mit diesem Buch.

Sommer 2015 **Autoren und Verlag**

Einführung in die Maschinenkunde

Unter **Maschinen** versteht man mechanische Vorrichtungen aus festen und beweglichen Teilen, den **Maschinenelementen.** Die beweglichen Teile werden durch eingeleitete Kräfte in vom Konstrukteur vorgegebenen Bahnen und in mehr oder weniger regelmäßiger Wiederkehr bewegt. Diese Kräfte resultieren aus zugeführten **Energien.** Der physikalische Begriff Energie (→ **B**) zieht sich somit wie ein Leitfaden durch die gesamte **Maschinenkunde.** Schon jetzt soll festgehalten werden:

Energie ist **gespeicherte Arbeitsfähigkeit.** Sie ist umwandelbar.

Energie ist grundsätzlich an einen **Energieträger,** etwa Wasser, Wind, Dampf, Gas, Strahlung oder elektrischen Strom gebunden. Hierüber sowie über die verschiedenen **Energiearten** (→ **A1.11, A1.16, A3.6, A6.2, A12.1**) wird noch ausführlich informiert.

Dieses Buch hat vor allem die Aufgabe, sich mit dem heutigen **Stand der Maschinentechnik** auseinander zu setzen. Darüber hinaus sollen aber auch bereits heute zu erkennende **Entwicklungsrichtungen** aufgezeigt werden. Wenn auch diese Intention eindeutig im Vordergrund steht, soll aber auch eine **historische Komponente** erkennbar werden. Wir wissen zwar nicht wann, wo und von wem die erste Maschine gebaut wurde, doch viele Persönlichkeiten aus Technik und Naturwissenschaften, ihr zeitlicher Lebensraum und die von ihnen vorangetriebenen Entwicklungen sind bekannt und sollen in diesem Buch genannt werden.

Gruppierung in Kraft- und Arbeitsmaschinen

Bereits aus der Vorzeit und der Antike sind zahlreiche Werkzeuge und Geräte, die den Menschen halfen, ihre meist mühsame Arbeit zu erleichtern bzw. überhaupt verrichten zu können, bekannt. Wegen der begrenzten körperlichen Kraft waren die Menschen in jedem Zeitalter bestrebt, solche **Hilfsmittel zur Arbeitserleichterung** zu bauen und einzusetzen. Schon sehr früh erkannte man, dass man dies am wirkungsvollsten im Einklang mit der Natur tun konnte, d.h. unter Beachtung der **Naturgesetze** (→ **A**), soweit diese bereits entdeckt und formuliert waren. Verfolgt man einmal die Entwicklung der Naturwissenschaften, dann ist zu erkennen, dass sich ein effektiver **Maschinenbau** erst etwa ab dem Jahr 1700 entwickeln konnte. Dies gilt natürlich auch für die meisten anderen Technikbereiche.

Die im obigen Sinn, d.h. zur Arbeitsverrichtung gebauten Maschinen bezeichnet man wegen dieser Zweckgebundenheit als **Arbeitsmaschinen** (→ **D**). Viele solcher Maschinen werden bei kleiner Arbeitsleistung und wenn der Einsatz zeitlich begrenzt ist, mit **Muskelkraft** angetrieben. Größere Arbeitsleistungen und ein zeitlich unbegrenzter Einsatz erfordern aber Maschinen, die die Arbeitsmaschinen antreiben. Solche Maschinen werden als Kraftmaschinen (→ **C**) bezeichnet. Eine Arbeitsmaschine setzt somit für ihren Betrieb in der Regel eine Kraftmaschine voraus. In der Reihenfolge der Nennung beider Maschinengruppen ist also die Bezeichnung **Kraft- und Arbeitsmaschinen** ganz logisch und in dieser Reihenfolge soll nun auf beide Begriffe und deren Zusammengehörigkeit näher eingegangen werden.

Bild 1: Beispiele für Kraft- und Arbeitsmaschinen

Begriff Kraftmaschine

Der Begriff Energieart wurde bereits erwähnt. Eine für den Betrieb von Arbeitsmaschinen unabdingbare Energieart ist die **mechanische Energie.** Im Kapitel A dieses Buches werden Sie lernen, dass dies Energie der Lage **(potenzielle Energie)** oder Bewegungsenergie **(kinetische Energie)** sein kann (→ **A1.11, A1.16**).

Eine Kraftmaschine ist eine Maschine, die andere als mechanische Energie (z.B. Wärmeenergie, Windenergie oder elektrische Energie) in mechanische Energie umwandelt.

Diese mechanische Energie wird zur Verwertung (Energieumwandlung) an Arbeitsmaschinen abgegeben.

Beispiele für Kraftmaschinen

Dampfmaschine, Dampfturbine, Verbrennungsmotor, Gasturbine, Wasserturbine, Windrad, Elektromotor u.a.

Eine Voraussetzung dafür, dass mechanische Energie von einer Kraftmaschine an eine Arbeitsmaschine abgegeben werden kann, ist die **konstruktive Verbindung** von Kraftmaschine und Arbeitsmaschine. **Bild 1** zeigt am Beispiel einer Verbrennungskraftmaschine die Stelle des Energieübergangs, die **Kurbelwelle.** Mithilfe einer **Kupplung** erfolgt dort die Verbindung mit der anzutreibenden Arbeitsmaschine.

Im Kapitel C dieses Buches wird ausführlich auf **Energieumwandlungen** in Kraftmaschinen eingegangen. **Bild 1** bietet aber schon jetzt Gelegenheit, eine solche Energieumwandlung an dem dort gewählten Beispiel zu zeigen. Während des sogenannten **Arbeitstaktes** wird die **chemische Energie** des Kraftstoffes in **Bewegungsenergie** umgewandelt.

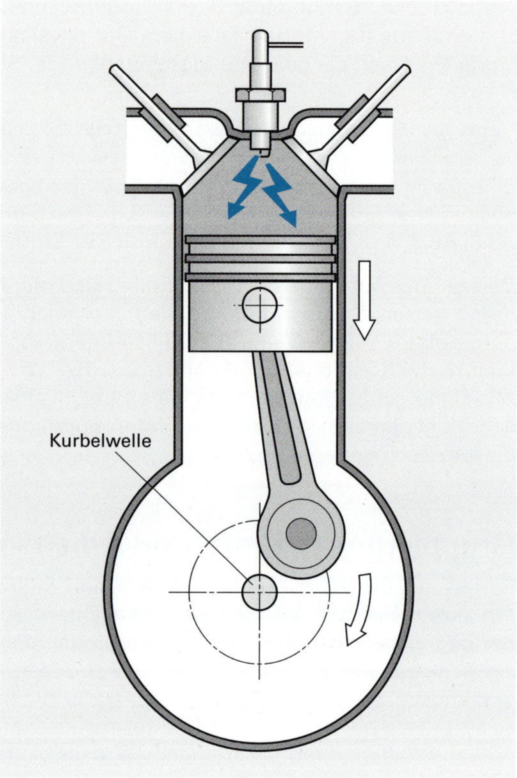

Bild 1: Arbeitstakt eines Viertakt-Ottomotors

Die bei diesem Vorgang in der Verbrennungskraftmaschine durchlaufenen **energetischen Stufen** werden in **Bild 2** dargestellt:

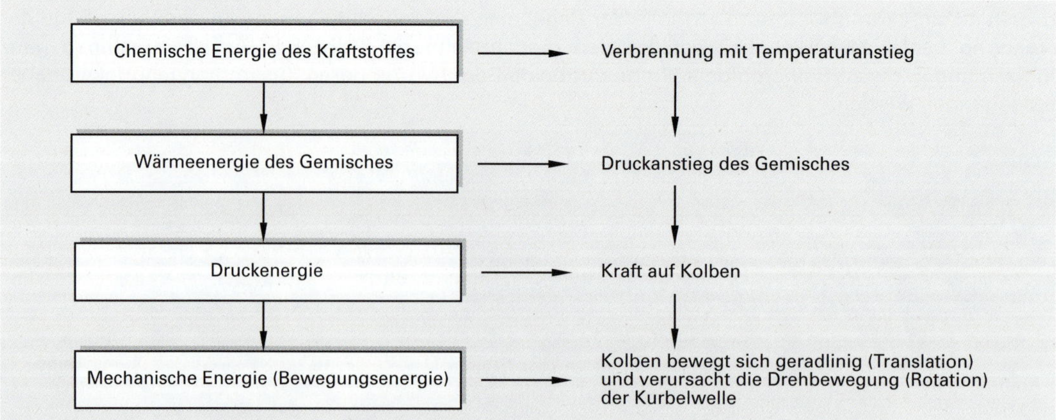

Bild 2: Energieumwandlung in einer Verbrennungskraftmaschine

Begriff Arbeitsmaschine

Aus dem bisher Gesagten kann bereits abgeleitet werden, was man unter einer Arbeitsmaschine zu verstehen hat. Sie ist immer ein Hilfsmittel zur Arbeitserleichterung und sie wird in der Regel von einer Kraftmaschine angetrieben. Man kann also definieren:

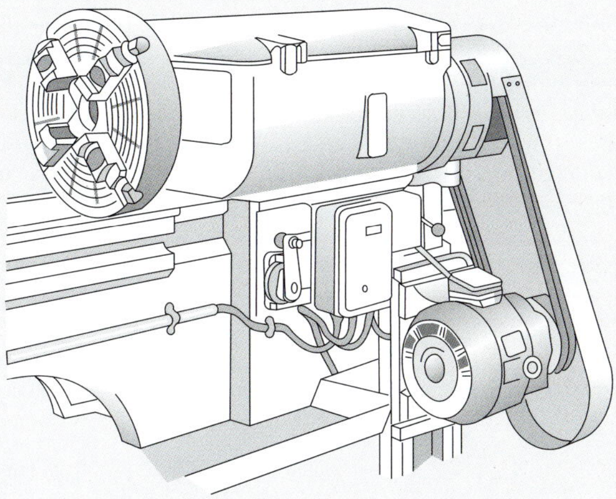

Bild 1: Koppelung von Kraftmaschine und Arbeitsmaschine

Unter einer Arbeitsmaschine versteht man eine Maschine, die zu technischen Zwecken (z. B. Gewinnung von Stoffen, Be- und Verarbeitung, Veredelung, Verpackung, Transport, Lagerung von Produkten) Arbeit verrichtet.

Beispiele für Arbeitsmaschinen

Verdichter, Pumpen, Ventilatoren, Kältemaschinen, Hebe- und Fördermittel, Werkzeugmaschinen, Fahrzeuge u.a.

Bild 1 zeigt an einem Beispiel die bereits angesprochene **konstruktive Verbindung** von Kraftmaschine (hier Elektromotor) und Arbeitsmaschine (hier Drehmaschine).

Die in diesem Beispiel zu erkennenden **energetischen Stufen** sind in **Bild 2** dargestellt:

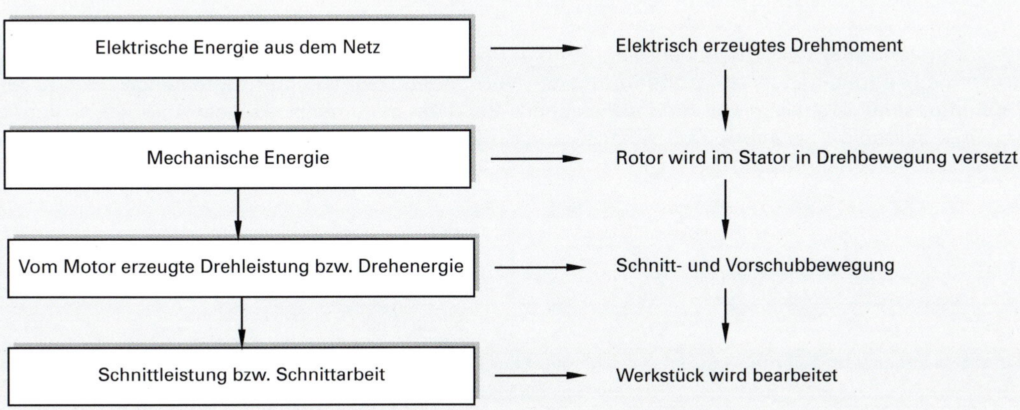

Bild 2: Energetische Stufen bei der Koppelung von Elektromotor und Drehmaschine

Maschinen, Aggregate und technische Anlagen

Maschinen sind in der Regel aus mehreren **Baugruppen** zusammengesetzt. Dies ist in **Bild 1** am Beispiel einer Drehmaschine (→ **D5.2.2**) in mehreren Details ersichtlich. **Bild 1** zeigt eine derartige Drehmaschine in der Gesamtansicht. Deutlich ist z.B. der Spindelkasten mit der hohlen Hauptspindel als Baugruppe zu erkennen. Auch der Bettschlitten stellt eine solche Baugruppe dar. Bei **Werkzeugmaschinen** (→ **D5**) dient ein kastenförmiges, gegen Durchbiegung, Verdrehung und Schwingungen widerstandsfähiges **Gestell** – das sogenannte **Bett** – zur Aufnahme der Baugruppen und aller beweglichen Teile. Eine solche zusammenfügende Funktion hat z.B. auch ein **Motorblock** bei einer **Verbrennungskraftmaschine.** Auch ein **Aggregat** fügt mehrere zusammenwirkende Einzelteile, Einzelmaschinen oder Einzelapparate – meist auf einer gemeinsamen Grundplatte – zusammen. In diesem Fall spricht man auch von einem **Maschinensatz.** So besteht z.B. ein Pumpenaggregat aus dem Antriebsmotor (dies ist die **Kraftmaschine**), der Wasserpumpe (dies ist die **Arbeitsmaschine**), dem Windkessel und der Regeleinrichtung.

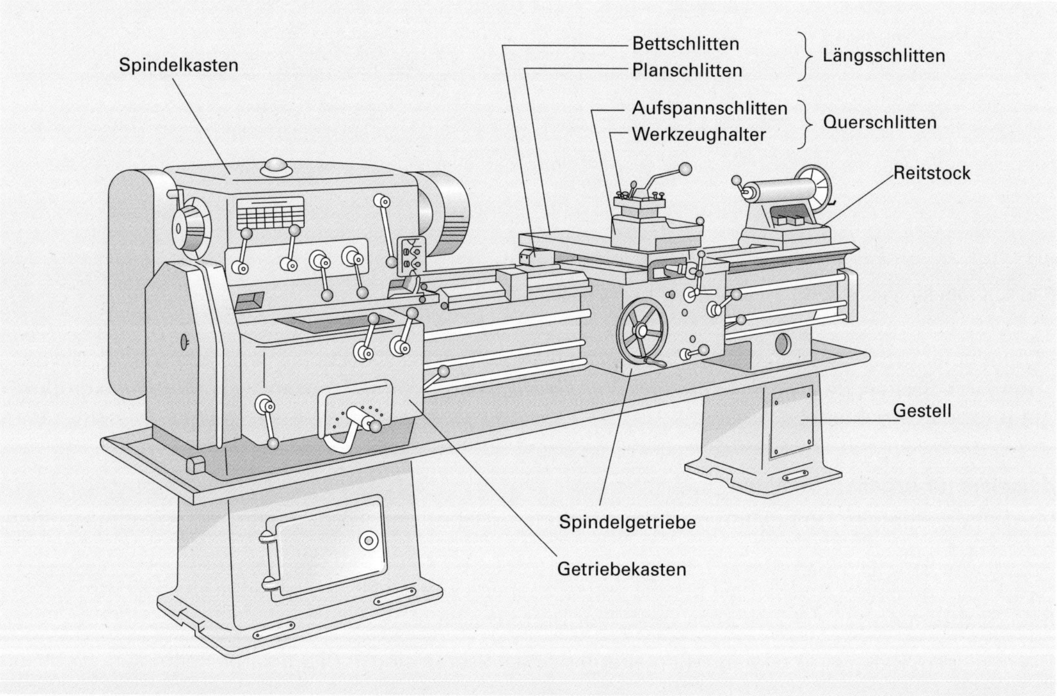

Bild 1: Drehmaschine, aus mehreren Baugruppen zusammengesetzt

Beim Bau von **Anlagen** werden viele Baugruppen und Aggregate durch Leitungen und sonstige Konstruktionsteile miteinander zu großen Einheiten verbunden, z. B. zu einer **Kälteanlage** oder zu einer **Produktionsanlage,** etwa in der Verfahrenstechnik. Verkettet man mehrere dieser Anlagen, so wird das Ergebnis daraus oft als **Fabrik** (z. B. eine Zuckerfabrik) oder als **Werk** (z. B. ein Kraftwerk) bezeichnet. **Bild 2** fasst nochmals zusammen:

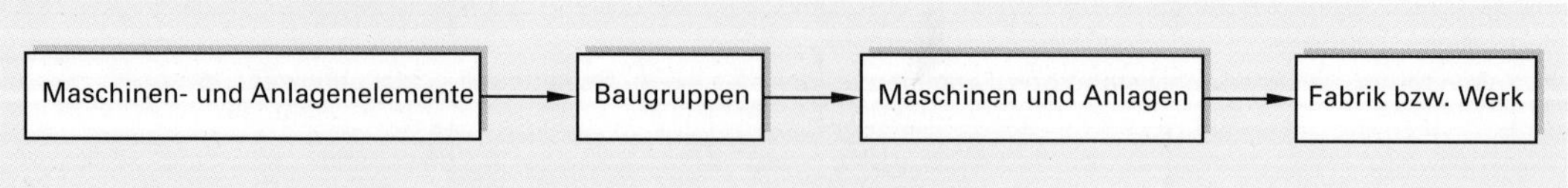

Bild 2: Das Fügen vom Teil zum Ganzen – vom Element zur Produktionsstätte

A Naturwissenschaftliche Grundlagen

Aus den bisherigen Betrachtungen ist herauslesbar, dass die Inhalte dieses Buches auf naturwissenschaftlicher Grundlage vermittelt werden sollen. Der folgende Text, d.h. die Vorbemerkung zum Kapitel A, soll die weitere Vorgehensweise kurz erläutern:

Vorbemerkung

Über die Bedeutung der Naturgesetze für die Entwicklung der Technik wurden Sie bereits informiert. Die aktuelle Technik bedarf immer einer wissenschaftlichen Grundlage. Neben den **Naturwissenschaften** spielen auch die **Wirtschaftswissenschaften** eine immer größere Rolle. Auf Letztere wird jedoch in diesem Buch nur am Rande eingegangen. In die einzelnen **Ingenieurwissenschaften,** z.B. dem **Maschinenbau,** fließen viele Wissenschaftsbereiche ein bzw. kommen dort in kombinierter Form zur Anwendung. Oftmals ist es sogar so, dass technische Problemlösungen nur durch die Zusammenarbeit von Ingenieuren und Wissenschaftlern aus anderen Fachbereichen, z.B. Physikern, Chemikern oder Biologen, erarbeitet werden können.

Um in den einzelnen Kapiteln des vorliegenden Buches über Kraft- und Arbeitsmaschinen nicht in „Erklärungsnot“ zu kommen, werden im **Kapitel A** die grundlegenden **naturwissenschaftlichen Gesetze in tabellarischer Form** zusammengefasst. Vor allem sind dies – dem Buchtitel entsprechend – **Gesetze der Physik.** Darüber hinaus werden grundlegende naturwissenschaftliche Gesetze und Regeln, die das Fachgebiet Kraft- und Arbeitsmaschinen unmittelbar betreffen, ausführlich erklärt und in sachlogischer Reihenfolge als **Merksätze** in die oben genannte tabellarische Zusammenfassung eingearbeitet. Diese **tabellarische Zusammenfassung und die darin eingeschobenen Merksätze** werden für erforderlich gehalten, da erfahrungsgemäß im Moment der Anwendung oftmals das früher einmal gelernte naturwissenschaftliche Gesetz bzw. die technische Regel nicht parat ist.

Den Kernthemen der Kraft- und Arbeitsmaschinen werden in kurzer tabellarischer Form die erforderlichen naturwissenschaftlichen Gesetze – insbesondere der Physik – vorangestellt. Grundlegende Themen, die das Fachgebiet Kraft- und Arbeitsmaschinen direkt betreffen, werden als Merksätze an der „richtigen Stelle“ in diese tabellarische Zusammenfassung eingearbeitet. Damit ist es in den weiteren Kapiteln, die dann spezielle Themen der Kraft- und Arbeitsmaschinen betreffen, möglich, bei Bedarf einen **Hinweis auf die entsprechende Dezimalklassifikation** zu geben. Dies geschieht durch **Pfeilverweise** (→ ...).

In der Regel beinhaltet die tabellarische Zusammenfassung die **Formel** und eine entsprechende **Legende.** Diese Legende enthält die **Formelzeichen,** die Namen der **physikalischen Größen** und deren **Einheiten.**

Sollten Sie ausführlichere oder durch weitere Erklärungen und Übungen geprägte Informationen über Grundlagen benötigen, dann beachten Sie bitte die im Anhang befindlichen **Literaturhinweise.**

Die einzelnen Teilgebiete der **Technischen Physik** stellen die Basis für das Verständnis des Maschinen- und Anlagenbaues dar.

A1 Mechanik der festen Körper

1.1 Physikalische Größen und ihre Einheiten

SI-Einheitensystem

Grundlage sind die **Basisgrößen** mit den zugehörigen **Basiseinheiten** (nebenstehende Tabelle).

Alle **abgeleiteten Größen** lassen sich auf die sieben Basisgrößen zurückführen.

Beispiel: $\text{Geschwindigkeit} = \frac{\text{Weg}}{\text{Zeit}}$

$v = \frac{s}{t} \longrightarrow [v] = \frac{[s]}{[t]} = \frac{\mathbf{m}}{\mathbf{s}}$ z. B. $5\ \frac{\text{m}}{\text{s}}$

Die **Definition der Basiseinheiten** erfolgt durch die **Einheitennormale.**

Tabelle 1: SI-Basissystem

Basisgröße	Basiseinheit	Kurzzeichen
Länge	Meter	m
Masse	Kilogramm	kg
Zeit	Sekunde	s
Elektrische Stromstärke	Ampere	A
Thermodynamische Temperatur	Kelvin	K
Lichtstärke	Candela	cd
Stoffmenge	Mol	mol

1.2 Gleichförmige geradlinige Bewegung

Bei einer **gleichförmigen geradlinigen Bewegung** bewegt sich ein Körper mit **konstanter Geschwindigkeit** v auf geradliniger Bahn.

$v = \frac{\Delta s}{\Delta t}$ (1) **Geschwindigkeit** in $\frac{\text{m}}{\text{s}}, \frac{\text{km}}{\text{h}}, \ldots$

$v = \frac{s}{t}$ (2) $s = v \cdot t$ (3) $t = \frac{s}{v}$ (4) $1\ \frac{\text{m}}{\text{s}} = 3{,}6\ \frac{\text{km}}{\text{h}}$ (5)

Im ***v,t*-Diagramm** (→ **Bild 2**) stellt sich der Weg s als Rechteckfläche dar.

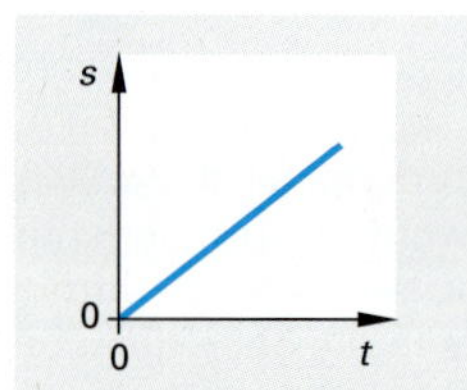

Bild 1: *s,t*-Diagramm

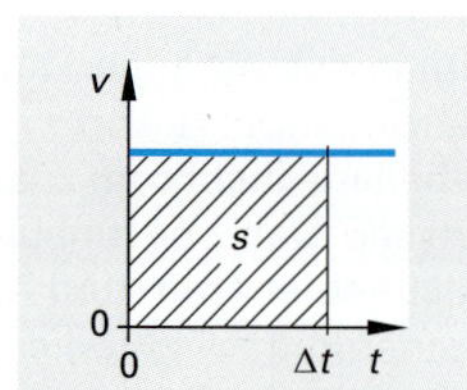

Bild 2: *v,t*-Diagramm

v	Geschwindigkeit	m/s
$\Delta s = s$	zurückgelegter Weg (Strecke)	m
$\Delta t = t$	Zeitspanne	s

1.3 Ungleichförmige geradlinige Bewegung

Merkmale einer ungleichförmigen Bewegung

Bei einer **ungleichförmigen Bewegung** ändert sich die Geschwindigkeit, der Körper wird beschleunigt oder verzögert.

a	Beschleunigung (Verzögerung)	m/s^2
Δv	Geschwindigkeitsänderung	m/s
Δt	Zeitspanne	s

$a = \frac{\Delta v}{\Delta t}$ (6) **Beschleunigung**

$a > 0$: **Beschleunigung** ⟶ Geschwindigkeitszunahme

$a < 0$: **Verzögerung** ⟶ Geschwindigkeitsabnahme

a = konstant ⟶ **gleichmäßig beschleunigte bzw. gleichmäßig verzögerte Bewegung**

a = variabel ⟶ **ungleichmäßig beschleunigte bzw. ungleichmäßig verzögerte Bewegung**

Freier Fall und senkrechter Wurf nach oben

Freier Fall ⟶ gleichmäßige Beschleunigung

Senkrechter Wurf nach oben ⟶ gleichmäßige Verzögerung

$s \triangleq h$ = Fallhöhe bzw. Steighöhe

$a \triangleq g$ = **Fallbeschleunigung**

g_n = **Normfallbeschleunigung** = $9{,}80665\ \text{m/s}^2$ (7)

Die **Fallgesetze** gelten streng genommen nur im **Vakuum.**

$\mathbf{g_{max}} \approx \mathbf{9{,}83\ m/s^2}$ an den Erdpolen

$\mathbf{g_{min}} \approx \mathbf{9{,}78\ m/s^2}$ am Äquator

Durchschnittswert: $g \approx 9{,}81\ \frac{\text{m}}{\text{s}^2}$ (8)

1.4 Skalare und Vektoren

Skalar ⟶ **ungerichtete physikalische Größe,** z. B. Temperatur, Volumen, Zeit, Energie ...

Vektor ⟶ **gerichtete physikalische Größe,** z. B. Kraft, elektrischer Strom, Geschwindigkeit ...

Vektoren werden addiert, indem man sie unter Beachtung ihrer **Größe** und **Richtung** aneinander reiht. **Summenvektor** bzw. **Resultierende:** Strecke zwischen dem Anfangspunkt des ersten Vektors und dem Endpunkt des letzten Vektors.

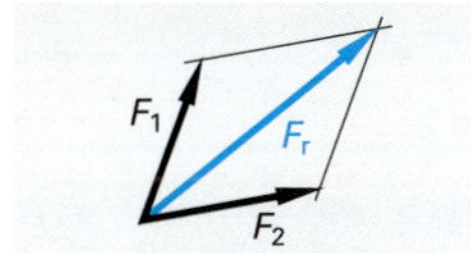

Bild 1: Kräfteparallelogramm

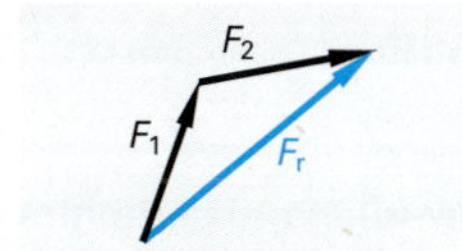

Bild 2: Kräftedreieck

Bei zwei Vektoren: Parallelogrammkonstruktion (→ **Bild 1**), z. B. **Kräfteparallelogramm** oder mit einer Dreieckskonstruktion (→ **Bild 2**), z. B. **Geschwindigkeitsdreieck** oder **Kräftedreieck.**

Bei mehr als zwei Vektoren: Vektorvieleck bzw. **Vektorpolygon** (→ **Bild 3**), z. B. **Kräftepolygon** bzw. **Krafteck.**

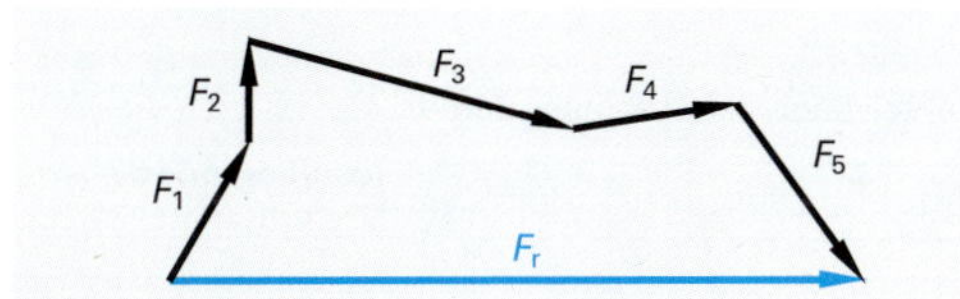

Bild 3 : Kräftepolygon

1.5 Grundsatz der Unabhängigkeit

Unabhängig davon, ob ein Körper mehrere **Einzelbewegungen** gleichzeitig oder zeitlich nacheinander ausführt, gelangt er immer an den gleichen Ort.

Die kürzeste Zeit zur Realisierung der **Ortsveränderung** eines Körpers ergibt sich, wenn alle Einzelbewegungen gleichzeitig ablaufen.

Erzwungene Bewegungsbahnen ⟶ z. B.: Schwenken einer Tür, Rollen der Eisenbahn auf Schienen, Mutter auf Schraube, Führungen ...

Freie Bewegungsbahnen ⟶ z. B.: Freier Fall, senkrechter Wurf, schiefer Wurf, waagerechter Wurf ...

1.6 Dynamisches Grundgesetz, Krafteinheit, Gewichtskraft

$F = m \cdot a$ **1** **Massenträgheitskraft**

$F_G = m \cdot g$ **2** **Gewichtskraft**

F	Kraft	N
m	Masse	kg
a	Beschleunigung	m/s²
g	Fallbeschleunigung	m/s²

Die Krafteinheit

$$[F] = [m] \cdot [a] = \text{kg} \cdot \frac{\text{m}}{\text{s}^2} = \mathbf{\frac{kgm}{s^2}}$$

$$1\,\frac{\text{kgm}}{\text{s}^2} = 1\ \text{Newton} = 1\ \text{N}$$ **3**

Ein **Newton** ist gleich der Kraft, die einem Körper mit der Masse $m = 1$ kg die Beschleunigung $a = 1$ m/s² erteilt.

1 daN	= 1 Dekanewton	= 10 N	je nach
1 kN	= 1 Kilonewton	= 10³ N	Größenordnung
1 MN	= 1 Meganewton	= 10⁶ N	der Kraft

1.7 Das Kraftmoment

Das Kraftmoment als physikalische Größe

DIN 1304: Das **Kraftmoment** M ist gleich dem Produkt aus der Kraft F und dem senkrechten Abstand ihrer Wirkungslinie r zu einem bestimmten Punkt, dem Drehpunkt (→ **Bild 4**).

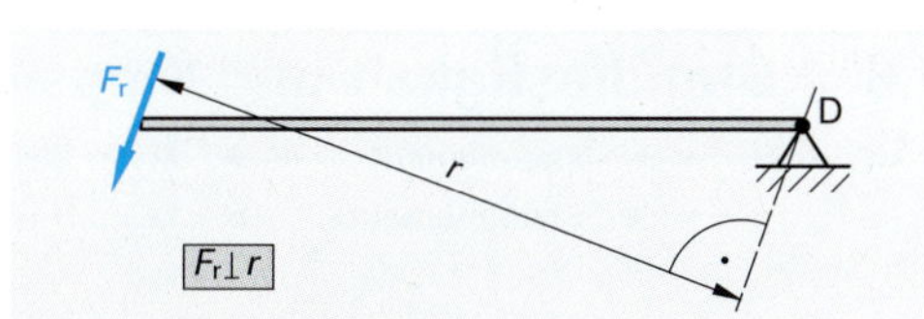

Bild 4: Kraftmoment

$M_d = F_r \cdot r$ **4** **Kraftmoment** bzw. **Drehmoment**

M_d	Kraftmoment (Drehmoment)	Nm
F_r	Resultierende (oder Einzelkraft)	N
r	Hebelarm senkrecht zur Kraft	m

Geht die Wirkungslinie WL von F_r nicht durch den Drehpunkt D eines Drehkörpers, dann erzeugt F_r ein Kraftmoment.

Einheit des Drehmomentes: Newtonmeter (Nm)

Drehsinn und Vorzeichen von M_d (→ Bilder 1 und 2)

positives Drehmoment

Bild 1

Linksdrehsinn (entgegen dem Uhrzeigersinn)

negatives Drehmoment

Bild 2

Rechtsdrehsinn (im Uhrzeigersinn)

Resultierendes Drehmoment und Wirkung von Schrägkräften

Das **Gesamtdrehmoment = resultierendes Drehmoment** M_{dr} entspricht der Summe der Einzeldrehmomente (→ **Bild 3**).

Vorzeichenregel beachten! Somit:

$$M_{dr} = F_r \cdot r = F_1 \cdot r_1 + F_2 \cdot r_2 + \dots \quad (1)$$ **resultierendes Drehmoment**

Bei **Schrägkräften** (→ **Bild 4**) ist der im rechten Winkel zur Kraft F gerichtete Hebelarm in die Rechnung einzusetzen.

$$M_d = F \cdot r = F_y \cdot r_y \quad (2)$$ **Drehmoment bei Schrägkräften** (→ **Bild 4**)

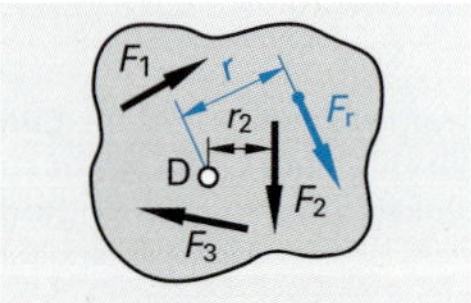

Bild 3

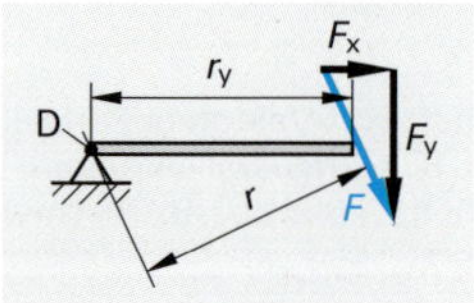

Bild 4

M_{dr}	resultierendes Drehmoment	Nm
F_r	resultierende Kraft	N
r	senkrechter Hebelarm von F_r	m
F_1, F_2	Einzelkräfte	N
F_y	senkrechte Komponente von F	N
r_y	senkrechter Hebelarm von F_y	m

Hebelarten und Hebelgesetz

Einseitiger Hebel ⟶ der stabförmige Hebel hat seinen Drehpunkt an einem Ende

Zweiseitiger Hebel ⟶ der stabförmige Hebel hat seinen Drehpunkt zwischen seinen beiden Enden

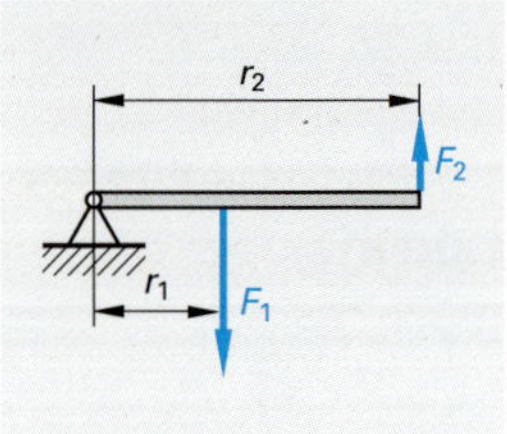

Bild 5: Einseitiger Hebel

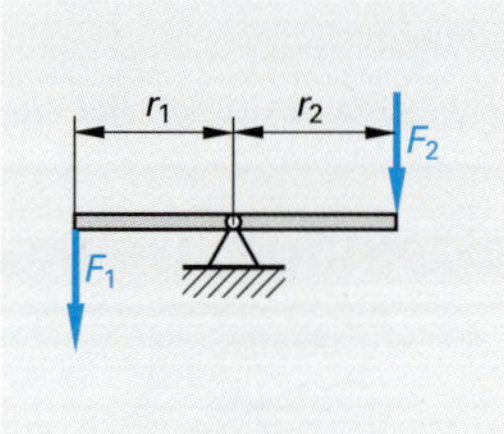

Bild 6: Zweiseitiger gleicharmiger Hebel

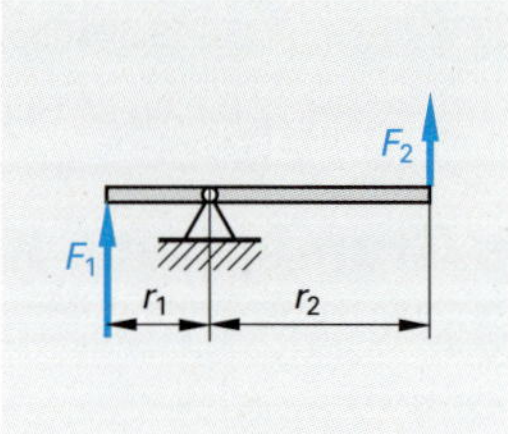

Bild 7: Zweiseitiger ungleicharmiger Hebel

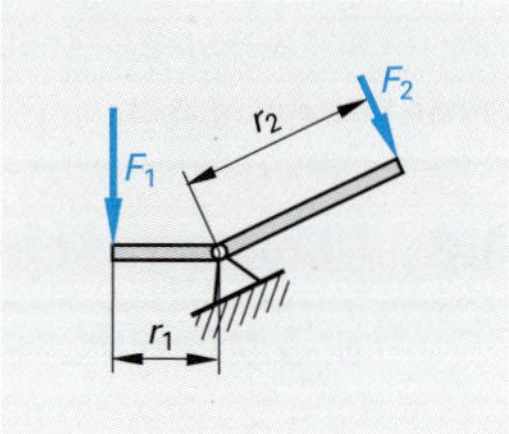

Bild 8: Winkelhebel

Unabhängig von der **Hebelart** werden die **Hebelarme** vom Angriffspunkt der Kraft bis zum Drehpunkt, d. h. bis zum Hebellager, gemessen ($F \perp r$).

$$F_1 \cdot r_1 = F_2 \cdot r_2 \quad (3)$$ **Hebelgesetz**

$$\Sigma M_d = 0 \quad (4)$$ **Momentengleichgewicht**

F_1, F_2	Kräfte	N
r_1, r_2	Hebelarme	m

1.8 Standfestigkeit und Kippsicherheit

$F_1 \cdot r_1$ ⟶ **Kippmoment** ⟶ M_K in Nm

$F_G \cdot r$, $F_2 \cdot r_2$ ⟶ **Standmomente** ⟶ M_S in Nm

(→ **Bild 9**)

$$\nu_K = \frac{\Sigma M_S}{\Sigma M_K} \quad (5)$$ **Kippsicherheit**

Stabiles Gleichgewicht bei $\nu_K > 1$

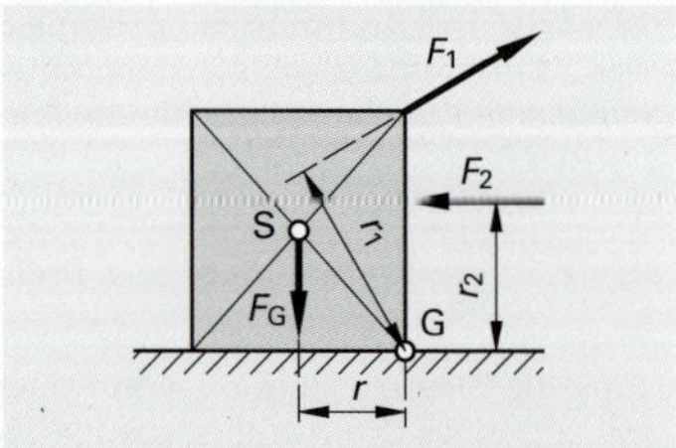

Bild 9: Stand- und Kippmoment

Greifen bei einem Körper außer der Gewichtskraft keine weiteren äußeren Kräfte an, dann steht der Körper stabil, wenn er Kippkanten (Kipp-Punkte) hat (Punkt G in **Bild 9/18**) und das Lot vom Schwerpunkt die Standfläche innerhalb der Kippkanten trifft.

r	Hebelarme	m
F	Kräfte	N
ΣM_S	Summe aller Standmomente	Nm
ΣM_K	Summe aller Kippmomente	Nm

1.9 Bewegungsgröße (Impuls), Impulserhaltung, Impulsänderung

$p = m \cdot v$ [1] **Bewegungsgröße (Impuls)**

$m \cdot v_t = m \cdot v_0$ [2] ⟶ $\Delta p = 0$: **Impulserhaltung**

Impulssatz: Bei $\Sigma F = 0$ (äußere Kräfte) ändert sich der Impuls nicht, d. h. $\Delta p = 0$.

$I = F \cdot \Delta t = m \cdot v_t - m \cdot v_0$ [3] **Kraftstoß**

p	Bewegungsgröße (Impuls)	kgm/s
m	Masse des Körpers	kg
v	Geschwindigkeit des Körpers	m/s
v_t	Endgeschwindigkeit	m/s
v_0	Anfangsgeschwindigkeit	m/s
I	Kraftstoß (Impulsänderung)	kgm/s
F	kurzzeitig wirkende Kraft	N
Δt	Wirkzeit	s

Der Kraftstoß ist gleich der Änderung des Impulses eines bewegten Körpers.

1.10 Reibung

Haft- und Gleitreibungskraft, Reibungsgesetz nach Coulomb

Haftreibungskraft ⟶ F_{R0} ⟶ Reibungskraft im Ruhezustand

Gleitreibungskraft ⟶ F_R ⟶ Reibungskraft im Bewegungszustand

$F_R = \mu \cdot F_N$ [4] **Coulomb'sches Reibungsgesetz**

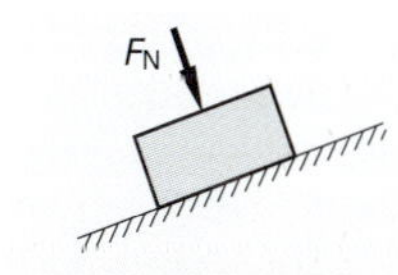

Bild 1: Normalkraft

Die **Normalkraft** F_N ist die Kraft, mit der die beiden festen Körper gegeneinander gepresst werden.

$F_{R0} = \mu_0 \cdot F_N$ [5] **Haftreibungskraft**

$F_R = \mu \cdot F_N$ [6] **Gleitreibungskraft**

F_{R0}	Haftreibungskraft	N
μ_0	Haftreibungszahl (-koeffizient)	1
F_R	Gleitreibungskraft	N
μ	Gleitreibungszahl (-koeffizient)	1
F_N	Normalkraft (→ **Bild 1**)	N

Rollreibung (→ **Bild 2**)

$F_{RR} = \frac{f}{r} \cdot F_N = \mu_R \cdot F_N$ [7] **Rollreibungskraft** in N

$F = F_{RR}$ [8] **Rollkraft** in N

f	Hebelarm der Rollreibung (siehe Tabelle unten)	cm
$y \approx r$	Radius des Rollkörpers	cm
F_N	Normalkraft	N
μ_R	Rollreibungszahl	1

Tabelle 1: Hebelarme der Rollreibung

Werkstoff Rollkörper	Werkstoff Rollbahn	Hebelarm f der Rollreibung in cm
GG	St	0,05
Stahl (St)	Stahl (St)	0,05
GG	GG	0,05
Holz	Holz	0,5
St gehärtet	St gehärtet	0,0005...0,001
Kupfer	St	0,1
Kupfer	Kupfer	0,8
Messing	St	0,05

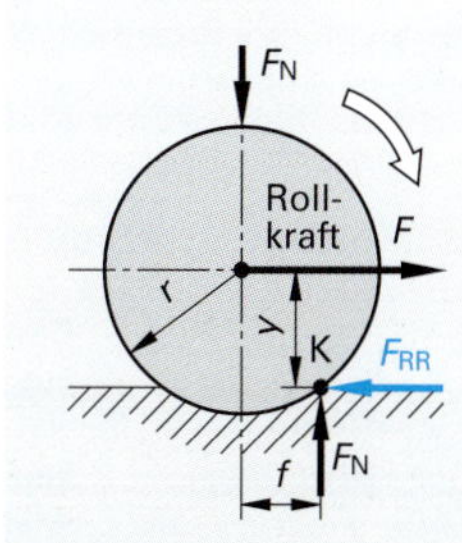

Bild 2: Rollreibungskraft

Fahrwiderstand

$F_F = \mu_F \cdot F_N$ [1] **Fahrwiderstandskraft** in N

μ_F	Fahrwiderstandszahl		1
	Schienenfahrzeuge	$\mu_F \approx 0{,}0015 \dots 0{,}0030$	
	Kfz auf Straße	$\mu_F \approx 0{,}015 \dots 0{,}03$	

Seilreibung (→ **Bild 1**)

$F_1 = F_2 \cdot e^{\mu\alpha}$ [2] **übertragbare Seilkraft** in N

$F_R = F_2 \cdot (e^{\mu\alpha} - 1)$ [3] **Seilreibungskraft** in N

$F_R = F_1 \cdot \dfrac{e^{\mu\alpha} - 1}{e^{\mu\alpha}}$ [4] **Seilreibungskraft** in N

e = Euler'sche Zahl = 2,718... | α in rad

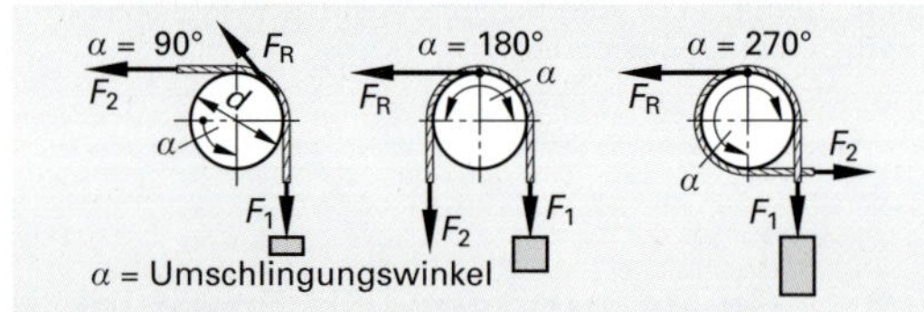

Bild 1: Seilreibung

μ	Reibungszahl	1
F_2	Zugkraft	N
α	Umschlingungswinkel	rad

1.11 Arbeit und Energie

Die mechanische Arbeit

$W = F \cdot s$ [5] **mechanische Arbeit** *F* und *s* gleichgerichtet

[*W*] = [*F*] · [*s*] = N · m = **Nm**

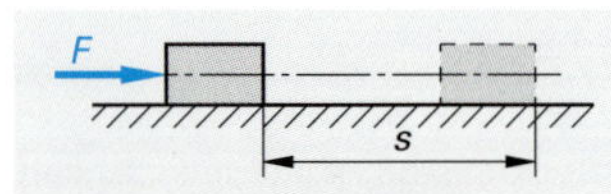

Bild 2: Mechanische Arbeit

W	mechanische Arbeit	Nm
F	Kraft	N
s	Kraft in Wegrichtung	m

Arbeits- und Energieeinheiten

1 J = 1 Nm = 1 Ws [6] **Energieäquivalenz**

J = **Joule** → bevorzugt in Wärmelehre
Nm = **Newtonmeter** → bevorzugt in Mechanik
Ws = **Wattsekunde** → bevorzugt in Elektrotechnik

Die abgeleitete SI-Einheit für die mechanische Arbeit ist das **Joule** (Einheitenzeichen: J). 1 J ist gleich der Arbeit, die verrichtet wird, wenn der Angriffspunkt der Kraft $F = 1$ N in Richtung der Kraft um $s = 1$ m verschoben wird (→ **Bild 2**).

Die Arbeitskomponente der Kraft (→ **Bild 3**)

Als Arbeitskomponente wird die Kraftkomponente in Wegrichtung bezeichnet.

$F_x = F \cdot \cos\alpha$ [7] **Arbeitskomponente** (→ **Bild 3**)

$W = F \cdot \cos\alpha \cdot s$ [8] **mechanische Arbeit**

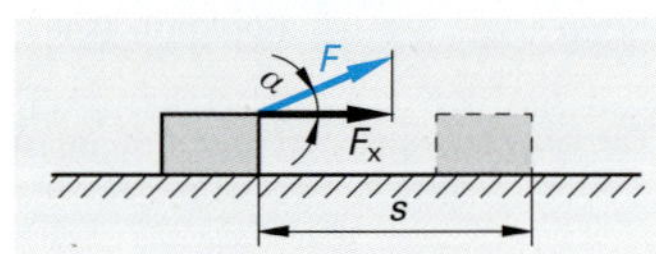

Bild 3: Arbeitskomponente

Hubarbeit und potenzielle Energie (→ **Bild 4**)

$W_h = F \cdot h$ [9] **Hubarbeit** in Nm

$W_{pot} = F_G \cdot h = m \cdot g \cdot h$ [10] **potenzielle Energie** = Energie der Lage

Bei Vernachlässigung der **Zapfen- und Seilreibung** ist $F = F_G$. Dann ist bei gleichem Weg $W_h = W_{pot}$.

Die zugeführte Hubarbeit W_h entspricht der Zunahme an potenzieller Energie W_{pot}.

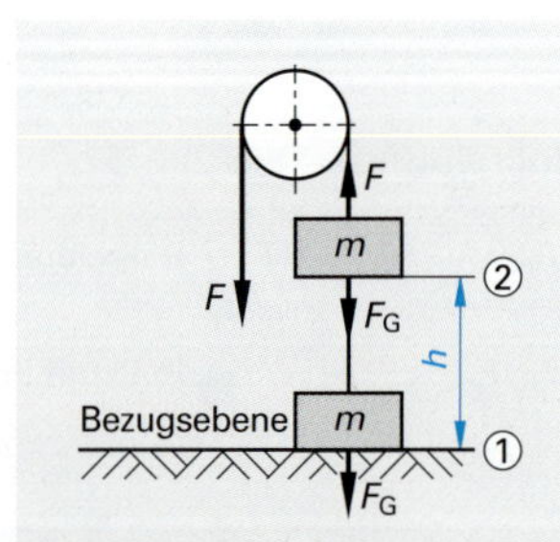

Bild 4: Hubvorrichtung

Beschleunigungsarbeit und kinetische Energie (→ **Bild 5**)

$W_a = m \cdot a \cdot s = \dfrac{m}{2} \cdot v_t^2$ [11] **Beschleunigungsarbeit aus der Ruhe** in Nm

$W_{kin} = \dfrac{m}{2} \cdot v^2$ [12] **kinetische Energie = Bewegungsenergie** in Nm

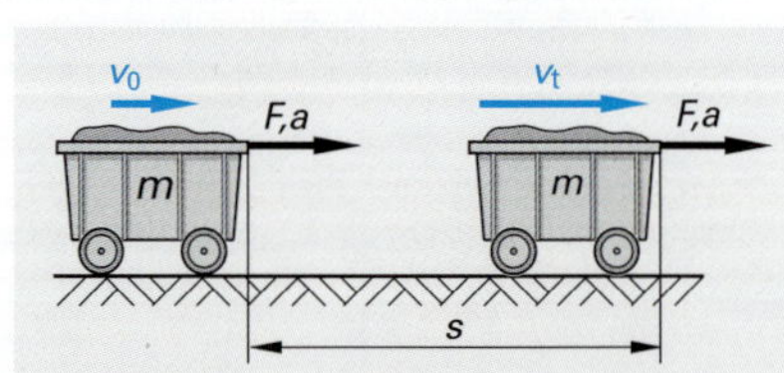

Bild 5: Beschleunigte Masse

$$\Delta W_{kin} = \frac{m}{2} \cdot (v_t^2 - v_0^2) \quad (1)$$ **Änderung der kinetischen Energie** in Nm

Zugeführte Beschleunigungsarbeit W_a = Zunahme der kinetischen Energie W_{kin}.

DIN 1304: auch E für Energie

a	Beschleunigung	m/s²
m	Masse	kg
v_0	Anfangsgeschwindigkeit	m/s
v_t	Endgeschwindigkeit	m/s

Umwandlung von potenzieller Energie in kinetische Energie (→ Bild 1)

$$W_{kin②} = \frac{m}{2} \cdot v_t^2 = m \cdot g \cdot h = W_{pot①} \quad (2)$$ **Energieumwandlung** beim freien Fall

Sieht man von **Reibungsverlusten** ab, dann lässt sich die potenzielle Energie in eine äquivalente (gleichwertige) kinetische Energie umwandeln.

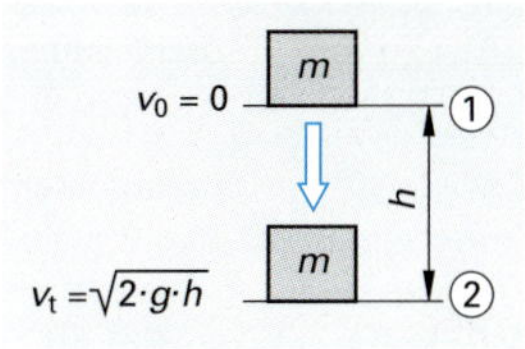

Bild 1: Energieumwandlung

1.12 Mechanische Leistung

$$P = \frac{F \cdot s}{t} = \frac{W}{t} \quad (3)$$ **mittlere Leistung**

$$P = F \cdot v \quad (4)$$ **Momentanleistung**

F	Verschiebekraft	N
s	zurückgelegter Weg	m
t	Zeit (Δ t)	s
W	mechanische Arbeit	Nm
v	Verschiebegeschwindigkeit	m/s

$$[P] = \frac{[F] \cdot [s]}{[t]} = \frac{\text{N} \cdot \text{m}}{\text{s}} = \frac{\text{Nm}}{\text{s}} = \frac{\text{J}}{\text{s}} = \frac{\text{Ws}}{\text{s}} = \text{W} = \textbf{Watt}$$

1 Watt ist gleich der Leistung, bei der während der Zeit 1 s die Energie 1 J umgesetzt wird.

1 kW = 10^3 W

1 MW = 10^6 W

Pferdestärke (keine SI-Einheit): **1 kW ≈ 1,36 PS**

1 PS ≈ 0,736 kW

1.13 Mechanischer Wirkungsgrad

$$\eta = \frac{W_n}{W_a} = \frac{P_n}{P_a} \quad (5)$$ **Wirkungsgrad** (· 100 in %)

$$\eta_{ges} = \eta_1 \cdot \eta_2 \cdot \eta_3 \cdot \ldots \cdot \eta_n \quad (6)$$ **Gesamtwirkungsgrad**

W_n	Nutzarbeit	Nm
W_a	aufgewendete Arbeit	Nm
P_n	Nutzleistung	W, kW
P_a	aufgewendete Leistung	W, kW
$\eta_1 \ldots \eta_n$	Einzelwirkungsgrade	1

1.14 Drehleistung

Drehzahl und Umfangsgeschwindigkeit

$$v_u = \pi \cdot d \cdot n \quad (7)$$ **Umfangsgeschwindigkeit**

$$v_u = \frac{\pi \cdot d \cdot n}{1000} \quad (8)$$

v_u	d	n
m/min	mm	min⁻¹

$$v_u = \frac{\pi \cdot d \cdot n}{1000 \cdot 60} \quad (9)$$

v_u	d	n
m/s	mm	min⁻¹

v_u	Umfangsgeschwindigkeit	m/s
d	Durchmesser des Drehkörpers	m
n	Drehzahl (Umdrehungsfrequenz)	s^{-1}

Insbesondere in der **Fertigungstechnik** wird zwischen m/min und m/s unterschieden, und zwar bei der Angabe der **Schnittgeschwindigkeit** v_c.

Drehleistung bei gleichförmiger Drehbewegung

(siehe Seite 22)

Formelzeichen v_u, d, n wie vorher

$$M = F_u \cdot \frac{d}{2}$$ (1) **Drehmoment** in Nm

$$F_u = \frac{2 \cdot M}{d}$$ (2) **Umfangskraft** in N

$$P = \frac{2 \cdot M \cdot v_u}{d}$$ (3) **Drehleistung**

P	M	v_u	d
W	Nm	m/s	m

$$P = \frac{M \cdot n}{9550}$$ (4) **Drehleistung**

$$M = 9550 \cdot \frac{P}{n}$$ (5) **Drehmoment**

P	M	n
kW	Nm	min^{-1}

→ Zahlenwertgleichungen

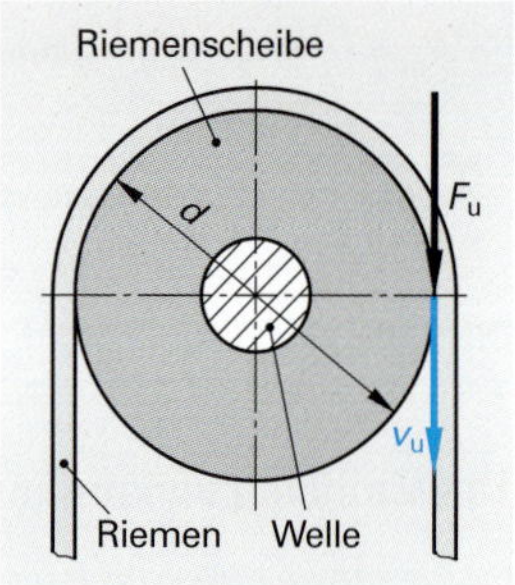

Bild 1: Umfangskraft

Winkelgeschwindigkeit

$$\omega = 2 \cdot \pi \cdot n$$ (6) **Winkelgeschwindigkeit**

ω	n
s^{-1} = rad/s	s^{-1}

$$\omega = \frac{\pi \cdot n}{30}$$ (7) **Winkelgeschwindigkeit** (Zahlenwertgleichung)

ω	n
s^{-1} = rad/s	min^{-1}

$$v_u = \omega \cdot r$$ (8) **Umfangsgeschwindigkeit**

v_u	ω	r
m/s	s^{-1}	m

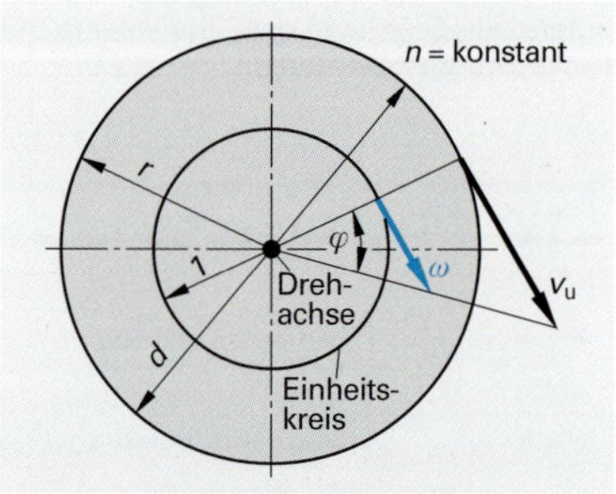

Bild 2: Umfangsgeschwindigkeit

Drehleistung und Winkelgeschwindigkeit, Drehwinkel

$$P = M \cdot \omega$$ (9) **Drehleistung** in W

$$P = M \cdot \frac{\pi \cdot n}{30}$$ (10) **Drehleistung** (Zahlenwertgleichung)

$$\varphi = \omega \cdot t$$ (11) **Drehwinkel** in rad

M	Drehmoment	Nm
ω	Winkelgeschwindigkeit	s^{-1}

P	M	n
W	Nm	min^{-1}

1.15 Gleichmäßig beschleunigte oder verzögerte Drehbewegung

$$a_t = \frac{\Delta v_u}{\Delta t}$$ (12) **Tangentialbeschleunigung**

$$\alpha = \frac{a_t}{r}$$ (13) **Winkelbeschleunigung**

$$\omega = \alpha \cdot t$$ (14)

$$\omega = \frac{a_t}{r} \cdot t$$ (15)

(14), (15): **Winkelgeschwindigkeit** in s^{-1}

$$\Delta\omega = \alpha \cdot \Delta t$$ (16) **Änderung der Winkelgeschwindigkeit**

a_t	Tangentialbeschleunigung	m/s^2
v_u	Umfangsgeschwindigkeit = $a_t \cdot t$	m/s
t	Zeit (Δt)	s
α	Winkelbeschleunigung	$rad/s^2 = s^{-2}$
r	Radius des Drehkörpers	m

1.16 Kinetische Energie rotierender Körper

Die einem rotierenden Körper **zugeführte mechanische Arbeit** entspricht der **Erhöhung der kinetischen Energie** dieser rotierenden Masse, d.h. der Erhöhung der **Rotationsenergie (Drehenergie)**.

W_{rot}	Rotations- bzw. Drehenergie	Nm
r	Abstand des Massenpunktes vom Drehmittelpunkt	m
ω	Winkelgeschwindigkeit	s^{-1}

$$W_{rot} = m \cdot r^2 \cdot \frac{\omega^2}{2}$$ (1) **Drehenergie eines Massenpunktes** in Nm

$$W_{rot} = \frac{J}{2} \cdot \omega^2$$ (2) **Drehenergie** (allgemein)

$$m = V \cdot \varrho$$ (3) **Masse des Drehkörpers**

J	Massenträgheitsmoment des Drehkörpers	kg · m²
m	Masse des Drehkörpers	kg
V	Volumen des Drehkörpers	m³
ϱ	Dichte des Drehkörpers	kg/m³

Dynamisches Grundgesetz der Drehbewegung und Dreharbeit

$$M = J \cdot \alpha$$ (4) **Drehmoment** in Nm bei der **Rotationsbeschleunigung**

$$W_{rot} = M \cdot \varphi$$ (5) **Dreharbeit** in Nm

J	Massenträgheitsmoment	kg · m²
α	Winkelbeschleunigung	1/s²
φ	Drehwinkel	rad

Drehimpuls und Drehstoß

$$H = M \cdot \Delta t$$ (6) **Drehstoß (Momentenstoß)** in Nms

$$L = J \cdot \omega$$ (7) **Drehimpuls (Drall)** in $\frac{kg \cdot m^2}{s}$

$$J_0 \cdot \omega_0 = J_t \cdot \omega_t$$ (8) **Drehimpulserhaltung (Drallerhaltung)**

M	Drehmoment	Nm
t	Zeit (Δt)	s
J	Massenträgheitsmoment	kg · m²
ω	Winkelgeschwindigkeit	s^{-1}
ω_o	ω am Anfang der Drehbeschleunigung	s^{-1}
ω_t	ω am Ende der Drehbeschleunigung	s^{-1}

A2 Hydrostatische Grundgesetze

2.1 Hydrostatischer Druck

Druckberechnung, Druckeinheiten

$$p = \frac{F}{A}$$ (9) **Pressdruck** in N/m² = Pa

$$p = h \cdot \varrho \cdot g$$ (10) **Schweredruck** in N/m² = Pa

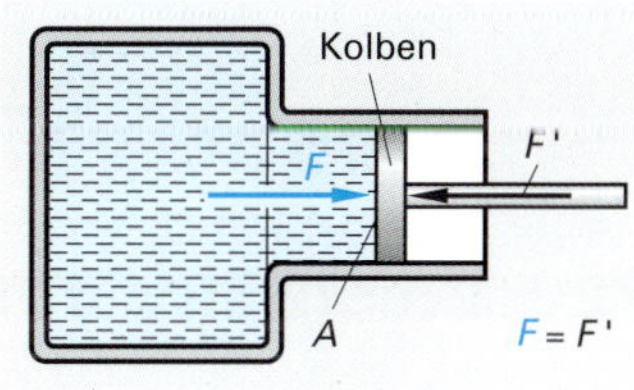

Bild 1: Pressdruck

Die SI-Einheit für den Druck ist das **Pascal**. Einheitenzeichen: **Pa**.

1 Pa = 1 N/m² → **10⁵ Pa = 1 bar**

F	senkrecht zur Fläche wirkende Kraft	N
A	gedrückte Fläche	m²
h	Höhe einer Flüssigkeitssäule	m
ϱ	Dichte der Flüssigkeit	kg/m³
g	Fallbeschleunigung	m/s²

Tabelle 1: Umrechnung alter Druckeinheiten in Pascal (DIN 1304)

Frühere Einheiten	Umrechnung in N/m² = Pa	hPa = mbar	bar = 10⁵ Pa
$1 \frac{kp}{cm^2} = 1$ at	98066,5	980,665	0,980665
1 mWS	9806,65	98,0665	0,0980665
1 Torr = 1 mm QS	133,322	1,33322	0,00133322
1 atm	101325	1013,25	1,01325

at: **technische Atmosphäre**, atm: **physikalische Atmosphäre**, mWS: **Meter Wassersäule**, mm QS: **Millimeter Quecksilbersäule** (heute: mm Hg)

Gebräuchliche dezimale Teile und dezimale Vielfache der Druckeinheit

1 Mikropascal	= 1 μPa	= 0,000 001 Pa	= 10^{-6} Pa
1 Hektopascal	= 1 hPa	= 100 Pa	= 10^{2} Pa
1 Kilopascal	= 1 kPa	= 1000 Pa	= 10^{3} Pa
1 Megapascal	= 1 MPa	= 1 000 000 Pa	= 10^{6} Pa

→ **1 Hektopascal = 1 Millibar**
1 hPa = 1 mbar

Schweredruck und Druckhöhe

$$p_s = h \cdot \varrho \cdot g \quad (1)$$ **Schweredruck**

$$h_{st} = \frac{p}{\varrho \cdot g} \quad (2)$$ **statische Druckhöhe**

Der Schweredruck in einer Flüssigkeit steigt proportional mit der Flüssigkeitstiefe *h*, d. h. mit der Höhe der **Flüssigkeitssäule**.

p_s	statischer Druck (Schweredruck)	N/m², bar
h_{st}	statische Druckhöhe	m
ϱ	Dichte der Flüssigkeit	kg/m³
g	Fallbeschleunigung	m/s²

Absoluter Druck, Überdruck und Atmospärendruck (→ Bild 1)

Der absolute Druck p_{abs} ist der Druck gegenüber dem Druck null im leeren Raum.

Die Differenz zwischen einem absoluten Druck p_{abs} und dem jeweiligen (absoluten) **Atmosphärendruck** p_{amb} ist die **atmosphärische Druckdifferenz** p_e. Diese wird auch **Überdruck** p_e genannt.

$$p_e = p_{abs} - p_{amb} \quad (3)$$ **Überdruck**

Überdrücke können sowohl positiv als auch negativ sein.

negativer Überdruck = **Unterdruck**

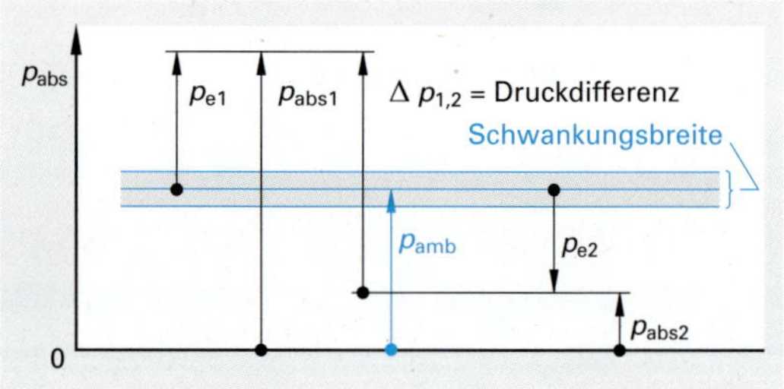

Bild 1: Druckdifferenzen

p_e	Überdruck	N/m², bar
p_{abs}	absoluter Druck	N/m², bar
p_{amb}	Atmosphärendruck	N/m², bar

2.2 Druckkraft auf Flächen

$$F = p \cdot A \quad (4)$$ **Druckkraft auf ebene Fläche**

$$F = p \cdot A_{proj.} = p \cdot \frac{\pi}{4} \cdot d^2 \quad (5)$$ **Druckkraft auf kreisförmig gewölbte Fläche (→ Bild 2)**

Die Druckkraft auf eine **gewölbte Fläche** ist gleich dem Produkt aus dem Flüssigkeits- oder Gasdruck und der senkrechten Projektion dieser Fläche. Dies gilt auch für eine **geneigte Fläche**.

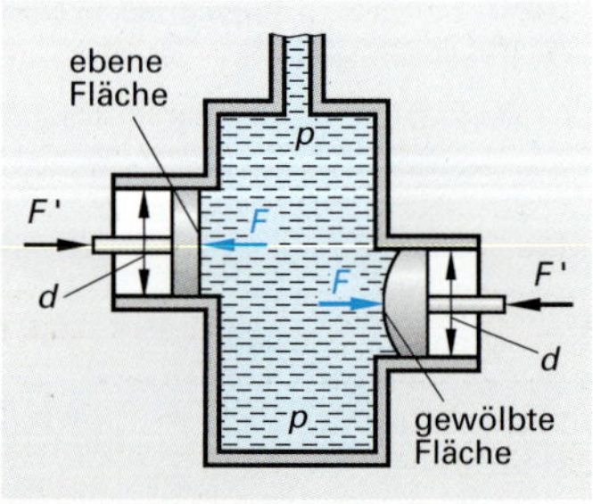

Bild 2: Druckkraft

p	Gas- oder Flüssigkeitsdruck	N/m², bar
A	gedrückte Fläche	m²
$A_{proj.}$	senkrechte Projektion der gewölbten oder geneigten Fläche	m²
d	Kolbendurchmesser	m

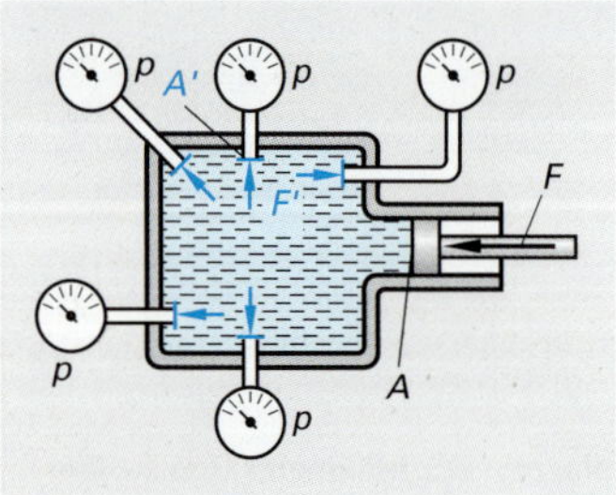

Bild 3: Druckausbreitung

Druckausbreitung (→ Bild 3)

In einer **Flüssigkeit** bzw. einem **Gas** oder einem **Dampf** pflanzt sich der Druck nach allen Seiten in gleicher Größe fort. Die **Druckkraft** wirkt stets in senkrechter Richtung auf die gedrückte Fläche.

Hydraulische Kraftübersetzung (→ **Bild 1**)

Formel	Nr.	Bedeutung
$F_1 = F_2 \cdot \dfrac{D^2}{d^2}$	1	**erzeugte Kolbenkraft** in N

Die Kräfte verhalten sich wie die Quadrate der Durchmesser.

Formel	Nr.	Bedeutung
$V_2 = \dfrac{\pi}{4} \cdot d^2 \cdot s_2$	2	**verdrängtes Flüssigkeitsvolumen** in m³
$V_1 = \dfrac{\pi}{4} \cdot D^2 \cdot s_1$	3	**freigegebenes Flüssigkeitsvolumen** in m³
$W_a = F_2 \cdot s_2$	4	**aufgewendete Arbeit** in Nm
$W_n = F_1 \cdot s_1$	5	**Nutzarbeit** in Nm (ohne Verluste)
$W'_n = F'_1 \cdot s_1$	6	**Nutzarbeit** in Nm (mit Verlusten)
$\eta = \dfrac{W'_n}{W_a} = \dfrac{F'_1 \cdot s_1}{F_2 \cdot s_2}$	7	**Wirkungsgrad** < 1
$\dfrac{s_1}{s_2} = \dfrac{d^2}{D^2} = \dfrac{1}{i}$	8	**Verhältnis der Kolbenwege**

Die Kolbenwege verhalten sich umgekehrt proportional zu den Quadraten der den Kolben zugehörigen Durchmessern.

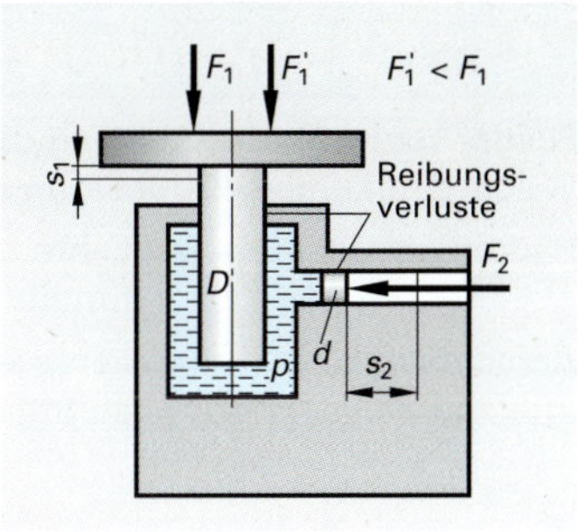

Bild 1: Kraftübersetzung

F_1	erzeugte Kolbenkraft	N
F'_1	erzeugte Kolbenkraft unter Einbeziehung von η	N
F_2	aufgewendete Kolbenkraft	N
d	kleiner Kolbendurchmesser	m
D	großer Kolbendurchmesser	m
s_1	Nutzweg	m
s_2	aufgewendeter Weg	m
i	hydraulisches Kraftübersetzungsverhältnis	1

Hydraulische Druckübersetzung (→ **Bild 2**)

Bei der hydraulischen Druckübersetzung liegen zwei durch den Raum ⊗ getrennte Druckräume ① und ② vor.

Formel	Nr.	Bedeutung
$\dfrac{p_2}{p_1} = \dfrac{D^2}{d^2} = i$	9	**Druckübersetzungsverhältnis**

Die Drücke verhalten sich umgekehrt wie die Quadrate der zugehörigen Kolbendurchmesser.

Formel	Nr.	Bedeutung
$p_2 = p_1 \cdot \dfrac{D^2}{d^2}$	10	**erzeugter Druck** (ohne Verluste)
$p_2 = \eta \cdot p_1 \cdot \dfrac{D^2}{d^2}$	11	**erzeugter Druck** (mit Verlusten)

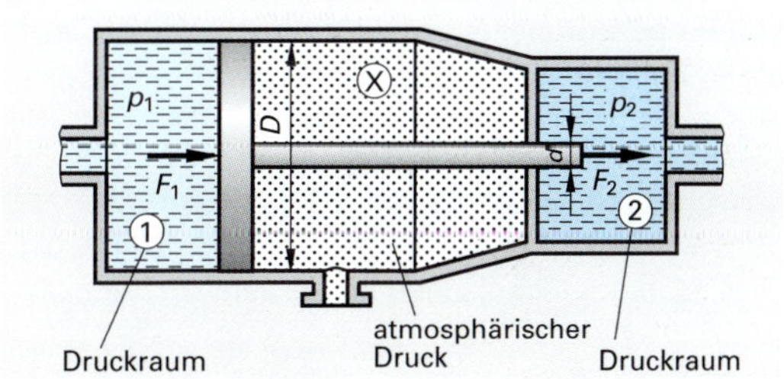

Bild 2: Druckübersetzung

p_1	kleiner Druck	N/m², bar
p_2	großer Druck	N/m², bar
d	kleiner Kolbendurchmesser	m
D	großer Kolbendurchmesser	m
i	Übersetzungsverhältnis	1
η	Wirkungsgrad	1
p_{ges}	Gesamtdruck	N/m², bar
A	am Gefäßboden gedrückte Fläche	m²

Die Bodendruckkraft

Formel	Nr.	Bedeutung
$F_b = p_{ges} \cdot A$	12	**Bodendruckkraft** in N

Bei homogener Füllung des Gefäßes (→ **Bild 3**)

Formel	Nr.
$F_b = h \cdot \varrho \cdot g \cdot A$	13

Die Bodendruckkraft ist nicht von der Form des die Flüssigkeit aufbewahrenden Gefäßes abhängig.

Hydrostatisches Paradoxon

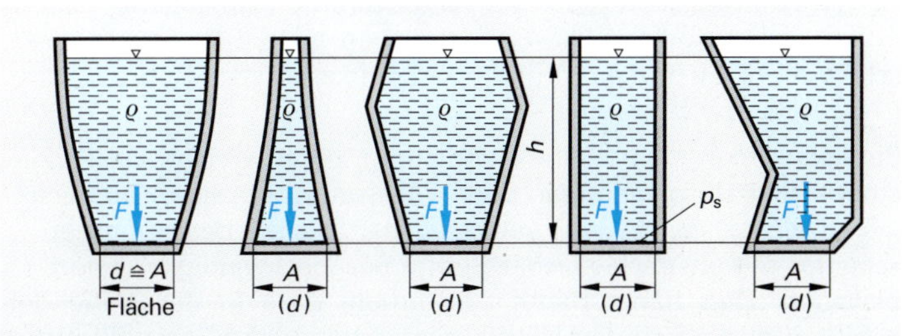

Bild 3: Hydrostatisches Paradoxon

A3 Strömungsgesetze

Fluide werden in die Gruppen der **Flüssigkeiten** sowie der **Gase und Dämpfe** eingeteilt. Strömen solche Fluide, dann unterscheidet man wie folgt:

Hydrodynamik ⟶ Lehre von den strömenden inkompressiblen Flüssigkeiten und den dabei auftretenden Kräften.

Aerodynamik ⟶ Lehre von den strömenden kompressiblen Gasen und Dämpfen und den dabei auftretenden Kräften.

3.1 Definition des inkompressiblen Fluids

In der Hydrodynamik wird **Inkompressibilität** vorausgesetzt, d. h., dass die strömenden Medien nicht zusammendrückbar sind. Diese Voraussetzung hat in der Aerodynamik nur eine sehr eingeschränkte Gültigkeit. Der folgende Sachverhalt ist zu beachten:

Inkompressibilität, d. h. Vernachlässigung von Dichteänderungen infolge Druckänderung, ist bei **strömenden Flüssigkeiten** im Allgemeinen gegeben, bei **strömenden Gasen** und bei **strömenden Dämpfen** jedoch nur unter der Bedingung, dass die **Strömungsgeschwindigkeit** im Vergleich zur **Schallgeschwindigkeit im Strömungsmittel** klein ist.

Die Berechnung der Schallgeschwindigkeit kann mit speziellen Formeln, die die Art des Mediums und z. B. auch dessen geometrische Form berücksichtigen, ermittelt werden. Hier sei nur so viel mitgeteilt, dass die Schallgeschwindigkeit ganz wesentlich durch die Temperatur des Mediums beeinflusst wird. Wird z. B. die Lufttemperatur bei Normal-Luftdruck von 0 °C auf 15 °C erhöht, so erhöht sich die Schallgeschwindigkeit in der Luft von 331 m/s auf 340 m/s.

Gase und Dämpfe werden in der Strömungslehre als **inkompressible Fluide** behandelt, wenn die Strömungsgeschwindigkeit $\boldsymbol{v} \leq$ **100 m/s** ist.

Dies ist in der technischen Praxis sehr oft der Fall.

3.2 Die stationäre Strömung ohne Reibungsverluste

Bei den nun folgenden Überlegungen wird zunächst eine **reibungsfreie Rohrströmung** angenommen. Dies ist fernab jeder technischen Realität, aber zum Verständnis der Strömungslehre eine zunächst notwendige Annahme.

Strömungsverluste sind bei der **realen Strömung** zu berücksichtigen und werden deshalb an späterer Stelle in die Überlegungen einbezogen.

Nach **DIN 1304-5** „Formelzeichen für die Strömungsmechanik" wird in der Strömungslehre als Formelzeichen für die **Strömungsgeschwindigkeit** v (früher w) und für deren kartesische Koordinaten (→ A1.4) u, v, w verwendet.

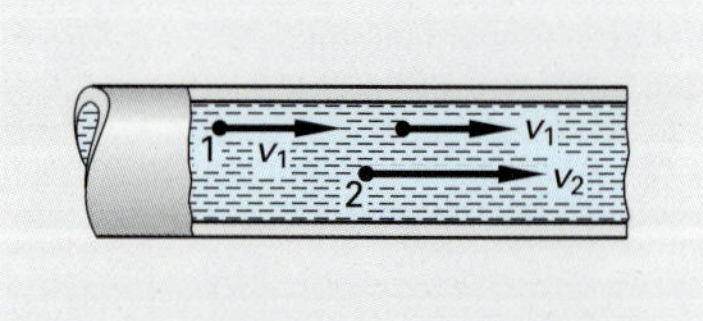

Bild 1: Strömungsgeschwindigkeit

Betrachtet man einmal eine Rohrleitung, durch welche ein Fluid strömt **(Bild 1)**, so kann man durch Messung feststellen, dass sich die Flüssigkeitsteilchen an verschiedenen Stellen des Rohrquerschnittes mit unterschiedlicher Strömungsgeschwindigkeit v fortbewegen. Dies hängt damit zusammen, dass in der Nähe der Rohrwand starke Reibungskräfte zwischen dieser und den Flüssigkeitsteilchen wirken. Das Flüssigkeitsteilchen 1 wird also zwangsläufig eine kleinere Strömungsgeschwindigkeit haben als das Flüssigkeitsteilchen 2, welches weiter von der Rohrwand entfernt ist. In diesem Fall spricht man von einer **stationären Rohrströmung.** Wir halten fest:

Bei einer stationären Rohrströmung treten örtlich – in Abhängigkeit vom Abstand zur Rohrwand – Geschwindigkeitsunterschiede auf, zeitlich ändern sich aber die Geschwindigkeiten an bestimmten Stellen im Rohrquerschnitt nicht.

Aus der Darstellung des **Bildes 1/26** geht weiter hervor, dass bei konstantem Rohrquerschnitt und stationärer Rohrströmung die Strömungsgeschwindigkeit im gleichen Abstand zur Rohrwand über die gesamte Rohrlänge konstant ist.

3.3 Stromlinie und Stromröhre

In **Bild 1/26** sind die verschiedenen Strömungsgeschwindigkeiten v_1 und v_2 durch Geschwindigkeitspfeile (→ **A1.4**) dargestellt. Diese Pfeile kennzeichnen **Größe und Richtung** der Strömungsgeschwindigkeit an einem bestimmten Ort in der Rohrleitung. **Bild 1** erläutert an einer gekrümmten Rohrleitung den Begriff **Stromlinie:**

Unter einer Stromlinie versteht man die sinnvolle Verbindung aller Punkte, in denen die Strömungsgeschwindigkeit die gleiche Größe hat. Der Geschwindigkeitspfeil ist stets tangential zur Stromlinie gerichtet.

Ordnet man einer Stromlinie eine geringe radiale Ausdehnung zu, so spricht man von einer **Stromröhre** oder einem **Stromfaden (Bild 2)**.

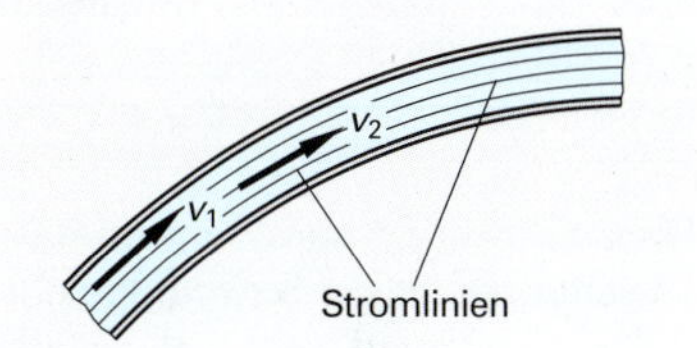

Bild 1: Stromlinien

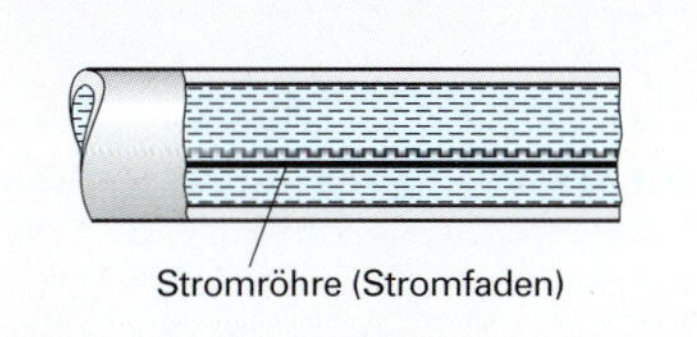

Bild 2: Stromröhre

3.4 Die Kontinuitätsgleichung für inkompressible Medien

Beim beschriebenen örtlichen Geschwindigkeitsunterschied im Querschnitt einer Rohrleitung mit maximaler Geschwindigkeit v_{max} in der Mitte der Rohrleitung muss es zwangsläufig so sein, dass für die Berechnung eines in einer bestimmten Zeit durchfließenden Fluidvolumens eine **mittlere Geschwindigkeit** v, die auch als **Durchschnittsgeschwindigkeit** v bezeichnet wird, zu Grunde zu legen ist. **Bild 3** zeigt eine Rohrleitung mit örtlich unterschiedlichem Querschnitt:

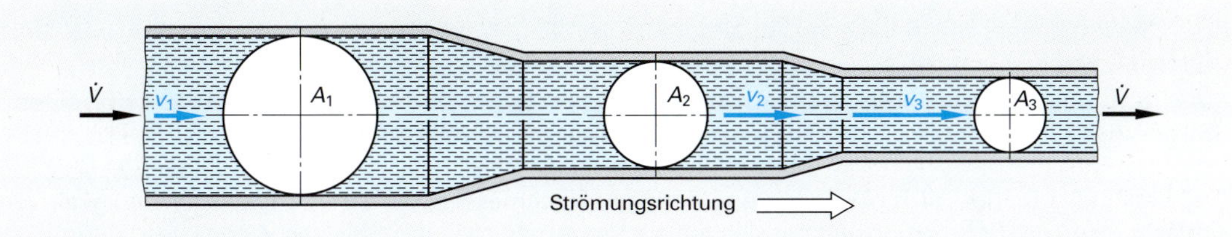

Bild 3: Rohrleitung mit Reduzierungen

Setzt man nun **Inkompressibilität des Fluids** voraus, dann kann gefolgert werden, dass sich die Strömungsgeschwindigkeiten wegen des **zeitlich konstanten Strömungsvolumens** $\dot{V}$ mit kleiner werdendem Querschnitt vergrößern. Es ist somit $v_1 < v_2 < v_3$. Wie gesagt, wird mit der mittleren Strömungsgeschwindigkeit v gerechnet. Diese Annahme hat keinen Einfluss auf die Berechnung des in einer bestimmten Zeit strömenden „Fluidvolumens".

Infolge des wegen der Inkompressibilität unveränderlichen Volumens des Fluids ist bei einer geschlossenen Rohrleitung in jedem Querschnitt das in der Zeiteinheit durchfließende Fluidvolumen konstant, der Volumenstrom ist somit kontinuierlich.

Man bezeichnet das in der Zeiteinheit durch den Rohrquerschnitt fließende Fluidvolumen als den

Volumenstrom $\dot{V}$ oder auch als den **Durchsatz $\dot{V}$**. Einheit: **m^3/s**

Da ein kontinuierlicher Volumenstrom vorausgesetzt wird, ergibt sich für diesen

Volumenstrom $\dot{V} = A \cdot v$ [1] $\quad [\dot{V}] = [A] \cdot [v] = m^2 \cdot \frac{m}{s} = \frac{m^3}{s}$

Dabei ist: A = Strömungsquerschnitt in m^2
v = mittlere Strömungsgeschwindigkeit in $\frac{m}{s}$

Es ist also: $\dot{V} = A_1 \cdot v_1 = A_2 \cdot v_2 = A_3 \cdot v_3 = \ldots\ldots = \text{konst.}$ [2]

Diese Gleichung heißt **Kontinuitätsgleichung** oder auch **Durchflussgleichung.** Sie ist eine der wichtigsten Gleichungen in der Strömungslehre.

Der Volumenstrom $\dot{V}$ eines inkompressiblen Fluids errechnet sich aus dem Produkt von Strömungsquerschnitt A und mittlerer Strömungsgeschwindigkeit v. Er ist in einem geschlossenen Rohrleitungssystem konstant.

Mit $m = V \cdot \varrho$ ist $V = \frac{m}{\varrho}$ und damit auch $\dot{V} = \frac{\dot{m}}{\varrho}$. Man bezeichnet $\dot{m}$ als den **Massenstrom.**

$[\dot{m}] = [A] \cdot [v] \cdot [\varrho]$

$\dot{m} = \dot{V} \cdot \varrho = A \cdot v \cdot \varrho$ [3] **Massenstrom** $\quad [\dot{m}] = m^2 \cdot \frac{m}{s} \cdot \frac{kg}{m^3} = \frac{kg}{s}$

Unter dem Massenstrom $\dot{m}$ versteht man also die in der Zeiteinheit durch eine Rohrleitung fließende Fluidmasse.

Stellt man die Kontinuitätsgleichung wie folgt um und setzt man einmal (wie dies häufig der Fall ist) kreisförmige Querschnitte voraus, dann ergibt sich das Folgende:

$$\dot{V} = A_1 \cdot v_1 = A_2 \cdot v_2 \longrightarrow \frac{v_1}{v_2} = \frac{A_2}{A_1} \; [4] \longrightarrow \frac{v_1}{v_2} = \frac{\frac{\pi \cdot d_2^2}{4}}{\frac{\pi \cdot d_1^2}{4}} \longrightarrow \frac{v_1}{v_2} = \frac{d_2^2}{d_1^2} \; [5]$$

Die Strömungsgeschwindigkeiten inkompressibler Fluide verhalten sich umgekehrt wie die Strömungsquerschnitte.
Die Strömungsgeschwindigkeiten inkompressibler Fluide verhalten sich bei kreisförmigen Strömungsquerschnitten umgekehrt wie die Quadrate der Durchmesser.

Dies bedeutet z.B., dass sich bei Halbierung des Rohrdurchmessers die Strömungsgeschwindigkeit vervierfacht, denn der Rohrquerschnitt hat sich auf ein Viertel seines ursprünglichen Wertes verkleinert.

3.5 Kontinuitätsgleichung des kompressiblen Massenstroms

Wie Sie bereits wissen, werden Gase und Dämpfe als inkompressible Fluide behandelt, wenn die Strömungsgeschwindigkeit $v \leq 100$ m/s beträgt. Dies ist damit zu begründen, dass die **Massenträgheitskräfte** (→ A1.6) erst bei größeren Strömungsgeschwindigkeiten, vor allem wenn die Fluide umgelenkt werden, eine größere Wirkung auf das Fluid entfalten, und zwar durch **Volumenverkleinerung** und damit **Dichtevergrößerung.** Diese Dichtevergrößerung ist jedoch i. d. R. relativ gering. So lässt sich z. B. in Versuchen nachweisen, dass Luft im Normalzustand (ϑ = 0 °C, p = 1,01325 bar) (→ A5.3) bei einer Zunahme der Strömungsgeschwindigkeit von 0 auf 60 m/s – dies ist eine Geschwindigkeitsänderung von ca. 220 km/h – in sehr kurzen Beschleunigungszeiten die Dichte um nur 2 % vergrößert. Aus dieser Tatsache leitet sich für die technische Praxis die bereits bekannte Regel – die wegen ihrer Wichtigkeit nochmals genannt wird – her:

Gase und Dämpfe werden in der Strömungslehre als inkompressible Fluide behandelt, wenn die Strömungsgeschwindigkeit $v \leq 100$ m/s ist.

Für **Flüssigkeiten** gelten in der Strömungslehre uneingeschränkt die Strömungsgesetze der inkompressiblen Fluide.

Zusammenfassend wird nochmals darauf hingewiesen, dass in der Strömungslehre zwischen den inkompressiblen Fluiden und den kompressiblen Fluiden unterschieden werden muss.

Wegen der sich beim Strömen eines kompressiblen Fluids verändernden Dichte ϱ kann in diesem Fall nicht mehr – im Gegensatz zur inkompressiblen Strömung – von einem konstanten Volumenstrom ausgegangen werden. Demzufolge gilt:

Beim Strömen eines kompressiblen Fluids ist der Volumenstrom $\dot{V}$ im Leitungssystem nicht konstant, d. h. er ist veränderlich.

Unabhängig davon, ob es sich um eine kompressible oder eine inkompressible Strömung handelt, ist es aber so, dass bei der **stationären Rohrströmung ein konstanter Massenstrom** $\dot{m}$ gegeben ist.

Diesen Sachverhalt zeigt **Bild 1** und er wird vom **Massenerhaltungssatz** beschrieben:

Die in der Zeiteinheit durch jede Querschnittsfläche einer Rohrleitung hindurchfließende Masse, der Massenstrom $\dot{m}$ (auf die Zeit bezogene durchgeströmte Masse), ist konstant.

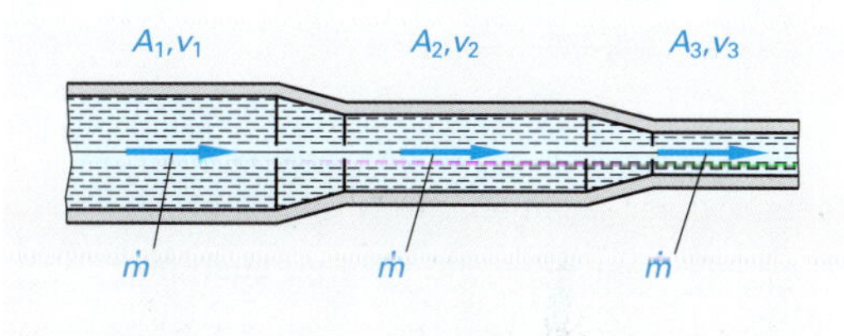

Bild 1: Konstanter Massenstrom

Der Massenerhaltungssatz hat für kompressible und inkompressible Fluide Gültigkeit. Seine mathematische Form lautet wie folgt:

$$\dot{m} = \varrho \cdot v \cdot A = \text{konst.} \quad \text{in } \frac{\text{kg}}{\text{s}} \qquad (1)$$

Allgemeine Kontinuitätsgleichung

ϱ = Fluiddichte in $\frac{\text{kg}}{\text{m}^3}$ v = Strömungsgeschwindigkeit in $\frac{\text{m}}{\text{s}}$ A = Strömungsquerschnitt in m^2

Zusammenfassend:

Fluid	inkompressibel	kompressibel
Kontinuitätsgleichung	$\dot{V} = v \cdot A = \text{konst.}$ und $\dot{m} = \varrho \cdot v \cdot A = \text{konst.}$	$\dot{m} = \varrho \cdot v \cdot A = \text{konst.}$

Für kompressible Fluide gilt somit ausschließlich die

Allgemeine Kontinuitätsgleichung

$$\varrho_1 \cdot v_1 \cdot A_1 = \varrho_2 \cdot v_2 \cdot A_2 = \varrho_3 \cdot v_3 \cdot A_3 = \ldots\ldots = \text{konst.} \qquad (2)$$

Das Produkt $\varrho \cdot v$ wird in der Strömungslehre als **Massenstromdichte** bezeichnet.

3.6 Die Energiegleichung nach Bernoulli

Mithilfe des Energieerhaltungssatzes der Dynamik hat der Schweizer Mathematiker und Physiker Daniel **Bernoulli (1700 bis 1782)** eine weitere wichtige Strömungsgleichung – die **Energiegleichung** – aufgestellt. Diese **„Bernoulli'sche Gleichung"** ist neben der Kontinuitätsgleichung die zweite grundlegende Beziehung, auf der alle Berechnungen in der Strömungslehre aufbauen. Der Energiesatz lautet:

Die Energie am Ende eines technischen Vorganges ist genauso groß wie die Summe der Energien am Anfang und der während des technischen Vorganges zu- oder abgeführten Energien.

Da die **Strömungsverluste** vorerst noch unberücksichtigt bleiben sollen und eine **stationäre Rohrströmung** zu Grunde gelegt wird, kann man davon ausgehen, dass während der Strömung durch die Rohrleitung dem Fluid weder Energie zu- noch abgeführt wird. Nun stellt sich natürlich die Frage nach den bei der Fluidströmung beteiligten Energien. Klarheit hierüber wird uns **Bild 1** verschaffen.

Bild 1 zeigt eine sich verjüngende in Strömungsrichtung abfallende Rohrleitung. Es ist zu erkennen, dass sich beim Strömen vom Punkt ① zum Punkt ② die **potenzielle Energie**

$$W_{pot} = m \cdot g \cdot h \quad (1)$$

und wegen der Geschwindigkeitsveränderung auch die **kinetische Energie**

$$W_{kin} = \frac{m}{2} \cdot v^2 \quad (2)$$

verändern (→ A1.11).

Diese Energien repräsentieren jeweils einen Teilbetrag der gesamten **Strömungsenergie.**

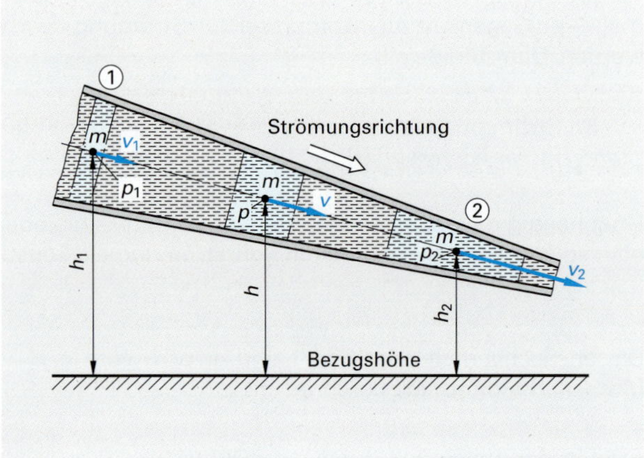

Bild 1: Strömendes Fluid

Da an jeder Stelle der Rohrleitung auch ein **statischer Druck** vorhanden ist, beinhaltet die Strömungsenergie zum Teil auch **Druckenergie** (→ A6.1)

Man erkennt:

$$W_d = p \cdot V \quad (3) \qquad \longrightarrow \mathbf{[W_d]} = [p] \cdot [V] = \frac{N}{m^2} \cdot m^3 = \mathbf{Nm}$$

In einem strömenden Fluid ist neben kinetischer Energie auch potenzielle Energie und Druckenergie gespeichert.

Dies war die Erkenntnis von Bernoulli und demzufolge lautet an jeder Stelle der Rohrleitung die Bernoulli´sche Gleichung in ihrer einfachsten Form:

$$W = W_d + W_{pot} + W_{kin} = \text{konst.} \quad (4)$$

Setzt man die o. g. Berechnungsgleichungen ein, dann erhält man bei $\boldsymbol{m = V \cdot \varrho}$ die **Bernoulli'sche Energiegleichung**

$$W = p \cdot V + V \cdot \varrho \cdot g \cdot h + \frac{V \cdot \varrho}{2} \cdot v^2 = \text{konst.} \quad (5)$$

Beim Vergleich der Stellen ① und ② wird schließlich

$$p_1 \cdot V + V \cdot \varrho \cdot g \cdot h_1 + \frac{V \cdot \varrho}{2} \cdot v_1^2 = p_2 \cdot V + V \cdot \varrho \cdot g \cdot h_2 + \frac{V \cdot \varrho}{2} \cdot v_2^2$$

Teilt man nun beide Seiten dieser Gleichung durch das Volumen V, dann erhält man die
Bernoulli'sche Druckgleichung

$$p_1 + \varrho \cdot g \cdot h_1 + \frac{\varrho}{2} \cdot v_1^2 = p_2 + \varrho \cdot g \cdot h_2 + \frac{\varrho}{2} \cdot v_2^2 \quad (1)$$

Beide Gleichungsseiten setzen sich also aus drei Summanden zusammen, deren jeweilige Einheit eine **Druckeinheit** ist. Dies zeigen die folgenden Einheitengleichungen:

$$[p] = \frac{\mathbf{N}}{\mathbf{m^2}} \longrightarrow \textbf{statischer Druck } p_{st}$$

$$[\varrho] \cdot [g] \cdot [h] = \frac{kg}{m^3} \cdot \frac{m}{s^2} \cdot m = \frac{kgm}{s^2} \cdot \frac{1}{m^2} = \frac{\mathbf{N}}{\mathbf{m^2}} \longrightarrow \textbf{geodätischer Druck } p_h$$

$$[\varrho] \cdot [v^2] = \frac{kg}{m^3} \cdot \left(\frac{m}{s}\right)^2 = \frac{kg}{m^3} \cdot \frac{m^2}{s^2} = \frac{kgm}{s^2} \cdot \frac{1}{m^2} = \frac{\mathbf{N}}{\mathbf{m^2}} \longrightarrow \textbf{Geschwindigkeitsdruck } p_{dyn}$$

Der **Geschwindigkeitsdruck** wird auch als **kinetischer Druck** oder **Staudruck** bezeichnet. Auch die Bezeichnung **dynamischer Druck** ist geläufig.

In einem (als verlustfrei angenommenen) strömenden Fluid ist die Summe aus dem statischen Druck, dem geodätischen Druck und dem Geschwindigkeitsdruck an jeder Stelle konstant.

Die Summe $p_{st} + p_h + p_{dyn}$ heißt **Gesamtdruck** p_{ges}. Bei einem verlustfrei strömenden Fluid ist also der Gesamtdruck gemäß der Druckgleichung von Bernoulli eine konstante Größe. In der technischen Anwendung hat es sich als vorteilhaft erwiesen, die Druckgleichung durch das

Produkt Dichte ϱ mal Erdbeschleunigung g

zu dividieren. Man erhält dann die **Bernoulli'sche Druckhöhengleichung**

$$\frac{p_1}{\varrho \cdot g} + h_1 + \frac{v_1^2}{2\,g} = \frac{p_2}{\varrho \cdot g} + h_2 + \frac{v_2^2}{2\,g} \quad (2)$$

Auch hier setzen sich die beiden Gleichungsseiten jeweils aus drei Summanden zusammen, deren Einheit nun allerdings eine **Höheneinheit** ist. Dies zeigen die drei folgenden Einheitengleichungen:

$$\frac{[p]}{[\varrho] \cdot [g]} = \frac{\frac{N}{m^2}}{\frac{kg}{m^3} \cdot \frac{m}{s^2}} = \frac{\frac{kgm}{s^2 \cdot m^2}}{\frac{kg}{m^3} \cdot \frac{m}{s^2}} = \frac{kgm}{s^2 \cdot m^2} \cdot \frac{m^3 \cdot s^2}{kg \cdot m} = \mathbf{m} \longrightarrow \textbf{statische Höhe } h_{st}$$

$$[h] = \mathbf{m} \longrightarrow \textbf{geodätische Höhe } h$$

$$\left[\frac{v^2}{g}\right] = \frac{\left(\frac{m}{s}\right)^2}{\frac{m}{s^2}} = \frac{m^2}{s^2} \cdot \frac{s^2}{m} = \mathbf{m} \longrightarrow \textbf{Geschwindigkeitshöhe } h_{dyn}$$

In einem (als verlustfrei angenommenen) strömenden Fluid ist die Summe aus der statischen Höhe, der geodätischen Höhe und der Geschwindigkeitshöhe an jeder Stelle konstant.

Die Summe aus diesen drei Einzelhöhen heißt **Gesamthöhe**

$$h_{ges} = h_{st} + h + h_{dyn} \quad (3) \qquad \text{in m}$$

Die Geschwindigkeitshöhe h_{dyn} wird auch noch als **kinetische Höhe,** als **Stauhöhe** oder meist als **dynamische Höhe** bezeichnet.

In der technischen Praxis kommt meist die Druckgleichung oder die Druckhöhengleichung (weniger die Energiegleichung) zur Anwendung.

Bild 1/32 zeigt einen beliebigen **Strömungskörper** mit an drei Stellen aufgesetzten Röhren. Diese Röhren werden als **Piezometer** bezeichnet und sie füllen sich entsprechend dem statischen Druck an der betreffenden Stelle verschieden hoch mit Fluid. Es wird also die Druckhöhengleichung mithilfe von Piezometern dargestellt. Deutlich ist zu erkennen, dass an den Orten kleiner Geschwindigkeit die statischen Höhen größer werden. Dies geschieht jedoch nicht im Verhältnis der Geschwindigkeitsveränderungen, da auch die Veränderungen der geodätischen Höhen berücksichtigt werden müssen. Immer ist jedoch

$$\boldsymbol{h_{ges} = h_{st} + h + h_{dyn}}.$$

Verbindet man die Endpunkte der Summen aller Höhen (bezogen auf eine Bezugshöhe), dann erhält man eine horizontale Linie, die als **ideelle Energielinie** bezeichnet wird. Der horizontale Verlauf dieser Linie ist dadurch zu erklären, dass die **Strömungsverluste nicht berücksichtigt** sind.

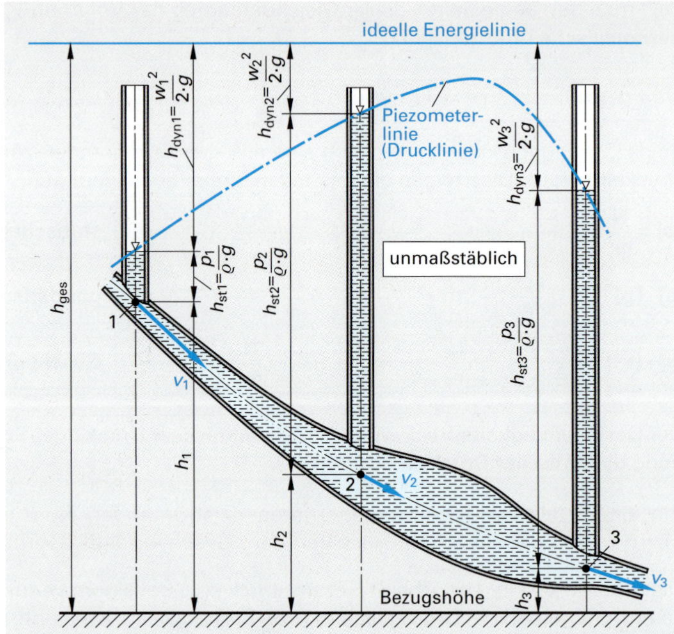

Bild 1: Piezometerlinie und ideelle Energielinie

Verbindet man alle Piezometerspiegel, dann erhält man die **Piezometerlinie,** die auch als **Drucklinie** bezeichnet wird. Sie zeigt sehr übersichtlich die Druckverhältnisse in der Rohrleitung.

Die Piezometerlinie liegt an jeder Stelle der Rohrleitung um den Betrag der Geschwindigkeitshöhe unterhalb der ideellen Energielinie.

Bild 2 zeigt eine **horizontal verlaufende Rohrleitung,** deren Querschnitt sich in Fließrichtung reduziert. **Die geodätische Höhe** h **ist** also **konstant**. Somit gilt:

$$h_1 = h_2 = h_3 = \ldots = \text{konst.}$$

Daraus folgt zwingend:

$$\boldsymbol{h_{st} + h_{dyn} = \text{konst.}}$$

Beim Strömen eines inkompressiblen Fluids durch eine horizontale Rohrleitung liegt an den Stellen großer Geschwindigkeit ein kleiner statischer Druck vor.

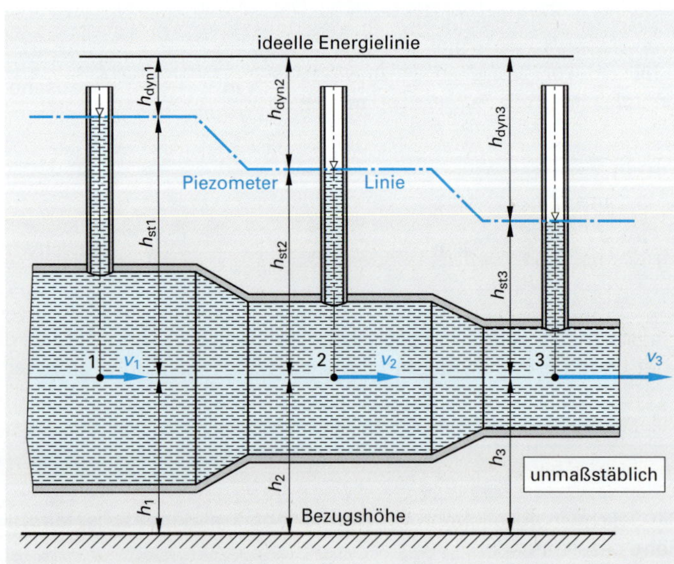

Bild 2: Horizontale Rohrleitung

Die Gleichungen nach Bernoulli lauten somit:

$$W = p \cdot V + \frac{V \cdot \varrho}{2} \cdot v^2 = \text{konst.} \quad (1)$$

Bernoulli'sche Energiegleichung für horizontale Rohrleitung

$$p_1 + \frac{\varrho}{2} \cdot v_1^2 = p_2 + \frac{\varrho}{2} \cdot v_2^2 \quad (1)$$

Bernoulli'sche Druckgleichung für horizontale Rohrleitung

$$\frac{p_1}{\varrho \cdot g} + \frac{v_1^2}{2 \cdot g} = \frac{p_2}{\varrho \cdot g} + \frac{v_2^2}{2 \cdot g} \quad (2)$$

Bernoulli'sche Druckhöhengleichung für horizontale Rohrleitung

Wiederholung und Vertiefung

A1 Nennen Sie das strömungstechnische Kriterium für inkompressible Gase bzw. Dämpfe.

A2 Unterscheiden Sie den Volumenstrom vom Massenstrom.

A3 Erklären Sie den Begriff Stromröhre.

A4 Durch den Querschnitt einer Rohrleitung strömen in 35 Minuten bei einem Innendurchmesser von d_i = 35 mm V = 12 m³ Wasser. Berechnen Sie die Strömungsgeschwindigkeit in m/s und in m/min.

A5 Eine Wasserleitung soll in der Stunde 12 m³ Wasser fördern und die Strömungsgeschwindigkeit soll maximal 0,6 m/s sein. Welcher Innendurchmesser ist mindestens erforderlich?

A6 In einer waagerechten Rohrleitung mit dem Innendurchmesser d_1= 83,5 mm fließt Druckwasser mit einem absoluten Druck p_{st} = 7 bar. In einem Reduzierstück verjüngt sich der Querschnitt auf den Innendurchmesser d_2 = 57,5 mm. Der Durchsatz beträgt $\dot{V}$ = 0,05 m³/s. Berechnen Sie
a) die Strömungsgeschwindigkeiten v_1 und v_2,
b) den absoluten Druck p_{st} im Querschnitt 2.

A7 Aus welchen Beträgen setzt sich bei einem strömenden Fluid die Gesamtdruckhöhe h_{ges} zusammen?

A8 Was versteht man unter der ideellen Energielinie?

A9 Was versteht man unter einem Piezometer und was unter der Piezometerlinie?

A10 Was versteht man unter der geodätischen Höhe und wie verläuft eine Rohrleitung, wenn deren geodätische Höhe konstant ist?

A4 Fluidreibung

Bei den bisher entwickelten Gesetzen der Hydrodynamik und der Aerodynamik wurde die **Fluidreibung** wegen der sonst zunächst sehr großen Komplexität vernachlässigt.

4.1 Innere Reibung

Es wurde jedoch mehrfach darauf hingewiesen, dass die Fluidreibung berücksichtigt werden kann, ja berücksichtigt werden muss. Der Nachweis dieser Fluidreibung kann mit einem sehr einfachen Versuch, gemäß **Bild 1,** erfolgen:

Verschiebt man mit einer bestimmten Geschwindigkeit v einen festen Körper, der auf einer Fluidschicht schwimmt, die ihrerseits auf einem festen Körper lagert, so ist dazu eine Verschiebekraft F erforderlich. Da die **Fluidschichten** infolge der **Adhäsionskräfte** unmittelbar an den Grenzflächen haften, kann vorausgesetzt werden, dass die **Relativgeschwindigkeit** zwischen den festen Körpern und dem Fluid jeweils null ist. Da aber andererseits zwischen den festen Körpern eine Relativgeschwindigkeit vorliegt und da auch eine Verschiebekraft F gemessen wird, müssen zwangsläufig die einzelnen Fluidschichten gegeneinander gleiten. Dies lässt den Schluss zu:

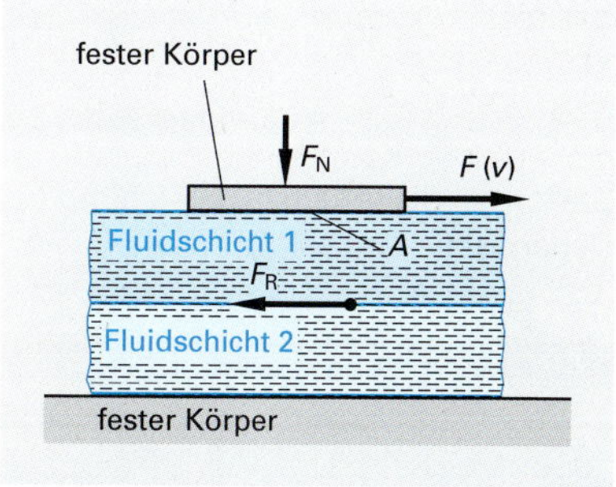

Bild 1: Fluidschichten

Zwischen gegeneinander bewegten Fluidschichten wirken Reibungskräfte F_R. Man spricht von der **inneren Reibung.**

Im Gegensatz zur äußeren Reibung (Reibung zwischen zwei festen Körpern), die in der **Mechanik der festen Körper** ($\rightarrow$ **A1.10**) behandelt wird, werden die Gesetze der **inneren Reibung** innerhalb der **Fluidmechanik** besprochen. Der in **Bild 1/33** dargestellte Versuch wurde bereits von dem englischen Physiker und Mathematiker Isaak **Newton (1643 bis 1727)** durchgeführt und im Gegensatz zur äußeren Reibung stellte er, bezogen auf die innere Reibung, die folgenden Abhängigkeiten fest:

Die innere Reibung hängt nicht von der Normalkraft F_N, dafür aber von der Größe der Berührungsfläche A und von der Größe der Gleitgeschwindigkeit v ab.

4.2 Zähigkeit der Fluide

In der Realität entstehen also bei gegenseitiger Verschiebung von Fluidteilchen **innere Reibungskräfte.** Dies sind Reaktionskräfte zu den äußeren Kräften. Die Größe dieser inneren Reibungskräfte hängt ganz wesentlich von einer Flüssigkeitseigenschaft ab, die als Fließfähigkeit oder **Fluidität,** meist jedoch als **Zähigkeit** oder **Viskosität** bezeichnet wird. **Bild 1** zeigt nochmals den bereits beschriebenen Versuch von Newton, der im Folgenden weiter erläutert wird:

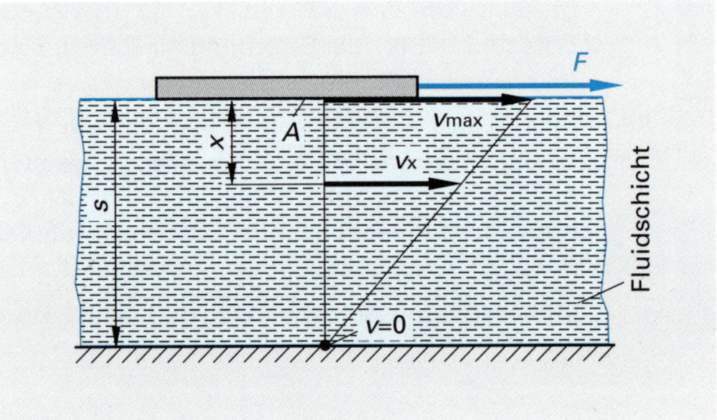

Bild 1: Newton'scher Versuch

Wie bereits gesagt, ist die Größe der Reibungskraft, d. h. aber auch die Größe der Verschiebekraft F (die ja eine Reaktionskraft der Reibungskraft ist), von der Größe der Berührungsfläche A und von der Verschiebegeschwindigkeit v ab, und zwar direkt proportional. Eine umgekehrt proportionale Abhängigkeit liegt zur Schichtdicke s vor. Außerdem kommt es natürlich – wie bereits erwähnt – auf die **Fließfähigkeit** des untersuchten Fluids an. So ist es z. B. nicht gleichgültig, ob es sich bei dem Fluid um dünnflüssiges Wasser oder um ein dickflüssiges Öl handelt. Das Maß hierfür ist die bereits erwähnte Zähigkeit bzw. die Viskosität. Man unterscheidet die **dynamische Viskosität** von der **kinematischen Viskosität.** Das **Newton'sche Gesetz** lautet:

Die Verschiebekraft F ist direkt proportional der Größe der Berührungsfläche A, der Verschiebegeschwindigkeit v und der dynamischen Viskosität η sowie umgekehrt proportional der Dicke s der Fluidschicht.

$$F = \eta \cdot A \cdot \frac{v}{s} \quad (1)$$

Verschiebekraft

F	η	A	v	s
N	Pa · s	m²	$\frac{\text{m}}{\text{s}}$	m

Dabei ist:

η = dynamische Zähigkeit = dynamische Viskosität
A = Größe der Verschiebefläche
v = Verschiebegeschwindigkeit der Platte (fester Körper)
s = Schichtdicke des Fluids

Stellt man die erhaltene Gleichung nach η um, dann erhält man eine Definitionsgleichung für die **Dynamische Viskosität**

$$\eta = \frac{F \cdot s}{v \cdot A} \quad (2)$$

$$[\eta] = \frac{[F] \cdot [s]}{[v] \cdot [A]} = \frac{\text{N} \cdot \text{m}}{\frac{\text{m}}{\text{s}} \cdot \text{m}^2}$$

$$[\eta] = \frac{\text{N} \cdot \text{s}}{\text{m}^2} = \text{Pa} \cdot \text{s}$$

Die **Einheit der dynamischen Viskosität** (dynamische Zähigkeit) ist die **Pascalsekunde.**

Die Ermittlung der Viskosität kann mithilfe des Versuches von Newton erfolgen. Meist werden dazu jedoch spezielle Geräte verwendet, die als **Viskosimeter** bezeichnet werden.

Der Wert der Viskosität ist bei Flüssigkeiten stark, bei Gasen und Dämpfen schwach **temperaturabhängig.** Einige Fluide (z. B. Luft) verändern ihre Viskosität auch bei **Druckänderungen.** Dies ist in **Tabelle 1,** die einige Zähigkeitswerte zeigt, berücksichtigt. Insbesondere bei Schmierölen ist der **Temperatureinfluss** von großer Bedeutung.

Viskositätswerte beziehen sich stets auf einen bestimmten Druck und eine bestimmte Temperatur des Fluids.

Tabelle 1: Viskositätswerte

Stoff und Temperatur	kinematische Zähigkeit in Pa · s bei Normalluftdruck p_n
Wasser bei 0 °C	$1{,}79 \cdot 10^{-3}$
Wasser bei 20 °C	$1{,}01 \cdot 10^{-3}$
Wasser bei 100 °C	$0{,}28 \cdot 10^{-3}$
Luft bei 0 °C	$1{,}7 \cdot 10^{-5}$
Luft bei 20 °C	$1{,}8 \cdot 10^{-5}$
Schmieröl bei 20 °C	0,1 bis 0,3
Schmieröl bei 100 °C	0,01 bis 0,20

Mit zunehmender Temperatur nimmt die Viskosität bei Flüssigkeiten stark ab, bei Gasen und Dämpfen schwach zu.

In der technischen Anwendung wird meist mit dem Verhältnis der dynamischen Zähigkeit η zur Fluiddichte ϱ gerechnet. Dieses Verhältnis wird als **kinematische Zähigkeit** bezeichnet. Formelzeichen ist das ν (ny).

Das Verhältnis der dynamischen Viskosität η zur Fluiddichte ϱ heißt kinematische Viskosität ν.

$$\nu = \frac{\eta}{\varrho} \quad (1)$$

Kinematische Viskosität →

$$[\nu] = \frac{[\eta]}{[\varrho]} = \frac{\frac{N \cdot s}{m^2}}{\frac{kg}{m^3}} = \frac{N \cdot s}{m^2} \cdot \frac{m^3}{kg} = \frac{kgm \cdot s \cdot m^3}{s^2 \cdot m^2 \cdot kg} = \mathbf{\frac{m^2}{s}}$$

Die Einheit der kinematischen Viskosität ist der Quadratmeter pro Sekunde.

Tabelle 2 zeigt die kinematischen Viskositäten einiger Stoffe in **Abhängigkeit von Druck und Temperatur.** Zähigkeitsangaben bei technischen Fluiden – z. B. bei Motorenöl – sind solche der kinematischen Viskosität. Bei den heutigen, meist **synthetischen Ölen** kann ein Einsatz in großen Temperaturbereichen erfolgen, und man spricht dann von **Mehrbereichsölen. Bild 1** zeigt eine temperaturabhängige **Viskositätskurve** für Motorenöl HD-SAE 10W-30.

Die früher verwendete Viskositätsangabe in **Englergrad** (nach dem deutschen Ingenieur **Engler**) ist nicht mehr zulässig. Ebenfalls nicht mehr gesetzlich zugelassen ist die Angabe der kinematischen Viskosität in **Stokes,** obwohl sie eigentlich in das Dezimalsystem passt.

Tabelle 2: Viskositätswerte

Stoff und Temperatur	kinematische Zähigkeit in $\frac{m^2}{s}$ bei Normalluftdruck
Ethanol bei 20 °C	$1{,}5 \cdot 10^{-6}$
Benzol bei 20 °C	$0{,}74 \cdot 10^{-6}$
Glyzerin bei 20 °C	$850 \cdot 10^{-6}$
Wasser bei 0 °C	$1{,}79 \cdot 10^{-6}$
Wasser bei 20 °C	$1{,}01 \cdot 10^{-6}$
Wasser bei 100 °C	$0{,}28 \cdot 10^{-6}$
Luft bei 0 °C	$13{,}2 \cdot 10^{-5}$
Luft bei 20 °C	$16{,}9 \cdot 10^{-5}$
Luft bei 100 °C	$181 \cdot 10^{-5}$
Sauerstoff bei 20 °C	$18 \cdot 10^{-6}$
Motorenöl bei 10 °C	$800 \cdot 10^{-6}$
Motorenöl bei 20 °C	$380 \cdot 10^{-6}$
Motorenöl bei 50 °C	$80 \cdot 10^{-6}$
Motorenöl bei 80 °C	$20 \cdot 10^{-6}$
Motorenöl bei 100 °C	$10 \cdot 10^{-6}$
Motorenöl bei 120 °C	$3 \cdot 10^{-6}$
Motorenöl bei 150 °C	$0{,}5 \cdot 10^{-6}$

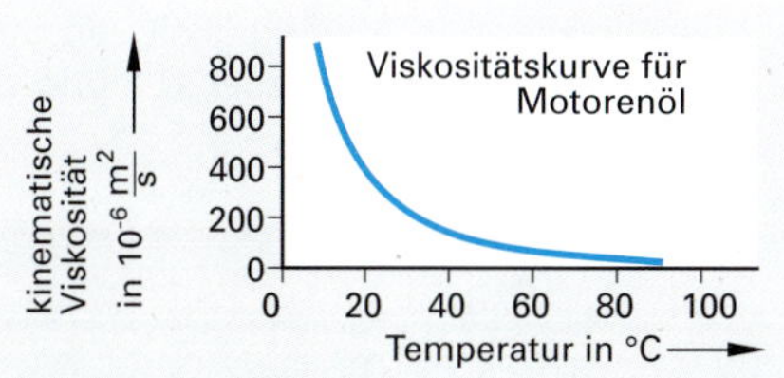

Bild 1: Viskositätskurve

Die Bezeichnung Stokes erfolgte nach dem englischen Mathematiker und Physiker George **Stokes (1819 bis 1903).**

1 Stokes = 1 St = $10^{-4}\ \frac{m^2}{s}$ ⟶ **1 Zentistokes** = 1 cSt = 0,01 St = $10^{-6}\ \frac{m^2}{s}$

Zu erwähnen ist noch, dass die **Zähigkeit von Lösungen** (z. B. Salzsolen) und die **Zähigkeit von Fluidmischungen** stark von der Konzentration abhängt. Diese Änderung der Viskosität in Abhängigkeit der Konzentration heißt nach der „Viskositätsnorm" DIN 1342 die **konzentrationsbezogene Viskositätsänderung.** Als Beispiel sei **Kältemaschinenöl** mit einem bestimmten **Kältemittelanteil** erwähnt: Je größer der Kältemittelanteil ist, desto kleiner ist die Viskosität, d. h. desto dünnflüssiger ist das **Kältemittel-Öl-Gemisch** (→ **D3.2**).

4.3 Die Strömungsformen

Aus dem bisher über die Fluidreibung Gesagten kann geschlossen werden, dass es bezüglich einer Aussage über **Verluste durch Reibung,** der **Strömungsverluste,** wichtig ist, eine genaue Aussage über die **Relativbewegung der strömenden Fluidteilchen** machen zu können. Dies bedeutet, dass man wissen muss, wie sich die Fluidteilchen bezogen auf die Umgebung und bezogen auf die Nachbarteilchen bewegen.

Bild 1 zeigt die beiden Extreme von **Strömungszuständen** bzw. **Strömungsformen** bei der Bewegung von Fluiden, symbolisiert durch die **Strombahnen** (→ **3.3**).

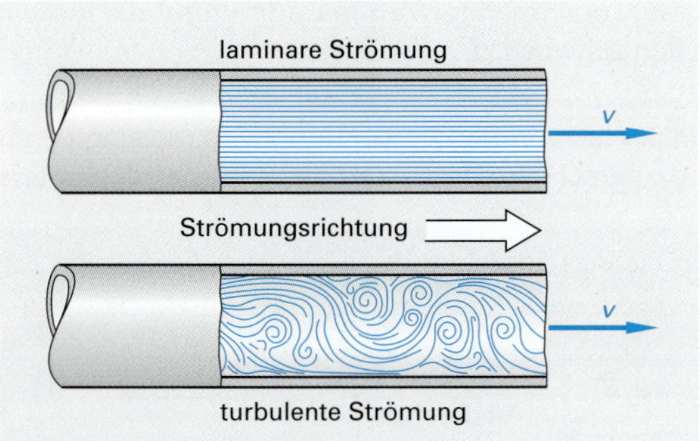

Bild 1: Laminare und turbulente Strömung

Bei der Bewegung von Fluiden unterscheidet man die **laminare Strömung** von der **turbulenten Strömung.**

Laminare Strömung ⟶ Die Strombahnen des Fluides verlaufen geordnet nebeneinander.

Turbulente Strömung ⟶ Die turbulente Strömung entsteht beim Überschreiten einer bestimmten Geschwindigkeit aus der laminaren Strömung. Sie ist durch fortwährende Wirbelbildung und dem Zerfall dieser **Wirbel** gekennzeichnet. Die Strombahnen „kreuzen" sich dabei, d. h., dass **Querströmungen** vorliegen.

Es ist somit klar, dass bei der turbulenten Strömung die Relativbewegung der strömenden Fluidteilchen gegeneinander sehr viel intensiver ist. Daraus kann unmittelbar gefolgert werden:

Die Reibungsverluste sind bei der turbulenten Strömungsform größer als bei der laminaren Strömung.

Die Strömungsgeschwindigkeit, bei der die laminare Strömung in die turbulente Strömung umschlägt, heißt **kritische Geschwindigkeit** v_{krit}, sie ist also eine „Grenzgeschwindigkeit".

Nun ist es so, dass der englische Physiker Osborne **Reynolds (1842 bis 1912)** aufgrund entsprechender Versuchsergebnisse eine nach ihm benannte Kennzahl, die **Reynolds'sche Zahl,** formuliert hat. Diese **Strömungskennzahl** definiert den Strömungszustand (laminar oder turbulent) in Abhängigkeit von Strömungsgeschwindigkeit v, der Abmessung der Rohrleitung – z. B. dem Innendurchmesser d – und der kinematischen Zähigkeit ν.

Für eine **Rohrleitung mit kreisförmigem Querschnitt** ist die **Reynolds'sche Zahl**

$$Re = \frac{v \cdot d}{\nu} \quad (1) \qquad \longrightarrow \qquad [Re] = \frac{[v] \cdot [d]}{[\nu]} = \frac{\frac{m}{s} \cdot m}{\frac{m^2}{s}} = \frac{m^2}{s} \cdot \frac{s}{m^2} = 1$$

Dabei ist:

v = Strömungsgeschwindigkeit in $\frac{m}{s}$
d = Rohrinnendurchmesser in m
ν = kinematische Zähigkeit des strömenden Fluids in $\frac{m^2}{s}$

Die **Reynolds'sche Zahl** ist eine **Strömungskennzahl ohne Einheit.** Sie dient der Beurteilung der vorliegenden Strömungsform.

In vielen Versuchen wurde, auch von Reynolds, nachgewiesen:

Übersteigt die Reynolds'sche Zahl *Re* bei einer **Fluidströmung durch gerade Rohrleitungen** den **Wert 2320,** dann schlägt die laminare Strömung in der Regel in eine turbulente Strömung um.

Zu bemerken ist, dass die laminare Strömung nicht unbedingt bei $Re = 2320$ in eine turbulente Strömung umschlagen muss. Bei **erschütterungsfreier Strömung** kann der laminare Bereich zum Teil bis $Re = 10\,000$ aufrechterhalten werden. Oft besteht im **Bereich 2320 < *Re* < 10 000** eine Mischströmung, die durch laminare und turbulente Zonen geprägt ist. Somit gilt:

Bei $Re > 10\,000$ liegt – auch im erschütterungsfreien Zustand – turbulente Strömung vor.

Die Reynolds'sche Zahl $Re = 2320$ heißt kritische Reynolds'sche Zahl und bezieht sich auf gerade Rohrleitungen. Somit ist die **Kritische Reynolds'sche Zahl**

$$Re_{krit} = \frac{v_{krit} \cdot d}{\nu} = 2320 \quad \boxed{1}$$

Unterhalb der kritischen Reynolds'schen Zahl ist die Fluidströmung laminar. **Erschütterungen** können diesen Zustand jedoch aufheben, d.h., dass in diesem Fall auch unterhalb $Re = 2320$ eine turbulente Strömung eintreten kann. Hören die Erschütterungen jedoch auf, dann wird die Strömung allerdings sofort wieder laminar. Der turbulente Zustand ist also instabil. Aus der Gleichung für Re_{krit} ergibt sich die folgende Beziehung für die **Kritische Geschwindigkeit**

$$v_{krit} = \frac{2320 \cdot \nu}{d} \quad \boxed{2} \qquad \text{in } \frac{m}{s}$$

Bei **nicht kreisförmigen Querschnitten** wird als charakteristische Größe für die Abmessung der Rohrleitung der **hydraulische Durchmesser** d_h (statt d) in die Gleichung zur Berechnung der Reynolds'schen Zahl eingesetzt. Es ist:

$$d_h = 4 \cdot \frac{A}{U} \quad \boxed{3}$$

Hydraulischer Durchmesser

A = Strömungsquerschnitt in m^2
U = Umfang des Strömungsquerschnittes in m

Wiederholung und Vertiefung

A11 Wie unterscheidet sich die kinematische Viskosität von der dynamischen Viskosität?

A12 Skizzieren Sie den ungefähren Verlauf der Viskositätskurve eines gasförmigen Fluids.

A13 Was versteht man im Zusammenhang mit der Strömungsform unter kritischer Geschwindigkeit?

A14 Was versteht man unter konzentrationsbezogener Viskosität?

A15 Die dynamische Viskosität von Luft beträgt bei Normalluftdruck und bei Normaltemperatur (Normalbedingungen) $\eta = 1{,}7 \cdot 10^{-5}$ Pas und die Dichte beträgt dann $\varrho = 1{,}293$ kg/m³. Berechnen Sie für diesen Luftzustand die kinematische Viskosität ν.

A16 Von welcher Fließgeschwindigkeit an muss mit turbulenter Strömung beim Transport von Öl durch eine Rohrleitung mit dem Innendurchmesser d = 100 mm gerechnet werden, wenn eine kinematische Zähigkeit von $\nu = 300 \cdot 10^{-6}$ m²/s vorliegt?

A17 Wie ist der hydraulische Durchmesser definiert?

4.4 Der Strömungswiderstand

Das **Newton'sche Gesetz** besagt, dass infolge der **inneren Reibung** immer dann eine **Reibungskraft** F_R entsteht, wenn sich ein Körper relativ zum Fluid bewegt.

Bei der Fluidströmung muss die Newton'sche Reibungskraft F_R überwunden werden.

Bild 1 macht deutlich, dass außer der Newton'schen Reibungskraft, entsprechend dem **Gesetz von Bernoulli,** eine weitere Kraft entsteht. Diese reine **Strömungskraft** wird als **Druckwiderstand** bezeichnet und sie erklärt sich daraus, dass zwischen den Punkten 1 und 3 ein **Geschwindigkeitsgefälle** Δv und damit ein **Druckgefälle** Δp (Druckdifferenz) entsteht. Nach Bernoulli (Druckgleichung) ist die **Druckdifferenz**

$$\Delta p = \frac{\varrho}{2} \cdot v^2 \quad \text{in } \frac{\text{N}}{\text{m}^2} \qquad (1)$$

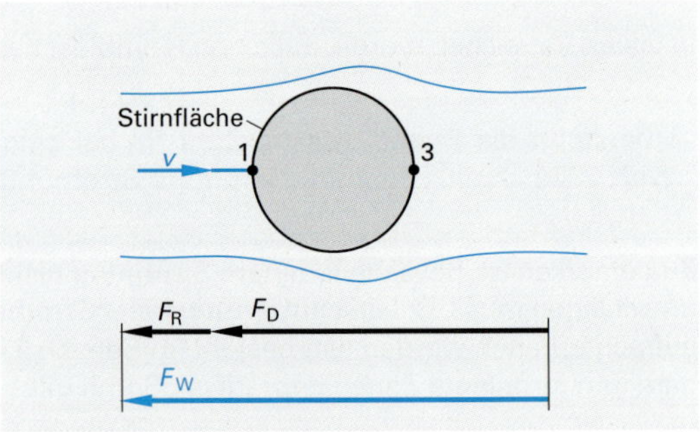

Bild 1: Strömungswiderstand

Multipliziert man diese Druckdifferenz Δp mit der senkrecht angeströmten Fläche A (senkrechte Projektion), dann erhält man eine **Druckkraft** (Druckkraft auf Fläche). Berücksichtigt man weiterhin, dass auch die Körperform einen großen Einfluss auf diese Druckkraft (→ **A2.2**) hat und dass dieser Einfluss durch einen Faktor – den **Druckwiderstandsfaktor** C_D – in die Rechnung eingeht, dann ergibt sich für den **Druckwiderstand**

$$F_D = C_D \cdot \frac{\varrho}{2} \cdot v^2 \cdot A \quad \text{in N} \qquad (2)$$

Dabei ist:

ϱ = Fluiddichte in $\frac{\text{kg}}{\text{m}^3}$

C_D = dimensionsloser Druckwiderstandsbeiwert (Versuchswert)

v = Strömungsgeschwindigkeit in $\frac{\text{m}}{\text{s}}$

A = angeströmte Stirnfläche, d.h. senkrechte Projektion des angeströmten Körpers in m^2

Aus der Kräfteaddition **(Bild 1)** geht hervor, dass die Gesamtwiderstandskraft, der **Strömungswiderstand** F_W, aus der Summe von Reibungskraft F_R und Druckwiderstand F_D gebildet wird. Somit ergibt sich für den **Strömungswiderstand**

$$F_W = F_R + C_D \cdot \frac{\varrho}{2} \cdot v^2 \cdot A \quad \text{in N} \qquad (3)$$

Die Summe aus Reibungskraft F_R und Druckwiderstand F_D wird als Strömungswiderstand F_W bezeichnet.

In der technischen Praxis ist oftmals nur soweit eine Aussage über die Größe der Reibungskraft zu machen, als sie im Vergleich zum Druckwiderstand relativ klein ist. Deshalb verfährt man zweckmäßig so, dass der Strömungswiderstand proportional der Druckkraft $(\varrho/2) \cdot v^2 \cdot A$ gesetzt wird. Als Proportionalitätsfaktor verwendet man einen Koeffizienten, der sowohl die Reibungskraft F_R als auch den Druckwiderstand F_D erfasst. Dies ist der **Widerstandsbeiwert** C_W **(C_W-Wert).**

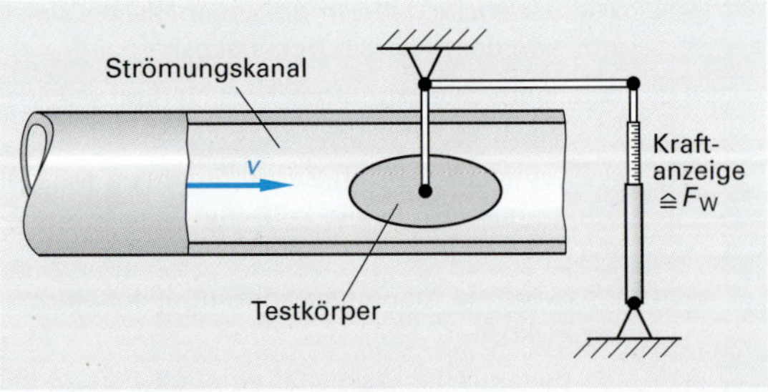

Bild 2: Ermittlung des C_w-Wertes

Der C_W-Wert ist eine dimensionslose Kennzahl, die durch Versuche im **Strömungskanal** – entsprechend **Bild 2/38** – ermittelt wird. In Analogie zur Gleichung für die Berechnung des Druckwiderstandes ergibt sich dann für den **Strömungswiderstand**

$$F_W = C_W \cdot \frac{\varrho}{2} \cdot v^2 \cdot A \quad \text{in N} \quad (1)$$

Als **Bezugsfläche** A wird wieder die **senkrechte Projektion** des Körpers in Anströmrichtung, d. h. die **Stirnfläche,** zu Grunde gelegt.

Der Strömungswiderstand F_W ist proportional dem Quadrat der Geschwindigkeit v des bewegten Körpers bzw. proportional dem Quadrat der Strömungsgeschwindigkeit v.

Beim Druckwiderstand und beim Strömungswiderstand spricht man auch von einer

Kraft am umströmten Körper.

Auch die **dynamische Auftriebskraft** – z. B. an den Tragflächen eines Flugzeuges – ist eine Kraft am umströmten Körper. Erklärbar ist eine solche durch das **Gesetz von Bernoulli.**

4.5 Druckverluste in Rohrleitungen

Im Gegensatz zu einem umströmten Körper spricht man bei einer Rohrleitung von einem **durchströmten Körper.** Bei den weiteren Betrachtungen soll nun auf die **Strömungsverluste** – wie bei der verlustfreien Strömung durch Rohrleitungen bereits angekündigt – eingegangen werden. Wir gehen aber dabei von der verlustfreien Strömung aus. Für diese gilt, dass die Summe aus **statischer Höhe** h_{st}, **geodätischer Höhe** h und **Geschwindigkeitshöhe** h_{dyn} konstant ist. Oder energetisch ausgedrückt: Bei verlustfreier Strömung hat die **Strömungsenergie,** die sich aus der Summe von Druckenergie, potenzieller Energie und kinetischer Energie zusammensetzt, an jeder Stelle der Rohrleitung den gleichen Wert.

Bei der **wirklichen Strömung,** d. h. bei der mit Verlusten behafteten Strömung in einer Rohrleitung (aber auch in sonstigen Strömungskörpern wie z. B. in Pumpen- oder Turbinengehäusen), müssen ständig Reibungskräfte überwunden werden. Da jeder **Fluidtransport** mit dem Zurücklegen eines Weges verbunden ist und da das Produkt aus **Kraft mal Weg** eine **mechanische Arbeit** (→ **A1.11**) ergibt, kann daraus gefolgert werden:

Bei einer wirklichen (realen) Fluidströmung nimmt die Strömungsenergie zwischen zwei hintereinander liegenden Rohrquerschnitten um den Betrag der **Reibungsarbeit** ab.

Für zwei aufeinander folgende Stellen 1 und 2 **(Bild 1)** in Strömungsrichtung entsteht also eine **Verlustenergie** und damit nach Bernoulli eine **Verlusthöhe** bzw. ein **Druckverlust.** Dieser Sachverhalt muss natürlich in der Bernoulli'schen Gleichung berücksichtigt werden und man erhält so für die wirkliche Fluidströmung die **erweiterte Bernoulli'sche Gleichung** in der einen oder anderen Form. Für die Strömung zwischen den Stellen 1 und 2 ergibt sich somit die **erweiterte Bernoulli'sche Druckhöhengleichung** (→ **A3.6**)

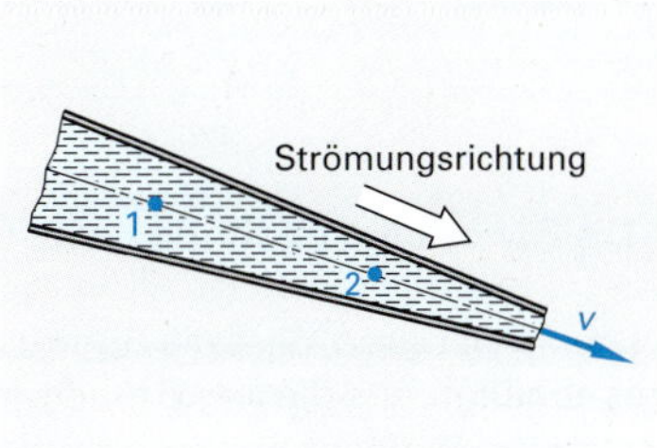

Bild 1: Rohrströmung

$$\frac{p_1}{\varrho \cdot g} + h_1 + \frac{v_1^2}{2 \cdot g} = \frac{p_2}{\varrho \cdot g} + h_2 + \frac{v_2^2}{2 \cdot g} + h_{v12} \quad (2)$$

Die Rechengröße h_v wird dabei als **Verlusthöhe** bezeichnet und üblicherweise in m gemessen. Oft wird sie auch als **Widerstandshöhe** bezeichnet. Aus dem bekannten Zusammenhang zwischen Druckhöhe h und Druck p (→ **A2.1**) ergibt sich für den **Druckverlust**

$$\Delta p_{12} = h_{v12} \cdot \varrho \cdot g \quad \text{in } \frac{\text{N}}{\text{m}^2} \quad (3)$$

Die Verlusthöhe h_{v12} entspricht in der durchströmten Rohrleitung dem Druckverlust Δp_{12}.

4.5.1 Berechnung des Druckverlustes in Rohrleitungen

Der obige Merksatz ist zwar eine interessante theoretische Feststellung, sie bringt aber in der technischen Praxis, d. h. bei der Berechnung der Druckverluste, alleine nicht weiter.

Hier hat insbesondere der französische Ingenieur Henri **Darcy (1803 bis 1855)** durch seine umfangreiche Versuchstätigkeit, d. h. empirisch, wichtige Aussagen über die **Strömungsverluste** bei der Strömung von Fluiden durch Rohrleitungen gemacht. Er hat festgestellt, dass die **statische Verlusthöhe h_{hvst} proportional zur Rohrlänge l und zum Quadrat der Strömungsgeschwindigkeit v, aber umgekehrt proportional zum Rohrdurchmesser** d zunimmt. Als Proportionalitätsfaktor verwendet er die

Rohrreibungszahl λ

Somit ergibt sich nach Darcy für die

statische Verlusthöhe

$$h_{hvst} = \lambda \cdot \frac{l}{d} \cdot \frac{v^2}{2 \cdot g} \quad (1) \qquad \text{in m}$$

Wegen $\Delta \boldsymbol{p} = \boldsymbol{h} \cdot \boldsymbol{\varrho} \cdot \boldsymbol{g}$ ergibt sich

$$\Delta p_{st} = \lambda \cdot \frac{l}{d} \cdot \frac{v^2}{2 \cdot g} \cdot \varrho \cdot g \quad (2)$$

Es ist also:

statischer Druckverlust

$$\Delta p_{st} = \lambda \cdot \frac{l}{d} \cdot \frac{\varrho}{2} \cdot v^2 \quad (3) \qquad \text{in } \frac{\text{N}}{\text{m}^2}$$

In diesen Gleichungen bedeuten:

λ = dimensionslose Rohrreibungszahl
l = Rohrlänge in m
d = Rohrdurchmesser in m
v = mittlere Strömungsgeschwindigkeit in $\frac{\text{m}}{\text{s}}$

Es soll noch angemerkt werden, dass die Rohrreibungszahl λ auch als **Rohrwiderstandszahl** λ bezeichnet wird. Darcy stellte des Weiteren fest:

Die Rohrreibungszahl (Rohrwiderstandszahl) λ und damit der Strömungswiderstand ist eine Funktion der kinematischen Viskosität ν.

Da also eine Abhängigkeit von v, d und ν vorliegt und da $Re = \frac{v \cdot d}{\nu}$ ist, gilt:

$$\lambda = \text{f}\,(v, d, \nu) = \text{f}\,(Re) \quad (4)$$

Die Rohrreibungszahl λ ist eine Funktion der Reynolds'schen Zahl Re.

Natürlich ist es so, dass die Rohrreibungszahl λ auch von der inneren **Oberflächenbeschaffenheit des Rohres** abhängt. Aus diesem Grund unterscheidet man die

Rohrreibungszahl bei glatten Rohren — von der — Rohrreibungszahl bei rauen Rohren

Als **technisch glatte Rohre** gelten blank gezogene Messing-, Kupfer-, Aluminium- und Bleirohre. Auch Glas- und Porzellanrohre sind technisch glatt.

Rohrreibungszahl λ bei glatten Rohren:

Für die Berechnung der Rohrreibungszahl bei glatten Rohren werden verschiedene **empirische Formeln** verwendet. Dabei wird strikt zwischen der **laminaren Strömung** und der **turbulenten Strömung** unterschieden. Es gilt:

$$\lambda = \frac{64}{Re} \quad [1]$$

Rohrreibungszahl bei laminarer Strömung

Anders ist der Sachverhalt bei **turbulenter Strömung.** Hier kommt es sehr auf die **Lage des Turbulenzbereiches** an. Es wird hier nach folgender Tabelle (empirische Gleichungen) verfahren:

Tabelle 1: Berechnung der Rohrreibungszahlen λ im turbulenten Bereich (bei glatten Rohren)

Bezeichnung der Formel	Reynolds'sche Zahl im Bereich ...	Gleichung für λ
Formel von Blasius	... $Re_{krit} \leq Re \leq 10^5$	$\lambda = \frac{0{,}3164}{\sqrt[4]{Re}}$ [1]
Formel von Nikuradse	... $10^5 \leq Re \leq 10^8$	$\lambda = 0{,}0032 + \frac{0{,}221}{Re^{0{,}237}}$ [2]
Formel von Kirschmer, Prandtl, Kàrmàn	... $Re > Re_{krit}$ (gesamter Bereich oberhalb Re_{krit})	$\frac{1}{\lambda} = \left(2{,}0 \cdot lg \frac{Re \cdot \sqrt{\lambda}}{2{,}51}\right)^2$ [3]

Rohrreibungszahl λ bei rauen Rohren:

Technisch raue Rohre sind z. B. Graugussrohre, Zementrohre, Stahlrohre nach längerem Gebrauch (korrosive Einflüsse oder Ablagerungen). Insbesondere **Nikuradse** und **Prandtl** haben den Einfluss der Rauigkeit der inneren Rohrwand auf die Strömungsverluste untersucht.

Als Kriterium für die Rauigkeit dient die

mittlere Rauheitshöhe k

In **Tabelle 2** sind einige Werte der mittleren Rauheitshöhe zusammengestellt.

Zur Ermittlung der Rohrreibungszahl λ ist es in der Strömungslehre üblich, λ auf die

relative Rauheit k_{rel}

zu beziehen. Es ist die **relative Rauheit**

$$k_{rel} = \frac{k}{d} \quad [2]$$

Dabei ist: d = Rohrdurchmesser in mm
k = mittlere Rauheitshöhe in mm

Tabelle 2: Rauheitshöhe

Rohrart	mittlere Rauheitshöhe k in mm
blankgezogene Metallrohre aus Cu, Ms, Al und anderen Leichtmetallen	0,01 bis 0,03
PVC- und PE-Rohre	0,007
Stahlrohre DIN 2448	0,045
angerostete Stahlrohre	0,15 bis 4,0
Gusseisen-Rohre	0,1 bis 0,6
gefalzte Blechkanäle	0,15
flexible Schläuche	0,0016 bis 2,0
gemauerte Kanäle	3,0 bis 5,0
rohe Betonkanäle	1,0 bis 3,0

Bild 1/42 zeigt die in Versuchen ermittelten, d.h. **empirischen Funktionen**

$$\lambda = f\,(Re, k_{rel})$$

Es ist in diesem Bild darauf zu achten, dass die Koordinatenachsen logarithmisch geteilt sind. **Bild 1/42** enthält **drei λ-Bereiche:**

① Hagen-Poiseuille'scher λ-Bereich ⟶ für die **laminare Strömung** ⟶ $\lambda = \frac{64}{Re}$ [3]

② Blasius'scher λ-Bereich ⟶ für glatte Rohre bei turbulenter Strömung

③ Prandtl-Nikuradse'scher λ-Bereich ⟶ für raue Rohre bei turbulenter Strömung

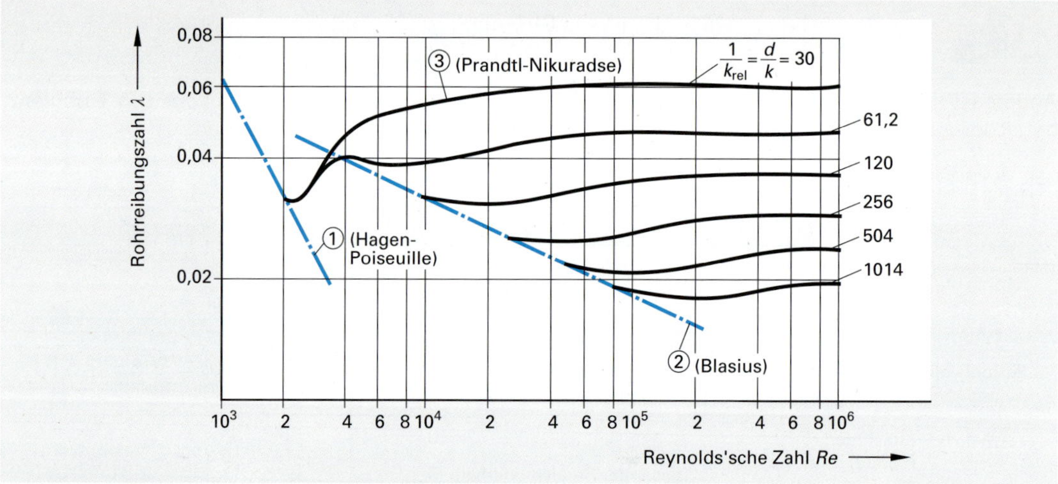

Bild 1: Rohrreibungs-Diagramm

Handhabung des Rohrreibungs-Diagrammes:

Die betreffende $\frac{1}{k_{rel}}$-**Linie** (Zwischenwerte interpolieren) werden mit der betreffenden ***Re*-Linie** (ebenfalls Zwischenwerte interpolieren) zum Schnitt gebracht. Dieser Schnittpunkt wird horizontal auf die λ-Linie (senkrechte Koordinatenachse) projiziert. Dort wird der **λ-Wert** abgelesen. Achtung: logarithmische Teilungen.

4.6 Druckverluste in Rohrleitungssystemen mit Einbauten

Bild 2 zeigt ein von einem Fluid durchströmtes Rohrleitungssystem mit mehreren Einbauten und Formstücken:

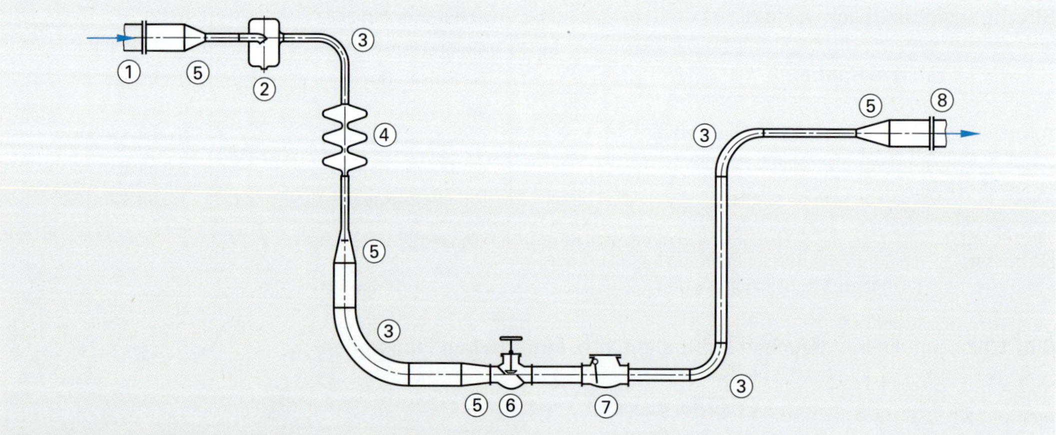

Bild 2: Rohrleitungssystem mit Einbauten und Formstücken

Es ist zu erkennen, dass der beim Durchströmen entstehende Druckabfall eines Fluides nicht nur in geraden Rohrstücken, sondern in allen besonderen Stellen, den **Einzelwiderständen** im Rohrleitungssystem, berücksichtigt werden muss. Als Einzelwiderstände (Beispiele) sind im **Bild 2** sichtbar:

① Eintrittsöffnung
② Flüssigkeitsabscheider
③ Bogen (Umlenkung)
④ Schwingungsdämpfer (Dehnungsausgleicher)
⑤ Erweiterung, Reduzierung
⑥ Absperrdurchgangsventil
⑦ Rückschlagklappe
⑧ Austrittsöffnung

Einzelwiderstände in einem Rohrleitungsnetz erzeugen **Einzelverluste.** Alle Einzelverluste (einschließlich in den geraden Rohrstücken) und die geodätischen Verluste erzeugen den gesamten Druckverlust.

Außer den **geodätischen Druckverlusten,** die immer **separat erfasst** werden, und den Verlusten in geraden Rohrleitungsteilen sind im **Bild 2/42** die folgenden Einzelverluste zu erkennen:

Ein- und Austrittsverluste	→ ①, ⑧
Verluste durch **Richtungsänderung**	→ ③
Verluste durch **Querschnittsänderung**	→ ⑤
Verluste durch **Rohrleitungseinbauten**	→ ②, ④, ⑥, ⑦

Elemente zur Richtungsänderung, d.h. **Formstücke,** sind z.B. Bogen, Winkel, T-Stücke, Knie. Unter **Rohrleitungseinbauten** versteht man z.B. Ventile, Schieber, Rückschlagklappen, Flüssigkeitsabscheider, Schwingungsdämpfer, Dehnungsausgleicher usw.

Elemente zur Querschnittsänderung und Richtungsänderung sowie Rohrleitungseinbauten sind in der Regel Normteile.

Ebenso wie beim Druckabfall in geraden Rohrstücken bezieht man den **Druckabfall in Einzelwiderständen** auf den

$$\text{Staudruck } \frac{\varrho}{2} \cdot v^2$$

Als Proportionalitätsfaktor dient der in Versuchen ermittelte **Widerstandsbeiwert** ζ (Zeta). Dieser heißt nach DIN 1305, Teil 5 „Formelzeichen für die Strömungsmechanik" **Druckverlustzahl** ζ. **Tabelle 1/44** zeigt einige Werte und gibt auch Hinweise auf weitere Quellen.

Die angegebenen Versuchswerte von ζ setzen voraus, dass die Rohrleitungseinbauten parallel angeströmt werden, da sich die Werte andernfalls erheblich vergrößern.

Nach dem bisher Gesagten errechnet sich der

statische Druckverlust in Einzelwiderständen

$$\Delta p_{st} = \zeta \cdot \frac{\varrho}{2} \cdot v^2 \quad \text{in } \frac{\text{N}}{\text{m}^2} \qquad (1)$$

Dabei ist:

ζ = dimensionslose Druckverlustzahl
ϱ = Fluiddichte in kg/m³
v = „maßgebende" Strömungsgeschwindigkeit **(s. Tabelle 1/44)**

Mit den bisherigen Erkenntnissen ergibt sich somit der

statische Druckverlust in einem Rohrleitungssystem

$$\Delta p_{st} = \Sigma\left(\lambda \cdot \frac{l}{d} \cdot \frac{\varrho}{2} \cdot v^2\right) + \Sigma\left(\zeta \cdot \frac{\varrho}{2} \cdot v^2\right) \qquad (2)$$

Weiter ist:

λ = dimensionslose Rohrwiderstandszahl
l = Länge der geraden Rohrstücke in m
d = Durchmesser der geraden Rohrstücke in m (können unterschiedlich sein).

Wichtige Regel:

Wenn sich die Zustandsgrößen eines Fluids, d.h. hauptsächlich Druck und Temperatur, und dadurch u.U. der **Aggregatzustand** (flüssig/dampfförmig) ändern, ist die Rohrleitungsberechnung in mehreren Teilabschnitten entsprechend der Realität in diesen Teilabschnitten durchzuführen.

Tabelle 1: Druckverlustzahlen (Widerstandsbeiwerte) ζ

Einbauteil	Schemabild	ζ-Wert in Abhängigkeit von Größe, Form und Oberfläche des voll geöffneten Einbauteiles	für den Druckverlust „maßgebende" Strömungsgeschwindigkeit v
Normalventil	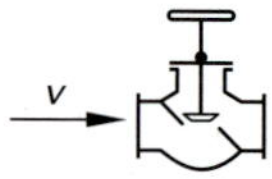 Bild 1	2,5 bis 6,5 fallend mit dem Durchmesser	v
Eckventil	 Bild 2	2,0 bis 6,0 steigend mit dem Durchmesser	v
Schieber	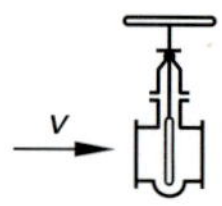 Bild 3	0,1 bis 0,3 fallend mit dem Durchmesser	v
Hahn	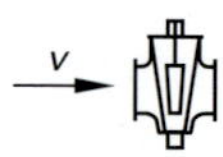 Bild 4	0,05 bis 2,0 fallend mit dem Durchmesser	v
Rückschlagventil	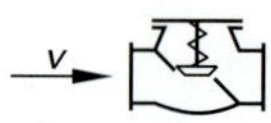 Bild 5	3,5 bis 8,0 fallend mit dem Durchmesser	v
Lyrabogen (Dehnungsausgleicher)	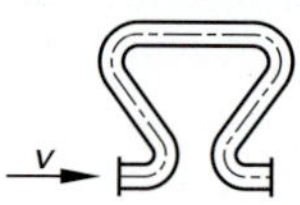 Bild 6	0,5 bis 1,5 ↓ glatt ↓ gefaltet	v
Wasserabscheider	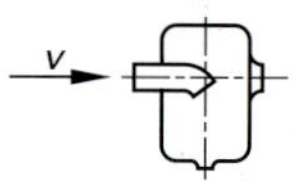 Bild 7	3,0 bis 8,0 steigend mit dem Durchmesser	v
Bogen 90°	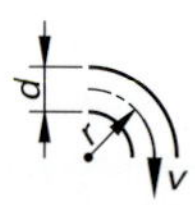 Bild 8	r/d – ζ: 0,5 – 1,0; 1,0 – 0,35; 2,0 – 0,20; 3,0 – 0,15	v
Erweiterung $\frac{A_1}{A_2} = 0{,}5$	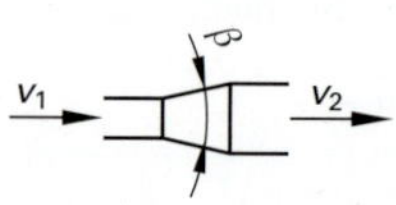 Bild 9	β – ζ: 10 – 0,10; 20 – 0,15; 30 – 0,20; 40 – 0,25	v_1
Abzweigung (scharfkantig) $\beta = 90°$	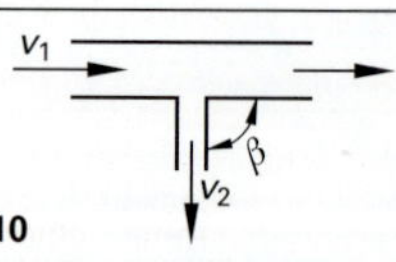 Bild 10	v_1/v_2 – ζ: 0,5 – 4,5; 1,0 – 1,5; 2,0 – 0,75; 3,0 – 0,65	v_2

Anmerkung: Umfangreiche Tabellen über ζ-Werte findet man in Technischen Handbüchern wie „Dubbel: Taschenbuch für den Maschinenbau", „Recknagel/Sprenger: Taschenbuch für Heizung und Klimatechnik", „Pohlmann: Taschenbuch der Kältetechnik", in **Firmenunterlagen** oder in Fachliteratur wie z. B. „Eck: Technische Strömungslehre", „Kalide: Technische Strömungslehre" u. a.

Wiederholung und Vertiefung

A18 Wie unterscheidet sich der Druckwiderstand vom Strömungswiderstand?

A19 Der Ausdruck $(\varrho/2) \cdot v^2$ wird auch als **Staudruck** bezeichnet. Versuchen Sie, diese Bezeichnung zu erklären.

A20 Wie sind Druckverlust und Verlusthöhe miteinander verbunden?

A21 Bei einem Versuch in einem Strömungskanal ist die senkrechte Anströmfläche $A = 5$ dm², die Luftgeschwindigkeit $v = 10$ m/s und die Luftdichte $\varrho = 1{,}3$ kg/m³. Der gemessene Strömungswiderstand beträgt $F_W = 1{,}2$ N. Wie groß ist der C_W-Wert?

A22 In einer horizontal verlegten Wasserleitung aus Grauguss mit DN 500 (500 mm Innendurchmesser) und einer Länge $l = 2$ km strömen $\dot{V} = 12\,000$ Liter/Minute. Es ist die mittlere Rauheitshöhe $k = 1{,}5$ mm und es soll mit der kinematischen Viskosität $\nu = 1{,}15 \cdot 10^{-6}$ m²/s gerechnet werden. Berechnen Sie bei $\varrho = 1$ kg/dm³

a) die Strömungsgeschwindigkeit v,
b) die Reynolds'sche Zahl Re,
c) die Rohrwiderstandszahl λ,
d) den statischen Druckverlust Δp_{st}.

A23 In einer Ölleitung fließt Maschinenöl mit einer Dichte $\varrho = 870$ kg/m³. Berechnen Sie den Druckverlust in einem eingebauten Bogen mit $\zeta = 0{,}2$ bei einer Strömungsgeschwindigkeit von $v = 3{,}5$ m/s.

A5 Grundgesetze der Wärmelehre

5.1 Temperatureinheiten und Temperaturskalen

Bild 1:

$T = \vartheta + 273{,}15$ [1] **absolute Temperatur** in K

$\vartheta = T - 273{,}15$ [2] **Celsiustemperatur** in °C

$\Delta T = \Delta\vartheta$ [3] **Temperaturdifferenz**

Temperaturdifferenzen können sowohl **in °C als auch in K** angegeben werden.

$\vartheta_0 = -273{,}15\ °C \mathrel{\hat{=}} T_0 = 0$ K [4] **absoluter Nullpunkt**

$\vartheta_C = (\vartheta_F - 32) \cdot \frac{5}{9} = \vartheta_R \cdot \frac{5}{4}$ [5] **Celsius-Temperatur**

$\vartheta_F = 32 + \vartheta_C \cdot \frac{9}{5} = 32 + \vartheta_R \cdot \frac{9}{4}$ [6] **Fahrenheit-Temperatur**

$\vartheta_R = (\vartheta_F - 32) \cdot \frac{4}{9} = \vartheta_C \cdot \frac{4}{5}$ [7] **Réaumur-Temperatur**

$p_t = 6{,}1$ mbar [8] **Tripelpunktdruck**

$\vartheta_t = 0{,}01\ °C = 273{,}16$ K [9] **Tripelpunkttemperatur**

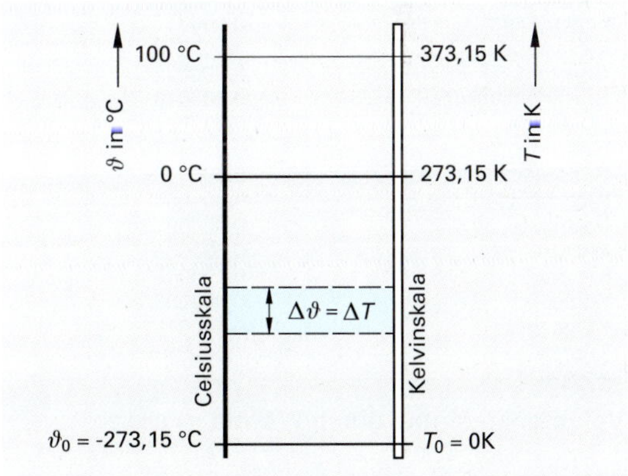

Bild 1: Zusammenhang Celsius- und Kelvinskala

ϑ, ϑ_C	Celsius-Temperatur	°C
T	absolute Temperatur (Kelvin-Temperatur, **thermodynamische Temperatur**)	K
ϑ_F	Fahrenheit-Temperatur (in USA und England)	°F
ϑ_R	Réaumur-Temperatur (nur noch historische Bedeutung)	°R

1 Kelvin ist der 273,16te Teil der absoluten Temperatur des **Tripelpunktes** T von Wasser.

5.2 Wärmeausdehnung fester und flüssiger Stoffe

Längenänderung durch Wärme (→ Bild 1)

$$\Delta l = l_1 \cdot \alpha \cdot \Delta\vartheta \quad (1)$$

$$l_2 = l_1 \pm \Delta l = l_1 \pm l_1 \cdot \alpha \cdot \Delta\vartheta = l_1 \cdot (1 \pm \alpha \cdot \Delta\vartheta) \quad (2)$$

Vorzeichen + : bei **Erwärmung**

Vorzeichen – : bei **Abkühlung**

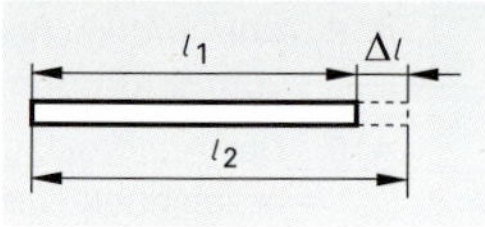

Bild 1: Längenausdehnung

Δl	Längenänderung durch Temperaturänderung	m
l_1	Ausgangslänge	m
α	thermischer Längenausdehnungskoeffizient	m/(m · K) = 1/K
$\Delta\vartheta$	Temperaturänderung	K, °C
l_2	Endlänge	m

Der **thermische Längenausdehnungskoeffizient** wird auch **Wärmedehnzahl** oder **linearer Ausdehnungskoeffizient** genannt. Er ist temperaturabhängig.

Tabelle 1: Thermische Längenausdehnungskoeffizienten (Wärmedehnzahlen) bei 20 °C

Stoff	α in $\frac{m}{m \cdot K} = \frac{1}{K}$	Stoff	α in $\frac{m}{m \cdot K} = \frac{1}{K}$
Aluminium	0,0000238	Magnesium	0,0000261
AlCuMg	0,0000235	Mangan	0,000023
Antimon	0,0000109	Manganin	0,0000175
Beton (Stahlbeton)	0,000012	Mauerwerk, Bruchstein	0,000012
Bismut (Wismut)	0,0000134	Mauerziegel	0,000005
Blei	0,000029	Messing	0,0000184
Bronze	0,000018	Molybdän	0,0000052
Cadmium	0,0000308	Neusilber	0,000018
Chrom	0,0000085	Nickel	0,000013
Chromstahl	0,000010	Nickelstahl, 58 % Ni	0,000012
Cobalt	0,0000127	Palladium	0,0000119
Diamant	0,000001	Platin	0,000009
Eisen, rein	0,0000123	Polyvinylchlorid (PVC)	0,000080
Flussstahl	0,000013	Porzellan	0,000004
Gips	0,000025	Quarz	0,000001
Glas (Fensterglas)	0,000010	Quarzglas	0,000005
Gold	0,0000142	Schwefel	0,000090
Grafit	0,0000079	Silber	0,000020
Gusseisen	0,0000104	Stahl, weich	0,000012
Holz in Faserrichtung	0,000008	hart	0,0000117
Invarstahl, 36 % Ni	0,0000015	Tantal	0,0000065
Iridium	0,0000065	Titan	0,0000062
Kalium	0,000083	Wolfram	0,0000045
Kohle	0,000006	Zink	0,000036
Konstantan	0,0000152	Zinn	0,0000267
Kupfer	0,0000165		

Volumenänderung durch Wärme (→ Bild 2)

$$V_2 = V_1 \pm V_1 \cdot \gamma \cdot \Delta\vartheta = V_1 \cdot (1 \pm \gamma \cdot \Delta\vartheta) \quad (3)$$

$$\gamma \approx 3 \cdot \alpha \quad (4)$$

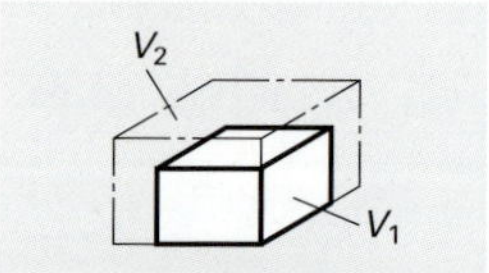

Bild 2: Volumenausdehnung

Tabelle 2: Volumenausdehnungszahlen

flüssiger Stoff (20 °C)	γ in $m^3/(m^3 \cdot K) = 1/K$
Alkohol (Ethanol)	0,00110
Benzin	0,00100
Glyzerin	0,00050
Petroleum	0,00092

V_1	Ausgangsvolumen	m^3
V_2	Endvolumen	m^3
γ	thermischer Volumenausdehnungskoeffizient	$m^3/(m^3 \cdot K)$ = 1/K
$\Delta\vartheta$	Temperaturdifferenz	K, °C
α	thermischer Längenausdehnungskoeffizient	m/(m · K) = 1/K

Wärmespannung

$$\sigma = E \cdot \alpha \cdot \Delta\vartheta \quad (1)$$ **Wärmespannung**

$$F = E \cdot \alpha \cdot \Delta\vartheta \cdot A \quad (2)$$ **Zug- oder Druckkraft im Bauteil**

σ	Wärmespannung	N/mm²
α	thermischer Längenausdehnungskoeffizient	m/(m · K) = 1/K
$\Delta\vartheta$	Temperaturdifferenz	K, °C
A	Bauteilquerschnitt	mm²
E	Elastizitätsmodul (Werkstoffwert)	N/mm²

5.3 Wärmeausdehnung von Gasen und Dämpfen

Die Zustandsgrößen als absolute Größen

Drücke und Temperaturen dürfen bei der Anwendung aller **Gasgesetze** nur als **absolute Größen** in die Rechnungen eingesetzt werden.

T, p_{abs} bzw. p (3) **Formelzeichen für absolute Temperatur und absoluten Druck**

Normzustand und Normdichte von Gasen und Dämpfen

$$p_n = 101325 \text{ Pa} = 1{,}01325 \text{ bar}$$
$$\vartheta_n = 0\ °\text{C} = 273{,}15 \text{ K} \quad (4)$$ **Normzustand**

ϑ_n	Normtemperatur	°C
p_n	Normdruck	N/m², bar

Die Normdichte ϱ_0 eines Gases oder Dampfes ist seine Dichte im Normzustand.

Verhalten der Gase bei konstanter Temperatur ➤ **Isotherme**

$$p_1 \cdot V_1 = p_2 \cdot V_2 \quad (5)$$

$$\frac{\varrho_1}{\varrho_2} = \frac{p_1}{p_2} = \frac{V_2}{V_1} \quad (6)$$

$$\varrho_i = \varrho_n \cdot \frac{p_i}{p_n} \quad (7)$$

Gesetz von Boyle-Mariotte ⟶ T = konst.

ϱ	Dichte	kg/m³
p	absoluter Druck	N/m², bar
V	Volumen	m³

Der **Druck** ist bei thermodynamischen Rechnungen stets als **absolute Größe** (p_{abs}) einzusetzen.

Verhalten der Gase bei konstantem Druck ⟶ **Isobare**

$$\frac{V_1}{T_1} = \frac{V_2}{T_2} = \text{konst.} \quad (8)$$

1. Gesetz von Gay-Lussac ⟶ p = konst.

$$\frac{V_1}{V_2} = \frac{T_1}{T_2} \quad (9)$$

Index 1: Zustand 1
Index 2: Zustand 2

V	Volumen	m³
T	absolute Temperatur	K

Bei gleich bleibendem Druck verhalten sich die Gasvolumina wie die absoluten Gastemperaturen.

Verhalten der Gase bei konstantem Volumen ⟶ **Isochore**

$$\frac{p_1}{T_1} = \frac{p_2}{T_2} = \text{konst.} \quad (10)$$

2. Gesetz von Gay-Lussac ⟶ V = konst.

$$\frac{p_1}{p_2} = \frac{T_1}{T_2} \quad (11)$$

Index 1: Zustand 1
Index 2: Zustand 2

p	absoluter Druck	N/m², bar
T	absolute Temperatur	K

Bei gleich bleibendem Volumen verhalten sich die Gasdrücke wie die absoluten Gastemperaturen.

Vereinigtes Gasgesetz

$$\frac{p_1 \cdot V_1}{T_1} = \frac{p_2 \cdot V_2}{T_2} = \text{konst.} \quad (1)$$ **Vereinigtes Gasgesetz**

Bedingung: $m = \text{konst.}$

Index 1: Zustand 1

Index 2: Zustand 2

p	absoluter Druck	N/m², bar
V	Volumen	m³
T	absolute Temperatur	K

Im vereinigten Gasgesetz sind die Gesetze von Boyle-Mariotte und Gay-Lussac enthalten, d.h. vereinigt.

Verändern sich bei einer abgeschlossenen Gasmenge (m = konst.) gleichzeitig die absoluten Zustandsgrößen Druck, Temperatur und Volumen, dann ist der Term Druck mal Volumen geteilt durch Temperatur konstant.

5.4 Allgemeine Zustandsgleichung der Gase

Normzustand und Gasdichte

$$\varrho = \frac{m}{V} \quad (2)$$ **Dichte**

$$v = \frac{V}{m} \quad (3)$$ **spezifisches Volumen**

$$v \cdot \varrho = 1 \quad (4)$$

$$\varrho_i = \varrho_n \cdot \frac{p_i}{p_n} \cdot \frac{T_n}{T_i} \quad (5)$$ **Gasdichte als Funktion von p und T**

ϱ	Dichte	kg/m³
v	spezifisches Volumen	m³/kg
V	Gas-(Dampf-)Volumen	m³
m	Gas-(Dampf-)Masse	kg

Index i: beliebiger Zustand

Index n: Normzustand

Das Produkt aus spezifischem Volumen und Dichte hat immer den Wert 1.

Spezifische Gaskonstante und allgemeine Zustandsgleichung

$$R_B = \frac{p \cdot v}{T} = \frac{p}{\varrho \cdot T} \quad (6)$$ **spezifische Gaskonstante**

$$p \cdot V = m \cdot R_B \cdot T \quad (7)$$ **allgemeine Zustandsgleichung**

Anmerkung: Die **spezifische Gaskonstante** wird auch **spezielle Gaskonstante** oder **individuelle Gaskonstante** genannt.

R_B	spezifische (spezielle bzw. individuelle) Gaskonstante	J/(kg · K)
p	absoluter Druck	N/m², bar
v	spezifisches Volumen	m³/kg
T	absolute Temperatur	K
ϱ	Dichte	kg/m³
V	Volumen	m³
m	Masse	kg

R_B hat für ein bestimmtes Gas (Dampf) für alle Zustände den gleichen Wert.

5.5 Molare (stoffmengenbezogene) Zustände und Größen

Stoffmenge

$$n = 1\ \text{kmol} = 1000\ \text{mol} \quad (8)$$ **Stoffmenge**

Eine Stoffmenge, die ebenso viele Teilchen enthält, wie 12,0 kg des Kohlenstoffnuklids ^{12}C, wird als **1 Kilomol** (kmol) bezeichnet.

Atommasse und Molekülmasse

$$1\ u = 1{,}6605655 \cdot 10^{-27}\ \text{kg} \quad (9)$$ **atomare Masseneinheit**

$$A_r = \frac{m_A}{u} \quad (10)$$ **relative Atommasse** (früher **Atomgewicht**) ⟶ **Periodensystem**

$$M_r = \Sigma A_r = \frac{\Sigma m_A}{u} \quad (11)$$ **relative Molekülmasse** (früher **Molekulargewicht**)

$$m_M = \Sigma m_A = M_r \cdot u \quad (12)$$ **Molekülmasse**

Formelzeichen s. Seite 49

$$M = \frac{m}{n}$$ [1] **molare Masse**

$$V_{mn} = \frac{M}{\varrho_n}$$ [2] **molares Normvolumen**

$$N_A = \frac{M}{A_r \cdot u} \text{ bzw. } \frac{M}{M_r \cdot u}$$ [3] **Anzahl der Teilchen pro kmol**

$$N_A = 6{,}022 \cdot 10^{26} \text{ kmol}^{-1}$$ [4] **Avogadro-Konstante**

A_r	relative Atommasse	1
m_A	Masse des Atoms	kg
u	atomare Masseneinheit	kg
M_r	relative Molekülmasse	1
m_M	Masse des Moleküls	kg
M	molare Masse	kg/kmol
m	Masse	kg
n	Stoffmenge	kmol
V_{mn}	molares Normvolumen	m³/kmol
ϱ_n	Normdichte	kg/m³
N_A	Anzahl der Teilchen pro Kilomol	1/kmol
N_A	Avogadro-Konstante	1/kmol

Das molare Normvolumen V_{mn} beträgt im Normzustand für alle idealen Gase **22,4 m³/kmol**.

Stoffmengen verschiedener idealer Gase besitzen bei gleichen absoluten Drücken und gleichen absoluten Temperaturen gleiche Volumina.

$$V_{mn} = 22{,}41383 \text{ m}^3/\text{kmol}$$ [5] **molares Normvolumen nach DIN 1343**

Universelle (molare, allgemeine) Gaskonstante

$$R = \frac{p \cdot V_m}{T} = M \cdot R_B$$ [6] **universelle Gaskonstante**

$$R_B = \frac{R}{M}$$ [7] **spezielle Gaskonstante**

$$R = 8{,}3145 \frac{\text{J}}{\text{mol} \cdot \text{K}}$$
$$R = 8{,}3145 \frac{\text{kJ}}{\text{kmol} \cdot \text{K}}$$ [8] **universelle Gaskonstante**

R	universelle (molare) Gaskonstante	J/(kmol · K)
p	absoluter Druck	N/m², bar
V_m	molares Volumen	m³/kmol
T	absolute Temperatur	K
M	molare Masse	kg/kmol
R_B	spezielle Gaskonstante	J/(kg · K)

5.6 Wärmekapazität fester und flüssiger Stoffe

Unter der spezifischen Wärmekapazität c versteht man diejenige Wärmemenge in kJ, die man benötigt, um 1 kg eines festen oder flüssigen Stoffes um die Temperaturdifferenz 1 K ≙ 1 °C zu erwärmen.

→ $$[c] = \frac{\text{kJ}}{\text{kg} \cdot \text{K}} = \frac{\text{kJ}}{\text{kg} \cdot {}^\circ\text{C}}$$

Die spezifische Wärmekapazität c ist (meist stark) von der Temperatur abhängig.

→ Bei genauen Rechnungen innerhalb eines Temperaturbereiches muss mit der **mittleren spezifischen Wärme** c_m gerechnet werden.

Grundgesetz der Wärmelehre

$$Q = m \cdot c \cdot \Delta\vartheta$$ [9] **Wärmemenge**

Q	Wärmemenge	kJ
m	Masse	kg
c	spezifische Wärmekapazität	kJ/(kg · K)
$\Delta\vartheta$	Temperaturdifferenz	K, °C

Mischungsregel

$$Q_{ab} = Q_{auf}$$ [10] **Mischungsregel**

$$\vartheta_m = \frac{\Sigma (m_i \cdot c_i \cdot \vartheta_i)}{\Sigma (m_i \cdot c_i)}$$ [11] **Mischungstemperatur**

$$\vartheta_m = \frac{m_1 \cdot c_1 \cdot \vartheta_1 + m_2 \cdot c_2 \cdot \vartheta_2}{m_1 \cdot c_1 + m_2 \cdot c_2}$$ [12] **ϑ_m für zwei Stoffe**

Q_{ab}	von einem Körper oder einem Körpersystem abgegebene Wärme	J, kJ
Q_{auf}	von einem Körper oder einem Körpersystem aufgenommene Wärme	J, kJ
ϑ_m	Mischungstemperatur	°C
m	Masse	kg
c	spezifische Wärmekapazität	kJ/(kg · K)
ϑ	Temperatur	°C

5.7 Brennwert und Heizwert

$H_u = H_o - r \cdot w_{H_2O}$ **1** — **spezifischer Heizwert fester und flüssiger Brennstoffe**

$H_{u,n} = H_{o,n} - r \cdot \varphi_{H_2O}$ **2** — **spezifischer Heizwert gasförmiger Brennstoffe**

$Q = m \cdot H_u$ **3**

$Q = V \cdot H_{u,n}$ **4**

(3, 4) **Nutzbare Wärmeenergie (Verbrennungswärme) fester und flüssiger bzw. gasförmiger Brennstoffe**

H_u, $H_{u,n}$	spezifischer Heizwert	kJ/kg, kJ/m³
H_o, $H_{o,n}$	spezifischer Brennwert	kJ/kg, kJ/m³
r	Verdampfungswärme von Wasser	kJ/kg
Q	nutzbare Wärmeenergie	kJ
m	Masse	kg
V	Volumen	m³
w_{H_2O}	Massenanteil des Wassers	1
φ_{H_2O}	Volumenanteil des Wassers	1

Tabelle 1: Brennwert und Heizwert (→ B2.4)

heutige Bezeichnung (nach DIN)	**frühere Bezeichnung**
spezifischer Brennwert H_0, H_s	oberer Heizwert H_0
spezifischer Heizwert H_u, H_i	unterer Heizwert H_u

Der spezifische Heizwert H_u ist um den Betrag der spezifischen Verdampfungswärme r des Wasseranteils kleiner als der spezifische Brennwert H_o. Beim Verbrennen der Brennstoffe ist also nur der spezifische Heizwert H_u nutzbar.

Dies erklärt die frühere Bezeichnungsweise gemäß der nebenstehenden Tabelle.

Index n: Gas im Normzustand

5.8 Schmelzen und Erstarren

Schmelzen und Erstarren chemisch einheitlicher Stoffe (→ **Bild 1**)

Chemisch reine Stoffe schmelzen bei konstanter Temperatur, dem **Schmelzpunkt**. Die während des Schmelzens **zugeführte Wärmemenge ist eine latente Wärme.**

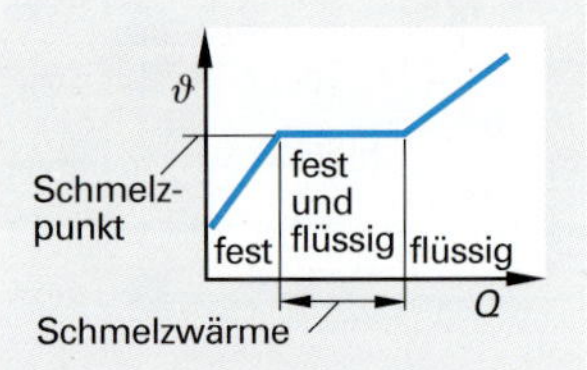

Bild 1

Tabelle 2: Schmelztemperaturen

Stoff	**Schmelzpunkt** bei p_n in °C
Aluminium	658
Blei	327
Eisen, rein	1527
Gold	1063
Kupfer	1083
Nickel	1455
Quecksilber	– 39
Schwefel	115
Titan	1690
Wasser	0
Wolfram	3380
Zink	419

Der Schmelzpunkt eines Stoffes (→ **Tabelle 2**) ist druckabhängig. Er bezieht sich auf den Normalluftdruck p_n.

Erstarrungstemperatur (Erstarrungspunkt) und **Schmelztemperatur** eines Stoffes sind gleich (identisch).

$Q = m \cdot q$ **5** — **Schmelzwärme** bzw. **Erstarrungswärme**

Q	Schmelzwärme bzw. Erstarrungswärme	kJ
m	Masse	kg
q	spezifische Schmelzwärme	kJ/kg

Die spezifische Schmelzwärme wird benötigt, um 1 kg eines bestimmten Stoffes bei Schmelztemperatur zu schmelzen.

Schmelzen und Erstarren von Stoffmischungen

Feste Lösungen (→ **Bild 2**)

Bild 2 zeigt am Beispiel einer Cu-Ni-Legierung:

Stoffmischungen (z. B. Legierungen) erstarren bzw. schmelzen – abhängig von der **Konzentration** – in einem Temperaturbereich.

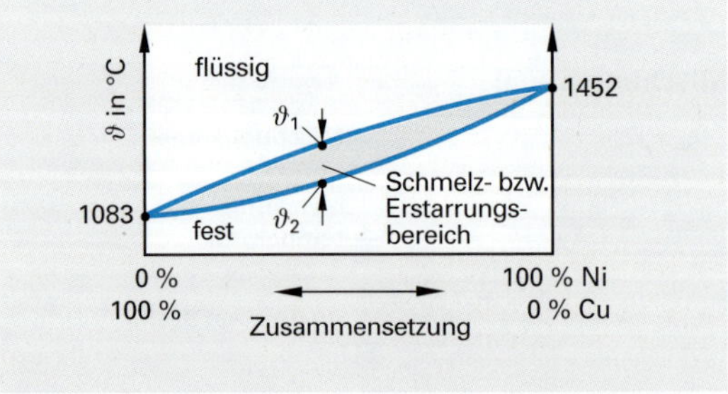

Bild 2: Zustandsdiagramm einer festen Lösung

Eutektische Mischungen (→ Bild 1)

Bei den eutektischen Mischungen handelt es sich meist um **eutektische Legierungen** oder um **Lösungen. Bild 1** zeigt z.B. das **Lösungsdiagramm** einer Kochsalzlösung. Man erkennt:

> **Eutektische Mischungen** schmelzen und erstarren ebenfalls – abhängig von der Konzentration – in einem Temperaturbereich. Nur im **eutektischen Punkt,** dem **Eutektikum,** liegt – wie bei chemisch reinen Stoffen – ein Schmelzpunkt vor (→ **Tabelle 2**).

$Q = m \cdot q$ (1) **Schmelzwärme** bzw. **Erstarrungswärme der eutektischen Masse**

$[Q] = [m] \cdot [q] = \text{kg} \cdot \frac{\text{kJ}}{\text{kg}} = \textbf{kJ}$

Formelzeichen s. Seite 50

Eutektische Massen werden zur Kühlung verwendet, z.B. in Beuteln abgefüllt. Man spricht von **eutektischen Kältespeichern.**

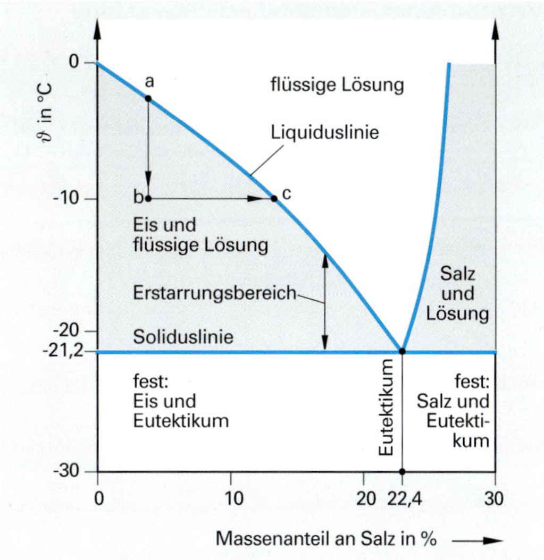

Bild 1: Lösungsdiagramm

Tabelle 1: Eutektische Massen

Stoff	eutektische Zusammensetzung (Massenanteil in %)	Schmelz- bzw. Erstarrungs-temperatur in °C	spezifische Schmelzwärme q des Eutektikums in kJ/kg
Kaliumchlorid	19,7	– 11,1	303
Ammoniumchlorid	18,7	– 15,8	310
Natriumnitrat	36,9	– 18,5	244
Natriumchlorid	22,4	– 21,2	235

5.9 Verdampfen und Kondensieren

Verdampfungstemperatur und Verdampfungsdruck

Die **Dampfdruckkurven** (→ **Bild 2**) zeigen:

> **Verdampfungstemperatur** ϑ_s, d.h., der **Siedepunkt** und **Verdampfungsdruck** p_s sind voneinander abhängig.

Tabelle 2: Siedetemperaturen

Stoff	Siedepunkt bei 1,01325 bar in °C
Alkohol (Ethanol)	78,3
Aluminium	2270,0
Ammoniak NH_3	– 33,4
Benzol	80,1
Helium	– 268,9
Kupfer	2330,0
Luft	– 192,3
Quecksilber	357,0
Wasser	100,0

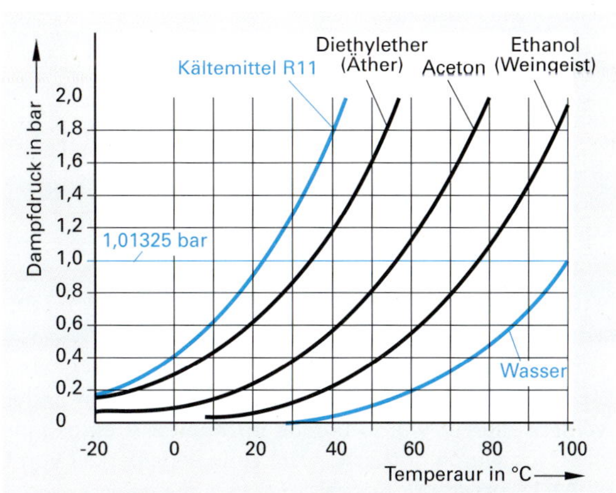

Bild 2: Dampfdruckkurven

Tabelle 2 zeigt für einige Stoffe die **Siedepunkte bei Normalluftdruck** p_n.

Verdampfungs- und Kondensationswärme

$Q = m \cdot r$ (1) **Verdampfungswärme, Kondensationswärme**

Q	Verdampfungs- bzw. Kondensationswärme	kJ
m	Masse	kg
r	spezifische Verdampfungswärme	kJ/kg

Die **Kondensationswärme** wird beim Kondensieren von Dampf an die Umgebung abgegeben und entspricht in ihrem Betrag der **Verdampfungswärme.**

Die Wärmemenge, die man benötigt, um 1 kg eines bestimmten Stoffes ohne Temperaturerhöhung zu verdampfen, heißt **spezifische Verdampfungswärme** *r*.

Ebenso gilt:

Siedepunkt = Kondensationspunkt

Sublimation

$Q = m \cdot \sigma$ (2) **Sublimationswärme**

Q	Sublimationswärme	kJ
m	Masse	kg
σ	spezifische Sublimationswärme	kJ/kg

Unter **Sublimation** versteht man den unmittelbaren Übergang eines Stoffes aus dem festen in den gasförmigen Zustand, und zwar bei konstanter Temperatur unter Aufnahme von Wärmeenergie aus der Umgebung.

Das Druck, Enthalpie-Diagramm (→ **Bild 1**)

Unter der **Enthalpie** versteht man die in einem Stoff gespeicherte Wärmeenergie, d.h. den **Wärmeinhalt.**

Unter der **spezifischen Enthalpie** *h* versteht man den Wärmeinhalt pro Kilogramm Stoffmasse.

Der **kritische Punkt** *K* unterteilt die das **Nassdampfgebiet** umgebende Linie in die **rechte Grenzkurve** und in die **linke Grenzkurve.**

Die **Druckachse** in **Bild 1** ist logarithmisch geteilt.

$r = h'' - h'$ (3) **spezifische Verdampfungswärme**

Bild 1 zeigt:

Die spezifische Verdampfungswärme ist druckabhängig und damit auch temperaturabhängig.

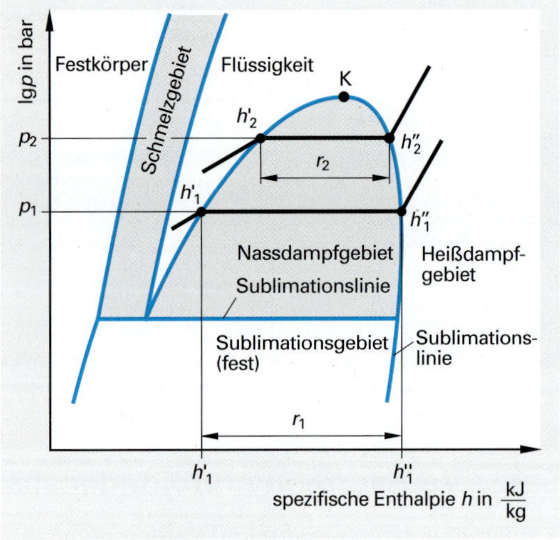

Bild 1: Druck, Enthalpie-Diagramm

h'	spezifische Enthalpie auf der linken Grenzkurve	kJ/kg
h''	spezifische Enthalpie auf der rechten Grenzkurve	kJ/kg
r	spezifische Verdampfungswärme	kJ/kg

A6 Der erste Hauptsatz der Thermodynamik

Die Umwandelbarkeit einer Energieform in eine andere Energieform kann als bekannt vorausgesetzt werden. Hierauf wurde bereits im **Kapitel A** eingegangen. Im Zusammenhang mit dem Begriff **Kraftmaschine** wurde dort schon die Umwandelbarkeit von **Wärmeenergie** (→ **A5.6**) in **mechanische Energie** (→ **A1.11**) erwähnt.

Wärmeenergie wird in der technischen Praxis mit einer **Wärmekraftmaschine** (z.B. mit einem Verbrennungsmotor oder einer Dampfturbine) in mechanische Arbeit umgewandelt.

Umgekehrt ist es auch möglich, **mechanische Arbeit in Wärmeenergie** zu überführen. Dies zeigt der im **Bild 1** abgebildete Versuch, dessen Messwerte eine Aussage über das Verhältnis der erzeugten Wärmeenergie zur aufgewendeten mechanischen Arbeit zulassen. Dieser Versuch wurde etwa zur gleichen Zeit – völlig unabhängig voneinander – von dem deutschen, damals in Heilbronn lebenden Arzt Robert **Mayer (1814 bis 1878)** und dem englischen Physiker James Prescot **Joule (1818 bis 1889)** durchgeführt.

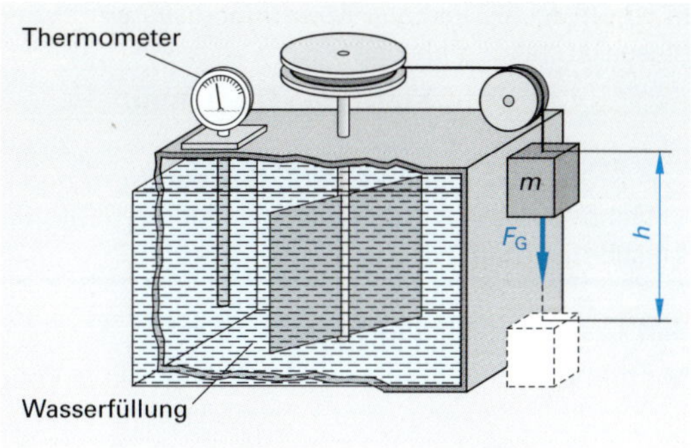

Bild 1: Versuch von Mayer und Joule

Dabei wird durch eine fallende Masse m mit der Gewichtskraft F_G (→ **A1.6**) über ein Zugseil und eine Seilscheibe ein vollständig im Wasser befindlicher Rührer in Bewegung versetzt und dabei wird **mechanische Arbeit** (entspricht potenzieller Energie)

$$W = F_G \cdot h \quad (1)$$

auf das Wasser übertragen. Mit dem Thermometer kann nachgewiesen werden, dass sich das Wasser dabei erwärmt. Setzt man eine bestimmte Wassermasse m_W voraus, dann ergibt sich gemäß dem Grundgesetz der Wärmelehre (→ **A5.6**) die **Wärmemenge**

$$Q = m_W \cdot c \cdot \Delta\vartheta \quad (2)$$

Der Versuch zeigt somit:

Mechanische Arbeit (mechanische Energie in Form potenzieller Energie) kann in Wärmeenergie umgewandelt werden.

Geht man von einem annähernd verlustfreien Versuch (z.B. durch gute Lagerung und Wärmedämmung erreichbar) aus, dann ergibt sich

$$W = Q \quad (3) \longrightarrow F_G \cdot h = m_w \cdot c \cdot \Delta\vartheta \longrightarrow [F_G] \cdot [h] = [m_w] \cdot [c] \cdot [\Delta\vartheta]$$

$$\text{N} \cdot \text{m} = \text{kg} \cdot \frac{\text{J}}{\text{kg} \cdot \text{K}} \cdot \text{K}$$

$$1\ \text{Nm} = 1\ \text{J}$$

Die mechanische Energie 1 Nm ist also der Wärmeenergie 1 J äquivalent (gleichwertig). Die Beziehung **1 Nm = 1 J** wird deshalb als das **mechanische Wärmeäquivalent** bezeichnet.

Robert Mayer und Joule formulierten somit ein Naturgesetz, welches die aus einer mechanischen Energie **maximal erzeugbare Wärmeenergie** beschreibt. Dieses Gesetz heißt **erster Hauptsatz der Thermodynamik.** Die erste Formulierung desselben lautet:

Zur Erzeugung einer Wärmeenergie ist eine äquivalente mechanische Energie und zur Erzeugung einer mechanischen Energie ist eine äquivalente Wärmeenergie aufzuwenden.

6.1 Volumenänderungsarbeit

Die Berechnungsgleichung für die mechanische Arbeit $\boldsymbol{W = F \cdot s}$ (→ **A1.11**) entspricht in ihrem Aufbau der Formel für die Berechnung einer Rechteckfläche $\boldsymbol{A = l \cdot b}$. Daraus kann unmittelbar gefolgert werden, dass auch das Produkt $\boldsymbol{F \cdot s}$ **als Rechteckfläche** abgebildet werden kann. Dies zeigt **Bild 1/54:**

In einem rechtwinkligen Koordinatensystem bezeichnet man diese Darstellung als das

Kraft, Weg-Diagramm.

Im Kraft, Weg-Diagramm **(*F, s*-Diagramm)** entspricht die Fläche unterhalb der Kraftlinie der verrichteten mechanischen Arbeit *W*.

Bild 1 zeigt dies für eine konstante Kraft.

Mit den Erkenntnissen beim Verrichten einer Volumenänderungsarbeit mit konstanter Kraft soll nun ein Beispiel aus der technischen Realität betrachtet werden. So zeigt **Bild 2** die schematische Darstellung eines Kolbens eines Verbrennungsmotors in einem Zylinder, und zwar in den beiden Endstellungen ① und ②. Darunter ist das entsprechende *F, s*-Diagramm dargestellt. Dieses macht deutlich, dass mit der **Gasexpansion** der Gasdruck und damit die auf den Kolben wirkende **Kraft kleiner** wird (→ **A5.3**). Gemäß der Erkenntnis, dass die Fläche unter der Kraftlinie der Volumenänderungsarbeit W_V entspricht, ergibt sich für einen sehr kleinen Weg Δs die kleine Volumenänderungsarbeit

$$\Delta W_V = F \cdot \Delta s \quad (1)$$

Die Summe all dieser kleinen – beim gesamten Hub des Kolbens verrichteten – Volumenänderungsarbeiten ergibt aber die gesamte **Volumenänderungsarbeit**

$$W_V = \Sigma\,(F \cdot \Delta s) \quad (2)$$

Bezeichnet man mit *A* die **Kolbenfläche** und mit ***s*** den **Kolbenhub,** dann ist das **Hubvolumen $V = A \cdot s$**. Somit ergibt sich für

$$\Delta s = \frac{\Delta V}{A} \quad (3)$$

Außerdem ist bekanntlich die Kolbenkraft

$$F = p \cdot A \quad (4)$$

(→ **A2.2**). Diese beiden Beziehungen in die obige Gleichung eingesetzt ergibt für die **Volumenänderungsarbeit**

$$W_V = \Sigma\,(p \cdot \Delta V) \quad (5)$$

Diesen Sachverhalt kann man in einem **Druck, Volumen-Diagramm,** d.h. einem ***p, V*-Diagramm** gemäß **Bild 3,** darstellen. Es ist zu erkennen:

Im *p, V*-Diagramm entspricht die Fläche unterhalb der Drucklinie der Volumenänderungsarbeit W_V. Das *p, V*-Diagamm heißt deshalb auch **Arbeitsdiagramm.**

Das Produkt aus Druck und Volumen nennt man **Druckenergie** (→ **A3.6**). Dies ist auch aus der Mechanik der Flüssigkeiten und Gase bekannt und wird durch folgende Einheitenrechnung bestätigt:

$$[W_V] = [p] \cdot [\Delta V] = \frac{N}{m^2} \cdot m^3 = Nm$$

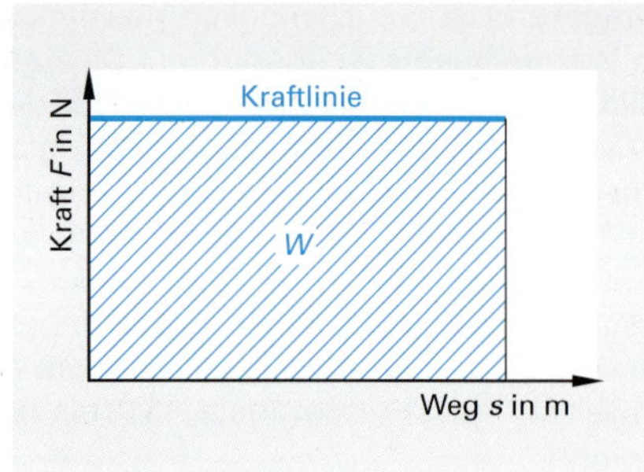

Bild 1: *F, s*-Diagramm

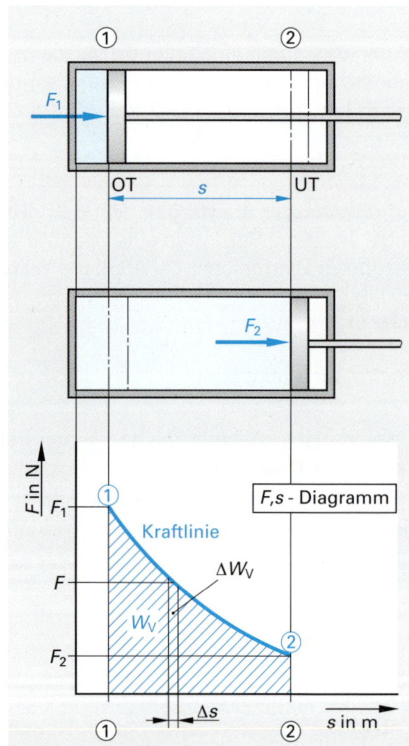

Bild 2: Kolbenarbeit

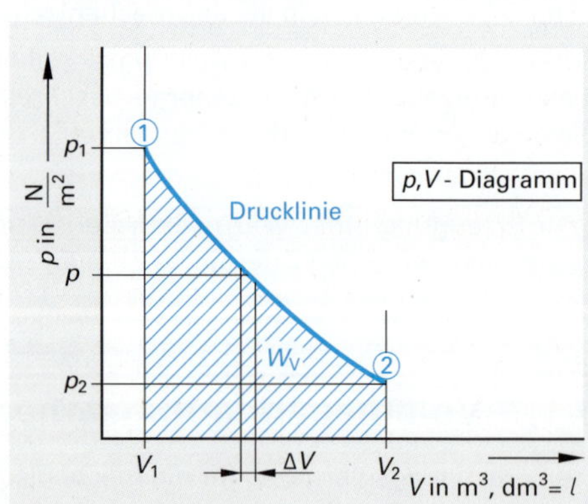

Bild 3: Arbeitsdiagramm

6.2 Innere Energie und Enthalpie

Bild 1 zeigt einen alltäglichen Fall, nämlich die Umwandlung von elektrischer Energie in Wärmeenergie. Man kann aus diesem Beispiel ersehen, dass Energie transportiert und auch gespeichert werden kann. Man spricht ja auch ganz offiziell von einem **Energietransport** bzw. von einer **Energiespeicherung.** Der bei diesem Vorgang der Erwärmung eines Stoffes benötigte Energiestrom kann mit dem Grundgesetz der Wärmelehre (→ **A5.6**) berechnet werden. Interessiert man sich etwas weitergehend für den Vorgang der Energiespeicherung, dann kommt man nicht umhin, sich mit dem Aufbau der Stoffe zu beschäftigen. Dies ist ein sehr umfangreiches Thema und soll deshalb an dieser Stelle nur soweit besprochen werden wie erforderlich.

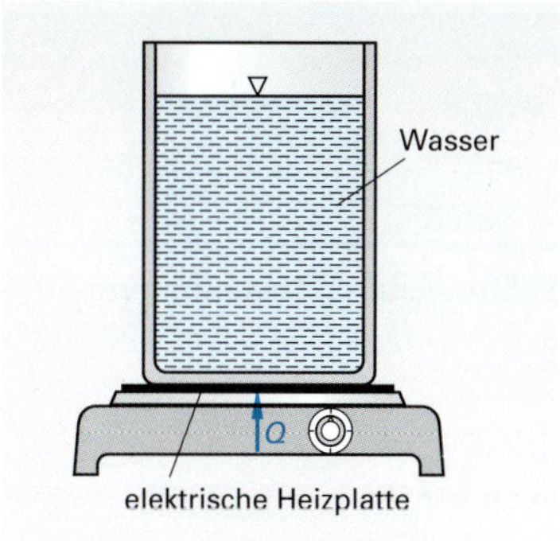

Bild 1: Energiestrom

Es kann dabei das Wissen vorausgesetzt werden, dass alle Stoffe – unabhängig vom Aggregatzustand – aus vielen **Elementarteilchen** zusammengesetzt sind. Man unterscheidet dabei den **kristallinen Aufbau** vom **amorphen** (völlig regellosen) **Aufbau.** Stellvertretend für alle Aufbauformen zeigt **Bild 2** die Schnittebene durch einen kristallin aufgebauten Stoff.

Man bezeichnet eine solche Darstellung auch als **Netzebene** oder **Gitterebene.** Der mittlere Abstand der Elementarteilchen (Atome, Ionen, Moleküle) wird als **Gitterkonstante** a_0 bezeichnet. Nun ist es aber keineswegs so, dass die Teilchen „fest an ihrem Platz" sitzen. Sie schwingen vielmehr, und zwar in alle Raumrichtungen, um ihren Gitterplatz in diesem mittleren Abstand der Gitterkonstanten. Auch dies zeigt **Bild 2** in der Einzelheit Z. Diese Schwingungen sind umso intensiver, je mehr Wärmeenergie der Körper beinhaltet. Am absoluten Nullpunkt (→ **A5.1**) hören diese Schwingungen allerdings nahezu auf. Da die Bewegungsintensität der Elementarbausteine der **Bewegungsenergie** (→ **A1.11**) derselben entspricht, kann man sagen:

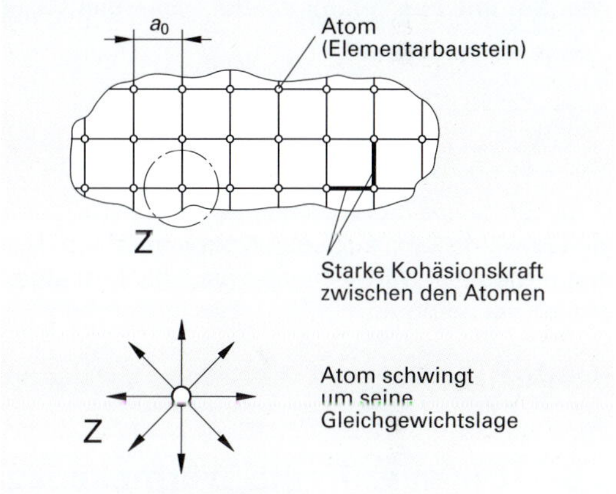

Bild 2: Kristalliner Aufbau

> Bei Zuführung von Wärmeenergie erhöht sich die Bewegungsenergie der Elementarbausteine, bei Abgabe von Wärmeenergie verringert sich die Bewegungsenergie der Elementarbausteine.

Im Gegensatz zur potenziellen oder kinetischen mechanischen Energie (→ **A1.11**), die man als die **äußere Energie** eines Körpers bezeichnet, hat also jeder Körper auch eine **innere Energie.** Sie wird mit dem Formelzeichen ***U*** bezeichnet.

> Die Bewegungsenergie der Elementarbausteine bezeichnet man als die innere Energie des Körpers.

Zur inneren Energie eines Körpers gehören auch diejenigen Wärmemengen, die zur Änderung des Aggregatzustandes, d. h. die **Schmelzwärme** (→ **A5.8**) und die **Verdampfungswärme** (→ **A5.9**), erforderlich sind. Dieser Sachverhalt spielt allerdings in diesem Buch kaum eine Rolle, denn es gilt:

> Bei der **Umwandlung von Wärmeenergie in mechanische Arbeit** (→ **A1.11**) mittels einer **Wärmekraftmaschine** werden – wegen der erforderlichen großen Wärmedehnung (→ **A5.3**) – immer **gasförmige bzw. dampfförmige Systemfüllungen** verwendet.

Es ist bereits bekannt, dass man unter der **Enthalpie** (→ **A5.9**) den gesamten in einem Körper befindlichen **Wärmeinhalt** versteht. Sie wird mit dem Formelbuchstaben *H* bezeichnet.

Bei den weiteren Betrachtungen wird von **gas- bzw. dampfförmigen Systemfüllungen** ausgegangen. **Bild 1** zeigt eine solche Systemfüllung. Es ist zu erkennen, dass die zugeführte Wärmeenergie Q – bei einem beweglichen Kolben – zweierlei bewirkt:

1. Ein sensibler Teilbetrag von Q erhöht die innere Energie um den Betrag ΔU.
2. Ein weiterer Teilbetrag von Q wird in Volumenänderungsarbeit W_V (→ **A6.1**) umgewandelt.

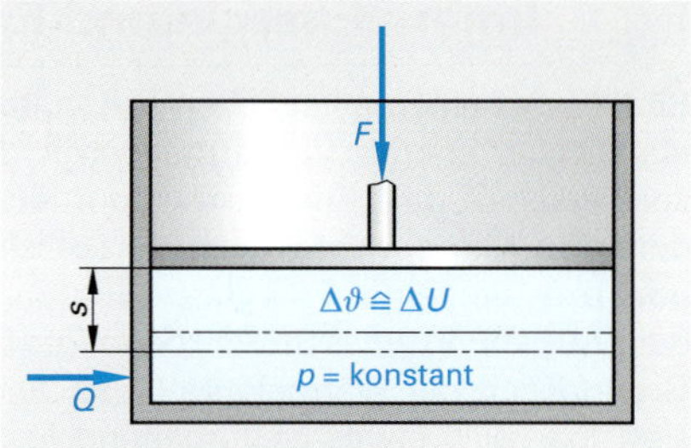

Bild 1: Energieumwandlung

Somit ist zu erkennen, dass bei der Umwandlung von Wärmeenergie in mechanische Arbeit in der Regel auch ein Teilbetrag dieser Wärmeenergie in innere Energie umgewandelt wird. Legt man nun den **Energieerhaltungssatz** (→ **A3.6**) zu Grunde, dann wird die **erste Formulierung des ersten Hauptsatzes,** dass nämlich zur Erzeugung einer mechanischen Arbeit eine äquivalente Wärmeenergie erforderlich ist, eingeschränkt. Man spricht dann von der **zweiten Formulierung des ersten Hauptsatzes:**

In einem **abgeschlossenen thermodynamischen System** entspricht die zugeführte Wärmeenergie Q der Summe aus Volumenänderungsarbeit W_V und der Änderung der inneren Energie ΔU.

Somit:

$$Q = W_V + \Delta U \quad (1)$$

Erster Hauptsatz der Thermodynamik

Da die Enthalpie H nichts anderes als der Wärmeinhalt ist, muss sich bei der Zuführung einer Wärmeenergie Q zwangsläufig auch der Wärmeinhalt um den Betrag $\Delta H = Q$ vergrößern. Umgekehrt wird bei Verminderung der Wärmeenergie auch die Enthalpie um den Betrag $\Delta H = Q$ kleiner. Somit kann man noch ergänzend anführen:

$$Q = \Delta H = W_V + \Delta U \quad (2)$$

6.3 Die spezifische Wärmekapazität von Gasen

Die obige Definition des ersten Hauptsatzes schließt die folgenden beiden **Grenzfälle** ein:

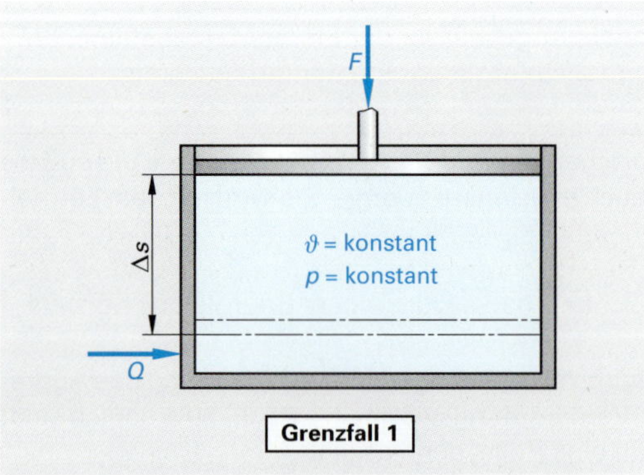

Bild 2: Völlige Umwandlung in mechanische Arbeit

Wird bei **konstantem Druck** in einem geschlossenen thermodynamischen System die Wärmeenergie völlig in mechanische Arbeit umgewandelt, dann ist die Änderung der inneren Energie $\mathbf{\Delta U = 0}$, d. h. aber auch $\mathbf{\Delta\vartheta = 0}$.

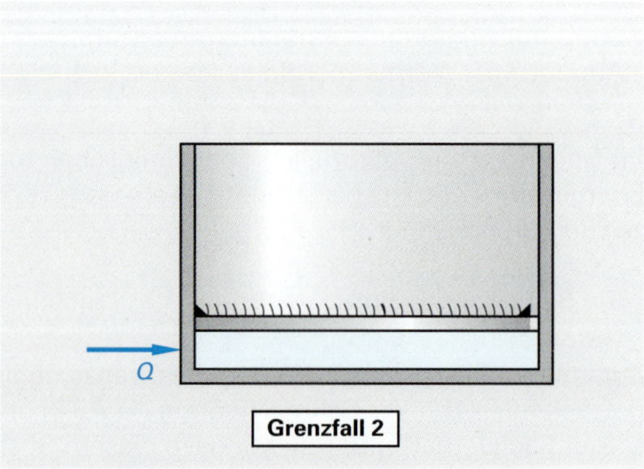

Bild 3: Völlige Umwandlung in innere Energie

Wird bei **konstantem Volumen** Wärmeenergie in ein geschlossenes thermodynamisches System eingeleitet, dann wird diese völlig in innere Energie verwandelt, denn es kann keine Volumenänderungsarbeit verrichtet werden, d. h., $\mathbf{W_V = 0}$.

Geht man von der **Definition der spezifischen Wärme** (→ **A5.6**) aus, dann ist leicht einzusehen, dass dieselbe bei konstantem Volumen (c_V) kleiner sein muss als bei konstantem Druck (c_p). Dies lässt sich damit begründen, dass bei konstantem Volumen die gesamte zugeführte Wärmeenergie zur Erhöhung der Temperatur zur Verfügung steht. Es ist also:

$$c_p > c_V$$

Da das **Grundgesetz der Wärmelehre** (→ **A5.6**) eine grundsätzliche Gültigkeit hat, lässt es sich wie folgt für die beiden Grenzfälle zusammenfassen:

Grenzfall 1	**Grenzfall 2**
zugeführte Wärme bei **konstantem Druck**	zugeführte Wärme bei **konstantem Volumen**
$Q = m \cdot c_p \cdot \Delta\vartheta$ (1) in J, kJ	$Q = m \cdot c_V \cdot \Delta\vartheta$ (3) in J, kJ
$Q = \Delta H = W_V = m \cdot c_p \cdot \Delta\vartheta$ (2)	$Q = \Delta H = \Delta U = m \cdot c_V \cdot \Delta\vartheta$ (4)

Aus dem Grenzfall 2 ergibt sich die folgende und für spätere Betrachtungen wichtige Regel:

$$\Delta U = m \cdot c_V \cdot \Delta\vartheta \quad (5)$$

Mithilfe der **kinetischen Gastheorie** und auch durch Versuche kann nachgewiesen werden, dass c_p und c_V in einem bestimmten Verhältnis zueinander stehen. Es wird mit dem Formelbuchstaben $\varkappa$ (kappa) bezeichnet und heißt **Isentropenexponent** oder **Adiabatenexponent**:

$$\varkappa = \frac{c_P}{c_V} \quad (6)$$

$\varkappa$	c_P, c_V
1	$\frac{\text{kJ}}{\text{kg} \cdot \text{K}}$

In **Tabelle 1** sind die Isentropenexponenten einiger gasförmiger Stoffe angegeben und man sieht, dass die $\varkappa$-Werte von der Anzahl der Atome im Molekül abhängen:

Tabelle 1: Isentropenexponenten (Adiabatenexponenten)

Anzahl der Atome im Gasmolekül	Beispiel typischer Gase mit dieser Atomzahl im Gasmolekül	Isentropenexponent $\varkappa$ bei 273 K
1	He	5 : 3 ≈ 1,667
2	O_2, N_2, CO	7 : 5 ≈ 1,41
–	Luft	1,4
3	CO_2, H_2O-Dampf	8 : 6 ≈ 1,33

Des Weiteren besteht zwischen der **spezifischen Gaskonstanten** R_B (→ **A5.4**), den bei den für Gase definierten spezifischen Wärmen c_p und c_V sowie dem Isentropenexponenten $\varkappa$ der folgende – hier nicht hergeleitete – Zusammenhang:

$$R_B = c_P - c_V \quad (7)$$ **spezifische Gaskonstante**

$$c_P = \frac{\varkappa}{\varkappa - 1} \cdot R_B \quad (8)$$ **spezifische Wärme bei konstantem Druck**

$$c_V = \frac{R_B}{\varkappa - 1} \quad (9)$$ **spezifische Wärme bei konstantem Volumen**

c_P, c_V und R_B haben die gleiche Einheit kJ/(kg · K)

Es soll noch daran erinnert werden, dass in den Rechnungen – wegen der Temperaturabhängigkeit – grundsätzlich mit den **mittleren spezifischen Wärmekapazitäten** (→ **A5.6**) zu rechnen ist.

A7 Thermodynamische Zustandsänderungen

Bei der **Umwandlung von Wärmeenergie in mechanische Arbeit nehmen** die Zustandsgrößen

Temperatur T, **Volumen** V, **Druck** p, **innere Energie** U, **Enthalpie** H

einen besonderen Stellenwert ein. In der angewandten Thermodynamik, d. h. in der Technik, werden diese Zustandsgrößen gezielt verändert und man spricht dann von einer **Zustandsänderung.**

In der angewandten Thermodynamik wird durch Zustandsänderungen **Arbeit** W gewonnen oder aufgewendet bzw. werden **Wärmemengen** Q zugeführt oder abgeführt.

Durch die Gasgesetze (→ **A5.3**) ist auch bereits bekannt, dass sich die genannten Zustandsgrößen bei einer Zustandsänderung nicht alle ändern müssen und die Änderungen können auch in einem zeitlichen Versatz erfolgen. Dies wird im nächsten Kapitel A8 **„Kreisprozesse"** noch näher untersucht. Schon jetzt halten wir fest:

Zustandsänderungen können einzeln oder mehrfach erfolgen. Dies kann gleichzeitig oder in einem zeitlichen Versatz ablaufen.

Dabei unterscheidet man **reversible Zustandsänderungen,** d. h. solche, die umkehrbar sind, von den **irreversiblen Zustandsänderungen.** Letztere werden später, bei den **technischen Kreisprozessen,** betrachtet. Die wichtigsten dieser thermodynamischen **Einzelzustandsänderungen** sind:

- **Isobare** → Zustandsänderung bei konstantem Druck
- **Isochore** → Zustandsänderung bei konstantem Volumen
- **Isotherme** → Zustandsänderung bei konstanter Temperatur
- **Isentrope** (Adiabate) → Zustandsänderung ohne Wärmezufuhr oder Wärmeentzug
- **Polytrope** → Es können sich gleichzeitig alle Zustandsgrößen (p, V und T) ändern und es kann dabei Wärmeenergie zu- bzw. abgeführt werden.

7.1 Die Isobare

Die **Isobare** kennzeichnet eine Zustandsänderung bei konstantem Druck (→ **A5.3** und **A6.3**). **Bild 1** stellt eine solche in einem p, V-Diagramm (→ **A6.1**) dar. Es wird hiermit vereinbart, dass der Anfangs- und der Endpunkt der Zustandsänderung jeweils mit einer Zahl bezeichnet wird. **Bild 1** zeigt somit die beiden folgenden Möglichkeiten:

① → ②: **isobare Expansion** → Ausdehnung

② → ①: **isobare Kontraktion** → Zusammenziehung

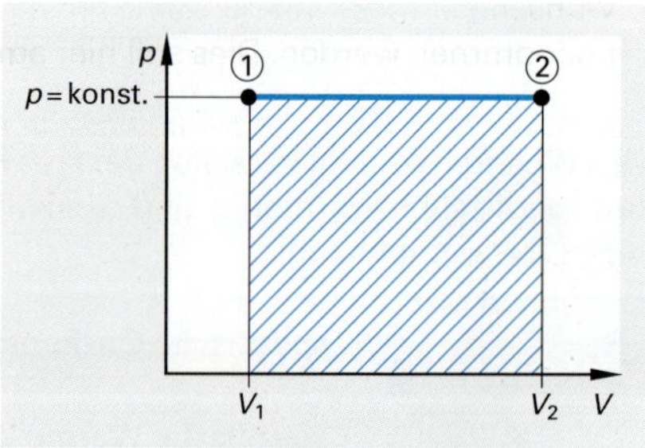

Bild 1: Isobare im *p*, *V*-Diagramm

Anmerkung: In der Literatur wird manchmal von der isobaren Kompression gesprochen. Dies ist jedoch nicht exakt, da eine **Kompression** gemäß ihrer Definition immer mit einer **Drucksteigerung** verbunden ist.

Um **Berechnungsgleichungen für die Zustandsänderungen** zu entwickeln, werden die bisherigen Erkenntnisse sinnvoll miteinander verknüpft. Entsprechend der Aufgabenstellung dieses Buches kann dies jedoch nur in Kurzform geschehen, es geschieht aber immer mit einem besonderen Hinweis auf das entsprechende Gesetz der Thermodynamik und bleibt somit immer nachvollziehbar. An dieser Stelle soll aber auf die einschlägige **Wärmelehre-Literatur** hingewiesen werden.

Bei p **= konst.** kommt das **1. Gesetz von Gay-Lussac** (→ **A5.3**) zur Anwendung. Somit:

$$\frac{V_1}{T_1} = \frac{V_2}{T_2} \quad (1) \longrightarrow \frac{V_1}{V_2} = \frac{T_1}{T_2} \quad (2) \longrightarrow$$

Bei einer isobaren Expansion bzw. isobaren Kontraktion ändern sich die absoluten Temperaturen im gleichen Verhältnis, wie sich die Volumina ändern.

Aus **Bild 1/58** ist unmittelbar zu entnehmen, dass die Volumenänderungsarbeit der Größe der abgebildeten Rechteckfläche entspricht. Somit gilt:

$$W_V = p \cdot (V_2 - V_1) \quad (3)$$

Volumenänderungsarbeit bei ① ⟶ ②: abgegeben

$$W_V = m \cdot R_B \cdot (T_2 - T_1) \quad (4)$$

Volumenänderungsarbeit bei ① ⟶ ②: abgegeben (→ allgemeine Zustandsgleichung **A5.4**)

$$Q = m \cdot c_P \cdot (T_2 - T_1) \quad (5)$$

zugeführte Wärmeenergie (→ **A6.3**)

Anmerkung: Verläuft die Zustandsänderung von ② ⟶ ①, dann muss W_V zugeführt werden und es wird Q abgegeben (reversible Zustandsänderung).

Wendet man nun den 1. Hauptsatz (→ **A6.2**) an, so erhält man:

$$Q = W_V + \Delta U$$

$$\Delta U = Q - W_V = m \cdot c_P \cdot (T_2 - T_1) - m \cdot R_B \cdot (T_2 - T_1).$$ Somit:

$$\Delta U = m \cdot (T_2 - T_1) \cdot (c_P - R_B) \quad (6)$$

Änderung der inneren Energie Mit $c_V = c_P - R_B$ folgt:

$$\Delta U = m \cdot c_V \cdot (T_2 - T_1) \quad (7)$$

Anmerkung:

Bei ① ⟶ ②: Temperaturzunahme ⟶ Vergrößerung von U

Bei ② ⟶ ①: Temperaturabnahme ⟶ Verkleinerung von U

Aus der 2. Formulierung des 1. Hauptsatzes (→ **A6.2**) geht hervor, dass in aller Regel ein Teil der zugeführten Wärmeenergie Q in innere Energie U umgewandelt wird. Dies ist ein Vorgang, der das Ergebnis bezüglich der **Volumenänderungsarbeit** W_V negativ beeinflusst. Dieser Vorgang ist also eigentlich unerwünscht, er muss aber bei einer bestimmten Zustandsänderung als unabänderlich, d. h. naturgesetzlich hingenommen werden. Dies soll hier **am Beispiel einer Isobare** gezeigt werden.

Es interessiert also die Frage, wie viel Prozent der zugeführten Wärmeenergie in Volumenänderungsarbeit W_V und wie viel Prozent in innere Energie U umgewandelt werden. Die gestellte Frage kann dadurch beantwortet werden, dass man die Größen des 1. Hauptsatzes zueinander ins Verhältnis setzt. Es ergibt sich:

$$\frac{Q}{W_V} = \frac{m \cdot c_P \cdot (T_2 - T_1)}{m \cdot R_B \cdot (T_2 - T_1)} = \frac{c_P}{R_B}$$

$$\frac{Q}{\Delta U} = \frac{m \cdot c_P \cdot (T_2 - T_1)}{m \cdot (T_2 - T_1) \cdot (c_P - R_B)} = \frac{c_P}{c_P - R_B}$$

Bei einer isobaren Zustandsänderung kann das Verhältnis der Wärmemenge zur Volumenänderungsarbeit bzw. zur Änderung der inneren Energie unmittelbar auf Beziehungen zurückgeführt werden, die sich aus der spezifischen Wärme bei konstantem Druck und der speziellen Gaskonstante bilden lassen.

Legt man einmal die ungefähren Werte für Luft bei 0 °C zu Grunde ($c_P \approx 1000$ J/(kg · K), $c_V \approx 720$ J/(kg · K) sowie $R_B = 287{,}1$ J/(kg · K), dann ergibt sich für dieses Beispiel $W_V \approx 0{,}287 \cdot Q$ und $\Delta U \approx 0{,}713 \cdot Q$.

Es werden somit **nur 28,7% der zugeführten Wärmeenergie in Volumenänderungsarbeit** verwandelt, während der „Rest" der zugeführten Wärmeenergie zur Erhöhung der inneren Energie „verbraucht" wird. Bei der Definition des **thermischen Wirkungsgrades** (→ **A8.3**) wird darauf zurückgekommen.

7.2 Die Isochore

Es soll noch nachgetragen werden, dass die Bezeichnungen der Zustandsänderungen ihren Ursprung in der altgriechischen Sprache haben. Die Vorsilbe **Iso** bedeutet so viel wie gleich. Während die Silbe bar (bei der Isobare) auf Druck hindeutet, hat das Wort chor die Bedeutung für Platz oder Raum. **Isochore** heißt somit Gleichraum und kennzeichnet eine Zustandsänderung bei konstantem Volumen. **Bild 1** stellt eine solche im *p, V*-Diagramm dar. Es ist

① → ②: **isochore Kompression**

② → ①: **isochore Entspannung**

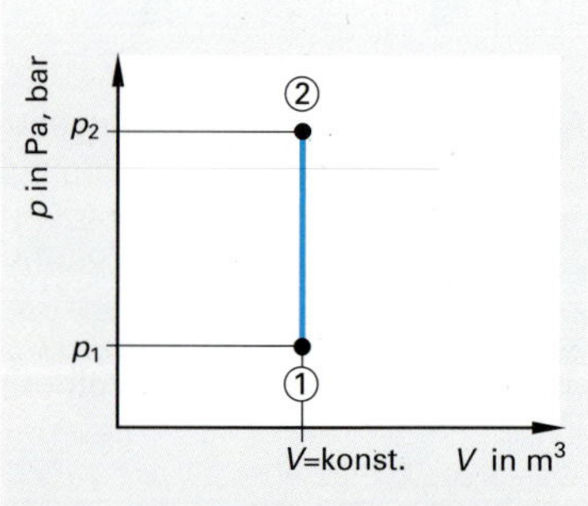

Bild 1: Isochore im *p, V*-Diagramm

Mit ***V* = konst.** kommt das **2. Gesetz von Gay-Lussac** (→ **A5.3**) zur Anwendung. Somit:

$$\frac{p_1}{T_1} = \frac{p_2}{T_2} \quad (1) \quad \longrightarrow \quad \frac{p_1}{p_2} = \frac{T_1}{T_2} \quad (2) \quad \longrightarrow$$

Bei einer isochoren Kompression bzw. bei einer isochoren Entspannung verändern sich die Drücke im gleichen Verhältnis wie die absoluten Temperaturen.

Aus dem *p, V*-Diagramm **(Bild 1)** ist für die isochore Zustandsänderung ersichtlich, dass die Fläche unter der Zustandslinie null ist. Somit:

$$W_V = 0 \quad (3)$$ **Volumenänderungsarbeit**

Nach dem ersten Hauptsatz wird also die insgesamt zugeführte Wärmeenergie Q in innere Energie U umgewandelt. Dies ist das denkbar schlechteste Ergebnis bezüglich des Erhalts von Volumenänderungsarbeit W_V. Somit erhält man:

$$Q = m \cdot c_V \cdot (T_2 - T_1) \quad (4)$$ **zugeführte Wärmeenergie** bei ① → ②

$$\Delta U = Q = m \cdot c_V \cdot (T_2 - T_1) \quad (5)$$ **Änderung der inneren Energie**

7.3 Die Isotherme

Auch die Bezeichnung **Isotherme** hat in der altgriechischen Sprache ihren Ursprung. Nach dem bisher Gesagten kennzeichnet sie eine Zustandsänderung mit konstanter Temperatur. Mit ***T* = konst.** kommt das **Gesetz von Boyle-Mariotte** (→ **A5.3**) zur Anwendung. Somit:

$$p \cdot V = \text{konst.} \quad (6) \quad \longrightarrow \quad p_1 \cdot V_1 = p_2 \cdot V_2 \quad (7)$$

Bei einer **isothermen Kompression** ② → ① bzw. bei einer **isothermen Expansion** ① → ② ist an jeder Stelle das Produkt aus Druck und Volumen konstant.

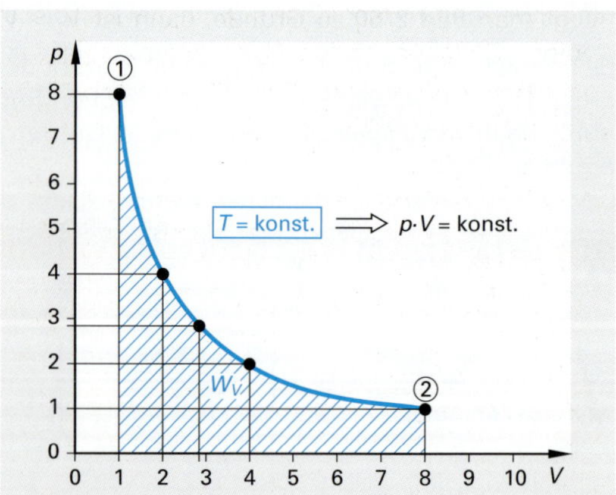

Bild 2: Isotherme im *p, V*-Diagramm

Die in **Bild 2/60** abgebildete Kurve ist eine Hyperbel. Da bei der Isothermen die Temperatur konstant ist, ändert sich auch nicht die innere Energie U. Nach dem 1. Hauptsatz ergibt sich somit bei $\Delta U = 0$

$$\boldsymbol{Q = W_V} \quad (1)$$

Bei einer isothermen Zustandsänderung wird die dem geschlossenen System zugeführte Wärmeenergie Q völlig in Volumenänderungsarbeit W_V und umgekehrt eine zugeführte mechanische Arbeit W völlig in Wärmeenergie Q umgewandelt.

Dieser Sachverhalt ist der thermodynamisch denkbar günstigste.

Bedingt durch das im Vergleich zur Isobaren und zur Isochoren geometrisch kompliziertere p, V-Diagramm ergibt es sich bei der Isotherme, dass die **Berechnungsgleichungen für die Volumenänderungsarbeit** W_V nicht mit elementaren mathematischen Mitteln abgeleitet werden können. Dies kann nur mithilfe der Integralrechnung erfolgen, worauf aber in diesem Buch verzichtet werden soll. Es gilt:

$$W_V = p_1 \cdot V_1 \cdot \ln \frac{v_1}{v_2} \quad (2)$$

Volumenänderungsarbeit
bei ② ⟶ ①: zugeführt

ln = natürlicher Logarithmus

Mit $p_1 \cdot V_1 = p_2 \cdot V_2$ ist

$$W_V = p_2 \cdot V_2 \cdot \ln \frac{v_1}{v_2} \quad (3)$$

aus $V = m \cdot v$ ergibt sich (→ **A5.4**)

$$W_V = p_1 \cdot V_1 \cdot \ln \frac{V_1}{V_2} \quad (4)$$

$$W_V = p_2 \cdot V_2 \cdot \ln \frac{V_1}{V_2} \quad (5)$$

Mit $p_1 \cdot V_1 = p_2 \cdot V_2$ ist auch $\frac{V_2}{V_1} = \frac{p_1}{p_2}$ bzw. $\frac{v_2}{v_1} = \frac{p_1}{p_2}$. Somit gilt auch

$$W_V = p_1 \cdot V_1 \cdot \ln \frac{p_2}{p_1} \quad (6)$$

$$W_V = p_2 \cdot V_2 \cdot \ln \frac{p_2}{p_1} \quad (7)$$

Anmerkung:

Legt man **Bild 2/60** zu Grunde, dann ist $V_2 > V_1$ bzw. $p_2 < p_1$. Unter dieser Bedingung führen die obigen Gleichungen für $\boldsymbol{W_V}$ zu einem **negativen Wert,** d. h., dem System wird **Volumenänderungsarbeit** W_V **zugeführt** und die äquivalente Wärmemenge Q wird abgeführt. Es handelt sich also um eine **isotherme Kompression.**

Bei dem hierzu reversiblen Vorgang, d. h. bei der **isothermen Expansion,** wird Wärmeenergie Q zugeführt und das **Gas verrichtet** die äquivalente **Volumenänderungsarbeit.** Für diesen Fall ist die **Volumenänderungsarbeit**

$$W_V = p \cdot V \cdot \ln \frac{v_2}{v_1} \quad (8)$$

$$W_V = p \cdot V \cdot \ln \frac{V_2}{V_1} \quad (9)$$

$$W_V = p \cdot V \cdot \ln \frac{p_1}{p_2} \quad (10)$$

① ⟶ ②: verrichtet (abgegeben)

$$p \cdot V = p_1 \cdot V_1 = p_2 \cdot V_2 \quad (11)$$

Somit kann zusammengefasst werden:

Bei einer isothermen Zustandsänderung errechnet sich die Volumenänderungsarbeit W_V aus dem Produkt von Druck p und Volumen V an einer beliebigen Stelle der Zustandsänderung sowie dem natürlichen Logarithmus des Verhältnisses des Anfangs- und Endvolumens bzw. des Anfangs- und Enddruckes.

7.4 Die Isentrope bzw. Adiabate

Für die isentrope Zustandsänderung gilt:

Bei einer isentropen Zustandsänderung, die man auch als **adiabate Zustandsänderung** bezeichnet, wird keine Wärmeenergie mit der Umgebung ausgetauscht.

Dies bedeutet, dass dem geschlossenen thermodynamischen System weder Wärmeenergie zugeführt noch solche abgeführt wird, d. h.:

$Q = 0$ [1] **zu- bzw. abgeführte Wärmeenergie**

Nach dem ersten Hauptsatz $0 = \Delta U + W_V$ ist die **Änderung der inneren Energie**

$\Delta U = -W_V = -m \cdot c_V \cdot (T_2 - T_1)$ [2]

Mit $c_V = \frac{R_B}{\varkappa - 1}$ (→ **A6.3**) wird $W_V = -m \cdot \frac{R_B}{\varkappa - 1} \cdot (T_2 - T_1)$ bzw.

$W_V = m \cdot \frac{R_B}{\varkappa - 1} \cdot (T_1 - T_2)$ [3] **Volumenänderungsarbeit**

Analog der isothermen Zustandsänderung gilt:

Kompression ⟶ mechanische Arbeit wird zugeführt ⟶ $T_2 > T_1$ ⟶ **W_V ist negativ**

Expansion ⟶ mechanische Arbeit wird verrichtet ⟶ $T_2 < T_1$ ⟶ **W_V ist positiv**

Da $m \cdot R_B \cdot T_1 = p_1 \cdot V_1$ und $m \cdot R_B \cdot T_2 = p_2 \cdot V_2$ ist, gilt auch:

$W_V = \frac{1}{\varkappa - 1} \cdot (p_1 \cdot V_1 - p_2 \cdot V_2)$ [4] **Volumenänderungsarbeit**

Mithilfe der Integralrechnung ergibt sich aus

$W_V = m \cdot \frac{R_B}{\varkappa - 1} \cdot (T_1 - T_2) = \Sigma\,(p \cdot \Delta V)$ die

Isentropenfunktion
(Adiabatenfunktion)

$p \cdot V^{\varkappa} = \text{konst.}$ [5] ⟶ $p_1 \cdot V_1^{\varkappa} = p_2 \cdot V_2^{\varkappa}$ [6]

Die isentrope (adiabate) Zustandsänderung ist dadurch gekennzeichnet, dass an jeder Stelle der Zustandsfunktion das Produkt aus Druck p und **„Volumen hoch Kappa"** konstant ist.

7.5 Die Polytrope

Die bisher betrachteten Zustandsänderungen
Isobare: p = konst.
Isochore: V = konst.
Isotherme: T = konst.
Isentrope: $\Delta Q = 0$

waren alle sehr speziell und sind dadurch gekennzeichnet, dass sich jeweils ein Zustand nicht ändert. In der technischen Praxis sind aber solche Bedingungen in der Regel nicht einzuhalten, sondern als Grenzfälle zu betrachten. Dies bedeutet, dass sich p, V, T, Q und W_V in kurzen Zeitabständen ständig ändern. Man denke hierbei nur einmal an eine **Brennkraftmaschine** oder eine **Kälteanlage.**

Eine Zustandsänderung, bei der sich gleichzeitig mehrere oder alle thermodynamischen Zustandsgrößen ändern, heißt **allgemeine Polytrope.**

Die Bezeichnung **Polytrope** erklärt sich aus ihrer Definition. Sie kommt ebenfalls aus dem Griechischen und bedeutet so viel wie **vielgestaltig.**

Die thermodynamische Handhabung der Polytrope entspricht völlig der thermodynamischen Handhabung der Isentrope (Adiabate).

Der Unterschied liegt lediglich im Exponenten. Man unterscheidet:

Isentrope (Adiabate) ⟶ **Isentropenexponent $\varkappa$**

Polytrope ⟶ **Polytropenexponent n**

$n \neq 1$, $n \neq \varkappa$

Somit gilt mit $\boldsymbol{n \neq 1}$ (da mit $n = 1$ die Isotherme gekennzeichnet ist) und $n \neq \varkappa$ (da mit $n = \varkappa$ die Isentrope gekennzeichnet ist):

$$p \cdot V^n = \text{konst.} \quad (1)$$ **Polytropenfunktion**

$$W_V = m \cdot \frac{R_B}{n-1} \cdot (T_1 - T_2) \quad (2)$$ **Volumenänderungsarbeit**

$$W_V = \frac{1}{n-1} \cdot (p_1 \cdot V_1 - p_2 \cdot V_2) \quad (3)$$

Auch hier gilt für

Kompression : W_V ist negativ (–)
Expansion : W_V ist positiv (+)

Da bei der polytropen Zustandsänderung eine Temperaturänderung erfolgt, ist die **Änderung der inneren Energie**

$$\Delta U \neq 0 \quad (4) \longrightarrow \Delta U = m \cdot c_V \cdot (T_2 - T_1) \quad (5)$$

Mit der Anwendung des 1. Hauptsatzes $Q = W_V + \Delta U$ ergibt sich die **zugeführte Wärmeenergie**

$$Q = m \cdot \frac{R_B}{n-1} \cdot (T_1 - T_2) + m \cdot c_V \cdot (T_2 - T_1) \quad (6)$$

Es soll noch darauf verwiesen werden, dass der Polytropenexponent jeden Wert zwischen $-\infty$ und $+\infty$ annehmen kann. Die bisher behandelten Zustandsänderungen kann man auch als **spezielle Polytropen** bezeichnen, denn es gilt:

$n = 1 \longrightarrow p \cdot V = \text{konst.} \longrightarrow$ Isotherme
$n = \varkappa \longrightarrow p \cdot V^{\varkappa} = \text{konst.} \longrightarrow$ Isentrope
$n = 0 \longrightarrow p = \text{konst.} \longrightarrow$ Isobare
$n = \pm\infty \longrightarrow V = \text{konst.} \longrightarrow$ Isochore

Wiederholung und Vertiefung

A24 Welche Aussage macht der Versuch von Mayer und Joule?

A25 Wie bildet sich im F, s-Diagramm und wie im p, V-Diagramm die Volumenänderungsarbeit ab?

A26 Unterscheiden Sie äußere Energie von innerer Energie.

A27 Wie wird der Versuch von Mayer und Joule durch den ersten Hauptsatz eingeschränkt?

A28 Welche Gemeinsamkeit haben die Größen c_p, c_V und R_B?

A29 Nennen Sie Verknüpfungen von c_p, c_V und R_B.

A30 In einem Druckgefäß (mit konstantem Druck) befinden sich m = 10,84 kg Luft (R_B = 287,1 J/(kg · K) von ϑ_1 = 16 °C und p_1 = 300 000 Pa. Durch Wärmezufuhr wird der Druck auf den Wert p_2 = 900 000 Pa erhöht. Berechnen Sie
a) die sich einstellende Temperatur ϑ_2 und
b) die erforderliche Wärmezufuhr Q bei c_V = 720 J/(kg · K).

A31 Mit welcher der Zustandsänderungen wird hinsichtlich der Erzeugung von Volumenänderungsarbeit aus Wärmeenergie in einem thermodynamisch geschlossenen System das beste Ergebnis erzielt? Welches Gesetz begründet Ihre Antwort?

A32 Unterscheiden Sie Kontraktion von Kompression.

A33 In einem Zylinder befinden sich bei einem Druck p_1 = 700 000 Pa und ϑ_1 = 20 °C Luft mit dem Volumen V_1 = 5 m³. Diese wird isotherm auf p_2 = 100 000 Pa entspannt. Berechnen Sie
a) das Endvolumen V_2 und
b) die auf den Kolben übertragene Volumenänderungsarbeit W_V.

A34 Wie ist eine Isentrope (Adiabate) thermodynamisch gekennzeichnet und wie heißt die Isentropenfunktion?

A35 Ein Kompressor saugt 1 m³ Luft von 17 °C und 98 000 Pa aus der Atmosphäre an und verdichtet diese isotherm auf 0,7 MPa. Zeichnen Sie das p, V-Diagramm und berechnen Sie die zugeführte Volumenänderungsarbeit W_V und die abgeführte Wärmeenergie Q.

A8 Kreisprozesse im p, V-Diagramm

Bild 1 zeigt den Vorlauf eines Kolbens und im zugehörigen p, V-Diagramm die dabei gewonnene Volumenänderungsarbeit W_V. Es handelt sich also dabei um eine **einmalige Kolbenarbeit.** Dies macht in der Technik in der Regel wenig Sinn. Es gilt vielmehr:

Soll in einer Wärmekraftmaschine periodisch Wärmeenergie in mechanische Arbeit umgewandelt werden, dann genügt hierzu eine einzelne Zustandsänderung nicht. Der Kolben muss dabei mindestens durch eine zweite Zustandsänderung in seine Ausgangslage zurückgebracht werden.

Dabei kommt es entscheidend darauf an – will man netto einen Betrag an Volumenänderungsarbeit gewinnen –, dass beim Vorlauf mehr Arbeit aus der Maschine herauskommt, als beim Rücklauf wieder zugeführt werden muss.

Bei einer periodischen Arbeitsabgabe einer Wärmekraftmaschine muss die erste Zustandsänderung ① → ② einen anderen Verlauf haben als die zweite Zustandsänderung ② → ①. Dabei muss die Bedingung $\boldsymbol{W_{V12} > W_{V21}}$ erfüllt sein.

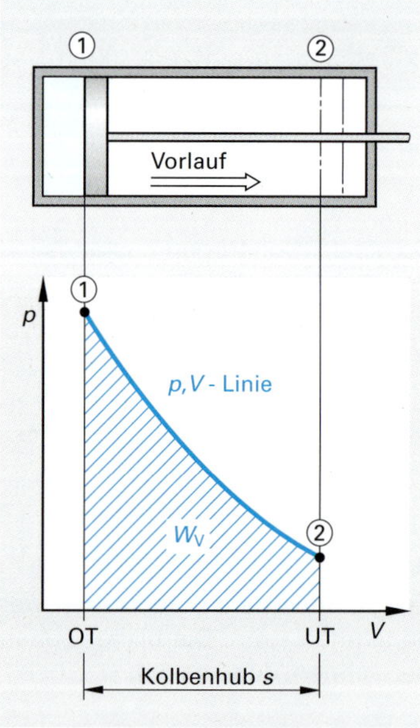

Bild 1: Kolbenarbeit

Wird bei einem thermodynamischen Prozess durch das Ablaufen mehrerer Zustandsänderungen wieder der Ausgangszustand erreicht, dann ist dies ein **geschlossener Prozess** bzw. ein **Kreisprozess.**

8.1 Nutzarbeit

In der Realität sind bei einem Kreisprozess mehr als zwei Zustandsänderungen beteiligt. Der aus zwei Zustandsänderungen bereits beschriebene Kreisprozess kann lediglich als Gedankenmodell verstanden werden. Damit ist es möglich, auf einfachste Art den Begriff **Nutzarbeit** (Formelzeichen W_n) zu erklären.

Die **Bilder 1 bis 3** stellen das **„Gedankenmodell Kreisprozess aus zwei Zustandsänderungen"** nochmals dar. Im Speziellen stellt **Bild 1** den Vorlauf und **Bild 2** den Rücklauf dar. In **Bild 3** sind Vor- und Rücklauf in **einem** *p, V*-Diagramm zusammengefasst.

$$Q_{12} = W_{V12} + (U_2 - U_1) \quad (1)$$

1. Hauptsatz für den Vorlauf

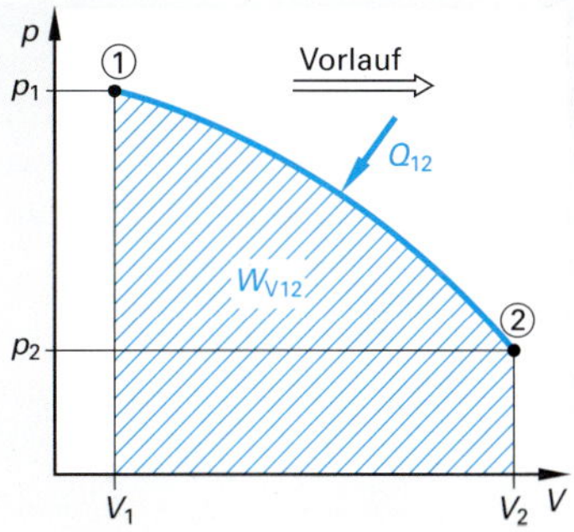

Bild 1: Vorlauf

Im Gegensatz zum Vorlauf sind beim Rücklauf die „Richtungen" von Q und W_V umgekehrt. Somit lautet der

$$-Q_{21} = -W_{V21} + (U_1 - U_2) \quad (2)$$

1. Hauptsatz für den Rücklauf

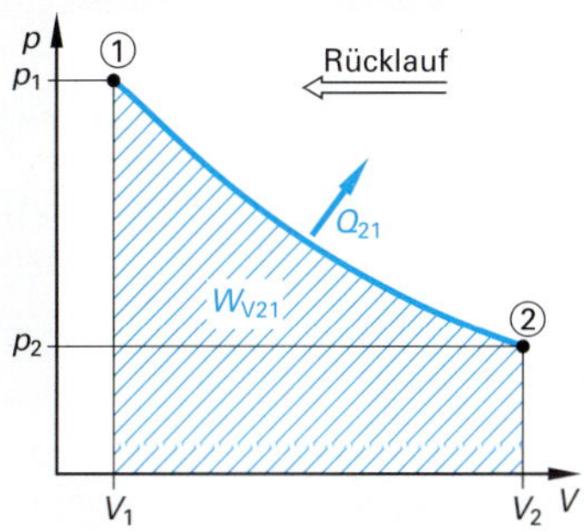

Bild 2: Rücklauf

Bedingt durch das Gleichheitszeichen kann man den 1. Hauptsatz auch als **Energiebilanz** ansehen. Durch die Addition dieser Energiebilanzen für den Vorlauf und den Rücklauf ergibt sich der Betrag für die Nutzarbeit wie folgt:

$$\begin{array}{lrcl} \text{Vorlauf:} & Q_{12} & = & W_{V12} + (U_2 - U_1) \\ \text{Rücklauf:} & -Q_{21} & = & -W_{V21} + (U_1 - U_2) \end{array} \quad +$$

$$W_n = Q_{12} - Q_{21} = W_{V12} - W_{V21} \quad (3)$$

Nutzarbeit

Zu **Bild 3** ist noch zu sagen, dass es die zeichnerische Addition der beim Vorlauf abgegebenen Volumenänderungsarbeit W_{V12} und der beim Rücklauf zugeführten Volumenänderungsarbeit W_{V21} darstellt.

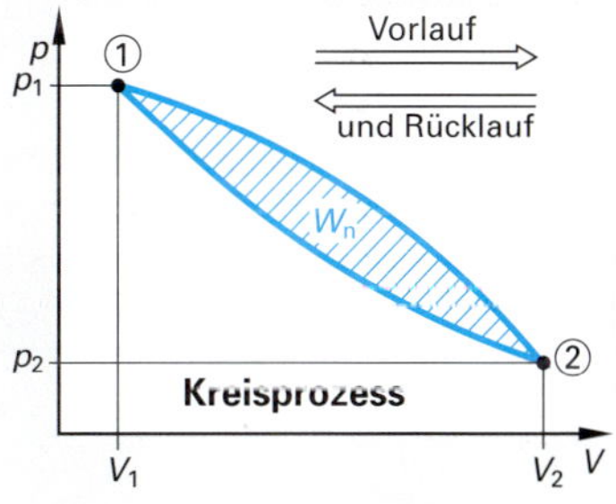

Bild 3: Vor- und Rücklauf

> Die bei einem Kreisprozess gewonnene mechanische Arbeit (**Nutzarbeit** W_n) errechnet sich entweder aus der Summe der am Kreisprozess beteiligten Wärmeenergien Q oder aus der Summe der am Kreisprozess beteiligten Volumenänderungsarbeiten W_V.

8.2 Der zweite Hauptsatz der Thermodynamik

Im **Bild 1/66** wird nun nochmals der in **Bild 3** dargestellte Kreisprozess einer weiteren Betrachtung unterzogen, und zwar bei beliebig angenommener, jedoch gleicher Kolbenstellung bei Vorlauf **und** Rücklauf. Somit gilt:

Vorlauf ⟶ Punkt ⓐ mit p_a und V_a

Rücklauf ⟶ Punkt ⓑ mit p_b und V_b.

Da die mechanische Arbeit W_n von der Maschine abgegeben wird, bezeichnet man einen solchen Kreisprozess als **Kraftmaschinenprozess** oder als **motorischen Kreisprozess.** Da ein solcher im *p, V*-Diagramm immer im Uhrzeigersinn verläuft, d. h. in der Richtung ①⟶ⓐ⟶②⟶ⓑ⟶①, wird er auch als **rechtslaufender Kreisprozess** bezeichnet.

Anmerkung:

Der **linkslaufende Kreisprozess** wird als **Wärmepumpenprozess** oder **Kältemaschinenprozess** bezeichnet. Aus methodischen Gründen wird er erst im nächsten Kapitel besprochen.

Um nun eine Aussage über ein sehr wichtiges thermodynamisches Gesetz, welches als der **zweite Hauptsatz der Thermodynamik** bezeichnet wird, machen zu können, werden die allgemeinen Zustandsgleichungen (→ **A5.4**) durcheinander geteilt:

Vorlauf ⟶ $p_a \cdot V_a = m \cdot R_B \cdot T_a$

Rücklauf ⟶ $p_b \cdot V_b = m \cdot R_B \cdot T_b$

$$: \longrightarrow \frac{p_a \cdot V_a}{p_b \cdot V_b} = \frac{m \cdot R_B \cdot T_a}{m \cdot R_B \cdot T_b}$$

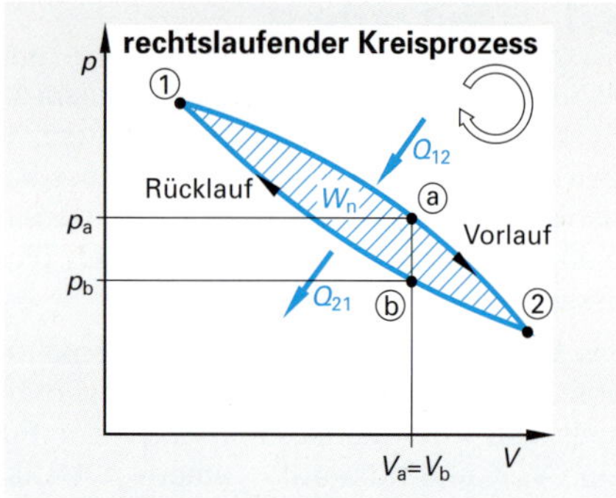

Bild 1: Rechtslaufender Kreisprozess

Setzt man nun noch $V_a = V_b$, so erhält man durch Kürzen das Ergebnis

$$\frac{p_a}{p_b} = \frac{T_a}{T_b} \quad (1)$$

Da $p_a > p_b$ ist, kann unmittelbar gefolgert werden:

$$T_a > T_b \quad (2)$$

Zweiter Hauptsatz der Thermodynamik

Wärmeenergie kann nur dann in mechanische Energie umgewandelt werden, wenn in einem Kreisprozess zwischen Vorlauf und Rücklauf ein Temperaturgefälle vorhanden ist.

8.3 Der thermische Wirkungsgrad

Es ist bekannt, dass der Wirkungsgrad (→ **A1.13**) angibt, wie viel Prozent der zugeführten Energie von der Kraftmaschine wieder in Form von Nutzarbeit W_n abgegeben wird. Dies gilt auch für den thermischen Wirkungsgrad. Entsprechende Überlegungen bei der Definition der Nutzarbeit (→ **A8.1**) ergeben sich für den **thermischen Wirkungsgrad**

$$\eta_{th} = \frac{Q_n}{Q_a} \quad (3)$$

Q_n = Nutzwärme
Q_a = aufgewendete Wärme

Somit gilt auch

$$\eta_{th} = \frac{Q_{12} - Q_{21}}{Q_{12}} = 1 - \frac{Q_{21}}{Q_{12}} \quad (4) \quad < 1$$

Wendet man nun noch die Gleichung

$$\boldsymbol{W_n} = Q_{12} - Q_{21} = \boldsymbol{W_{V12}} - \boldsymbol{W_{V21}} \quad (5)$$

an, dann erhält man für den

thermischen Wirkungsgrad

$$\eta_{th} = \frac{W_n}{Q_a} = \frac{W_{V12} - W_{V21}}{Q_{12}} \quad (6) \quad < 1$$

Der thermische Wirkungsgrad kann aus dem Quotienten von Nutzwärme und aufgewendeter Wärme oder aus dem Verhältnis von Nutzarbeit und aufgewendeter Wärme berechnet werden.

Aus dem bisher Gesagten ergibt sich, dass die Berechnung der Nutzarbeit W_n aus der Differenz der Volumenänderungsarbeiten W_V erfolgt. Dies ist die Voraussetzung zur Berechnung des thermischen Wirkungsgrades η_{th} und ist in **Bild 2** für das „Gedankenmodell zwei Zustandsänderungen" dargestellt.

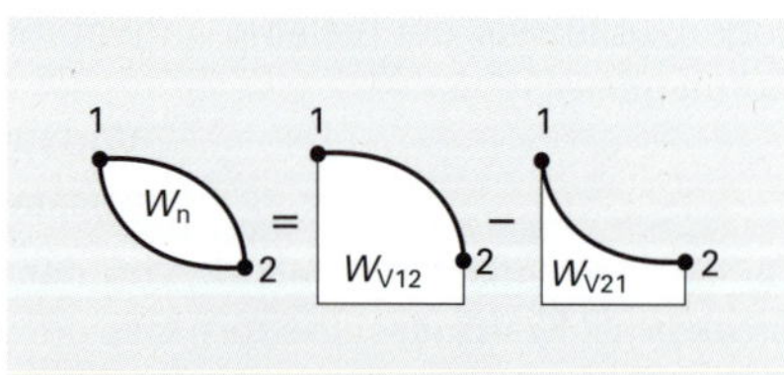

Bild 2: Ermittlung von W_n

Entsprechend diesem Gedankenmodell soll nun für einen **idealen Kraftmaschinenprozess** – dies ist ein **Kreisprozess ohne Verluste** – eine Gleichung zur Berechnung des thermischen Wirkungsgrades hergeleitet werden. Als Beispiel wird der **klassische Dieselprozess** gewählt. Vorher soll aber noch erwähnt werden, dass solche Kreisprozesse ohne Verluste auch als Vergleichsprozesse für die realen **Kraftmaschinenprozesse** (mit Verlusten) herangezogen werden (s. C7).

8.4 Vergleichsprozesse der Wärmekraftmaschinen

Unter einem Vergleichsprozess versteht man einen reversiblen, d.h. verlustlosen (idealen) Kreisprozess.

8.4.1 Der (klassische) Diesel-Prozess (Gleichdruckprozess)

Bild 1 zeigt in einem p, V-Diagramm den nach Rudolf **Diesel (1858 bis 1913)** benannten **Dieselprozess** mit den einzelnen thermodynamischen Zustandsänderungen.

V_K Kompressionsvolumen,
V_H Hubvolumen (Hubraum)

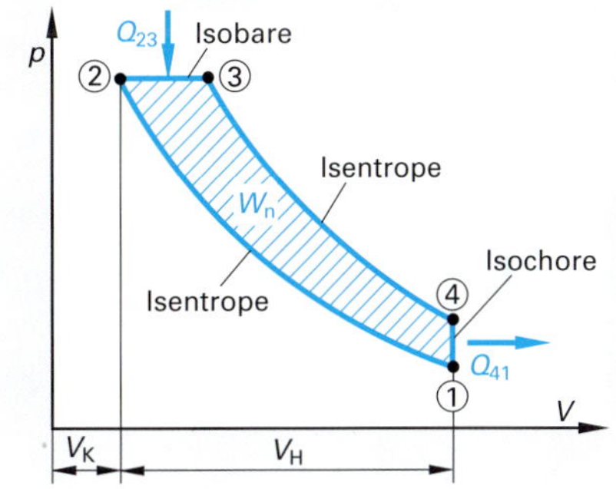

Bild 1: Diesel-Prozess

Ablauf des Dieselprozesses

① → ②: Die vorher aus der Umgebung angesaugte Luft wird isentrop – also ohne Wärmeaustausch – verdichtet. Dabei erhitzt sich die Luft auf ca. 700 °C.

② → ③: Es wird Dieselkraftstoff eingespritzt, der infolge der hohen Lufttemperatur verbrennt **(Selbstzündung)**. Dabei vergrößert sich das Gasvolumen und es wird somit die Volumenänderungsarbeit $W_V = \Sigma\,(p \cdot \Delta V)$ auf den Kolben übertragen.

③ → ④: Es wird nun kein Kraftstoff mehr eingespritzt. Das hochgespannte Gas expandiert isentrop, d.h. ohne Wärmeaustausch, und überträgt dabei weitere Volumenänderungsarbeit auf den Kolben.

④ → ①: Das Gas entspannt isochor, d.h. bei konstantem Volumen. Es entweicht durch das geöffnete Auslassventil in den Auspuff. Dabei wird die Wärmemenge Q_{41} abgeführt und der Zustand ① ist wieder erreicht, d.h., der Kreisprozess ist geschlossen.

Der **thermische Wirkungsgrad** η_{th} wird nun unter **Berücksichtigung der Vorzeichen** und entsprechend dem „Gedankenmodell zwei Zustandsänderungen" wie folgt berechnet:

$$W_n = W_{V23} + W_{V34} - W_{V12}$$

W_{V12} ist negativ, da diese Arbeit dem Gas zugeführt wird.
W_{V41} ist null (isochore Zustandsänderung)

Isentrope: $W_{V12} = m \cdot \frac{R_B}{\varkappa - 1} \cdot (T_2 - T_1)$

Isentrope: $W_{V34} = m \cdot \frac{R_B}{\varkappa - 1} \cdot (T_3 - T_4)$

Isobare: $W_{V23} = m \cdot R_B \cdot (T_3 - T_2)$

Führt man nun die Addition durch, dann erhält man:

$$W_n = m \cdot R_B \cdot (T_3 - T_2) + m \cdot \frac{R_B}{\varkappa - 1} \cdot (T_3 - T_4) - m \cdot \frac{R_B}{\varkappa - 1} \cdot (T_2 - T_1).$$ Somit:

Nutzarbeit beim Dieselprozess

$$W_n = m \cdot R_B \cdot (T_3 - T_2) + \frac{m \cdot R_B}{\varkappa - 1} \cdot (T_1 - T_2 + T_3 - T_4) \quad \boxed{1}$$

Es ist $\eta_{th} = \frac{W_n}{Q_{23}}$ und $Q_{23} = m \cdot c_{pm} \cdot (T_3 - T_2)$ ⟶ (isobare Wärmezufuhr)

Somit gilt

$$\eta_{th} = \frac{m \cdot R_B \cdot (T_3 - T_2) + \frac{m \cdot R_B}{\varkappa - 1} \cdot (T_1 - T_2 + T_3 - T_4)}{m \cdot c_{pm} \cdot (T_3 - T_2)}$$

Kürzt man nun noch die rechte Seite durch m, dann erhält man den

thermischen Wirkungsgrad beim Dieselprozess

$$\eta_{th} = \frac{R_B \cdot (T_3 - T_2) + \frac{R_B}{\varkappa - 1} \cdot (T_1 - T_2 + T_3 - T_4)}{c_{pm} \cdot (T_3 - T_2)} \quad \boxed{2} \quad < 1$$

Mit $W_n = Q_{23} - Q_{41}$

lässt sich der thermische Wirkungsgrad für den Dieselprozess auch wie folgt berechnen:

$$\eta_{th} = \frac{W_n}{Q_a} = \frac{Q_{23} - Q_{41}}{Q_{23}} = 1 - \frac{Q_{41}}{Q_{23}} = 1 - \frac{m \cdot c_{vm} \cdot (T_4 - T_1)}{m \cdot c_{pm} \cdot (T_3 - T_2)}$$

$$\eta_{th} = 1 - \frac{c_{vm}}{c_{pm}} \cdot \frac{(T_4 - T_1)}{(T_3 - T_2)}$$ Mit $\frac{c_{vm}}{c_{pm}} = \frac{1}{\varkappa}$ erhält man den

thermischen Wirkungsgrad beim Dieselprozess

$$\eta_{th} = 1 - \frac{T_4 - T_1}{\varkappa \cdot (T_3 - T_2)} \quad \boxed{3} \quad < 1$$

Aus der zuletzt erhaltenen Gleichung ist zu erkennen, dass man einen großen thermischen Wirkungsgrad dann erhält, wenn die **Temperaturdifferenz (T_3–T_2)** möglichst groß und die **Temperaturdifferenz (T_4–T_1)** möglichst klein ist.

Dies erreicht man mit einem großen **Verdichtungsverhältnis** ε und einem kleinen **Einspritzverhältnis** (Volldruckverhältnis) φ. Beide Größen sind wie folgt definiert:

$$\varepsilon = \frac{V_1}{V_2} \quad \boxed{4}$$ **Verdichtungsverhältnis**

$$\varphi = \frac{V_3}{V_2} \quad \boxed{5}$$ **Einspritzverhältnis**

Damit gilt:

$$\eta_{th} = 1 - \frac{1}{\varepsilon^{\varkappa - 1}} \cdot \frac{\varphi^{\varkappa} - 1}{\varkappa \cdot (\varphi - 1)} \quad \boxed{6}$$

Die Bezeichnung **Gleichdruckprozess** ist dadurch zu erklären, dass die Wärmezufuhr isobar, d.h. bei gleichem Druck erfolgt. Weiterhin soll noch erwähnt werden, dass der Dieselprozess ein **offener Prozess** ist. Bei den **Kraftmaschinenprozessen** unterscheidet man wie folgt:

Geschlossenes System Die Wärmeenergie wird mittels Wärmeleitung durch geschlossene Wände von außen in das im System strömende Fluid (Flüssigkeit, Gas, Dampf) übertragen, z.B. von einem Feuerungsraum in einen Heizkessel. Somit stellt z.B. die Dampfkraftmaschine ein geschlossenes System dar.

Offenes System Reaktionswärmen werden durch Reaktion der Brennstoffe mit Sauerstoff in der Maschine freigesetzt. Alle Brennkraftmaschinen stellen somit offene Systeme dar, da dem System Brennstoff und Luft (Sauerstoff) zugeführt und die Abgase abgeführt werden.

8.4.2 Der Otto-Prozess

① ⟶ ②: isentrope Kompression
② ⟶ ③: isochore Wärmezufuhr
③ ⟶ ④: isentrope Expansion
④ ⟶ ①: isochore Wärmeabfuhr (Auspuff)

$$\eta_{th} = 1 - \frac{T_4 - T_1}{T_3 - T_2} \quad (1)$$

$$\eta_{th} = 1 - \frac{1}{\varepsilon \varkappa^{-1}} \quad (2)$$

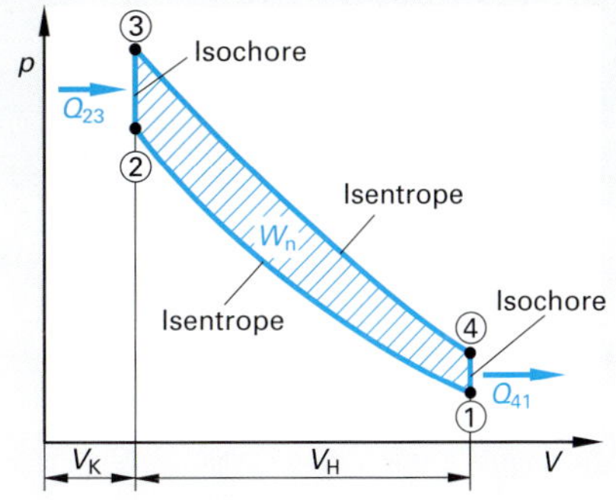

Bild 1: Otto-Prozess

8.4.3 Der Seiliger-Prozess

① ⟶ ②: isentrope Kompression
② ⟶ ③: isochore Wärmezufuhr
③ ⟶ ④: isobare Wärmezufuhr
④ ⟶ ⑤: isentrope Expansion
⑤ ⟶ ①: isochore Wärmeabfuhr (Auspuff)

$$\eta_{th} = 1 - \frac{T_5 - T_1}{T_3 - T_2 + \varkappa \cdot (T_4 - T_3)} \quad (3)$$

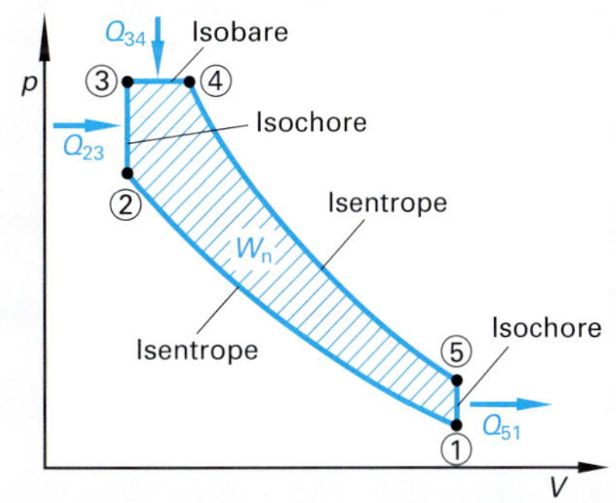

Bild 2: Seiliger-Prozess

8.4.4 Der Joule-Prozess

① ⟶ ②: isentrope Kompression
② ⟶ ③: isobare Wärmezufuhr (Expansion)
③ ⟶ ④: isentrope Expansion
④ ⟶ ①: isobare Wärmeabfuhr (Kompression)

$$\eta_{th} = 1 - \frac{T_4 - T_1}{T_3 - T_2} \quad (4)$$

$$\eta_{th} = 1 - \left(\frac{p_1}{p_2}\right)^{\frac{\varkappa - 1}{\varkappa}} \quad (5)$$

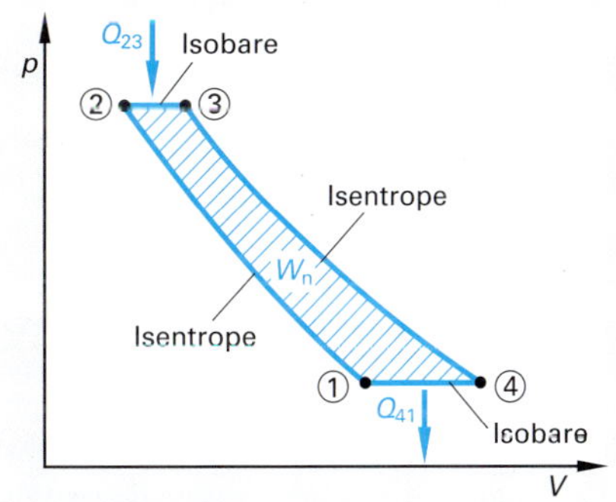

Bild 3: Joule-Prozess

8.4.5 Der Ackeret-Keller-Prozess
(auch **Ericsson-Prozess**)

① ⟶ ②: isotherme Wärmeabfuhr (Kompression)
② ⟶ ③: isobare Wärmezufuhr (Expansion)
③ ⟶ ④: isotherme Wärmezufuhr (Expansion)
④ ⟶ ①: isobare Wärmeabfuhr (Kompression)

$$\eta_{th} = 1 - \frac{T_1}{T_3} \quad (6)$$

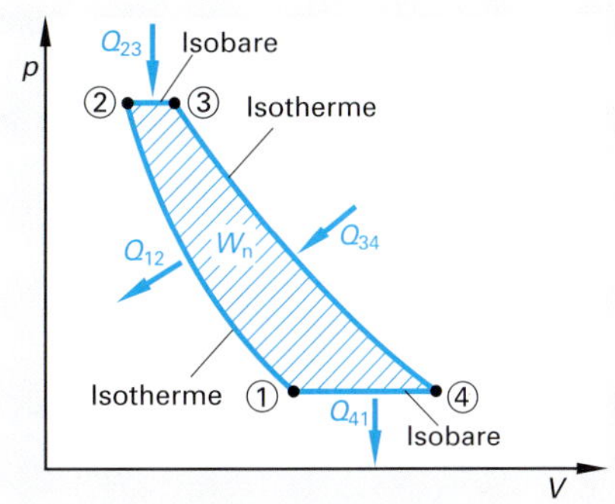

Bild 4: Ackeret-Keller-Prozess

8.4.6 Der Stirling-Prozess

① → ②: isotherme Wärmeabfuhr (Kompression), Arbeitszufuhr

② → ③: isochore Wärmezufuhr

③ → ④: isotherme Wärmezufuhr (Expansion), Arbeitsabfuhr

④ → ①: isochore Wärmeabfuhr

$$\eta_{th} = 1 - \frac{T_1}{T_3} \quad (1)$$

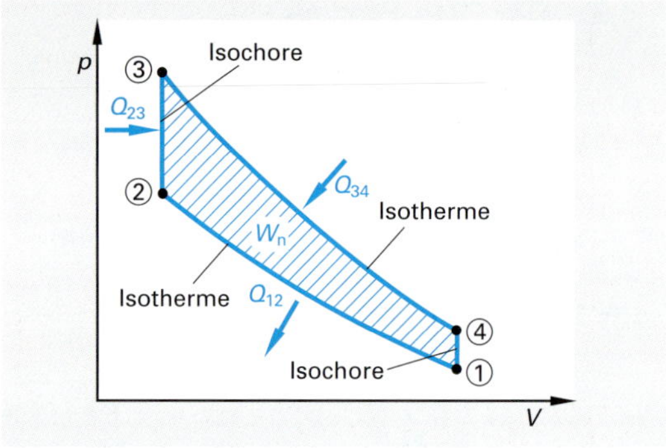

Bild 1: Stirling-Prozess

8.4.7 Der Carnot-Prozess

① → ②: isentrope Kompression

② → ③: isotherme Wärmezufuhr (Expansion)

③ → ④: isentrope Expansion

④ → ①: isotherme Wärmeabfuhr (Kompression)

$$\eta_{th} = 1 - \frac{T_4}{T_2} \quad (2)$$

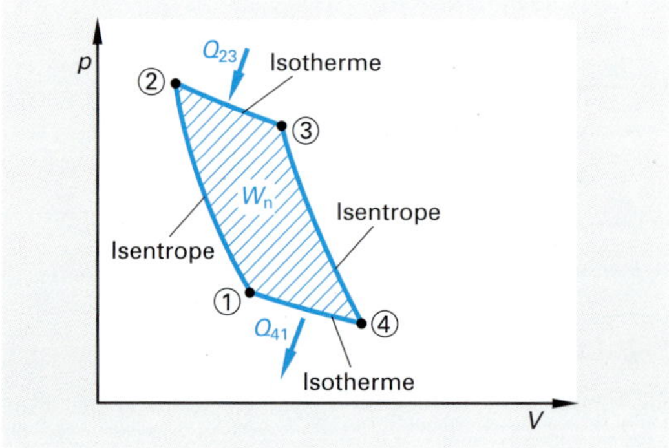

Bild 2: Carnot-Prozess

8.4.8 Der (klassische) Dampfkraftprozess

Dieser Kraftmaschinenprozess wird nach dem deutschen Physiker Rudolf **Clausius (1822 bis 1888)** und dem schottischen Ingenieur William John **Rankine (1820 bis 1872)** benannt. Er besteht, wie der Joule-Prozess, aus zwei Isentropen und zwei Isobaren. Der Unterschied liegt aber darin, dass sich beim **Joule-Prozess** das Prozessmedium annähernd wie ein **ideales Gas** verhält, während beim **Dampfkraftprozess** eine ständige **Änderung des Aggregatzustandes flüssig – dampfförmig** gegeben ist.

Deshalb zeigt **Bild 3** den Prozess in Verbindung mit dem ***p, V*-Diagramm für Wasserdampf** (→ **A5.9**).

> Der Clausius-Rankine-Prozess ist ein **geschlossener Prozess** (→ **A8.4.1**).

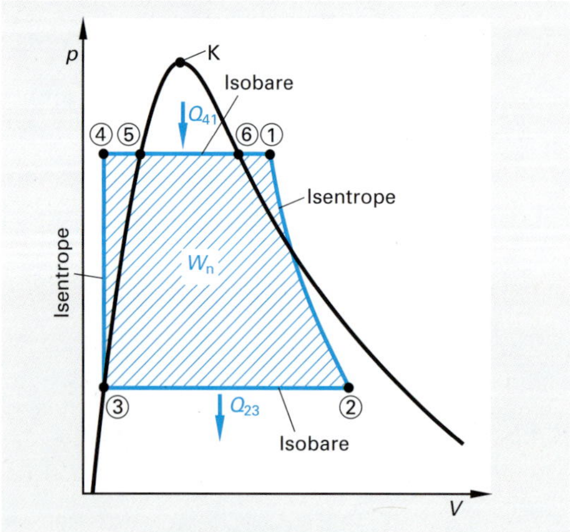

Bild 3: Clausius-Rankine-Prozess

Ablauf des Clausius-Rankine-Prozesses

① → ②: isentrope Entspannung (Expansion) in der Wärmekraftmaschine (Dampfturbine oder Kolbendampfmaschine)

② → ③: isobare Wärmeabfuhr bei gleichzeitiger Kondensation des Dampfes in einem Kondensator.

③ → ④: isentrope Drucksteigerung des flüssigen Wassers mit einer Pumpe.

④ → ⑤ → ⑥ → ①: isobare Wärmezufuhr in einem Kessel zur Erwärmung des Wassers, anschließender Erzeugung von trocken gesättigtem Dampf (→ **A5.9**) und der Überhitzung zu Heißdampf.

A9 Kreisprozesse im *T, s*-Diagramm

Wie Sie bereits wissen, unterscheidet man die **reversiblen Zustandsänderungen** von den **irreversiblen Zustandsänderungen** (→ **A7**). Als **Maß für die Irreversibilität** führte Rudolf **Clausius** (→ **A8**) die thermodynamische **Zustandsgröße der Entropie** *S* ein. Diese Größe kann man sich anschaulich nicht vorstellen, sodass man gezwungen ist, entsprechend der Definition von Clausius mit der Entropie zu arbeiten. Nach Clausius gilt für die **Änderung der Entropie**

$$\Delta S = \frac{\Delta Q}{T} \quad (1)$$

ΔS	ΔQ	T
$\frac{J}{K}$	J	K

+ : Wärmezufuhr
– : Wärmeentzug

Unter der Entropieänderung ΔS versteht man die auf die absolute Temperatur *T* bezogene Änderung der Wärmeenergie ΔQ.

Bei abnehmender Temperatur wird gemäß obiger Definitionsgleichung die Entropieänderung bei gleicher Temperaturzu- oder -abnahme größer.

Setzt man nun entsprechend dem 1. Hauptsatz $\Delta Q = p \cdot \Delta V + \Delta U$, dann ergibt sich für die **Änderung der Entropie**

$$\Delta S = \frac{p \cdot \Delta V + \Delta U}{T} \quad (2)$$

ΔQ reversibel zu- oder abgeführte Wärmeenergie
T absolute Temperatur
ΔU Änderung der inneren Energie
$p \cdot \Delta V$ Volumenänderungsarbeit
p Druck

Die auf die Stoffmasse 1 kg bezogene Entropie heißt **spezifische Entropie *s*** in $\frac{J}{kg \cdot K}$; $\frac{kJ}{kg \cdot K}$

Stellt man die Definitionsgleichung für die Entropieänderung um, dann erhält man für die **Änderung der Wärmeenergie**

$$\Delta Q = T \cdot \Delta S \quad (3)$$

Diese Gleichung entspricht in ihrem Aufbau der Gleichung für die Volumenänderungsarbeit $W_V = p \cdot \Delta V$ (→ **A6.1**) und kann somit auch entsprechend in einem Diagramm dargestellt werden. Dieses heißt **Temperatur, Entropie-Diagramm** oder auch kurz ***T, s*-Diagramm**. Ein solches ist allgemein in **Bild 1** dargestellt.

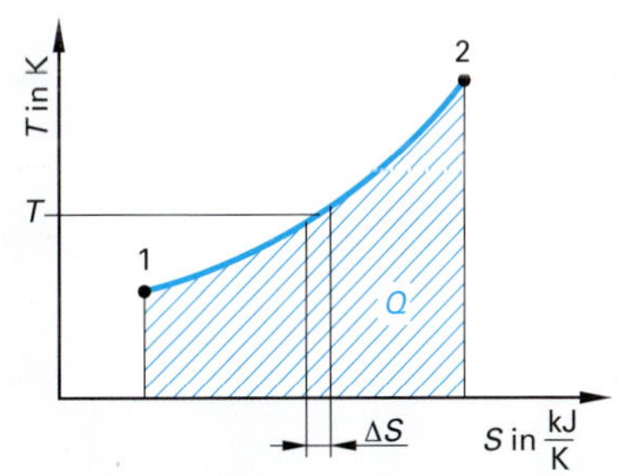

Bild 1: *T, s*-Diagramm

Im ***T, s*-Diagramm** bilden sich Wärmemengen als Flächen ab. Es wird deshalb auch als **Wärmediagramm** bezeichnet.

In Analogie zum *p, V*-Diagramm **(Arbeitsdiagramm)** ergibt sich aus dem *T, s*-Diagramm **(Wärmediagramm)** für die **zu- oder abgeführte Wärmeenergie**

$$Q = \Sigma (T \cdot \Delta S) \quad (4)$$

Die speziellen thermodynamischen Zustandsänderungen sind durch bestimmte Merkmale gekennzeichnet. Diese Merkmale gestatten es, die zu- oder abgeführten Wärmeenergien zu berechnen (→ **A7**). Ebenso ist es möglich, die **Entropieänderungen der verschiedenen Zustandsänderungen** zu berechnen. Auf die Ableitungen dieser Berechnungsgleichungen muss in diesem Buch aber verzichtet werden, da dies den beabsichtigten Rahmen übersteigen würde. In **Tabelle 1** sind deshalb nur die entsprechenden **Gleichungen für ideale Gase** zusammengefasst:

Tabelle 1: Wärmemengen Q und Entropieänderungen ΔS

Zustandsänderung	zu- oder abgeführte Wärmeenergie und Entropieänderung	*T, s*-Diagramm
Isobare	$Q = m \cdot c_{pm} \cdot (T_2 - T_1)$ (1) $\Delta S = S_2 - S_1 = m \cdot c_{pm} \cdot \ln \frac{T_2}{T_1}$ (2) (ln = natürlicher Logarithmus)	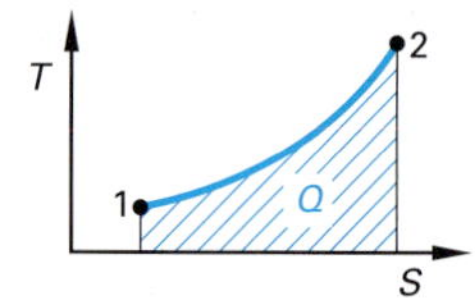 **Bild 1**
Isochore	$Q = m \cdot c_{vm} \cdot (T_2 - T_1)$ (3) $\Delta S = S_2 - S_1 = m \cdot c_{vm} \cdot \ln \frac{T_2}{T_1}$ (4)	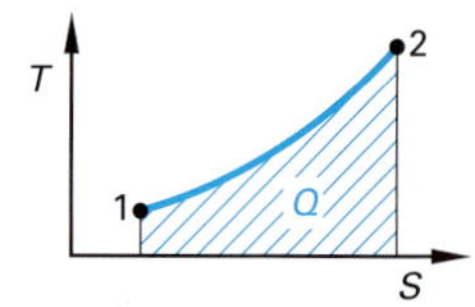 **Bild 2**
Isotherme	da $\Delta U = 0$ ist: $Q = W_V = p_1 \cdot V_1 \cdot \ln \frac{p_1}{p_2}$ (5) $\Delta S = S_2 - S_1 = m \cdot R_B \cdot \ln \frac{p_1}{p_2}$ (6)	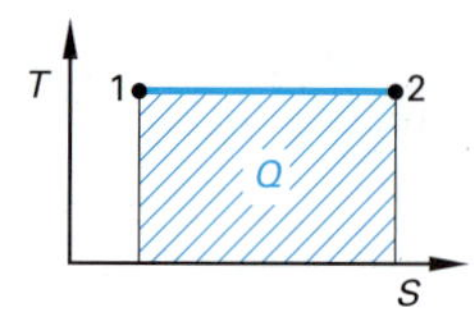 **Bild 3**
Isentrope (Adiabate)	da $\Delta U = W_V$ ist: $Q = 0$ (7) $\Delta S = 0$ (8)	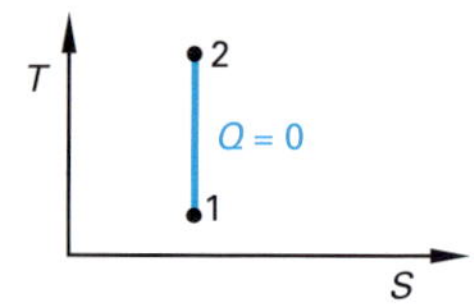 **Bild 4**
Polytrope	$Q = m \cdot \frac{R_B}{n-1} \cdot (T_2 - T_1) + m \cdot c_{vm} \cdot (T_2 - T_1)$ (9) $\Delta S = S_2 - S_1 = m \cdot c_{pm} \cdot \ln \frac{T_2}{T_1} - m \cdot R_B \cdot \ln \frac{p_2}{p_1}$ (10) $\Delta S = S_2 - S_1 = m \cdot c_{vm} \cdot \ln \frac{T_2}{T_1} + m \cdot R_B \cdot \ln \frac{V_2}{V_1}$ (11)	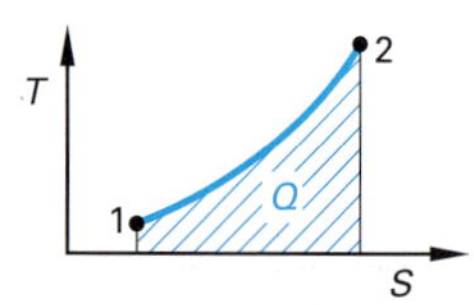 **Bild 5**

A10 Kreisprozesse im *h, s*-Diagramm

Im Kapitel **A8.4.8** ist der klassische Dampfkraftprozess in einem ***p, V*-Diagramm** dargestellt. Ebenso ist es möglich, denselben in einem ***T, s*-Diagramm** abzubilden. Als sehr vorteilhaft hat es sich erwiesen, z. B. im Turbinenbau, mit dem ***h, s*-Diagramm**, d. h. mit dem **Enthalpie, Entropie-Diagramm** zu arbeiten. In einem solchen zeigt die Ordinate die Werte der **spezifischen Enthalpie** *h* und die Abszisse die Werte der **spezifischen Entropie** *s*. Diese Möglichkeit soll an dieser Stelle des Buches nur kurz angedeutet werden, im Kapitel Kraftmaschinen (→ **C3**) wird nochmals näher darauf eingegangen.

A11 Mollier-Diagramme

Streng genommen gelten die Gasgesetze (→ **A5.3** und **A5.4**) und auch die hergeleiteten Gleichungen für die Zustandsänderungen (→ **A7**) sowie die Entropieänderungen (→ **A9**) nur für **ideale Gase.** Hierunter versteht man **luftartige Stoffe,** deren **Verflüssigungspunkt** (→ **A5.9**) sehr weit vom momentanen Zustand entfernt ist. Bei den realen Gasen ist es so, dass der Verflüssigungspunkt relativ nah am augenblicklichen Zustand liegt, d. h., dass bei weiterer Abkühlung oder bei Druckanstieg sehr schnell mit einer Verflüssigung (→ **A5.9**) zu rechnen ist.

Wendet man die Gleichungen der idealen Gase für reale Gase an, dann stellen sich in den Ergebnissen Abweichungen zur Realität ein.

In der technischen Praxis werden daher meist **Zustandsdiagramme für Dämpfe** (→ **A5.9**) verwendet. Man bezeichnet diese auch als **Mollier-Diagramme,** und zwar nach dem deutschen Ingenieur Richard **Mollier (1863 bis 1935).** Auch hierauf wird im Kapitel Kraftmaschinen (→ **C**) nochmals näher eingegangen. In bestimmten Bereichen der Technik greift man gezielt auf bestimmte dieser Mollier-Diagramme zurück. Insbesondere sind dies

log *p*, *h*-Diagramm (→ **A5.9**)

***T*, *s*-Diagramm** (→ **A9**)

***h*, *s*-Diagramm** (→ **A10**)

Wiederholung und Vertiefung

A36 Wann ist (thermodynamisch) gewährleistet, dass eine Wärmekraftmaschine periodisch Nutzarbeit liefert?

A37 In welcher Weise wird der 1. Hauptsatz der Thermodynamik durch den 2. Hauptsatz der Thermodynamik in Bezug auf die Umwandlung von Wärmeenergie in mechanische Arbeit eingeschränkt?

A38 Wie ist der thermische Wirkungsgrad definiert?

A39 Warum spielt beim Otto-Prozess bei der Berechnung der Nutzarbeit W_n die Isochore keine Rolle?

A40 Ermitteln Sie für einen Otto-Prozess (→ **A8.4.2**) eine Gleichung zur Berechnung der Nutzarbeit W_n, und zwar unter Verwendung der entsprechenden Gleichungen für die Volumenänderungsarbeiten der beteiligten Zustandsänderungen (→ **A7.4**).

A41 Ermitteln Sie mit den Daten von Aufgabe **A40** eine Gleichung zur Berechnung des thermischen Wirkungsgrades η_{th} für einen Otto-Prozess.

A42 Berechnen Sie den thermischen Wirkungsgrad η_{th} für einen Seiliger-Prozess (→ **A8.4.3**) bei den folgenden Temperaturen: $T_1 = 300$ K, $T_2 = 850$ K, $T_3 = 1000$ K, $T_4 = 1150$ K und $T_5 = 450$ K. Rechnen Sie mit $\varkappa = 1{,}4$.

A43 Welcher grundsätzliche Unterschied besteht hinsichtlich der abgebildeten Größen im *p*, *V*-Diagramm und im *T*, *s*-Diagramm?

A44 Wie ändert sich bei einer thermodynamischen Zustandsänderung die Entropie bei Wärmezufuhr und wie bei Wärmeabfuhr?

A45 Wie bildet sich im *T*, *s*-Diagramm die Entropieänderung
a) einer Isotherme und
b) einer Isentrope (Adiabate) ab?

A46 Nennen Sie die Ihnen bis jetzt bekannten Mollier-Diagramme.

A47 Luftartige Stoffe werden in der Technik in ideale Gase und reale Gase unterschieden. Nennen Sie das Unterscheidungskriterium.

A48 Nennen Sie Gründe, die die Verwendung von Zustandsdiagrammen rechtfertigen.

A12 Elektrizitätslehre

Dieser Abschnitt enthält Gesetzmäßigkeiten, Formeln und Regeln, die für Berechnungen und zum besseren Verständnis der elektrischen Motoren und elektrischen Anlagen (→ **C8**) wichtig sind.

12.1 Gesetzmäßigkeiten im elektrischen Stromkreis

Elektrische Grundgrößen und das Ohm'sche Gesetz:

$I = \frac{Q}{t}$ [1] $1\,A = \frac{1\,C}{1\,s}$ [2] **elektrische Stromstärke**

$U = \frac{W}{Q}$ [3] $1\,V = \frac{1\,Nm}{1\,C}$ [4] **elektrische Spannung**

$R = \frac{U}{I}$ [5] $1\,\Omega = \frac{1\,V}{1\,A}$ [6] **Ohm'sches Gesetz**

I	elektrische Stromstärke	A Ampere
Q	elektrische Ladung	C Coulomb
t	Zeitspanne	s, h
U	elektrische Spannung	V Volt
W	elektrische Arbeit	J, Ws, Nm
R	elektrischer Widerstand	Ω Ohm

Die Einheit der elektrischen Arbeit ist
1 VC = 1 VAs = 1 Ws = 1 Nm = 1 J
1 kWh = 3 600 000 Ws = 3,6 · 10⁶ Ws

Auf Grundgrößen basierende und abgeleitete elektrische Größen, die bei der Energieumwandlung von elektrischen Motoren und elektrischen Anlagen wichtig sind:

$W = U \cdot I \cdot t$ [7] **elektrische Energie**

$P = \frac{W}{t}$ [8] **elektrische Leistung**

$P = U \cdot I$ [9] **elektrische Leistung**

$\eta = \frac{W_{ab}}{W_{zu}}$ [10] **Wirkungsgrad**

$\eta = \frac{P_{ab}}{P_{zu}}$ [11] **Wirkungsgrad**

W	elektrische Energie	J, Ws, Nm
U	elektrische Spannung	V Volt
I	elektrische Stromstärke	A Ampere
t	Zeitspanne	s, h
P	elektrische Leistung	W Watt
W_{ab}	abgegebene Energie	J, Ws, Nm
W_{zu}	zugeführte Energie	J, Ws, Nm
P_{ab}	abgegebene Leistung	W, kW
P_{zu}	zugeführte Leistung	W, kW

Die Einheit der elektrischen Leistung P ist
1 W = 1 J/s = 1 Nm/s

12.2 Gesetzmäßigkeiten bei Widerstandsschaltungen

Die Gesetzmäßigkeiten des einfachen elektrischen Stromkreises werden auch für komplexere Widerstandsschaltungen (Parallelschaltung, Reihenschaltung und gemischte Schaltung) benötigt.

12.2.1 Parallelschaltung von Widerständen

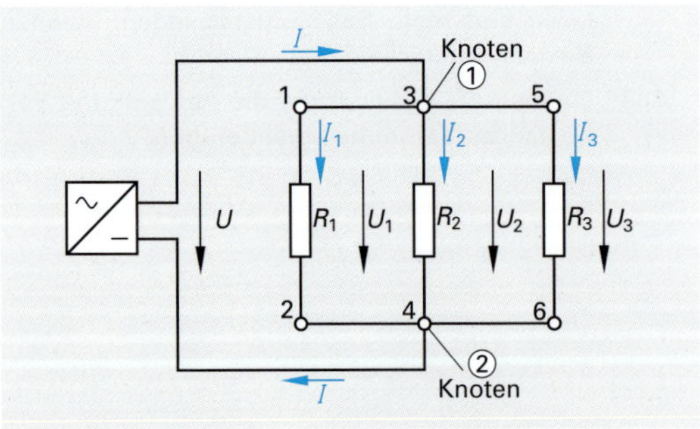

Bild 1: Parallelschaltung von Widerständen

In **Bild 1** ist eine Parallelschaltung von drei Widerständen dargestellt.

R_1, R_2, R_3	Teilwiderstände	Ω Ohm
I	Gesamtstromstärke	A Ampere
I_1, I_2, I_3	elektrische Teilströme	A Ampere
U	anliegende Gesamtspannung	V Volt
U_1, U_2, U_3	Teilspannungen	V Volt

$$U = U_1 = U_2 = \ldots \quad (1)$$

Gesamtspannung

Die Teilspannungen (U_1, U_2, U_3, ...) an den Teilwiderständen R_1, R_2, R_3, ... sind betragsmäßig so groß wie die anliegende Gesamtspannung U.

$$I = I_1 + I_2 + \ldots \quad (2)$$

Gesamtstromstärke

Die Summe der Teilströme (I_1, I_2, I_3, ...) ist so groß wie die Gesamtstromstärke I.

$$\sum I_{\text{hin}} = \sum I_{\text{ab}} \quad (3)$$

$$I_{1,\text{hin}} + I_{2,\text{hin}} + \ldots = I_{1,\text{ab}} + I_{2,\text{ab}} + \ldots \quad (4)$$

1. Kirchhoff'sches Gesetz

1. Kirchhoff'sches Gesetz: An jedem **Knotenpunkt** ist die Summe der hinfließenden Teilströme so groß wie die Summe der abfließenden Teilströme. Dieses Gesetz wird auch **Knotenregel** genannt.

$$G = G_1 + G_2 + \ldots \quad (5)$$

Gesamtleitwert

Die Summe der Teilleitwerte (G_1, G_2, G_3, ...) ist so groß wie der Gesamtleitwert G.

$$\frac{1}{R} = \frac{1}{R_1} + \frac{1}{R_2} + \ldots \quad (6)$$

Kehrwert des Gesamtwiderstandes

Die Einheit des elektrischen Leitwerts G ist 1 S (Siemens) und es gilt: 1 S = 1 A/V = 1/Ω

$$R = \frac{R_1 \cdot R_2}{R_1 + R_2} \quad (7)$$

Gesamtwiderstand (nur zwei Widerstände)

→ Diese Berechnungsformel gilt nur, wenn zwei Widerstände parallel geschaltet sind.

$$R = \frac{R_1}{n} \quad (8)$$

Gesamtwiderstand (n-gleiche Widerstände)

→ Diese Berechnungsformel gilt nur, wenn n gleich große Widerstände parallel geschaltet sind.

$$\frac{I_1}{I_2} = \frac{R_2}{R_1} \quad (9) \qquad \frac{I_1}{I} = \frac{R}{R_1} \quad (10) \qquad \frac{P_1}{P_2} = \frac{R_2}{R_1} \quad (11) \qquad \frac{W_1}{W_2} = \frac{R_2}{R_1} \quad (12)$$

Die Verhältnisse der Teilströme, Teilleistungen und Teilenergien verhalten sich umgekehrt wie die Verhältnisse ihrer zugehörigen Teilwiderstände.

12.2.2 Reihenschaltung von Widerständen

Bild 1 zeigt eine Reihenschaltung von drei verschiedenen Widerständen.

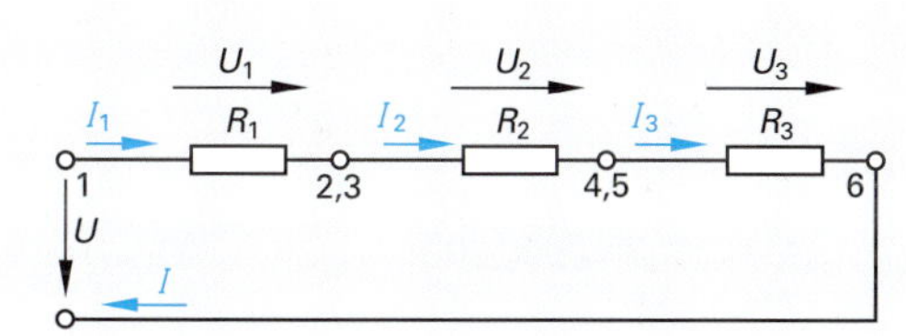

Bild 1: Reihenschaltung von Widerständen

R_1, R_2, R_3	Teilwiderstände	Ω	Ohm
I	Gesamtstromstärke	A	Ampere
I_1, I_2, I_3	elektrische Teilströme	A	Ampere
U	anliegende Gesamtspannung	V	Volt
U_1, U_2, U_3	Teilspannungen	V	Volt

In der Reihenschaltung ist die Stromstärke überall gleich groß.

$$I = I_1 = I_2 = \ldots \quad (13)$$

Gesamtstromstärke

Die Gesamtspannung U ist so groß wie die Summe der Teilspannungen.

$$U = U_1 + U_2 + \ldots \quad (14)$$

Gesamtspannung

$$U_{01} + U_{02} + U_{03} - U_1 - U_2 - U_3 = 0 \quad (15)$$

$$\sum U + \sum I \cdot R = 0 \quad (16)$$

Maschenregel

2. Kirchhoff'sches Gesetz (Maschenregel):

In jedem geschlossenen Stromkreis, der auch nur ein Teil einer komplexen Widerstandsschaltung sein kann (s. **Bild 2**), ist die Summe der Quellenspannungen (U_{01}, U_{02}, U_{03}) und der Teilspannungen (U_1, U_2, U_3) immer gleich null.

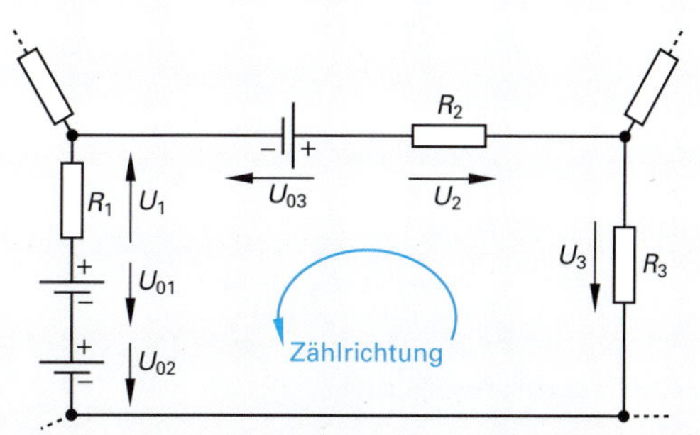

Bild 2: Geschlossener Stromkreis

$R = R_1 + R_2 = \ldots$ (1) **Gesamtwiderstand**

Der Gesamtwiderstand R ist so groß wie die Summe der Teilwiderstände.

$\frac{U_1}{U_2} = \frac{R_1}{R_2}$ (2) $\frac{U_1}{U} = \frac{R_1}{R}$ (3) $\frac{P_1}{P_2} = \frac{R_1}{R_2}$ (4) $\frac{W_1}{W_2} = \frac{R_1}{R_2}$ (5)

Die Verhältnisse der Teilspannungen, Teilleistungen und Teilenergien verhalten sich wie die Verhältnisse ihrer zugehörigen Teilwiderstände.

12.3 Klemmenspannung und Innenwiderstand von Spannungserzeugern

Bei den Batterien, den Akkumulatoren und den elektrischen Maschinen sind die jeweiligen Innenwiderstände und die Klemmenspannungen wichtige Kenngrößen. Für elektrotechnische Berechnungen der drei Betriebsfälle **„Leerlauf"**, **„Kurzschluss"** und **„Lastfall"** sind sie also unbedingt erforderlich.

Bild 1 zeigt das Ersatzschaltbild einer Spannungsquelle.

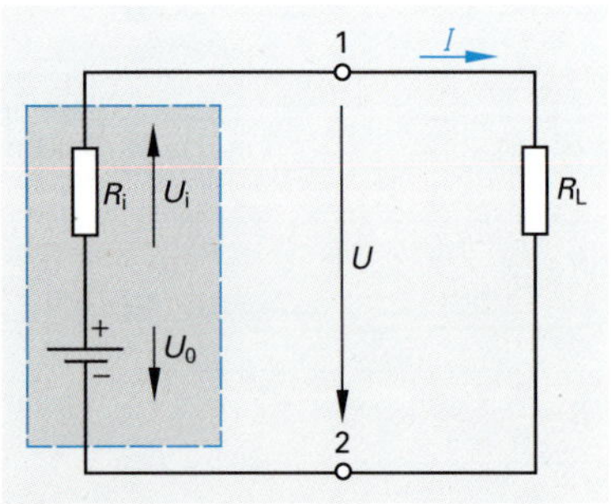

Bild 1: Spannungsquelle

Im **Leerlauffall** ($R_L = \infty$; $I = 0$ A) gilt:

$U = U_0$ (6) **Klemmenspannung**

Im **Kurzschlussfall** ($R_L = 0\ \Omega$; $I >> 0$ A) gilt:

$I_k = \frac{U_0}{R_i}$ (7) **Kurzschlussstrom**

Im **Lastfall** ($0\ \Omega < R_L < \infty\ \Omega$; $I >> 0$ A) gilt:

$U = U_0 - I \cdot R_i$ (8) **Klemmenspannung**

$U = U_0 - U_i$ (9) **Klemmenspannung**

$I = \frac{U_0}{R_L + R_i}$ (10) **Laststrom**

U	Klemmenspannung	V
U_0	Leerlaufspannung, Urspannung	V
U_i	Spannungsfall am Innenwiderstand	V
R_i	Innenwiderstand	Ω
R_L	Lastwiderstand	Ω
I	Laststrom, Verbraucherstrom	A

Im Lastfall ist die Klemmenspannung U stets kleiner als die Urspannung U_0, da bei einem Laststrom über den Innenwiderstand des Spannungserzeugers ein Teil (d. h. U_i) der Spannung U verloren geht.

12.4 Elektromagnetische Größen

Grundgrößen:

$H = \frac{I \cdot N}{l}$ (11) **magnetische Feldstärke**

$\Phi = B \cdot A$ (12) **magnetischer Fluss**

$B = \frac{\Phi}{A} = \mu \cdot H$ (13) **magnetische Flussdichte**

$\mu = \mu_0 \cdot \mu_r$ (14) **Permeabilität**

Kräfte im Magnetfeld:

$F = B \cdot I \cdot l_W$ (15) **Ablenkkraft**

Induktion durch Flussänderung:

$U_i = -N \cdot \frac{\Delta \Phi}{\Delta t}$ (16) **Induktionsspannung** (Induktionsgesetz)

Induktion durch Stromänderung:

$U_i = -L \cdot \frac{\Delta I}{\Delta t}$ (17) **Induktionsspannung** (Selbstinduktion)

H	magnetische Feldstärke	A/m
I	Stromstärke	A
N	Windungszahl der Spule	1
l	Spulenlänge	m
Φ	magnetischer Fluss	Vs, Wb
B	magnetische Flussdichte	1 Vs/m², T
l_W	wirksame Leiterlänge	m

1 Vs = 1 Wb (Weber); 1 Vs/m² = 1 T (Tesla)

$\mu_0 = 4\,\pi \cdot 10^{-7}\ \frac{Vs}{Am} = 1{,}256637 \cdot 10^{-6}\ \frac{Vs}{Am}$

μ_0	magnetische Feldkonstante	Vs/Am
μ_r	Permeabilitätszahl	1
$\Delta\Phi/\Delta t$	Flussänderungsgeschwindigkeit	Vs/s, Wb/s
$\Delta I/\Delta t$	Stromänderungsgeschwindigkeit	A/s
L	Induktivität, Spule	Vs/A

12.5 Der sinusförmige Wechselstrom

Das **Bild 1** zeigt die Abhängigkeit des Momentanwerts einer sinusförmigen Wechselspannung vom Phasenwinkel φ und von der Zeit t. Dieses Bild zeigt aber auch den Zusammenhang zwischen dem **Zeigerdiagramm** und dem **Liniendiagramm** einer **sinusförmigen Wechselspannung.** Lässt man einen Pfeil der Länge $\hat{u}$, den Zeiger, mit der Winkelgeschwindigkeit ω um den Nullpunkt des Koordinatensystems rotieren, so erhält man aus einer Parallelprojektion dieses Pfeils auf die u-Achse den Momentanwert der Wechselspannung u. Dieses Bild zeigt die zeichnerische Ermittlung der einzelnen Momentanwerte nach den jeweils gleichen Winkelbereichsänderungen $\Delta\varphi = 30°$.

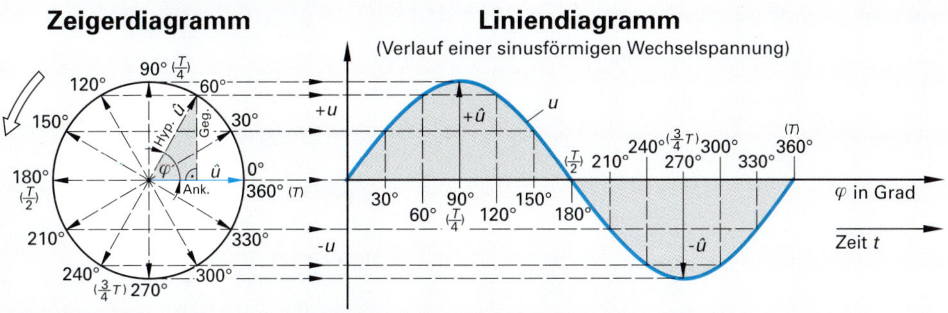

Bild 1: Zusammenhang zwischen Zeigerdiagramm und Liniendiagramm

Auf Grundgrößen basierende und abgeleitete **Berechnungsformeln:**

$\omega = \frac{2 \cdot \pi}{T}$ [1]	$\omega = 2 \cdot \pi \cdot f$ [2]	**Kreisfrequenz**
$\varphi = \omega \cdot t$ [3]	$\varphi = \frac{2 \cdot \pi}{T} \cdot t$ [4]	**Drehwinkel**
$\varphi = \frac{2 \cdot \pi}{360°} \cdot \varphi^0$ [5]		**Drehwinkel**
$u = \hat{u} \cdot \sin(\omega t)$ [6]		**Momentanwert der Wechselspannung**
$i = \hat{i} \cdot \sin(\omega t)$ [7]		**Momentanwert des Wechselstroms**
$U_{eff} = U = \frac{\hat{u}}{\sqrt{2}} = 0{,}707 \cdot \hat{u}$ [8]		**Effektivwert der Wechselspannung**
$I_{eff} = I = \frac{\hat{i}}{\sqrt{2}} = 0{,}707 \cdot \hat{i}$ [9]		**Effektivwert des Wechselstroms**
$S = U \cdot I$ [10]		**Scheinleistung**
$P = S \cdot \cos\varphi_1$ [11]		**Wirkleistung**

ω	Kreisfrequenz, Winkelgeschwindigkeit	s^{-1}
φ	Drehwinkel im Bogenmaß	rad
$\varphi°$	Drehwinkel im Gradmaß	Grad
T	Periodendauer	s
t	Zeit ab Drehbeginn ($\varphi° = 0°$)	s
f	Frequenz, Anzahl der Perioden pro Sekunde	s^{-1}
u	Momentanwert der Wechselspannung	V
$\hat{u}$	Scheitelwert bzw. Amplitude der Wechselspannung	V
i	Momentanwert des Wechselstroms	A
$\hat{i}$	Scheitelwert bzw. Amplitude des Wechselstroms	A

Der **Effektivwert eines sinusförmigen Wechselstroms** ist betragsmäßig genauso groß wie der Gleichstromwert, der dieselbe Wärmewirkung in einem Widerstand hervorruft.

Nach DIN 1304/Teil 1 werden für Effektivwerte große Buchstaben verwendet – zusätzlich ist auch der Index „eff" üblich – und für zeitabhängige Größen werden kleine Buchstaben verwendet.

12.6 Elektrische Motoren und Transformatoren

Grundsätzlich wandeln elektrische Motoren elektrische Energie in mechanische Energie um.

Diese Motoren kann man nach der Stromart in zwei Gruppen unterscheiden: Gleichstrommotoren und Wechselstrommotoren. Weitere Unterscheidungskriterien dieser Motoren sind dem Kapitel **C8** zu entnehmen.

Berechnungsformeln für alle Motorarten:

$$\eta = \frac{W_{ab}}{W_{zu}}$$ 1 **Wirkungsgrad**

$$W_{ab} = W_{zu} - W_V$$ 2 **abgegebene Energie**

$$M = \frac{P_2}{2\pi \cdot n}$$ 3 **Drehmoment**

Für **fremderregte Gleichstrommotoren** (s. **Bild 2**):

$$U_i = B \cdot v \cdot l_w$$ 4 **induzierte Spannung**

$$U = I_a \cdot (R_v + R_a) + U_i$$ 5 **Ankerspannung**

$$I_a = \frac{U - U_i}{R_v + R_a}$$ 6 **Ankerstromstärke**

Im **Leerlauffall** gilt:

$$I_a \approx 0 \qquad U_a \approx U_i$$ 7

Berechnungsformeln für Wechselstrommotoren:

$$n = n_s$$ 8 **Läuferdrehzahl** (Synchronmotor)

$$n_s = \frac{f}{p}$$ 9 **Drehfelddrehzahl** (synchrone Drehzahl)

Für **Drehstrom-Asynchronmotoren** (s. **Bild 3**) gilt:

$$\Delta n = n_s - n$$ 10 **Schlupfdrehzahl**

$$s = \frac{n_s - n}{n_s} \cdot 100\,\%$$ 11 **Schlupf in %**

$$I = \frac{P}{\eta \cdot U \cdot \cos\varphi}$$ 12 **Stromaufnahme** (bei Einphasenmotoren)

P = mechanische Leistungsabgabe in W, kW

η = Wirkungsgrad

$$I = \frac{P}{\eta \cdot \sqrt{3} \cdot U \cdot \cos\varphi}$$ 13 **Stromaufnahme** (bei Drehstrommotoren)

U = Außenleiterspannung in V

Der **Leistungsfaktor** $\cos\varphi$ gibt an, welcher Anteil der Scheinleistung S in Wirkleistung P umgesetzt wird. Es können Werte zwischen 0 und 1 auftreten.

Die Transformatoren können in Einphasen-Transformatoren (s. **Bild 1/79**) und Drehstromtransformatoren eingeteilt werden. Die Berechnungsformeln für die Drehstromtransformatoren sind der vertiefenden Fachliteratur zu entnehmen.

Berechnungsformeln für den Einphasen-Transformator:

Im **Leerlauffall** gilt:

$$\ddot{u} = \frac{U_1}{U_2} = \frac{N_1}{N_2}$$ 14 **Übersetzungsverhältnis**

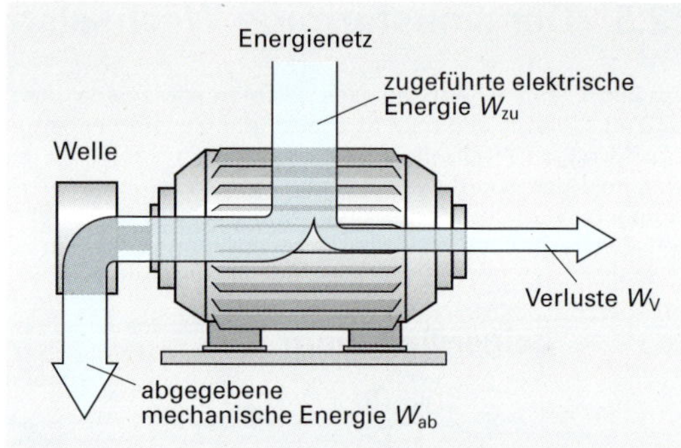

Bild 1: Energieumwandlung bei Motoren

P_2	abgegebene mechanische Leistung	W
U, U_a	Ankerspannung	V
U_i	induzierte Gegenspannung in der Ankerwicklung	V
I_a	Ankerstrom	A
R_v, R_a	Anlass-, Ankerwiderstand	Ω
f	Netzfrequenz	Hz, s^{-1}
p	Polpaarzahl des Drehfeldes	1
l_w	wirksame Leiterlänge	m
B	magnetische Flussdichte	Vs/m^2
v	Geschwindigkeit	m/s

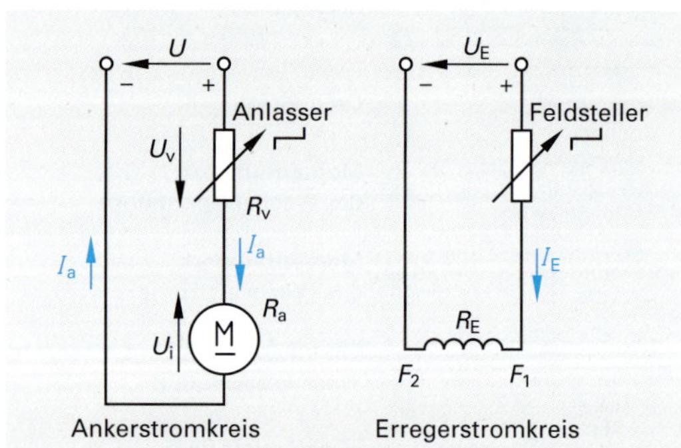

Bild 2: Fremderregter Gleichstrommotor

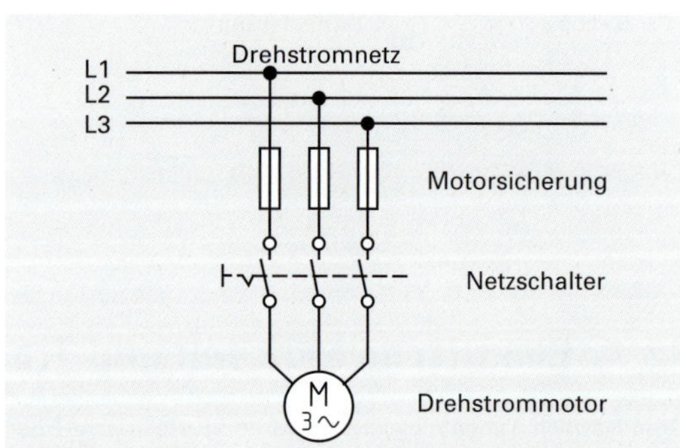

Bild 3: Drehstrommotor

Im **Lastfall** gilt:

Formel	Nr.	Bedeutung
$\frac{1}{ü} = \frac{I_1}{I_2} = \frac{U_2}{U_1}$	1	**Übersetzungsverhältnis der Stromstärken**
$S_1 = U_1 \cdot I_1$	2	**aufgenommene Scheinleistung**
$S_2 = U_2 \cdot I_2$	3	**abgegebene Scheinleistung**
$P_1 = S_1 \cdot \cos\varphi_1$	4	**aufgenommene Wirkleistung**
$P_2 = S_2 \cdot \cos\varphi_2$	5	**abgegebene Wirkleistung**
$\eta_n = \frac{S_{2n}}{S_{1n}}$	6	**Nennwirkungsgrad**
$\eta_n = \frac{P_{2n}}{P_{1n}} = \frac{P_{2n}}{P_{2n} + P_v}$	7	**Nennwirkungsgrad** (bei Ohm'scher Last)
$P_V = P_{VCu} + P_{VFe}$	8	**gesamte Verlustleistung**
$P_{VCu} = I_{1n}^2 \cdot R_1 + I_{2n}^2 \cdot R_2$	9	**Kupferverlustleistung**

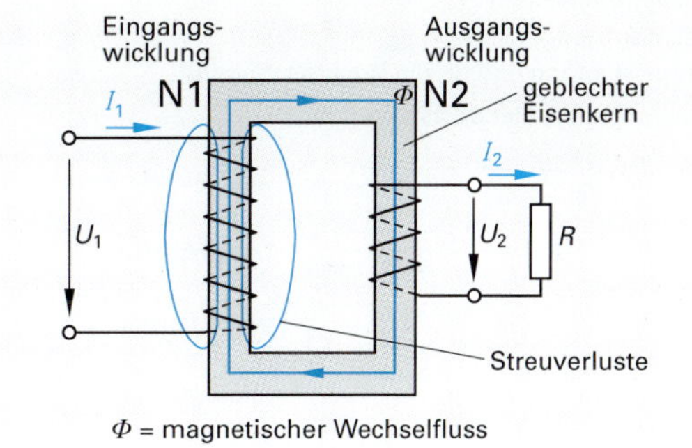

Bild 1: Einphasentransformator

N_1, N_2	Windungszahlen	1
U_1, U_2	Eingangs-, Ausgangsspannung	V
I_1, I_2	Eingangs-, Ausgangsstromstärke	A
η_n	Wirkungsgrad bei Nennbelastung	1
P_{VFe}	Eisenverlustleistung	W
R_1, R_2	Wirkwiderstände der beiden Spulen	Ω

Der **Index n** steht für die jeweiligen Nenngrößen.

12.7 Stern- und Dreieckschaltung

Die Gesetzmäßigkeiten der **Stern- und Dreieckschaltung** werden z. B. für Drehstrommotoren, Drehstromtransformatoren und Drehstromverbraucher benötigt. Das **Bild 2** zeigt die Sternschaltung und das **Bild 3** die Dreieckschaltung von drei verschiedenen Widerständen.

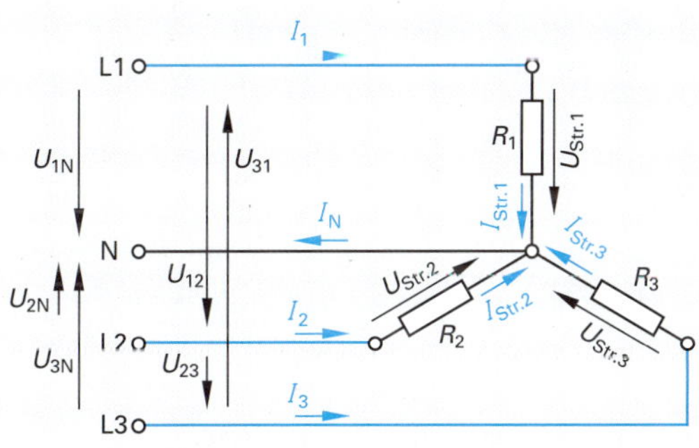

Bild 2: Sternschaltung

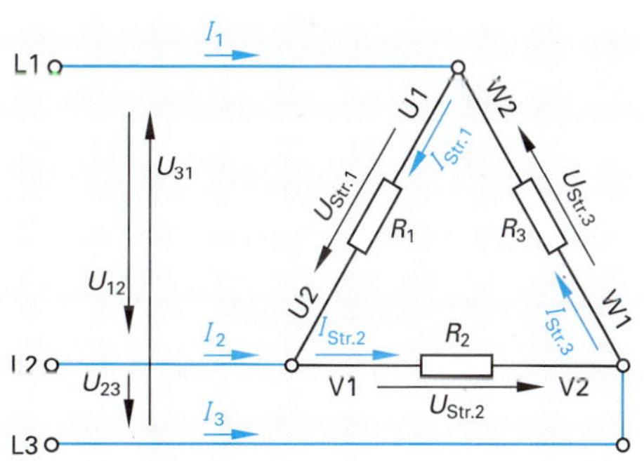

Bild 3: Dreieckschaltung

Allgemein gilt bei der **Sternschaltung**:

Formel	Nr.	Bedeutung
$I_1 = I_{Str.1}$ (10) $I_2 = I_{Str.2}$ (11) $I_3 = I_{Str.3}$	12	**Leiterströme**
$U = U_{12} = U_{23} = U_{31}$	14	**Leiterspannungen**

nur bei **symmetrischer Belastung** gilt ($R_1 = R_2 = R_3$):

Formel	Nr.	Bedeutung
$I_N = 0$	16	**Neutralleiterstrom**
$U_{Str.} = U_{Str.1} = U_{Str.2} = U_{Str.3}$	18	**Strangspannungen**
$U = \sqrt{3} \cdot U_{Str.}$	20	**Leiterspannung**
$I = I_1 = I_2 = I_3$	22	**Leiterströme**

Allgemein gilt bei der **Dreieckschaltung**:

Formel	Nr.	Bedeutung
$U = U_{12} = U_{23} = U_{31} = U_{Str.}$	13	**Leiterspannungen**
$U_{Str.} = U_{Str.1} = U_{Str.2} = U_{Str.3}$	15	**Strangspannungen**

nur bei **symmetrischer Belastung** gilt ($R_1 = R_2 = R_3$):

Formel	Nr.	Bedeutung
$I = \sqrt{3} \cdot I_{Str.}$	17	**Leiterstrom**
$I_{Str.} = I_{Str.1} = I_{Str.2} = I_{Str.3}$	19	**Strangströme**
$I = I_1 = I_2 = I_3$	21	**Leiterströme**

Drehstromleistung

Die Berechnungsformel der Drehstromleistung gilt für die **Sternschaltung** und für die **Dreieckschaltung.**

Bei **symmetrischer Belastung** gilt:

$S = 3 \cdot U_{Str.} \cdot I_{Str.}$ (1) $S = 3 \cdot S_{Str.}$ (2) **Scheinleistung**

$S = \sqrt{3} \cdot U \cdot I$ (3) **Scheinleistung**

$P = S \cdot \cos\varphi$ (4) **Wirkleistung**

$Q = S \cdot \sin\varphi$ (5) **Blindleistung**

I_1, I_2, I_3	Leiterströme	A
U_{12}, U_{23}, U_{31}	Leiterspannungen	V
Index 12:	Spannung zwischen L1 und L2	
Index 23:	Spannung zwischen L2 und L3	
Index 31:	Spannung zwischen L3 und L1	
$U_{Str.1}, U_{Str.2}, U_{Str.3}$	Strangspannungen	V
Index 1:	Strang 1	
Index 2:	Strang 2	
Index 3:	Strang 3	
$\sqrt{3}$	Verkettungsfaktor	1
U	Außenleiterspannung	V
I	Außenleiterstrom	A

Bei gleicher Netzspannung und gleichen Widerständen fließt bei der Dreieckschaltung (Δ) im Außenleiter die dreifache Stromstärke wie bei der Sternschaltung (Y).

A13 Kernphysik

Die in diesem Kapitel angesprochenen Bereiche der Kernphysik beschränken sich auf die in diesem Buch (→ **C4.2**) notwendigen Gebiete: **Radioaktivität, Dosimetrie** und **Kernenergie.**

13.1 Radioaktivität

Im Kernkraftwerksbetrieb (→ **C4.2**) fallen radioaktive Stoffe im festen, flüssigen und gasförmigen Zustand an. Die Strahlung entsteht dadurch, dass die Kerne radioaktiver Atome Masse- und Energieportionen mit hoher Geschwindigkeit ausschleudern. Diesen Vorgang nennt man **radioaktiven Zerfall.** Man unterscheidet im Wesentlichen die drei folgenden **radioaktiven Strahlen:**

α-Strahlen	→	Sie bestehen aus zweifach positiv geladenen Heliumkernen
β-Strahlen	→	Sie bestehen aus sehr schnellen Elektronen
γ-Strahlen	→	Sie sind kurzwellige elektromagnetische Wellen

Gesetze des radioaktiven Zerfalls, Halbwertszeit, Aktivität

$N(t) = N_0 \cdot e^{-\lambda t}$ (6) **Zerfallsgesetz**

$N(t) = N_0 \cdot 2^{-t/T_{1/2}}$ (7) **Zerfallsgesetz**

$T_{1/2} = \frac{\ln 2}{\lambda} = \frac{0{,}693}{\lambda}$ (8) **Halbwertszeit**

$\tau = \frac{1}{\lambda}$ (9) **mittlere Lebensdauer**

$A(t) = -\frac{\Delta N}{\Delta t}$ (10) **Aktivität für $\Delta t << T_{1/2}$**

$A(t) = \lambda \cdot N(t)$ (11) **Aktivität**

$A(t) = A_0 \cdot e^{-\lambda t}$ (12) **Aktivität**

$A(t) = A_0 \cdot 2^{-t/T_{1/2}}$ (13) **Aktivität**

$a(t) = \frac{A(t)}{m}$ (14) **spezifische Aktivität**

Formelzeichen: siehe Seite 81

In **Bild 1** ist das Gesetz des radioaktiven Zerfalls grafisch dargestellt:

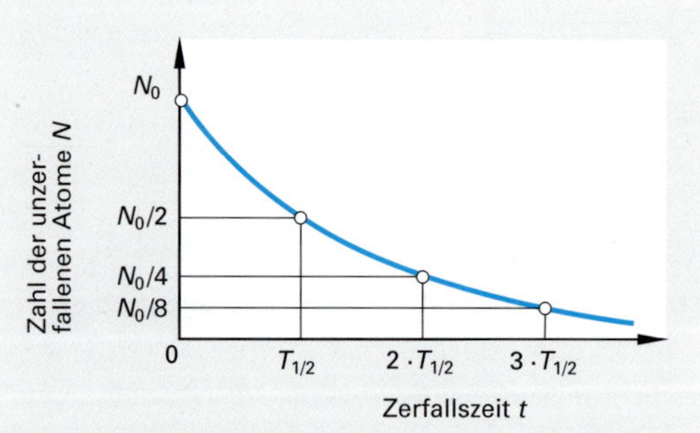

Bild 1: Zerfallskurve

Nachweisgeräte für die radioaktive Strahlung sind das **Geiger-Müller-Zählrohr,** die **Nebelkammer,** das **Szintillationszählrohr** oder der **Halbleiterzähler.**

$N(t)$	Anzahl der Teilchen nach der Zeit t	1
N_0	Anz. der Teilchen zur Zeit $t = 0$	1
t	Zeit	s, min, h, d, a
λ	Zerfallskonstante	s^{-1}, min^{-1}, h^{-1}, d^{-1}, a^{-1}
τ	mittlere Lebensdauer	s, min, h, d, a
e	Euler'sche Zahl = 2,7182818...	
$T_{1/2}$	Halbwertszeit	s, min, h, d, a
$A(t)$	Aktivität nach der Zeit t	Bq, s^{-1}
ΔN	während der Zeit Δt zerfallende Kerne	1
A_0	Ausgangsaktivität zur Zeit $t = 0$	Bq, s^{-1}
$a(t)$	spezifische Aktivität	Bq/kg
m	Masse der radioakt. Substanz	kg

13.2 Dosimetrie

Um die Folgen der Radioaktivität beurteilen zu können, ist es notwendig, einige gebräuchliche Messgrößen **(Dosisbegriffe)** einzuführen.

Aktivität

Unter der Aktivität A versteht man die Zahl der Zerfälle ΔN während des Zeitintervalls Δt.

Die Einheit der Aktivität ist ein Bq (Becquerel).

1 Bq = 1 s^{-1} = 0,27 · 10^{-10} Ci (Curie; frühere, jetzt nicht mehr gültige Einheit).

$$A = \frac{\Delta N}{\Delta t} \quad (1)$$ **Aktivität**

A	Aktivität	Bq, s^{-1}
ΔN	während der Zeit Δt zerfallende Atomkerne	1
Δt	Zeitintervall	s

Ionendosis

Unter der Ionendosis J versteht man den Quotienten aus der durch Ionisation der radioaktiven Strahlung erzeugten Ladung und der durchstrahlten Masse m.

Die Einheit der Ionendosis ist 1 C/kg = 0,39 · 10^4 R (Röntgen; frühere, jetzt nicht mehr gültige Einheit).

$$J = \frac{Q}{m} \quad (2)$$ **Ionendosis**

J	Ionendosis	C/kg
Q	durch Strahlung erzeugte Ladung	C
m	durchstrahlte Masse	kg

Energiedosis

Unter der Energiedosis D versteht man den Quotienten aus der von der durchstrahlten Masse absorbierten Strahlungsenergie E und der durchstrahlten Masse m.

Die Einheit der Energiedosis ist 1 Gy (Gray) = 1 J/kg = 100 rad (frühere, jetzt nicht mehr gültige Einheit).

$$D = \frac{E}{m} \quad (3)$$ **Energiedosis**

D	Energiedosis	Gy
E	absorbierte Energie	J
m	durchstrahlte Masse	kg

Äquivalentdosis

Unter der Äquivalentdosis versteht man die mit einem Bewertungsfaktor (Qualitätsfaktor) q multiplizierte Energiedosis. Dadurch wird die unterschiedliche biologische Wirksamkeit verschiedener Strahlenarten bei gleicher Energiedosis berücksichtigt. In der **Tabelle 1** sind die Bewertungsfaktoren für die unterschiedlichen Strahlenarten angegeben.

$$H = q \cdot D \quad (4)$$ **Äquivalentdosis**

H	Äquivalentdosis	Sv
q	Bewertungsfaktor	1
D	Energiedosis	Gy

Tabelle 1: Bewertungsfaktoren

Strahlenart	Bewertungsfaktor q
Röntgenstrahlung	1
γ-Strahlung	1
Elektronen, β-Strahlung	1
Thermische Neutronen	4
Schnelle Neutronen	10
α-Strahlen	20

Die Einheit der Äquivalentdosis ist 1 Sv (Sievert).

1 Sv = 1 J/kg = 100 rem (frühere, jetzt nicht mehr gültige Einheit).

13.3 Kernenergie

Massendefekt und Bindungsenergie

Vergleicht man die Summe der Massen des zu spaltenden Kerns Uran-235 und des zu spaltenden Neutrons mit der Summe der Massen der Spaltprodukte, so ist nach der Kernreaktion ein geringer Massenverlust festzustellen. Dieser Massenverlust entspricht der bei der Kernspaltung freigesetzten Energie.

$$\Delta m = Z \cdot m_H + (A - Z) \cdot m_n - m_A \quad (1)$$ **Massendefekt**

$$W_B = \Delta m \cdot c^2 \quad (2)$$ **Bindungsenergie**

$$\frac{W_B}{A} = \frac{\Delta m \cdot c^2}{A} \quad (3)$$ **Bindungsenergie/Nukleon**

Δm	Massendefekt	kg, u
m_H	Masse des Wasserstoffatoms	kg, u
m_n	Masse des Neutrons	kg, u
m_A	Masse des Atoms	kg, u
Z	Kernladungszahl	1
A	Massenzahl	1
W_B	Bindungsenergie	J, eV
W_B/A	Bindungsenergie/Nukleon	J, eV
c	Lichtgeschwindigkeit	m/s

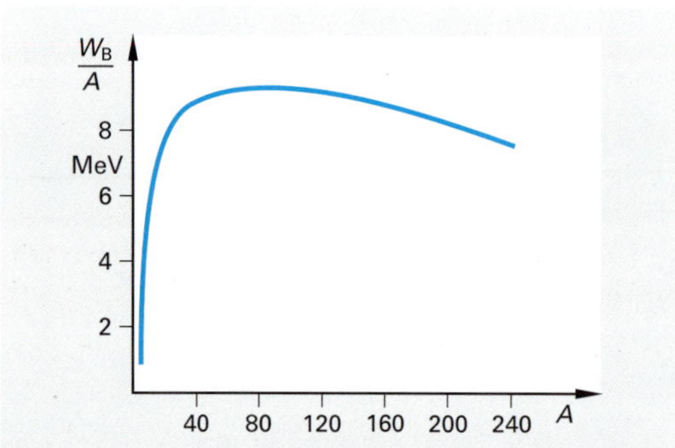

Bild 1: Bindungsenergie/Nukleon

Der Massendefekt Δm ergibt sich aus der Summe aller Massen der ein Atom bildenden Bestandteile (Protonen, Neutronen, Elektronen) abzüglich der Masse des Atoms.

Im **Bild 1** ist die mittlere Bindungsenergie/Nukleon in Abhängigkeit von der Massenzahl A dargestellt. Dabei ist zu sehen, dass Atome in der Nähe von $A = 57$ am festesten gebunden sind. Deshalb kann Kernenergie gewonnen werden, wenn schwerere Kerne gespalten werden (Kernspaltung) oder wenn leichte Kerne zu schwereren verschmolzen werden (Kernfusion).

u = **atomare Masseneinheit** = $1{,}6605402 \cdot 10^{-27}$ kg

Kernspaltung

In **Bild 2** ist eine von vielen Möglichkeiten der Spaltung eines Urankerns schematisch dargestellt. Die bei einer Kernspaltung freiwerdende Energie von etwa 200 MeV setzt sich ungefähr folgendermaßen zusammen (1 eV = $1{,}609 \cdot 10^{-19}$ J) **(Tabelle 1):**

Tabelle 1: Bei der Kernspaltung frei werdende Energie

Während der Spaltung			Nach der Spaltung (innerhalb der Zerfallsreihen)		
W_{kin} der Spaltprodukte	≈	165 MeV	Energie der β-Strahlung	≈	7 MeV
W_{kin} der Neutronen	≈	5 MeV	Energie der γ-Strahlung	≈	7 MeV
Energie der γ-Quanten	≈	6 MeV	Energie der Antineutrinos	≈	10 MeV

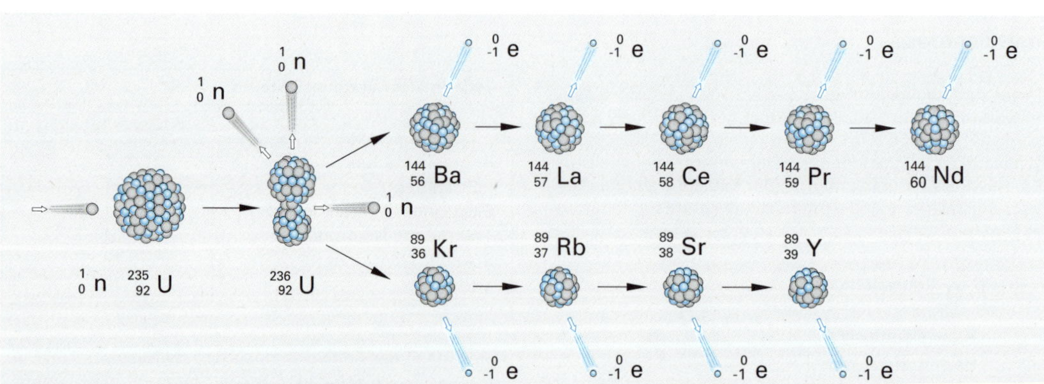

Bild 2: Spaltprodukte bei einer Kernspaltung

B Energie

Gleich zu Beginn des Kapitels 1 wurde dem physikalischen Begriff **Energie** eine herausragende Bedeutung bezüglich technischer Abläufe zugeordnet. Man versteht hierunter – wie Sie bereits wissen – **gespeicherte Arbeitsfähigkeit.** Auch über die **Umwandelbarkeit von Energie** sind Sie bereits informiert. Bei der Einführung in die Maschinenkunde geschah dies mithilfe zweier Beispiele, und zwar aus den Bereichen Kraftmaschinen und Arbeitsmaschinen. Kapitel A hingegen erläuterte die **Energiearten** (→ **A1.11, A1.16, A3.6, A6.2, A12.1, A13.3**). Dort wurde auch bereits erläutert, warum es vor der Behandlung des Themas **Kraft- und Arbeitsmaschinen** erforderlich ist, nochmals – auf dieses Thema bezogen – die naturwissenschaftlichen Grundlagen aufzubereiten. In diesem Sinn soll nun auch noch den Kraft- und Arbeitsmaschinen das Kapitel B **„Energie"** vorgeschaltet werden.

B1 Primärenergie und Sekundärenergie

Die Bezeichnungen **Brennwert** und **Heizwert** (→ **A5.7, B2.4**) sowie deren Einheit lassen auf den **Energieinhalt** fester, flüssiger und gasförmiger **Brennstoffe** schließen. Diese Brennstoffe stellen neben Wasser, Wind, Erd- und Sonnenwärme sowie Uran (als Ausgangsstoff für die Kernspaltung) einen Teil der vorhandenen **Energieträger** dar. Der Energieinhalt dieser Energieträger – kurz als **Energie** bezeichnet – kann Primärenergie oder Sekundärenergie sein.

Unter **Primärenergie** versteht man die in den **natürlichen Energieträgern** wie Kohle, Erdöl, Erdgas, Uran, Wasser, Wind, Erd- und Sonnenwärme enthaltene Energie.

Die **Primärenergieversorgung** (→ **B2.2**) unterscheidet sich in den verschiedenen Ländern ganz erheblich. In Deutschland basiert sie auf einem breiten Mix unterschiedlicher Energieträger und sie hat sich in den letzten Jahren insbesondere zu Lasten von Kohle und zu Gunsten von Erdgas verändert. Noch immer tragen die **fossilen Energieträger** (z. B. Kohle, Mineralöl und Erdgas) mit einem Anteil von ca. 85 % zur Energieversorgung bei. Der Anteil der **Kernenergie** liegt bei 13 % und die **umweltfreundlichen Energien** (z. B. Wasser, Wind, Biomasse) sind mit etwa 2 % beteiligt.

Primärenergie lässt sich in andere Energiearten umwandeln. Dies geschieht z. B. in Dampf-, Wind- oder Wasserkraftwerken. Auch Verbrennungskraftmaschinen und elektrische Generatoren zählt man zu solchen **Energieumwandlungsanlagen.** Über diese wird noch ausführlich gesprochen (→ **C**).

Die aus Primärenergie durch Umwandlung gewonnene Energie wird als **Sekundärenergie** bezeichnet.

Diese Sekundärenergie ist in erster Linie elektrische Energie (→ **A12.1**), aber auch Wärmeenergie (→ **A5.6**), d. h. thermische Energie und mechanische Energie (→ **A1.11**).

B.2 Energieträger

Die Energieträger werden durch weitere verschiedene Kriterien, z. B. auch durch den **Aggregatzustand** fest, flüssig oder gasförmig unterschieden. Wegen der hohen **Umweltrelevanz** (→ **B2.7**) ist es wichtig, die Energieträger auch in nicht erneuerbare und erneuerbare Energieträger – kurz in **nicht erneuerbare Energie** (insbesondere die fossilen Energieträger und Kernenergie) **und erneuerbare Energie** – einzuteilen. Letztere wird auch als **Alternativenergie** bezeichnet.

2.1 Die Steinkohleneinheit

Zur statistischen Erfassung der **Energievorräte** und des **Energieverbrauches** wird international die **Steinkohleneinheit** mit dem Einheitenzeichen **SKE** verwendet. Die SKE ist ein in den Volkswirtschaften verwendetes, aber nicht gesetzliches Vergleichsmaß. SKE ist also keine SI-Einheit (→ **A1.1**) und sie ist noch mithilfe der früher verwendeten Einheit für die Wärmeenergie (→ **A5.6**), der **Kilokalorie** (kcal), definiert. Es ist

$$1\ \text{kcal} \approx 4{,}19\ \text{kJ} \quad (1)$$

Eine Steinkohleneinheit (SKE) repräsentiert den Wärmeinhalt von 1 Kilogramm Steinkohle mit einem Heizwert (→ **A5.7, A2.4**) von 7000 kcal/kg.

$$1\ \text{SKE} = 7000\ \frac{\text{kcal}}{\text{kg}} \quad (2)$$

2.2 Erzeugung und Verbrauch von Primärenergie

Die **Weltenergieerzeugung** beträgt zurzeit jährlich etwa **13,5 Milliarden Tonnen SKE.** Diese gewaltige Menge entspricht auch dem **Weltenergieverbrauch,** der von 1980 bis 1990 um 21,7 % und von 1990 bis 2008 um 39 % angestiegen ist. Momentan beträgt der jährliche Anstieg noch etwa 1 %. Damit ist die Steigerung des Weltenergieverbrauches kleiner als der prozentuale Anstieg der Weltbevölkerung. **Tabelle 1** vermittelt einen Überblick über den weltweiten Einsatz von Primärenergie und **Tabelle 2** zeigt für einige Länder den Verbrauch pro Kopf.

Tabelle 1 vermittelt Daten über den Einsatz **kommerzieller Energie.** Nicht kommerzielle Energieträger wie z. B. tierische Energie (Zug- oder Lasttiere), privat genutzte Wind- oder Wasserkräfte, Brennholz, Solarenergie o. Ä. sind nicht mit einbezogen. Aus dieser Tabelle ist auch zu ersehen, dass erneuerbare (alternative) Energien weltweit – heute noch – kaum einen nennenswerten Anteil aufweisen.

Tabelle 1: Weltweiter Einsatz von Primärenergie

	1973			2011		
	Mrd. t Oe	Mrd. t SKE	%	Mrd. t Oe	Mrd. t SKE	%
Erdöl	2,819	4,027	46,1	4,131	5,901	31,5
Kohle	1,498	2,140	24,5	3,777	5,395	28,8
Gas	0,978	1,398	16,0	2,793	3,990	21,3
Biomasse, Biogas, biologische Abfälle	0,648	0,926	10,6	1,311	1,873	10,0
Kernenergie	0,055	0,079	0,9	0,669	0,955	5,1
Wasserkraft und erneuerbare Energie	0,116	0,166	1,9	0,433	0,618	3,3
Insgesamt	**6,115**	**8,736**	**100,0**	**13,113**	**18,733**	**100,0**

Hinweis: 1 t Oe = 1,42857 t SKE; Oe = Oelequivalent

Tabelle 2: Energieverbrauch im Jahr 2007

	in t Oe	in kg SKE		in t Oe	in kg SKE
USA	7,80	11143	Schweiz	4,00	5714
Kanada	9,80	14000	Österreich	4,00	5714
Australien	5,90	8429	Republik Südkorea	4,90	7000
Niederlande	5,80	8286	Italien	3,10	4429
Russland	4,90	7000	Polen	2,50	3571
Deutschland	3,80	5429	Spanien	3,40	4857
Großbritannien	3,60	5143	Argentinien	1,90	2714
Frankreich	4,20	6000	Thailand	1,30	1857
Japan	4,00	5714	Volksrepublik China	1,40	2000

Hinweis: Oe = Oelequivalent

2.3 Energievorräte

Die Weltvorräte an Energierohstoffen bzw. die Potenziale an erneuerbaren Energien sind nur schwer abzuschätzen. Selbst Expertenaussagen differieren stark, je nachdem, ob nur die heute wirtschaftlich ausbeutbaren Vorkommen berücksichtigt werden oder die nach derzeitigem Kenntnisstand überhaupt vorhandenen oder auch die nur vermuteten Vorräte. In **Tabelle 1** sind die **gesicherten** bzw. die **vermuteten Weltvorräte an Energieträgern** wiedergegeben und **Bild 1** gibt Auskunft über den **absoluten Verbrauch an Primärenergie in Deutschland.**

Tabelle 1: Weltenergievorräte

Energieträger	gesichert	vermutet
Steinkohle in Mio. t	768 999	17 143 481
Weichbraunkohle in Mio. t	283 134	4 164 736
Erdöl in Mio. t	216 551	331 447
Rohöl aus Ölschiefer und Ölsand in Mio. t	737 341	–
Erdgas in Mrd. m^3	196 173	628 846
Uran in kt	2 176	13 019

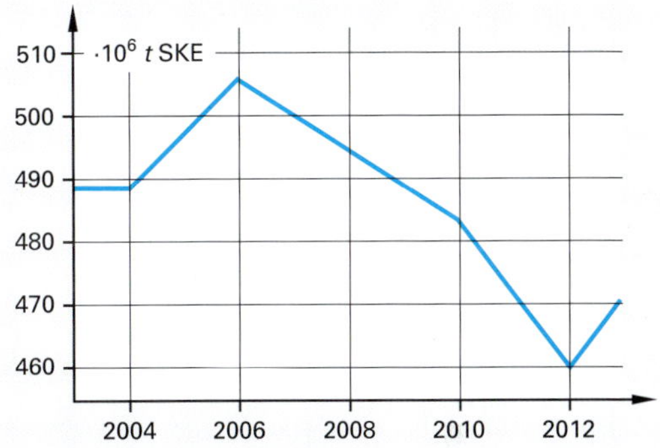

Bild 1: Energieverbrauch in Deutschland in Millionen Tonnen SKE

Als durchschnittlicher Wert für den Verbrauch von Primärenergie gilt in Deutschland etwa 500 Millionen Tonnen SKE pro Jahr.

Der prozentuale Anteil für den Einsatz von Primärenergieträgern in Deutschland geht aus **Tabelle 2** hervor:

Tabelle 2: Prozentualer Anteil der Primärenergieträger in Deutschland 2013

Mineralöl	33,30 %	Steinkohle	12,80 %	Braunkohle	11,70 %
Erdgas	22,30 %	Kernenergie	7,60 %	Wasser, Wind, Sonstige	12,20 %

2.4 Nicht erneuerbare Energieträger

Zu den nicht erneuerbaren Energieträgern zählen insbesondere die fossilen **Energieträger** (→ **B1**) wie Kohle, Heizöl, Erd- und Stadtgas. **Tabelle 1** schlüsselt die **Brennstoffe** nochmals weiter auf und gibt auch Auskunft über den spezifischen Brennwert und den spezifischen Heizwert (→ **A5.7**). Aber auch das zur Erzeugung von Kernenergie benötigte **Uran** zählt zu den nicht erneuerbaren Energieträgern.

Nicht erneuerbare Energieträger werden bei der Energieumwandlung verbrannt bzw. abgebrannt. Dieser Vorgang ist nicht mehr rückgängig zu machen, d. h., die ursprüngliche Energieform kann nicht mehr hergestellt werden.

Obwohl derlei Energieumwandlungen die Umwelt mehr oder weniger stark belasten, wird der Energiebedarf – wie Sie bereits wissen – in Deutschland zurzeit noch zu etwa 98 % durch nicht erneuerbare Energieträger gedeckt. Da sich dieses Buch im Kapitel C sehr intensiv mit der Energieumwandlung in **konventionellen Kraftwerken** sowie mit **Verbrennungskraftmaschinen** befasst und deshalb zwangsläufig in diesen Zusammenhängen auf die nicht erneuerbaren Energieträger zu sprechen kommt, wollen wir es an dieser Stelle zunächst bei den bisherigen Informationen belassen.

Tabelle 1: Brennwerte und Heizwerte wichtiger fossiler Brennstoffe (→ A.7)

Brennstoff	H_o in $\frac{kJ}{kg}$ bzw. $H_{o,n}$ in $\frac{kJ}{m_n^3}$	H_u in $\frac{kJ}{kg}$ bzw. $H_{u,n}$ in $\frac{kJ}{m_n^3}$
reiner Kohlenstoff Steinkohle Braunkohle Brikett Torf Holz	je nach Wassergehalt um den Betrag der zur Verdampfung dieses Wassers erforderlichen Wärme größer als H_u.	33 800 30 000 bis 35 000 8 000 bis 11 000 17 000 bis 21 000 10 000 bis 15 000 9 000 bis 15 000
Heizöl EL Heizöl S Benzin Benzol Dieselöl Petroleum	45 400 42 300 46 700 41 940 44 800 42 900	42 700 40 200 42 500 40 230 41 640 40 800
Hochofengichtgas Koksofengas Erdgas Typ H Methan Propan	4 080 19 670 41 300 39 850 100 890	3 980 17 370 37 300 35 790 92 890

2.5 Erneuerbare Energieträger

Bereits auf der ersten Seite dieses Buches wurden dessen Intentionen erkennbar: Es soll vor allem den heutigen **Stand der Technik** vermitteln und dabei aber auch **Entwicklungsrichtungen** aufzeigen. Setzt man einmal den Verbrauch von nicht erneuerbaren Energien (98 %) mit dem Verbrauch von erneuerbaren Energien (2 %) in Relation, dann ist bereits aus diesen Zahlen erkennbar, dass die Verfahren zur Nutzung der **erneuerbaren Energien** hierzu reichlich Gelegenheit bieten. Dies ist ein weiterer Grund dafür, dass den erneuerbaren Energien an dieser Stelle des Buches ein breiterer Raum zur Verfügung steht als den nicht erneuerbaren Energien.

2.5.1 Begründung des Einsatzes erneuerbarer Energien

Jährlich verbraucht die Bevölkerung Deutschlands die Energiemenge von 500 Millionen t SKE (→ **B2.3**). Da diese Zahl – auch für den Insider – doch recht abstrakt ist, soll hier der Versuch einer Verdeutlichung unternommen werden: 500 Millionen t SKE entspricht der Energie, die bei der Verbrennung von sechs Millionen Waggons Steinkohle entstehen würde. Beim Aneinanderreihen dieser Waggons würde ein Zug von 75 000 Kilometer Länge enstehen. Daraus resultiert eine vom Bundesministerium für Wirtschaft und Technologie **(BMWi)** herausgegebene Zahl:

Jeder Bundesbürger verbraucht statistisch im Durchschnitt jährlich mehr Energie, als bei der Verbrennung von 6 Tonnen Steinkohle frei werden. Dadurch werden über 12 Tonnen des Treibhausgases (→ **B2.6, B2.7**) Kohlenstoffdioxid CO_2 freigesetzt.

Dies ist wohl der Hauptgrund dafür, dass der prozentuale Anteil der erneuerbaren Energie in Zukunft erheblich angehoben werden muss. Es heißt also: **weg von der nicht erneuerbaren Energie und hin zur zukunftsfähigen erneuerbaren Energie.** Dabei darf aber nicht übersehen werden, dass diese Entwicklung noch eine Laufzeit von vielen Jahren haben wird.

Als **Vorteile der erneuerbaren Energiequellen** sind zu nennen:

- sie bieten einen unbegrenzten Vorrat und sind heimisch,
- sie sind umweltfreundlich und schonen die Ressourcen unseres Planeten,
- sie besitzen in den Entwicklungsländern teilweise bessere natürliche Bedingungen.

Dadurch genießen die erneuerbaren Energien eine hohe gesellschaftliche Akzeptanz und sie geben vor allem dem Handwerk und der mittelständischen Industrie einen hohen Anreiz für weitere – auch exportfähige – technische Neuentwicklungen.

Bedenkt man noch, dass in den Entwicklungsländern mit der Steigerung des Lebensstandards auch der Energiebedarf (→ **Tabelle 2/84**) erheblich zunehmen wird, unsere Erde aber kaum weitere umweltrelevante Belastungen verkraften kann, dann besteht der sehr aktuelle Zwang zur Intensivierung erneuerbarer Energie.

Erwähnt werden muss an dieser Stelle, dass noch immer große Unsicherheit darüber besteht, inwieweit erneuerbare Energiequellen (alternative Energiequellen), d. h. vor allem **Sonnen- und Windenergie, geothermische Energie** und **Wasserkraftnutzung,** ökonomisch und ökologisch sinnvoll einsetzbar sind. **Haupthindernisse für die Nutzung erneuerbarer Energien** sind:

- meist geringe **Energiedichte,**
- häufig ungünstiges Verhältnis zwischen Aufwand einerseits und Ertrag andererseits,
- häufig starke Eingiffe in den Natur- und Landschaftshaushalt bzw. das Landschaftsbild,
- meist Abhängigkeit von Tages- und Jahreszeiten, klimatischen und geologischen Verhältnissen,
- meist schlechte Speicherbarkeit.

2.5.2 Nachwachsende Energiequellen

Bei den **nachwachsenden Energiequellen** liegt die **Sonnenenergie in chemisch gebundener Form** vor. Bei dieser chemischen Bindung von Sonnenenergie wird etwa 0,1 % der auf die Erde eingestrahlten Sonnenenergie in den pflanzlichen Stoffen gebunden. Wenn man bedenkt, dass von der Sonne in 24 Stunden eine Wärmemenge (→ **A5.6**) von etwa $15 \cdot 10^{18}$ kJ in die Erdatmosphäre eingestrahlt wird, dann ergibt sich bei der Bildung von **Biomasse** weltweit jährlich eine Energiemenge von rund **200 Milliarden t SKE**. Die Zukunftsfähigkeit von Biomasse als Energiequelle wird beim Vergleich dieser Zahl mit dem Weltenergieverbrauch (→ **Tabelle 1/84**) deutlich, denn dieser beträgt nur etwas mehr als den 20. Teil.

Mithilfe von Sonnenenergie bilden die Pflanzen aus dem Kohlenstoffdioxid (CO_2) der Luft sowie Mineralien und Wasser aus der Erde ihre Biomasse.

Schon jetzt soll erwähnt werden, dass es bei der **Verbrennung, Vergasung** oder **Vergärung** von Biomasse zu einer sehr günstigen **CO_2-Bilanz** kommt, ganz im Gegensatz zur Verbrennung fossiler Brennstoffe (→ **B2.7**).

Sicher ist es so, dass die Verbrennung von **Holz** und **Stroh** den ältesten Einsatz von Biomasse darstellen, zunächst im offenen Feuer, später in mehr oder weniger komfortablen Öfen mit meist schlechten **Wirkungsgraden** (→ **A1.13, A8.2**). Mittlerweile ist es aber so, dass die Wirkungsgrade erheblich verbessert wurden, sodass bei der Verbrennung wesentlich mehr **Nutzenergie** (→ **A8.1**) erzeugt wird. Die Realisierung einer günstigen **Energiebilanz** erfolgt mit modernen Heizkesseln und besonders wirtschaftlich gestaltet sich der Betrieb von **Verbrennungsanlagen** bzw. von **Biomasse-Heizkraftwerken.** Solche kommen heute schon vereinzelt bei der Versorgung mit Fernwärme zum Tragen. Dabei wird der Brennstoff immer mehr in Form von **Pellets** eingesetzt. Hierunter versteht man in geometrische Form gepresste **Holzspäne** oder **Strohfasern,** in absolut trockenem Zustand. **Bild 1/88** zeigt das Prinzip einer Biomasse-Verbrennungsanlage. Eine solche kann z.B. sehr günstig in Verbindung mit dem Betrieb größerer landwirtschaftlicher Betriebseinheiten oder Genossenschaften betrieben werden.

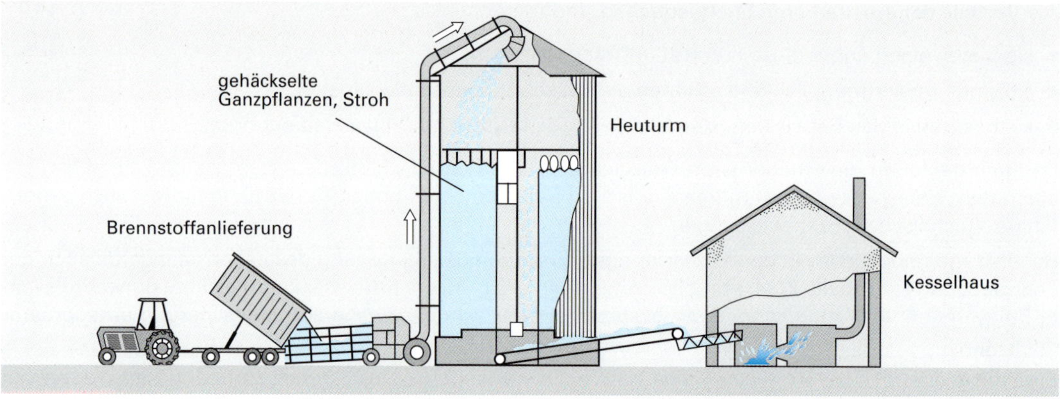

Bild 1: Prinzipielle Darstellung einer Biomasse-Verbrennungsanlage

Öfen und **Heizkessel** für Holz und Stroh lassen sich in der Regel ohne Probleme in eine vorhandene Heizungsanlage integrieren. Anlagenwirkungsgrade von 75 % sind durchaus erreichbar. Bei Wirtschaftlichkeitsberechnungen kommt man kostenmäßig in den Bereich von konventionell mit Gas oder Öl erzeugter Wärme. **Kleinfeuerungsanlagen** mit einer Wärmeleistung von weniger als 15 Kilowatt unterliegen nicht der gesetzlichen Kontrolle der **Emissionsgrenzwerte,** lediglich ein rauchfreier Betrieb wird gefordert. Ein **umweltschonender Betrieb** setzt voraus:

- ausschließlich naturbelassene Brennstoffe verwenden,
- trockene Brennstoffe verwenden. Bei Holz mit 20 % Wassergehalt verdoppelt sich der Heizwert gegenüber frischem Holz (60 % Wassergehalt),
- genügend Luft zuführen, Feuerstelle sauber halten, Rauch vermeiden.

Biomasse fällt auch in Haushalten, der Industrie und in großen Mengen in der Land- und Forstwirtschaft an, und zwar in der Form von **organischem Abfall.** Bei der Zersetzung dieser Abfälle wie etwa Fäkalien, Gülle, Klärschlamm, Gartenabfälle oder Stroh durch Bakterien und unter Luftabschluss entsteht ein **brennbares Gasgemisch.** Dieses wird als **Biogas** oder **Faulgas** bezeichnet.

Biogas besteht aus 54 bis 70 % Methan, 27 bis 45 % Kohlenstoffdioxid, geringen Mengen Stickstoff, Wasserstoff, Schwefelwasserstoff u. a. Der spezifische Brennwert (→ **A5.7, B2.4**) beträgt im Normzustand (→ **A5.3**) etwa 25 000 Kilojoule pro Kubikmeter.

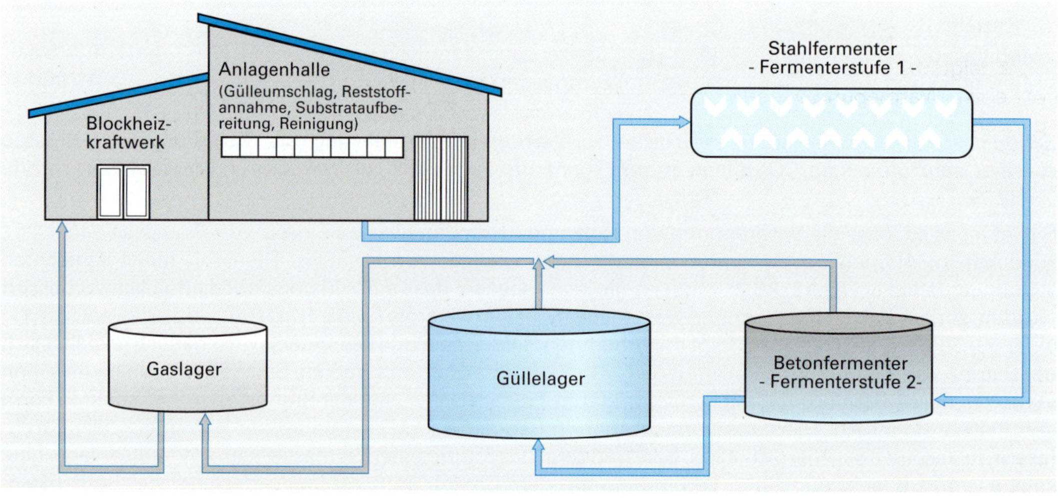

Bild 2: Prinzipielle Darstellung eines Biomasseheizkraftwerkes (BHKW)

Bei der Verbrennung von Biogas in einem **Biomasseheizkraftwerk** (BMKW) wird **Strom und Wärme** erzeugt. **Bild 2/88** zeigt die prinzipielle Anordnung eines BMKW. Die eingesetzte Biomasse wird als **Substrat** bezeichnet und wird in einen Faulbehälter, den **Fermenter,** eingebracht und mit **Mikroorganismen** (Bakterien) durchsetzt. Das Wachstum dieser **Bakterienstämme** bestimmt die Geschwindigkeit, mit der das Biogas erzeugt wird. Die Wachstumsbedingungen werden vor allem durch die Temperatur bestimmt. Im Allgemeinen liegt die optimale Temperatur bei 30 bis 35 °C. Außerdem ist Luftabschluss und völlige Dunkelheit im Fermenter eine unbedingte Voraussetzung bei der Erzeugung von Biogas.

Wegen der Brennbarkeit von Biogas müssen beim Betrieb der Anlage diverse Sicherheitsvorschriften beachtet werden.

Bei den erneuerbaren Energien nehmen die **Biokraftstoffe** einen zunehmenden Raum ein. Dies sind **Pflanzenöle** (aus Sonnenblumenkernen, Rapsfrucht, Kokosnüssen) mit einem hohen Energiegehalt, die in **speziellen Verbrennungskraftmaschinen** (→ **C7**) als Kraftstoff (→ **C7.3.13**) ihren Einsatz finden. Eine relativ weite Verbreitung hat bereits **Biodiesel** gefunden. Dies ist ein chemisch verändertes Pflanzenöl (Rapsöl-Methyl-Ester). Im Kapitel C wird hierauf nochmals näher eingegangen.

2.5.3 Wärmepumpentechnologie

In unserer Umwelt befinden sich große Mengen an Wärmeenergie, und zwar gespeichert in der uns umgebenden Materie. Leider ist es so, dass diese Materie, insbesondere **Erde, Luft** und **Wasser,** in der Regel eine niedrigere Temperatur als die gewünschte Raumtemperatur hat. Nach dem **zweiten Hauptsatz der Thermodynamik** (→ **A8.2**) ist es aber so, dass Wärmeenergie ohne zusätzlichen Aufwand an weiterer Energie immer nur vom Ort mit höherer Temperatur zum Ort mit niedrigerer Temperatur fließt. Durch den Einsatz einer **Wärmepumpe** ist es möglich, die in der Materie vorhandene Wärmeenergie auf ein höheres Temperaturniveau zu „heben". Damit kann sie – nach dem zweiten Hauptsatz der Thermodynamik – ihrer Aufgabe gerecht werden, einem Raum mit höherer Temperatur Wärmeenergie zuzuführen, d. h. diesen zu heizen. In **Bild 1** ist dieser Vorgang schematisch dargestellt. Es ist zu erkennen:

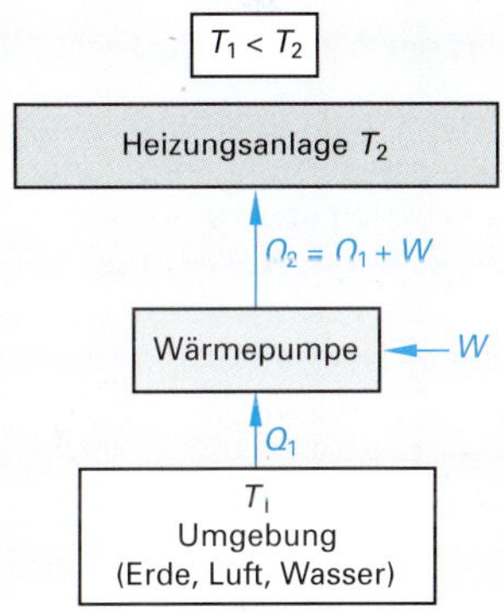

Bild 1: Prinzip der Wärmepumpe

Die dem Raum zugeführte Wärmeenergie (→ **A5.6, A8.2**) Q_2 setzt sich aus der Summe von **mechanischer Energie** W (→ **A1.11**), die von einem **Verdichter** (→ **D2**) zugeführt wird, und der **Wärmeenergie** Q_1, die die Wärmepumpe der Umgebung mit niedrigerer Temperatur entzieht, zusammen.

Bild 2 zeigt das Schema einer von einer Wärmepumpe gespeisten Heizungsanlage. In diesem Fall wird die Wärmeenergie von der Wärmepumpe aus der Umgebungsluft entnommen. Der thermodynamische Kreisprozess (→ **A8**) ist ein **linkslaufender Kreisprozess** (→ **A8.2**) und er wird als **Wärmepumpenprozess** bezeichnet. Er ist mit dem **Kältemaschinenprozess** (→ **D3**) identisch. Hierauf wird im Kapitel D nochmals ausführlich eingegangen.

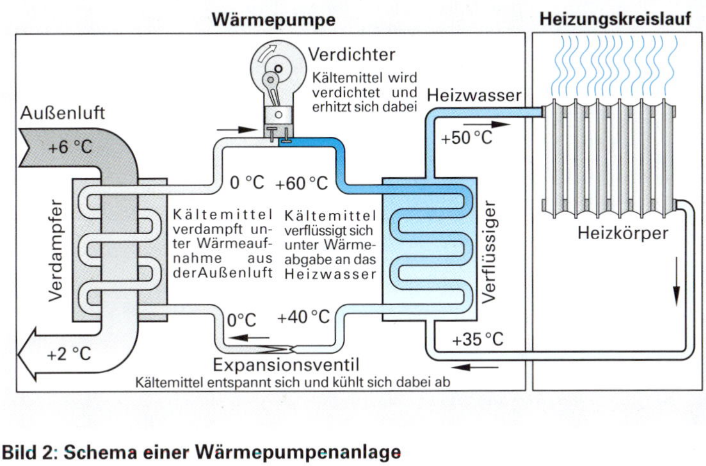

Bild 2: Schema einer Wärmepumpenanlage

Ein Transport von Wärmeenergie entgegen einem Temperaturgefälle ist (nach dem 2. HS) nur mit einem zusätzlichen Aufwand an Energie möglich. Dies ist mit einer Wärmepumpe realisierbar.

Aus **Bild 2** ist zu ersehen, dass der **Verdampfer** der Umgebung Wärme entzieht, und zwar durch die Verdampfung von **Kältemittel** (→ **D3.2**), welches bei niedriger Temperatur siedet, d. h. verdampft (→ **A5.9**). Der Kältemitteldampf wird dann von einem **Verdichter** (→ **D2, D3**) verdichtet und in überhitzter Form einem **Kondensator** (Verflüssiger) zugeführt. Dort findet bei hohem Druck und damit hoher Temperatur die Verflüssigung (→ **A5.9**) statt. Die dabei frei werdende Wärme wird dem Heizmedium, z. B. Wasser, zugeführt. Ein **Wärmeaustauscher** (Heizkörper) gibt die Wärme an die zu heizende Umgebung ab. Die den Kondensator verlassende Kältemittelflüssigkeit (Kondensat) wird in einer Drosselstelle **(Expansionsventil)** auf den Verdampfungsdruck entspannt, sodass der thermodynamische Kreisprozess (→ **A8**), d. h. der **Wärmepumpenprozess,** der im Kapitel D nochmals ausführlich besprochen wird, erneut beginnen kann. Im Durchschnitt ergibt sich in etwa die folgende **Energiebilanz:**

75 % Umweltwärme + 25 % Verdichterenergie (Strom) = 100 % Nutzenergie

Die drei wichtigsten **Forderungen für einen wirtschaftlichen Betrieb** einer Wärmepumpe sind

- möglichst hohes Temperaturniveau der Wärmequelle,
- das Temperaturniveau soll möglichst immer bei Wärmebedarf konstant zur Verfügung stehen,
- das die Wärme abgebende Medium muss in ausreichender Menge vorhanden sein.

In diesen drei Forderungen unterscheiden sich die Medien **Luft** (ausreichende Menge, aber starken Temperaturschwankungen unterlegen), **Wasser** (konstantes Temperaturniveau, meist ausreichende Menge) und **Erdreich** stark voneinander. Wird Erdreich als Wärmequelle verwendet, entnimmt man die Wärme mithilfe von **Erdkollektoren.** Als Regel gilt, dass der Flächenbedarf für die Verlegung der Erdkollektoren mindestens so groß sein muss wie die zu beheizende Wohn- oder Gewerbefläche. Wenn dieser benötigte Platz (z. B. der Garten) nicht zur Verfügung steht, werden vertikale Verdampferrohre in die Erde eingebracht, und zwar in eine Tiefe von 30 bis 100 Meter.

Als Wärmequellen sind auch **Abwärmen** in Industriebetrieben zu nennen. Die in Abluft oder Abwässern steckende Wärmeenergie kann so teilweise zurückgewonnen werden. Diese Abwärmen haben sehr oft ein hohes Temperaturniveau, was den Wirkungsgrad (→ **A1.13, A8.3**) positiv beeinflusst.

B Energie

Wiederholung und Vertiefung

B1 Rechnen Sie die Steinkohleeinheit in kJ/kg um.

B2 Wie unterscheiden sich Primär- und Sekundärenergie sowie erneuerbare und nicht erneuerbare Energie voneinander?

B3 Nennen Sie die Ihnen bekannten Primärenergieträger und deren momentanen prozentualen Anteil bei der Energieversorgung in Deutschland.

B4 Unterscheiden Sie den spezifischen Brennwert vom spezifischen Heizwert.

B5 Nennen Sie
a) Vorteile und
b) Nachteile der erneuerbaren Energiequellen.

B6 Was versteht man unter Biomasse und welche Voraussetzungen sind zu deren Bildung erforderlich?

B7 Nennen Sie die Voraussetzungen für den umweltschonenden Betrieb einer Biomasse-Verbrennungsanlage.

B8 Was versteht man unter Pellets?

B9 Nennen Sie die Bestandteile und den ungefähren spezifischen Brennwert von Biogas. Beurteilen Sie diesen im Vergleich mit dem spezifischen Brennwert von Erdgas Typ H.

B10 Schildern Sie die Produktion von Biogas.

B11 Bringen Sie die Wirkungsweise einer Wärmepumpe mit dem zweiten Hauptsatz der Thermodynamik in Verbindung.

B12 Nennen Sie die Hauptteile einer Wärmepumpe.

B13 Welche Aufgabe hat in einer Wärmepumpe die Drosselstelle (Expansionsventil)?

B14 Beurteilen Sie die Nutzung von Abwärmen beim Betrieb einer Wärmepumpe.

B15 Nennen Sie die Voraussetzungen für den wirtschaftlichen Betrieb einer Wärmepumpe.

B16 Nennen Sie die Regel für den Flächenbedarf bei der Verlegung von Erdkollektoren.

2.5.4 Solartechnik, Sonnenkollektoren, Fotovoltaik

Solartechnik

Grundsätzlich gibt es drei verschiedene Wege, **Solarenergie** bzw. **Sonnenenergie** direkt und ohne Umwege in elektrische Energie (→ **A12.1**) bzw. Wärmeenergie (→ **A5.6, A5.7**) umzuwandeln. Mit einer **Fotozelle** kann man zwar die **Strahlungsenergie** der Sonne direkt in elektrische Energie umwandeln, die dabei erhaltene geringe Energiemenge ist jedoch nur für Mess- oder Signalzwecke lohnend. Für die Solartechnik gibt es nur zwei interessante Wege: Man wandelt die Strahlungsenergie mit **Fotovoltaikanlagen** direkt in elektrische Energie oder mithilfe von **Sonnenkollektoren** direkt in Wärmeenergie (solarthermisch) um.

Sonnenkollektoren

Bild 1 zeigt das Schema einer Warmwasseraufbereitung mithilfe von Sonnenkollektoren. Mit einer solchen Anlage kann man in Mitteleuropa im Sommer die Warmwasserversorgung von der Ölheizung unabhängig machen. Dabei ist zu bedenken, dass wegen der hohen Bereitschaftsverluste eine mit einer Ölheizung betriebene Warmwasserversorgung mit einem relativ schlechten Wirkungsgrad arbeitet (→ **A12.1**).

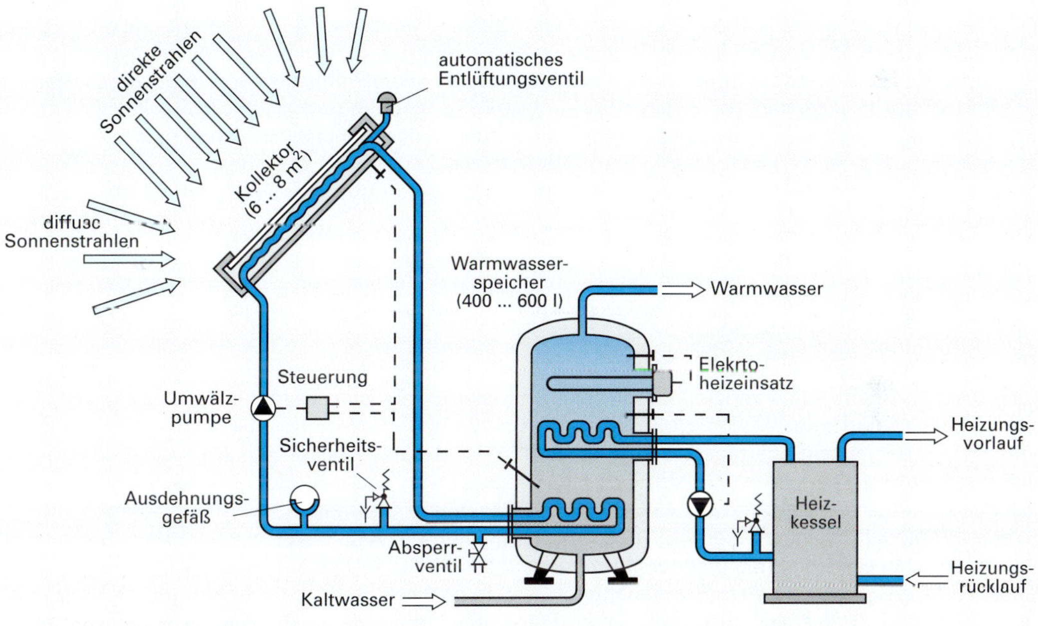

Bild 1: Anlagenschema einer Warmwasseraufbereitung mit Sonnenkollektoren

In **Bild 1** wird gezeigt, wie in einer bereits bestehenden **Warmwasseraufbereitungsanlage** das Brauchwasser konventionell über die obere Heizspirale des Warmwasserspeichers erhitzt wird. Das von einem Öl- oder Gasheizkessel kommende heiße Wasser erwärmt über die obere Heizspirale das Wasser des Warmwasserspeichers. Ein 4-Personen-Haushalt benötigt einen Warmwasserspeicher mit 400 bis 600 Liter Brauchwasser und eine Zusatzheizung zur Nacherwärmung. Zusätzlich können nun Sonnenstrahlen eine spezielle **Wärmeträgerflüssigkeit** (→ **A5.6**) in einem **Kollektor** erwärmen. Diese Wärmeträgerflüssigkeit wird zunächst von einer **Umwälzpumpe** in die untere Heizspirale des Warmwasserspeichers geleitet und dann wieder dem Sonnenkollektor zugeführt. Die Umlaufpumpe wird von einem **Thermostaten** so gesteuert, dass sie nur dann in Betrieb ist, wenn die Temperatur des **Absorbers** (Kollektor) höher ist als die Temperatur im unteren Teil des Warmwasserspeichers. Für eine wie in **Bild 1** dargestellte **Warmwasseraufbereitungsanlage** mit **Sonnenkollektoren** benötigt ein 4-Personen-Haushalt eine **Kollektorfläche von ca. 6 bis 8 m²**. Je nach Wirkungsgrad des Ölheizkessels können pro Quadratmeter Kollektorfläche jährlich immerhin 50 bis 150 Liter Heizöl eingespart werden.

Fotovoltaik

Die Entwicklungsgeschichte der **Fotovoltaiktechnik** zeigt exemplarisch, wie sich eine Idee in der Welt der Technik durchzusetzen beginnt. Der Weg bis zur Massenproduktion war auch in diesem Fall ein schwieriger und langer Weg, denn bei der Durchsetzung von Innovationen sind im Allgemeinen immer ökonomische und technische Probleme zu überwinden.

Bereits im Jahre 1899 entdeckte der französische Physiker A. E. **Becquerel (1852 bis 1908)** den **inneren fotoelektrischen Effekt.**

Der **innere fotoelektrische Effekt** besagt: Fällt Licht auf eine Halbleiter-Sperrschicht, so werden im Innern dieses Halbleiters elektrische Ladungen (d. h. Bindungselektronen) freigesetzt.

44 Jahre nach dieser Entdeckung wurden die ersten brauchbaren Solarzellen hergestellt. Sie wurden für **Belichtungsmesser,** zur Abtastung der Tonspur bei Kinofilmen und für **Lichtschranken** eingesetzt. Der Wirkungsgrad η (→ **A12.1**) dieser Solarzellen war jedoch sehr gering ($\eta \approx 1$ %). Im Jahre 1954 gelang amerikanischen Forschern die Herstellung von hochreinen Silizium-Zellen mit einem Wirkungsgrad von $\eta \approx 4$ %.

Die Ölkrise im Jahre 1973 verursachte einen wichtigen Nebeneffekt für die Fotovoltaik, denn die innovativen Bemühungen um die Fotovoltaiktechnik wurden massiv verstärkt. So wurden z.B. seit 1974 ca. 100 verschiedene Materialien auf ihre Tauglichkeit für die Fotovoltaiktechnik untersucht. Die heute handelsüblichen **monokristallinen Solarzellen** haben einen Wirkungsgrad von 14–17 % und erlangen eine sehr hohe Lebensdauer. Die **polykristallinen Solarzellen** haben einen etwas geringeren Wirkungsgrad von 12–14 %, aber ebenfalls eine sehr hohe Lebenserwartung. Neuere Forschungsergebnisse mit der Zielsetzung die Materialkosten zu senken, den **solaren Wirkungsgrad** zu erhöhen und die **Energierücklaufzeit** zu verringern, zeigen, dass diese Ziele realistisch sind. So wurden in der **Dünnschichttechnologie** polykristalline Solarzellen aus Kupfer-Indium-Diselenid (kurz: **CIS-Solarzelle**) entwickelt, die eine aktive Schichtdicke von nur 1–3 µm haben, einen Wirkungsgrad von 15 % überschreiten und eine **Energierücklaufzeit** von 1–3 Jahren erreichen.

Die **Energierücklaufzeit** ist diejenige Zeit, die nötig ist, um die elektrische Energie über die Sonneneinstrahlung zu erhalten, die betragsmäßig genauso groß ist wie die Energie, die nötig ist, um die Solarzellen industriell herzustellen.

Der schlechte Wirkungsgrad von Solarzellen spielt für kleinere elektrische Geräte – wie Solararmbanduhren oder Solartaschenrechner – keine große Rolle. Wenn man aber diese Fotovoltaiktechnologie bei Wohnhäusern zur elektrischen Energieerzeugung einsetzt, muss der relativ schlechte Wirkungsgrad über eine genügend große gesamte aktive Solarzellenfläche wieder ausgeglichen werden. Je nach der gewünschten gesamten elektrischen Leistung (→ **A12.1**) und der benötigten Stromstärke werden entsprechend viele Solarzellen-Module in einer Reihenschaltung, Parallelschaltung (→ **A12.2**) oder in einer Kombination beider Schaltungsarten elektrisch miteinander verbunden. Jedes Modul wiederum enthält viele einzelne Solarzellen, die unterschiedliche, herstellerabhängige Größen haben (z.B. 10 cm x 10 cm). Somit kann in Abhängigkeit von der elektrischen Leistung eine Fotovoltaik-Anlage (auch **PV-Anlage** genannt) mehrere hundert bis mehrere zehntausend solcher Solarzellen enthalten.

2.5.4.1 Solarzelle

Aufbau einer Solarzelle

Bild 1/93 zeigt schematisch den Aufbau einer Silizium-Solarzelle (auch **Fotoelement** genannt) mit zugehörigem Schaltzeichen. Eine solche **Solarzelle** besteht immer aus zwei verschiedenen Halbleiterschichten. Dabei bildet sich in ihrem gemeinsamen Grenzbereich eine sogenannte Sperrschicht aus. Die N-Schicht ist in der Abbildung im Vergleich zur P-Schicht sehr dünn (ca. 1 µm). Man spricht deshalb auch von einem **N- auf P-Typ.** An zwei metallischen Kontakten kann bei normalen Beleuchtungsstärken eine Gleichspannung (Erzeugerspannung) von $U \approx 0{,}5$ V bis 0,6 V gemessen werden, die bei Anschluss eines Lastwiderstandes R dann den Laststrom (→ **A12.3**) liefert.

Wegen der Gefahr von Beschädigungen von außen wird die lichtempfindliche Schicht mit einer **lichtdurchlässigen Schutzschicht** abgedeckt.

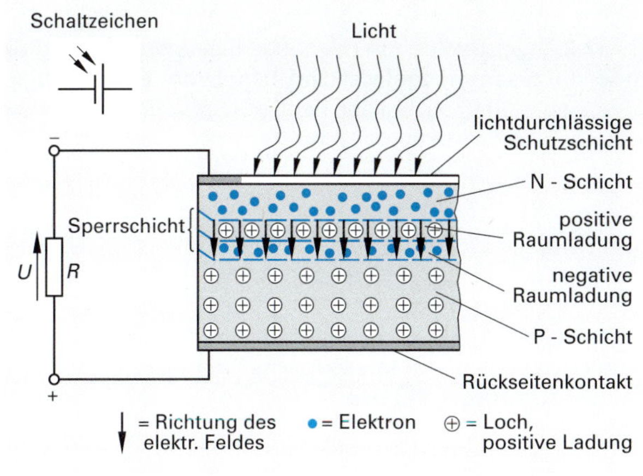

Bild 1: Aufbau einer Solarzelle

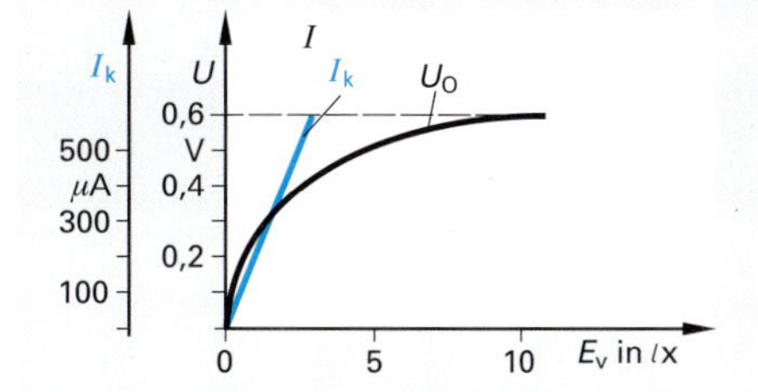

Bild 2: U_o, I_k-Kennlinienbild

In **Bild 2** bedeutet:

lx	lux, Einheit der Beleuchtungsstärke	E_v
I_k	Kurzschlussstromstärke	A
U_o	Erzeugerspannung	V
E_v	Beleuchtungsstärke	lx (Lux)

Wirkungsweise einer Solarzelle

Treffen Lichtstrahlen auf die Gitteratome, so werden – wegen dotierten Fremdatomen – **Ladungsträgerpaare,** d. h. positive (Löcher) und negative Ladungen (Elektronen), getrennt und freigesetzt. Das dadurch entstandene elektrische Feld zwischen der positiven und der negativen Raumladungswolke beschleunigt die elektrischen Ladungen. Den Raum um elektrische Ladungen, in dem andere elektrische Ladungen Kräfte erfahren, nennt man **elektrisches Feld.** Durch das **Diffundieren** der positiven Ladungen des P-Leiters und der negativen Ladungen (Elektronen) des N-Leiters in die jeweils gegenüberliegende Halbleiterschicht, sind innerhalb einer sehr dünnen Grenzschicht (Sperrschicht) sogenannte Raumladungswolken entstanden, die ein elektrisches Feld bewirken. Die Elektronen dringen in die sperrschichtfreie N-Schicht und die positiven Ladungen (Löcher) in die sperrschichtfreie P-Schicht ein. Die Folge ist, dass zwischen den Anschlüssen eine Gleichspannung U_0 entsteht. Eine Gleichspannung (→ **A12**) hat immer einen zeitlich konstanten Wert. Beim Betrieb (siehe **Bild 2**) gilt generell:

Bei größer werdender **Beleuchtungsstärke** E_v steigt U_o zunächst stark an und strebt dann gegen einen Grenzwert. Die **Kurzschlussstromstärke** I_k ist proportional zu E_v. Die entnehmbare elektrische Leistung P (→ **A12.1**) ist abhängig von E_v, der **Zellentemperatur** ϑ und von der Größe der gesamten aktiven **Solarzellenfläche** A.

N-Schicht

Das ist die Schicht eines Halbleiterwerkstoffs mit einer gitterförmigen Struktur. Jedes Atom eines vierwertigen Silizium-Halbleiters hat feste Bindungen mit vier benachbarten Silizium-Gitteratomen. Tauscht man ein Gitteratom durch ein fünfwertiges sogenanntes **Fremdatom** (z. B. Phosphor- oder Arsenatom) aus, so ist ein Elektron dieses Fremdatoms zuviel und steht somit als frei bewegliches Elektron zur Verfügung.

P-Schicht

Diese Schicht hat den gleichen Halbleiterwerkstoff wie der N-Leiter. Hier werden jedoch Gitteratome durch dreiwertige Fremdatome ausgetauscht (zirka 1 %, z. B. Indium, Bor, Gallium). Damit fehlt an der entsprechenden Stelle (Fremdatom) ein Elektron – es ist ein sogenanntes Elektronenloch entstanden. Dieses Fremdatom, das in der äußersten Schale ein Elektron weniger hat als die benachbarten Gitteratome, kann nun aus einem benachbarten vierwertigen Gitteratom ein Elektron aufnehmen. In diesem Gitteratom fehlt dann ein Elektron und es ist somit nach außen elektrisch positiv geworden.

Loch

Dies ist ein Gitteratom, dem ein Elektron fehlt und welches somit elektrisch positiv geladen ist. Diese „Löcher" verhalten sich wie frei bewegliche, positive Ladungen.

2.5.4.2 Solarmodule

In der Regel werden die **Solarzellen in Reihe** (→ **A12.2.2**) geschaltet, um die nötige Erzeugerspannung zu erhalten. Die Anzahl der Solarzellen, die in einem Modul zusammengefasst sind, hängt vom **Zellwirkungsgrad,** von der **Nennspitzen-Leistung** und von der **Nennspannung** ab. Bei den heutigen Solarmodulen erhält man eine elektrische **Peak-Leistung** von **1 kW auf ungefähr 8 m²** aktiver Fläche.

Unter der **Peak-Leistung** (Einheit: **Wp**) versteht man die maximal entnehmbare elektrische Leistung einer Fotovoltaikanlage.

Das **Solarmodul** ist das wichtigste Bauteil einer Fotovoltaikanlage. Es empfängt die Sonnenstrahlen und wandelt die dadurch erhaltene **Sonnenenergie ohne Umwege direkt in elektrische Energie** um. **Tabelle 1** vergleicht Module, die sich inzwischen auf dem Markt durchgesetzt haben:

Tabelle 1: Vergleich von Solarmodulen

Amorphe Silizium-Module	Monokristalline Module	Polykristalline Module
Aussehen dunkelbraune und homogen aussehende Oberfläche	**Aussehen** dunkelblaue und homogen aussehende Oberfläche	**Aussehen** blaue perlmuttartig schillernde Oberfläche
Vorteile Wenn ein flexibles Substrat verwendet wird und die Silizium-Schichten sehr dünn sind, sind flexible Module möglich. Diese flexiblen Module können auch auf gekrümmten Oberflächen installiert werden.	**Vorteile** • Bei den Solarzellen erreichen sie die höchsten Wirkungsgrade, und zwar Werte von 14 bis 17 %. • Manche Hersteller garantieren Ausgangsleistungen von teilweise bis zu 25 Jahren. • Die Energieerträge sind höher als bei den polykristallinen Modulen. • Manche Hersteller bieten umschaltbare Module an.	**Vorteile** • Diese Module erreichen mit den monokristallinen Modulen vergleichbare Wirkungsgrade von 12 bis 14 %. • Manche Hersteller garantieren Ausgangsleistungen mit einer Dauer von teilweise bis zu 25 Jahren. • Manche Hersteller bieten umschaltbare Module an (z. B.: 12 V/24 V).
Nachteile • Sie sind nur für kleinere Leistungen geeignet. Der Wirkungsgrad ist relativ gering, sinkt über die Jahre sehr stark. Alterungsbedingt sinkt er auf 7 %. • Leistungsgarantien ca. 3–5 Jahre.	**Nachteile** Die Preise für diese Module sind im Vergleich zu den anderen Modulen etwas höher (Faustregel: ca. 10 %).	**Nachteile** • Sie haben einen schlechteren Wirkungsgrad als die monokristallinen Module. • Die Energieerträge sind etwas niedriger als bei den monokristallinen Modulen.
Anwendungsbeispiele • Bei der Herstellung sind verschiedenfarbige und unterschiedlich lichtdurchlässige Module möglich. Deshalb sind sie für Fassadengestaltungen von Häusern geeignet. • Freizeitbereich, speziell im mobilen Bereich • Solardachziegel	**Anwendungsbeispiele** • Sie sind für stationäre Anlagen, also netzgekoppelte (s. Seite 95) und Inselsysteme (s. Seite 97) geeignet. • Sie werden auch für Solarstromantriebe eingesetzt, weil sie im Vergleich zu den polykristallinen Modulen bei gleichem Preis je peak Watt eine kleinere Aufstellfläche und damit kleinere Gestelle benötigen.	**Anwendungsbeispiele** • Sie werden für netzgekoppelte Anlagen und für Inselsysteme (s. Seite 97) verwendet. • Wenn die größere Aufstellfläche kein Hindernis darstellt, sind sie für stationäre Anlagen ebenso geeignet, z. B. Solartankstelle für Elektroautos.

2.5.4.3 Fotovoltaikanlagen

Die Ausgangsfrage, welches System – eine **netzgekoppelte Fotovoltaikanlage** (kurz: PV-Anlage), ein **Inselsystem** (s. Seite 97) oder eine Kombination von beiden – für die elektrische Energieversorgung von Stromverbrauchern oder Elektrogeräten verwendet werden soll, hängt vom Einzelfall ab.

Eine **netzgekoppelte PV-Anlage** ist für den Betreiber dann interessant, wenn er die über die Fotovoltaikanlage erhaltene Energie, die von einem Einspeisezähler erfasst wird, vom örtlichen Energieversorger jährlich vergütet bekommt.

Eine **PV-Anlage im Inselbetrieb** (netzunabhängige Inselanlage) ist für den Betreiber interessant, wenn er keine elektrische Energie von einem örtlichen Energieversorger erhalten kann (z. B.: Gartenhäuschen), aber trotzdem elektrische Geräte benutzen möchte.

Sich für die dritte und seltener vorkommende Variante – eine **Kombination aus beiden Systemen** – zu entscheiden, ist dann einfacher, wenn die Kostenfrage eine untergeordnete Rolle spielt. Alle Systeme sind inzwischen technisch so weit ausgereift und so einfach zu installieren, dass die Installationskosten relativ niedrig geworden sind.

Netzgekoppelte Fotovoltaikanlage

Bild 1 zeigt den prinzipiellen Aufbau einer netzgekoppelten PV-Anlage für ein Haus. Eine netzgekoppelte Anlage enthält im Wesentlichen folgende Bauteile: den **Solargenerator** (Solarmodule), das **Montagegestell,** den **Netzwechselrichter** und den **Stromeinspeisezähler.**

Der **Solargenerator** besteht aus den miteinander verschalteten Solarmodulen. Wie viele Module benötigt werden und wie sie miteinander verschaltet werden (Reihen- oder Parallelschaltung), hängt vom jeweiligen Leistungsbedarf, von der gewünschten Nennspannung und von der zu erwartenden Laststromstärke ab. Dieser Sachverhalt wird bei der **Dimensionierung** einer PV-Anlage (s. Seite 96) noch näher untersucht.

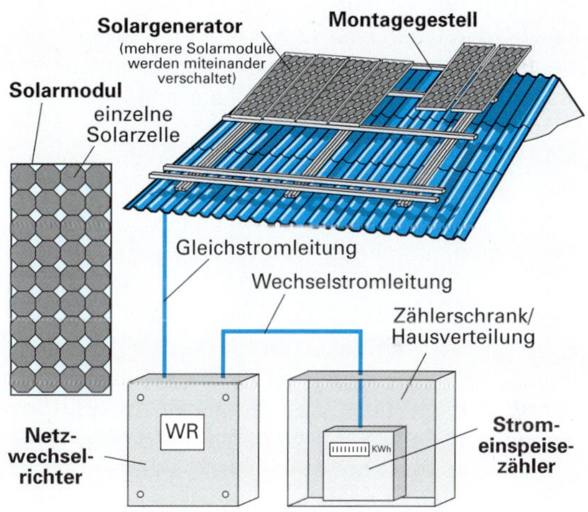

Bild 1: Netzgekoppelte Fotovoltaikanlage

Das **Montagegestell** ist wie das Solarmodul allen Witterungsbedingungen ausgesetzt. Deshalb werden auch hierfür nur korrosionsfreie Materialien wie Aluminium und Edelstahl verwendet. Je nach Einsatzort – Flachdach oder Schrägdach – werden inzwischen preisgünstige flexible Montagesysteme auf dem Markt angeboten. Es gibt zwar auch **dachintegrierte Solarstromanlagen,** bei denen solche Montagesysteme nicht erforderlich sind und die gut aussehen, bei deren Verwendung es jedoch folgende Nachteile gibt: etwas geringere Erträge, Probleme mit der Dichtigkeit und der höhere Preis. Bei den dachintegrierten Solarstromanlagen gibt es auf der rückwärtigen Seite der Module keine **Umluftkühlung.** Eine Aufdachkonstruktion ermöglicht eine natürliche Umluftkühlung, senkt damit die Temperatur der Module und erhöht dadurch ihre Leistungserträge.

Der **Netzwechselrichter** ist das Herzstück der netzgekoppelten Fotovoltaikanlage. Er wandelt den Gleichstrom in einen Wechselstrom so um, dass sowohl die Frequenz, der Augenblickswert der Wechselspannung und dessen Phasenlage mit der Netzwechselspannung übereinstimmen. Sollte eine dieser Größen mit der Netzwechselspannung nicht übereinstimmen, so trennt der Wechselrichter sofort die Verbindung zum bestehenden Energienetz. Die Verluste, die durch den Wechselrichter auftreten, sind sehr gering. Es gibt bereits Wechselrichter mit einem Wirkungsgrad von 98 %. Der **Stromeinspeisezähler** wird vom Elektrizitätswerk zur Verfügung gestellt und im Zählerschrank installiert. Er erfasst die ins Netz eingespeiste elektrische Energie. Zwischen den Modulen und dem Wechselrichter wird ein spezielles Gleichstromkabel und unter Umständen noch ein kleiner Verteilerkasten benötigt. Ein Wechselstromkabel verbindet den Wechselrichter mit dem Einspeisezähler.

Dimensionierung am Beispiel einer netzgekoppelten PV-Anlage

1. Ermittlung des Energiebedarfs in kWh
2. Dimensionierung des Solargenerators
3. Dimensionierung anderer Komponenten (Festlegung der Gleichspannungshöhe, maximaler Laststrom, Ermittlung der Leitungsquerschnitte, Wahl des geeigneten Wechselrichters)
4. Kostenabschätzung

Die Planung wird einfacher, wenn genügend Dachfläche oder Fassadenfläche zur Verfügung steht. Dabei gilt grundsätzlich:

Auf 8 Quadratmeter geeigneter Dachfläche erhält man durchschnittlich etwa 1000 Watt Peak-Leistung und einen jährlichen Energieertrag von etwa 950 kWh.

Eine **geeignete Dachfläche** ist nach Süden ausgerichtet und hat einen **optimalen Neigungswinkel.** Dieser optimale Winkel hängt vom Ort ab. Einschlägigen Tabellen kann man den optimalen, ortsabhängigen Neigungswinkel entnehmen. Zum Beispiel ist für Stuttgart dieser Winkel: $\alpha = 28°$. Um tages- und jahreszeitbedingte Winkel zu erhalten, müsste man **nachführbare PV-Anlagen** installieren, die aber relativ teuer sind. Für die meisten Anwendungsfälle in unseren Breiten genügt eine feste Montage der Solarmodule.

Bild 1 zeigt die Reihenschaltung von Solarmodulen. Schaltet man zwei 17,9 V/120 Wp-Module in Reihe, so erhält man: 35,8 V/240 Wp. Schaltet man 5 solcher Module in Reihe, so erhält man: 89,5 V/600 Wp. Die Module werden parallel geschaltet, wenn höhere Nennstromstärken erreicht werden sollen. Die Leistung ist nur von der Anzahl der Solarmodule und nicht von der Schaltungsart abhängig. Würde eines der in Reihe geschaltenen Module teilweise abgeschattet (symbolisch mit dem Blatt eines Baumes dargestellt, s. **Bild 1**), so würde die durch die Reihenschaltung fließende Stromstärke rapide sinken und damit auch die von der PV-Anlage abgegebene Leistung. Deswegen muss der Betreiber, wenn es nicht bereits werksseitig vorgesehen worden ist, parallel zu den Solarmodulen **Bypassdioden** schalten. Der Strom kann dann in der Reihenschaltung an der abgeschatteten Solarzelle bzw. dem Solarmodul vorbeifließen und die PV-Anlage ist somit trotzdem noch betriebsbereit.

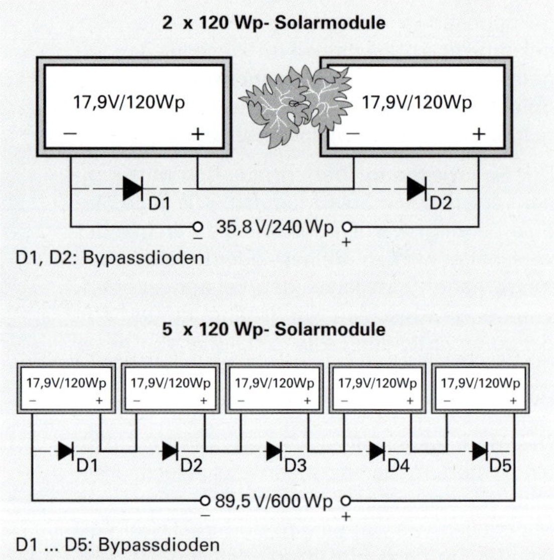

Bild 1: Reihenschaltung von Solarmodulen

Vorteile der Reihenschaltung:
Einfachere Verdrahtung, geringere Leiterquerschnitte und längere Leitungswege des Gleichstromkabels zum Wechselrichter sind möglich.

Rechenbeispiel einer netzgekoppelten PV-Anlage

Der Betreiber benötigt für seine 230-V-Elektrogeräte eine PV-Anlage mit mindestens 2 300 Wp. Folgende Bauteile stehen zur Verfügung:

Wechselrichter: Eingangsspannung: 80–90 VDC; Ausgangsspannung: 230 V; Frequenz: 50 Hz.

Solarmodul: $P_n = 120$ Wp; $U_n = 17{,}9$ V/35,8 V; $I_n = 6{,}7$ A/3,35 A.

Das Modul ist umschaltbar und hat insgesamt 72 monokristalline Zellen.

Benötigte Dachfläche:	Anzahl der Module:	Gleichspannungshöhe:	Nennstromstärke:
$A = \frac{8\ \text{m}^2}{1000\ \text{Wp}} \cdot 2300\ \text{Wp} = \mathbf{18{,}4\ m^2}$	$n = \frac{2300\ \text{Wp}}{120\ \text{Wp}} = 19{,}16 \approx \mathbf{20}$	$U_n = 5 \cdot 17{,}9\ \text{V} = \mathbf{89{,}5\ V}$	$I_n = 4 \cdot 6{,}7\ \text{A} = \mathbf{26{,}8\ A}$

Um die geforderte Eingangsspannung und die gesamte Mindestleistung von 2300 Wp zu erreichen, müssen also vier 5 x 120 Wp-Solarmodule parallel geschaltet werden (s. **Bild 1**). Da ein Modul 72 Solarzellen enthält, sind bei dieser Lösung zwei Reihenschaltungen von je 36 Solarzellen parallel zu schalten.

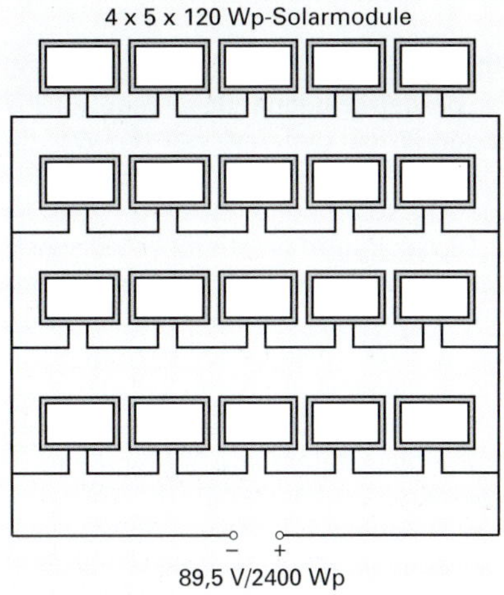

Bild 1: Verschaltung von Solarmodulen

Fotovoltaikanlage im Inselbetrieb

Bild 2 zeigt den prinzipiellen Aufbau einer Fotovoltaikanlage, die im **Inselsystem** ohne Wechselrichter betrieben wird. Ein solches System enthält im Wesentlichen folgende Bauteile: **Solargenerator, Montagegestell, Laderegler, Solarakkumulator.** Falls der Betreiber eine Wechselspannung wünscht, muss noch ein **Wechselrichter** an den Akkumulator angeschlossen werden, mit dem man dann herkömmliche 230-V-Haushaltsgeräte betreiben kann. Die Entscheidung, ob eine solche Anlage nur Gleichstromgeräte oder Wechselstromgeräte versorgen soll, hängt vom Einzelfall ab, d.h. von der gesamten Leistung, die die angeschlossenen Verbraucher haben.

Der **Laderegler** ist das Herzstück einer Fotovoltaikanlage im Inselbetrieb. Er hat die Aufgabe, die vom Solargenerator gelieferte elektrische Energie in den **Solarakku** zu leiten und dafür zu sorgen, dass der Akku niemals überladen und auch nicht tiefentladen wird. Durch diese **Akkuspeicherung** steht dem Nutzer nicht nur tags, sondern auch nachts Strom zur Verfügung. Der Eigenstromverbrauch (ca. 5 mA) der Laderegler ist im Allgemeinen sehr gering. Der **Solarakkumulator** wird zur Speicherung der Energie benötigt. Hier sollten spezielle Akkus **(Solarbatterien)** verwendet werden. Sie sind langlebiger und wartungsärmer als z.B. die Blei-Säure-Akkus für Kraftfahrzeuge.

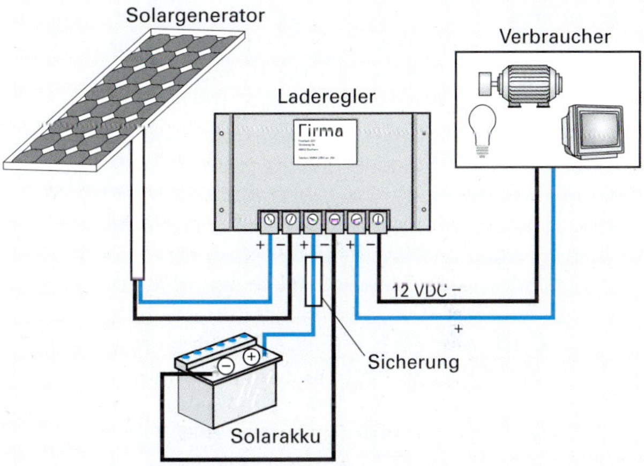

Bild 2: Fotovoltaikanlage im Inselbetrieb

Wiederholung und Vertiefung

B17 Nennen und erläutern Sie den Unterschied zwischen solarthermischer und solarelektrischer Umwandlung der Sonnenenergie.

B18 Nennen Sie die wichtigsten Anlagenteile einer Warmwasseraufbereitungsanlage mit Sonnenkollektoren und erläutern Sie deren Funktionsweise.

B19 Erklären Sie den inneren fotoelektrischen Effekt.

B20 Was bedeutet „Energierücklaufzeit"?

B21 Nennen Sie die wichtigsten Teile einer netzgekoppelten PV-Anlage.

B22 Erklären Sie den prinzipiellen Aufbau einer PV-Anlage im Inselbetrieb.

B23 Bei der im Rechenbeispiel (Seite 96) betrachteten PV-Anlage sollen die Module umgeschaltet werden, damit die abgegebene Gleichstromstärke auf 20,1 A gesenkt und die Gleichspannung auf 107,4 V erhöht werden kann. Wie groß ist die gesamte Leistung und wie viele 120-Wp-Module müssen in Reihe geschaltet werden?

2.5.5 Windenergieanlagen (WEA)

Allgemeines

Auch bei den **Windenergieanlagen,** auch **Windkraftanlagen (WKA)** genannt, war der Weg bis zur Produktionsreife schwierig und lang. In der Fachliteratur taucht sehr häufig der Begriff Windkraftanlage auf. Dieser Begriff ist aus physikalischen Gründen ebenfalls möglich, denn der **Luftströmung** wird nicht nur **Energie entnommen,** sie übt auch eine Kraft aus. Die Idee, Luftströmungen in Form von Windmühlen technisch nutzbar zu machen, ist eine sehr alte Idee. Die ältesten Beschreibungen von Windmühlen stammen aus China und sind möglicherweise bis auf das zweite Jahrtausend vor Christus zurückzudatieren. Diese Art der **Windenergienutzung** hatte in Europa ihren wirtschaftlichen Höhepunkt zwischen dem 17. und 19. Jahrhundert. Mit der Erfindung der Dampfmaschine von James **Watt (1736 bis 1819)** im Jahre 1796 war man technisch in der Lage, auf die Windenergie zu verzichten. Bis zum Ende des 19. Jahrhunderts hatte dann auch die Windmühlentechnologie massiv an Bedeutung verloren. Durch die Ölkrise im Jahre 1973 hatte aber die Entwicklung der elektrischen Energieerzeugung mithilfe der Windenergie einen enormen Innovationsschub erfahren. So gab es in Deutschland im Jahre 2000 eine mit Windenergieanlagen installierte Leistung von insgesamt 6094,8 MW. Es sind Windenergieanlagen errichtet worden, die installierte elektrische Leistungen in der Größenordnung von kleineren Kraftwerken haben (500 kW bis 2 500 kW Nennleistung). **Bild 1** zeigt eine solche, heute übliche Windenergieanlage mit einem **Dreiblattrotor.** Bei der Stromerzeugung mithilfe von Windenergieanlagen gab und gibt es in der Technikgeschichte eine Vielzahl von Lösungen. So zeigen **Bild 2** und **1/99** acht verschiedene Varianten. Dabei ist zu erkennen, dass man grundsätzlich die Windenergieanlagen in zwei Gruppen einteilen kann:

- Rotor mit **senkrechter Drehachse**
- Rotor mit **waagerechter Drehachse**

Bild 1: Windenergieanlage

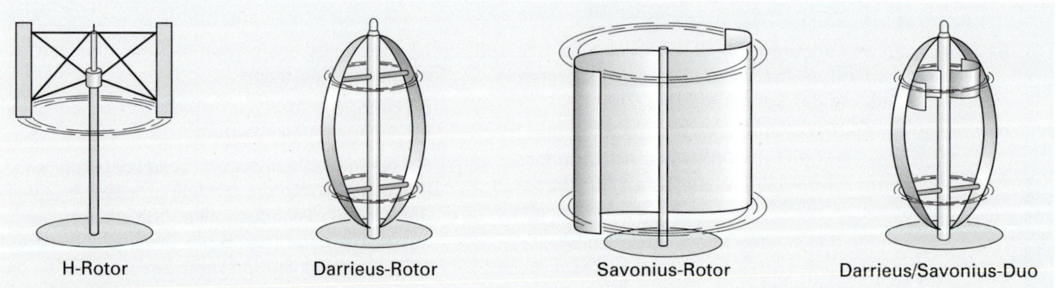

Bild 2: Rotortypen mit senkrechter Drehachse

Bild 1: Rotortypen mit waagerechter Drehachse

Die **Einblattrotoren** mit **Pitchregelung** (s. unten), variabler Drehzahl über Wechselrichter am Netz, sowie die Rotortypen mit senkrechter Drehachse, die bei Anwendungen im kleineren Leistungsbereich bis 100 kW Nennleistung eingesetzt werden, konnten sich aber insgesamt nicht mit dem gewünschten Erfolg auf dem Markt durchsetzen. Als die besten Lösungsvarianten für den Netzparallelbetrieb (→ **B2.5.4.3**) haben sich durchgesetzt:

- Dreiblattrotor mit Stall- oder Pitchregelung (s. unten) und Asynchrongenerator (→ **C8.2.2**),
- Dreiblattrotor mit Einzelblatt-Pitchregelung, variabler Drehzahl, getriebelosem Synchrongenerator (→ **C8.1.2**), Gleichstromzwischenkreis über Wechselrichter (→ **B2.5.4.3**) am Netz,
- Zweiblattrotoren mit Pitchregelung, starrer Nabe und Asynchrongenerator,
- Zweiblattrotoren mit Pitchregelung, Pendelnabe, Synchrongenerator mit vorgeschaltetem Getriebe, variabler Drehzahl, Gleichstromzwischenkreis über Wechselrichter am Netz.

Im **Anwendungsbereich** bis 600 kW (also **Kilowattbereich**) haben sich Systeme mit Dreiblattrotor, Leistungsbegrenzung durch **Stall-Regelung** (s. unten) und Asynchrongenerator mit **drehzahlstarrer Netzankopplung** als die besten Lösungen erwiesen.

Im **Anwendungsbereich** bis 2 500 kW (also **Megawattbereich**) haben sich Systeme mit Dreiblattrotor, Leistungsbegrenzung durch **Pitchregelung,** Asynchrongenerator und **drehzahlvariablem Betrieb** als die besten Lösungsvarianten erwiesen.

Um die Energiezufuhr durch Wind gezielt kontrollieren zu können, Überlastungen zu vermeiden und das Antriebsmoment (→ **A1.7**) gezielt den Verbraucher- bzw. Netzerfordernissen anzupassen, ist eine Leistungsbegrenzung und Regelung der Turbine erforderlich. Dafür gibt es zwei Möglichkeiten:

Pitch-Regelung Das ist eine Regelung durch Verändern der Einstellwinkel an den Rotorblättern, z. B. mithilfe der Hydraulik und bei größeren WEAs mit elektromotorischem Verstellantrieb.

Stall-Regelung Für kleine und mittelgroße Anlagen bis ca. 600 kW wird zur Begrenzung der Windturbinenleistung das Prinzip des Strömungsabrisses (→ **A4.4**) angewandt. Bei Windstärken über dem Nennbereich kommen die Rotorblätter infolge der konstruktionsbedingten Gegebenheiten in den **Stallbetrieb.** Bei dieser Art von Anlagen können verbraucherorientierte Eingriffe an der Windturbine nur durch das elektrische Lastmoment des Generators – über den gesamten mechanischen Triebstrang – rückwirkend auf die Turbine vorgenommen werden. Die Regelung beschränkt sich weitgehend auf die Steuerung der Ein- und Ausschaltvorgänge. Besonders bei **Windparks** – bestehend aus mehreren Einzelanlagen – wird dies durch eine Fernüberwachung im Rahmen eines **Parkmanagements** realisiert.

Eine **Regelung der Turbine** erfolgt mithilfe von **Windstärkemessungen.** Diese Messung erfolgt meistens mit dem **Schalenkreuz-Anemometer,** wie es in **Bild 1/102** vergrößert und schematisch prinzipiell dargestellt wurde. Der Wind versetzt ein kleines Windrad in Rotation. Die Drehbewegung der vertikal angeordneten Welle wird mithilfe eines Messwerks analog oder digital erfasst und so kann die Windgeschwindigkeit auf einer Skala in Meter pro Sekunde oder in Beaufort abgelesen werden. Die **Windstärkeskala** geht auf den englischen Admiral **Beaufort** zurück, der im Jahre 1806 eine Tabelle entwickelte, die die Wirkungen bestimmter Windbedingungen auf dem Meer beschreibt. Später fügte man die Wirkungen bestimmter Windbedingungen an Land hinzu. **Tabelle 1** zeigt einen Ausschnitt dieser und für den Betrieb von WEAs wichtigen Windstärkestufen nach Beaufort.

Tabelle 1: Windstärken und ihre Auswirkungen

Windstärke nach Beaufort	Geschwindigkeit in m/s (in km/h)	Auswirkungen des Windes im Binnenland	Auswirkungen des Windes auf See
2 (leichte Brise)	1,6–3,3 (6–11)	Wind im Gesicht fühlbar, Blätter säuseln	Kurze, kleine Wellen; Kämme brechen sich nicht
7 (steifer Wind)	13,9–17,1 (50–61)	Bäume in Bewegung, Behinderung beim Gehen	Die See türmt sich
10 (schwerer Sturm)	24,5–28,4 (89–102)	Entwurzelte Bäume, bedeutende Schäden	Sehr hohe Wellenberge, See weiß durch Schaum

Nutzbare Leistung und Energieertrag einer Windenergieanlage

Die **nutzbare Leistung** einer Windenergieanlage hängt im Wesentlichen von drei Komponenten ab: **Windrotor, Getriebe** und **Generator.** Ferner wirkt sich auch die Konstruktion des Rotors und damit auch die überstrichene Flügelkreisfläche auf die nutzbare Leistung aus. In **Tabelle 2** ist in grober Näherung der Zusammenhang zwischen der nutzbaren Nennleistung P_n in Abhängigkeit vom Rotordurchmesser D dargestellt. Bei einem Rotordurchmesser von z.B. $D = 50$ m ist eine Leistung mit einem Wert im Bereich von $P_n = 1\,000$ kW zu erwarten. Das Getriebe sowie die Größe des Generators müssen auf das Gesamtkonzept abgestimmt sein und sind für das Leistungspotenzial der Anlage entscheidend. Aus physikalischen Gründen treten beim Zusammenwirken der drei Komponenten eine Reihe von **Verlusten** auf, die die nutzbare Leistung reduzieren, und zwar am bzw. im

Tabelle 2: Nutzbare Leistung

Durchmesser D	Nabenhöhe h	Nennleistung P_n
127 m–115 m	135 m	7 500 kW
115 m–80 m	100 m	3 000 kW
80 m–72 m	100 m	2 500 kW
72 m–64 m	90 m	2 000 kW
64 m–54 m	80 m	1 500 kW
54 m–48 m	50 m	1 000 kW
48 m–44 m	50 m	750 kW
44 m–40 m	50 m	600 kW
40 m–33 m	50 m	500 kW
33 m–27 m	50 m	300 kW
27 m–0 m	50 m	225 kW

Rotor Wegen aerodynamischer Verluste (→ **A4**, die Luftmassen müssen hinter dem Rotor abtransportiert werden) können dem Wind maximal 40 % seiner nutzbaren Energie entnommen werden.

Getriebe Beim Getriebe, das sich zwischen der Rotorwelle und der Generatorwelle befindet, treten bis 10 % Reibungsverluste (→ **A1.10**) auf.

Generator Die vom Getriebe kommende mechanische Energie wandelt der Generator bis zu 20 % in Wärmeenergie um.

Damit bleibt nach Abzug der verschiedenen Verluste von der Windenergie in der Regel nur noch ein Drittel für die elektrische Energie übrig. Bei der Berechnung und technischen Auslegung einer Windenergieanlage müssen die einzelnen Wirkungsgrade (→ **A1.13, A12.1**) miteinander multipliziert werden. Zur Verdeutlichung dieses Sachverhalts dient entsprechend obiger Zahlen folgendes **Zahlenbeispiel** zum **Gesamtwirkungsgrad:**

$$\boldsymbol{\eta_{ges}} = \eta_{Rotor} \cdot \eta_{Getriebe} \cdot \eta_{Generator} = 0{,}4 \cdot 0{,}9 \cdot 0{,}8 = 0{,}29 = \mathbf{29\ \%}$$

Der zu erwartende **jährliche Energieertrag** einer WEA **(Bild 1/102)** hängt allerdings nicht nur von der Baugröße und vom Gesamtwirkungsgrad der WEA ab, sondern er ist auch **vom Standort abhängig.** Das heißt, der Energieertrag ist ferner von der **durchschnittlichen Jahreswindgeschwindigkeit** $\overline{v}$ in **Nabenhöhe,** von der **Luftdichte** und von der **Temperatur** abhängig. Bei Windparks müssen eventuell noch **Abschattungsverluste** berücksichtigt werden. In jedem Einzelfall werden vor der Installation einer WEA diese Faktoren bei der rechnerischen Abschätzung des zu erwartenden jährlichen Energieertrags berücksichtigt. Vor der Finanzierungszusage der Bank sollten, wegen der zu erzielenden Erlöse, zwei unabhängige Windgutachter die tatsächlichen Windverhältnisse am Standort ermitteln.

Aufbau einer Windenergieanlage

Am Beispiel einer drehzahlvariablen 2 500-kW-Windenergieanlage soll der prinzipielle Aufbau näher betrachtet werden. **Bild 1/102** zeigt den Grundriss (Schnitt) einer **Gondel** mit Zubehör, sowie die Rotornabe. Grundsätzlich besteht eine solche Windenergieanlage aus folgenden Komponenten:

Rotor Der Rotor besteht aus den **Rotorblättern,** einer **Rotornabe,** den Drehkränzen und bei den nach Pitch geregelten Anlagen (s. Seite 99) sind Antriebe zur Blattverstellung eingebaut. Die Blätter sind mit einem **Blitzschutzsystem** mit einer Fangelektrode, die den Blitz zur Nabe hin ableiten soll, ausgestattet.

Hauptwelle Die Hauptwelle (Triebstrang) besteht aus der **Rotorwelle,** die über eine Schrumpfscheibenverbindung mit dem Getriebe gekoppelt ist, der **elastischen Kupplung** und dem **Generator.**

Getriebe Das Getriebe hat die Aufgabe die Drehzahl des Windrotors so zu übersetzen, dass die zum Betrieb des Generators erforderliche Drehzahl erreicht wird. Hat z. B. der Windrotor die Drehzahl 25 min^{-1}, der Generator die erforderliche Drehzahl von 1 500 min^{-1}, so benötigt man eine **Getriebeübersetzung** von 25 : 1500 = 1 : 60. Die **Getriebekühlung** wird über einen Kühlkreislauf realisiert. Die Temperatur der Lager und die des Öls muss ständig überwacht werden.

Generator Mehr als 90 % der weltweit betriebenen Windenergieanlagen werden mit netzgekoppelten **Asynchrongeneratoren** (→ **C8.2.2**) ausgestattet. Sie haben die Aufgabe, die von den Rotorblättern umgewandelte Windenergie in mechanische Bewegungsenergie, vom Getriebe weitergeleitet, in elektrische Energie umzuwandeln. Um bei drehzahlstarren Systemen zu verhindern, dass Spannungsschwankungen im Netz durch mechanisch eingebrachte Leistungsschwankungen hervorgerufen werden, werden spezielle Generatoren mit erhöhtem Schlupf verwendet.

Bremssystem Ohne Bremssystem würde sich der Rotor beim Überschreiten des Winddrucks über einen gewissen Schwellenwert aus dem Wind drehen. Um dies zu verhindern und dass die Anlage innerhalb festgelegter Leistungsgrenzen bleibt und weiter den geeigneten elektrischen Strom liefern kann, ist ein speziell entwickeltes Bremssystem erforderlich. So können aerodynamische Blattspitzenbremsen, Scheibenbremsen und allgemein mechanische Bremsen zum Einsatz kommen. Bei der aerodynamischen Bremse bewirkt die Zentrifugalkraft eine Verdrehung der Blattspitzen in die Bremsposition. Bei Energie- oder Systemausfall kann eine Scheibenbremse automatisch mittels einer Feder betätigt werden. Bei normalen Bremsungen werden durch Druckminderung im hydraulischen System der Blätter die Blattspitzen in die Bremsposition verdreht. Bei Erreichen der Drehzahl auf einen Mindestwert greift die Scheibenbremse sanft ein. Eine schlagartige Festbremsung wird durch eine Steuerung des Bremsdruckverlaufs verhindert.

Gondel Die Gondel besteht aus einem Bodenrahmen und der Kabine. **Bild 1/102** zeigt die Übersicht einer solchen Gondel mit Zubehör, sowie die Rotornabe mit einem verkürzt dargestellten Rotorblatt.

Nachführung In Nabenhöhe wird die Windrichtung kontinuierlich gemessen. Wird eine zulässige Abweichung überschritten, so wird die Gondel aktiv nachgeführt. Getriebemotoren, die einen gelagerten Drehkranz verstellen, realisieren die Nachführung.

Turm Der Turm kann aus einem Stahlrohr bestehen. Er enthält im Innern eine Leiter mit Steigschutz und Zwischenplattformen. Am Fuß des Turms sind in einem Schaltschrank die Steuerung mit Schaltanlage und die Schutzeinrichtungen untergebracht.

Fundament Die Fundamentkonstruktion hängt von den Bodenverhältnissen am Standort ab.

Trafostation Bei netzgekoppelten Anlagen befindet sich die Transformatorstation (→ **C8.3**) in der Nähe des Turms (s. **Bild 1/98**). Hier wird die von der Anlage erzeugte Wechselspannung transformiert, sodass die erzeugte elektrische Energie eingespeist werden kann.

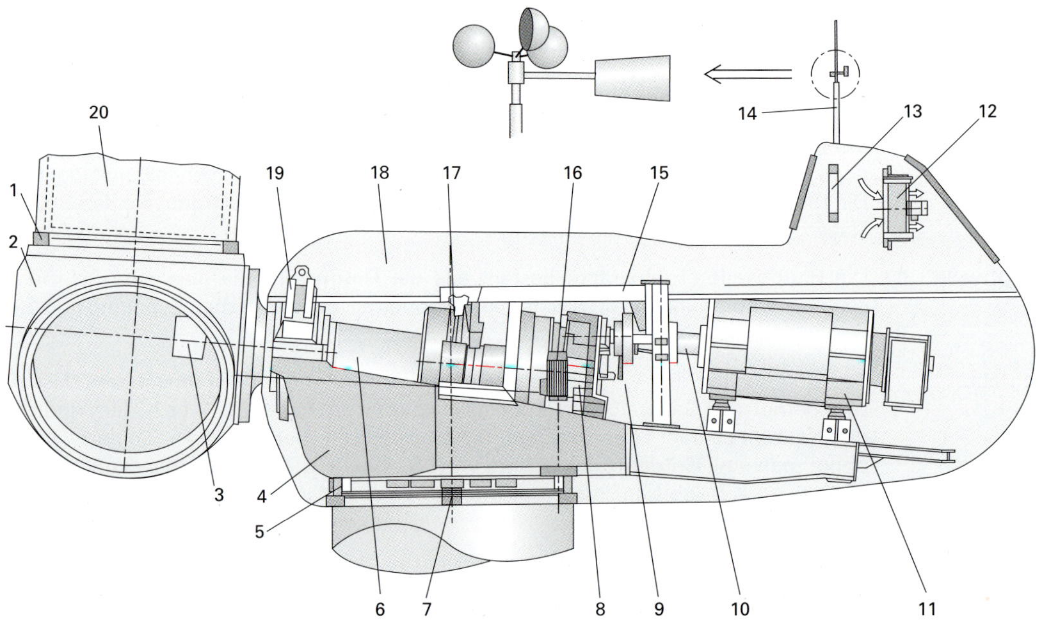

1 Blattdrehkreuz	6 Rotorwelle	11 Generator	16 Azimutantrieb
2 Rotornabe	7 Azimutbremsen	12 Generatorkühler	17 Getriebelager
3 Pitchantrieb	8 Getriebe	13 Getriebekühler	18 Kabine
4 Maschinenträger	9 Sicherheitsbremse	14 Wettermast	19 Hauptlager
5 Azimutlager	10 Generatorkupplung	15 Bordkran	20 Rotorblatt

Typ	3-Blatt-Rotor mit horizontaler Achse
Leistungsregelung	Aktive Blattverstellung
Nennleistung (Generator)	2500 kW
Nennspannung (Generator)	660 V (Effektivwert der Wechselspannung, → A 12.5)
Frequenz (Generator)	50 Hz (→ A 12.5)
Drehzahl (Generator)	700 bis 1300 min^{-1}
Startwind	2,5 m/s (Windstärke 2, s. Tabelle 1/100)
Nennleistung bei Windgeschwindigkeit	15 m/s (Windstärke 7, s. Tabelle 1/100)
Stoppwind	25 m/s (Windstärke 10, s. Tabelle 1/100)
Rechnerische Lebensdauer	20 Jahre
Rotordurchmesser	80 m
Nabenhöhe	80 m (Stahlrohrturm), 109 m (Gittermast)
Jährlicher Energieertrag	1139,9 MWh bei $\bar{v}$=4 m/s, 10678,8 MWh bei $\bar{v}$=10 m/s

Bild 1: Grundriss und Daten einer 2500-kW-Anlage (Nordex N-80)

Wiederholung und Vertiefung

B24 In welchem Leistungsbereich haben sich Rotortypen mit senkrechter bzw. mit waagerechter Drehachse durchgesetzt?

B25 Erklären Sie die Pitch-Regelung und die Stall-Regelung.

B26 Begründen Sie, warum der Gesamtwirkungsgrad einer WEA nur ca. 30 % beträgt.

B27 Von welchen Faktoren hängt der jährliche Energieertrag einer WEA ab?

B28 Aus welchen Anlagenteilen besteht eine Windenergieanlage?

B29 Bei welchen Windgeschwindigkeiten wird die 2500-kW-WEA (s. **Bild 1**) gestartet bzw. gestoppt?

B30 Erklären Sie die Windnachführung.

B31 Wie viele Einfamilienhäuser (jeweiliger Energiebedarf pro Jahr: 3500 kWh) könnte die o.g. WEA (s. **Bild 1**) bei $\bar{v}$ = 4 m/s mit Strom versorgen?

2.5.6 Brennstoffzelle

Brennstoffzellen sind **elektrochemische Stromerzeuger,** die ohne den Umweg über Wärme direkt die im Brennstoff gespeicherte chemische Energie in elektrische Energie umwandeln (**EDU** = Energie-Direktumwandlung). Diese Technologie beruht auf der Umkehrung der Elektrolyse von Wasser, bei der das Wasser mithilfe elektrischer Energie in seine beiden Bestandteile Wasserstoff und Sauerstoff zerlegt wird. Hier entsteht also aus den Gasen Wasserstoff oder aus wasserstoffreichen Gasen und Sauerstoff unter Abgabe elektrischer Energie als fast einziges **Reaktionsprodukt Wasser.** Die Brennstoffzellen werden wegen ihrer prinzipiell guten Eigenschaften wie z. B. **hoher Wirkungsgrad, Schadstoffarmut,** einfache **Leistungsanpassung durch modularen Aufbau** und guter **Eignung zur Kraft-Wärme-Kopplung (KWK, Blockheizkraftwerk)** (→ **C4.4**) in einem weiten Leistungsbereich von wenigen Watt bis zu einigen Megawatt entwickelt.

Die Brennstoffzellen sind sowohl für den mobilen Einsatz, z. B. als Fahrzeugantrieb als auch als stationäre Brennstoffzellensysteme zur dezentralen Stromerzeugung vorgesehen.

2.5.6.1 Funktionsprinzip der Brennstoffzellen

Bei den Brennstoffzellen wird die im Brennstoff enthaltene chemische Energie nicht über einen Verbrennungsprozess über Wärme in elektrische Energie umgewandelt, sondern dies geschieht direkt von chemischer Energie in elektrische Energie. Man bezeichnet dies auch als **„kalte Verbrennung"** (elektrochemische Oxidation) eines Brennstoffs mit Sauerstoff. Diese **Umkehrung des Elektrolyseprozesses** liefert elektrische Energie in Form eines Gleichstromes bei niedriger Spannung. In **Bild 1** ist das Funktionsprinzip einer Brennstoffzelle dargestellt.

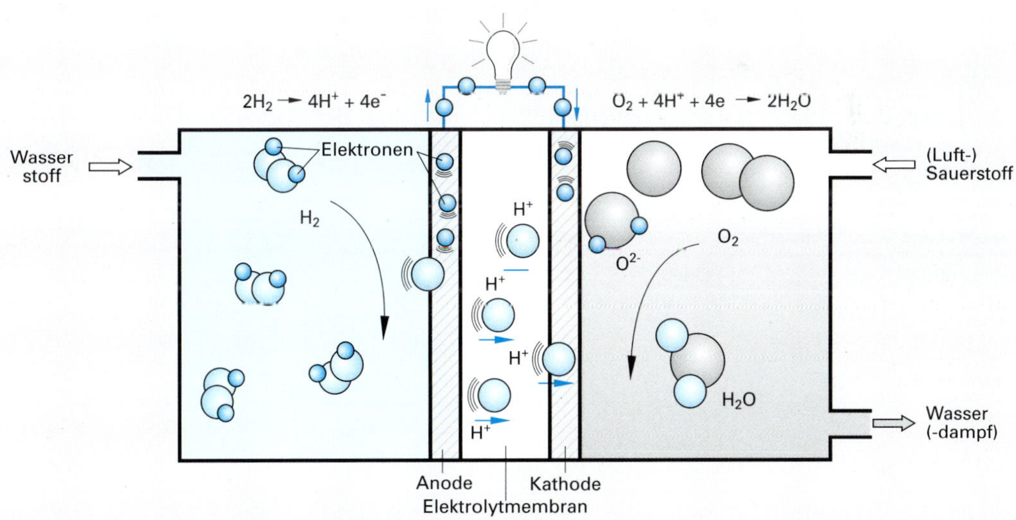

Bild 1: Funktionsprinzip einer Brennstoffzelle

Jede Brennstoffzelle enthält zwei Elektroden, die **Anode,** an der der Brennstoff zugeführt wird, und die **Kathode,** an der der reine Sauerstoff oder auch Luft eingeleitet wird. Die räumliche Trennung der beiden Reaktionspartner wird durch einen Elektrolyten, der bei den einzelnen Brennstoffzellentypen unterschiedlich ist, realisiert.

Wasserstoff dient als Brenngas, Sauerstoff als Oxidationsmittel und eine Kunststoffmembran als Elektrolyt.

An der Brennstoffelektrode (Anode) entsteht atomarer Wasserstoff, der Elektronen abgibt und in Form von Ionen (H^+) in Lösung geht. Die Elektronen laden die Anode negativ auf. Die H^+-Ionen (Protonen, Kationen) diffundieren durch den Elektrolyten zur Kathode. Die Sauerstoffmoleküle werden an der Kathode durch Aufnahme von Elektronen in Sauerstoffionen (O^{2-}) zerlegt, wobei sich die Kathode positiv auflädt. Dabei verbinden sich die Wasserstoff- und die Sauerstoffionen über Hydroxidionen zu Wassermolekülen. So entsteht zwischen den beiden Elektroden eine **Spannung von ungefähr 1,0 Volt.** Verbindet man die beiden Elektroden über einen äußeren Stromkreis, in dem ein elektrischer Verbraucher (z. B. eine Glühlampe) liegt, so fließt ein Strom über diesen und leistet dabei elektrische Arbeit (→ **A12.1**).

Der Teil des Wasserstoffenergieinhaltes, der nicht in elektrische Energie umgewandelt werden kann, wird als Wärme frei und kann z. B. in der **KWK** (→ **C4.4**) genutzt werden (→ **B2.5.6.5, B2.5.6.6**).

2.5.6.2 Brennstoffzellentypen

Es gibt eine Reihe verschiedener Brennstoffzellentypen, die je nach der Art des verwendeten Elektrolyten klassifiziert werden. **Tabelle 1** zeigt die heute verwendeten Brennstoffzellensysteme mit ihren üblicherweise englischen Abkürzungen.

Tabelle 1: Gebräuchliche Abkürzungen für Brennstoffzellensysteme		
AFC	**A**lcaline **F**uel **C**ell	Alkalische Brennstoffzelle
PEMFC	**P**olymer **E**lectrolyt **M**embrane **F**uel **C**ell	Membran-Brennstoffzelle
DMFC	**D**irect **M**ethanol **F**uel **C**ell	Direktmethanol-Brennstoffzelle
PAFC	**P**hosphoric **A**cid **F**uel **C**ell	Phosphorsäure-Brennstoffzelle
MCFC	**M**olten **C**arbonate **F**uel **C**ell	Karbonatschmelzen-Brennstoffzelle
SOFC	**S**olid **O**xid **F**uel **C**ell	Oxidkeramische Brennstoffzelle

In der **Tabelle 2** sind die verschiedenen Brennstoffzellen nach ihrer Betriebstemperatur geordnet. Außerdem sind in der Tabelle die unterschiedlichen Elektrolyte, die zuzuführenden Gase und die Anwendungsgebiete aufgeführt.

Tabelle 2: Spezifische Eigenschaften der einzelnen Brennstoffzellen

Brennstoffzelle	**AFC** Alkalische BZ	**PEMFC** Membran-BZ	**DMFC** Direkt-methanol-BZ	**PAFC** Phosphorsäure-BZ	**MCFC** Karbonat-schmelzen-BZ	**SOFC** Oxidkeramische BZ
Temperatur	≈ 80 °C	≈ 80 °C	80 °C–130 °C	≈ 200 °C	≈ 650 °C	800 °C–1000 °C
Elektrolyt	Kalilauge	Protonen-leitende Membran	Protonen-leitende Membran	konzentrierte Phosphorsäure	Alkali-Karbonat-schmelzen	Zirkonoxid Keramik
Brenngas	Wasserstoff reinst	Wasserstoff	Methanol	Wasserstoff Erdgas	Erdgas, Kohlegas, Biogas, Wasserstoff	Erdgas, Kohlegas, Biogas, Wasserstoff
Oxidant	Sauerstoff reinst	Sauerstoff Luft	Sauerstoff Luft	Sauerstoff Luft	Sauerstoff Luft	Sauerstoff Luft
Anwendung	Raumfahrt Militär	Batterieersatz BHKW Elektroantriebe Raumfahrt Militär	Elektroantriebe	BHKW, Stromerzeugung	BHKW, Stromerzeugung, gekoppelt mit Gasturbine	BHKW, Stromerzeugung, gekoppelt mit Gasturbine

2.5.6.3 Brennstoffzellensysteme

Für die Nutzung **kohlenstoffhaltiger Energieträger** zur Erzeugung von Strom und Wärme sind neben der direkten **Brennstoffzelle** noch weitere Komponenten notwendig. Dazu gehören nach der **Bereitstellung des Gases,** dessen **Aufbereitung im Reformer** (→ **B2.5.6.4**), der elektrische Betriebsteil zur **Stromerzeugung,** die **Gasnachbehandlung** und die **Nutzung der Abwärme** entweder im Prozess selbst oder deren **Auskopplung als Nutzwärme.** In **Bild 1** ist das **Schema eines Brennstoffzellensystems** dargestellt. Außerdem sind die infrage kommenden Brennstoffe angegeben. Zur Erhöhung der Spannung und der Leistung einer Brennstoffzelle werden zahlreiche einzelne Zellen zu einer Brennstoffzelle in Stapelbauweise **(Brennstoffzellenstack)** hintereinander geschaltet.

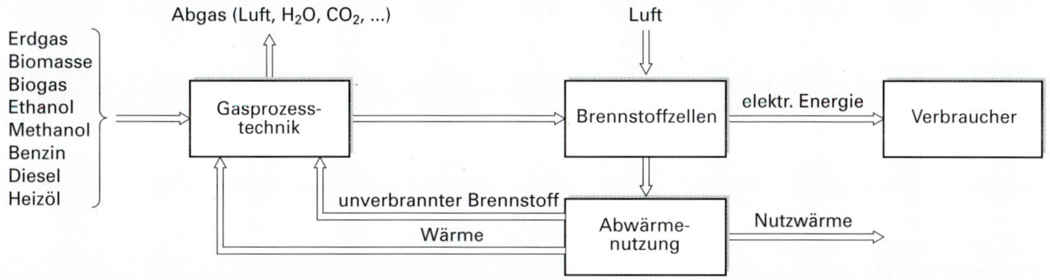

Bild 1: Schema eines Brennstoffzellensystems

2.5.6.4 Brennstoffaufbereitung

Aus ökonomischen und technischen Gründen ist der Einsatz von **reinem Wasserstoff** als Brenngas und von **reinem Sauerstoff** als Oxidans **nicht einfach zu realisieren.** Deshalb werden die Brennstoffzellen bis jetzt und auch in nächster Zeit mit **kohlenstoffhaltigen Brennstoffen** und mit **Luft als Oxidationsmittel** betrieben. Da eine Brennstoffzelle für ihren Betrieb Wasserstoff benötigt, muss dieser Wasserstoff aus den in **Bild 1** angegebenen Brennstoffen vor Ort erzeugt werden. Dies geschieht in einem sogenannten **Reformer.** Dazu sind je nach Brenngas und Brennstoffzelle verschiedene Verfahren möglich. Die Dampfreformierung von **Methan (CH_4),** das ein Hauptbestandteil des Erdgases ist, verläuft im Wesentlichen nach folgenden Reaktionen:

$$CH_4 + H_2O \rightarrow CO + 3\,H_2 \qquad CH_4 + 2\,H_2O \rightarrow CO_2 + 4\,H_2$$

Diese Reaktionen laufen unter Wärmezufuhr an einem Katalysator (z. B. Ni oder Pt) bei einer Temperatur von ungefähr 800 °C ab. Bei den **Hochtemperaturbrennstoffzellen** MCFC und SOFC **(Tabelle 2/104)** erfolgt die Reformierung der Erdgasbestandteile in der eigentlichen Brennstoffzelle.

Die Umwandlung von **Methanol (CH_3OH)** in ein wasserstoffhaltiges Gasgemisch kann mit verschiedenen Verfahren erreicht werden. Die nachfolgenden Reaktionen geben die Verfahren der **partiellen Oxidation** und der **autothermen Reformierung** an:

$$2\,CH_3OH + O_2 \rightarrow 4\,H_2 + 2\,CO_2 \qquad CH_3OH + H_2O \rightarrow 3\,H_2 + CO_2$$

Die **Katalysatoren** einiger Zellen reagieren sehr empfindlich auf die Anwesenheit von Kohlenmonoxid, das bei den obigen Reaktionen auch entsteht. Aus diesem Grund muss bei diesen Zellen aus dem Brenngas das Kohlenmonoxid durch weitere chemische Reaktionen oder durch Reinigung entfernt werden.

Bei der **Direkt-Methanol-Brennstoffzelle** wird der elektrische Strom direkt durch elektrochemische „kalte Verbrennung" mit dem Sauerstoff der Luft ohne vorherige Reformierung erzeugt.

2.5.6.5 Wirkungsgrad von Brennstoffzellen

Der elektrische **Wirkungsgrad einer Brennstoffzelle** gibt an, welcher Anteil der im Energieträger chemisch gebundenen Energie in elektrische Energie umgewandelt werden kann. Der elektrochemische Energieumwandlungsprozess unterliegt dabei anderen Gesetzmäßigkeiten als die Energieumwandlung in Wärmekraftmaschinen. Der **elektrische Wirkungsgrad** liegt bei den meisten Zellen bei **ungefähr 60 %.** Der Gesamtwirkungsgrad kann aber noch bedeutend erhöht werden, wenn die Wärme, die beim Betrieb einer Brennstoffzelle entsteht, noch genutzt wird. Die Abwärme der PEMFC und PAFC können noch zur **Nahwärmenutzung** verwendet werden, während die hohen Temperaturen beim Betrieb der MCFC oder der SOFC noch die Möglichkeit zur **Fernwärmenutzung** oder zur Nutzung für industrielle Prozesse bieten.

Aus der Nutzung der elektrischen Energie zusammen mit der thermischen Energie ergibt sich bei den Hochtemperaturzellen in **Blockheizkraftwerken (BHKW)** (→ **C4.4**) ein **Gesamtwirkungsgrad von bis zu 90 %.**

2.5.6.6 Anwendungen von Brennstoffzellensystemen

Alkalische Brennstoffzellen (AFC)

Für die alkalischen Brennstoffzellen gibt es bis jetzt mehrere wichtige Anwendungsbereiche. Das sind die Raumfahrt, Elektrofahrzeuge und dezentrale Energieversorgung. Seit vielen Jahren sind vollständige und funktionsfähige Systeme im **Leistungsbereich von 5 Watt bis 100 Kilowatt** im Betrieb. Diese Zellen sind aber aufgrund der äußeren Rahmenbedingungen noch unwirtschaftlich.

Polymermembran-Brennstoffzellen (PEMFC oder PEM)

Wegen ihrer **hohen Leistungsdichte** und der **niedrigen Betriebstemperatur** hat die PEMFC die **vielfältigsten Anwendungsmöglichkeiten.** Früher wurden diese **Niedertemperaturzellen** nur in der Raumfahrt und für militärische Anwendungen eingesetzt, wobei der Kostenfaktor kaum eine Rolle spielte.

Die Energieversorgung im kleinen Leistungsbereich für mobile Geräte, z. B. Handys und Laptop-Computer, erfolgt heute hauptsächlich durch wiederaufladbare Batterien. Verschiedene Firmen arbeiten an der Entwicklung kleiner Brennstoffzellensysteme, die die konventionellen Batterien ersetzen und im Hinblick auf die Kapazität sogar übertreffen solllen. In Kombination mit einem Metallhydridspeicher, in dem der Wasserstoff gespeichert wird, kann die Akkuversorgung solcher Geräte durch PEMFC ersetzt werden. Mit einem DC-Wandler kann die Betriebsspannung einer Einzelzelle von 1 V auf 12 V hochtransformiert werden.

Eine für die Zukunft wichtige Rolle spielt der Einsatz von **Niedertemperaturzellen in Kraftfahrzeugen.** Der Antrieb solcher Kraftfahrzeuge erfolgt in Verbindung mit einem **Elektromotor** (→ **C8**). Der Brennstoff muss dann in Form von Wasserstoff, der flüssig oder in Druckgasspeichern gespeichert wird, an Bord mitgeführt und dann der Brennstoffzelle direkt zugeführt werden. Diese Speicherung von reinem Wasserstoff an Bord von Fahrzeugen ist noch mit erheblichen technologischen Problemen verbunden. Beim Einsatz kohlenstoffhaltiger Kraftstoffe (z. B. Methanol, Benzin, Diesel) muss das wasserstoffhaltige Brenngas erst noch durch Reformierung (→ **B2.5.6.4**) an Bord erzeugt werden. Wegen der bis jetzt vorhandenen Infrastruktur der Brennstoffversorgung werden mittelfristig für Kraftfahrzeuge nur die flüssigen Energieträger wie z. B. Methanol oder Benzin zum Einsatz kommen. **Erst langfristig wird solar erzeugter Wasserstoff zum Einsatz kommen,** wenn die globale Ressourcensituation ein deutliches Umsteigen auf nichtfossile Primärenergieträger (→ **B2.3, B2.4**) verlangt. Weltweit werden zahlreiche Anstrengungen unternommen, um die für den Betrieb von Kraftfahrzeugen mit einer Brennstoffzelle notwendigen Komponenten in einem Gesamtsystem zu integrieren. Das erste serienmäßig hergestellte Auto mit Brennstoffzellenantrieb präsentierte Toyota 2014 mit dem Namen FCV (≈ 100 kW, ≈ 500 km Reichweite). Auch die japanischen Fahrzeughersteller Nissan und Honda planen demnächst die Einführung der Serienproduktion von Fahrzeugen mit Brennstoffzellenantrieb. Die Firma Daimler und auch andere Fahrzeughersteller beginnen mit der Einführung der Serienproduktion erst im Jahr 2017 oder später, da die Herstellungskosten noch keinen wettbewerbsfähigen Preis erlauben. Der Aufbau eines flächendeckenden Netzes von Wasserstofftankstellen ist mit hohen Kosten verbunden und noch nicht vorhanden.

Anwendung in der Kraft-Wärme-Kopplung

Die **Phosphorsäure-Brennstoffzelle (PAFC)** besteht wie die hisherigen Zellen aus den drei Komponenten Gasaufbereitung, Brennstoffzellenstapel und Stromaufbereitung. Betrieben wird diese Zelle mit Erdgas, das in ein wasserstoffreiches Gas umgewandelt werden muss. Der Brennstoffzellenstapel besteht beim **Typ PC25A** aus 320 Einzelzellen, die elektrisch in Reihe geschaltet (→ **A12.2**) sind. Bei 200 °C findet die elektrochemische Reaktion zwischen dem Wasserstoff und dem Sauerstoff aus der Luft statt. Unter Volllast wird ein Gleichstrom von 200 A bei einer Spannung von 200 V erreicht. Ein Teil der entstehenden Wärme kann als Nutzwärme ausgekoppelt werden. Seit 1992 ist diese Phosphorsäure-Brennstoffzelle schon in großer Stückzahl in 200-kW-Einheiten für **dezentrale Blockheizkraftwerke** (→ **C4.4**) verkauft worden. Die langjährigen Erfahrungen mit dieser Zelle haben gezeigt, dass diese für den Einsatz zur **kombinierten Strom- und Wärmeerzeugung** geeignet ist und die Anlagen als praxistauglich bezeichnet werden können. Wegen der bis jetzt noch hohen Investitionen sind die Stromgestehungskosten bei dieser Zelle noch höher als die bei der konventionellen Technologie. Dabei sind aber die Vorteile, die sich für die Umwelt ergeben, unberücksichtigt.

Die **Karbonatschmelzen-Brennstoffzelle (MCFC)** ist aufgrund ihrer Arbeitstemperatur besonders gut geeignet zur **stationären Stromerzeugung** und für die **gekoppelte stationäre Strom- und Wärmeerzeugung.** Die Arbeitstemperatur von etwa 650 °C ist hoch genug, um die elektrochemischen Umwandlungsprozesse auch ohne die Anwesenheit von teuren Edelmetallkatalysatoren ablaufen zu lassen. Andererseits ist die Arbeitstemperatur noch in dem Bereich, in dem gängige metallische Werkstoffe zum Bau der Zelle verwendet werden können. Der wichtigste Vorteil von **Hochtemperatur-Brennstoffzellen** besteht darin, dass die herkömmlichen Brenngase (Erdgas, Biogas, Kohlegas) mit der Abwärme der Brennstoffzellen in ihre Bestandteile Wasserstoff und Kohlenstoffdioxid zerlegt (reformiert) werden. Hochtemperatur-Brennstoffzellen bieten daher die Möglichkeit diesen Reformiervorgang (→ **B2.5.6.3**) ins Innere des Zellenblocks zu verlegen. Eine solche Zelle wird auch als **Direkt-Brennstoffzelle (DBZ)** bezeichnet.

Ein weiterer Vorteil ist die bessere Nutzbarkeit der in der Brennstoffzelle entstehenden Wärme. Die **Wärme auf hohem Temperaturniveau** lässt sich sowohl z. B. zur Erzeugung von **Prozessdampf** in der Industrie als auch in nachgeschalteten Turbinen zur **weiteren Stromerzeugung** verwenden. Diese Möglichkeit kommt vor allem bei größeren Anlagen (> 10 MW) in Betracht.

Die Leistung eines einzelnen Moduls einer Direkt-Brennstoffzelle beträgt in Zukunft ungefähr 300 kW bis 500 kW. Solche Module werden dann zu einem Kraftwerk der gewünschten Leistungsklasse verschaltet. Auf diese Art können dann **Blockheizkraftwerke** oder andere **Kraft-Wärme-Kopplungsanlagen** von etwa 300 kW bis etwa 30 MW realisiert werden.

Ein Blockheizkraftwerk, das mit einer **oxidkeramischen Brennstoffzelle (SOFC)** mit einer Leistung von 100 kW betrieben wird, ist seit 1998 als Demonstrationsanlage in Betrieb. Über die Wirtschaftlichkeit von Kraftwerken mit dieser Zelle können, da es noch zu wenige Anlagen dieser Art gibt, noch keine konkreten Angaben gemacht werden.

Die **Brennstoffzellentechnologie** befindet sich zurzeit im **Übergang von der Versuchsphase zum für den Einsatz fertigen Produkt.**

Wiederholung und Vertiefung

B32 Was versteht man unter der Elektrolyse des Wassers?

B33 Erläutern Sie den Begriff „Kalte Verbrennung".

B34 Welche Gase müssen einer Brennstoffzelle beim Betrieb zugeführt werden?

B35 Nennen Sie die Vorteile einer Brennstoffzelle bei der Erzeugung elektrischer Energie.

B36 In welchen Temperaturbereichen werden die verschiedenen Brennstoffzellen betrieben?

B37 Aus welchen Komponenten besteht ein Brennstoffzellensystem?

B38 Was versteht man unter der Reformierung des Brenngases?

B39 Welche Vorteile hat die Direkt-Brennstoffzelle?

2.5.7 Wasserkraft

Vorab soll erwähnt werden, dass sich dieses Buch an anderer Stelle mit den Themen **Wasserkraftmaschinen** (→ **C5**) und **Wasserkraftwerke** (→ **C6**) befasst. Im Zusammenhang mit den erneuerbaren Energiequellen muss aber auch in diesem Kapitel bereits kurz auf die **Wasserkraft** eingegangen werden.

Bei den Wasserkraftwerken unterscheidet man drei grundsätzliche Typen, und zwar

- **Laufwasserkraftwerke**
- **Speicherkraftwerke**
- **Gezeitenkraftwerke**

Unabhängig vom Typ ist es so, dass das **mechanische Arbeitsvermögen** des Wassers durch die Wirkung der Schwerkraft, d. h. der Gewichtskraft (→ **A1.6**) entsteht. Dies bedingt, dass bei Wasserkraftwerken generell ein **oberes Wasserbecken** und ein **unteres Wasserbecken** benötigt wird. Durch den **geodätischen Höhenunterschied** h (→ **A1.11, A3.6**) entsteht ein **Gefälle.** Das Wasser wird durch die Schwerkraft in Bewegung gesetzt, d. h., die potenzielle Energie des Wassers wird in kinetische Energie umgewandelt (→ **A1.11, A3.6**). **Bild 1** zeigt dies am Beispiel eines Speicherkraftwerkes.

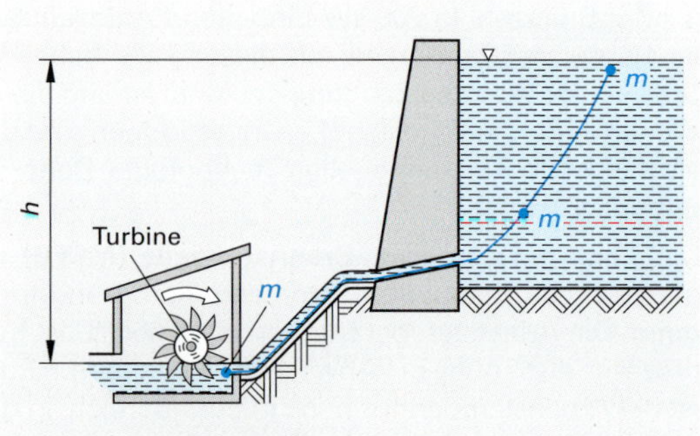

Bild 1: Speicherkraftwerk

Dass man die Wasserkraft in den Bereich der **erneuerbaren Energie** einordnen kann, ist dadurch zu begründen, dass es sich bei Wasserkraftwerken im Grunde genommen um die Nutzung **gespeicherter Sonnenenergie** handelt. Die **Strahlungsenergie der Sonne** lässt nämlich das Wasser verdunsten und der Wasserdampf wird durch den **statischen Auftrieb** auf eine größere Höhe gehoben. Dieser Vorgang unterliegt in der Natur einer ständigen Wiederholung.

Vorteile der Wasserkraft:	Einschränkungen:
• Hoher Wirkungsgrad (→ **A1.13**) bei der Energieumwandlung, da die Wärmeabgabe an die Umgebung sehr gering ist. Die Abwärme ist praktisch null. • Es werden keine Schadstoffe bei der Energieumwandlung freigesetzt.	• Berücksichtigung des Natur- und Landschaftsschutzes. • Vorhandene Wasserrechte, Bebauungspläne. • Wasserqualität, Grundwasserstände. • Untergrund des Bauplatzes.

In den Alpenländern, Kanada und Skandinavien spielt die Wasserkraft durch die natürlichen Gegebenheiten eine besonders wichtige Rolle. Da in Deutschland etwa ab dem Jahr 1900 die Wasserkraft intensiv ausgebaut wurde, ist es so, dass bereits ein Großteil des vorhandenen Potenzials ausgenutzt wird. Wegen des starken Eingriffes in die Natur beim Neubau von **Großwasserkraftwerken** tendiert man in Deutschland dazu, die vorhandenen und oftmals bereits stillgelegten **Kleinwasserkraftwerke** zu modernisieren und wieder in Betrieb zu nehmen.

Unter einem Kleinwasserkraftwerk versteht man ein Wasserkraftwerk mit einer Leistung (→ **A1.12, A1.14**) bis zu 1 000 Kilowatt.

2.6 Energieeinsparung

Nicht nur **ökologische Gründe** (→ **B2.7**), sondern auch **wirtschaftliche Gründe** gebieten es, mit Energie sparsam umzugehen. Beim Betrieb von **betriebs- und haustechnischen Anlagen** gilt somit:

Grundsätzlich sind **Energieverbrauch** und **Energieverluste** auf einem Mindestmaß zu halten.

Um diese Forderung auf Dauer erfüllen zu können, bedarf es noch eines weiteren wichtigen Grundsatzes:

Energieversorgungssysteme sind einer regelmäßigen **Wartung** zu unterziehen. Eine vorbeugende **Instandhaltung** von Maschinen und Anlagen ist vorzunehmen. Dafür sollte immer ein Etat zur Verfügung stehen.

Es versteht sich von selbst, dass beim Umgang mit Energie die einschlägigen technischen Regeln, Verordnungen und Gesetze zu beachten sind. Stellvertretend für viele derartige Vorschriften sollen besonders wichtige technische Regeln genannt werden, ohne (aus Platzgründen) auf Einzelheiten eingehen zu können:

- **Energieeinsparverordnung** (EnEV)
- **DIN EN ISO 7345** „Wärmeschutz – Physikalische Größen und Definition" (1996-01)
- **DIN 4108** „Wärmeschutz im Hochbau, Anwendung für Wohngebäude"
- **DIN V 18599** „Energetische Bewertung von Gebäuden" (2013-05)

Wirksame Energieeinsparung erfordert also ein professionelles Vorgehen. Vor allem sind die physikalischen Gesetze – die Grundlage der technischen Regeln sind – genauestens zu beachten und die Werkstoffeigenschaften sind bis an deren Grenzen auszunutzen. In Deutschland betragen z. B. die **Wirkungsgrade** (→ **A1.13, A8.3**) der vorhandenen Kraftwerke mit Steinkohle- bzw. Braunkohlebefeuerung im Mittel rund 37 % bzw. 34 %. Heute sind aber unter Ausnutzung der physikalischen und technischen Möglichkeiten Wirkungsgrade von 47 % bzw. 45 % erreichbar. Diese Zahlen veranschaulichen ein noch vorhandenes erhebliches **Energieeinsparungspotenzial.** Somit gilt:

Energieeinsparung setzt die Beachtung der diesbezüglichen physikalischen Gesetzmäßigkeiten und einen gezielten Werkstoffeinsatz voraus.
Modernste Kraftwerkstechnik beinhaltet im Vergleich zu den momentan genutzten Anlagen ein Energieeinsparungspotenzial von ca. 10 %.

Als wichtige Beispiele für die **Energieeinsparung im Betrieb** können genannt werden: Beseitigung von Leckagen, ordnungsgemäße Wärmedämmung, Nachtabsenkung von Heizungsanlagen, nicht zu hohe Raumtemperaturen (**DIN 1946**: **VDI-Lüftungsregeln** beachten!), Abschalten von nicht benötigten Arbeitsplatzbeleuchtungen etc. Es ist zu beachten:

Entscheidend bei der Energieeinsparung in einem Betrieb ist letztendlich der in einem bestimmten Zeitraum erreichte Energieeinsparungsbetrag, d. h. die **Summe aller Energieeinsparungen.**

2.7 Umweltproblematik

Das Problem der **Luftverunreinigung** ist nicht erst im Zeitalter der Industrialisierung entstanden. Schon immer ist die schützende Lufthülle unserer Erde verschmutzt worden. So setzen z. B. Vulkane **Fremdstoffe** wie Staub, Asche und Schwefelstoffe frei. Durch Verwesung und Verwitterungsprozesse gelangen **Ammoniak, Kohlenstoffdioxid** und – durch Steppen- und Waldbrände verursacht – zusätzliche **organische Verbindungen** in die Luft. Diese naturbedingten Luftverunreinigungen stellten aber selten eine große Störung des Naturhaushaltes, d. h. der **Ökosysteme** dar.

Die künstliche, vom Menschen verursachte Luftverschmutzung, die mit der industriellen Revolution und der weiteren Entwicklung von Industrie und Wirtschaft einen dramatischen Umfang angenommen hat, stellt heute eine ernst zu nehmende Bedrohung der Menschheit dar. **Smogalarm, Ozonloch, kranke Wälder, Treibhauseffekt** sind einige Symptome eines Gefährdungszustandes, die zeigen, dass wirksame Maßnahmen zur **Luftreinhaltung** ergriffen werden müssen. In diesem Zusammenhang werden zwei Begriffe unterschieden:

Unter **Emission** versteht man das Ausstoßen bzw. Aussenden luftfremder Stoffe, Wärme, Schall u. a. Die Emissionen sind so gering wie möglich zu halten.

Als **Immission** bezeichnet man die Einwirkung der Stoffe, sowie von Wärme und Schall auf den Menschen und seine Umwelt.

2.7.1 Luftverunreiniger

Beim Umgang mit den Energieträgern ist eine Luftverunreinigung nicht völlig zu vermeiden. Entscheidend ist dabei, dass die Ökosysteme keinen nachhaltigen Schaden nehmen. Man unterscheidet bei den Luftverunreinigern die folgenden Schadstoffgruppen:

- **Anorganische gasförmige Stoffe,** z. B. Stickoxide (NO_X) oder Kohlenstoffdioxid (CO_2)
- **Organische flüchtige Verbindungen,** z. B. Benzin oder Benzol
- **Partikelförmige Stoffe und Stoffgemische,** z. B. Ruß, Flugasche, Kohlenstaub

Besonders erwähnt werden müssen die den **Treibhauseffekt** bzw. den **Ozonabbau** bewirkenden Stoffe. Sie werden auch als **Treibhausgase** bezeichnet, und die wesentlichen dieser Gase sind

Kohlenstoffdioxid (CO_2), Methan, Distickstoffoxid, Fluorchlorkohlenwasserstoffe **(FCKW).**

Auf Treibhauseffekt und Ozonabbau wird nochmals im Zusammenhang mit Kälteanlagen (→ **D3**) und Wärmepumpen (→ **B2.5.3, D3**) eingegangen.

2.7.2 CO_2-Bilanz der nachwachsenden Biomasse

Bereits im Punkt **B2.5.2** wurde auf die günstige CO_2-Bilanz der Biomasse hingewiesen. Dass sich eine solche günstig auf die Umwelt auswirkt, ergibt sich aus Punkt **B2.7.1** und soll deshalb hier noch kurz erläutert werden:

Beim Wachsen der Pflanzen wird von diesen das natürlich in der Luft vorhandene CO_2 gebunden. Bei den **fossilen Energieträgern** (Kohle, Erdöl und Erdgas), die im Laufe von Millionen Jahren bei hohem Druck und hoher Temperatur durch chemische Umsetzungen entstanden sind, handelt es sich quasi um eine **verdichtete Biomasse.** Folglich liegt in diesen der Kohlenstoff in hochkonzentrierter Form vor. Bei der Verbrennung wird dieser Kohlenstoff in sehr kurzer Zeit mit dem Sauerstoff der Luft zu sehr großen Mengen CO_2 gebunden.

Wird hingegen **nachwachsende Biomasse** verbrannt, vergast oder vergoren, wird nur so viel CO_2 abgegeben, wie vorher beim Wachsen der Pflanze aus der Luft aufgenommen wurde. Bei der Energiegewinnung aus nachwachsender Biomasse heben sich also der Entzug von CO_2 beim Wachsen der Pflanze und die Freisetzung von CO_2 bei Verbrennung, Vergasung oder Vergärung in der Bilanz auf. Daraus kann gefolgert werden:

Werden fossile Brennstoffe durch nachwachsende Biomasse ersetzt, dann wird hierdurch eine wesentliche Verringerung der CO_2-Emissionen und damit eine Schonung der Umwelt erreicht.

Wiederholung und Vertiefung

B40 Welche Typen von Wasserkraftwerken sind Ihnen bekannt?

B41 Begründen Sie die Einordnung der Wasserkraft in die Gruppe der erneuerbaren Energien.

B42 Wodurch wird die Nutzung der Wasserkraft eingeschränkt?

B43 Nennen Sie wichtige Verhaltensmaßnahmen bei der Energieeinsparung.

B44 Unterscheiden Sie Groß- und Kleinwasserkraftwerke.

B45 Wie groß ist das durchschnittliche Energieeinsparungspotenzial bei Kohle-Großkraftwerken?

B46 Unterscheiden Sie Emission und Immission.

B47 In welche Schadstoffgruppen werden die Luftverunreiniger eingeteilt?

B48 Nennen Sie die wichtigsten Treibhausgase.

B49 Nennen Sie partikelförmige Luftverunreiniger.

B50 Machen Sie eine Aussage über die CO_2-Bilanz der nachwachsenden Biomasse.

C Kraftmaschinen

In der Einführung des Buches ist bereits der Begriff **„Kraftmaschine"** angesprochen worden. Die zum Verständnis der verschiedenen Arten dieser Maschinengruppe erforderlichen technisch-physikalischen Grundlagen wurden im **Kapitel A** vermittelt. Diese Erforderlichkeit ist auch in der dortigen Vorbemerkung begründet. Die ausführliche Beschäftigung mit dem **Energiebegriff** war **Kapitel B** vorbehalten und dies wird bei den nachfolgenden Betrachtungen der Kraftmaschinen von großem Nutzen sein.

C1 Arten der Kraftmaschinen

Tabelle 1: Wichtigste Arten von Kraftmaschinen

	Kraftmaschine	Arbeitsmedium (Energieträger)
Tabelle 1 zählt in beliebiger Reihenfolge verschiedene Arten von Kraftmaschinen und das für den Betrieb erforderliche Arbeitsmedium, d.h. den Energieträger auf.	Kolbendampfmaschine [1]	Wasserdampf
	Dampfturbine [1]	Wasserdampf
	Dampfmotor [1]	Wasserdampf
	Verbrennungsmotor [1]	Kraftstoff-Luft-Gemisch
	Gasturbine [1]	Brenngase und Luft gemischt
	Wasserturbine	Wasser
	Windkraftmaschine (Windrad)	Wind (bewegte Luft)
1) Wärmekraftmaschine	Elektromotor	Elektrischer Strom

Je nach Arbeitsmedium bzw. Energieträger unterscheidet man

- **Wärmekraftmaschinen** [1]
- **Wasserkraftmaschinen**
- **Windkraftmaschinen**
- **Elektromotoren**

Wird beim Betrieb einer Kraftmaschine zur Erzeugung des benötigten Arbeitsmediums Wärmeenergie (→ **A5.6, A5.9, A6**) benötigt oder wird bei der Umwandlung des Arbeitsmediums Wärmeenergie freigesetzt, dann spricht man von einer **Wärmekraftmaschine**[1].

In der heutigen Technik nehmen **Dampfturbine, Verbrennungsmotor** und **Gasturbine** eine besondere Rolle in der Gruppe der Wärmekraftmaschinen ein. Der nun folgende Themenkreis setzt sich mit den **Dampfkraftmaschinen** auseinander.

Handelt es sich beim Arbeitsmedium für den Betrieb einer Kraftmaschine um Dampf (in aller Regel um Wasserdampf), dann bezeichnet man eine solche Kraftmaschine als Dampfkraftmaschine. Dampfkraftmaschinen sind in die Gruppe der Wärmekraftmaschinen eingeordnet.

Bei den Dampfkraftmaschinen haben insbesondere die verschiedenen **Dampfturbinen** eine große Bedeutung, vor allem in Verbindung mit den **Dampfkraftwerken** (→ **C4**).

C2 Dampferzeugungsanlagen

In den Dampfkraftwerken ist die Dampfturbine der Anlagenteil, dem die Umwandlung von Wärmeenergie in mechanische Arbeit zukommt. **Bild 1/112** zeigt dies am Beispiel eines Kohle-Dampfkraftwerkes. Aus diesem Bild ist auch zu ersehen, dass vor der genannten Energieumwandlung der hierzu erforderliche Wasserdampf erzeugt werden muss. Dies geschieht in einer **Dampferzeugungsanlage.** Aus diesem Grund werden zunächst die verschiedenen Arten von Dampferzeugungsanlagen und deren Feuerungen besprochen; im Anschluss daran die Dampfkraftmaschinen (→ **C3**).

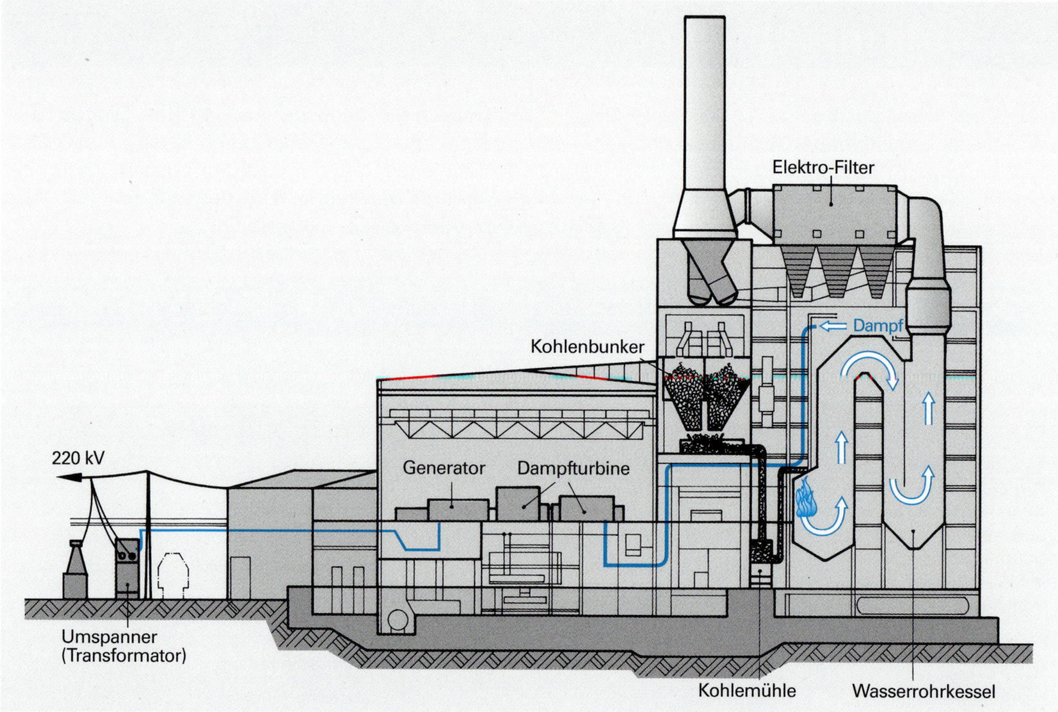

Bild 1: Kohle-Dampfkraftwerk

2.1 Physik der Dampferzeugung

Die physikalischen Grundlagen der **Dampferzeugung** und der **Kondensation** enthält **Kapitel A5.9**. Die Begriffe **Verdampfungsdruck** p_s, **Verdampfungstemperatur** ϑ_S (Siedetemperatur), **Verdampfungswärme** Q, **Kondensationswärme** Q, **spezifische Verdampfungswärme** r, **Dampfdruckkurve** und **spezifische Enthalpie** h sind dort beschrieben sowie der **klassische Dampfkraftprozess** (→ **A8.4.8**), sodass auch die Begriffe **Nassdampf, Sattdampf** (trocken gesättigter Dampf) und **Heißdampf** (überhitzter Dampf) bekannt sind. Die zuletzt genannten Begriffe sollen aber nochmals mithilfe des **Bildes 2,** welches nur den an dieser Stelle wichtigen Teil des **Bildes 1/52** zeigt, verdeutlicht werden. Es ist ein **ϑ, h-Diagramm**, d. h. ein **Temperatur, Enthalpie-Diagramm.** Dieses beschreibt auch nochmals den Schmelzvorgang (→ **A5.8**). Es ist für das Medium Wasser:

Δh_1 spez. Erwärmungsenthalpie Eis

Δh_2 spez. Schmelzenthalpie, -wärme q

Δh_3 spez. Erwärmungsenthalpie Wasser **(Flüssigkeitswärme)**

Nassdampf

$\Delta h_4 \triangleq r$ spez. Verdampfungsenthalpie, -wärme (bei Siedetemperatur) **(Verdampfungswärme)**

Sattdampf (trocken gesättigter Dampf)

Am Ende der Verdampfung.
Es liegt immer noch Siedetemperatur vor.

Heißdampf (überhitzter Dampf)

Δh_5 spez. Überhitzungsenthalpie, -wärme (die Temperatur steigt dabei an)

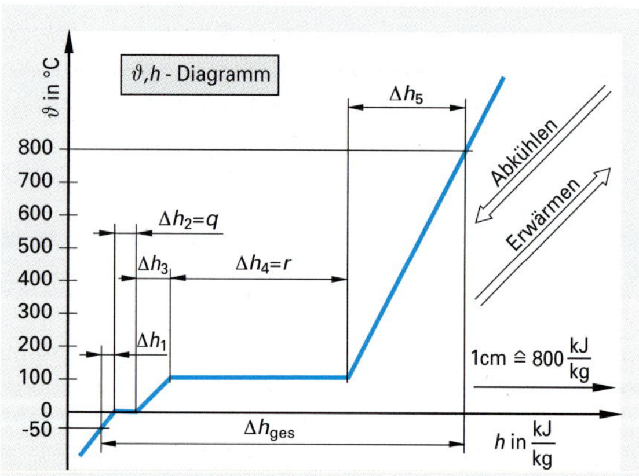

Bild 2: ϑ, h-Diagamm Schmelzen/Verdampfen

Es ist also so, dass bei der Zuführung der Verdampfungswärme die Temperatur des Wassers konstant bleibt. Die **Verdampfungswärme** ist demnach eine **latente Wärme** (→ **A5.8**). Hieraus ergibt sich:

Siedende Flüssigkeit, Nassdampf und Sattdampf haben die gleiche Temperatur, nämlich Siedetemperatur!

Hingegen ist es bei der **Flüssigkeitswärme** und der **Überhitzungswärme** so, dass diese die Temperatur des Mediums verändern, d. h., sie sind **sensible Wärmen**. Die Summe dieser Wärmeenergien wird als **Dampferzeugungswärme** bezeichnet.

Dampferzeugungswärme = Flüssigkeitswärme + Verdampfungswärme + Überhitzungswärme

Diesen Sachverhalt stellt **Bild 1** in einem ***T, s*-Diagramm** (→ **A9**), welches ja auch als **Wärmediagramm** bezeichnet wird, dar. Die einzelnen Flächen entsprechen also den zugeführten **Wärmemengen.**

In diesem Zusammenhang wird nochmals auf die bereits erwähnten **Mollier-Diagramme** (→ **A11**) hingewiesen. Es wurde auch bereits vermittelt, dass in bestimmten Bereichen der Technik bevorzugt auf bestimmte dieser Diagramme zugegriffen wird.

Zur Darstellung des Dampfkraftprozesses (→ **A8.4.8**) arbeitet man vor allem mit dem ***T, s*-Diagramm** und dem ***h, s*-Diagramm,** weniger mit dem ***p, V*-Diagramm** für Wasserdampf (→ **A8.4.8**).

Bild 1/114 zeigt ein ***h, s*-Diagramm für Wasserdampf**. Die darin verwendeten Größen sind aus Kapitel A bekannt. Es wird noch angefügt:

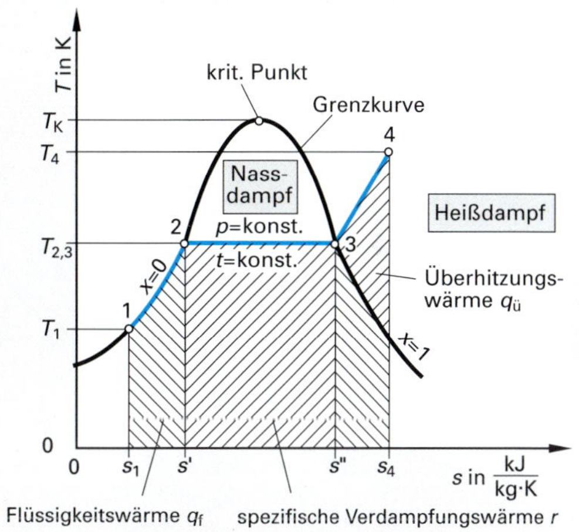

Bild 1: *T, s*-Diagramm für Wasserdampf

x kennzeichnet im Nassdampfbereich den **Dampfgehalt,** z. B. $x = 0,98$ entspricht 98 % Dampfgehalt.

2.2 Wärme durch Verbrennung

Die zur Verdampfung des Wassers erforderliche Wärmeenergie wird in den Dampferzeugungsanlagen entweder nuklear (→ **A13, C4**) oder durch die **Verbrennung** der **Brennstoffe** (→ **A5.7**) erzeugt. Im letzteren Fall spricht man auch von den **konventionellen Dampferzeugern.**

Bei der **Verbrennung** erfolgt eine chemische Verbindung der Elemente des Brennstoffes (insbesondere Kohlenstoff C und Wasserstoff H_2 mit Sauerstoff O_2). Dabei wird Wärmeenergie freigesetzt **(exothermer Vorgang).**

Der erforderliche Sauerstoff wird entweder in reiner Form zugeführt, in der Regel aber aus der Luft **(Verbrennungsluft)** entnommen. Jede Verbrennung setzt voraus:

- **Sauerstoff, und zwar im richtigen Mischungsverhältnis mit dem Brennstoff**
- **richtige Zündtemperatur**

Die **fossilen Brennstoffe** (→ **B2**) können **fest, flüssig** oder **gasförmig** sein. **Tabelle 1/86** führt wichtige fossile Brennstoffe auf und gibt auch Auskunft über deren **Brennwert** und **Heizwert** (→ **A5.7**). Die festen Brennstoffe enthalten noch Wasser und Schwefel, außerdem **unverbrennbare Stoffe,** die in Form von **Asche** zurückbleiben. Die **Zündtemperatur** wird mithilfe einer **Zündflamme** realisiert.

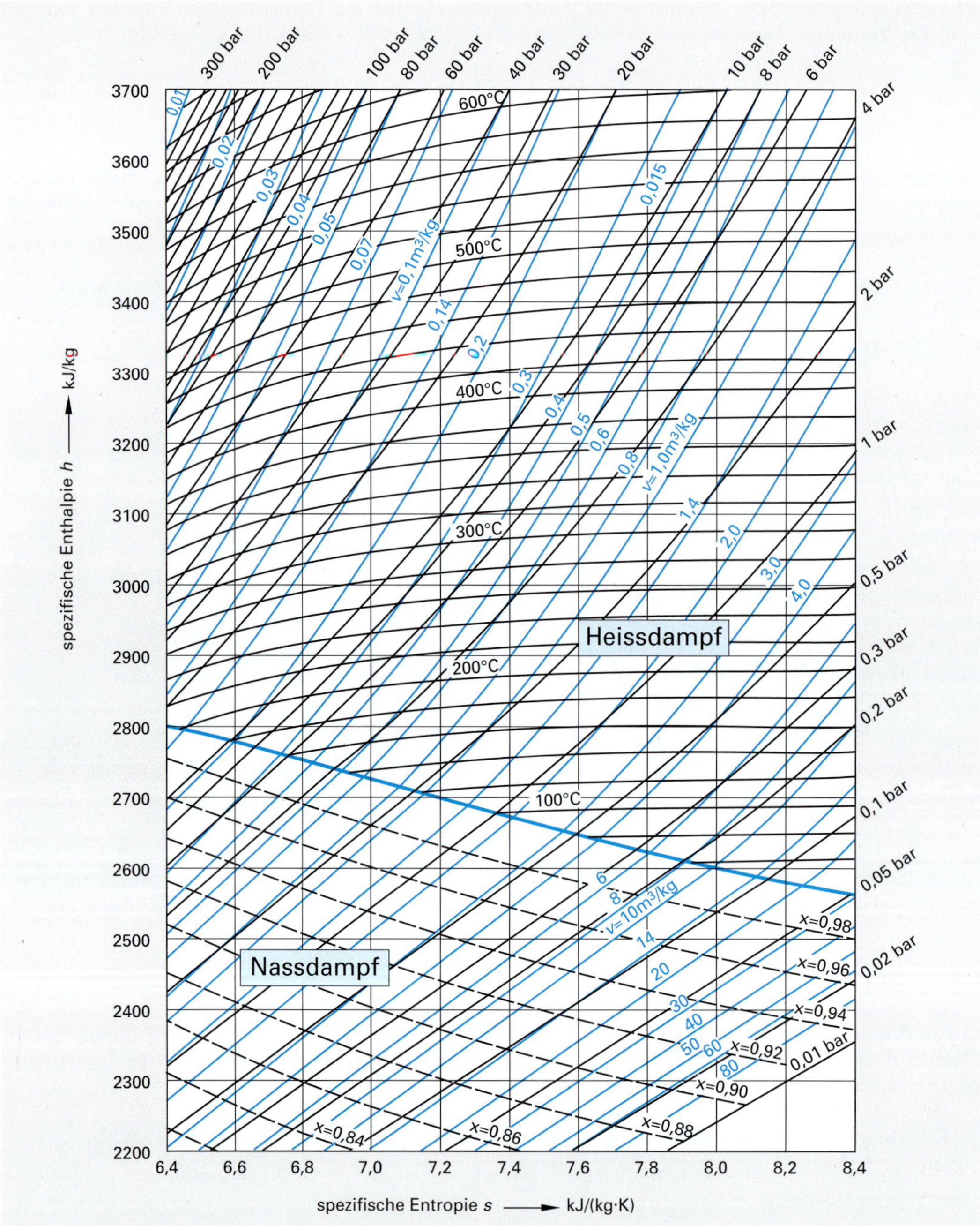

Bild 1: *h, s*-Diagramm für Wasserdampf (Ausschnitt häufiger Dampfparameterbereiche)

Um eine **vollkommene Verbrennung** zu erreichen, ist ein bestimmter **Luftbedarf** erforderlich. Dieser kann als **theoretischer Luftbedarf** mithilfe der der Verbrennung entsprechenden chemischen Formel errechnet werden. Der **praktische Luftbedarf** ist immer größer als der theoretische Luftbedarf und kann über eine (bei Großanlagen) ständige **Rauchgasanalyse** gesteuert werden.

Um bei großen Anlagen eine **wirtschaftliche Verbrennung** zu erreichen, aber auch aus ökologischer Sicht, muss ständig der **CO_2-Gehalt des Rauchgases** gemessen werden.

Beim Durchlauf der heißen Rauchgase durch den Kessel geben diese den Großteil ihrer Wärme an die Heizflächen ab und führen damit dem Wasser die zur Dampferzeugung erforderliche **Dampferzeugungswärme** zu.

2.3 Feuerungsstätten

Die Bauweise der **Feuerungsstätte** bzw. der **Feuerungsanlage** ist grundsätzlich von der **Art des Brennstoffes** (fest, flüssig oder gasförmig) abhängig.

Bei festen Brennstoffen, mit Ausnahme der **Kohlenstaubfeuerung** (→ **C2.3.4**) wird eine **Rostfeuerung** benötigt.

2.3.1 Planrostfeuerung

Bild 1 zeigt eine Planrostfeuerung. Der **Planrost** besteht aus einzelnen **Roststäben,** deren Abstand **(Spaltbreite)** sich nach der Größe der Kohlestücke richtet. Durch die Spaltweite wird die Zufuhr der **Verbrennungsluft** geregelt und die Verbrennungsluft wird gleichmäßig verteilt. Die durchstreichende Luft nimmt Wärmeenergie aus den Roststäben auf, erwärmt sich und kühlt dabei die Roststäbe. **Asche** und **Schlacke** fallen durch die **Spalte** und gelangen dabei in den **Ascheraum.** Am Ende des Rostes befindet sich die **Feuerbrücke.** Diese verhindert ein direktes Durchziehen der Verbrennungsluft unter dem Feuer, sorgt für eine Durchwirbelung der Rauchgase und verbessert so die Verbrennung. Wegen der relativ **kleinen Rostfläche** benötigt man bei Planrostfeuerungen einen **mittel- bis hochwertigen Brennstoff.**

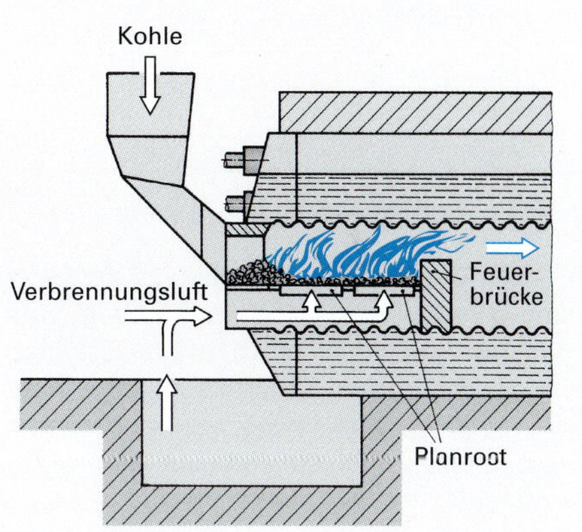

Bild 1: Planrostfeuerung

2.3.2 Treppenrostfeuerung

Bild 2 zeigt eine **Treppenrostfeuerung.** Sie dient der Verbrennung von **geringwertigen und kleinstückigen Brennstoffen.** Der Treppenrost besteht aus treppenförmig angeordneten Roststäben mit waagerechten Luftspalten. Kleinstückiger Brennstoff kann daher nicht durchfallen. Der aus dem **Fülltrichter** rutschende Brennstoff schiebt die brennende Schicht langsam nach unten. Unverbrannte Rückstände können auf einem kleinen, am unteren Ende angeordneten **Planrost** vollkommen verbrennen.

Der Feuerraum ist mit **feuerfesten Steinen (Schamotte)** ausgemauert. Diese Ausmauerung ist so angeordnet, dass die Verbrennungsgase den Heizflächen des Dampferzeugers so zugeleitet werden, dass ein optimaler Wärmeübergang von den Verbrennungsgasen an die Heizflächen erfolgt.

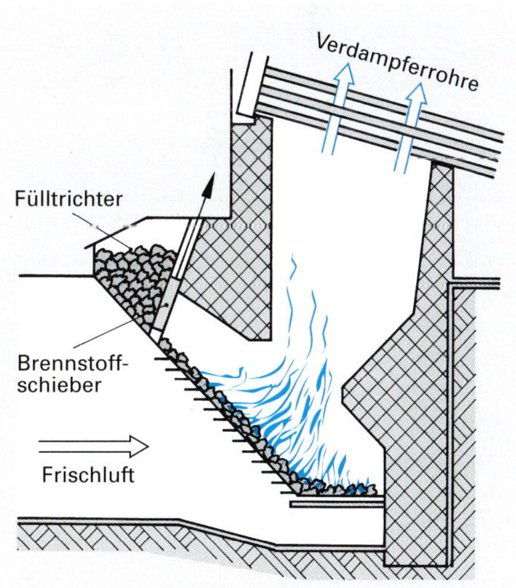

Bild 2: Treppenrostfeuerung

2.3.3 Wanderrostfeuerung

Im **Bild 1/116** ist eine **Wanderrostfeuerung,** die meist bei **Dampferzeugern mit größerer Leistung** verwendet wird, dargestellt. Beim Wanderrost teilt sich die Rostfläche in mehrere Zonen auf und man spricht deshalb auch vom **Zonenwanderrost.**

Die erste Zone ist die **Vorwärm- und Trocknungszone** des Brennstoffes. Die zweite Zone ist die eigentliche **Verbrennungszone** und die dritte Zone wird als **Glutzone** bezeichnet. Hier sind bereits alle flüchtigen Stoffe verbrannt und es brennen nur noch die festen Bestandteile. Als vierte und letzte Zone folgt die **Schlackenzone.** Hier wird am Ende der Rostfläche durch ein **Staupendel** der Brennstofffluss unterbrochen, damit ein vollkommenes Ausbrennen der ungleich großen Brennstoffstücke erfolgt. Das Aufgeben des Brennstoffes erfolgt automatisch und die Bandgeschwindigkeit beträgt je nach Brennstoffart und Schichthöhe 50 bis 150 mm/min. Asche und Schlacke fallen in den darunter liegenden **Aschetrichter.**

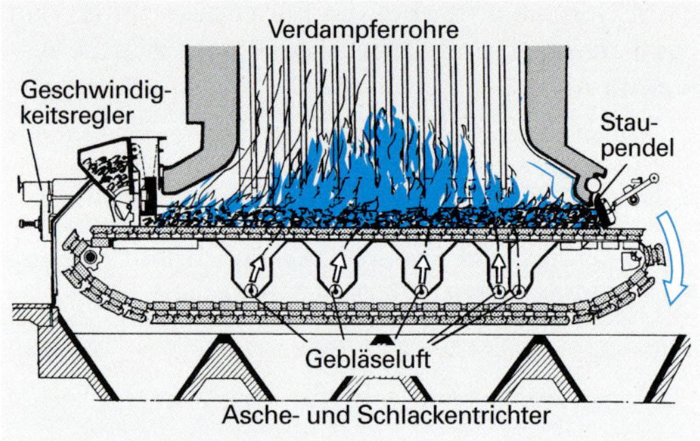

Bild 1: Wanderrostfeuerung

2.3.4 Kohlenstaubfeuerung

Je feiner der Brennstoff zerteilt ist, desto größer ist seine **Oberfläche pro Volumeneinheit.** Am besten erkennt man dies, wenn man die Oberfläche eines Stückes Holz mit der Oberfläche vergleicht, die das Stück Holz in zerspanter Form einnimmt. Ohne Zweifel ist es aber so, dass die Brennbarkeit mit größerer Oberfläche zunimmt, und diese physikalische Aussage ist mit der **Grundidee der Kohlenstaubfeuerung** identisch.

Bei einer solchen werden die festen, meist minderwertigen Brennstoffe vor der Verbrennung in Mühlen zerkleinert. Dies zeigt **Bild 2.** Die zerkleinerten Brennstoffe werden dann mit **Trägerluft** dem **Brenner** zugeführt. Dort erst findet die Mischung mit der Verbrennungsluft statt.

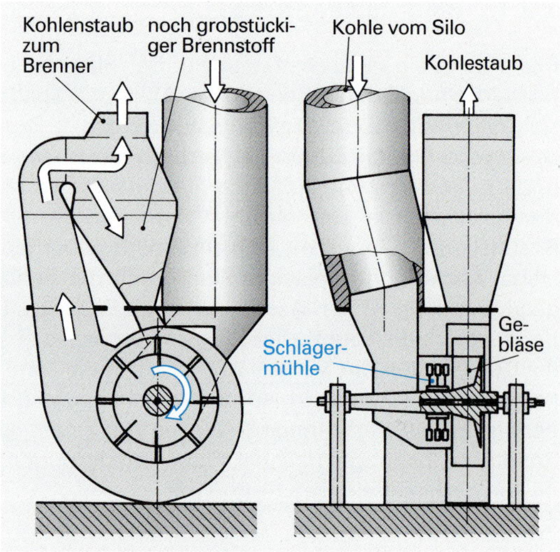

Bild 2: Kohlenmühle mit Gebläse

Bei **Braunkohle** oder **Torf** verwendet man häufig eine **Öl-Stützfeuerung,** wenn der Kessel in Teillast gefahren wird. Durch ein Gebläse wird der Kohlenstaub in den Feuerraum des Dampferzeugers geblasen **(Bild 3).** Die Kohlenstaubfeuerung lässt sich ähnlich einer Ölfeuerung bedienen. Nur im unteren **Teillastbereich** treten **Schwierigkeiten mit der Regelung** auf, sodass dazu eine Stützfeuerung erforderlich ist.

Infolge ihres **guten Wirkungsgrades** und ihrer **kurzen Anheizzeit** ist die Kohlenstaubfeuerung **besonders für Dampferzeuger größter Leistung geeignet.**

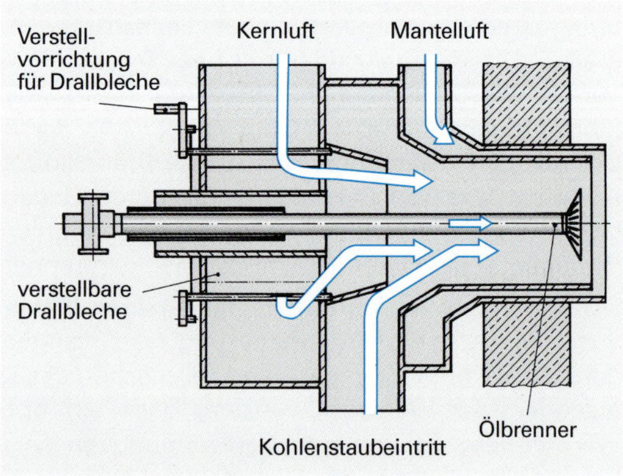

Bild 3: Mischbrenner für Kohlenstaub und Öl-Stützfeuerung

2.3.5 Schmelzfeuerung

Bei den **Schmelzfeuerungen** wird durch Vorwärmen der Verbrennungsluft die Feuerraumtemperatur so hoch gehalten, dass die Asche schmilzt und an den Wänden des Dampferzeugers herunter läuft. Diese schmelzflüssige Masse (Schlacke) wird in einem **Auffanggefäß** gesammelt, d.h., die weiß glühende **Schlacke** (ca. 1 700 °C) fließt durch die **Schlackenabflussöffnung** ab und erstarrt in einem Wasserbad zu Schlackengranulat. Dieses Granulat findet in der Baustoffindustrie vielseitige Verwendung als **Schüttungs- und Isoliermaterial.** Durch die Verflüssigung der Schlacke in Schmelzfeuerungen wird der Gehalt an Flugasche im Abgas weitgehend reduziert, sodass diese Anlagen auch in dicht besiedelten Gebieten eingesetzt werden können. Außerdem lässt sich in solchen Feuerungen auch **Kohle mit hohem Aschegehalt** wirtschaftlich verwerten. Bei Schmelzfeuerungen ist eine spezielle Art von Dampferzeugern erforderlich. Sie werden als **Schmelzkammerkessel** bezeichnet.

2.3.6 Ölfeuerung

Ölfeuerungen nehmen unter den mit fossilen Brennstoffen betriebenen Feuerungen einen breiten Raum ein. Die guten Möglichkeiten des Transportes und der Lagerung, der **hohe Heizwert** (→ **A5.7, B2.4**) des Öls sowie seine gute **Regelbarkeit** sind die Hauptgründe für den Einsatz von Öl als Brennstoff. Als **Heizöle** (→ **B2.4**) kommen solche nach **DIN 51603** infrage:

EL: extra leicht, **L:** leicht, **M:** mittelschwer, **S:** schwer

Die dickflüssigen Heizöle müssen vorgewärmt werden, um eine **gleichmäßige Zerstäubung** im Brenner zu erreichen. Diese **gleichmäßige Verteilung** kann durch verschiedene Systeme erreicht werden. Beim **Rotationsölzerstäuber (Bild 1)** wird das vorgewärmte dickflüssige Öl auf eine rotierende Scheibe aufgebracht und mittels **Fliehkraft** nach außen geschleudert. Dadurch wird das Öl fein zerstäubt und mit der über eine äußere **Ringdüse** einströmenden **Luft** vermischt und durch einen **Zündbrenner** entzündet.

Beim **Öldruckzerstäuber (Bild 2)** wird das Öl durch die Wirkung eines Druckes (→ **A2.1**) von 20 bar bis 36 bar in einem Zerstäuber fein verteilt. Die **Verbrennungsluft** wird am Umfang des Brenners über verstellbare **Drallbleche** zugeführt und mit dem aus dem Zerstäuber austretenden Ölnebel verwirbelt.

Bei großen Kesselanlagen werden oft mehrere Brenner in den Ecken des Feuerraums angeordnet. Dadurch wird eine gleichmäßigere Temperaturverteilung erreicht.

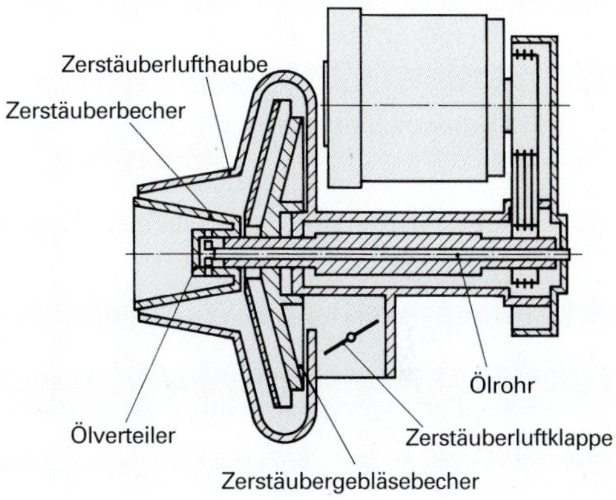

Bild 1: Rotationsölzerstäuber

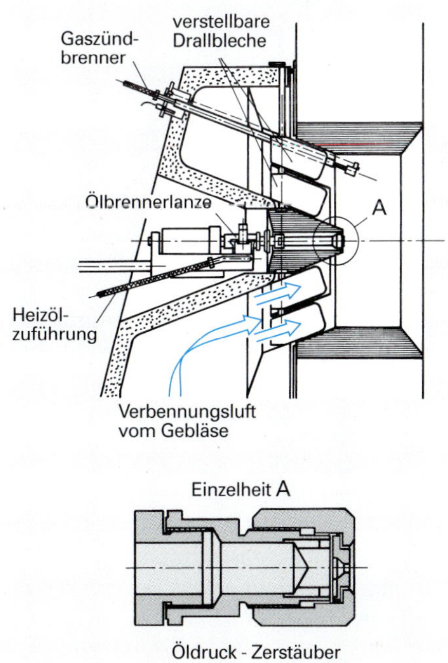

Bild 2: Öldruckzerstäuber

2.3.7 Gasfeuerung

In **Tabelle 1/86** sind die wichtigsten **Brenngase** mit ihren mittleren Brenn- und Heizwerten (→ **B2.4**) zu ersehen. Ebenso wie bei der Ölfeuerung werden zur Verbrennung spezielle Brenner, die auf das Brenngas abgestimmten **Gasbrenner,** eingesetzt. Bei **Gasfeuerungen** ist der besonders **saubere Betrieb** hervorzuheben. Die verschiedenen Gasbrenner werden nach unterschiedlichen Kriterien unterschieden, und zwar nach

- **Flammenart** ⟶ z. B. Diffusionsflamme, teilvorgemischte Flamme,
- **Gasart** ⟶ z. B. Stadtgas, Flüssiggas, Mehrgas- oder Allgasbrenner,
- **Art der Luftzufuhr** ⟶ z. B. Brenner mit Gebläse, Brenner ohne Gebläse,
- **Gasdruck** ⟶ z. B. Niederdruckbrenner, Mitteldruckbrenner,
- **Betriebsweise** ⟶ z. B. handbetätigte Gasbrenner, halbautomatische oder vollautomatische Brenner.

2.4 Dampferzeuger

Bei den **nuklearen Dampfkraftwerken** (→ **C4.2**) wird die für die Dampferzeugung erforderliche Wärme im **Kernreaktor** erzeugt. Nachgeschaltet ist ein **Wärmeaustauscher,** der mit dem **Dampferzeuger** gekoppelt ist. Der hochenergetische Dampf wird zum Antrieb der Turbinen verwendet.

In Kraftwerksbetrieben sind heute Frischdampfparameter bis zu 550 °C und 250 bar üblich.

Es besteht somit zu den **konventionellen Dampfkraftwerken,** die mit fossilen Brennstoffen (→ **B1**) betrieben werden, eigentlich nur ein Unterschied in der Wärmeerzeugung.

2.4.1 Möglichkeiten der Wärmeübertragung

Wird Wärmeenergie von einer Stelle zu einer anderen Stelle übertragen, dann nennt man diesen Vorgang eine **Wärmeübertragung** oder einen **Wärmetransport.** Er kann erwünscht oder unerwünscht sein.

Mithilfe von **Wärmedämmungen** (→ **B2.6**) wird eine **schlechte Wärmeübertragung** erreicht. Bei allen **Heiz- und Kühlprozessen** ist hingegen eine **gute Wärmeübertragung** erwünscht.

Nach dem **zweiten Hauptsatz der Thermodynamik** (→ **A8.2**) kann Wärmeenergie ohne einen zusätzlichen Aufwand an Energie nur von einem Körper mit höherer Temperatur auf einen Körper mit niedrigerer Temperatur übergehen. Schematisch wird dies in **Bild 1** dargestellt.

Diese Übertragung von Wärmeenergie kann von einem Körper (Stoff) auf einen anderen Körper (Stoff) auf dreierlei verschiedene Arten erfolgen. Man unterscheidet:

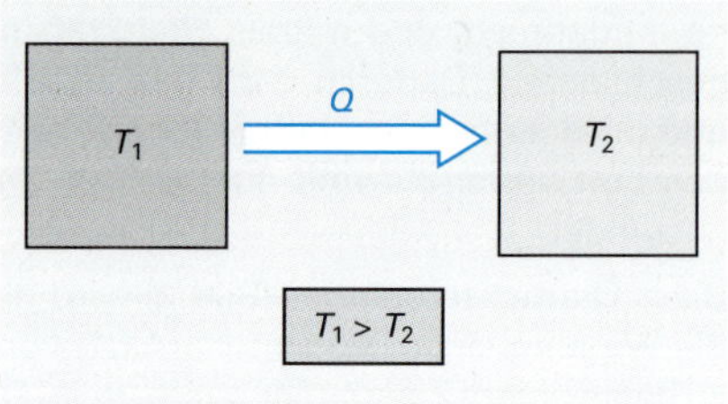

Bild 1: Fließrichtung der Wärmeenergie

- **Wärmeleitung**

Hierbei wird Wärmeenergie direkt zwischen benachbarten Teilchen – z. B. Molekülen – fester Körper oder **ruhender** Flüssigkeiten, Gasen bzw. Dämpfen übertragen. Diese Übertragung (Weiterleitung) der Wärme erfolgt dadurch, dass sich die Teilchen gegenseitig berühren. Diese Art der Wärmeübertragung tritt z. B. bei den Dampferzeugern in der Wärmeaustauscherwand auf. Vom **Wärmeübergang** spricht man, wenn die Wärme von einem auf einen anderen Stoff übergeht, z. B. vom Rauchgas auf die Wärmeaustauscherwand oder von der Wärmeaustauscherwand auf das Wasser bzw. den Dampf.

- **Wärmestrahlung**

Bei der Wärmestrahlung wird die Energie in nicht mehr teilbaren Mengen, den **Energiequanten,** zwischen einem Körper mit höherer Temperatur und einem Körper mit niedrigerer Temperatur ausgetauscht. Diese Energiequanten sind die Elementarteilchen der **elektromagnetischen Strahlung** und heißen auch **Photonen.**

Ein **Übertragungsmedium** ist bei der Wärmestrahlung nicht erforderlich. Die Übertragung erfolgt also auch im **Vakuum.**

Man unterscheidet die **Flammenstrahlung** (sichtbare Strahlung) von der **Gasstrahlung** (unsichtbare Strahlung).

- **Konvektion** (Wärmemitführung)

Die Konvektion ist dadurch gekennzeichnet, dass die Wärmeenergie an **strömende** Flüssigkeiten, Gase oder Dämpfe durch **Leitung oder Strahlung** übertragen, durch die Strömung mitgeführt und an einem anderen Ort an die Umgebung abgegeben wird. Bereits **Dichteunterschiede** (→ **A2.1**) im Medium führen zu einer solchen **Wärmeströmung** (z. B. Dichte des Rauchgases im Kamin im Vergleich zur Außenluft). Wärmeströmungen infolge Dichteunterschieden nennt man **freie** (natürliche) **Konvektion.** Wird die Wärmeströmung durch Pumpen – z. B. in einer Heizungsanlage – oder durch Gebläse bzw. Ventilatoren erzeugt, dann bezeichnet man diesen Vorgang als **erzwungene Konvektion.**

2.4.2 Einteilung der Dampferzeuger

Nach Aufbau und Wirkungsweise der Dampferzeuger – auch als **Dampfkessel** bezeichnet – können diese in **Wasserraumkessel** und **Wasserrohrkessel** unterteilt werden. Die Wasserraumkessel werden vorwiegend mit niedrigen Dampfdrücken betrieben und heißen daher auch **Niederdruckkessel.** Mit den Wasserrohrkesseln lassen sich höhere Drücke und höhere Temperaturen realisieren, was erheblichen Einfluss auf die Verbesserung des **thermischen Wirkungsgrades** (→ **A8.3**) hat. Wegen der hohen Drücke heißen sie auch **Hochdruckkessel.**

Sowohl Wasserraumkessel als auch Wasserrohrkessel werden in verschiedenen Bauarten gebaut.

2.4.3 Wasserraumkessel

Flammrohrkessel

Beim Flammrohrkessel **(Bild 1)** sind in die zylindrische **Kesseltrommel** ein oder zwei – aus Gründen der Wärmeausdehnung (→ **A5.2**) meist gewellte – **Flammrohre** eingeschweißt. In diese ist eine Planrostfeuerung, Öl- oder Gasfeuerung eingebaut. Bei Öl- oder Gasfeuerung wird die Brenneranlage unmittelbar vor dem Flammrohr eingebaut.

Diese Kesselanlagen arbeiten mit einem guten Wirkungsgrad, da durch die Innenfeuerung die Brennstoffwärme besonders gut ausgenutzt wird. Zur Verbesserung der Wirtschaftlichkeit lässt man die heißen Rauchgase an den Rohrschlangenbündeln des **Überhitzers** – zwecks Überhitzung zu Heißdampf – und an den Rippenrohren des **Speisewasservorwärmers,** der dem Kessel vorgeschaltet ist, vorbeiströmen. Um die Wärmeverluste (→ **B2.6, C2.4.1**) gering zu halten, wird der Kesselmantel mit einer **Wärmedämmung** umgeben.

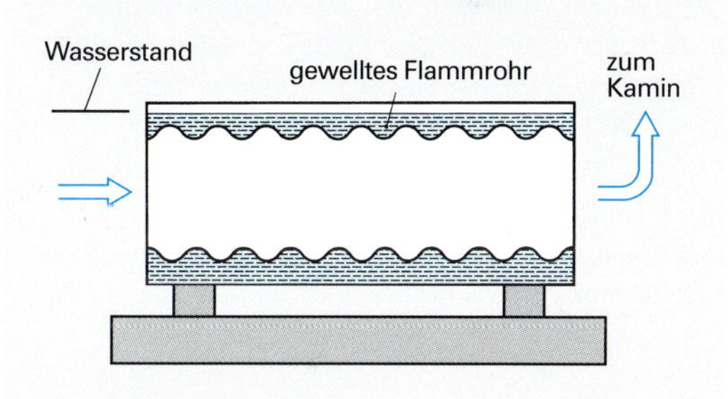

Bild 1: Flammrohrkessel

Flammrohr-Rauchrohr-Kessel

Zur Vergrößerung der Heizfläche wird außer dem Flammrohr noch eine größere Anzahl dünnerer Rohre in den Kesselboden eingezogen. Diese wasserumspülten Rauchrohre werden von den heißen Verbrennungsgasen durchströmt. Um eine optimale Wärmeausnutzung der Gase zu erhalten, werden diese hin- und hergeleitet. Durch diese unterteilte Bauweise erhält man die sogenannten **Dreizugkessel (Bild 2).**

Der Vorteil gegenüber dem reinen Flammrohrkessel liegt in der kürzeren Verfügbarkeit des Dampfes infolge der großen Heizflächen von Flammrohren und Rauchrohren.

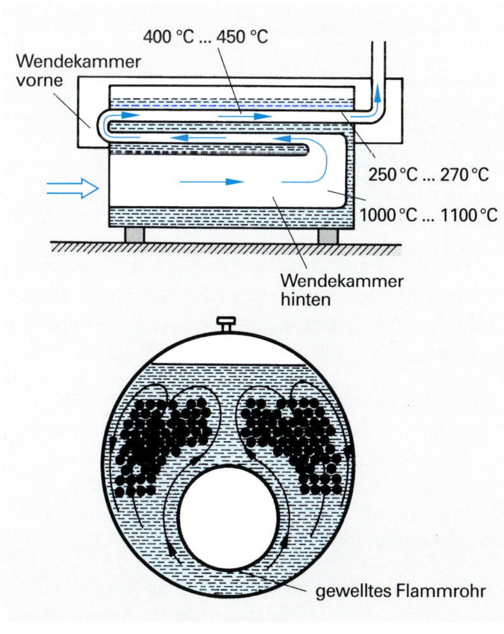

Bild 2: Schnitte durch Dreizugkessel

C Kraftmaschinen

2.4.4 Wasserrohrkessel

Zur Erhöhung des **thermischen Wirkungsgrades** (→ **A8.3**) wird die Temperatur und somit – entsprechend der **Dampfdruckkurve** (→ **A5.9**) – auch der Druck gesteigert. Für die heute praktizierten Dampfdrücke kann man aus Gründen der **Werkstoff-Festigkeit** ab einer bestimmten Leistungsfähigkeit keine Wasserraumkessel verwenden.

Bei sehr hohen Temperaturen und damit hohen Drücken werden **Wasserrohrkessel** verwendet.

Hierbei werden zur Realisierung der Heizflächen wasser- oder dampfgefüllte **hochwarmfeste Rohre** verwendet.

Naturumlaufkessel

Bei den Naturumlaufkesseln wird die **natürliche (freie) Konvektion** (→ **C2.4.1**), die ja bekanntlich durch **Dichteunterschiede** entsteht, ausgenutzt, d. h., der **Wasserumlauf** wird durch Konvektion verursacht. Dieser Dichteunterschied kommt dadurch zu Stande, dass sich in den beheizten **Steigrohren** eine **Zweiphasenströmung** (Dampf, Wasser) einstellt. Deren Dichte ist kleiner als die Dichte des Mediums im unbeheizten **Fallrohr.** Außerdem hat auch noch das Wasser in den Steigrohren durch seine höhere Temperatur eine kleinere Dichte. Aus diesem – zweifach verursachten – Dichteunterschied ergibt sich der geschilderte natürliche Umlauf.

Je nach Kesselbauart ergibt sich für Wasser eine bestimmte

Umlaufziffer $U = \frac{G}{D_{BK}}$ (1)

G umlaufende Wassermasse in kg/s
D_{BK} erzeugte Dampfmasse in kg/s

So bedeutet z. B. $U = 20$, dass 1 kg Wasser 20-mal umlaufen muss, bis es vollkommen verdampft ist oder dass bei einem Umlauf nur 5 % des Wassers verdampfen. Die Umlaufziffer beträgt bei Naturumlaufkesseln zwischen 5 und 50 und sie ist vom Kesseldruck abhängig. Es gilt:

Je höher der Kesseldruck, desto kleiner ist die Umlaufziffer *U*. **Bild 1** zeigt schematisch den Naturumlauf.

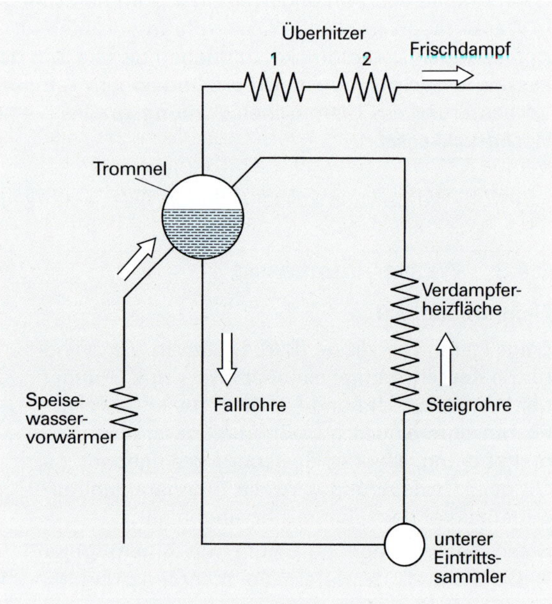

Bild 1: Naturumlauf (schematisch)

Beim **Teilkammerkessel** verläuft eine große Anzahl von Verdampferrohren unter dem Winkel 10° bis 18° gegen die Senkrechte durch den Feuerraum. Sie münden oben und unten in Kammern und führen zu einem eindeutigen Wasserumlauf.

Der Feuerraum des **Steilrohrkessels (Bild 2)** ist vollkommen mit Verdampferrohren ausgekleidet.

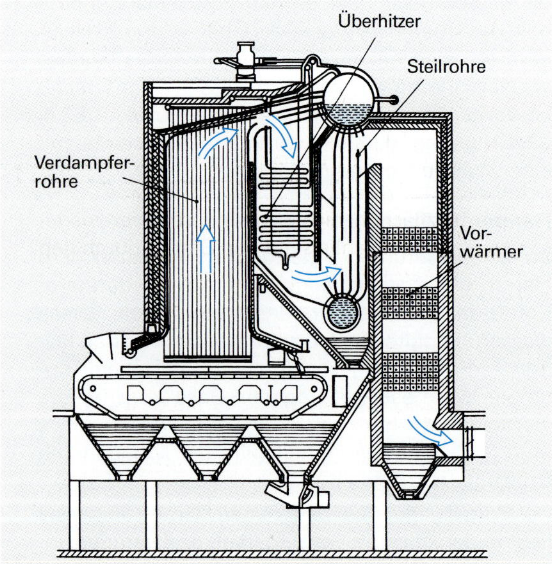

Bild 2: Steilrohrkessel mit Zonenwanderrost

Trotzdem reicht aber bei niedrigen Drücken (bis 67 bar) die durch Strahlung aufgenommene Wärme nicht zur Verdampfung aus. Deshalb wird eine zusätzliche Konvektionsheizfläche zwischen Ober- und Untertrommel nachgeschaltet. Im Steilrohrkessel wird also nur ein Teil der Wärmeenergie durch Strahlung aufgenommen, ganz im Unterschied zu den reinen Strahlungskesseln.

Diese **Strahlungskessel** sind solche, bei denen die Wärmeenergie vorwiegend durch **Flammenstrahlung** übertragen wird. Sie eignen sich besonders gut für Kohlenstaub- und Ölfeuerungen mit ihren langen, stark strahlenden Flammen. Der gesamte Feuerungsraum ist mit Verdampferrohren ausgekleidet und außer bei Drücken über 100 bar kann ein Teil der Wandfläche mit **Strahlungsüberhitzern** ausgekleidet werden. Diese nehmen eine gewisse Wärmemenge auf, was dazu führt, dass die Wärmeaufnahme für die Verdampfung nicht zu groß wird.

Zwangsumlaufkessel und Zwangsdurchlaufkessel

Für große Leistungen und Dampfdrücke werden die Kessel meist als **Zwangsumlaufkessel** oder **Zwangsdurchlaufkessel** ausgeführt, d. h., dass eine **Umwälzpumpe** für eine **erzwungene Konvektion** (→ **C2.4.1**) eingebaut wird. Begründet wird dies dadurch, dass die Dampfleistung des Naturumlaufkessels durch den Dampfdruck begrenzt ist. Es ist nämlich so, dass bei einem Druck von 221,2 bar der zusammengepresste Dampf der Dichte des Wassers im Kessel entspricht. Damit hört der natürliche Wasserumlauf, d. h. die freie Konvektion auf.

Der Einsatz der Umwälzpumpe ermöglicht die Verwendung von **Steigrohren mit kleinerem Nenndurchmesser,** was eine Werkstoffeinsparung zur Folge hat. Die Umlaufziffer U (→ **C2.4.4**) beim Zwangsumlaufkessel beträgt 5 bis 8.

Die **Bilder 1** und **2** zeigen eine schematische und eine vereinfachte Darstellung des Zwangsumlaufes.

Moderne Dampferzeuger sind meist **Zwangsdurchlaufkessel.** In der Regel arbeiten sie nach dem Prinzip des englischen Ingenieurs Benson und werden dann als **Bensonkessel** bezeichnet. Seine Idee beruht auf der Tatsache, dass beim **kritischen Punkt K** (→ **Bild 1/52**) keine **Verdampfungswärme** r (→ **A5.9**) mehr erforderlich ist. Bei diesem Verfahren sind die Heizflächen hintereinander geschaltet. Die **Speisepumpe** drückt das vorgewärmte Wasser in die Verdampferheizflächen, die als Mäanderbänder ausgeführt sind, und anschließend den Dampf durch den Überhitzer. Die Speisepumpe muss zur Überwindung der Strömungswiderstände (→ **A4.5**) – bezogen auf den Druck in der Frischdampfleitung – einen um 30 bis 50 bar höheren Druck erzeugen.

Da bei konstantem Betrieb die gleiche Menge Speisewasser zugeführt wie Dampf abgenommen wird, gibt es eine Stelle im Rohrleitungssystem, wo die letzten Wasserteilchen verdampfen, den sogenannten **Verdampfungspunkt.** Die Lage dieses Punktes ist abhängig von der Last des Dampferzeugers. Durch den Einbau einer **Abscheideflasche** kann der Verdampfungspunkt fix gehalten werden.

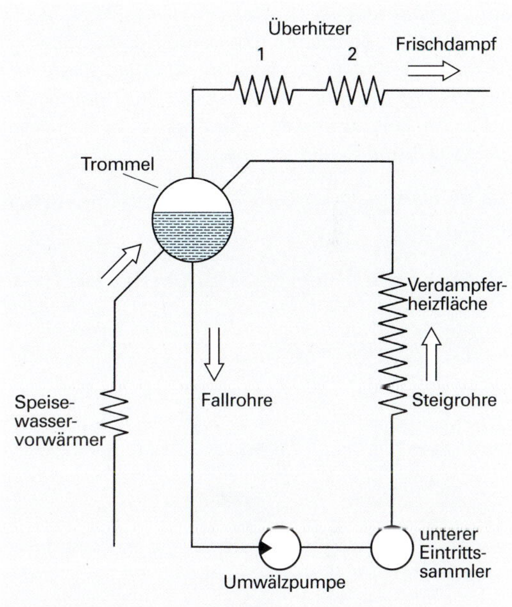

Bild 1: Schematischer Zwangsumlauf

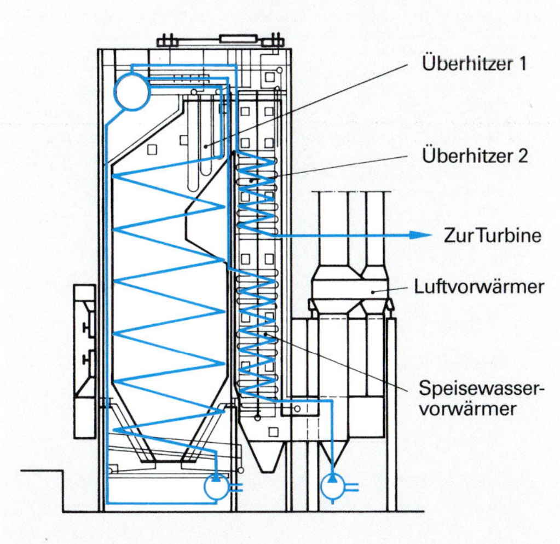

Bild 2: Vereinfachte Darstellung eines Dampferzeugers mit Zwangsumlauf

C Kraftmaschinen

Die Abscheideflasche übernimmt beim Durchlaufdampferzeuger die Funktion der fehlenden oberen **Trommel,** ist also für die Trennung des Dampfes vom Wasser zuständig.

Die **Leistungsregelung** des Dampferzeugers kann bei konstantem Frischdampfzustand und veränderlichem Dampfvolumen – man nennt dies dann **Festdruckbetrieb** – oder bei konstantem Frischdampfvolumen und veränderlichem Frischdampfzustand – man nennt dies dann **Gleitdruckbetrieb** – erfolgen.

Bei reinem Gleitdruckbetrieb erreicht man wegen des konstanten Volumenstromes (→ **A3.4, A3.5**) sehr niedrige Teillasten. Um beide Regelungsarten – Festdruckbetrieb und Gleitdruckbetrieb – realisieren zu können, wird der einfachen Durchlaufschaltung ein **Umlaufsystem** überlagert, das ähnlich wirkt wie beim Zwangsumlaufkessel.

Die **Bilder 1** bis **3** zeigen einige der beschriebenen Sachverhalte.

Der Buchstabe Ü steht dabei für **Überhitzer.**

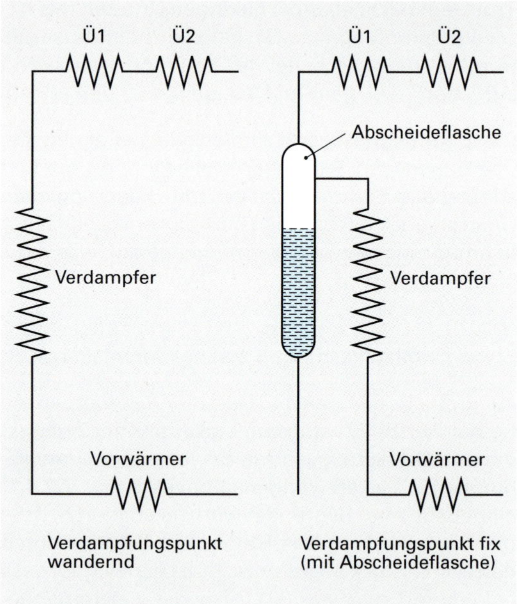

Bild 1: Zwangsdurchlaufsysteme (schematisch)

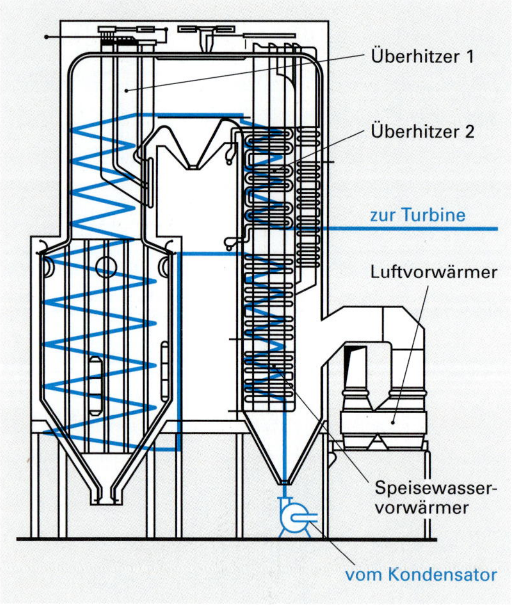

Bild 2: Vereinfachte Darstellung eines Dampferzeugers mit Zwangsdurchlauf

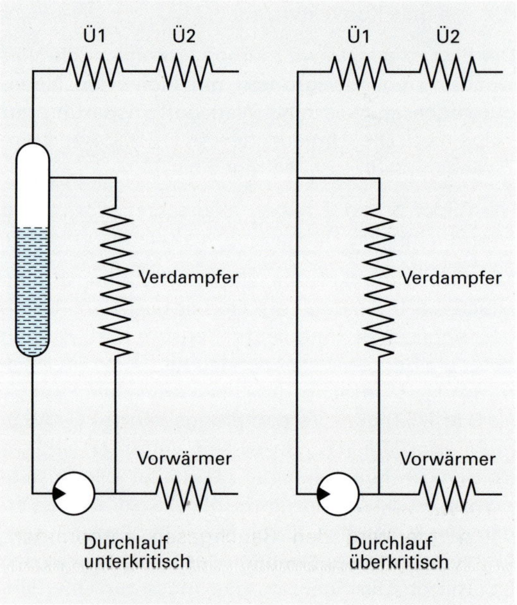

Bild 3: Zwangsdurchlauf mit überlagertem Umlaufsystem (schematisch)

Es soll noch erwähnt werden, dass es neben den besprochenen Dampferzeugern noch weitere **Sonderbauformen** gibt. Diese alle zu besprechen, würde aber den Rahmen dieses Buches sprengen.

2.5 Hilfsanlagen für die Dampferzeugung

Zum Betrieb eines Dampferzeugers sind noch verschiedene – zum Teil bereits erwähnte – **Hilfseinrichtungen** notwendig. Diese sollen nachfolgend erörtert werden.

2.5.1 Kesselspeisepumpe

Um den Verdampfungsvorgang aufrechtzuerhalten, sind zwei voneinander unabhängig angetriebene Pumpen – die **Kesselspeisepumpen** – zu installieren. Bei diesen Pumpen kommen vorwiegend mehrstufige Kreiselpumpen (→ **D1.5**) oder Kolbenpumpen (→ **D1.6.1**) zum Einsatz. Der Antrieb erfolgt mit Elektromotor (→ **C8.2**) oder mit einer Kleindampfturbine (→ **C3.3**), wobei bei Ausfall einer Pumpe die Reservepumpe sofort in Betrieb gehen muss, um eine Überhitzung der Kesselrohre zu vermeiden.

2.5.2 Speisewasservorwärmer

Zur Verbesserung des thermischen Wirkungsgrades (→ **A8.3**) wärmt man das **Speisewasser** vor. Die benötigte Wärmeenergie wird aus dem Rauchgas entnommen. Der Speisewasservorwärmer wird am Ende des Kessels installiert, um noch die niedrigen Rauchgastemperaturen zu nutzen. Bei diesen Speisewasservorwärmern unterscheidet man **Kreuzrippenrohrvorwärmer (Bild 1)** und **Schlangenrohrvorwärmer (Bild 2).** Erstere besitzen auf den Rohren aufgeschweißte Stahlrippen zur Vergrößerung der Heizfläche.

Zu erwähnen ist noch, dass das Kesselspeisewasser einer Aufbereitung (→ **C2.5.7**) in einer **Aufbereitungsanlage** unterzogen werden muss.

2.5.3 Luftvorwärmer

Ebenfalls zur Verbesserung des thermischen Wirkungsgrades wird auch die **Verbrennungsluft** vorgewärmt und auch die dafür erforderliche Wärmeenergie wird den Rauchgasen entnommen. Durch die **Luftvorwärmung** wird in der Brennkammer die Temperatur erhöht.

Da die Temperaturdifferenzen von Rauchgas und Luft relativ gering sind und außerdem bei gasförmigen Medien ein schlechter Wärmeübergang (→ **C2.4.1**) vorherrscht, benötigt man sehr große Heizflächen. Im Kraftwerksbau wird häufig der **Ljungström-Luftvorwärmer (Bild 3)** verwendet. Hier wird die eine Hälfte mit Rauchgas und die andere Hälfte mit Luft durchströmt, wobei sich der Rotor mit den Heizblechen dreht und so für den Wärmeaustausch sorgt.

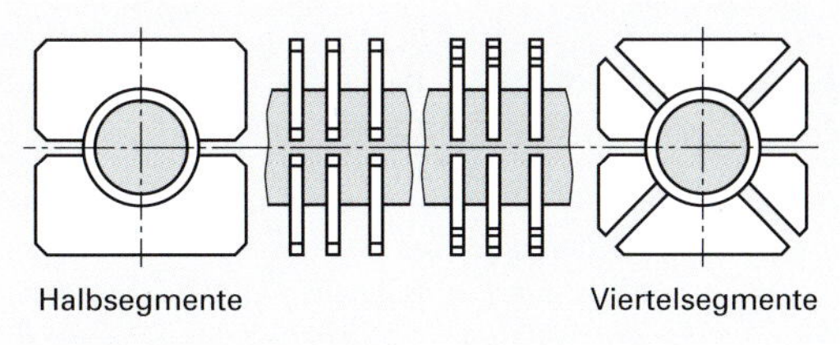

Bild 1: Kreuzrippenrohrvorwärmer

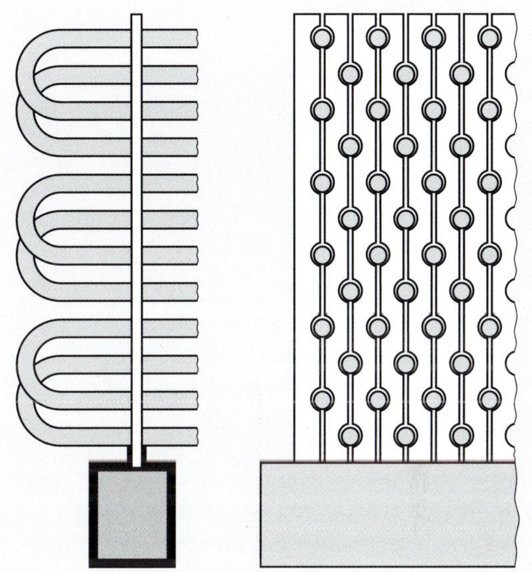

Bild 2: Schlangenrohrvorwärmer

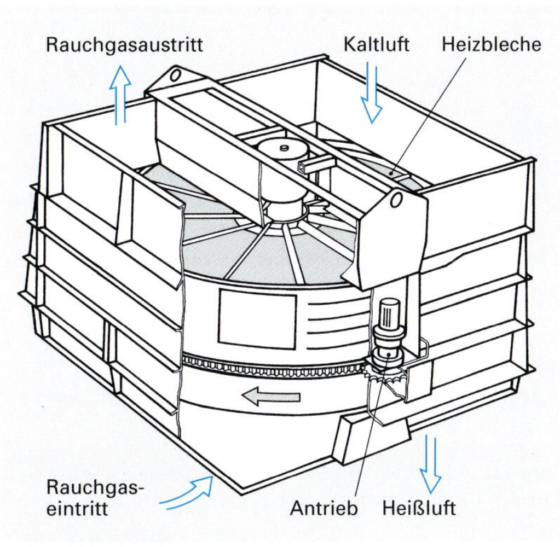

Bild 3: Ljungström-Luftvorwärmer

2.5.4 Rußbläser

Zum Reinigen der Heizflächen von Flugasche und Ruß verwendet man **Rußbläser (Bild 1/124).** Diese Geräte werden mit überhitztem Dampf oder Druckluft betrieben und sind meist direkt in der Kesselmauer eingebaut. Hauptbauarten: Langrohr-Schraubbläser und Weitstrahl-Bläser.

2.5.5 Überhitzer

Zur Erzeugung von **überhitztem Dampf,** d.h. von **Heißdampf** (→ **A5.9, A6.2, C2.1**) benötigt man nach der **Trommel (Bilder 1/120** und **1/121**) – in der sich **über dem Wasser Nassdampf** befindet – oder hinter dem Verdampfungspunkt (→ **C2.4.4**) nachgeschaltete Heizflächen, die sogenannten **Überhitzer.** Überhitzer können in hängender oder liegender Bauweise angeordnet werden und man unterscheidet nach der Wirkungsweise Strahlungsüberhitzer und Konvektionsüberhitzer.

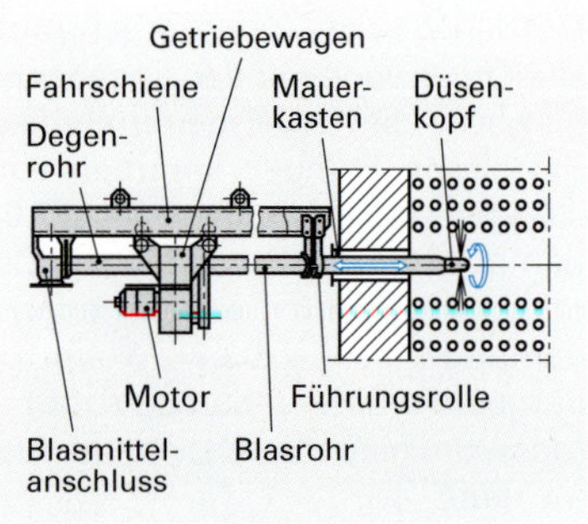

Bild 1: Langrohr-Schraubbläser

Strahlungsüberhitzer

Hier erfolgt der Wärmeübergang zu 95 % durch Strahlung und der Rest durch Konvektion (→ **C2.4.1**). Die Rauchgastemperatur beträgt in diesem Teil des Kessels noch ca. 1 200 °C. Zur weiteren Abkühlung der Rauchgase und gleichzeitigen Wärmeabgabe an den Dampf werden am Ende der Brennkammer aus engliegenden Röhren gebildete Heizflächen über die gesamte Brennraumbreite eingebaut. Diese Heizflächen heißen nach ihrer Bauweise auch **Schottüberhitzer** und nehmen den Großteil an Wärme durch **Gas-Strahlung** auf.

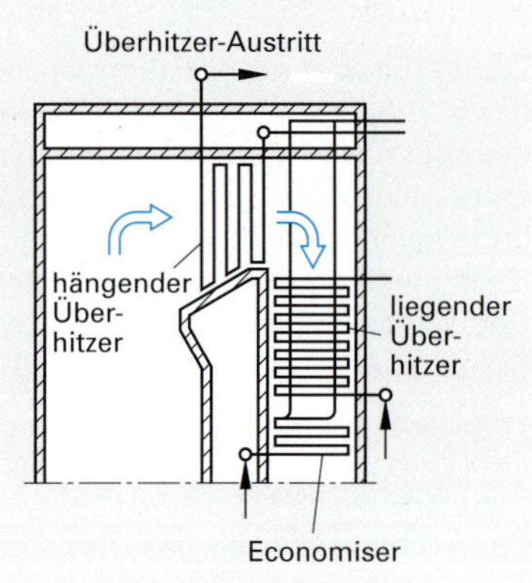

Bild 2: Überhitzeranordnungen

Konvektions- oder Berührungsüberhitzer

Bei dieser Bauform wird die Wärmeenergie bis zu 80 % durch Konvektion übertragen. Die Rauchgastemperatur beträgt hier zwischen 600 °C und 900 °C. **Bild 2** zeigt zwei Überhitzeranordnungen. Die Rohrbündel können fluchtend oder versetzt angeordnet werden **(Bild 3).** Bei **fluchtender Anordnung** ergibt sich ein geringerer Druckverlust im Rauchgasstrom. Bei **versetzter Anordnung** verkleinert sich die Durchströmfläche und es entsteht dadurch eine größere Rauchgasgeschwindigkeit (→ **A3.5**) zwischen den Überhitzerrohren. Dies führt zu einem besseren Wärmeübergang.

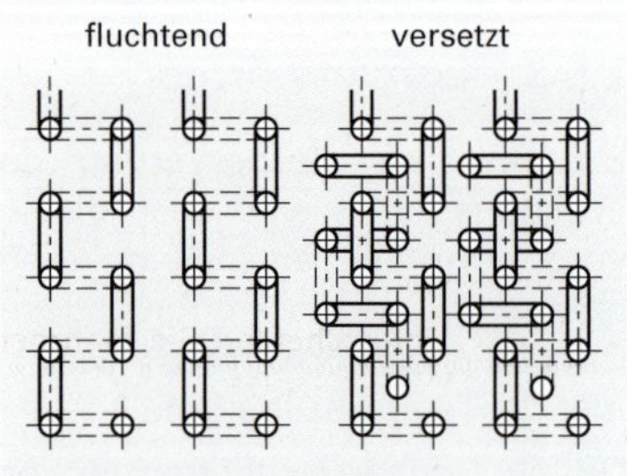

Bild 3: Überhitzerrohranordnung

2.5.6 Staubfilteranlagen

Um die **Umweltbelastung** (→ **B2.7**) durch Asche- und Rußteilchen klein zu halten, sind alle Dampferzeuger mit **Filteranlagen** ausgerüstet. Diese funktionieren entweder mechanisch nach dem Prinzip des Fliehkraftabscheiders, den man auch **Zyklon (Bild 1/125)** nennt, oder elektrostatisch **(Bild 2/125).**

Der Abscheidegrad für kleine Teilchen ist beim **Elektrofilter** wesentlich größer als beim Zyklon, sodass beinahe ausschließlich Elektrofilter eingesetzt werden.

Beim Elektrofilter wird das Rauchgas in einem Gleichspannungsfeld von 20 kV bis 60 kV durch negativ geladene Profildrähte ionisiert. Die negativen Ionen wandern zur positiven Plattenelektrode und bleiben dort haften. Durch eine mechanische **Abklopfanlage** verursacht, fallen diese Teilchen anschließend in den **Staubbunker.**

C Kraftmaschinen

2.5.7 Wasseraufbereitung

Wegen der **Kesselsteinbildung** darf den Dampferzeugern nur gereinigtes, enthärtetes und entgastes Wasser zugeführt werden. Andernfalls würden die Rohrinnenwände verschmutzen. Eine Verschmutzung der Rohrinnenwände verursacht aber sofort einen schlechteren Wärmeübergang und somit eine Beeinträchtigung der Kesselleistung. Daher sind nach den Kondensatoren **(Bild 2/122)** immer **Wasseraufbereitungsanlagen, Ionenaustauscher** und **Entgaser** angeschlossen.

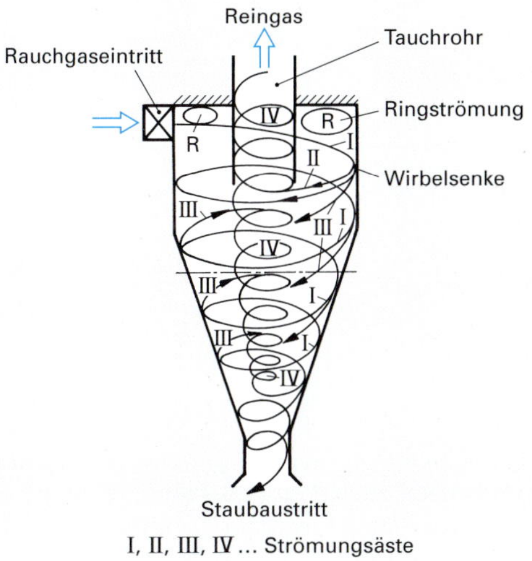

Bild 1: Zyklonentstauber (schematisiert)

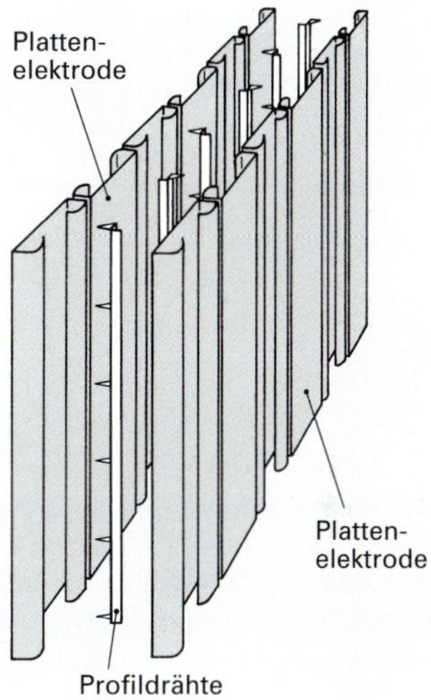

Bild 2: Elektrofilter

Für den Betrieb von Dampferzeugeranlagen sind noch eine große Anzahl von **Messgeräten,** z.B. eine **Wasserstandsfernanzeige, Manometer, Thermometer** etc. sowie **Regeleinrichtungen** und **Alarmanlagen,** erforderlich. Diese Kontrolleinrichtungen werden in zentralen **Bedienungsplätzen,** den **Schaltwarten,** zusammengefasst und kontrolliert.

Wiederholung und Vertiefung

C1 Welcher Unterschied besteht zwischen Dampfkraftmaschine und Verbrennungskraftmaschine?

C2 Welche physikalische Zustandsgröße ist bei Nassdampf und Sattdampf identisch?

C3 Was versteht man unter der Dampferzeugungswärme?

C4 Unterscheiden Sie Planrost-, Treppenrost- und Wanderrostfeuerung.

C5 Was versteht man unter einem Zonenwanderrost?

C6 Welche Vorteile bietet die Kohlenstaubfeuerung?

C7 Welche Vorteile bietet die Schmelzfeuerung?

C8 Nennen Sie die heute in Dampfkraftwerken üblichen Frischdampfparameter.

C9 Nennen Sie die drei Möglichkeiten einer Wärmeübertragung.

C10 Wie wird die Wärmestrahlung unterschieden?

C11 Was versteht man unter einem Dreizugkessel?

C12 Aus welchen Gründen ist das Flammrohr im Wasserraumkessel gewellt?

C13 Was bedeutet Umlaufziffer $U = 50$?

C14 Unterscheiden Sie Naturumlauf und Zwangsumlauf.

C15 Welcher wärmetechnische Vorteil wird beim Benson-Kessel ausgenutzt?

C16 Welche Aufgabe hat die Trommel?

C17 Was versteht man unter dem Verdampfungspunkt?

C18 Welche Aufgabe kommt im Dampfkraftprozess dem Überhitzer zu?

C19 Unterscheiden Sie die Überhitzerbauarten.

C20 Nennen Sie die wichtigsten Hilfsanlagen für den Betrieb von Dampferzeugern.

C21 Welchen Vorteil bietet die versetzte Anordnung der Rohrbündel im Konvektionsüberhitzer?

C22 Welche Eigenschaften werden dem Kesselspeisewasser abverlangt?

C3 Dampfkraftmaschinen

Aus **Tabelle 1/111** ist bekannt, dass man die **Kraftmaschinen** nach dem Arbeitsmedium bzw. nach dem verwendeten Energieträger unterteilt. Eine der dort genannten Arten der Kraftmaschinen sind die **Wärmekraftmaschinen.** Diese wiederum werden üblicherweise in **Dampfkraftmaschinen** (Kolbendampfmaschine, Dampfmotor, Dampfturbine) und **Verbrennungskraftmaschinen** (Verbrennungsmotor, Gasturbine) unterteilt.

Die Dampfkraftmaschinen werden wie folgt unterteilt:

- **Kolbendampfmaschine**
- **Dampfmotor**
- **Dampfturbine**

Dabei wird es so sein, dass die Dampfturbine mit ihren unterschiedlichen Bauarten – entsprechend dem heutigen Stand der Technik – die dominierende Rolle einnimmt. Kolbendampfmaschine und Dampfmotor werden lediglich in ihrer Funktion beschrieben.

3.1 Kolbendampfmaschine

Bei der **Kolbendampfmaschine** handelt es sich um die zuerst gebaute Form einer Wärmekraftmaschine. Die erste brauchbare Konstruktion gelang dem englischen Erfinder James **Watt (1736 bis 1819)**, und zwar nach wichtigen und von Watt ausgenutzten Vorarbeiten des französischen Physikers Denis **Papin (1647 bis 1714)** und des englischen Erfinders Thomas **Newcomen (1663 bis 1729).** Während der Kolben der von Papin und Newcomen gebauten Maschinen nur von einer Seite mit Dampf beaufschlagt wurde (einfachwirkend), baute Watt als erster eine **doppeltwirkende Kolbendampfmaschine. Bild 1** zeigt das Funktionsschema einer solchen doppeltwirkenden Kolbendampfmaschine:

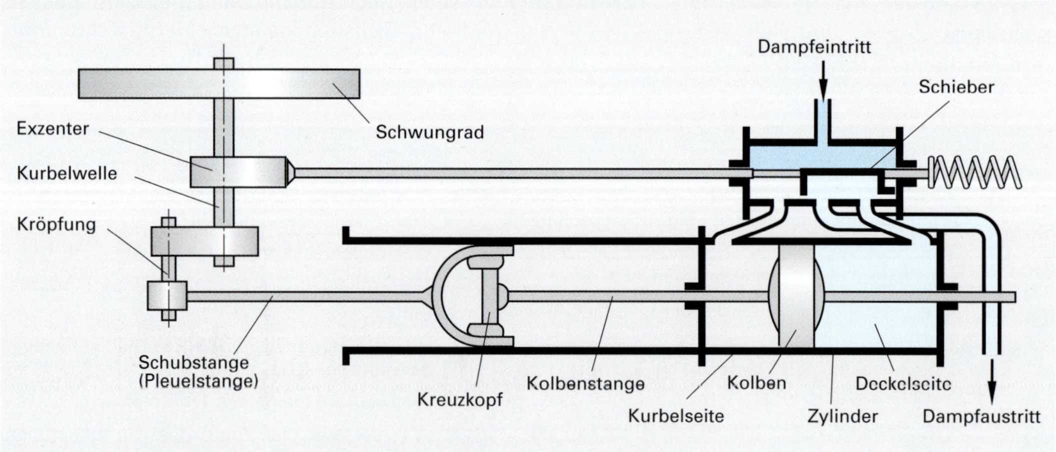

Bild 1: Funktionsschema einer doppeltwirkenden Kolbendampfmaschine

Im **Bild 1** ist die Stelle des Dampfeintrittes zu sehen. Der Dampf hat dort eine hohe Temperatur und einen hohen Druck, d.h. dass er als **Heißdampf** (→ **A5.9, C2.1**) einströmt. Mit diesem Dampfzustand werden in heutigen Konstruktionen **Wirkungsgrade** (→ **A1.13, A8.3**) von gut 20 % erreicht. Die Ausnutzung der Energie ist somit nicht als befriedigend zu bezeichnen. Der **Wasserdampf** hat also eine hohe **Eintrittsenergie.** Diese wird auf den Kolben übertragen, und zwar wechselweise auf der Deckelseite **(Vorlauf)** und auf der Kurbelseite **(Rücklauf).** Die **Translationsenergie** (→ **A1.16**) des **Kolbens** wird auf die **Schubstange** übertragen. Diese wirkt auf die **Kurbelwelle,** die sich dreht und auf der das **Schwungrad** angebracht ist. Dort steht dann **Rotationsenergie** bzw. Rotationsleistung (→ **A1.14**) zur Verfügung. **Bild 1** zeigt einen **Langhuber.**

Eine andere Bauart ist der **Kurzhuber.** Bei einem solchen wirkt der Kolben direkt auf eine **Pleuelstange** und diese auf die Kurbelwelle, und zwar unter Fortfall des **Kreuzkopfes. Tabelle 1** zählt Vorteile und Nachteile von Kolbendampfmaschinen auf:

Tabelle 1: Vor- und Nachteile von Kolbendampfmaschinen

Vorteile	Nachteile
• Hohes Drehmoment	• Große pulsierende Massenkräfte trotz kleiner Drehzahlen
• Anfahren unter Last	• Kein schmierölfreier Abdampf und daher keine bzw. sehr aufwendige Wiederverwendung des Kondensats
• Lange Lebensdauer durch niedrige Drehzahl	• Frischdampfdruck infolge großer Zylinderdurchmesser begrenzt (12 bar, 300 °C)

Anfang des 20. Jahhunderts erreichte die Entwicklung der Kolbendampfmaschine ihren Höhepunkt. Es wurden Leistungen bis 5 000 kW bei einem Hub bis 2 000 mm und Kolbendurchmessern bis 1 000 mm erreicht. Wenn man bedenkt, dass heute Dampfturbinensätze bis zu einer Leistung von 1 500 MW (300-fache Leistung) bei einem wesentlich besseren Wirkungsgrad gebaut werden, dann verwundert es nicht, dass Kolbendampfmaschinen heute keinen Anwendungsbereich mehr haben. Deswegen, aber auch aus ökologischen Gründen (→ **B2.7**), wurde z. B. im Mai 1977 die letzte Dampflok der Deutschen Bundesbahn stillgelegt. Der heutige Betrieb von Dampflokomotiven erfolgt noch aus rein nostalgischen Gründen.

3.2 Dampfmotor

Die Entwicklung der Verbrennungskraftmaschinen (→ **C7**) hat auch den Bau von Dampfkraftmaschinen beeinflusst und zu den so genannten **Dampfmotoren** geführt.

Solche Dampfmotoren gleichen in ihrem Aufbau fast vollständig den stationären Verbrennungskraftmaschinen. **Bild 1** zeigt die Schnittdarstellung einer solchen Maschine:

Dampfmotoren unterscheiden sich von Kolbendampfmaschinen gleicher Leistung durch höhere Drehzahl, geringeres Gewicht bei kleinerem Raumbedarf infolge ihrer gedrängten, meist stehenden Bauart.

Besonders zu erwähnen ist auch die günstige **Momentencharakteristik (Bild 1/128).**

Bild 1 zeigt einen doppeltwirkenden Dampfmotor.

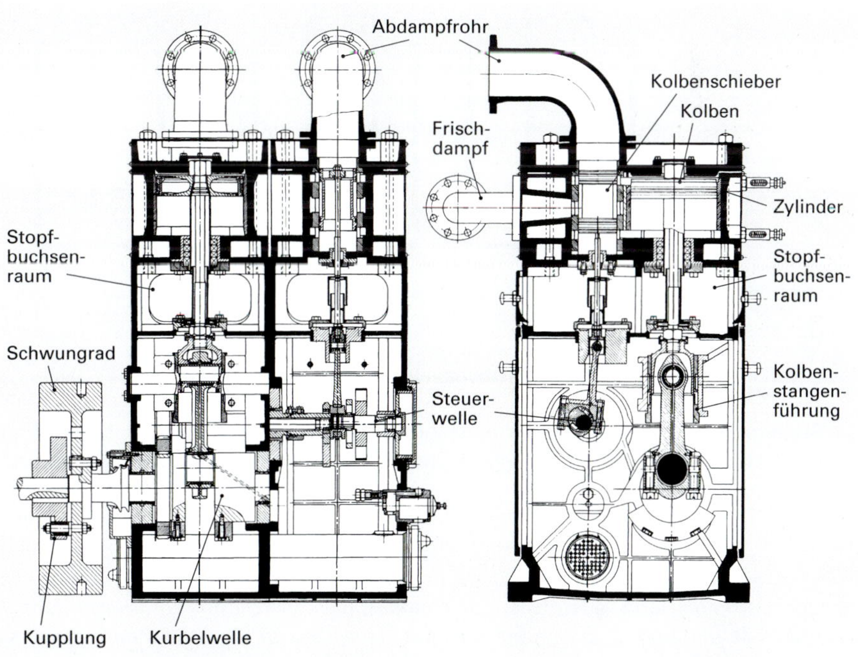

Bild 1: Zweizylinder-Dampfmotor

Bekannte Ausführungsformen sind der doppeltwirkende Dampfmotor mit **Kolbenschiebersteuerung** und der einfachwirkende Dampfmotor mit **Ventilsteuerung.**

Wegen der hohen Drehzahl kann der Dampfmotor mit geringerem Gewicht gebaut werden als die Kolbendampfmaschine gleicher Leistung, sodass auch ein **nichtstationärer Einsatz** möglich ist. Für Fahrzeuge wäre der Dampfmotor wegen der bereits genannten günstigen Momentencharakteristik **(Bild 1)** ideal. Es erfolgt ein nahezu hyperbelförmiger Anstieg des **Drehmoments** (→ **A1.7, A1.14**) bei abfallender **Drehzahl** (→ **A1.14**).

Leider ist bei nichtstationärem Einsatz, d.h. bei Kraftfahrzeugen, das Problem der wirtschaftlichen Dampferzeugung auf kleinem Raum noch nicht gelöst. Deshalb ist die Anwendung des Dampfmotors auf den stationären Einsatz beschränkt.

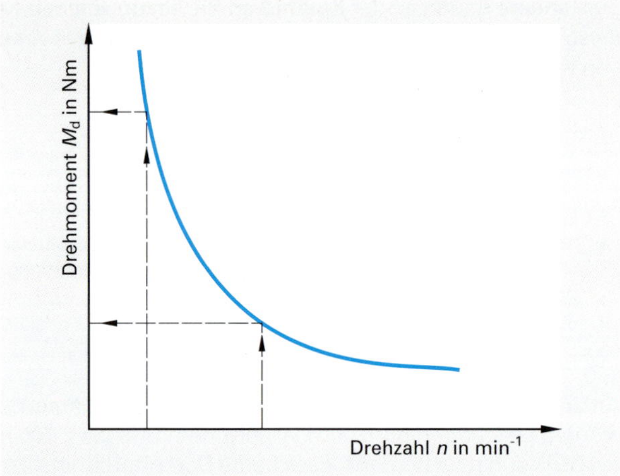

Bild 1: Drehmoment, Drehzahl-Diagramm eines Dampfmotors

3.2.1 Dampfmotor mit Kolbenschiebersteuerung

Es wurde bereits erwähnt, dass **Kolbenschiebersteuerung** und Ventilsteuerung zum Einsatz kommen. **Bild 2** zeigt die Wirkungsweise einer Kolbenschiebersteuerung:

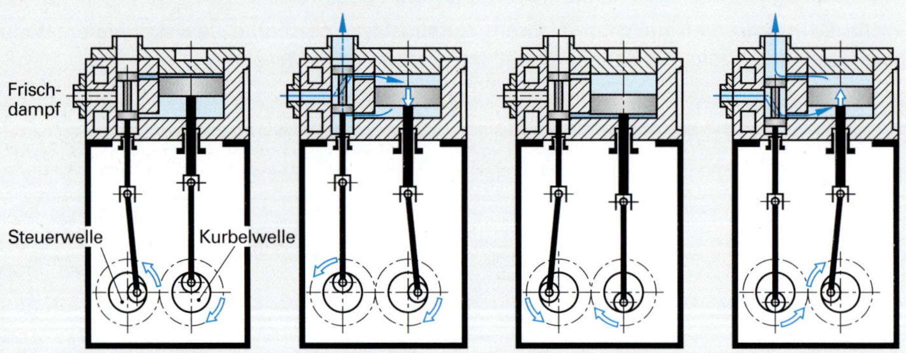

obere Kolbenseite	Verdichten	Einströmen	Ausdehnen	Ausströmen
untere Kolbenseite	Ausdehnen	Ausströmen	Verdichten	Einströmen

Bild 2: Wirkungsweise einer Kolbenschiebersteuerung

Die **Steuerung** erfolgt hierbei von einer besonderen **Steuerwelle** aus, die mit Zahnrädern im Übersetzungsverhältnis 1:1 angetrieben wird. Auf der Steuerwelle sitzen die **Verstellexzenter,** die den Hub des **Rundschiebers** je nach Belastung verändern. Diese Veränderung wird z.B. durch einen **Fliehkraftregler** bewirkt. Der Motor kann nach dem Baukastenprinzip aufgebaut werden, d.h., man kann mehrere Einheiten zusammenbauen und erhält dann einen Zwei-, Drei- usw. bis Sechszylindermotor. Die Einzelteile sind austauschbar.

Für den Dampfein- und -austritt ist der **Zylinderraum** des Dampfmotors mit dem **Schieberraum** durch **Dampfkanäle** verbunden. Gesteuert wird der Dampf durch die **Steuerkanten des Kolbenschiebers** und durch die in die **Schieberlaufbüchse** eingearbeiteten **Steuerschlitze.**

Der Kolbenschieber wird in seinem mittleren Teil vom Frischdampf umspült. Im oberen Totpunkt des Kolbens gibt eine der mittleren Steuerkanten des Schiebers den Weg zum Dampfkanal frei. Der Frischdampf tritt in den Zylinder ein und drückt den Kolben nach unten.

Gleichzeitig wird der untere **Dampfkanal** so rechtzeitig frei gegeben, dass der noch vorhandene Dampfdruck ausreicht, um den Gegendruck zu überwinden. Somit kann der Dampf durch den hohlen Rundschieber ausströmen. Der Abdampf wird durch die **Steuerkanten** an den Enden des Schiebers gesteuert.

Nach einer halben Umdrehung strömt Frischdampf am **unteren Totpunkt** in den Zylinder ein und der Abdampf am **oberen Totpunkt** aus.

3.2.2 Dampfmotor mit Ventilsteuerung

Beim einfachwirkenden Dampfmotor **(Bild 1)** werden die Ventile für den Dampfeintritt von einer **Nockenwelle** gesteuert.

Der Abdampf entweicht durch Schlitze im Zylinder, die der Kolben nahe der unteren Totpunktlage freigibt. Der **Geradführungskolben** läuft in einer **Rundführung** und ist mit **Kolbenringen** versehen.

Dadurch wird gewährleistet, dass der **Dampf** und das **Kondenswasser** nicht in das Kurbelgehäuse gelangen können.

Um die Füllung des Motors der jeweiligen Belastung anzupassen, wird durch einen **Regler** eine **Steuerwelle** – die zweite Nockenwelle – betätigt. Durch diese wird der Ventilhub und damit **Füllung** und **Leistung** des Motors geregelt.

Die Abhängigkeit des **Kolbendruckes** (→ **A2.2**) vom Kolbenweg – und damit vom Hubvolumen kann in einem ***p, V*-Diagramm** (→ **A6.1**) aufgezeichnet werden. **Bild 2** zeigt, wie dies praktisch mit einem Zylinder, der mit dem Arbeitszylinder der zu untersuchenden Maschine verbunden ist, durchgeführt werden kann. Man nennt dieses Gerät **Indikator** und das aufgezeichnete Diagramm **Indikatordiagramm.**

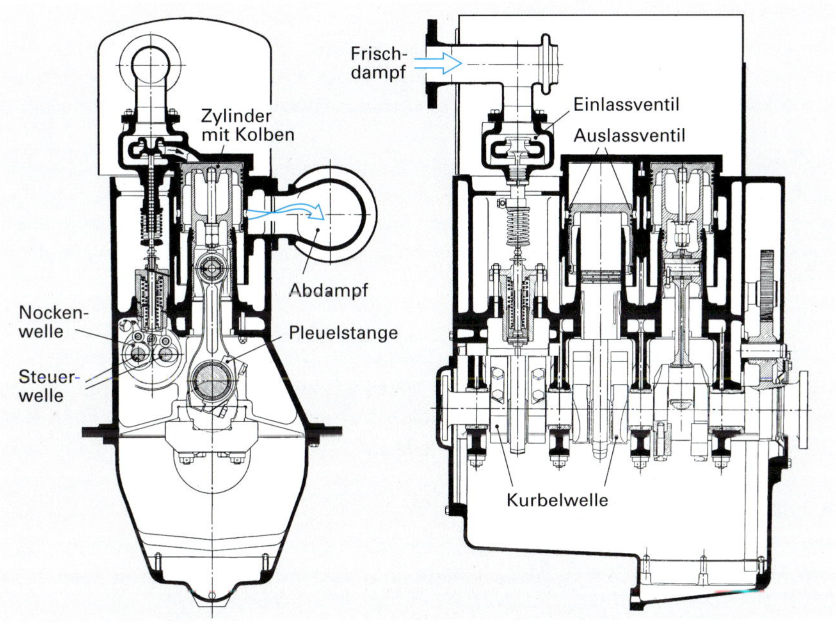

Bild 1: Einfachwirkender Dreizylinder-Dampfmotor

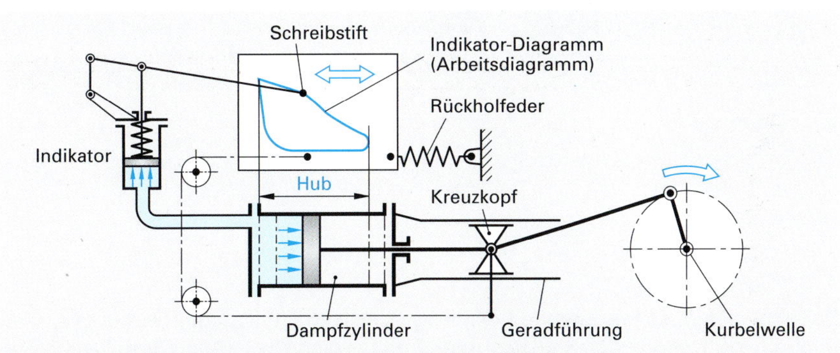

Bild 2: Schematische Darstellung einer Kolbenmaschine mit Indikator

Die Wirkungsweise eines einfachwirkenden Dampfmotors mit Einlassventil und Auslassschlitz wird in **Bild 1/130** jeweils mit entsprechendem Indikatordiagramm gezeigt:

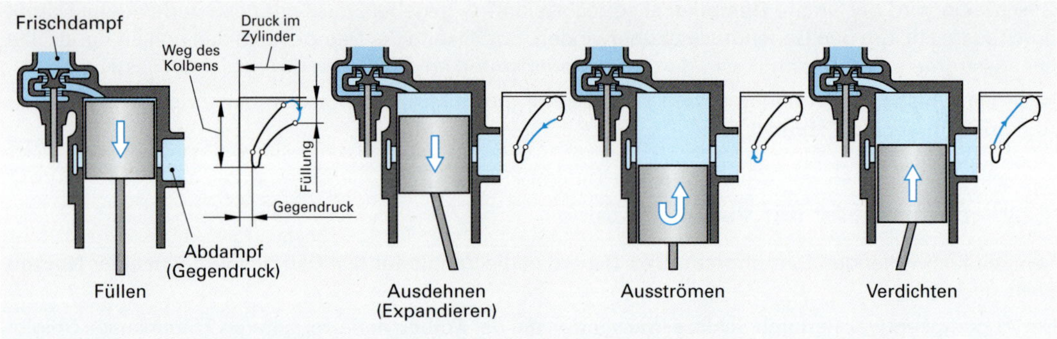

Bild 1: Wirkungsweise eines einfachwirkenden Dampfmotors mit Einlassventil und Auslassschlitzen

Anmerkung:

Der in **Bild 2/129** abgebildete **mechanische Indikator** wurde in dieser Form bereits von **James Watt** konstruiert und verwendet. Heute wird meist der Druck mit **Drucksensoren** gemessen, z. B. mit einem **Piezokristall.** Der abgebildete Indikator nach James Watt ist aber in besonderem Maß dazu geeignet, die Vorgänge im Zylinder anschaulich zu machen.

Bei **Dampfmotoren,** die **mit Ventilen** gesteuert werden, bleiben die Einlassventile umso länger offen, je größer die abverlangte **Leistung** der Maschine ist. Dies bedeutet, dass die Füllung des Zylinders **geregelt** wird. In der Regel wird der Dampfeinlass und damit die Füllung durch einen **Fliehkraftregler** über einen **Verstellexzenter** der jeweiligen Belastung angepasst. Gemäß **Bild 1** unterscheidet man die folgenden **Verfahrensstufen:**

- **Füllen**

Kurz vor der oberen Totpunktlage öffnet das **Einlassventil.** Der Frischdampf strömt in den Zylinder. Während dieser **Voreinströmung** steigt der Druck im Zylinder steil bis auf den Frischdampfdruck an. Bei geringem Leistungsbedarf ist die Füllung klein, bei großem Leistungsbedarf entsprechend groß.

- **Ausdehnen**

Nach beendeter Füllung schließt das Einlassventil. Der eingeschlossene und hoch gespannte Dampf drückt den Kolben aus der oberen Totpunktlage „nach unten". Diese Verfahrensstufe heißt **Ausdehnung** oder **Expansion.** Der Dampfdruck im Zylinder nimmt dabei – entsprechend Indikatordiagramm – ab.

Die Verfahrensstufen **Füllung** und **Expansion** bilden zusammen den **Arbeitstakt.**

- **Ausströmen**

Vor der unteren Totpunktlage gibt die obere Kolbenkante **Auslassschlitze** frei, die ringsum im Zylinder in gleicher Höhe angebracht sind. Der Dampf kann sich auf den Gegendruck entspannen und in die **Abdampfleitung** ausströmen.

- **Verdichten**

Der sich nach oben bewegende Kolben verdeckt verhältnismäßig bald die Auslassschlitze des Zylinders. Dadurch bleibt eine entspannte **Restdampfmenge** eingeschlossen. Diese Restdampfmenge im Zylinder hat sich entsprechend dem **vereinigten Gasgesetz** (→ **A5.3**) beim Entspannen abgekühlt. Ebenfalls nach dem vereinigten Gasgesetz steigt bei der anschließenden Verdichtung – bei Volumenverkleinerung – Druck und Temperatur. Der neu einströmende Frischdampf trifft damit auf ein Dampfpolster, was einen ruhigen Lauf bewirkt.

3.3 Dampfturbinen

Die enorme Bedeutung der Dampfturbinen erklärt sich vor allem in ihrem relativ hohen Wirkungsgrad und dem großen Leistungsvermögen.

Während bei den Kolbenmaschinen infolge der hin- und herbewegten Massen stets große **Massenträgheitskräfte** (→ **A1.6**) wirken, ist dies bei den rotierenden Strömungsmaschinen, wie z. B. bei der Dampfturbine, nicht der Fall. Dies hat einen direkten Einfluss auf die realisierbare **Drehzahl.**

Dampfturbinen sind Strömungsmaschinen mit sehr hohen Drehzahlen.

3.3.1 Grundsätzlicher Aufbau von Dampfturbinen

Alle **Turbinen** werden von einem Fluid (→ **A3**) durchströmt. Bei **Dampfturbinen** ist dieses Fluid in der Regel **Wasserdampf** mit den Frischdampfparametern von ca. 550 °C und 250 bar (→ **C2.4**).

Bild 1 zeigt den schematischen Aufbau und den **Strömungsvorgang** (→ **A3**) des Dampfes durch die Turbine. Es bedeuten:

- **1:** Eintritt des vom Dampferzeuger kommenden Heißdampfes
- **2:** Leiträder **Le** (feststehend)
- **3:** Laufräder **La** auf der Turbinenwelle (umlaufend)
- **4:** Dampfaustritt als Abdampf zum Kondensator

Der aus dem Austrittsstutzen austretende Dampf hat einen Großteil der ihm innewohnenden Energie abgegeben. Er ist „abgearbeitet" und die realisierte Energiedifferenz liegt nun an der Turbinenwelle als **Bewegungsenergie** (→ **A1.11, A1.16**) vor.

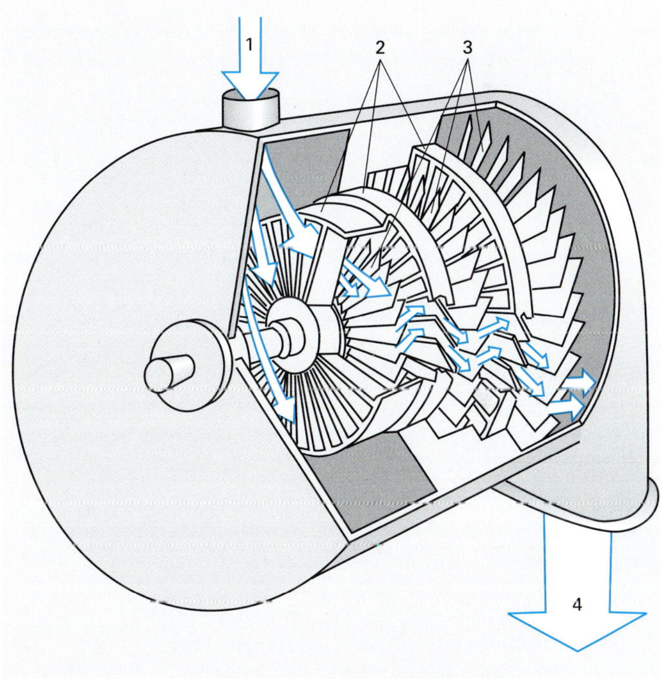

Bild 1: Schematischer Aufbau einer Dampfturbine

In der Dampfturbine werden Wärmeenergie (→ **A5.6**) und Druckenergie (→ **A3.6**) in mechanische Energie, d. h. in Rotationsenergie (→ **A1.16**) umgewandelt.

3.3.2 Physik im Turbinenbetrieb

- **Darstellung im *p, V*-Diagramm, *T, s*-Diagramm und *h, s*-Diagramm**

Der Ablauf des klassischen Dampfkraftprozesses wurde bereits in einem ***p, V*-Diagramm** im Kapitel A als **Clausius-Rankine-Prozess** (→ **A8.4.8**) dargestellt sowie die Kreisprozesse im ***T, s*-Diagramm** im Kapitel A9.

Bild 1 zeigt die **Darstellung des rechtslaufenden Dampfkraftprozesses** (→ **A8.2**) in einem ***T, s*-Diagramm**, und zwar in Verbindung mit einem **Schaltbild.** In dieser Darstellung kommt zum Ausdruck, dass bei einem mit einer **Aggregatzustandsänderung** (→ **A5.9**) verbundenen thermodynamischen Kreisprozess eine Vielzahl von **Einzelaggregaten** (→ **C2**) erforderlich sind. Jedes dieser Einzelaggregate hat im Prozessablauf eine ihm zugeordnete Aufgabe zu übernehmen. **Bild 1** zeigt dies in einem Schaltbild und das daneben gezeichnete – und mit dem Schaltbild in direktem Zusammenhang stehende – *T, s*-Diagramm gibt Auskunft über die transportierten Energiebeträge:

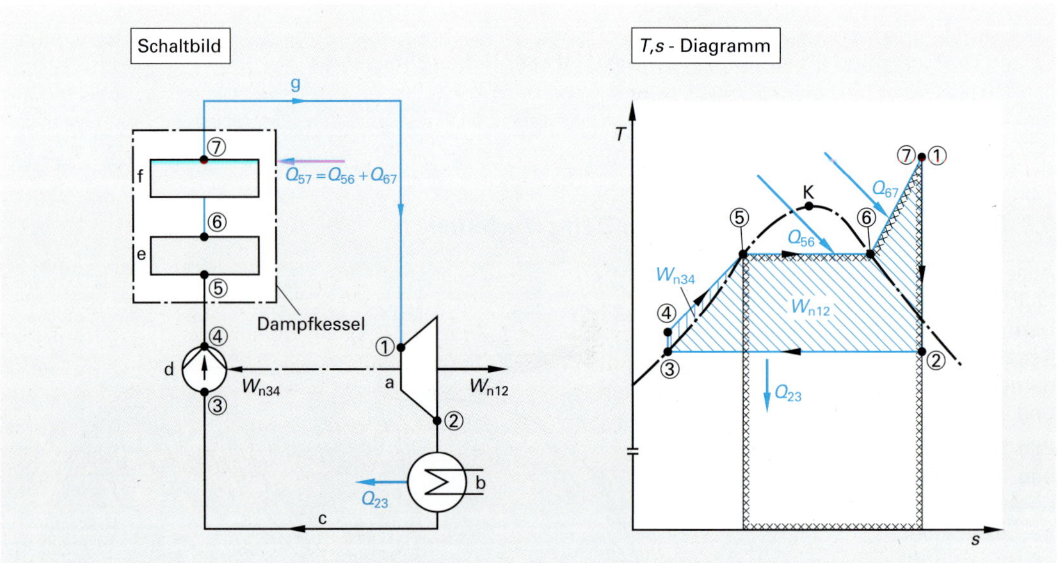

Bild 1: Dampfkraftprozess im Schaltbild und im zugehörigen *T, s*-Diagramm

Im **Bild 1** bedeuten:

a: **Turbine** ⟶ gibt die mechanischen Arbeiten W_{n12} und W_{n34} ab
b: **Kondensator** (Verflüssiger) ⟶ gibt die Kondensatorwärme Q_{23} ab
c: **Flüssigkeitsleitung** (Wasserleitung)
d: **Speisepumpe**
e: **Verdampfer** ⟶ Verdampfungswärme Q_{56} wird zugeführt
f: **Überhitzer** ⟶ Überhitzungswärme Q_{67} wird zugeführt
g: **Dampfleitung**

(e und f) ⟶ **Dampfkessel:** $Q_{57} = Q_{56} + Q_{67}$

Während **Bild 1** im *T, s*-Diagramm den gesamten Dampfkraftprozess darstellt, wird für den Zustandsverlauf bei der **Dampfexpansion** in der Dampfturbine selbst bevorzugt das

***h, s*-Diagramm** (→ **C2.1**)

verwendet.

Bild 1/114 zeigt ein solches für häufig vorkommende Dampfparameter mit allen wichtigen Zustandsgrößen wie z. B. Druck, Temperatur und den Dampfgehalt im Nassdampfbereich.

In nebenstehendem **Bild 2** sind ebenfalls die Grenzkurven (→ **A5.9, A8.4.8**) und die Dampfbereiche (oben Heißdampf und unten Nassdampf, z. B. $x = 0{,}75$) zu erkennen.

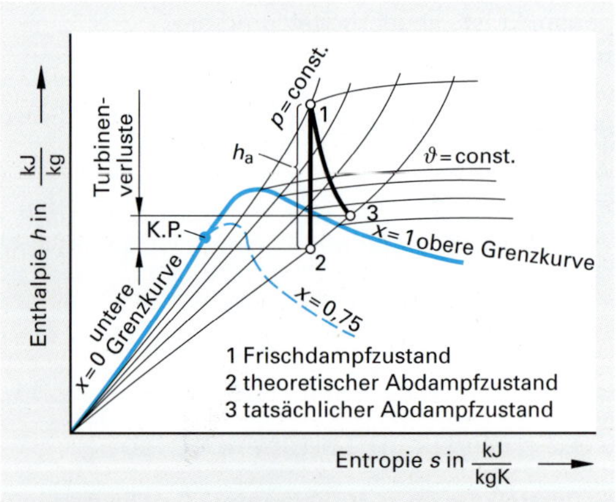

Bild 2: Zustandsverlauf bei der Dampfexpansion in der Turbine im *h, s*-Diagramm

In den Bildern 1/132 und 2/132 sind jeweils die Punkte 1 und 2 identisch. Punkt 1 ist die Stelle des Dampfeintrittes in die Turbine und Punkt 2 ist die Stelle des Dampfaustrittes aus der Turbine.

• Wärmegefälle und Turbinenleistung

Aus **Bild 2/132** (*h, s*-Diagramm) ist die Differenz der **spezifischen Enthalpie** *h* (→ **A5.9**) **zwischen den Punkten 1 und 2** zu erkennen. Der Verlauf dieser Zustandsänderung erfolgt (auf einer senkrechten Linie) bei **konstanter spezifischer Entropie** *s* (→ **A9**), d. h. adiabat bzw. isentrop (→ **A7.4**) und d. h. wiederum bei $\Delta Q = 0$.

Die spezifische Enthalpiedifferenz zwischen den Punkten 1 und 2 wird als **adiabates Wärmegefälle** bzw. **isentropes Wärmegefälle** bezeichnet. Es berücksichtigt nicht die Wärmeverluste beim Durchströmen der Turbine.

adiabates (isentropes) Wärmegefälle

$$\Delta h_a = h_1 - h_2 \quad (1)$$

Der **tatsächliche Zustandsverlauf** in der Turbine ist aber naturgemäß durch **Wärmeverluste** gekennzeichnet und dies bedeutet, dass nicht das gesamte adiabate Wärmegefälle Δh_a für die Energieumsetzung in mechanische Energie (→ **A1.16**) an der Turbinenwelle zur Verfügung steht. Bei der Berechnung der **Turbinenleistung** (→ **A1.12**) wird dies durch den **effektiven Turbinenwirkungsgrad** η_e berücksichtigt. Dieser beinhaltet neben dem **mechanischen Wirkungsgrad** η_m (→ **A1.13**) auch noch den **thermischen Wirkungsgrad** η_{th} (→ **A8.3**).

Die **thermischen Verluste** können ebenfalls aus **Bild 2/132** abgelesen werden. Sie werden als **Turbinenverluste** bezeichnet.

Der tatsächliche Zustandsverlauf in der Turbine ist der Verlauf vom Punkt 1 zum Punkt 3.

Der Zustandsverlauf 1 ⟶ 3 ist ein **polytroper Zustandsverlauf** (→ **A7.5**). Dieser ist dadurch gekennzeichnet, dass sich alle Zustandsgrößen ändern. Auch die **spezifische Entropie** *s* (→ **A9**) **vergrößert sich.** Diese Vergrößerung ist ja bekanntlich ein Maß für die Irreversibilität eines Kreisprozesses, im speziellen Fall der Zustandsänderung 1 ⟶ 3.

Des Weiteren spielt noch bei der Turbinenleistung der zeitliche **Massenstrom** $\dot{m}$ (→ **A3.4, A3.5**) eine ausschlaggebende Rolle. Aus Δh_a, η_e und $\dot{m}$ berechnet sich wie folgt die

Leistung der Turbine

$$P_T = \eta_e \cdot \Delta h_a \cdot \dot{m} \quad (2)$$

Im **Bild 1** sind Details des **Bildes 1/132,** nämlich das ***T, s*-Diagramm des Dampfkraftprozesses,** zu erkennen. An dieser Stelle soll nochmals daran erinnert werden, dass das *T, s*-Diagramm auch als **Wärmediagramm** (→ **A9**) bezeichnet wird. Dies hat seinen Grund darin, dass die dargestellten Diagrammflächen mit den zu- und abgeführten Wärmeenergien identisch sind. So stellt **Bild 1** in einem maßstäblichen Vergleich die Fläche von **Nutzarbeit** und die Fläche von **aufgewendeter Wärmeenergie** gegenüber.

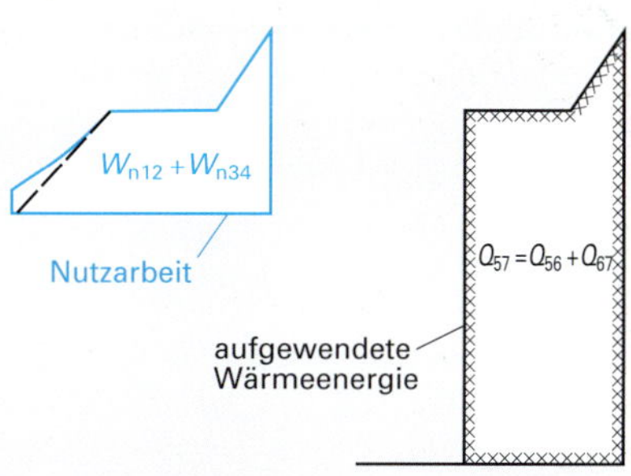

Bild 1: Nutzen und Aufwand im Dampfkraftprozess

Wenn wir nun auf die allgemeine Definition für den thermischen Wirkungsgrad (→ **A8.3**) zurückgreifen, dann ergibt sich:

thermischer Wirkungsgrad des Dampfkraftprozesses

$$\eta_{th} = \frac{W_n}{Q_a} = \frac{W_{n12} + W_{n34}}{Q_{56} + Q_{67}} \quad (3)$$

- **Energieumsetzung**

In der Dampfturbine wird Wärmeenergie und Druckenergie in Geschwindigkeitsenergie umgewandelt (→ **C3.3.1**). Diese Umsetzung des Wärmegefälles bzw. des Druckgefälles kann entweder vollständig in den Leitschaufeln **Le** (Leiträder) oder aber zum Teil in den Leitschaufeln bzw. in den Laufschaufeln **La** (Laufräder) erfolgen. Ob dies so oder so geschieht, ist das Kriterium dafür, ob es sich um eine **Gleichdruckturbine** bzw. **Aktionsturbine** oder **Überdruckturbine** bzw. **Reaktionsturbine** handelt.

Bei der **Gleichdruckturbine** (Aktionsturbine) wird das gesamte zur Verfügung stehende Gefälle im Leitrad umgesetzt.

Folglich strömt bei der Gleichdruckturbine der Dampf mit konstantem (gleich bleibendem) Druck durch das Laufrad hindurch. **Es herrscht vor und hinter dem Laufrad der gleiche Druck.**

Bei der **Überdruckturbine** (Reaktionsturbine) wird nur ein Teil des verfügbaren Gefälles in den Leitschaufeln, der Rest in den Laufschaufeln in Geschwindigkeitsenergie umgesetzt.

Im Laufrad wird die **relative Dampfgeschwindigkeit** w (→ Geschwindigkeitsdreiecke **A1.4**) größer. **Der Dampfdruck vor dem Laufrad ist größer als hinter dem Laufrad, er wird also im Laufrad kleiner.**

Der Zusammenhang zwischen Geschwindigkeit und Druck lässt sich eindeutig mithilfe der **Gleichungen von Bernoulli** (→ **A3.6**) erklären.

Leitrad und Laufrad werden zusammen als **Stufe** bezeichnet. Das Gefälle in der Stufe bzw. im Leitrad und Laufrad wird wie folgt bezeichnet:

Stufengefälle h_t **Leitradgefälle** h_t' **Laufradgefälle** h_t''

Das Stufengefälle errechnet sich aus der Summe von Leitradgefälle und Laufradgefälle.

Eine wichtige Rechengröße ist der so genannte **Reaktionsgrad** ϱ der Turbine. Er errechnet sich wie folgt:

Reaktionsgrad

$$\varrho = \frac{\text{Laufradgefälle}}{\text{Stufengefälle}} = \frac{h_t''}{h_t} \quad (1)$$

Stufen mit ϱ **= 0 bis 0,1** werden als **Gleichdruckstufen** bezeichnet. Bei ϱ **= 0,4 bis 0,6** bezeichnet man die Stufe als **Überdruckstufe.** Die Bereiche dazwischen und darüber sind zwar machbar, aber von untergeordneter Bedeutung.

- **Geschwindigkeitsdreiecke** (→ **A1.4, C5.2.1**)

Bild 1 zeigt die **Absolutbahn** eines Dampfteilchens durch die Stufe. Dabei ist „absolut" die Bahn, die ein Beobachter sieht, der, sagen wir vom stillstehenden Gehäuse aus oder von der Umgebung aus, den Strömungsvorgang beobachtet.

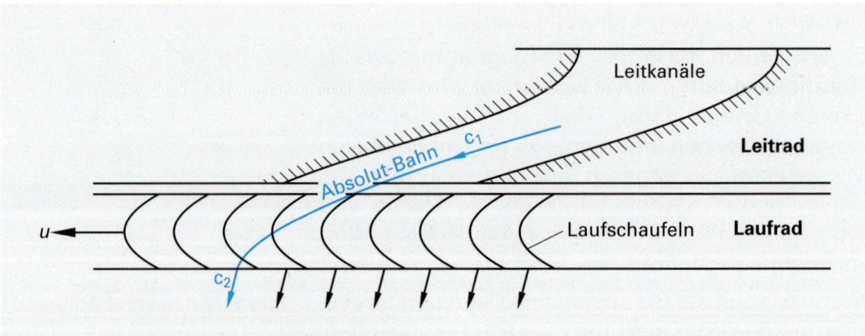

Bild 1: Absolutbahn eines Dampfteilchens

Dabei ist:

c_1 Absolutgeschwindigkeit beim Einströmen in das Laufrad
c_2 Absolutgeschwindigkeit beim Ausströmen aus dem Laufrad

Demgegenüber würde ein Beobachter, der mit dem Strahl durch die Laufschaufeln getrieben wird, seine Umgebung anders sehen, denn seine Bewegung wäre als „relativ" zur Umgebung gerichtet zu bezeichnen. Die entsprechende Geschwindigkeit wird als **Relativgeschwindigkeit** *w* bezeichnet. **Bild 1** zeigt die entsprechenden Geschwindigkeiten beim Eintritt und Austritt in bzw. aus den Laufschaufeln:

w_1 Relativgeschwindigkeit beim Einströmen in das Laufrad
w_2 Relativgeschwindigkeit beim Ausströmen aus dem Laufrad

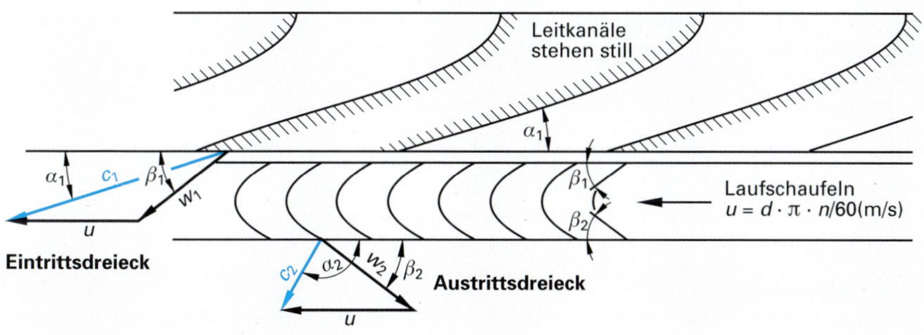

Bild 1: Eintrittsdreieck und Austrittsdreieck

Weiterhin ist aus **Bild 1** zu erkennen, dass das Laufrad eine konstante **Umfangsgeschwindigkeit** (hier mit *u* bezeichnet) hat (→ **A1.14**). Die genannten Geschwindigkeiten *c, w* und *u* lassen sich vektoriell zusammensetzen (→ **A1.4**). Es entsteht dann ein **Geschwindigkeitsdreieck** (→ **A1.4**), welches man beim Eintritt in die Laufschaufel als **Eintrittsdreieck** und beim Austritt aus den Laufschaufeln als **Austrittsdreieck** bezeichnet.

In **Bild 1** sind auch verschiedene Winkel bezeichnet. Diese sind für die **Berechnung der Dampfturbine** von großer Wichtigkeit, können aber aus Platzgründen in diesem Buch nicht weitergehend diskutiert werden. Des Weiteren ist zu erkennen, dass die Dampfstrahlgeschwindigkeit deutlich von c_1 auf c_2 abgenommen hat. Der Differenz $c_1 - c_2$ entspricht nach **Bernoulli** (→ **A3.6**) ein

umgesetzter Energiebetrag

$$\frac{V \cdot \varrho}{2} \cdot (c_1^2 - c_2^2) \quad (1)$$

Bild 2 zeigt die Geschwindigkeitsdreiecke einer Gleichdruckstufe und einer Überdruckstufe im Vergleich.

Entsprechend der unterschiedlichen Geschwindigkeiten sind auch die **Schaufelprofile** nach strömungstechnischen Gesichtspunkten (→ **A3**) unterschiedlich zu gestalten. Vor allem richtet sich die Schaufelform nach den oben bereits angesprochenen Winkeln.

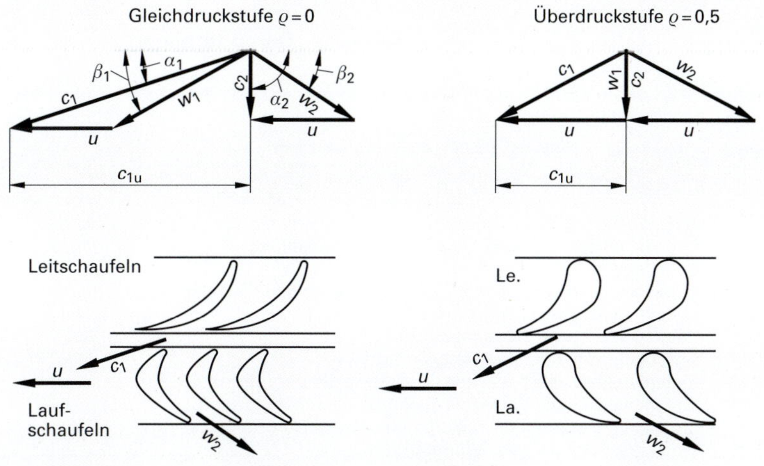

Bild 2: Geschwindigkeitsdreiecke und Beschaufelungen

Die **Leistung** der Gleichdruckturbine wird zu einem **Maximum,** wenn $\boldsymbol{c_1 = 2u}$ ist.

- **Bedeutung des Impulssatzes**

Eine wichtige theoretische Grundlage beim Bau von Dampfturbinen ist der **Impulssatz** (→ **A1.9, A1.16**). Die dabei zu Grunde gelegten Geschwindigkeiten sind die in Richtung der Umfangsgeschwindigkeit gerichteten Komponenten der Relativgeschwindigkeit w, d.h. w_{1u} und w_{2u}.

Bild 1 zeigt diese vektoriellen Komponenten (→ **A1.4**). Setzt man noch für die **Wirkzeit 1 Sekunde,** dann ergibt sich nach dem Impulssatz und gemäß **Bild 1** für die

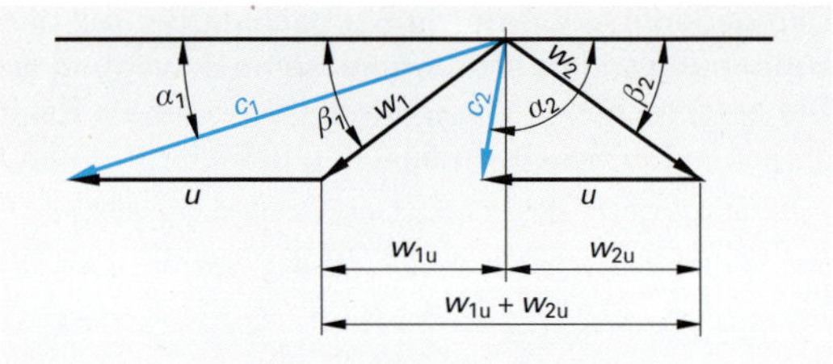

Bild 1: Umfangskomponenten von w_1 und w_2

Umfangskraft $$F_u = \dot{m} \cdot (w_{1u} + w_{2u}) \quad (1)$$ und für die

Umfangsleistung (→ **A1.12**) $$P_u = F_u \cdot u = \dot{m} \cdot u \cdot (w_{1u} + w_{2u}) \quad (2)$$

$\dot{m}$ ist dabei der **Massenstrom** (→ **A3.4**)

3.3.3 Turbinenbauarten nach DIN 4304

Vorbemerkung

Im Dampfturbinenbau und im Gasturbinenbau (→ **C7.2**) kennt man die Ihnen bereits bekannten Ausführungsarten, nämlich **Gleichdruckturbinen** und **Überdruckturbinen.** Sie bestehen nebeneinander und sind schon zu Beginn der Entwicklung (um 1880) von den beiden Erbauern, dem schwedischen Ingenieur C. G. P. de **Laval (1845 bis 1913)** und dem englischen Ingenieur C. A. **Parsons (1854 bis 1931)** unabhängig voneinander entwickelt worden. Laval entwickelte die Gleichdruckturbine und Parsons die Überdruckturbine. Beide Systeme sind dann später in Lizenz weitergebaut und weiterentwickelt worden. So bauen heute bestimmte Firmen Gleichdruckturbinen und andere Firmen Überdruckturbinen.

Von den beschriebenen Entwicklungsrichtungen ausgehend haben sich im Laufe der Jahre viele spezielle Bauarten herausgebildet und im Turbinenbau gibt es viele nationale, europäische und internationale Normen. Die grundlegende Norm über Begriffe und Einteilung der Dampfturbinen ist die

DIN 4304 „Dampfturbinen".

Tabelle 1 gibt die Themenpunkte des Inhaltsverzeichnisses der DIN 4304 wieder:

Tabelle 1: Inhaltsverzeichnis der DIN 4304 „Dampfturbinen"

		Seite in DIN 4304
1	Allgemeine Begriffe	1
2	Einteilung nach der Durchflussrichtung des Dampfes	1
3	Einteilung nach Arbeitsverfahren und Stufenzahl	2
4	Einteilung nach dem Dampfzustand beim Eintritt in die Turbine	3
5	Einteilung nach der Dampfherkunft	3
6	Einteilung nach der Dampfabführung	4
7	Einteilung nach der dampfseitigen Schaltung	5
8	Einteilung nach der baulichen Gliederung der Dampfturbine	5
9	Einteilung nach der Bauweise der Turbine oder Teilturbine	8
10	Einteilung der einzelnen Teilturbinen nach der Anordnung	9
11	Einteilung nach dem Verwendungszweck	10

Die Begriffe sind in dieser Norm (Dezember 1989) in deutscher, englischer, französischer und spanischer Sprache wiedergegeben, was die teilweise Wiedergabe dieser Tabellen im Folgenden zeigt:

Tabelle 1: Allgemeine Begriffe (Tabelle 1 der DIN 4304)

Nr.	Benennung	Definition/Erklärung
1.1	**Dampfturbinenanlage** en: steam turbine unit fr: installation groupe turboalternateur es: planta de turbogrupo de vapor	Dampfturbosatz einschließlich aller verbindenden Rohrleitungen und Hilfseinrichtungen (z.B. Pumpen, Kühler, Ölversorgung, Regelsysteme und Begrenzungs-, Überwachungs- und Schutzeinrichtungen) sowie ggf. weitere Baukomponenten.
1.2	**Dampfturbosatz** en: steam turbine generator set fr: groupe turboalternateur es: turbogrupo de vapor	Dampfturbine mit angetriebenem Generator (bei Getriebedampfturbinen einschließlich des Getriebes).
1.3	**Dampfturbine** en: steam turbine fr: turbine à vapeur es: turbina de vapor	Wärmekraftmaschine mit rotierenden Laufteilen, in denen das Enthalpiegefälle eines dampfartigen Fluids (vorzugsweise Wasserdampf) in einer oder mehreren Stufen in mechanische Arbeit umgewandelt wird.
1.4	**Teilturbine** en: turbine section fr: turbine partielle es: turbina parcial	Bauliche Einheit, die aus einem Läufer und den ihn umschließenden Bauteilen besteht; eine Turbine hat so viele Teilturbinen wie sie Außengehäuse hat.

Ein weiteres Ordnungsschema der Turbinen wird im Punkt 2 des Inhaltsverzeichnisses der DIN 4304 **(Tabelle 1/136)** angedeutet. Es ist dies die Einteilung nach der **Durchflussrichtung des Dampfes.** Danach unterscheidet man:

- **Axialturbine** (→ **Bild 1/131, C3.3.4**)
- **Radialturbine**
- **Radial-Axialturbine**

Tabelle 2 erläutert diese Begriffe:

Tabelle 2: Einteilung nach Durchflussrichtung des Dampfes (Tabelle 2 der DIN 4304)

Nr.	Benennung	Definition/Erklärung
2.1	**Axialturbine** en: axial-flow turbine fr: turbine axiale es: turbina axial	Dampfturbine mit angenähert axialer Durchflussrichtung in einer oder mehreren Axialstufen.
2.2	**Radialturbine** en: radial-flow turbine fr: turbine radiale es: turbina radial	Dampfturbine mit angenähert radialer Durchflussrichtung in einer oder mehreren Radialstufen, vorzugsweise als Gegenlaufturbine. Der Durchfluss kann von außen nach innen (zentripetal) oder von innen nach außen (zentrifugal) erfolgen.
2.3	**Radial-Axialturbine** en: radial-axial flow turbine fr: turbine radiale-axiale es: turbina axial-radial	Dampfturbine mit radialer und axialer Durchflussrichtung innerhalb derselben Turbine oder Teilturbine.

Wie aus dem Inhaltsverzeichnis der DIN 4304 **(Tabelle 1/136)** weiter zu entnehmen ist, kann auch eine **Einteilung nach Arbeitsverfahren und Stufenzahl** (→ **Tabelle 1/138, C3.3.4**) erfolgen. Wie Sie bereits wissen, besteht eine **Turbinenstufe** (bei den meisten Bauarten) aus einem **Leitteil** und einem **Laufteil,** welches den Dampf entweder ohne wesentliche Entspannung umlenkt **(Gleichdruckstufe)** oder auch weiter entspannt **(Überdruckstufe).**

Eine **mehrstufige Turbine** ist aus mehreren aufeinander folgenden Stufen gleicher oder verschiedener Art aufgebaut.

Nach dem **Dampfzustand beim Eintritt in die Turbine** wird ebenfalls unterschieden, und zwar wie folgt:

- **Heißdampfturbine**

  Dies sind Dampfturbinen, bei denen die Dampfeintrittstemperatur um mindestens 50 K oberhalb der entsprechenden Sättigungstemperatur liegt (→ **A5.9, C2.1**).

- **Sattdampfturbine**

  Dies sind Dampfturbinen, bei denen die Dampfeintrittstemperatur auf bzw. geringfügig oberhalb oder unterhalb der entsprechenden Sättigungstemperatur liegt.

Tabelle 1: Einteilung nach Arbeitsverfahren und Stufenzahl (Tabelle 3 der DIN 4304)

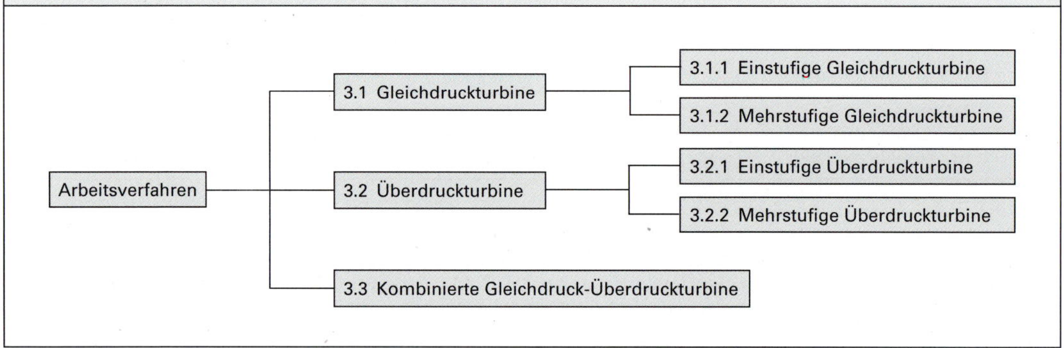

Des Weiteren wird noch nach der **Dampfherkunft** (z. B. **Abdampfturbine)** und nach der **Dampfabführung** (z. B. **Kondensationsturbine**) unterschieden.

3.3.4 Häufig ausgeführte Arbeitsverfahren

- **Aufbau der Gleichdruckstufen**

Bei der Gleichdruckstufe wird das gesamte Stufengefälle h_t in der Leitschaufel verarbeitet. In der Laufschaufel wird nur durch **Strahlumlenkung** die Umfangskraft F_u erzeugt. Um eine große Umfangskraft zu erzeugen, sind daher die Laufschaufeln stark gekrümmt (→ **Bild 2/135**). Durch das große Druckgefälle im Leitrad ist es notwendig, dass die Leitschaufeln in **starke Zwischenböden** eingebaut werden. Diese Zwischenböden unterteilen die Turbine in **Kammern (Bild 1/139)** und man spricht deshalb auch von **Kammerturbinen.** Die Laufschaufeln sitzen auf Radscheiben, die auf der Turbinenwelle befestigt sind. Da zwischen Leitschaufeleintritt und Leitschaufelaustritt ein Druckgefälle herrscht, muss die Stelle, wo die Welle durch den Zwischenboden geht, abgedichtet werden. Man verwendet hier berührungslose **Spaltdichtungen,** die sogenannten **Labyrinthdichtungen,** entsprechend **Bild 1.**

Der **Druckabbau** in der Labyrinthdichtung erfolgt nach den entsprechenden strömungstechnischen Regeln bei der **Berechnung des Druckverlustes** (→ **A4.5**).

Die Laufräder sind gegen das Gehäuse nicht abgedichtet, da hier keine Druckdifferenz zwischen Ein- und Austritt vorliegt. Die Druckverluste, die man hier als **Spaltverluste** bezeichnet, treten also nur in den Zwischenböden auf. Diese sind aber relativ klein.

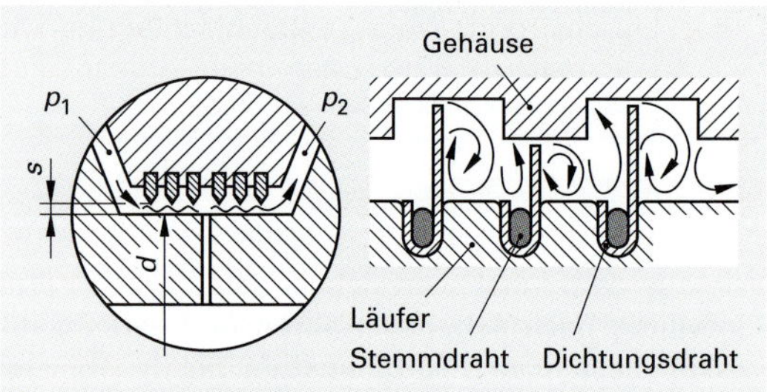

Bild 1: Labyrinthdichtung

Bild 1/139 zeigt den Aufbau einer Kammerturbine mit drei Stufen mit eingezeichnetem **Druckverlauf** und **Geschwindigkeitsverlauf.**

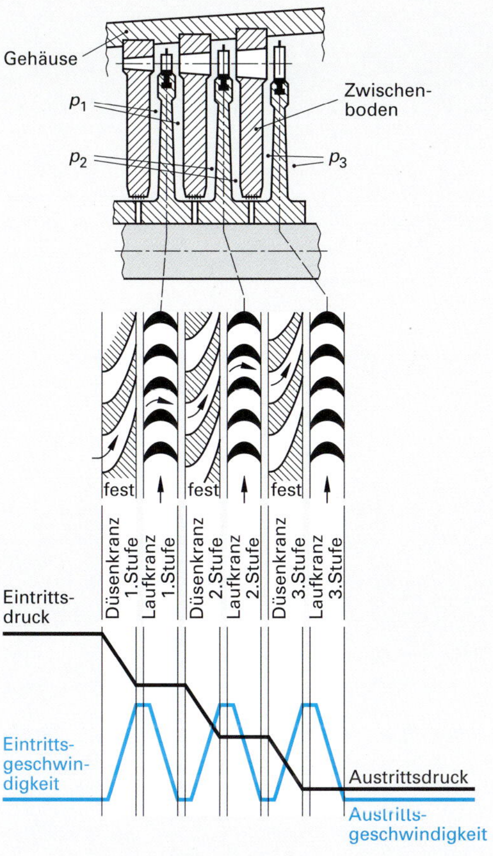

Bild 1: Aufbau einer Kammerturbine

Bild 2: Turbogruppe mit 300 MW

Die Abdichtung des Gehäuses an den Wellendurchmessern erfolgt ebenfalls mit Labyrinthdichtungen, die noch auf der Niederdruckseite mit **Sperrdampf** beaufschlagt werden, um einen Lufteintritt zu verhindern. Dies würde eine Verschlechterung des Kondensats und somit des Speisewassers durch Stickstoff und Sauerstoff bedeuten.

Das Turbinengehäuse und die Zwischenwände sind in Wellenmitte horizontal geteilt **(Bild 2).** Große Wärmegefälle erfordern viele Stufen, die aber in einer Turbine nicht mehr untergebracht werden können. Daher unterteilt man die Dampfturbinenanlage in einen **Hochdruckteil,** einen **Mitteldruckteil** und einen **Niederdruckteil.** Dies ist ebenfalls in **Bild 2** deutlich zu erkennen.

Die Gleichdruckturbine kann auch teilbeaufschlagt werden, d. h., es wird nicht der volle Radumfang von Dampf durchströmt. Diese **Teilbeaufschlagung** wird auch **Mengenregelung** genannt und ist nur bei der Gleichdruckstufe möglich. Die zweite **Regelungsart** ist die **Drosselregelung.** Dabei wird der Frischdampfdruck über das Hauptventil gedrosselt.

Vorteile der Mengenregelung sind der gleiche Dampfzustand (Druck und Temperatur) und somit auch gleiche Anströmwinkel in den Leit- und Laufschaufeln.

Die Änderung der Ein- und Austrittswinkel (in den Geschwindigkeitsdreiecken) infolge der Druckminderung erzeugt zusätzliche **Verluste** und senkt damit den **Turbinenwirkungsgrad.**

Daher verwendet man zur Regelung von Überdruckdampfturbinen eine vorgeschaltete Gleichdruckstufe. Diese Regelstufe kann große Wärmegefälle verarbeiten und ist nach dem Erfinder, dem amerikanischen Ingenieur C. G. **Curtis (1860 bis 1953)** benannt. Es ist das **Curtisrad (C-Rad).** Das Verfahren von Curtis wird auch als **Geschwindigkeitsstufung** bezeichnet. Es wird mithilfe einer **Lavaldüse (Bild 1)** eine sehr hohe Dampfgeschwindigkeit erzeugt und anschließend durch mehrmalige Umlenkung des Dampfes die Dampfgeschwindigkeit abgebaut. Im Curtisrad kann etwa ein Drittel des Gesamtwärmegefälles h_t verarbeitet werden, daher wird diese Stufe fast immer als Regelstufe vorgeschaltet.

Das Curtisrad kann mit einer Laufschaufelreihe **(1-C-Rad)** oder mit zwei Laufschaufelreihen **(2-C-Rad)** gebaut werden. Früher wurden auch **3-C-Räder** gebaut, die aber wegen ihres schlechten Wirkungsgrades nicht mehr hergestellt werden.

Die **Verluste der Gleichdruckturbine** setzen sich wie folgt zusammen:

- **Düsen- und Leitschaufelverlust**
- **Laufschaufelverlust**
- **Radreibungsverlust**
- **Ventilationsverlust**
- **Spaltverlust**
- **Austrittsverlust**
- **mechanischer Verlust**

Düsen-, Leitschaufel- und Laufschaufelverluste sind Verluste infolge Reibung des strömenden Dampfes (→ **A4.5**). Der Radreibungsverlust entsteht zwischen den umlaufenden Radscheiben und dem stillstehenden Zwischenboden bei der Kammerturbine. Der Ventilationsverlust tritt bei Teilbeaufschlagung auf, wobei die nicht beaufschlagten Schaufeln den Umgebungsdampf ansaugen und mitreißen. Dadurch wird Leistung verbraucht. Die Spaltverluste sind relativ klein, da sie nur zwischen Wellendurchmesser und den Zwischenböden bzw. an den Stopfbuchsen auftreten. Der Austrittsverlust entsteht an der letzten Stufe. Die Energie des abströmenden Dampfes geht dabei verloren. Die mechanischen Verluste entstehen durch die Lagerreibung (→ **A1.10**).

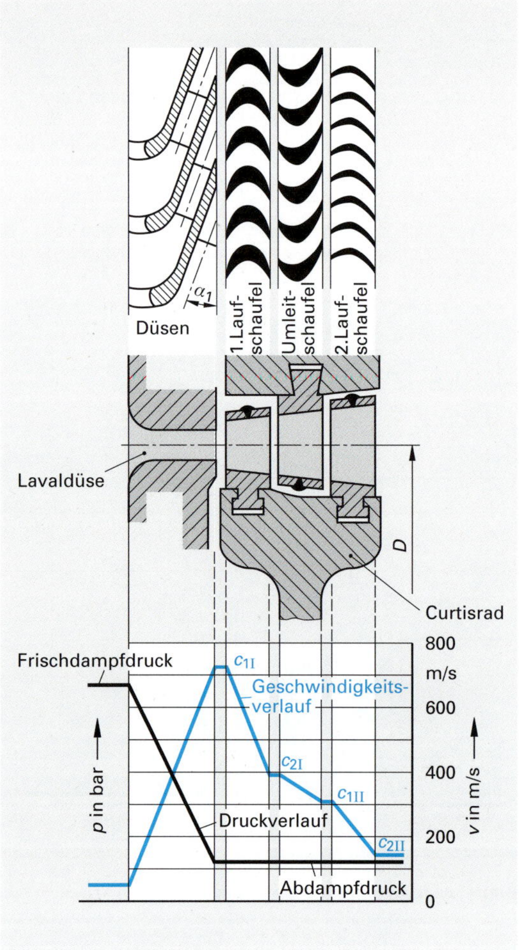

Bild 1: Geschwindigkeitsstufung im C-Rad

Für kleinere Leistungen werden auch einstufige **Getriebeturbinen in Curtisbauweise (Bild 1/141)** hergestellt.

- **Aufbau der Überdruckstufen**

Die Überdruckturbine wird auch als Reaktionsturbine bezeichnet, die Stufe heißt dann Reaktionsstufe oder Überdruckstufe.

Baulich unterscheidet sich die Turbine mit Überdruckstufen von der Turbine mit Gleichdruckstufen hauptsächlich im Aufbau des Turbinenläufers. Dieser wird als Trommel gefertigt. Für kleinere Wellendurchmesser verwendet man eine Vollwelle **(Bild 2).**

Meistens baut man die Überdruckturbinen mit einem Reaktionsgrad $\varrho = 0{,}5$. Das hat den Vorteil, dass die Leit- und Laufschaufeln einer Stufe den gleichen Aufbau haben. Die Schaufeln der Über-

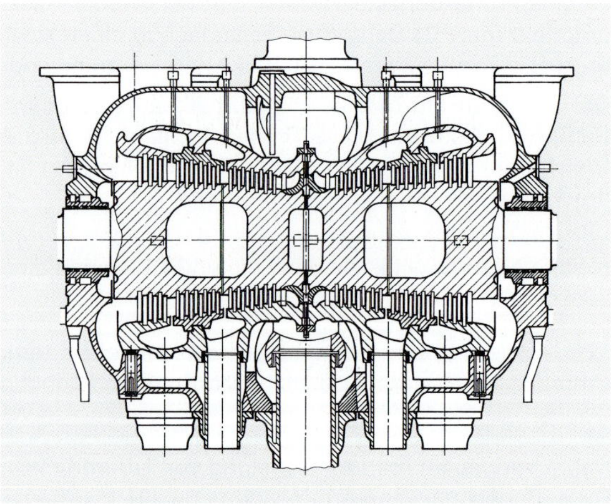

Bild 2: Doppelflutige Überdruckturbine mit Trommelwelle

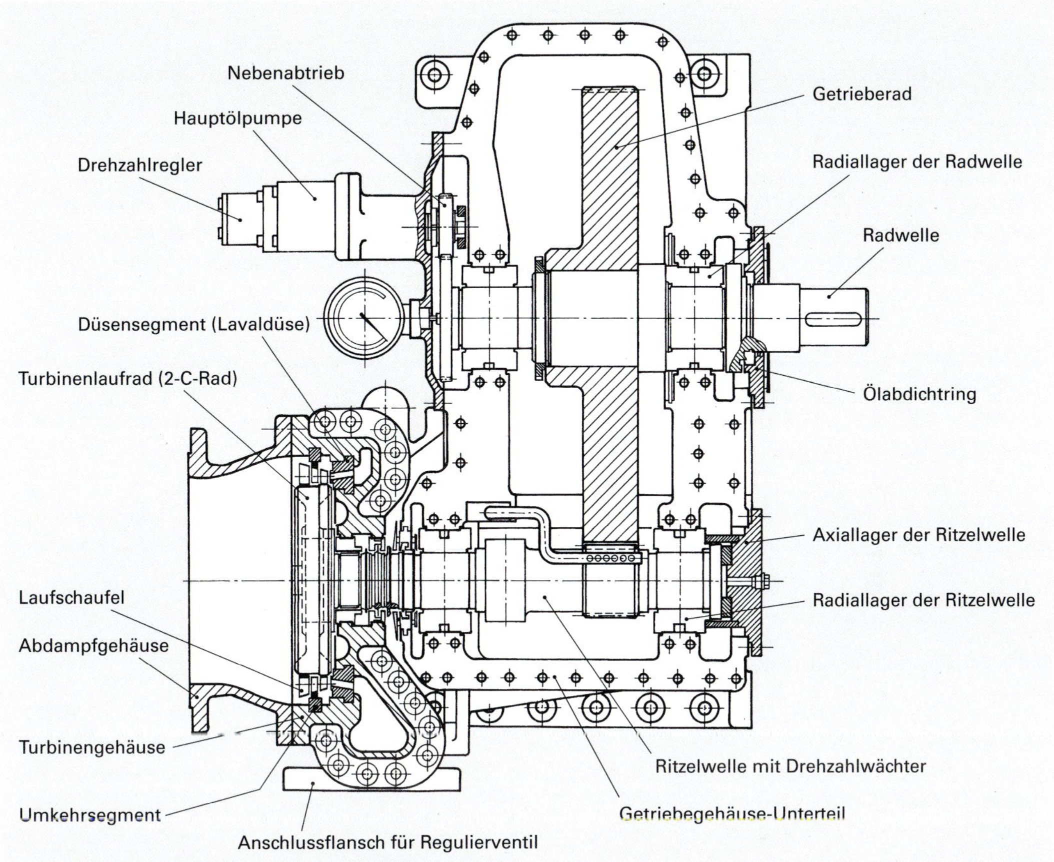

Bild 1: Zweistufige Getriebeturbine in Curtisbauweise

druckturbine sind weniger gekrümmt und nicht so breit wie bei der Gleichdruckturbine. Dafür kann die Überdruckstufe nur die Hälfte des Gefälles der Gleichdruckstufe verarbeiten, d. h., man braucht bei der Überdruckbauweise etwa doppelt so viel Stufen wie bei der Gleichdruckbauweise.

Ein weiterer baulicher Nachteil für die Überdruckturbine ergibt sich durch die Gefällumsetzung im Laufrad, die den Läufer mit einem **Axialschub** belastet. Dieser Axialschub muss mit einem **Schubausgleichkolben (Blld 1/142)** kompensiert werden.

Probleme bereitet auch die Abdichtung der Laufschaufeln gegen das Gehäuse bzw. der Leitschaufeln gegen den Läufer. Durch die hohen Temperaturen im Betrieb erfolgt eine große **Wärmeausdehnung** (→ **A5.2**), die über ein entsprechendes Spiel ausgeglichen werden muss. Zur Herabsetzung der Spaltverluste verwendet man **Deckbänder** an der Beschaufelung **(Bild 2/142)**.

Die Leitschaufeln werden in einem **Leitschaufelträger (Bild 3/142).** befestigt. Dies hat den Vorteil, dass sich der Leitschaufelträger beim Anfahren der Turbine gleichmaßig erwärmt und keine **Wärmespannungen** (→ **A5.2**) auftreten.

Die **Verluste der Überdruckturbine** setzen sich wie folgt zusammen:

- **Düsen- und Leitschaufelverlust**
- **Laufschaufelverlust**
- **Spaltverlust**
- **Austrittsverlust**
- **mechanischer Verlust**

Die Düsen-, Leitschaufel- und Laufschaufelverluste sind bei der Überdruckturbine kleiner als bei der Gleichdruckturbine, da die Dampfgeschwindigkeit und die Umlenkung geringer sind.

Ein objektiver Vergleich von Gleich- und Überdruckturbine zeigt, dass beide Bauarten gleichwertig sind.

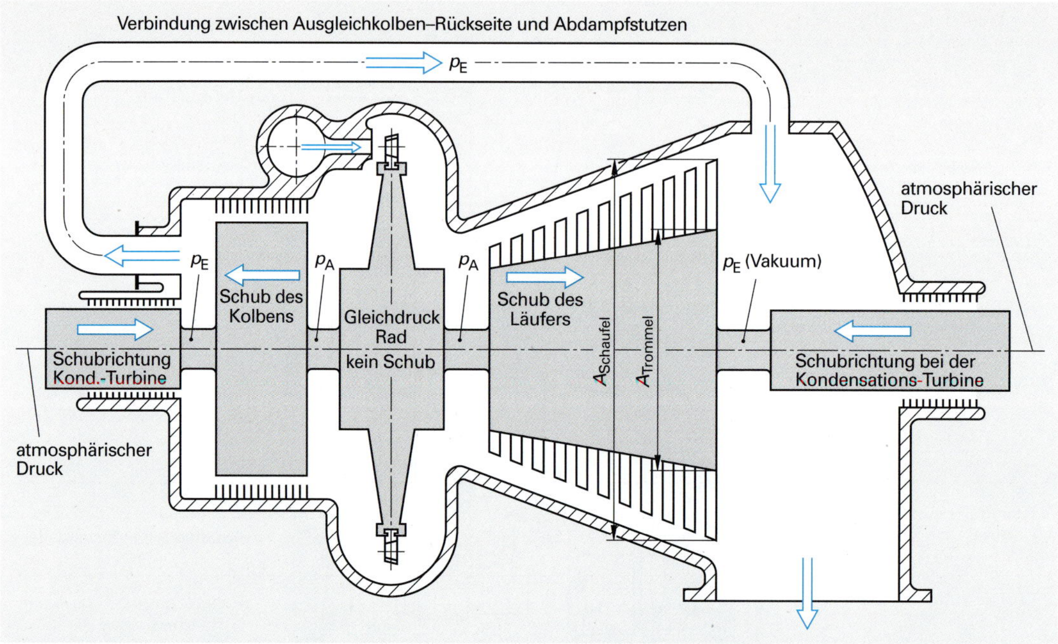

Bild 1: Schematische Darstellung einer Überdruckturbine mit Schubausgleichkolben

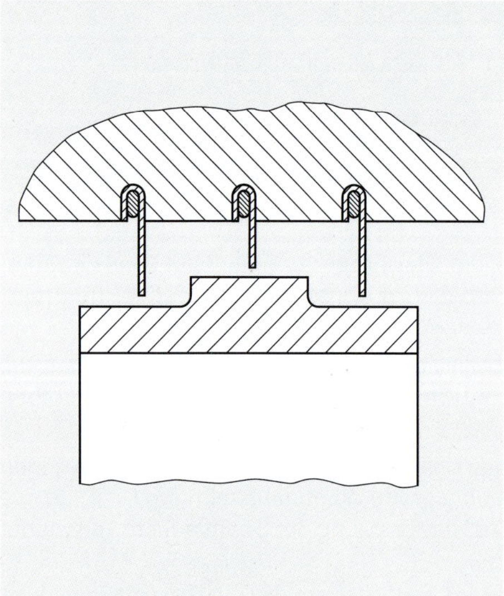

Bild 2: Deckband-Labyrinthdichtung

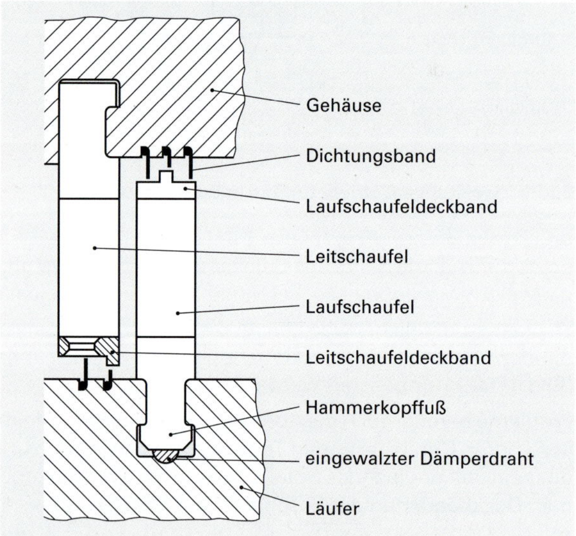

Bild 3: Leit- und Laufschaufelbefestigung

3.3.5 Radialdampfturbine

Bei den Radialdampfturbinen **(Bild 1/143)** wird der Frischdampf nahe der Turbinenwelle zugeführt. Der Dampf durchströmt radial die konzentrischen Laufradkränze von innen nach außen.

Der erste Laufkranz wirkt als Leitradkranz für den zweiten, der zweite als Leitradkranz für den dritten usw. Dadurch entsteht eine gegenläufige Drehung der ineinander greifenden Laufradkränze, was zu der Bezeichnung **Gegenlaufturbine** geführt hat. Dadurch drehen auch die nach beiden Seiten abgehenden Wellen gegenläufig.

Von diesen beiden Wellen werden zwei gleich große Generatoren (→ **C8**) angetrieben. Diese sind elektrisch so miteinander geschaltet, dass ihre Drehzahlen immer genau gleich groß sind.

Beim Durchfluten des Dampfes von innen nach außen werden die Laufraddurchmesser und damit die Dampfräume von Stufe zu Stufe größer. Der Dampf kann sich dabei entspannen, seine Energie in Strömungsenergie umsetzen und diese als Bewegungsenergie an die Laufradschaufeln abgeben.

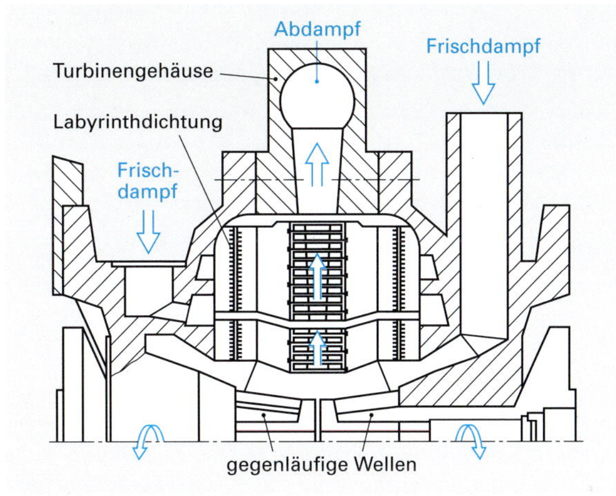

Bild 1: Radialturbine

3.3.6 Werkstoffe im Dampfturbinenbau

Zur Verbesserung des thermischen Wirkungsgrades (→ **A8.3**) wurden im Laufe der Jahre Druck und Temperatur des Frischdampfes immer mehr erhöht, bis man an die Werkstoffgrenze von 535 °C kam. Es zeigte sich, dass man ab dieser Temperatur keine **ferritischen Stähle** mehr verwenden kann. Man musste auf die schwer bearbeitbaren und sehr teuren **austenitischen Stähle** zurückgreifen. Daher ist die **Ferritgrenze** (535 °C) eine Wirtschaftlichkeitsgrenze im Dampfturbinenbau.

Es werden jedoch auch Höchstdruckturbinen mit den Frischdampfparametern 650 °C und 350 bar gebaut. Die dabei erzielte Wirkungsgradverbesserung steht aber in einem ungünstigen Verhältnis zu den **Werkstoffkosten** und den **Fertigungskosten** dieser Turbinen.

Allgemein kann gesagt werden – da der **Wirkungsgrad** mit zunehmender Dampftemperatur steigt –, dass der Turbinenbau stark von der Werkstoffentwicklung abhängt. Eine diesbezügliche Förderung geht vor allem von der Raumfahrttechnik aus.

3.3.7 Sicherheits- und Regeleinrichtungen im Turbinenbau

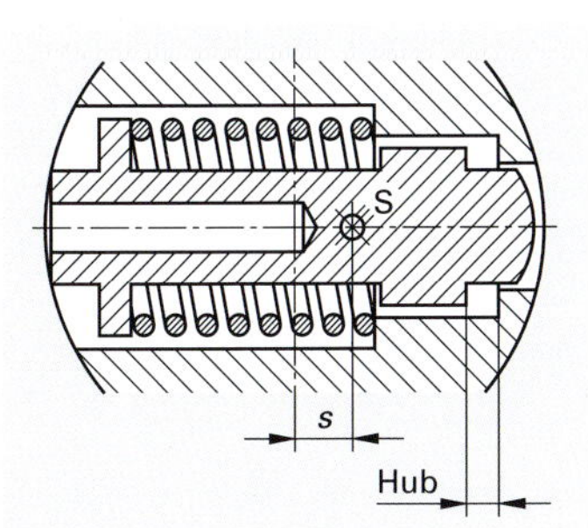

Bild 2: Bolzendrehzahlwächter

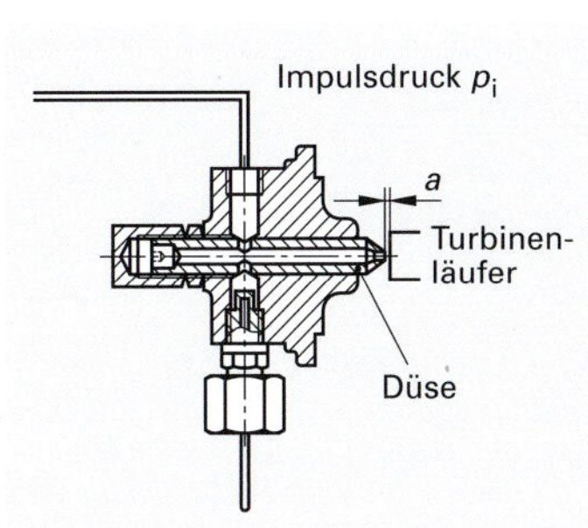

Bild 3: Hydraulischer Axialwächter

Eine der wichtigsten Sicherheitseinrichtungen ist das **Schnellschlussventil.** Dieses Ventil schließt sofort bei auftretender **Überdrehzahl,** die infolge eines Lastausfalles beim Generator auftreten kann. Es befindet sich dabei ein federbelasteter Bolzen **(Bild 2)** in einer radialen Bohrung am unbelasteten Ende der Turbinenwelle. Dieser Bolzen steht bei **Nenndrehzahl** im Gleichgewicht der wirkenden Kräfte.

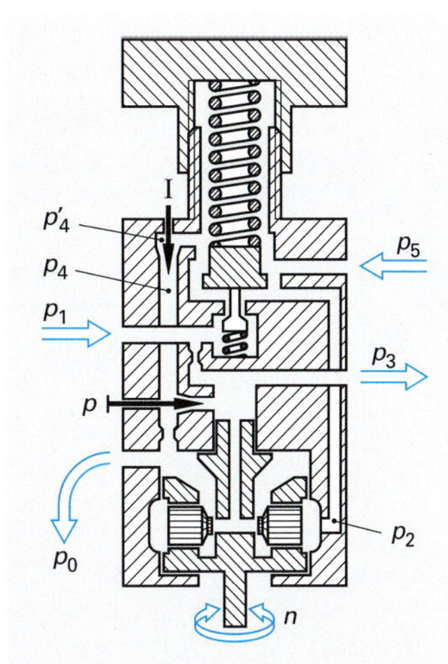

Bild 4: Hydraulischer Drehzahlregler

Erhöht sich die Drehzahl, so wird die radial nach außen gerichtete Fliehkraft durch die außermittige Schwerpunktslage vergrößert und überwindet die Rückstellkraft der Feder. Damit verschiebt sich der Bolzen und löst die **Schnellschlussvorrichtung** aus, womit die Frischdampfzufuhr zur Turbine unterbrochen wird.

Weitere wichtige Sicherheitseinrichtungen sind der Axialwächter und der Schmierölwächter. Beim **Axialwächter (Bild 3/143)** wird eine Düse mit Drucköl beaufschlagt. Je nach Abstand zur Turbinenwelle ändert sich die Ausflussmenge und somit der Impulsdruck. Dieser Druckunterschied wird gemessen und ist ein Maß für eine Turbinenläuferverschiebung der Überdruckturbine (→ **Bild 1/142**).

Der **Schmierölwächter** überwacht die gesamte **Ölversorgung** und kontrolliert den Öldruck. Bei absinkendem Öldruck wird automatisch eine Hilfsölpumpe eingeschaltet.

Die genannten Sicherheitseinrichtungen wirken sofort auf das Schnellschlussventil der Turbine.

Bezüglich der Ölversorgung ist noch zu erwähnen, dass vor dem Anlauf der Turbine der volle **Öldruck** gefahren werden muss. Dadurch wird die Turbinenwelle aus den Lagern herausgehoben, sodass bereits bei der geringsten Drehung der Turbinenwelle die Schmierung sichergestellt ist.

Zur **Drehzahlregelung** kommen meist vollhydraulische **Prallplatten (Bild 4/143)** zum Einsatz. Es werden die Öldrücke p_2 und p_3 und die Kolbenfliehkräfte verglichen. Der Sollwert p_2 wird eingestellt und der entstehende Regeldruck p_3 wirkt auf das Steuerventil der Dampfturbinen und regelt die Turbinendrehzahl.

Wiederholung und Vertiefung

C23 Nennen Sie mehrerere Gründe, weswegen die Kolbendampfmaschine heute so gut wie nicht mehr eingesetzt wird.

C24 Warum wäre der Dampfmotor die ideale Kraftmaschine für Kraftfahrzeuge und warum kommt er dort trotzdem nicht zum Einsatz?

C25 Welche verschiedenen Bauarten von Dampfmotoren kennen Sie?

C26 Welche beiden Verfahrensstufen bilden beim Dampfmotor den Arbeitstakt?

C27 Welchen großen mechanischen Vorteil bieten Strömungsmaschinen?

C28 Unterscheiden Sie *T, s*- und *h, s*-Diagramm.

C29 Was versteht man unter dem adiabaten Wärmegefälle und wie wird es noch genannt?

C30 Wie kann der thermische Wirkungsgrad des Dampfkraftprozesses berechnet werden?

C31 Wie ist der Reaktionsgrad ϱ definiert?

C32 Was versteht man unter einem Geschwindigkeitsdreieck und aus welchen Größen setzt sich das Eintrittsdreieck zusammen?

C33 Wie werden Umfangskraft und Umfangsleistung einer Turbine berechnet?

C34 Welche Durchflussrichtungen bei Turbinen sind Ihnen bekannt?

C35 Unterscheiden Sie Gleichdruckturbine und Überdruckturbine.

C36 Was versteht man unter einer Labyrinthdichtung und an welcher Stelle werden diese im Turbinenbau eingesetzt?

C37 Wie ist die Bezeichnung Kammerturbine zu erklären?

C38 Welche Art von Verlusten sind Düsen-, Leitschaufel- und Laufschaufelverluste?

C39 Welche Bedeutung hat die Angabe $\varrho = 0{,}5$ und bei welcher Turbinenart ist sie nur denkbar?

C40 Wie entsteht a) der Radreibungsverlust,
b) der Ventilationsverlust?

C41 Zu welchem Beurteilungskriterium bezüglich des Einsatzes kommen Sie insgesamt beim Vergleich von Gleichdruckverfahren und Überdruckverfahren?

C42 Bei welcher Turbinenart ist ein Schubausgleichskolben erforderlich?

C43 Welche Aufgabe hat ein Bolzendrehzahlwächter? Beschreiben Sie seine Funktion.

C44 Welches Turbinenbauteil spricht auf den Axialwächter und den Schmierölwächter an?

C45 Was ist unbedingt hinsichtlich der Ölversorgung beim Anfahren einer Turbine zu beachten?

C46 Was versteht man unter einer Gegenlaufturbine?

C47 Welches Hauptmerkmal hat eine Getriebeturbine?

C4 Dampfkraftanlagen

Über die **Dampferzeugung** (→ **C2**) und die dafür erforderlichen Anlagenteile sowie über die **Dampfkraftmaschinen** (→ **C3**) sind Sie ausführlich informiert. Werden diese Baugruppen in funktionsbestimmter Weise miteinander verbunden, dann ergibt sich eine **technische Anlage**, die man als **Dampfkraftanlage** bezeichnet. Man unterteilt diese Dampfkraftanlagen in drei Gruppen, nämlich in

- **Dampfkraftwerke,** die ausschließlich der Stromerzeugung dienen,
- **Kraft-Wärme-Kopplung** (Erzeugung von Heiz- und Prozesswärme sowie elektrischem Strom),
- **Anlagen, die die Energie des Dampfes in mechanische Energie umwandeln** (z. B. Schiffsantrieb).

4.1 Konventionelle Dampfkraftwerke

In konventionellen Dampfkraftwerken wird mit **fossilen Brennstoffen** (→ **B1, B2.4**) gearbeitet. **Bild 1/112** zeigt dies am Beispiel eines Kohlekraftwerkes. Dort ist die Kombination eines kohlenstaubgefeuerten Schmelzkammer-Strahlungskessels mit der **Dampfturbine** und dem **Generator** dargestellt. Der Kessel ist im **Kesselhaus,** Dampfturbine und Generator sind im **Maschinenhaus** untergebracht. Ein entsprechender **Dampfkraftprozess** ist in **Bild 1/132** im Schaltbild und im *T, s*-Diagramm abgebildet.

Der hochenergetische Frischdampf wird vom Kessel kommend über eine wärmegedämmte **Frischdampfleitung** der Turbine zugeleitet. Er durchströmt die Turbine, gibt dabei seine Energie an die Turbinenwelle ab und wird dann als **Abdampf** im **Kondensator** zu Wasser niedergeschlagen, d. h. kondensiert (→ **A5.9**). Dieses **Kondenswasser** wird wieder zur Verdampfung in den Dampfkessel zurückgepumpt.

Bild 1 zeigt das **Energieflussbild (Sankey-Diagramm)** einer solchen Kraftwerksanlage. Auf der rechten Seite sind die Verluste des Dampferzeugers, der Turbine und des Generators zu erkennen.

Auf der linken Seite ist die Entnahme von Wärmeenergie für die **Luftvorwärmung (Luvo)** und **Speisewasservorwärmung** in den Nachschalteheizflächen dargestellt. Diese Wärmeenergien werden dem Dampferzeuger wieder zugeleitet. Es handelt sich also dabei um einen **Wärmekreislauf.**

Die elektrische Leistung, die der Generator abgibt, beträgt in diesem speziellen Fall 38,5 % der aufgewendeten Brennstoffenergie. Es soll an dieser Stelle aber nochmals darauf hingewiesen werden, dass heute bei einem modernen Kohlekraftwerk Wirkungsgrade von 45 bis 47 % (→ **B2.6**) erreicht werden können.

Aus dem Energieflussbild ist zu erkennen, dass etwa die Hälfte der zugeführten Wärmeenergie im Kühlwasser des Kondensators abgeführt wird.

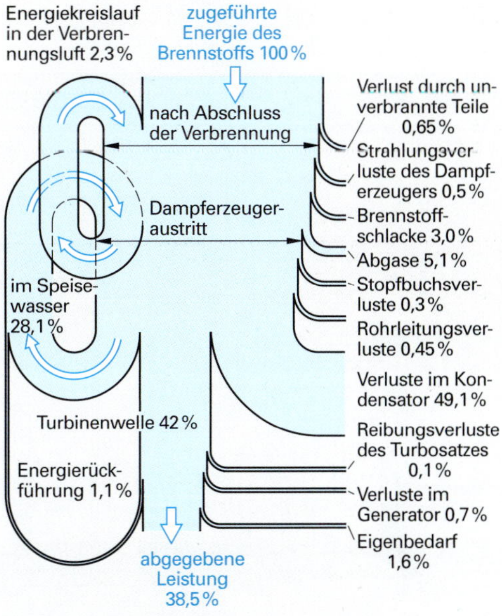

Bild 1: Energieflussbild (Sankey-Diagramm)

Bild 1 zeigt nochmals die Hauptanlagenteile eines konventionellen Dampfkraftwerkes:

1 Dampfkessel mit Feuerung
2 Dampfleitung
3 Dampfturbine
4 Elektrischer Generator
5 Kondensator
6 Speisewasserleitung
7 Entnahmeleitung für Heißdampf
8 Mess- und Regelvorgänge
9 Schaltzentrale
10 Kühlwasserleitungen

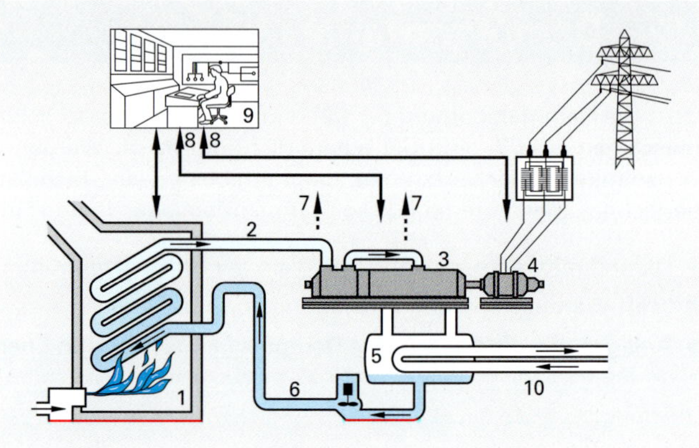

Bild 1: Konventionelles Dampfkraftwerk

4.2 Nukleare Dampfkraftwerke

Mit der Verknappung und damit Verteuerung der fossilen Brennstoffe, insbesondere von Steinkohle und Erdöl, wurde die Nutzung von **Kernenergie** (→ **A13.3, B2**) wirtschaftlich interessant. Heute gibt es auf der ganzen Erde eine Vielzahl von sogenannten **Kernkraftwerken (KKW),** also **nukleare Dampfkraftwerke.** Die in Deutschland politisch durchgesetzte Tendenz, dass die bestehenden Atomkraftwerke – wegen der von ihnen ausgehenden Gefahr – abgeschaltet werden sollen, ist heute international noch eine Seltenheit. Bei den nuklearen Dampfkraftwerken wird der Dampf zum Antrieb der Turbinen im **Kernreaktor (Bild 2)** bzw. im nachgeschalteten Wärmeaustauscher erzeugt.

Der Aufbau eines Kernkraftwerkes entspricht also etwa dem eines konventionellen Dampfkraftwerkes, wobei aber der nukleare Dampferzeuger in einem Behälter eingebaut ist.

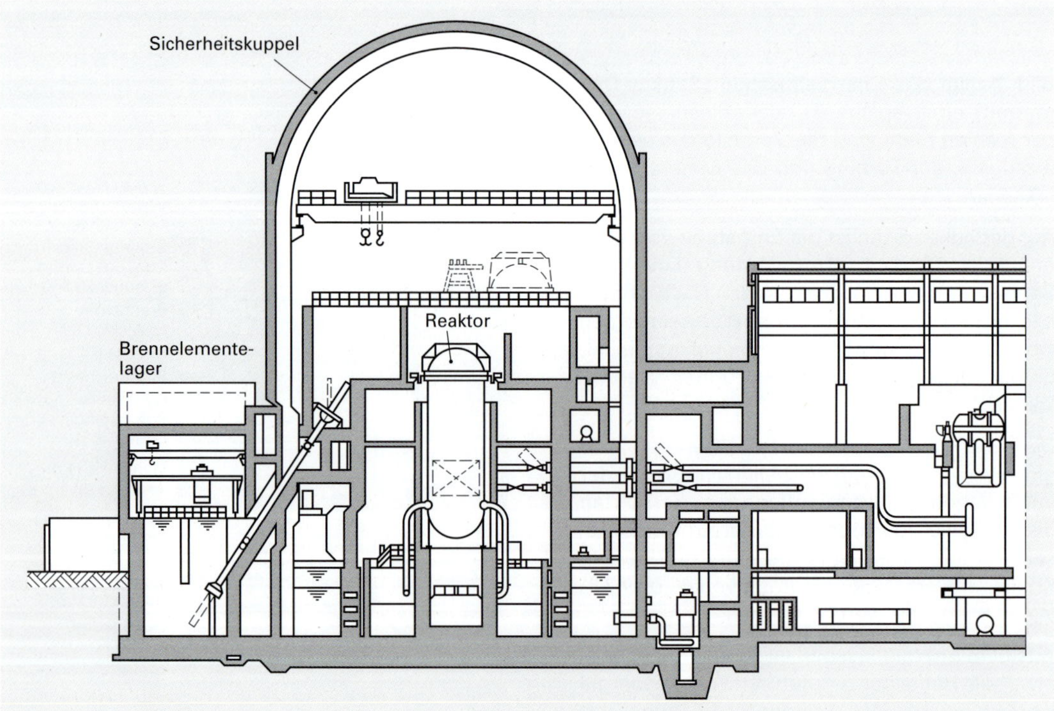

Bild 2: Sicherheitsbehälter mit nuklearem Dampferzeuger (Reaktor)

4.2.1 Kernenergie und kontrollierte Kernspaltung

Bei der Spaltung eines Urankernes durch ein Neutron wird Energie frei (→ **A13.3**). Diese Energie ist zunächst hauptsächlich in Form von kinetischer Energie (→ **A1.11**) der beiden Bruchstücke und der ebenfalls freigesetzten Neutronen vorhanden. Sie rührt zum größten Teil daher, dass die beiden positiv geladenen Bruchstücke durch die starke abstoßende elektrische Kraft beschleunigt werden und deshalb mit einer hohen Geschwindigkeit auseinander fliegen. Diese als kinetische Energie freiwerdende Energie wird als **Kernenergie** oder als **nukleare Energie** (→ **A13.3**) bezeichnet.

Da der **Energieinhalt** je Kilogramm in **spaltbarem Uran** ungefähr um den Faktor 10^5 bis 10^6 größer ist als in Steinkohle (→ **B2.3**), bemühte man sich darum, diese Energiequelle zu erschließen und zu beherrschen. Die Aufgabe besteht nun darin, die Kernspaltung zu kontrollieren und die dabei freiwerdende Energie zu nutzen. Für die Energiegewinnung durch **Kernspaltung** (→ **A13.3**) steht in der Natur nur das **Uranisotop** $^{235}_{92}U$ zur Verfügung. In der **Reaktortechnik** ist auch die Schreibweise **U-235** üblich. Entsprechendes gilt auch für die anderen Nuklide. Da dieses Isotop im natürlichen Uran nur zu 0,7 % vorhanden ist, muss der Anteil desselben **auf ungefähr 3 % angereichert** werden, um aus diesem Kernbrennstoff Energie gewinnen zu können. Trifft nun ein Neutron auf einen U-235-Kern, so spaltet es ihn in zwei Bruchstücke, wobei noch zwei bis drei **schnelle Neutronen** ($v \approx 20\,000$ km/s) freigesetzt werden **(Bild 1).** Diese Neutronen müssen durch elastische Zusammenstöße abgebremst werden, da nur **langsame Neutronen** ($v \approx 2$ km/s) zur **Spaltung** von U-235 geeignet sind. Materialien, die zur Abbremsung der Neutronen geeignet sind, nennt man **Moderatoren.** Ein Abbremsen durch wenige Stöße ist dann möglich, wenn die Stoßpartner ungefähr die gleiche Masse haben. Als Moderator eignen sich **leichtes** (normales) **Wasser** sowie **schweres Wasser** (besteht aus schwerem Wasserstoff und Sauerstoff) und **Grafit.**

Die Spaltung der Urankerne erfolgt durch langsame Neutronen. Der Moderator bremst die bei der Spaltung entstehenden schnellen Neutronen ab.

Dabei dürfen die Moderatoratome die Neutronen nicht absorbieren (einfangen), da sie sonst für weitere Reaktionen verloren sind. Haben die Neutronen ihre Energie durch Stöße fast vollständig an die Atomkerne des Moderators abgegeben, können sie weitere **Kernspaltungen** herbeiführen. Hierbei wird wieder eine **Neutronengeneration** erzeugt, die ihrerseits nach der Abbremsung weitere Kernspaltungen verursachen kann. Es läuft dann eine **Kettenreaktion** (→ **A13.3**) ab. Dieses **Abbremsen eines Neutrons** durch einen Moderator ist in **Bild 1** dargestellt:

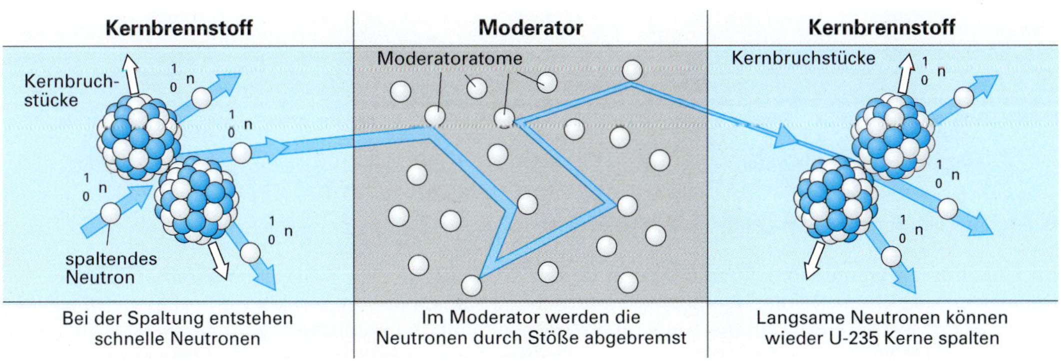

Bild 1: Abbremsen schneller Neutronen durch einen Moderator

Damit eine Kettenreaktion aufrechterhalten werden kann, ist es notwendig, dass für jedes spaltende Neutron mindestens ein neues Neutron entsteht. Damit ist gewährleistet, dass die Zahl der Kernspaltungen von einer Neutronengeneration zur nächsten nicht abnimmt.

Der **Multiplikationsfaktor** *k* ist ein Maß dafür, wie sich die Zahl der Spaltungen von einer Generation zur nächsten verändert.

Multiplikationsfaktor

$$k = \frac{\text{Zahl der Spaltungen in einer Neutronengeneration}}{\text{Zahl der Spaltungen in der vorhergehenden Neutronengeneration}} \quad (1)$$

Da bei jeder Kernspaltung zwei bis drei Neutronen freigesetzt werden, muss gewährleistet sein, dass immer nur ein Neutron eine weitere Kernspaltung verursacht. Einige Neutronen werden vom Uranisotop **U-238** oder von den **Spaltprodukten** absorbiert oder sie entweichen aus dem Bereich des spaltbaren Materials. Die **Steuerung des Ablaufs der Kettenreaktion** erfolgt mit Materialien, die eine hohe Neigung zur **Neutronenabsorption** besitzen. Solche Materialien enthalten **Bor, Cadmium** oder andere **neutronenabsorbierende Stoffe** und werden in Form von Stäben, den sogenannten Steuer- und Regelstäben, mehr oder weniger tief in die Reaktoranordnung eingetaucht, wo sie somit mehr oder weniger Neutronen absorbieren und damit der Kettenreaktion entziehen.

Durch geeignetes Einschieben der Steuer- oder Regelstäbe wird erzielt, dass der Multiplikationsfaktor den Wert $k = 1$ erreicht und somit die Anzahl der Kernspaltungen pro Sekunde konstant bleibt.

Beim Anfahren eines Reaktors muss der Faktor $\boldsymbol{k > 1}$ sein, damit die Kettenreaktion erst einmal in Gang kommt und ein bestimmtes **Leistungsniveau** erreicht wird.

Beim Abschalten des Reaktors werden die Steuerstäbe weiter in den Reaktor eingefahren, sodass mehr Neutronen absorbiert werden und der Faktor $\boldsymbol{k < 1}$ wird, wobei die Kettenreaktion erlischt.

In **Bild 1** ist die Anordnung von **Brennstäben,** die das spaltbare Material enthalten, Moderator und Steuerstäben schematisch dargestellt:

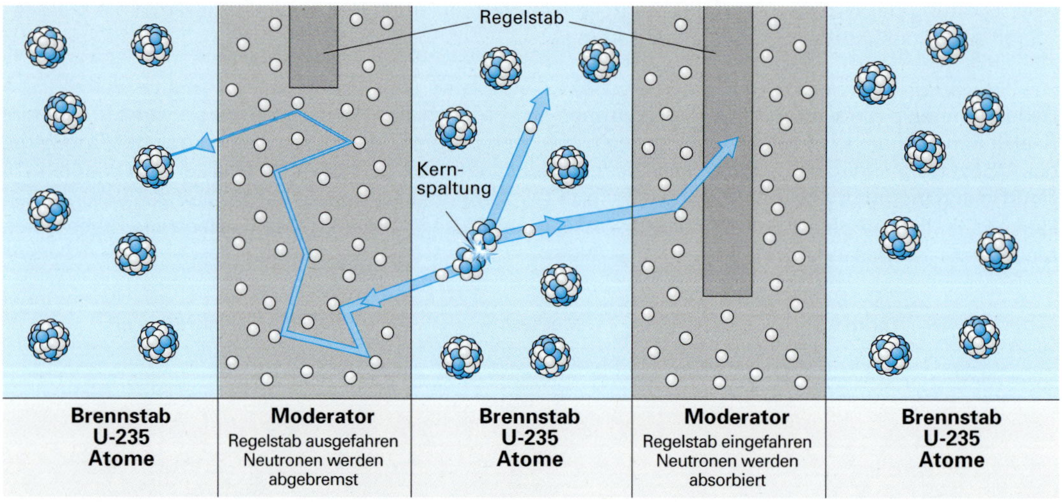

Bild 1: Regelung eines Reaktors mithilfe der Steuerstäbe

Im **Gefahrenfall** werden die Steuerstäbe automatisch völlig in den Reaktor eingefahren, sodass die Kettenreaktion erlischt. Da die Spaltprozesse sehr schnell aufeinander folgen, könnte bei einem **Störfall** die **sofortige Abschaltung mithilfe der Steuerstäbe** nicht schnell genug wirksam werden. Es ist nämlich so, dass ungefähr 0,75 % der bei der Spaltung entstehenden Neutronen erst mit einer Verzögerung von 10 bis 20 Sekunden beim weiteren Zerfall der Kernbruchstücke frei werden. Man nennt diese Neutronen **verzögerte Neutronen.**

Wird der Faktor k jetzt so eingestellt, dass sich die Neutronen von einer Generation zur nächsten nicht um mehr als 0,75 % vermehren **($\boldsymbol{k = 1{,}0075}$),** so wird dieser Zuwachs von diesen verzögerten Neutronen verursacht. Dabei bleibt jetzt genügend Zeit, die Steuerstäbe nach Bedarf zwischen die Brennstäbe einzuführen.

Die Regelung des Reaktors erfolgt mithilfe der Steuerstäbe, die ein hohes Neutronenabsorptionsvermögen haben.

4.2.2 Kernreaktoren

Der **Kernreaktor** ist eine technische Vorrichtung in der durch eine **gesteuerte Kettenreaktion** Kernspaltungen eingeleitet, aufrechterhalten und gesteuert werden können. Hauptbestandteile sind der **Behälter,** die **Brennelemente,** der **Moderator** zum Abbremsen der Neutronen, die **Regelvorrichtung,** das **Kühlmittel** und die **Abschirmung.**

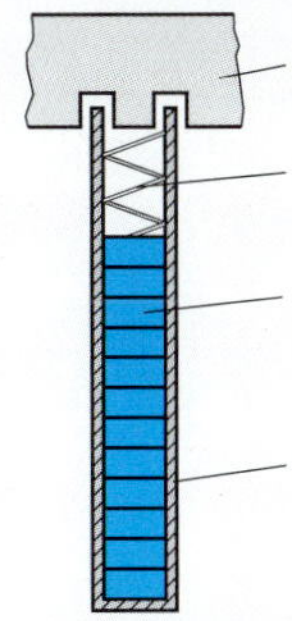

Bild 1: Brennstab

In den Brennelementen ist eine Vielzahl von **Brennstäben** angeordnet, in denen der Kernbrennstoff enthalten ist. Ein einzelner Brennstab besteht aus einem Metallrohr (Zirkoniumlegierung), in das das Uran in Form von Tabletten aus **Urandioxid** (UO_2) eingefüllt ist. Der Metallmantel des Brennstabes hat die Aufgabe, den Brennstoff vom Kühlmittel zu trennen und die entstehenden **Spaltprodukte** vom Kühlmittel fernzuhalten. Ferner muss der Metallmantel korrosions- und hitzebeständig sein und eine hohe mechanische Festigkeit aufweisen. Seine Neutronenabsorption sollte möglichst gering sein. Er hat ungefähr eine Länge von 4 Metern und einen Durchmesser von einem Zentimeter. In **Bild 1** ist ein solcher Brennstab unmaßstäblich dargestellt.

Eine größere Anzahl von Brennstäben wird zur besseren Handhabung mit Abstandshaltern zu **Brennelementen** zusammengefasst. Diese Brennelemente besitzen einen quadratischen Querschnitt mit 16 x 16 oder 18 x 18 Stabpositionen. Ungefähr 20 Positionen werden nicht von Brennstäben eingenommen, sondern enthalten Rohre für die Steuerstäbe. Aus diesen Brennelementen wird der **Reaktorkern** aufgebaut, der in einem **Druckbehälter (Bild 1/150)** untergebracht ist und vom **Kühlmittel** umspült wird. Dieses Kühlmittel ist bei den meisten Reaktoren Wasser und hat zwei Aufgaben: Es wirkt als **Moderator** zum Abbremsen der Neutronen und als **Kühlmittel,** das die Wärme aus dem Reaktor zum **Wärmeaustauscher** transportiert. Zwischen die Brennelemente müssen die Regelstäbe nach Bedarf eingeführt werden können. Um den Reaktordruckbehälter muss noch eine **meterdicke Betonabschirmung** angebracht werden, um die aus dem Reaktorkern kommende radioaktive Strahlung nach außen abzuschirmen. Die im Reaktor erzeugte Wärme wird zur Dampferzeugung (→ **A5.9, C2**) verwendet. Mit diesem Dampf werden die **Dampfturbinen** (→ **C3.3**) angetrieben. Diese sind mit den **Generatoren** (→ **C8.1**) gekoppelt **(Bild 1/146),** welche die elektrische Energie erzeugen. Reaktoren werden vor allem zur **Energiegewinnung** (→ **B2.4**), aber auch zu **Forschungszwecken** errichtet.

Man unterscheidet je nach Konstruktion und Verwendungszweck des Reaktors verschiedene **Reaktortypen.** Der am häufigsten vorkommende Reaktortyp ist der **Leichtwasserreaktor.** Außerdem gibt es noch den **Schwerwasserreaktor,** den kerntechnisch schon weiter entwickelten **Schnellen Brüter** und den **Hochtemperaturreaktor.**

In Deutschland sind zur Energieerzeugung nur Leichwasserreaktoren in Betrieb.

Deshalb wird in diesem Buch – stellvertretend für alle anderen Bauarten und da auch andernfalls der Umfang der Lehrinhalte den beabsichtigten Rahmen sprengen würde – nur der Leichtwasserreaktor, der aber auch in zwei Varianten gebaut wird, besprochen:

Bei **Leichtwasserreaktoren** wird normales Wasser (H_2O) als Moderator und als Kühlmittel verwendet. Da die Wassermoleküle für Neutronen ein relativ hohes Absorptionsvermögen besitzen, ist es notwendig, **angereichertes Uran** als Kernbrennstoff zu verwenden. Bei diesem angereicherten Uran ist der Anteil des spaltbaren **U-235** auf etwa 3 % erhöht (→ **C4.2.1**). Da Wasser stark mit Uran reagiert, wird aus Sicherheitsgründen UO_2 in keramischer Form verwendet. Dadurch werden bei einer mechanischen Zerstörung der Hülle des Brennelementes chemische Reaktionen zwischen Uran und Wasser ausgeschlossen.

Bei den Leichtwasserreaktoren, die sich als besonders geeignet erwiesen haben, unterscheidet man zwischen dem **Druckwasserreaktor** und dem **Siedewasserreaktor.**

Beim **Druckwasserreaktor** wird die in den Brennelementen erzeugte Wärme durch Wasser abgeführt. Um ein Sieden (→ **A5.9**) des Wassers zu verhindern, wird der Druck im Reaktor auf ungefähr 160 bar (16 MPa) erhöht. Bei diesem Druck kann das Wasser auf über 300 °C erhitzt werden, ohne zu sieden. Dies ist der gleiche Effekt wie beim Bensonkessel (→ **C2.4**). Ein **Druckhalter** hält den Druck in diesem ersten Kühlkreislauf **(Primärkreislauf)** auch bei Temperaturschwankungen konstant. In einem **Wärmeaustauscher** gibt dieses heiße Wasser seine Wärmeenergie an das Wasser des **Sekundärkreislaufes** ab. Infolge des geringen Druckes im Sekundärkreislauf verdampft dort das Wasser (→ **A5.9**). Der Dampf wird aus der Betonabschirmung herausgeführt und auf die Turbinen geleitet, die – wie bekannt – direkt mit dem Generator gekoppelt sind.

Im **Kondensator** wird der Dampf wieder verflüssigt (→ **A5.9, Bild 1/145, Bild 1/146**), wozu eine große Menge **Kühlwasser** erforderlich ist. Das kondensierte Wasser wird anschließend wieder erwärmt und in den **Dampferzeuger** zurückgeleitet. Bei einem solchen **Zweikreiskühlsystem** wird erreicht, dass die im Reaktorkühlmittel auftretenden radioaktiven Stoffe auf den Primärkreislauf beschränkt bleiben und nicht in die Turbinen und die Kondensatoren gelangen. **Bild 1** zeigt eine schematische Darstellung eines Druckwasserreaktors, der Turbinen und der Kondensatoren:

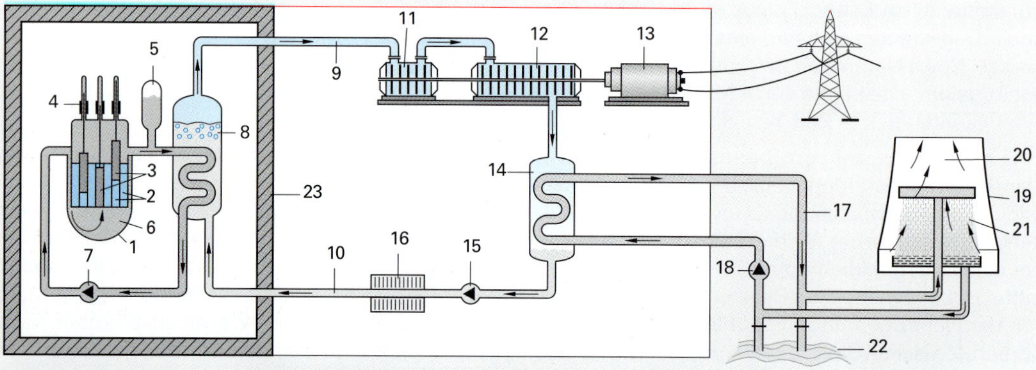

1 Reaktordruckbehälter
2 Brennelemente
3 Regelstäbe
4 Regelstabantrieb
5 Druckhalter
6 Kühlmittel u. Moderator
7 Kühlmittelpumpe
8 Dampferzeuger
9 Frischdampf
10 Speisewasser
11 Hochdruckteil d.Turbine
12 Niederdruckteil d. Turbine
13 Generator
14 Kondensator
15 Speisewasserpumpe
16 Vorwärmeanlage
17 Kühlwasserkreislauf
18 Kühlwasserpumpe
19 Kühlturm
20 Luftstrom
21 Sprühregen
22 Fluss
23 Betonabschirmung

Bild 1: Schematische Darstellung einer Druckwasserreaktoranlage

Um Ihnen einen Eindruck über die **Betriebsdaten eines Kernkraftwerkes (KKW)** zu vermitteln, sind in **Tabelle 1** die wichtigsten Betriebsdaten des Gemeinschaftskernkraftwerkes Neckar II (GKN II) zusammengefasst. Dabei handelt es sich um einen Druckwasserreaktor. Grundsätzlich gilt:

Die bei der Kernspaltung freiwerdende Energie wird mit Wasserdampf auf die Turbine, von dort mechanisch auf den Generator übertragen.

Tabelle 1: Technische Daten eines KKW (GKN II)

Anzahl der Brennelemente	193
Anzahl der Steuerelemente	61
Länge der Brennelemente	3,90 m
Brennstabdurchmesser	9,5 mm
Uraneinsatz	103 t
Druck im Primärkühlkreislauf	158 bar
Kühlmitteldurchsatz	17,6 m^3/s

Im Gegensatz zum Druckwasserreaktor hat der **Siedewasserreaktor** nur **einen Kühlkreislauf.** Im Reaktorkern verdampft ein Teil des Wassers bei einem Druck von etwa 70 bar (7 Mpa) und einer Temperatur von ungefähr 285 °C. **Der Dampf wird direkt auf die Turbine geleitet,** die mit dem Generator gekoppelt ist. Demzufolge hat der Siedewasserreaktor gegenüber dem Druckwasserreaktor den Nachteil, dass die **Turbinen mit in den Sicherheitsbereich** einbezogen werden müssen, da der Dampf, der aus dem Reaktor kommt, nicht frei von **radioaktiven Verunreinigungen** ist. Die Regelstäbe zur Steuerung des Reaktors müssen bei diesem Reaktortyp von unten in den Reaktorkern eingefahren werden. Die schematische Darstellung eines Siedewasserreaktors ist in **Bild 1/151** zu sehen.

Da der Siedewasserreaktor mit nur einem Kühlkreislauf gefahren wird, müssen die Turbinen mit in den Sicherheitsbereich einbezogen werden.

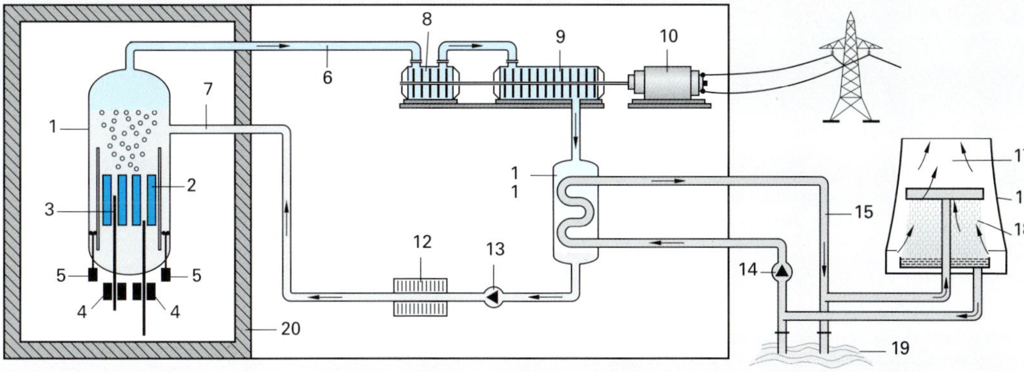

1 Reaktordruckbehälter
2 Brennelement
3 Regelstab
4 Regelstabantrieb
5 Umwälzpumpen
6 Frischdampf
7 Speisewasser
8 Hochdruckteil d. Turbine
9 Niederdruckteil d. Turbine
10 Generator
11 Kondensator
12 Vorwärmeanlage
13 Speisewasserpumpe
14 Kühlwasserpumpe
15 Kühlwasserkreislauf
16 Kühlturm
17 Luftstrom
18 Sprühregen
19 Fluss
20 Betonabschirmung

Bild 1: Schematische Darstellung einer Siedewasseranlage

Die meisten der weltweit in Betrieb befindlichen Kernkraftwerke sind mit den Leichtwasserreaktortypen Druck- und Siedewasserreaktoren ausgerüstet.

Die Entwicklungen beim Bau neuer Kernkraftwerke (III. und IV. Generation) laufen darauf hinaus, den zur Verfügung stehenden Kernbrennstoff effektiver zu nutzen, andere vorhandene Kernbrennstoffe wie z.B. Thorium und Plutonium zu verwenden sowie die Menge der radioaktiven Abfälle zu minimieren. Außerdem können bei geeigneten fortgeschrittenen Brennstoffzyklen radioaktive Abfälle mit geringerer Halbwertzeit und dadurch kürzerer Endlagerzeit erreicht werden.

Die Erhöhung der Sicherheit und die Wirtschaftlichkeit beim Betrieb von Kernreaktoren sind weitere Faktoren an denen bei der Weiterentwicklung der Nutzung der Kernenergie gearbeitet wird.

4.2.3 Reaktorsicherheit

Die größte Gefahrenquelle eines Reaktors besteht darin, dass in ihm eine große Menge radioaktiver Stoffe enthalten ist, die zum größten Teil aus Spaltprodukten, aber auch aus bestrahltem Strukturmaterial besteht. Der wichtigste Teil der **Maßnahmen zur Reaktorsicherheit** zielt darauf hin, diese radioaktiven Substanzen auf keinen Fall aus dem Reaktorkern entweichen zu lassen. Bei der Kernspaltung entsteht sowohl eine **Neutronenstrahlung** als auch eine **γ-Strahlung.** Beide Strahlenarten haben ein großes **Durchdringungsvermögen** und müssen deshalb durch eine Reihe von **Abschirmungen** absorbiert werden.

Während des Betriebes wird der Reaktorkern bei hohen Temperaturen unter einem hohen Druck gehalten. Beim Eintreten eines **Störfalles** muss dafür gesorgt werden, dass die Umhüllung des Reaktorkerns auf keinen Fall zerstört werden kann. Um dieses Ziel zu erreichen, werden zahlreiche Maßnahmen ergriffen. So werden z.B. die entstehenden **Spaltprodukte** durch mehrere Sicherheitsmaßnahmen **(Umhüllungen)** eingeschlossen. Der **Brennstoff** und die radioaktiven Spaltprodukte sind in den Metallrohren enthalten, die als Brennelemente vom **Reaktordruckbehälter** umgeben sind. Um den Reaktordruckbehälter ist eine **Betonabschirmung** angebracht, die noch von einem **Sicherheitsbehälter** mit **Stahlbetonhülle** umschlossen wird. Weitere Sicherheitseinrichtungen bestehen darin, dass **sämtliche Vorgänge überwacht** und beim Auftreten eines Störfalles entsprechende **Sicherheitssysteme** aktiv werden. Dies kann zum sofortigen **Abschalten des Reaktors** führen, wobei noch für **ausreichende Kühlung** des Reaktorkerns gesorgt werden muss. Auf alle möglichen Störfälle und die dafür geplanten Sicherheitsvorkehrungen einzugehen, ist im Rahmen dieses Buches nicht möglich. Es kann jedoch an dieser Stelle festgestellt werden, dass der technische Standard der deutschen KKW mit seinen Sicherheitsvorkehrungen sehr hoch ist. Eine 100 %ige Sicherheit gegen Störfälle jeder Art kann es jedoch trotz aller Vorkehrungen nicht geben.

4.2.4 Entsorgung

Die Brennelemente eines Leichtwasserreaktors befinden sich etwa drei Jahre im Reaktorkern, wobei ein Teil des spaltbaren U-235 in **radioaktive Spaltprodukte** umgewandelt wird.

In **Tabelle 1** ist die prozentuale Zusammensetzung des **Kernbrennstoffes vor dem Einsatz** im Reaktor und **nach dem Abbrand** angegeben. Aus dieser Tabelle ist zu ersehen:

Der wirklich zu entsorgende Teil radioaktiver Stoffe beträgt nur etwa 3,5 % des ursprünglich in den Reaktor eingebrachten Brennstoffes.

Tabelle 1: Zusammensetzung der Brennelemente vor und nach dem Abbrand

Angereichertes Uran (Brennstoff)	96,5 % U-238 3,5 % U-235
Abgebranntes Uran	94,4 % U-238 0,9 % U-235 0,5 % U-236 3,2 % Spaltprodukte 0,9 % Plutonium 0,1 % Transurane

Noch ein Viertel des ursprünglich vorhandenen U-235 ist in den abgebrannten Brennelementen enthalten. Außerdem entsteht eine beachtliche Menge **Plutonium,** das zu weiterer Spaltung verwendet werden kann. Nach dem Abbrand der Brennelemente werden diese in einem Wasserbecken zwischengelagert, wobei die Radioaktivität (→ **A13.1**) innerhalb eines Jahres auf etwa 1 % der Ausgangsaktivität abnimmt, da in den Spaltprodukten zahlreiche kurzlebige Nuklide enthalten sind.

Nach dieser Zwischenlagerung kann in einer **Wiederaufbereitungsanlage** durch chemische Trennung der verschiedenen Bestandteile in die drei wesentlichen Komponenten **Uran, Plutonium** und **hochradioaktive Spaltprodukte** ein Teil des Brennstoffes zur weiteren Energiegewinnung zurückgewonnen werden. Außerdem kann auf diese Art die Menge des **radioaktiven Abfalls** geringer gehalten werden. Bei diesem Verfahren werden die radioaktiven Stoffe in Glasblöcke eingeschmolzen, in Metallbehälter gebracht und dann in Salzstöcken zur **Endlagerung** eingebracht.

Diese Art der Entsorgung erfordert **besondere Sicherheitsvorschriften,** da zahlreiche chemische Prozesse notwendig sind, bis die einzelnen Komponenten getrennt vorliegen. Bei keinem dieser Prozesse dürfen radioaktive Elemente in die Umgebung gelangen.

Eine **weitere Möglichkeit der Entsorgung** der radioaktiven Stoffe besteht darin, die Brennelemente nicht wieder aufzubereiten, sondern sie direkt in Salzstöcken endzulagern. Dabei entfällt die aufwendige und risikoreiche Wiederaufbereitung, jedoch geht dadurch eine große Menge noch nicht abgebranntes U-235, sowie erbrütetes Plutonium verloren. Außerdem ist die Menge des radioaktiven Materials wesentlich größer. Außer den Spaltprodukten entstehen durch Bestrahlung noch weitere radioaktive Materialien, wie z. B. die Hüllrohre der Brennelemente oder die Teile, die mit dem primären Kühlkreislauf in Berührung kommen. Auch diese Stoffe müssen alle entsorgt werden.

4.3 Gas- und Dampfturbinenanlagen

Während bei **Kohlekraftwerken** (→ **C4.1**) heute durchaus Wirkungsgrade von 45 bis 47 % erreicht werden können, bringen es **Siede- und Druckwasserreaktor** (→ **C4.2.2**) infolge der niedrigeren Temperatur des Dampfes gerade mal auf einen Wirkungsgrad von 33 bis 35 %. Daraus folgt:

Bei konventionellen Dampfkraftwerken geht über die Hälfte und bei Nukleardampfkraftwerken etwa zwei Drittel der umgesetzten Energie verloren.

Dies zeigt auch das **Energieflussbild (Bild 1/145)** am Beispiel eines Kohlekraftwerkes. Etwa die Hälfte der zugeführten Energie wird dort im Kühlwasser des Kondensators abgeführt. Diese Tatsache hat verschiedene Entwicklungsrichtungen produziert, und zwar mit dem Ziel, die ansonsten verloren gegangene **Energie zurückzugewinnen** (→ **B2.6**). Insbesondere ist der hohe Entwicklungsstand von

- **Kombi-Kraftwerken** und der
- **Kraft-Wärme-Kopplung** (→ **B2.5.6.6, C4.4**) zu nennen.

Bei den Kombikraftwerken spielt vor allem das

- **Gasturbinen-Dampfturbinen-Dampfkraftwerk**

eine große Rolle. Es wird auch als **GUD-Kraftwerk** (= Gas- und Dampfturbinenanlage) bezeichnet. **Bild 1/153** zeigt eine solche im Längsschnitt:

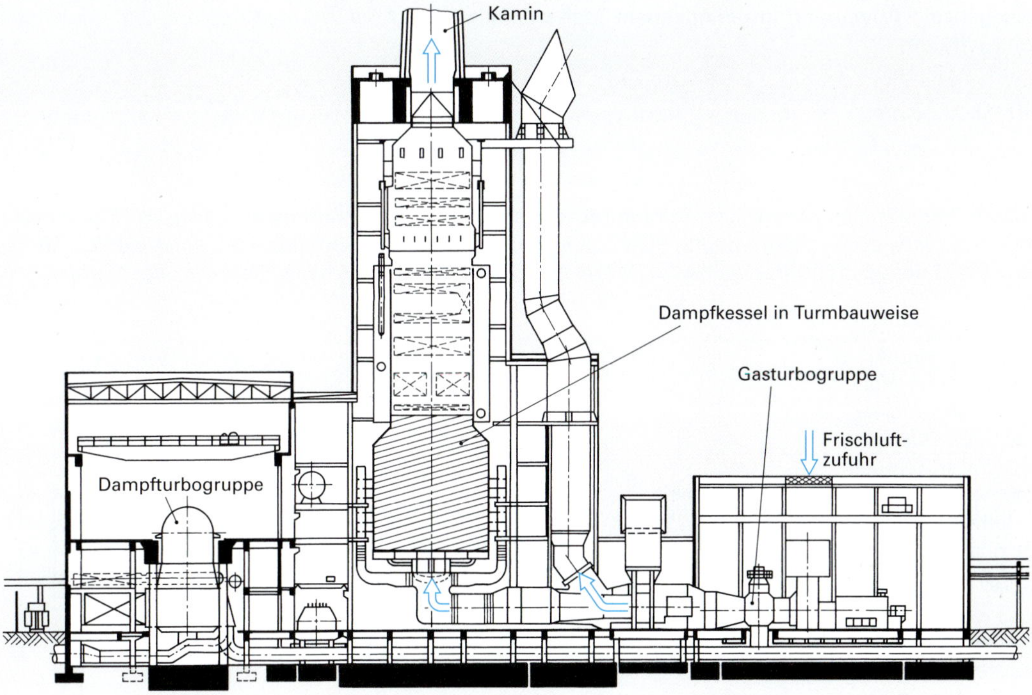

Bild 1: Längsschnitt einer GUD-Anlage

In einer solchen Anlage wird der **Gasturbinen-Prozess** (→ **C7.2**) mit dem **Dampfkraftprozess** (→ **C3.3.2**) kombiniert. Bei diesem **Kombiprozess** wird durch die Gasturbine Wärmeenergie bei einem hohen Temperaturniveau, d. h. bei einer **Eintrittstemperatur in die Gasturbine von ca. 950 °C** in mechanische Arbeit – bei einem Wirkungsgrad von etwa 40 % – umgewandelt. Das Abgas verlässt die Gasturbine mit hoher Temperatur und enthält somit noch große Wärmemengen.

Bei GUD-Anlagen wird mit der Abwärme der Gasturbine ein Dampfkessel befeuert. Der damit erzeugte Dampf enthält also Abwärme, er wird weiter überhitzt und der Dampfturbine zugeleitet.

Mit solchen Anlagen, d.h. mit **Wärmerückgewinnung** in einem **Abhitzekessel (Bild 1)**, erreicht man **Gesamtwirkungsgrade** von knapp über **60 %.** Somit kann man sagen:

GUD-Anlagen ermöglichen im Vergleich zum Dampfkraftprozess und Gasturbinenprozess eine in der Größenordnung von 20 % höhere Energieausnutzung.

4.4 Kraft-Wärme-Kopplung (KWK)

Bei einer **Kraft-Wärme-Kopplung** liegt der gleiche Grundgedanke wie bei den **GUD-Anlagen** zu Grunde, nämlich die

Nutzung vom Abwärmen.

Daraus ergibt sich, dass eine Kraft-Wärme-Kopplung durch viele Technologien realisiert werden kann. Im Unterschied zur GUD-Anlage gilt jedoch:

Das Hauptprinzip der Kraft-Wärme-Kopplung ist die dezentrale Nutzung der **gleichzeitig** bereitgestellten Elektrizität **und** Wärme.

Man kann also sagen, dass bei allen Technologien, die die Stromerzeugung zum Ziel haben und bei denen zwangsläufig **Abwärmen in genügendem Maße** anfallen, die Kraft-Wärme-Kopplung zur Anwendung kommen kann.

Konventionelle Technologien zur Kraft-Wärme-Kopplung sind der **Dampfmotor** (→ **C3.2**), vor allem aber die **Dampfturbine** (→ **C3.3**), der **Verbrennungsmotor** (→ **C7.3**) und die **Gasturbine** (→ **C7.2**).

Neuere Technologien wie etwa der **Stirling-Motor** (→ **A8.4.6**) oder die **Brennstoffzelle** (→ **B2.5.6**) sind aber ebenfalls zur Kraft-Wärme-Kopplung (KWK) geeignet und erweitern somit die konventionellen Technologien. **Bild 1** erläutert das grundsätzliche Prinzip einer KWK am Beispiel eines Verbrennungsmotors.

Anzumerken ist, dass sich die Abwärmen von **Verbrennungsmotor** und **Gasturbine** hinsichtlich Temperatur und Ort des Anfallens unterscheiden.

Es ist nämlich so, dass bei Verbrennungsmotoren der größte Teil der Abwärme im **Kühlwasser** anfällt. Bei der Gasturbine hingegen wird die Wärme bei wesentlich höherer Temperatur über das **Abgas** abgegeben. Daraus ergibt sich, dass die beiden Technologien in der Praxis **unterschiedliche Anwendungsfelder** haben:

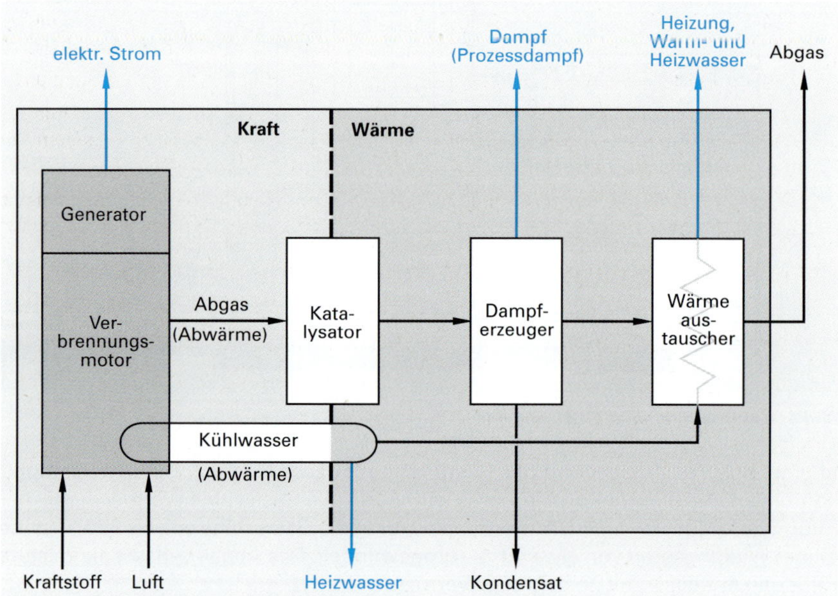

Bild 1: Blockheizkraftwerk (BHKW)

Gasturbinen-KWK wird insbesondere in der Industrie zur Bereitstellung von Prozesswärme (bei ca. 500 °C) und **Verbrennungsmotoren-KWK** meist zur Bereitstellung von Raumwärme eingesetzt.

Anlagen mit Kraft-Wärme-Kopplung – etwa wie im **Bild 1** dargestellt – werden auch als **Block-Heizkraftwerk** in Abkürzung als **BHKW-Anlage** bezeichnet.

Solche Block-Heizkraftwerke werden in zunehmendem Maß in Verbindung mit der **Heizungsanlage** – auch im privaten Bereich – genutzt. Dabei wird für das Abdecken von **Spitzenlasten** meist ein **Spitzenlastkessel** integriert. Überschüssige Wärme kann begrenzt in einem **Wärmespeicher** gespeichert werden.

Die Bedeutung der Kraft-Wärme-Kopplung für die Zukunft ist auch daran zu erkennen, dass es ein **Kraft-Wärme-Kopplungsgesetz** gibt. Dieses sieht u.a. vor, dass die Betreiber von KWK-Anlagen durch einen staatlichen Zuschuss gefördert werden. Diese Förderung hängt allerdings auch von der Art der Anlage ab. So werden z.B. die Betreiber von **Brennstoffzellen-Anlagen** in besonderer Weise gefördert. Aus alledem kann man schließen:

Der Wärmerückgewinnung (GUD, KWK) wächst zukünftig in der Energiewirtschaft eine große Bedeutung zu.

Wiederholung und Vertiefung

C48 Was versteht man unter einem Sankey-Diagramm?

C49 Welchen Namen hat der Dampfkraftprozess?

C50 Mit welchen Primärenergien wird ein konventionelles Dampfkraftwerk betrieben?

C51 Welche Neutronen eignen sich besonders gut zur Spaltung von U-235?

C52 Was versteht man unter angereichertem Uran?

C53 Welche Atome eignen sich besonders gut zur Moderation von Neutronen im Reaktor?

C54 Welche verschiedenen Reaktortypen kennen Sie?

C55 Was versteht man in der Reaktortechnik unter dem Multiplikationfaktor *k*?

C56 Wie hoch ist die Anreicherung von U-235 bei Leichtwasserreaktoren?

C57 Wie wird die Kettenreaktion im Reaktor gesteuert?

C58 Was versteht man unter der Wiederaufbereitung von abgebrannten Brennelementen?

C59 Weshalb müssen die Turbinen beim Siedewasserreaktor in den Sicherheitsbereich einbezogen werden?

C60 Was versteht man unter einer GUD-Anlage und welchen wirtschaftlichen Vorteil bringt diese?

C61 Welche Gemeinsamkeit haben GUD und KWK und wie unterscheiden sich beide Technologien?

C62 Nennen Sie verschiedene Technologien, die für eine KWK geeignet sind.

C63 Was versteht man unter einer BHKW-Anlage?

C64 Versuchen Sie mithilfe des **Bildes 1/154** die Hauptkomponenten einer BHKW-Anlage aufzuzählen.

C65 Welchen Anreiz bietet der Gesetzgeber den Betreibern von BHKW-Anlagen?

C5 Wasserkraftmaschinen

Im Zusammenhang mit den **erneuerbaren Energien** (→ **B2.5**) wurde auch auf die **Wasserkraft** (→ **B2.5.7**) eingegangen. Dort wurde auch kurz die **Energieumsetzung in Wasserkraftwerken** (→ **C6**) besprochen und festgestellt, dass man die **Wasserenergie** im Grunde genommen als **gespeicherte Sonnenenergie** auffassen kann. Bedingt durch den **natürlichen Wasserkreislauf (Bild 1)** gelangt auf der Erdoberfläche immer wieder Wasser an Stellen mit **geodätischer Höhenlage** (→ **A3.6**). Bezogen auf Stellen mit **geodätischer Tieflage** ergibt sich dabei ein **geodätischer Höhenunterschied** Δh und somit im Wasser gespeicherte **potenzielle Energie** (→ **A1.11, A3.6**). Diese kann in **kinetische Energie** (→ **A1.11, A3.6**) umgewandelt werden (→ **Bild 1/108**) und der Vorgang wird durch die auf die Erde eingestrahlte **Sonnenenergie** ständig, aber mit unterschiedlicher Intensität aufrecht erhalten.

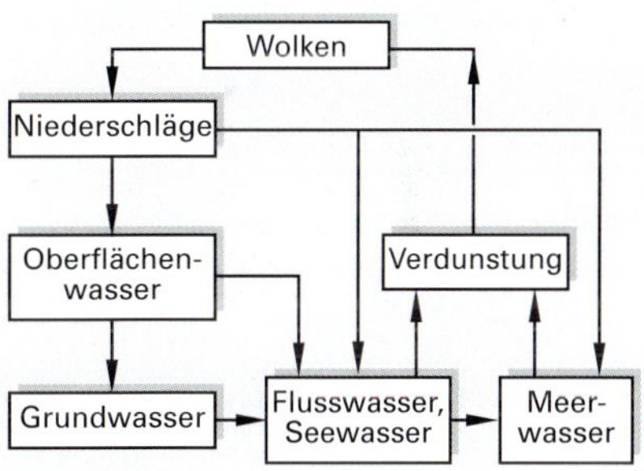

Bild 1: Natürlicher Wasserkreislauf

Bild 1/156 zeigt die Fotografie eines brasilianischen Laufwasserkraftwerkes (→ **C6**) mit einer Leistung von 75 MW.

5.1 Wasserräder

Für Wasserräder gibt es heute nur noch einen kleinen Anwendungsbereich, und zwar ist dieser auf sehr kleine Leistungen beschränkt. Dennoch werden Wasserräder in Einzelfällen und in modernster Bauart bei **Wirkungsgraden bis zu 70 %** (!) genutzt. Man unterscheidet

- **Oberschlächtiges Wasserrad (Bild 2/156):** Nutzung der potenziellen Energie des Wassers
- **Unterschlächtiges Wasserrad (Bild 3/156):** Nutzung der kinetischen Energie des Wassers bei großer Strömungsgeschwindigkeit desselben.
- **Mittelschlächtiges Wasserrad (Bild 4/156):** Nutzung von potenzieller und kinetischer Energie des Wassers.

Bild 1: Laufwasserkraftwerk mit 75 MW Leistung in Tres Medias/Brasilien

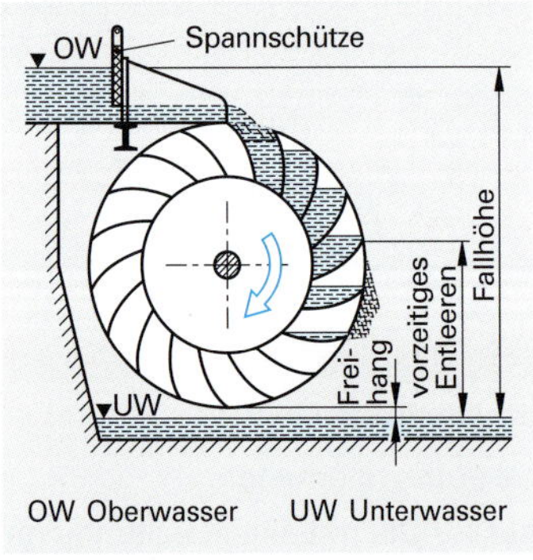

Bild 2: Oberschlächtiges Wasserrad

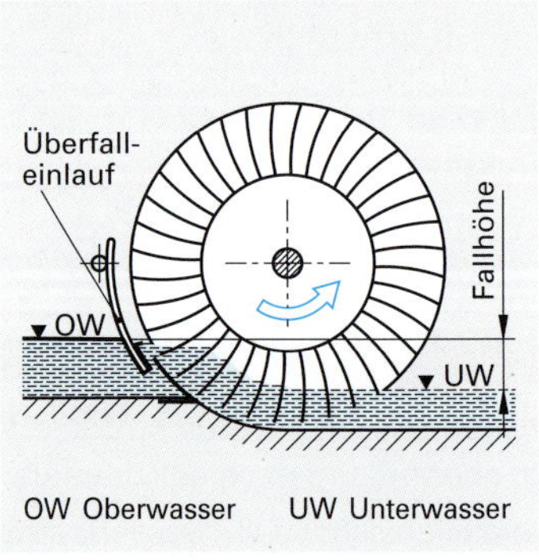

Bild 3: Unterschlächtiges Wasserrad

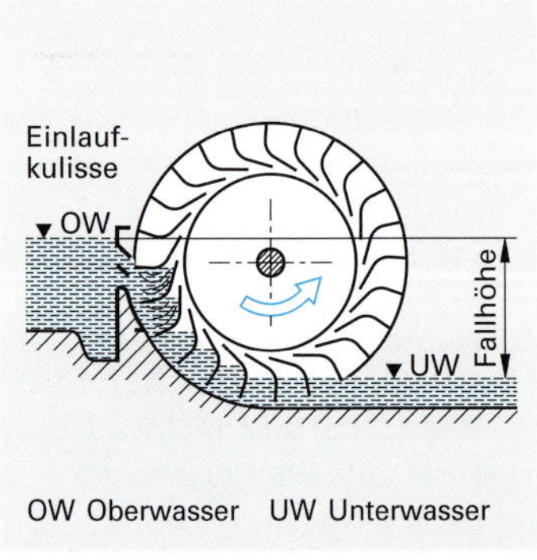

Bild 4: Mittelschlächtiges Wasserrad

Die Fallhöhe wird auch als **Gefälle** bezeichnet (Differenz der geodätischen Höhen → **A3.6**) und sie errechnet sich aus dem senkrechten Abstand zwischen **Oberwasserspiegel** (OW) und dem **Unterwasserspiegel** (UW). Der erreichbare **Wirkungsgrad von Wasserrädern** hängt sehr stark von der Schaufelform ab. Bei geraden Schaufeln beträgt er etwa 40 % und bei strömungstechnisch günstig geformten (→ **A4.4**), d. h. gekrümmten Schaufeln, bis 70 %.

- **Vorteile** Geringe Kosten, Unempfindlichkeit gegenüber verschmutztem Wasser.
- **Nachteile** Niedrige Drehzahl (→ **A1.14**), geringe Leistung (→ **A1.14**), unregelmäßiger Lauf, Wasserverluste, Ausfall bei Trockenheit oder Frost.

5.2 Wasserturbinen

Das Wasserrad hatte noch bis weit in das 20. Jahrhundert hinein eine große Bedeutung. Bedingt durch die erwähnten Nachteile haben sich ab etwa dem Jahr 1850 verschiedene Entwicklungsrichtungen bezüglich des Baues von Wasserkraftmaschinen in Form von **Turbinen** herausgebildet, die als **Wasserturbinen** bezeichnet werden. Im Rückblick zu den Dampfturbinen (→ **C3.3**) und im Vorgriff auf die Gasturbinen (→ **C7.2**) soll an dieser Stelle der Begriff **Turbine** erläutert werden:

Eine Turbine ist eine **Strömungsmaschine** (→ **C3.3**), die in einem rotierenden Laufrad einer Flüssigkeit, einem Dampf oder einem Gas mechanische Energie (potenzielle oder kinetische Energie (→ **A1.11, A3.6**) entzieht und als Rotationsenergie (→ **A1.16**) über eine Welle an eine Arbeitsmaschine weiterleitet.

Vor allem werden Wasserturbinen als Kraftmaschinen in **Wasserkraftwerken** (→ **C6**) verwendet. Die angetriebene Arbeitsmaschine ist dann ein **Generator** (→ **C8.1.2**).

Aus obiger Turbinendefinition ist ableitbar, dass bei der Betrachtung von Wasserturbinen an grundsätzliche Überlegungen, die im Zusammenhang mit Dampfturbinen angestellt wurden, angeknüpft werden kann, so z. B. an die **Geschwindigkeitsdreiecke** (→ **C3.3.2**):

5.2.1 Geschwindigkeitsdreiecke

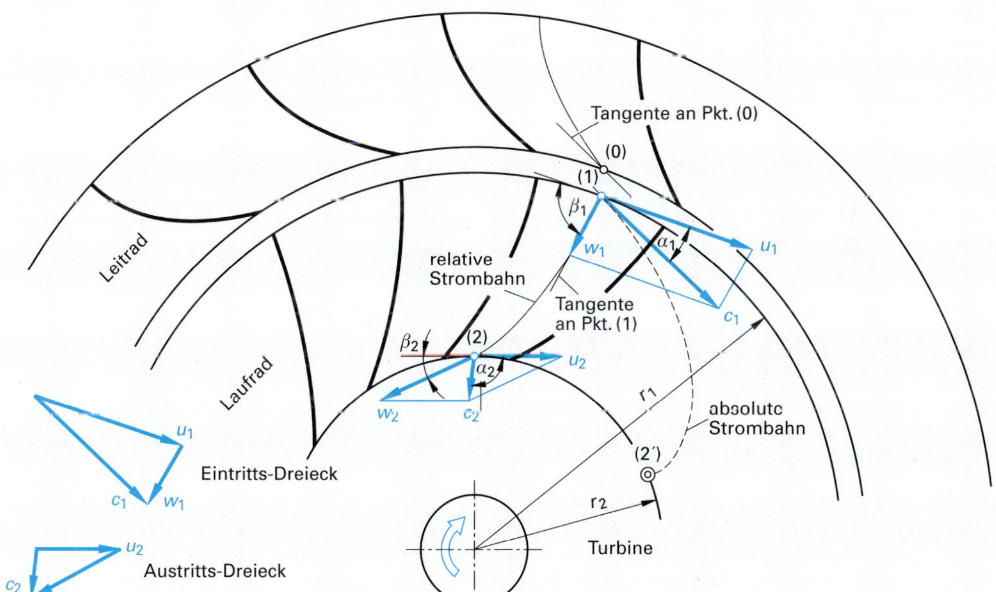

α Winkel zwischen positiver Umfangsgeschwindigkeit $+u$ und Absolutgeschwindigkeit c

β Winkel zwischen negativer Umfangsgeschwindigkeit $-u$ und Relativgeschwindigkeit w

(0) Punkt der Strombahn kurz vor Eintritt in das Laufrad

(1) Punkt der Strombahn unmittelbar nach Eintritt in das Laufrad

(2) Punkt der relativen Strombahn kurz vor Austritt aus dem Laufrad

(2´) Punkt der absoluten Strombahn kurz vor Austritt aus dem Laufrad

Bild 1: Geschwindigkeitsdreiecke bei einer Wasserturbine

Bild 1/157 zeigt Leitrad und Laufrad (→ **C3.3.1**) einer Wasserturbine sowie das **Einrittsdreieck** (in das Laufrad) und das **Austrittsdreieck** (aus dem Laufrad). Ein- und Austrittsdreieck ergeben sich aus den – ebenfalls eingezeichneten – **Geschwindigkeitsparallelogrammen** (→ **A1.4**). Außerdem erkennt man in diesem Bild den Verlauf der **relativen Strombahn** und der **absoluten Strombahn** (→ **C3.3.2**) im Turbinenlaufrad. In Analogie zu den Dampfturbinen spricht man auch hier von

- **Umfangsgeschwindigkeit *u***
- **Relativgeschwindigkeit *w***
- **Absolutgeschwindigkeit *c***

5.2.2 Euler'sche Turbinengleichung und Turbinenarten

Eine für den Bau von Wasserturbinen wichtige Gleichung ist eine nach dem schweizerischen Mathematiker Leonhard **Euler (1707 bis 1783)** benannte Gleichung. In Worten:

Das **Drehmoment** M (→ **A1.7, A1.16**) **an der Welle** ist gleich dem Produkt aus dem Massenstrom $\dot{m}$ (→ **A3.4**) und der Differenz zwischen dem Drehimpuls L (→ **A1.16**) am Eintritt und am Austritt.

Dabei ist es so, dass der Drehimpuls aus dem Produkt von Radius r und der Umfangskomponente (→ **A1.4**) der Absolutgeschwindigkeit c, d.h. c_u berechnet wird. **Bild 1** zeigt die Zusammenhänge am Beispiel des Austrittsdreieckes.

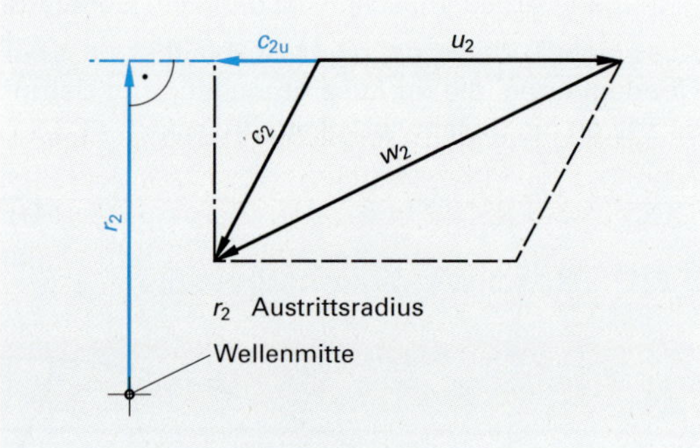

Bild 1: Umfangskomponente von c_2

Somit ergibt sich für das **Drehmoment**

$$M = \dot{m} \cdot (r_1 \cdot c_{1u} - r_2 \cdot c_{2u}) \quad (1)$$ in Nm

Da sich die Drehleistung (→ **A1.14**) aus dem Produkt von Drehmoment M und Winkelgeschwindigkeit ω berechnet, ergibt sich für die **Turbinenleistung**

$$P = \dot{m} \cdot \omega \cdot (r_1 \cdot c_{1u} - r_2 \cdot c_{2u}) \quad (2)$$

Mit $u = \omega \cdot r$ (→ **A1.14,** dort ist $v_u = u$) wird:

$$P = \dot{m} \cdot (u_1 \cdot c_{1u} - u_2 \cdot c_{2u}) \quad (3)$$ in Nm/s = W

Ebenso wie bei den Dampfturbinen gibt es auch im Wasserturbinenbau axiale und radiale Bauarten (→ **C3.3.3**). Bei den obigen Gleichungen ist zu beachten:

- **Axialturbine** $r_1 = r_2 = r$ und $u_1 = u_2 = u$
- **Radialturbine** $r_1 \neq r_2$ und $u_1 \neq u_2$

Zwei wichtige **Kriterien für die Bauart von Wasserturbinen** ist der **geodätische Höhenunterschied** Δh (→ **A3.6**), kurz auch als **Fallhöhe** bezeichnet, und der **Massenstrom** $\dot{m}$. Entsprechend diesen Kriterien unterscheidet **Tabelle 1:**

Tabelle 1: Turbinenarten

	Fallhöhe in m	**Massenstrom $\dot{m}$** in kg/s
Peltonturbine (Freistrahlturbine) [1]	100 ... 2000	gering
Francisturbine (Spiralturbine) [2]	60 ... 600	mittel
Kaplanturbine (Propellerturbine) [3]	2 ... 60	groß

1) L. A. Pelton, amerikanischer Ingenieur (1829 bis 1908)
2) J. B. Francis, amerikanischer Ingenieur (1815 bis 1892)
3) Victor Kaplan, österreichischer Ingenieur (1876 bis 1934)

In der Regel bestehen Wasserturbinen aus einem schaufelbesetzten **Laufrad,** das sich mit konstanter Drehzahl (→ **A1.14**) dreht, und einem stillstehenden **Leitrad.** Diese Aussage gilt aber nur für das vollbeaufschlagte Laufrad. Bei **Teilbeaufschlagung** wird das Leitrad in einzelne getrennte **Leitkanäle,** den **Düsen,** aufgelöst.

Das Leitrad oder die Düsen haben die Aufgabe die Druckenergie (→ **A3.6**) des Wassers in Bewegungsenergie (kinetische Energie) umzuwandeln.

Je nach geodätischem Höhenunterschied Δh (Fallhöhe h) unterscheidet man entsprechend dem mehr oder weniger großen Schweredruck (→ **A2.1**) in

- **Niederdruckanlagen** ⟶ $h < 50$ m
- **Mitteldruckanlagen** ⟶ 500 m > h > 50 m
- **Hochdruckanlagen** ⟶ $h >$ 500 m

5.2.3 Die Peltonturbine (Freistrahlturbine)

Bei großen Fallhöhen (bis 2000 m) und geringen Wassermengen werden meist **Peltonturbinen** verwendet.

Das Wasser fließt der Turbine aus dem hochgelegenen Staubecken in einer Druckrohrleitung aus Stahl zu. Der aus einer Düse, bei großen Wassermengen aus mehreren **Düsen,** austretende Wasserstrahl trifft auf die am Laufrad angebrachten **Schaufeln.** Jede Schaufel besteht aus zwei **länglichen Halbschalen,** die das Wasser aufnehmen. Bei diesem Vorgang sprüht das Wasser seitlich weg, und es wird ein Drehmoment erzeugt, welches an die Welle abgegeben wird.

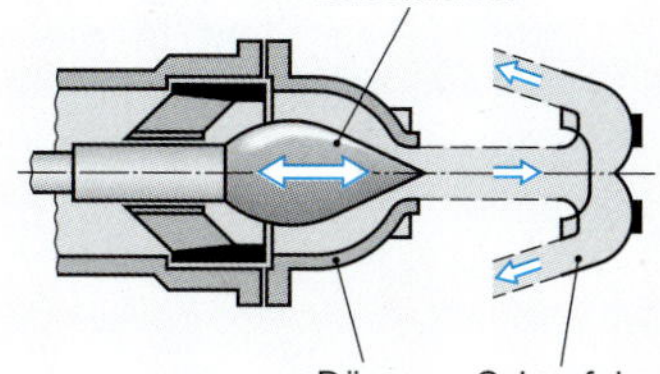

Bild 1: Düse und Schaufel

Der Wasserstrom wird durch eine **Nadel** an der Austrittsdüse **(Bild 1)** reguliert. So wird die Wassermenge dem erforderlichen Drehmoment angepasst. Dies ist erforderlich, weil das benötigte Drehmoment von der Menge der vom Generator abgenommenen elektrischen Energie abhängt. Ein Regler verstellt dabei in Abhängigkeit des erforderlichen Drehmomentes die **Düsennadel.** Das Wasser fließt an den äußeren Schaufelrändern mit stark verminderter Geschwindigkeit aus. Die Ablenkung beträgt nicht ganz 180°. Zu große Ablenkungen sind schädlich, da dann das austretende Wasser gegen den nachfolgenden Schaufelrücken spritzt und dadurch ein gegengerichtetes Drehmoment erzeugt. Damit der Wasserstrahl nicht vorzeitig durch die nachfolgende Schaufel gestört wird, enthalten die Schaufeln entsprechend geformte Aussparungen. **Bild 2** zeigt die Hälfte des Laufrades einer Peltonturbine.

Da die potenzielle Energie des Wassers vor Schaufelberührung in kinetische Energie umgewandelt wird, ändert sich der statische Druck nach dem Austritt aus der Düse nicht mehr.

Somit:

Die Peltonturbine ist eine **Gleichdruckturbine** (→ **C3.3.3, C3.3.4**).

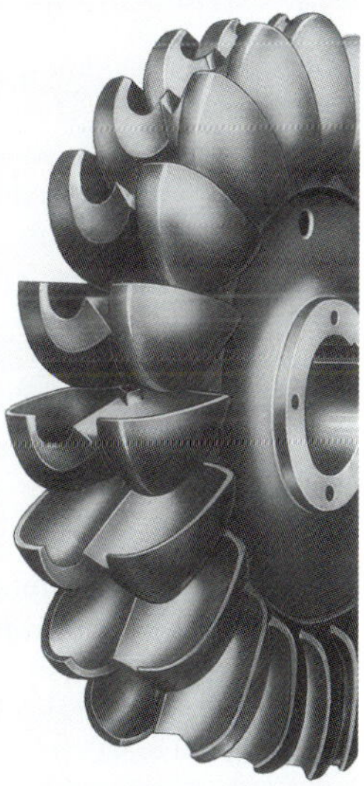
Bild 2: Laufrad einer Peltonturbine

Wegen des nicht geführten Wasserstrahls zwischen den Düsen und den Schaufeln wird die Peltonturbine auch **Freistrahlturbine** genannt.

Der **Wirkungsgrad** einer Peltonturbine (Freistrahlturbine) kann bei knapp über **90 %** liegen. Er ist dann am größten, wenn das Laufrad im Schaufelbereich eine Umfangsgeschwindigkeit (→ **A1.14**) besitzt, die halb so groß wie die Geschwindigkeit des zuströmenden Wassers ist. Auch im Teillastbereich, d.h. bei kleinen Belastungen, haben solche Wasserturbinen einen guten Wirkungsgrad.

Es wurde bereits gesagt, dass ein Regler in Abhängigkeit des erforderlichen Drehmomentes die Düsennadel verstellt. Bei einer abrupten Bedarfsänderung ist es allerdings erforderlich, auch eine sehr rasche Verstellung vorzunehmen. Dadurch würden sich – infolge des anlagenspezifisch meist großen Druckes in den Rohrleitungen – unzulässig starke **Druckstöße** ergeben. Deshalb schwenkt in solchen Fällen ein **Strahlablenker** in den Düsenstrahl ein, und zwar ebenfalls durch den Regler gesteuert.

Dadurch wird der Strahl teilweise oder ganz vom Laufrad abgelenkt. Allmählich wird dann auch die Düsennadel auf die neue Belastung eingeregelt und der Strahlablenker geht in gleichem Maße in seine Ausgangslage zurück. Der beschriebene Vorgang ist in **Bild 1** zu erkennen.

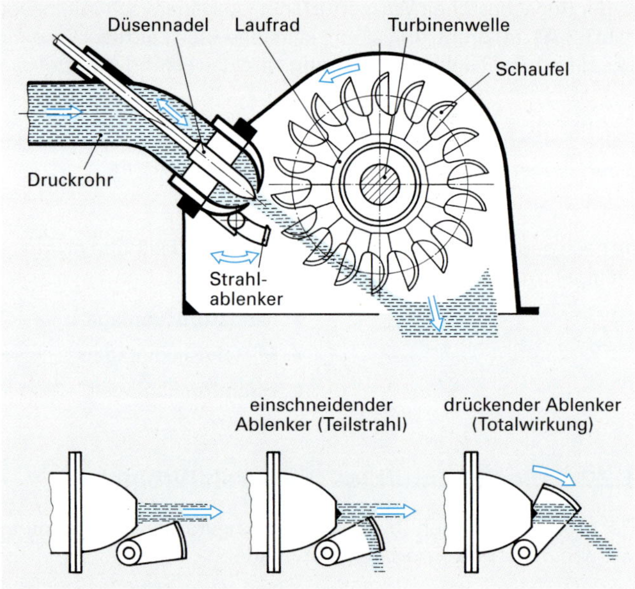

Bild 1: Peltonturbine (Freistrahlturbine)

5.2.4 Die Francisturbine (Spiralturbine)

Bild 2 zeigt die Wirkungsweise bei einer **Francisturbine.** Es ist zu erkennen, dass das Wasser in eine **Einlaufspirale** des spiralförmig ausgebildeten Turbinengehäuses eintritt, dann durch den **Leitapparat** mit den **Leitschaufeln** und dann durch das **Turbinenrad** strömt. Wegen der Einlaufspirale wird die Francisturbine auch als **Spiralturbine** bezeichnet.

Im schneckenförmigen Gehäuse fließt das Wasser dem Laufrad am ganzen Umfang zu.

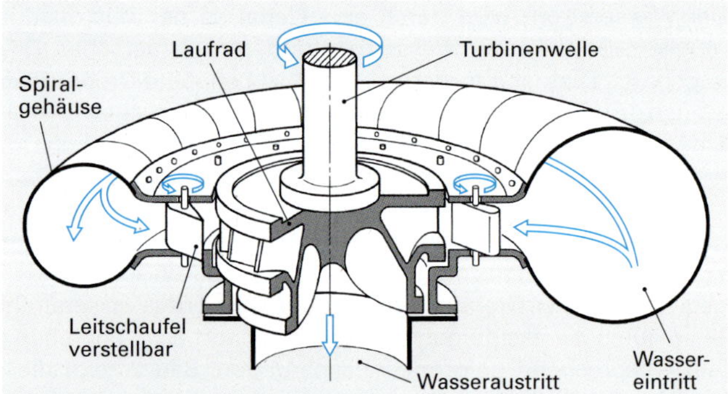

Bild 2: Francisturbine (Spiralturbine)

Die Turbine ist also **vollbeaufschlagt.** Die Zellen sind somit immer mit Wasser gefüllt. Als Regelorgan dient der bereits erwähnte Leitapparat mit den Leitschaufeln. Neben der Regelung übernehmen diese auch die Aufgabe, dem Laufrad das Wasser in einer günstigen Richtung zuzuleiten. Den Vorgang zeigt **Bild 1/161.**

Die potenzielle Energie des Wassers wird an den Leitschaufeln nur teilweise in kinetische Energie umgewandelt, sodass noch ein Teil der Druckenergie (→ **A3.6**) erhalten bleibt. Dieser Überdruck wirkt ständig am ganzen Umfang des Laufrades. Somit:

Die Francisturbine (Spiralturbine) ist eine **Überdruckturbine** (→ **C3.3.3, C3.3.4**).

Das Laufrad **(Bild 2/161)** ist mit einer Anzahl besonders geformter Schaufeln versehen, an denen das zuströmende Wasser abgelenkt wird. Durch diese Ablenkung entsteht ein Druck auf die Schaufeln, wodurch das Laufrad in Drehung versetzt wird.

Das austretende Wasser **(Bild 3)** wird in ein sich erweiterndes Rohr geleitet, sodass nach Bernoulli (→ **A3.6**) ein Unterdruck (→ **A2.1**) entsteht. Dadurch wird eine weitestgehende **Leistungsunabhängigkeit** vom schwankenden Unterwasserspiegel erreicht.

Die Francisturbinen für niedere Fallhöhen *h* werden meist als **Schachtturbinen (Bild 3)** ausgeführt. Das Nutzwasser wird dabei in einem offenen betonierten Kanal der Turbine zugeleitet. Diese wird ohne Gehäuse in den Verbindungskanal zwischen **Oberwasser** und **Unterwasser** eingebaut, sodass das Wasser unmittelbar in den Leitapparat einströmen kann.

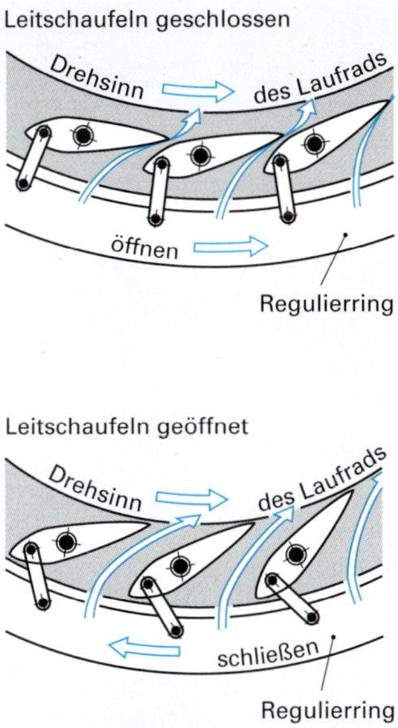

Bild 1: Leitapparat

Bild 2: Laufrad einer Francisturbine

Die Wirkungsweise und Regelung einer Schachtturbine ist die gleiche wie bei der Gehäuseturbine, es ergeben sich aber wirtschaftliche Vorteile.

Francisturbinen sind heute schon für **Gefällhöhen über 500 m** ausgeführt. In hydraulischer Hinsicht ist die Francisturbine günstiger als die Peltonturbine, und zwar weil sie die Fallhöhe bis zum tiefsten Unterwasserspiegel ausnutzen kann. Die Peltonturbine hingegen muss mit einigen Metern **Freihang** über dem höchsten Unterwasserspiegel aufgestellt werden.

Bei 80 bis 100 % Auslastung werden mit der Francisturbine **Wirkungsgrade von knapp über 90 %** erreicht. Bei einer kleineren Auslastung ist die Peltonturbine günstiger.

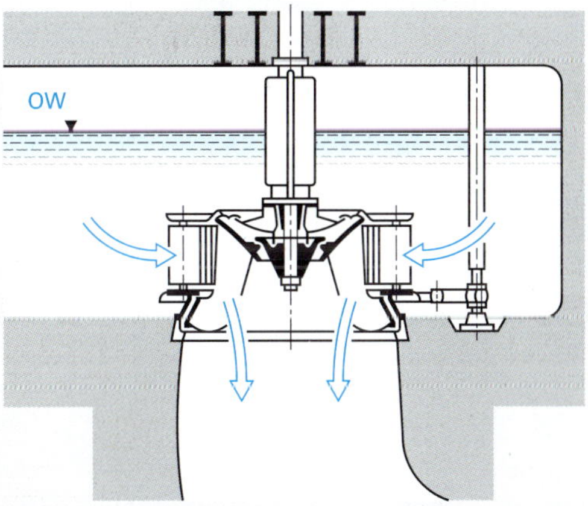

Bild 3: Francis-Schachtturbine

Francisturbinen werden heute je Einheit **bis zu einer Leistung von 150 MW** gebaut.

5.2.5 Die Kaplanturbine (Propellerturbine)

Die Bauweise der **Kaplanturbine** gleicht im Wesentlichen der der Francisturbine. Statt mit einem Laufrad ist aber die Kaplanturbine mit einem **Propeller** bestückt, der **verstellbare Blätter** hat **(Bild 1/162).** Dadurch kann die Kaplanturbine stark **schwankende Massenströme** $\dot{m}$ verarbeiten. Sie eignet sich auch gut für relativ **kleine Gefällhöhen** *h.*

Der Massenstrom einer Kaplanturbine wird durch das Verstellen des **Leitschaufelkranzes** und der **Propellerschaufeln** gesteuert.

Das Kaplanlaufrad hat je nach Turbinengröße 3 bis 7 propellerartige schrägstehende Flügel. Es wird durch den durchlaufenden und sich drehenden Wasserstrom, der einen Druck auf die Schaufeln ausübt, angetrieben. Die Verdrehung der Propellerschaufeln und die Verstellung des Leitschaufelkranzes erfolgt unter gegenseitiger Anpassung selbsttätig durch den Regler. Zur Erzielung größerer Leistung werden die Schaufeln steiler gestellt, sodass mehr Wasser durchfließt und der Druck auf die Schaufeln größer wird.

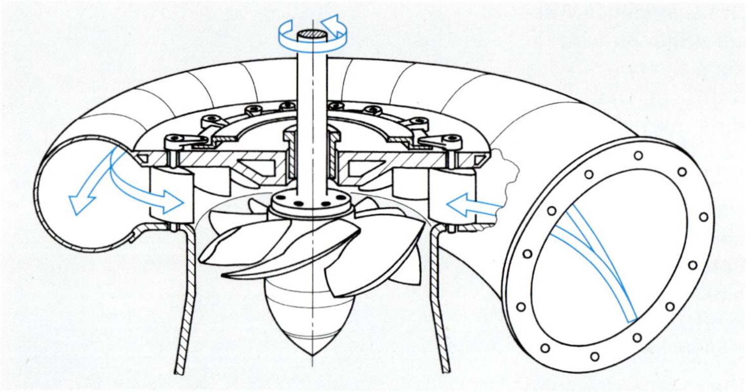

Bild 1: Kaplanturbine (Propellerturbine)

Im **Anwendungsbereich** überschneidet sich die Kaplanturbine mit der Fancisturbine. Kaplanturbinen (Propellerturbinen) sind Wasserkraftmaschinen für **große Wassermengen und kleine Fallhöhen.**

Bild 2 zeigt eine Sonderbauform der Kaplanturbine, nämlich eine **Rohrturbine.** Die Anströmung erfolgt in nahezu axialer Richtung bei meist horizontaler Wellenlage. Der Bauaufwand einer solchen Turbine ist geringer als bei Kaplanturbinen mit vertikaler Welle und Spiralgehäuse **(Bild 1/163).**

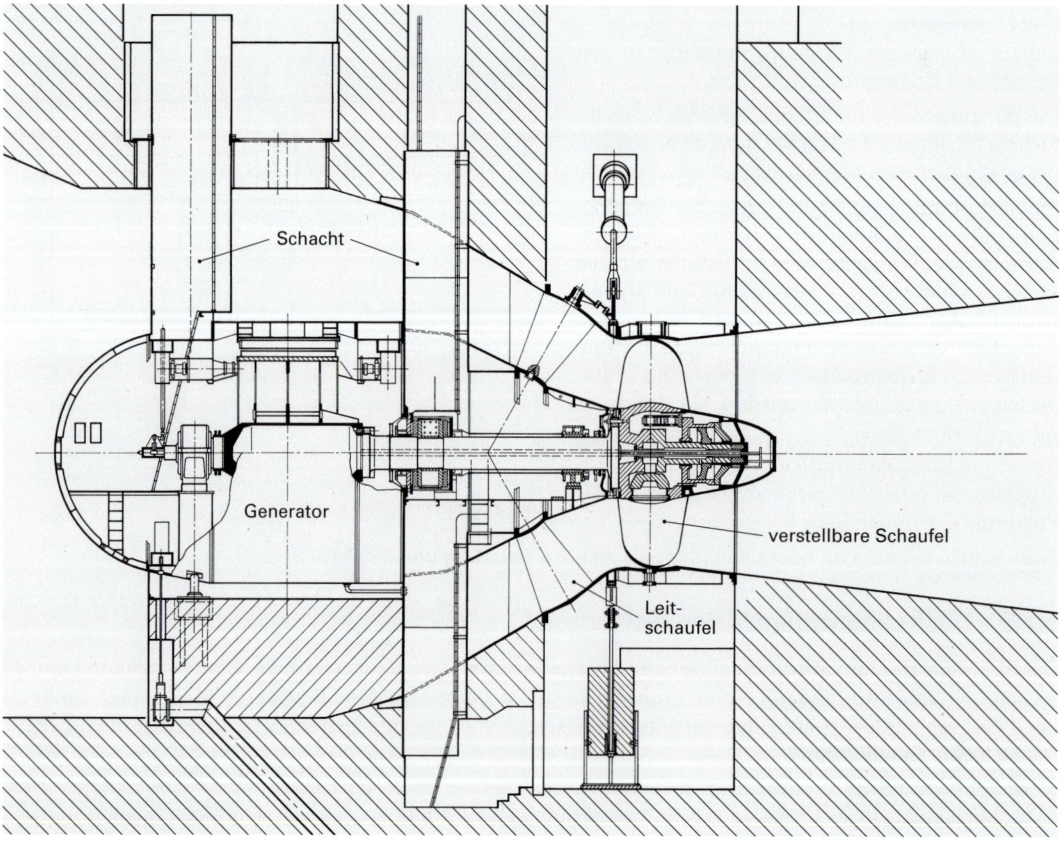

Bild 2: Kaplan-Rohrturbine

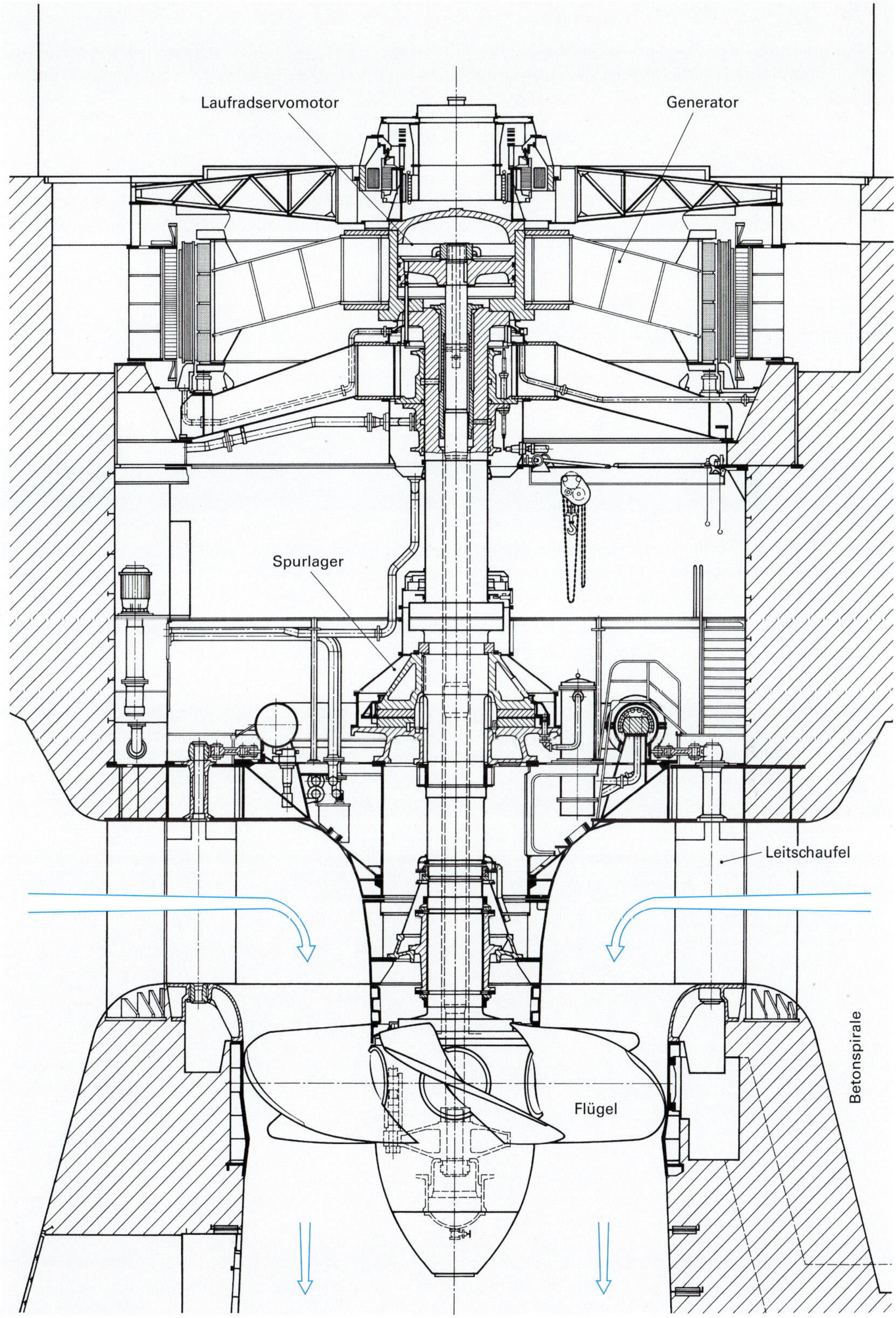

Bild 1: Kaplanturbine mit vertikaler Welle

5.2.6 Pumpenturbinen

Die **Pumpenturbine** ist eine Strömungsmaschine, die in der einen Drehrichtung als **Überdruckwasserturbine** und in der anderen Drehrichtung als **Kreiselpumpe** Verwendung findet. Damit ergibt sich folgende Besonderheit:

Eine Pumpenturbine kann sowohl eine **Kraftmaschine** als auch eine **Arbeitsmaschine** sein.

Diese Kombination erweist sich z. B. bei **Speicherkraftwerken** (→ **C6**) als sehr günstig. Dort wird in **laststarken Zeiten** über die Turbine und den Generator ans Netz gegangen **(Turbinenbetrieb).** In **lastschwachen Zeiten** wird aber auf **Pumpenbetrieb** gegangen und die Pumpe pumpt das im unteren Becken gesammelte Wasser wieder in das obere Becken zurück. Bezüglich der Pumpenturbinen ist noch zu sagen, dass sie als **Kombimaschine** kleinere Wirkungsgrade als spezielle Turbinen und Pumpen erzielen. Man kann aber durchaus sagen:

Pumpenturbinen sind in der Kraftwerksanlage raum- und kostensparend.

Im nachfolgenden Kapitel über Wasserkraftwerke **(C6)** wird darauf noch eingegangen.

C6 Wasserkraftwerke

Bereits im Zusammenhang mit den **erneuerbaren Energiequellen** wurde auf die Bedeutung der **Wasserkraft** (→ **B2.5.7**) hingewiesen. Sie kennen bereits Vorteile und Einschränkungen. Auch die drei grundsätzlichen Typen der Wasserkraftwerke, nämlich

- **Laufwasserkraftwerke**
- **Speicherkraftwerke**
- **Gezeitenkraftwerke**

sind Ihnen bekannt, ebenso die Energieumsetzung.

Generell werden bei Wasserkraftwerken ein **oberes Wasserbecken** und ein **unteres Wasserbecken** benötigt. Dadurch ergibt sich der **geodätische Höhenunterschied** *h,* die Voraussetzung dafür, dass potenzielle Energie in kinetische Energie umgewandelt werden kann (→ **A1.11, A3.6, Bild 1/108**).

Bild 1 zeigt verschiedene **Ausbauformen von Wasserkraftwerken:**

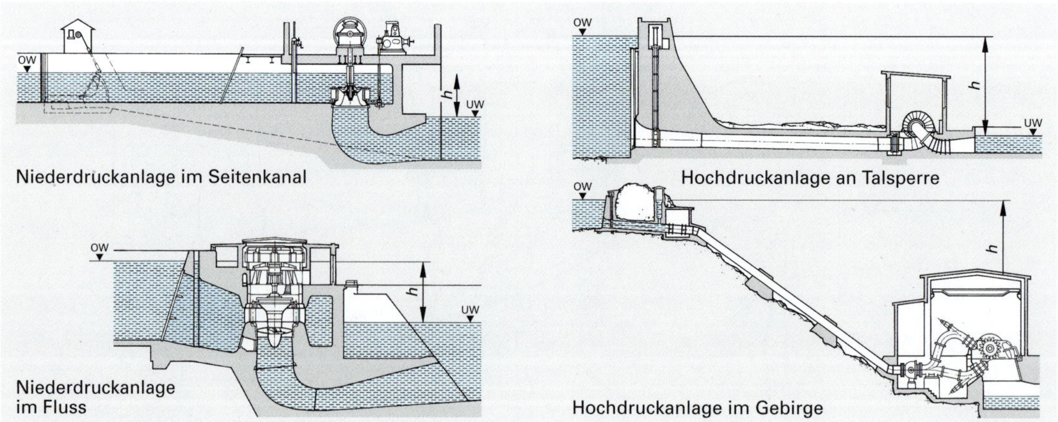

Bild 1: Ausbauformen von Wasserkraftwerken

In Abhängigkeit vom geodätischen Höhenunterschied *h* wird zwischen Niederdruck-, Mitteldruck- und Hochdruckanlagen unterschieden. Es soll noch erwähnt werden, dass Wasserkraftwerke nicht nur Großkraftwerke, sondern auch als Mittel- und Kleinkraftwerke zur Energieerzeugung genutzt werden. Viele Betriebe und sonstige Institutionen erzeugen auf diese Art selbst elektrische Energie.

Der große Vorteil besteht überdies auch noch darin, dass **überschüssig erzeugte elektrische Energie in das öffentliche Stromnetz eingespeist** werden kann. Dies wird von den Energieversorgungsunternehmen (EVU) entsprechend vergütet.

6.1 Laufwasserkraftwerke

Laufwasserkraftwerke nutzen die Energie des Wassers in der Regel im natürlichen Flusslauf – man spricht dann auch von **Flusskraftwerken** – oder selten in Kanälen **(Bild 1/164).**

Flussläufe unterliegen aufgrund der klimatischen Gegebenheiten starken **Pegelschwankungen.** Bei der Schneeschmelze tritt Hochwasser auf, in heißen, regenarmen Sommermonaten hingegen Niedrigwasser. Daraus resultiert:

Laufwasserkraftwerke müssen für einen **mittleren Wasserstand** ausgelegt werden. Ein **Stauwehr** reguliert das benötigte Wasserangebot, indem es mehr geöffnet oder mehr geschlossen wird.

Durch **Schleusenbetrieb** ist es möglich, dass der **Schifffahrtsbetrieb** aufrecht erhalten werden kann. Um das **Leben im Fluss** nicht zu sehr zu stören, werden heute üblicherweise **Fischpassagen** eingebaut. In unserer Zeit ist es kaum zu verstehen, dass diese wichtige Maßnahme über viele Jahrzehnte völlig ignoriert wurde.

Laufwasserkraftwerke (s. auch **Bild 1/156**) werden für eine möglichst gleichmäßige Stromerzeugung ausgelegt. Ihr **Wirkungsgrad** beträgt ca. 85 %.

Der Wirkungsgrad ist also sehr groß. Nur ca. 15 % der Primärenergie (→ **B2.2**) gehen bei der Energieumsetzung verloren, und zwar durch **äußere Reibung** in der Mechanik (→ **A1.10**) und durch **innere Reibung** in der Flüssigkeit (→ **A4**).

6.2 Speicherkraftwerke

Bei Speicherkraftwerken werden große Fallhöhen – bei durchaus kleinem Wasserzulauf – vorausgesetzt. **Bild 1** zeigt die Fallhöhenübersicht eines Wasserkraftwerkes im Hochgebirge:

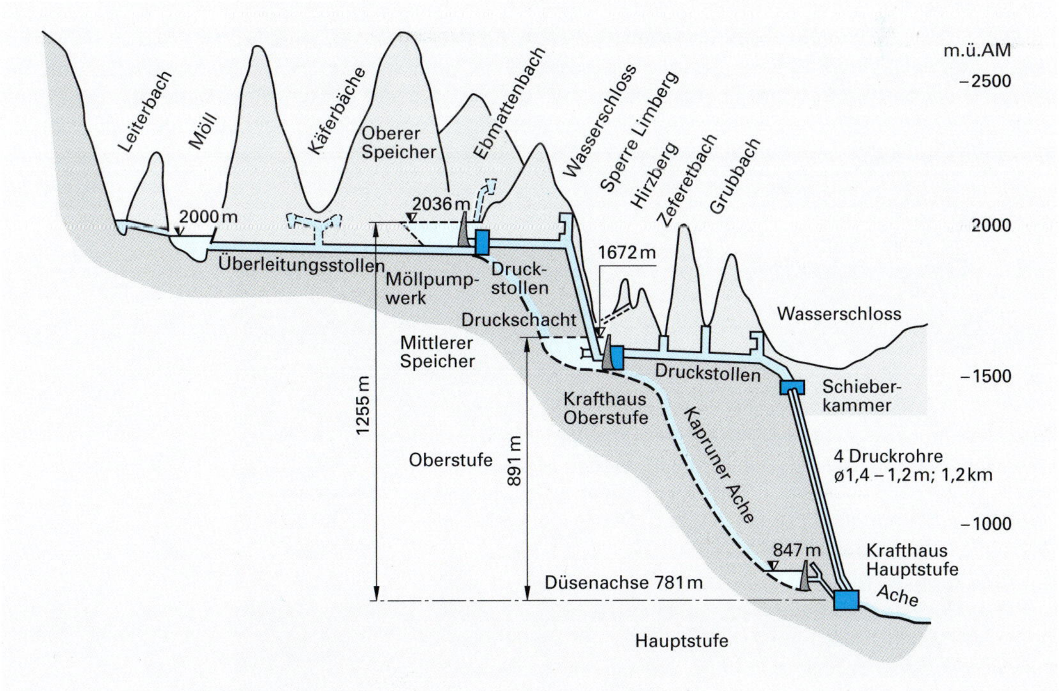

Bild 1: Hydrauliches Schema des Kraftwerkes „Glockner-Kaprun, Österreich“

Das zur Stromerzeugung erforderliche Wasser wird zuerst in einer **Talsperre** (Beispiel: Edertalsperre) gespeichert bzw. wird ein **natürliches oberes Becken** genutzt (Beispiele: Glockner-Kaprun, Walchenseekraftwerk). So dient z. B. beim Walchenseekraftwerk der Walchensee als oberes Becken, und das Wasser fließt durch Rohre bei einem Gefälle von ca. 200 m in den tiefer liegenden Kochelsee. Dort trifft das Wasser auf die Turbinenschaufeln.

Der **Wirkungsgrad** eines Speicherkraftwerkes beträgt ca. 80 %.

Eine besondere Form der Speicherkraftwerke sind die **Pumpspeicherwerke. Bild 1** zeigt das Schema:

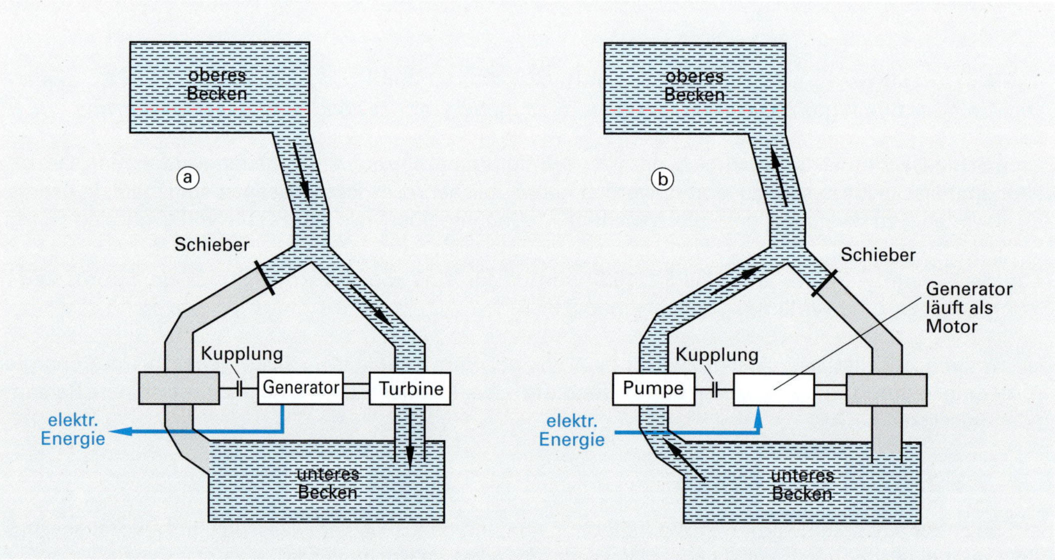

Bild 1: Wirkschema eines Pumpspeicherwerkes; a) Energiebetrieb, b) Pumpbetrieb

Pumpspeicherwerke werden nur in **Lastspitzenzeiten** zur Erzeugung der elektrischen Energie, bei einem **Wirkungsgrad** von **etwa 75 %,** eingesetzt. In lastschwachen Zeiten wird das im unteren Becken gesammelte Wasser – bei entsprechendem Energieeinsatz – wieder in das obere Becken zurückgepumpt. Bei Pumpspeicherwerken wird mit separatem Generator und separater Pumpe **(Bild 1)** oder aber auch – bei schlechterem Wirkungsgrad – mit **Pumpenturbinen** (→ **C5.2.5, C8.2.2**) gearbeitet.

6.3 Gezeitenkraftwerke

Bei einem **Gezeitenkraftwerk** wird die Energie der Wassermassen genutzt, die sich aus dem Höhenunterschied zwischen Hoch- und Niedrigwasser bei Ebbe und Flut des Meeres **(Tidenhub)** ergibt.

Der Mündungsarm eines Flusses wird durch einen Staudamm vom Meer getrennt **(Bild 2).** Die Turbinen werden in den Staudamm gesetzt und können in zwei Richtungen arbeiten, und zwar bei auflaufendem Wasser **(Flut)** und bei ablaufendem Wasser **(Ebbe).** Dies zeigt **Bild 1/167.**

Der **Gezeitenhub** (Tidenhub) kann bis zu 21 m betragen. Leider ist die technische Entwicklung noch nicht so weit abgeschlossen, dass man noch viel mehr von der zur Verfügung stehenden Energie des Meeres nutzen könnte. Der Einsatz ist weltweit noch sehr begrenzt.

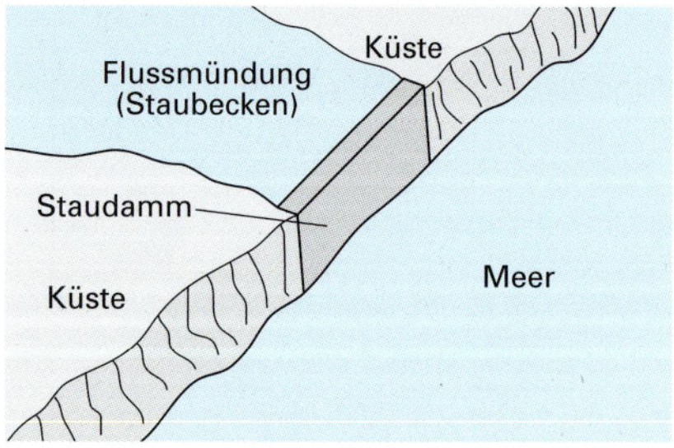

Bild 2: Schema Gezeitenkraftwerk

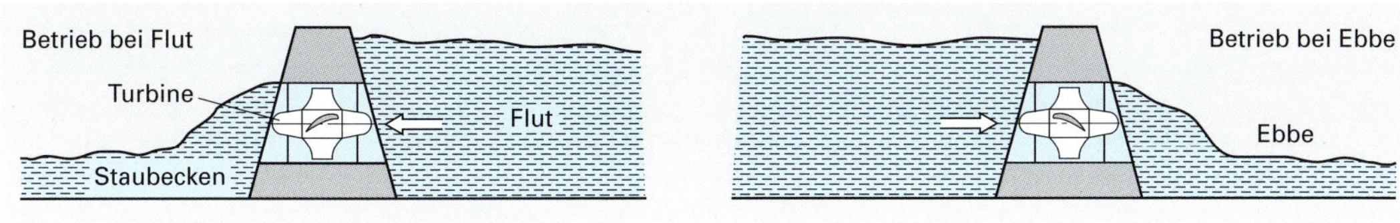

Bild 1: Wirkschema eines Gezeitenkraftwerkes

Es soll noch angemerkt werden, dass die **Gezeiten** vor allem auf die **Massenanziehungskraft des Mondes** zurückzuführen sind. Er wirkt sozusagen als ewiger „Motor".

6.4 Kraftwerksverbund

Die Regel ist, dass die Kraftwerke verschiedenster Art die elektrische Energie in ein gemeinsames Versorgungsnetz einspeisen. Das Stromversorgungsnetz ist somit ein **Verbundnetz.**

Bedingt durch die Eigenart der verschiedenen Kraftwerkstypen ist es so, dass einige davon ständig Energie erzeugen (müssen). Dies ist z. B. bei Laufwasserkraftwerken der Fall, denn man kann nicht einfach beliebig das Wasser eines Flusses anstauen. Auch Dampfkraftwerke sind auf Dauerbetrieb eingerichtet und können nicht kurzfristig ein- oder abgeschaltet werden. Somit:

Wärmekraftwerke und Laufwasserkraftwerke übernehmen die **Grundlast** des Versorgungsbereiches.

In Spitzenlasten geht der Bedarf – in manchen Zeiten erheblich – über die Grundlast hinaus. Dann werden **Spitzenkraftwerke,** meist sind dies Speicherkraftwerke, hinzugeschaltet.

Die **Grundlastkraftwerke** haben während der Nachtzeit häufig einen Leistungsüberschuss. Dieser wird dann dazu benutzt, um Wasser mit sehr großen Pumpen in ein hochgelegenes künstliches Wasserbecken oder in einen Stausee zu pumpen. In Zeiten erhöhter Belastung des Netzes kann die so gespeicherte potenzielle Energie des Wassers wieder durch Wasserturbinen und Generatoren in elektrische Energie umgewandelt werden. Zu beachten ist, dass in solchen **Pumpspeicherwerken** zwar insgesamt ein **Energieverlust** eintritt, aber dies ist – nach dem heutigen Stand der Technik – die einzige Möglichkeit Energien in großem Umfang zu speichern. Wirtschaftlicher wäre es, kontinuierlich in allen Kraftwerken auf Strommaximum zu fahren und dann die momentan nicht benötigten elektrischen Energiemengen zu speichern. Dies ist jedoch heute noch nicht im erforderlichen Umfang möglich.

Eine wichtige Aufgabe im Rahmen der Energieversorgung besitzt der **Hauptlastverteiler** des Verbundnetzes. Er hat die Aufgabe, den momentanen Gesamtbedarf an elektrischer Energie zu ermitteln und an die Lastverteiler der einzelnen Kraftwerke mittels Fernwirkleitungen weiterzugeben. So kann die Stromerzeugung kurzfristig und optimal an den Strombedarf angepasst werden.

Wiederholung und Vertiefung

C66 Worauf ist der natürliche Wasserkreislauf zurückzuführen?

C67 Begründen Sie den Einsatz von oberschlächtigen und unterschlächtigen Wasserrädern.

C68 Erklären Sie die Begriffe Eintrittsdreieck und Austrittsdreieck.

C69 Ordnen Sie den verschiedenen Bauarten von Wasserturbinen Fallhöhen zu.

C70 Was versteht man unter einer Hochdruckanlage?

C71 Welche Wasser-Turbinenbauart ist als Gleichdruckturbine, welche als Überdruckturbine zu bezeichnen?

C72 Begründen Sie den Begriff Freistrahlturbine.

C73 Welche Aufgabe hat bei der Peltonturbine der Strahlablenker?

C74 Welche Kriterien rechtfertigen den Einsatz einer Kaplanturbine?

C75 Mit welchem Vorteil und mit welchem Nachteil sind Pumpenturbinen behaftet?

C76 Welche Funktionen müssen in einem Laufwasserkraftwerk (außer der Stromerzeugung) realisiert sein?

C77 Wozu dienen Pumpspeicherwerke?

C78 Wodurch entstehen hauptsächlich die Energieverluste bei Wasserkraftwerken?

C7 Verbrennungskraftmaschinen

Bei den **Wärmekraftmaschinen** (→ **C1**) wird grundsätzlich zwischen der **äußeren Verbrennung** und der **inneren Verbrennung** unterschieden. Dies ist wortgetreu zu verstehen, d. h. bei der äußeren Verbrennung findet die Verbrennung (Wärmeerzeugung) außerhalb der Kraftmaschine, bei der inneren Verbrennung in der Kraftmaschine selbst statt.

7.1 Übersicht und grundsätzliche Unterschiede

Der Ort der Verbrennung in Verbindung mit **Kolbendampfmaschine, Dampfmotor** und **Dampfturbine** (→ **C3**) wird als **Feuerungsstätte** (→ **C2.3**) bezeichnet. Dort erfolgt also die Verbrennung, d. h. aber außerhalb der Kraftmaschine. Ganz im Gegensatz dazu findet – wie schon erwähnt – bei der inneren Verbrennung die Verbrennung in der Kraftmaschine selbst statt. Somit:

Von einer **inneren Verbrennung** spricht man immer dann, wenn die Verbrennung des **Kraftstoff-Luft-Gemisches** (→ **C1, C7.3**) in der Kraftmaschine selbst – im **Zylinder** oder in einer **Brennkammer** – erfolgt.

Dies kann durch **Einzelzündung** oder durch eine **kontinuierliche Verbrennung** erfolgen. Einzelzündung findet z. B. im **Otto-Motor** (→ **C7.3**) oder im **Diesel-Motor** (→ **C7.3**) statt, während es sich z. B. bei der **Gasturbine** (→ **C7.2**) um eine **kontinuierliche Verbrennung** handelt.

In diesem Teil des Buches werden wir uns über **Kraftmaschinen mit innerer Verbrennung** – diese nennt man **Verbrennungskraftmaschinen** – unterhalten. **Tabelle 1** fasst unter dem Stichwort **Verbrennungsmotoren** zusammen und führt auch einige Beispiele an. Vorab:

Unter einem **Motor** versteht man eine Kraftmaschine, die Energie in mechanische Arbeit umwandelt.

Tabelle 1: Verbrennungsmotoren

Innere Verbrennung		Äußere Verbrennung
Einzelzündung	Kontinuierliche Verbrennung	
Otto-Motor Diesel-Motor Wankel-Motor	Gasturbine	Stirling-Motor Dampf-Motor

Beim **Wankel-Motor** handelt es sich um den sogenannten **Kreiskolbenmotor** bzw. **Drehkolbenmotor** (→ **C7.3.11**), nach dem deutschen Ingenieur Felix **Wankel** benannt.

Der **Stirling-Motor** (→ **A8.4.6**) wird auch als **Heißgasmotor** bezeichnet. Der thermodynamische Kreisprozess ergibt sich aus **Bild 1/70**. Die **Wärmeenergie** wird teilweise isochor und teilweise isotherm **von außen** zugeführt. Dadurch ist eine kontinuierliche Verbrennung von flüssigen, gasförmigen oder festen Brennstoffen bei hohem Luftüberschuss möglich. Dies führt zu einem **sehr schadstoffarmen Abgas.** Besonders soll erwähnt werden, dass sich der Stirling-Motor gut zur Nutzung von Abwärmen eignet. Er findet deshalb auch zunehmend bei der **Kraft-Wärme-Kopplung** (→ **C4.4**) Eingang. Es handelt sich also durchaus um eine Zukunftstechnologie. Die Bezeichnung Stirling-Motor erfolgte nach dem englischen Wissenschaftler Robert **Stirling (1790 bis 1878).** Heute noch bestehende **Nachteile:** hohe Herstellungskosten, ungünstiges Leistungsgewicht, schwierige Leistungsregulierung. Das Arbeitsgas war früher Luft und ist heute meist Helium.

7.2 Gasturbinen und Strahltriebwerke

Da **Gasturbinen** mit innerer Verbrennung arbeiten, gehören sie – ebenso wie Otto- und Dieselmotoren – zu den **Verbrennungskraftmaschinen.**

Zu den seit langem bekannten Eigenschaften der Gasturbine, nämlich **hohe Leistungskonzentration** (Leistung auf das Bauvolumen bezogen), und **niedriges Einheitengewicht** (Gewicht auf Leistung bezogen), kommt **hohe Wirtschaftlichkeit** hinzu. Die Messungen der Schadstoffemissionen zeigen, dass heutige Gasturbinen bereits erheblich umweltfreundlicher sind als die üblichen Verbrennungskraftmaschinen. Auch an die Qualität des Kraftstoffes werden keine hohen Anforderungen gestellt.

Die **Flug-Gasturbine** dient als Antriebsaggregat für über 90 % der Transportkapazität der Weltluftfahrt; sie ist auch in den meisten Militärflugzeugen eingebaut. Als **Wellentriebwerk** findet die Gasturbine vornehmlich in Hubschraubern, im Schiffsbau, bei Pumpstationen (z. B. für Pipelines), Gasturbinenkraftwerken, kombinierten Gasturbinen-Dampfturbinen-Kraftwerken (→ **C4.3**), Notstromanlagen sowie transportablen Kleinkraftwerken Anwendung. Als Lokomotivantrieb bewährt sich die Gasturbine ebenfalls vielerorts. Für Straßenfahrzeuge kommt sie in gewissen Grenzen infrage.

Grundsätzlich unterscheidet man Gasturbinen mit offenem Kreislauf von den Gasturbinen mit geschlossenem Kreislauf. In **Bild 1** ist das Schema einer **Gasturbine mit offenem Kreislauf** abgebildet. Dies ist auch die Regelbauweise.

Wie Sie sehen, wird Luft aus der Atmosphäre angesaugt, verdichtet und erhitzt. Diese hochgespannte und erwärmte Luft wird der **Brennkammer** zugeführt, mit Kraftstoff vermischt und verbrannt.

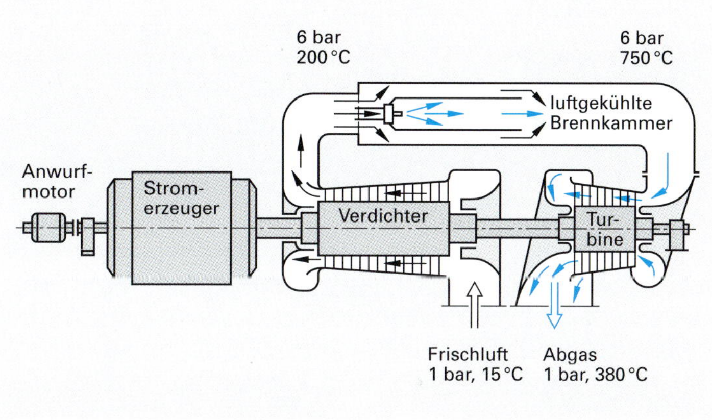

Bild 1: Schema einer Gasturbinenanlage

Dabei entstehen Gase mit hohem Druck und hoher Temperatur. Diese werden der Turbine zugeführt, die einen ähnlichen Aufbau hat wie eine Dampfturbine. Dort erzeugen sie Rotationsenergie (→ **A1.16**), die über die Welle an eine Arbeitsmaschine, z. B. einen Generator, abgegeben wird.

Hat das Gas seine Energie in der Turbine abgegeben, so strömt es aus der Turbine mit kleinem Druck aber immer noch erheblicher Temperatur, d. h. noch mit einem hohen Wärmeinhalt (→ **A5.6, A6.2**). Diese Wärmeenergie kann mithilfe von Wärmeaustauschern zum großen Teil aus den Verbrennungsabgasen zurückgewonnen werden. Im Zusammenhang mit der **Kraft-Wärme-Kopplung** (→ **C4.4**) wurde erwähnt, dass sich die **Abwärme** des Gases bei der KWK hervorragend einsetzen lässt.

Es wurde auch bereits erwähnt, dass sich die Gasturbine für den Lokomotivantrieb und beschränkt für den Antrieb von Straßenfahrzeugen eignet. **Bild 2** zeigt das Schema einer **Fahrzeug-Gasturbine.**

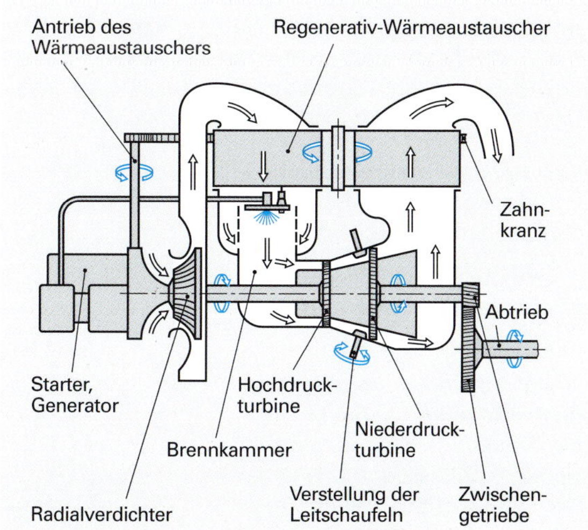

Bild 2: Schema einer Fahrzeug-Gasturbine

Im **Bild 1** ist eine **Industrie-Gasturbinenanlage** im Längsschnitt abgebildet:

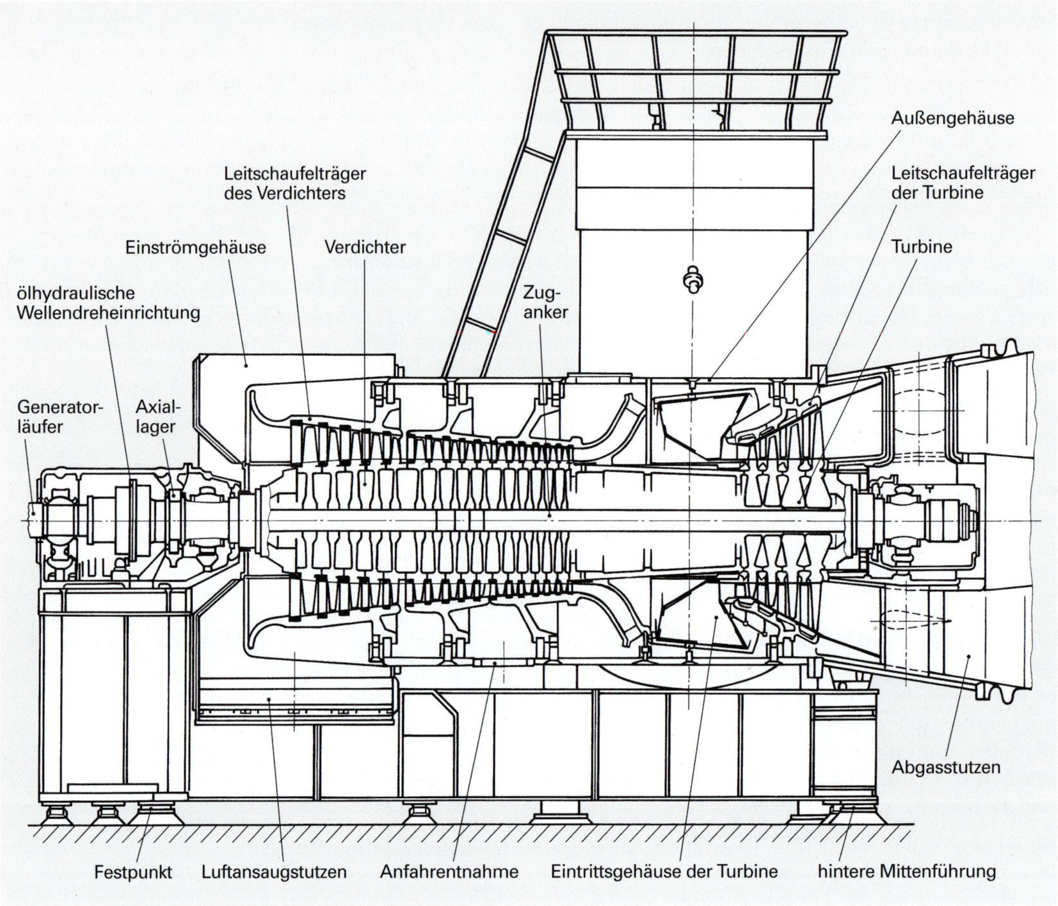

Bild 1: Längsschnitt einer Industrie-Gasturbinen-Anlage

Es wurde bereits erwähnt, dass die Gasturbine mit offenem Kreislauf die Regelbauweise ist. **Gasturbinen mit geschlossenem Kreislauf** werden wegen der hohen Anlagekosten bisher nur selten eingesetzt. Der dabei ablaufende Kreisprozess ist ein **Ackeret-Keller-Prozess** (→ **A8.4.5**), benannt nach den Schweizer Ingenieuren Jakob **Ackeret** und Curt **Keller**. Dies ist ein geschlossener Kreisprozess, steht also nicht mit der Atmosphäre in Verbindung.

Auch bei den **Strahltriebwerken** gibt es verschiedene Bauarten. Insbesondere unterscheidet man

- **Staustrahltriebwerk** und
- **Turboluftstrahltriebwerk**

voneinander.

Strahltriebwerke werden als **Flugtriebwerke** gebaut, und zwar meist als Turboluftstrahltriebwerk (**Bilder 2** und **1/171**), da das Staustrahltriebwerk erst oberhalb der Schallgrenze (im Überschallbereich) wirtschaftlich arbeitet.

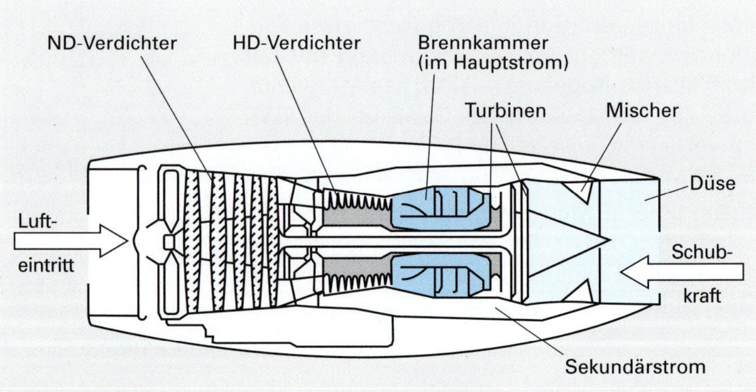

Bild 2: Schnitt durch ein Turboluftstrahltriebwerk

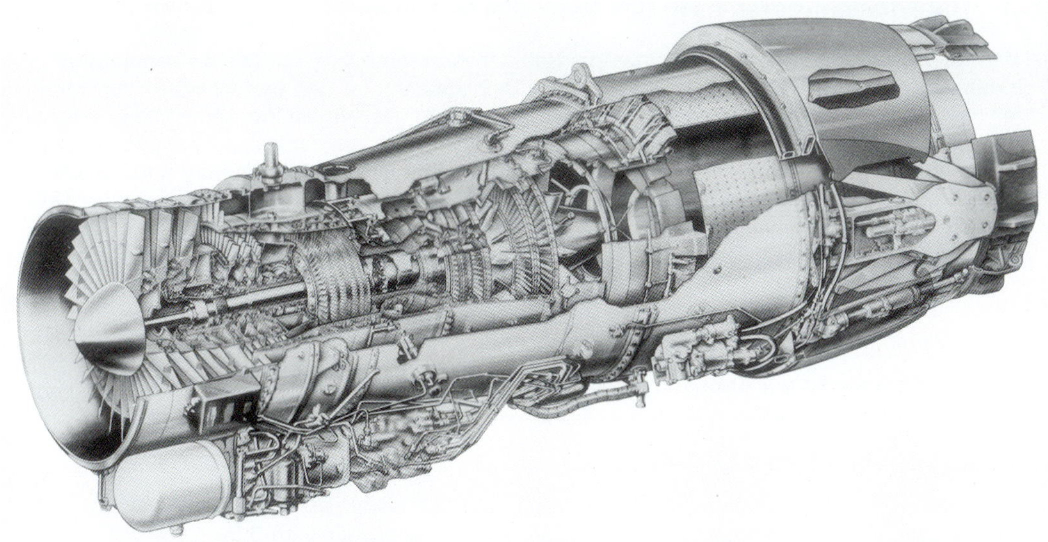

Bild 1: Turboluftstrahltriebwerk mit Nachverbrennung und Schubumkehreinrichtung

Bild 2/170 zeigt, dass das **Arbeitsprinzip des Turboluftstrahltriebwerkes** auf dem Prinzip der Gasturbine beruht. Vom Triebwerkseinlauf gelangt angesaugte und eingeströmte Luft in einen **mehrstufigen Verdichter** (→ **D2**). In den nachgeschalteten **Brennkammern** wird der stark verdichteten Luft der Kraftstoff zugemischt. Hier findet eine kontinuierliche Verbrennung des **Kraftstoff-Luft-Gemisches** statt. Die stark expandierenden Verbrennungsgase treten nach hinten durch die **Düse** aus und erzeugen den für den Antrieb erforderlichen Schub, der durch die **Schubumkehreinrichtung (Bild 1)** auch in seiner Richtung umgekehrt werden kann. Die Brenngase treiben aber auch eine **Gasturbine** an, die den Verdichterteil und alle Nebenaggregate mit der nötigen Antriebsenergie versorgt. Die speziell geformte **Schubdüse** bewirkt eine weitere Erhöhung der Austrittsgeschwindigkeit und damit, nach Bernoulli (→ **A3.6**), eine Absenkung des Gasdruckes. Auch die Gastemperatur wird dabei herabgesetzt.

Diese Triebwerke arbeiten mit einer **Turbinen-Eintrittstemperatur bis zu 1200 °C.** Zur **Kühlung** der dadurch thermisch hochbelasteten Brennkammer wird Kühlluft vom Verdichter abgezweigt und beigemischt. Der Verdichter verbraucht ungefähr zwei Drittel der Turbinenleistung.

Zur weiteren Schuberhöhung kann der Turbine nochmals Brennstoff zugeführt und verbrannt werden. Dies geschieht im **Nachbrenner (Bild 1).** Diese Einrichtung benötigt man bei Überschallflugzeugen.

Bei relativ langsamen Flugzeugen werden **Propeller-Turbinen-Luftstrahltriebwerke** verwendet, die kurz als **Turbo-Prop-Triebwerke** bezeichnet werden. Dabei werden etwa 5 % der genutzten Energie an einer Schubdüse abgearbeitet, während 95 % an den Propellern in Schubkraft umgesetzt werden.

7.3 Verbrennungsmotoren

Entgegen der aus **Tabelle 1/168** zu entnehmenden Nomenklatur wird in der Regel die Bezeichnung Motor nicht mit der Gasturbine in Verbindung gebracht, obwohl dies die Definition des Begriffes Motor zulassen würde. In der Praxis wird wie folgt verfahren:

Verbrennungskraftmaschinen werden in Gasturbinen und Verbrennungsmotoren unterteilt.

Nachfolgend werden die Verbrennungsmotoren behandelt. Es gibt verschiedene Arbeitsverfahren, wobei die Entwicklung der Verbrennungsmotoren auf den deutschen Ingenieur Nikolaus August **Otto (1832 bis 1891)** zurückzuführen ist. Der nach ihm benannte **Otto-Motor** spielt auch heute noch eine überragende Rolle.

7.3.1 Hubkolbenmotoren nach DIN 1940, DIN ISO 3046

Bei den **Kolbenmotoren** unterscheidet man die **Hubkolbenmotoren** von den **Drehkolbenmotoren** bzw. **Kreiskolbenmotoren** (→ **C7.1, C7.3.11**). Obwohl der Drehkolbenmotor den bestechenden dynamischen Vorteil hat, dass keine oszillierenden Teile vorhanden sind und deshalb bei ihm keine Massenträgheitskräfte (→ **A1.6**) auftreten, wird in der Regel heute immer noch vor allem der Hubkolbenmotor eingesetzt. Grundlegende Normen für **Hubkolbenverbrennungsmotoren mit innerer Verbrennung** sind die **DIN 1940** (Dez. 1976) und die **DIN ISO 3046-1** (Jan. 1998). In diesen Normen sind vor allem Aussagen über **Grundbegriffe** und **Kenngrößen** sowie **Leistung** und **Wirkungsgrad** gemacht.

In DIN 1940 werden die Hubkolbenverbrennungsmotoren nach verschiedenen Kriterien unterteilt:

- **Einteilung nach Arbeitsverfahren**

  Viertakt-Verfahren, Zweitakt-Verfahren.

- **Einteilung nach der Art wie Kraftstoff und Luft in den Zylinder eingebracht werden**

  Gemischansaugende Motoren, luftansaugende Motoren.

- **Einteilung nach dem Ansaugzustand**

  Saugmotor. Luft bzw. Kraftstoff-Luft-Gemisch wird mit Umgebungszustand angesaugt.

  Aufgeladener Motor (Lademotor). Die Ladung wird vor dem Ansaugen verdichtet.

Exemplarisch werden in der folgenden **Tabelle 1** einige wichtige Grundbegriffe aus der DIN 1940 vorgestellt:

Tabelle 1: Grundbegriffe aus der DIN 1940

Nr.:	Benennung	Definition/Erklärung
1.1	**Hubkolbenverbrennungsmotor mit innerer Verbrennung**	Wärmekraftmaschine, die durch periodische Verbrennung von Kraftstoff in einem oder mehreren Zylindern, in denen sich Arbeitskolben bewegen, nutzbare Energie abgibt.
1.1.1	**Ottomotor**	Verbrennungsmotor, bei dem die Verbrennung des verdichteten Kraftstoff-Luft-Gemisches durch zeitlich gesteuerte Fremdzündung eingeleitet wird.
1.1.1.1	**Vergaser-Ottomotor**	Ottomotor, bei dem der bei Umgebungszustand flüssige Kraftstoff außerhalb des Arbeitszylinders mithilfe eines Vergasers der Luft beigemischt wird.
1.1.1.2	**Einspritz-Ottomotor**	Ottomotor, bei dem der bei Umgebungszustand flüssige Kraftstoff in die Lufteinlassleitung oder in den Arbeitszylinder eingespritzt wird.
1.1.1.3	**Gas-Ottomotor**	Ottomotor, bei dem zur Gemischbildung ein beim Umgebungszustand gasförmiger Kraftstoff verwendet wird.
1.1.2	**Dieselmotor**	Verbrennungsmotor, bei dem der in den Verbrennungsraum eingespritzte flüssige Kraftstoff sich an der Luftladung entzündet, nachdem diese im Wesentlichen durch die Verdichtung auf eine für die Einleitung der Zündung hinreichend hohe Temperatur gebracht worden ist.
1.1.2.1	**Dieselmotor mit direkter Einspritzung**	Dieselmotor, bei dem der flüssige Kraftstoff direkt in den nicht unterteilten Verbrennungsraum eingespritzt wird.
1.1.2.2	**Vorkammer-Dieselmotor**	Dieselmotor mit unterteiltem Verbrennungsraum, bei dem der Kraftstoff in eine mit dem Arbeitszylinder über einen oder mehrere verhältnismäßig enge Öffnungen in Verbindung stehende Kammer (Vorkammer) eingespritzt wird.
1.1.2.3	**Wirbelkammer-Dieselmotor**	Dieselmotor mit unterteiltem Verbrennungsraum, bei dem der Kraftstoff in eine mit dem Arbeitszylinder durch eine verhältnismäßig weite Öffnung in Verbindung stehende Kammer eingespritzt wird. Beim Verdichtungsvorgang wird eine gerichtete Luftbewegung erzeugt.
1.1.2.4	**Luftspeicher-Dieselmotor**	Dieselmotor mit unterteiltem Verbrennungsraum, bei dem der Kraftstoff unmittelbar in den Zylinderhauptraum eingespritzt wird und nun von hier aus in den Luftspeicher (Nebenraum) gelangen kann.
1.1.3	**Vielstoffmotor**	Verbrennungsmotor, bei dem von einem flüssigen Kraftstoff auf andere flüssige Kraftstoffe mit stark unterschiedlicher Zündwilligkeit ohne bauliche Veränderung des Motors übergegangen werden kann.

Des Weiteren wird in der DIN 1940 noch nach der **Lage der Zylinderachsen** und nach der **Zylinderanordnung** unterschieden. Hierüber gibt **Tabelle 1** Aufschluss:

Tabelle 1: Lage der Zylinderachsen und Zylinderanordnung

Nr.:	Benennung	schematische Darstellung	Definition/Erklärung
1.5.3.1	**Stehender Motor**	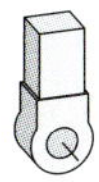	Im Wesentlichen lotrechte Anordnung der Zylinderachse(n), wobei der oder die Arbeitszylinder über der Kurbelwelle liegen.
1.5.3.2	**Liegender Motor**	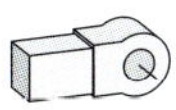	Im Wesentlichen waagerechte Anordnung der Zylinderachse(n).
1.5.3.3	**Hängender Motor**	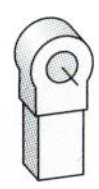	Im Wesentlichen lotrechte Anordnung der Zylinderachse(n), wobei der oder die Arbeitszylinder tiefer liegen als die zugehörige Kurbelwellenachse.
1.5.4.1	**Reihen-Motor**	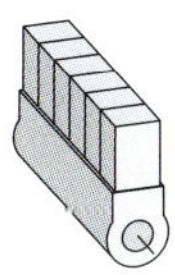	Anordnung der Zylinder in einer Ebene mit der Kurbelwellenachse oder parallel zu ihr.
1.5.4.2	**V-Motor**	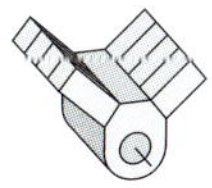	Anordnung der Zylinder in zwei Ebenen, die miteinander einen Winkel einschließen und deren Schnittlinie durch die Kurbelwellenachse geht oder parallel zu ihr liegt.
1.5.4.3	**Boxer-Motor**	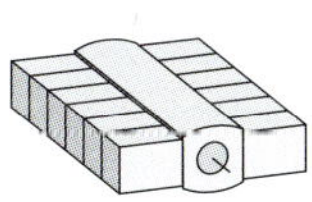	Anordnung der Zylinder in einer Ebene mit zwei einander gegenüberliegenden Zylinder-Reihen. Die Kurbelwelle hat je Zylinder einen Kurbelzapfen.
1.5.4.4	**Sternmotor**	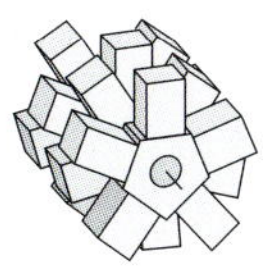	Anordnung der Zylinder in einer oder mehreren senkrecht zur Kurbelwellenachse liegenden Ebenen (Einstern-, Doppelstern-, Dreisternmotor usw.).

7.3.2 Viertakt-Ottomotor

Nikolaus August Otto wurde bereits erwähnt. Es soll noch nachgetragen werden, dass er bereits im Jahre 1867 auf der Weltausstellung in Paris eine Gasmaschine mit stehendem Zylinder ausstellte. Hiervon ausgehend wurde von ihm, zusammen mit dem deutschen Ingenieur Eugen **Langen (1833 bis 1895),** in Köln-Deutz der erste gebrauchsfähige **Viertaktmotor** gebaut und 1876 der Öffentlichkeit vorgestellt. Als Kraftstoff wurde damals noch Leuchtgas, Hochofengas oder Generatorgas verwendet. Thermodynamische Grundlage war der nach Otto benannte **Otto-Prozess** (→ **A8.4.2**).

Ottomotoren sind Verbrennungskraftmaschinen, bei denen die Verbrennung des verdichteten Kraftstoff-Luft-Gemisches durch eine zeitlich gesteuerte **Fremdzündung** (Zündkerze) eingeleitet wird.

Wie gesagt werden Ottomotoren als **Viertakter,** aber auch als **Zweitakter** gebaut. Zunächst werden wir uns mit dem **Viertakt-Ottomotor** befassen. Unabhängig von diesen beiden Verfahren unterscheidet man nach DIN 1940

- **Vergaser-Ottomotoren** Der Kraftstoff wird der Luft außerhalb des Arbeitszylinders mithilfe eines **Vergasers** beigemischt.
- **Einspritz-Ottomotoren** Der flüssige Kraftstoff wird in die Lufteinlassleitung oder in den Verdichtungsraum des Arbeitszylinders vor Beendigung der Verdichtung eingespritzt.

Aufbau und Arbeitsweise des Viertakt-Ottomotors

Vorab sei angemerkt, dass der Viertakt-Ottomotor wegen seiner Laufruhe und wegen des günstigen Kraftstoffverbrauchs heute die mit Abstand am meisten verwendete Kraftmaschine für den Antrieb von Personenkraftwagen und auch für Motorräder mit einem Hubraum ab 500 cm³ ist.

Bild 1 zeigt den grundsätzlichen Aufbau eines Viertakt-Ottomotors im Schnitt, und zwar in stehender Bauweise. Durch die Expansion der heißen Verbrennungsgase bewegt sich der **Kolben** und überträgt mithilfe der **Pleuelstange** die Kolbenkraft (→ **A2.2**) auf die **Kurbelwelle.** Diese Kraft mit dem wirkenden **Kurbelradius** multipliziert erzeugt ein Drehmoment (→ **A1.14**) an der Kurbelwelle, wodurch diese eine Drehbewegung ausführt. Aus einer **Translationsbewegung** – man nennt diese auch eine oszillierende Bewegung – des Kolbens wird so eine Drehbewegung, d.h. eine **Rotationsbewegung** der Kurbelwelle.

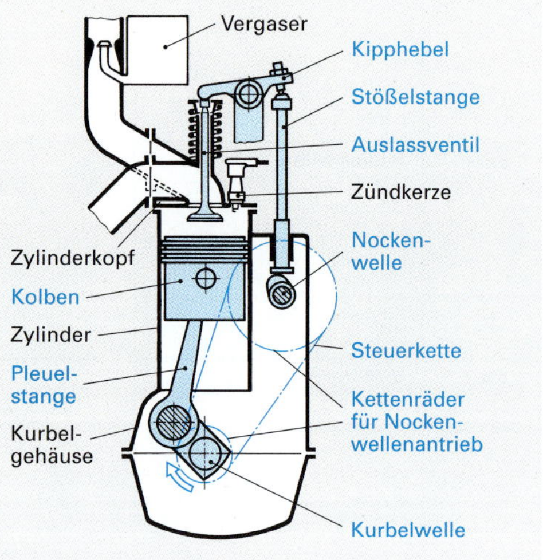

Bild 1: Aufbau eines Viertakters

Das Einströmen des Kraftstoff-Luft-Gemisches und das Ausströmen der heißen Abgase erfolgt über **Ventile.** Diese Ein- und Auslassventile werden über eine **Nockenwelle** gesteuert, welche beim Viertaktmotor mit der halben Kurbelwellendrehzahl umläuft. Der Antrieb der Nockenwelle erfolgt meistens mit einer **Steuerkette** oder einem **Zahnriemen,** vereinzelt auch durch ein Zahnradgetriebe. Zur Zündung des verdichteten Kraftstoff-Luft-Gemisches verwendet man eine **elektrische Zündanlage.**

In **Bild 1/175** ist der **Ablauf des Viertaktverfahrens** schematisch dargestellt. Man erkennt daraus:

Für ein Arbeitsspiel sind vier Hübe – diese nennt man auch **Takte** – d.h. zwei Kurbelwellenumdrehungen erforderlich.

Diese Takte heißen

- **Ansaugen**
- **Verdichten** (Kompression)
- **Entspannen** (Expansion)
- **Ausstoßen**

Somit wird also nur eine Umdrehung der Kurbelwelle zur **Arbeitsleistung,** nämlich der 2. und 3. Takt genutzt. Die zweite Kurbelwellenumdrehung wird für den **Ladungswechsel,** nämlich der 1. und 4. Takt, benötigt. Für den Ladungswechsel sind die bereits genannten **Einlassventile** und **Auslassventile** nötig, die über die Nockenwelle gesteuert werden.

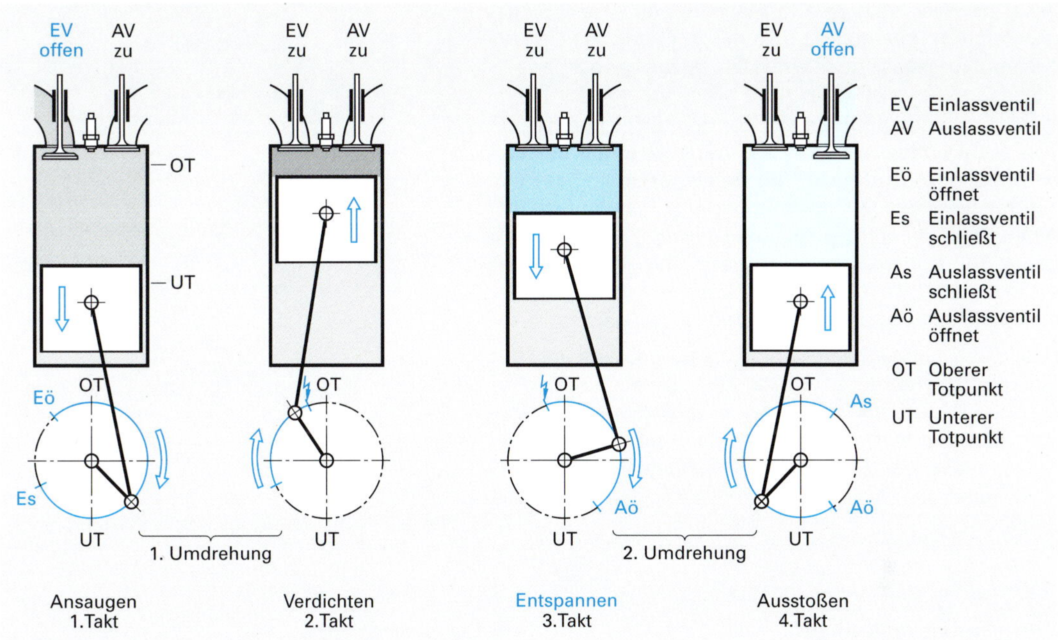

Bild 1: Ein Arbeitsspiel = vier Takte beim Viertaktmotor

1. Takt (Ansaugen): Durch den zurücklaufenden Kolben entsteht im Arbeitszylinder ein Unterdruck (→ **A2.1**). Bei geöffnetem Einlassventil **(EV)** strömt das Kraftstoff-Luft-Gemisch in den Verdichtungsraum. Zur Erhöhung der Zylinderfüllung und somit der Motorleistung öffnet das EV schon vor dem oberen Totpunkt **(OT)** des Kolbens. Die abströmenden Gase erzeugen im Verdichtungsraum einen Unterdruck, sodass das Frischgas bereits einströmen kann, wenn der Kolben sich noch vom vorhergehenden Takt (dem 4. Takt) aufwärts bewegt. Das EV schließt erst nach dem unteren Totpunkt **(UT)**, da das einströmende Frischgas erst durch den vorlaufenden Kolben abgebremst wird. So wird – unter Ausnutzung der auf das Gas wirkenden Massenträgheitskräfte (→ **A1.6**) – eine optimale Ladung (Zylinderfüllung) erreicht.

2. Takt (Verdichten):

$$\varepsilon = \frac{V_h + V_c}{V_c} \quad (1)$$

Verdichtungsverhältnis

V_h Hubraum cm³
V_c Kompressionsraum cm³

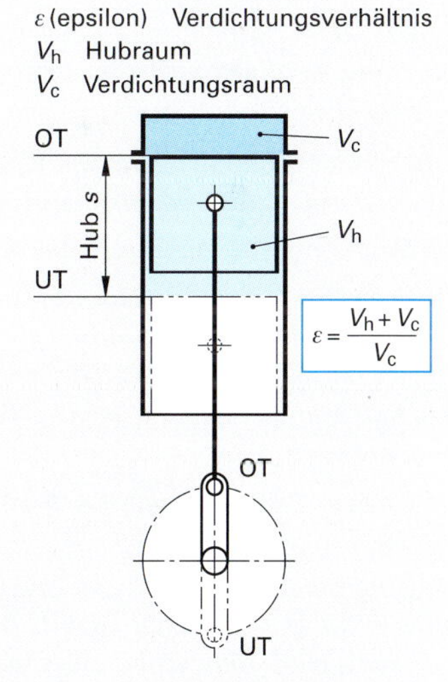

Bild 2: Verdichtungsverhältnis

Durch die Vorwärtsbewegung des Kolbens wird das angesaugte Frischgas verdichtet. Dies zeigt **Bild 2.**

Dieses Bild erklärt auch das **Verdichtungsverhältnis** ε, entsprechend obiger Gleichung. Durch die **Verdichtungsendtemperatur von ca. 400 bis 500 °C** wird die Vergasung des Kraftstoffes gefördert und es entsteht so ein ideales Kraftstoff-Luft-Gemisch.

3. Takt (Entspannen bzw. Arbeiten): Das verdichtete Frischgas wird durch die elektrische Zündanlage, die den Funken an der **Zündkerze** erzeugt, gezündet und der Verbrennungsvorgang eingeleitet. Dabei entstehen Temperaturen bis zu 2500 °C und Drücke von 30 bis 60 bar. **Bild 1/176** zeigt dies im **Arbeitsdiagramm** (p, V-Diagramm) (→ **A8**). Wie bereits beschrieben, treibt dieser hohe Druck den Kolben abwärts und es wird

C Kraftmaschinen

dabei die Wärmeenergie in mechanische Arbeit umgewandelt. Am unteren Totpunkt des 3. Taktes besitzen die Verbrennungsgase noch einen Druck von etwa 8 bar.

4. Takt (Ausstoßen): Bereits vor dem Erreichen des UT vom 3.Takt öffnet sich das AV. Dabei strömen die Verbrennungsgase (Altgase) mit Schallgeschwindigkeit in den **Auslasskanal.** Ein nachfolgender Schalldämpfer, der **Auspufftopf,** dämpft anschließend den hohen Schalldruckpegel der ausströmenden Altgase. Der sich vorwärts bewegende Kolben drückt mit einem kleinen Überdruck die restlichen Altgase aus dem Verbrennungsraum.

Das in **Bild 1** abgebildete Arbeitsdiagramm wird auch als **Indikatordiagramm** (→ **C3.2.2**) bezeichnet. Ein solches Diagramm kann man mithilfe eines **Indikators** bei laufendem Motor aufnehmen. Es zeigt den **realen** (wirklichen) **Kreisprozess,** d.h. die wirkliche Abhängigkeit des Druckes im Zylinder vom Kolbenweg. Im **Bild 1** bedeuten die Vorgänge

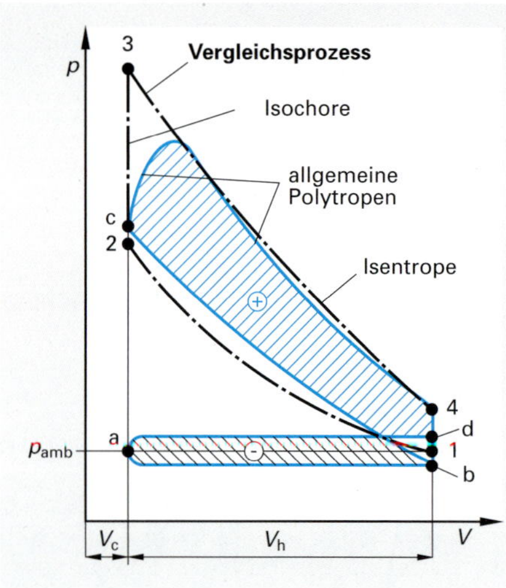

Bild 1: *p, V*-**Diagramm eines Otto-Viertakters**

ⓐ ⟶ ⓑ: ansaugen (1. Takt)
ⓑ ⟶ ⓒ: verdichten (2. Takt)
ⓒ ⟶ ⓓ: arbeiten (3. Takt)
ⓓ ⟶ ⓐ: ausstoßen (4. Takt)

Verluste

Vergleicht man dieses Diagramm mit dem eingezeichneten **Vergleichsprozess** – dieser wird auch als **Idealprozess** bezeichnet – (→ **A8.4.4**), dann ist feststellbar, dass doch große **Unterschiede zwischen Real- und Vergleichsprozess** bestehen. Dies wird vor allem durch die folgenden **Verluste** und Ursachen hervorgerufen:

- Durch eine **unvollkommene Kraftstoffverbrennung** ist die Wärmeenergiezufuhr kleiner als dies dem Heizwert (→ **A5.7, B2.4**) entspricht.
- Wärmeenergie geht durch die Wände verloren. Dies sind die **Wandungsverluste.**
- Durch die hohen Temperaturen zerfallen einzelne Moleküle. Dies nennt man **Dissoziation** und diese verbraucht Wärmeenergie.
- Die Verbrennung ist an eine bestimmte, wenn auch sehr kleine Zeitspanne gebunden. Durch diese **„zeitliche Trägheit"** wird die Wärmeenergie nicht vollständig (gleichzeitig) im oberen Totpunkt in den Prozess eingebracht.
- Es treten **Druckverluste** (→ **A4.6**) beim Ein- und Ausströmen des Mediums durch die Kanäle, Schlitze oder Ventile auf.
- Es bleiben immer Verbrennungsreste im Kompressionsraum V_C aus der alten Ladung übrig. Damit ist die Füllung mit frischem Kraftstoff-Luft-Gemisch kleiner als dies für den Vergleichsprozess in Rechnung gestellt wird. Man spricht hier von den **Ladungsverlusten.**

Alle diese Umstände erzeugen also Verluste, und in **Bild 1** ist zu erkennen:

> Die Verluste führen dazu, dass aus den speziellen thermodynamischen Zustandsänderungen (→ **A7**) des Vergleichsprozesses (z.B. Isentrope und Isochore) im wirklichen Kreisprozess allgemeine **Polytropen** (→ **A7.5**) werden.

Von der Fläche des **Bildes 1** werden die **Ansaugverluste** und die **Ausstoßverluste** dargestellt. Für den realen (wirklichen) Ottoprozess gilt:

W_n = Fläche ⊕ − Fläche ⊖ 1 **Nutzarbeit** (→ **A8.1**)

Die Flächengröße entspricht im Indikatordiagramm der Größe der Nutzarbeit W_n. Man ersieht aus **Bild 1:**

Die Zustandsänderungen des realen Kreisprozesses verlaufen wegen der Verluste längs einer allgemeinen Polytropen, die aber in der Nähe der idealen Zustandsänderungen verläuft.

Steuerung des Viertakt-Ottomotors

Der **Ladungswechsel** eines Motors ist ein entscheidendes Kriterium für die Motorleistung und er wird mit dem **EV** und dem **AV** realisiert. Zur Betätigung von EV und AV gibt es verschiedene Möglichkeiten, wobei die **Steuerzeiten** beim Viertaktmotor immer durch eine **Nockenwelle** vorgegeben werden.

Die Steuerzeiten der Ventile, das sind die Öffnungszeiten des EV und die Schließzeiten das AV, bestimmen also die Leistung eines Motors. Trägt man über eine Kurbelwellenumdrehung von 360° diese Zeiten in den dafür erforderlichen Winkelgraden (→ **A1.14**) auf, so erhält man das **Steuerdiagramm.** Ein solches ist in **Bild 1** dargestellt, und die Steuerzeiten werden durch die Drehzahl der Nockenwelle, die immer beim Viertakter halb so groß wie die Drehzahl der Kurbelwelle ist, bestimmt.

Die Übertragung der Kraft auf die Ventile erfolgt in der Regel über **Ventilstößel, Stößelstangen** und **Kipphebel (Bild 2)** oder direkt über die Nockenwelle mithilfe von **Tassenstößeln (Bild 3),** mithilfe von **Kipphebeln (Bild 4)** oder mithilfe von **Schwinghebeln (Bild 5).** Die Ventile werden durch den beschriebenen Steuermechanismus geöffnet und mit Federkraft geschlossen. Zu erwähnen ist noch, dass es auch Motoren gibt, bei denen die Ventile zwangsweise geschlossen werden. Man vermeidet damit ein eventuelles **Ventilflattern** bei hohen Drehzahlen.

Nach der Lage der Nockenwelle (oben oder unten) unterscheidet man **obengesteuerte** (kopfgesteuerte) **Motoren (Bilder 2** und **3)** und **untengesteuerte Motoren** (**Bilder 4** und **5**).

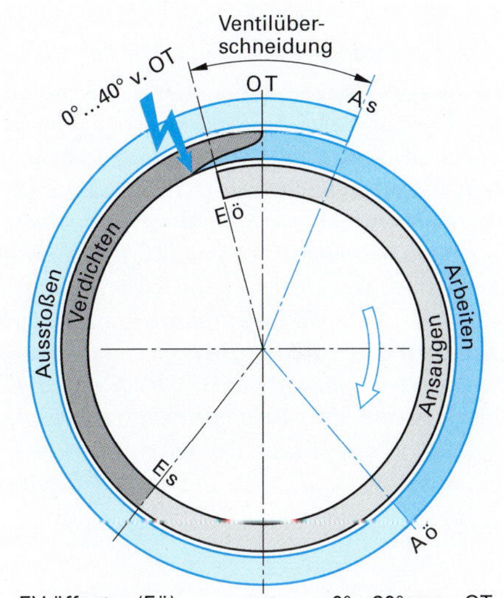

EV öffnet	(Eö)	0°...30° vor OT
EV schließt	(Es)	40°...60° nach UT
AV öffnet	(Aö)	40°...60° vor UT
AV schließt	(As)	5°...30° nach OT

Bild 1: Steuerdiagramm eines Viertakters

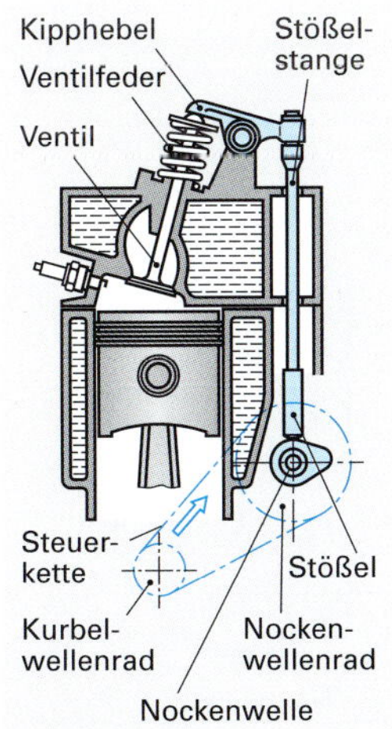

Bild 2:
obengesteuerter Motor mit untenliegender Nockenwelle

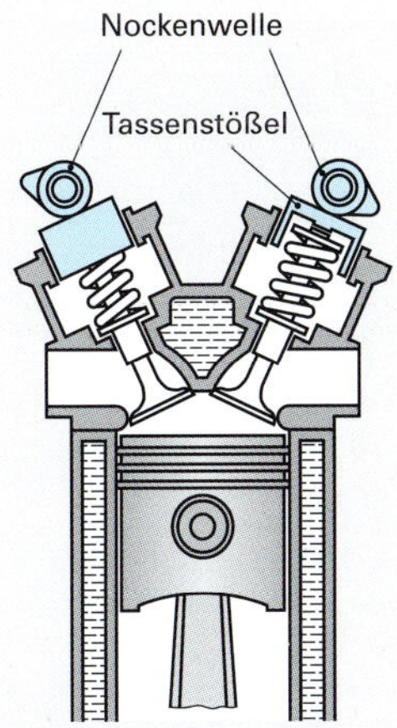

Bild 3:
obengesteuerter Motor mit obenliegender Nockenwelle und Tassenstößeln

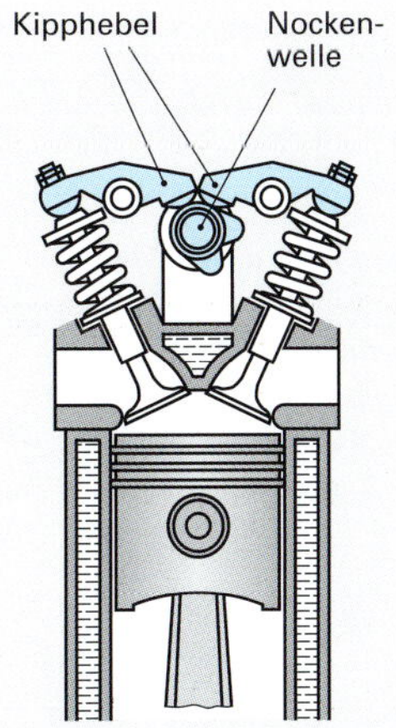

Bild 4:
obengesteuerter Motor mit Kipphebeln

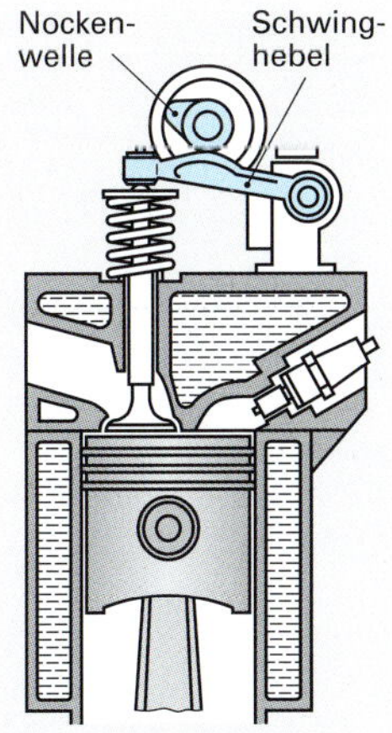

Bild 5:
obengesteuerter Motor mit Schwinghebeln

C Kraftmaschinen

7.3.3 Zweitakt-Ottomotor

Aufbau und Arbeitsweise des Zweitakt-Ottomotors

Aus dem beim Viertaktmotor Gesagten kann abgeleitet werden, dass beim Zweitaktmotor nicht vier, sondern zwei Takte das Arbeitsspiel bilden. Somit müssen **zwei Takte in einem Hub** vereinigt werden.

Der Motor besitzt **keine Ventile,** das Kraftstoff-Luft-Gemisch strömt über Steuerschlitze in den Kurbelraum und anschließend in den Arbeitszylinder. Dies ist in den **Bildern 1** und **2** zu erkennen.

Der Motoraufbau ist sehr einfach und besteht neben den Gehäuseteilen und der Zündung im Wesentlichen nur aus **Kurbelwelle, Pleuel** und **Kolben** sowie dem **Arbeitszylinder** mit den **Einlassschlitzen** und den **Auslassschlitzen.** Zur Überleitung des vorverdichteten Gemisches aus der **Kurbelkammer** in den Verdichtungsraum befinden sich im unteren Teil des Zylinders **Überströmkanäle.** Der **Dreikanal-Zweitaktmotor (Bild 1)** besitzt je einen Einlass-, Auslass- und Überströmkanal. Das Kraftstoff-Luft-Gemisch strömt vom Vergaser durch den Einlasskanal in das Kurbelgehäuse. Der Überströmkanal verbindet das Kurbelgehäuse mit dem Arbeitszylinder. Über den Auslasskanal werden die Verbrennungsgase in den Auspuff geleitet.

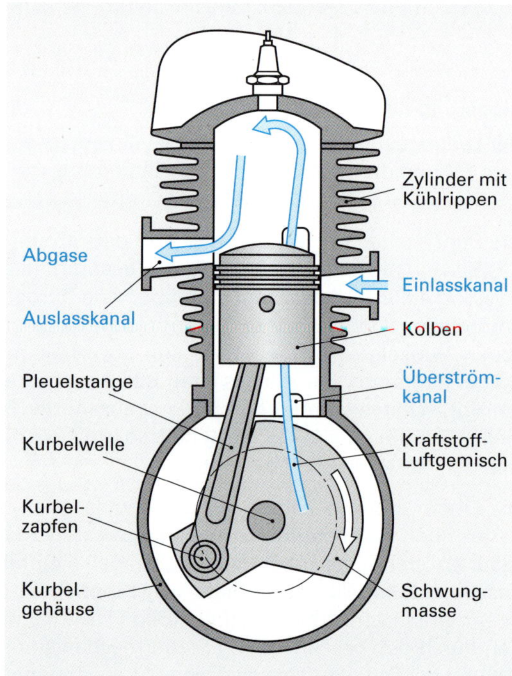

Bild 1: Aufbau eines Zweitakt-Ottomotors

Aus **Bild 2** ist die Arbeitsweise zu erkennen: Bewegt sich der Kolben abwärts, so entsteht im Kurbelgehäuse ein Unterdruck. Die rechte untere Kante des Kolbens gibt die Mündung des Einlasskanals frei, und das Kurbelgehäuse füllt sich mit Kraftstoff-Luft-Gemisch. Gleichzeitig verdichtet der Kolben das im Arbeitszylinder befindliche Gemisch, das in der Nähe des OT durch den Zündfunken gezündet wird. Der Druck der verbrennenden Gase treibt den Kolben abwärts. Dieser Takt ist der **Arbeitstakt** des Motors. Bei der

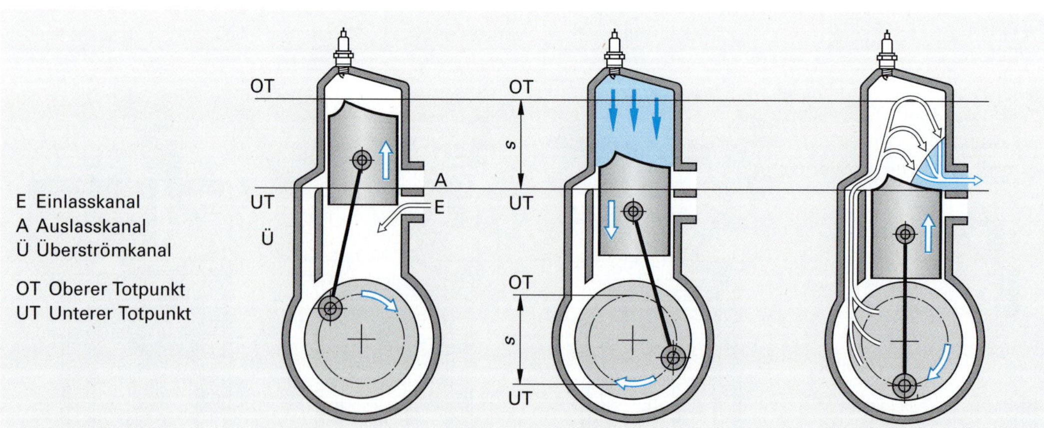

Ablauf der Vorgänge	Kolbenbewegung UT → OT	Kolbenbewegung OT → UT	Gaswechsel
unterhalb des Kolbens in der Kurbelkammer	Voransaugen Ansaugen	Vorverdichten	Überströmen zum Zylinder
oberhalb des Kolbens im Zylinder	Verdichten	Zünden Arbeiten	Spülen Ausstoßen

Bild 2: Arbeitsweise eines Dreikanal-Zweitaktmotors mit Nasenkolben

Abwärtsbewegung schließt der Kolben zunächst den Einlasskanal und verdichtet anschließend das im Kurbelgehäuse befindliche Gemisch. In der Nähe des UT gibt die rechte obere Kante des Kolbens den Auslasskanal frei und die verbrannten Gase können über den Auspuff abströmen. Gleichzeitig öffnet die linke obere Kante des Kolbens die Mündung des Überströmkanals, und das im Kurbelgehäuse vorverdichtete Gemisch strömt in den Arbeitszylinder ein. Dabei drängt es die restlichen Abgase heraus und füllt den Raum mit frischem Gemisch. Diesen Vorgang nennt man **Spülung.**

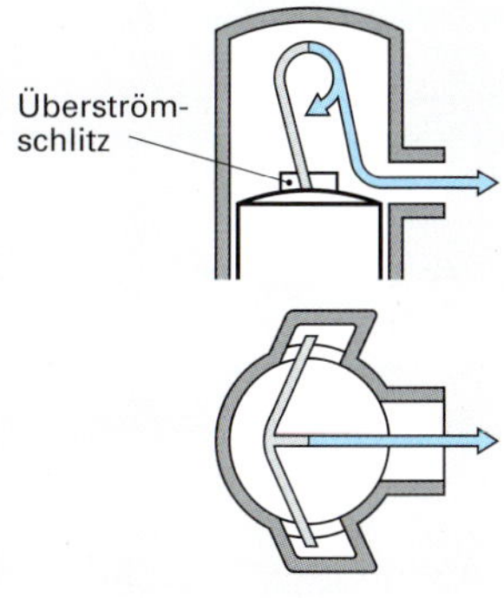

Bild 1: Schema einer Umkehrspülung

Spülung des Zweitaktmotors

Da der Zweitaktmotor zur gleichen Leistungsabgabe nur die halbe Anzahl von Kurbelwellenumdrehungen wie der Viertaktmotor benötigt, müsste er bei gleicher Abmessung theoretisch die doppelte Leistung wie der Viertaktmotor haben. Bedingt durch die Bauweise ist es aber so, dass durch die Spülung Verluste in Folge unverbrannter Abgase entstehen.

Daher leistet ein Zweitaktmotor bei gleichen Abmessungen nur etwa ein Drittel mehr als ein Viertaktmotor. Zur Vermeidung von zu hohen **Spülverlusten** wurden eine Reihe von **Spülverfahren** und Bauarten des Zweitakt-Ottomotors entwickelt.

Nach Richtung und Lage der **Spülströme** unterscheidet man verschiedene Spülverfahren und es werden auch Motoren mit **Spülgebläse** gebaut.

Bei der **Umkehrspülung (Bild 1)** werden die Spülströme im Zylinder umgekehrt. Die schräg zur Zylinderachse einströmenden Frischgase schieben die Altgase entlang zur Zylinderwand zum Auslassschlitz. Bei der Umkehrspülung kann man auch **Flachkolben** verwenden, da die Spülströme nicht durch den Kolben, sondern durch die Lage der Überströmschlitze und Auslassschlitze gelenkt werden.

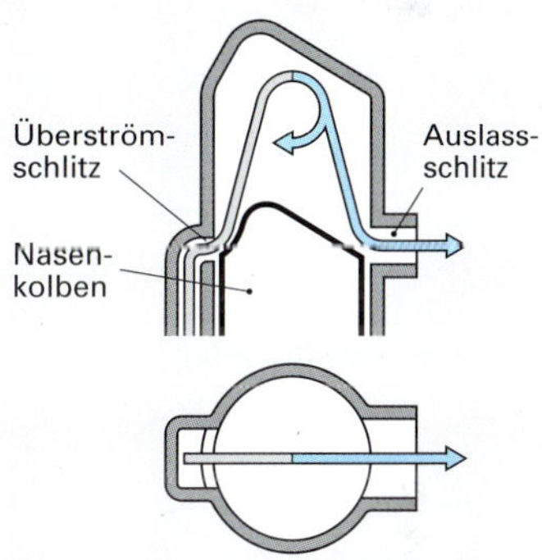

Bild 2: Schema einer Querspülung

Beim Zweitakt-Ottomotor mit **Querspülung (Bild 2)** ist der Überströmschlitz gegenüber dem Auslassschlitz angeordnet, sodass beim Spülvorgang der Ladungswechsel quer zur Zylinderachse erfolgt.

Die Ablenkwirkung der **Kolbennase** ist unmittelbar nach dem Freiwerden des Überströmschlitzes am stärksten und bei voll geöffnetem Schlitz, wenn sich der Kolben im UT befindet, am geringsten. Dementsprechend verläuft die Strömung anfangs entlang der Zylinderwand, dann durch die Zylindermitte, und schließlich können die Frischgase auf dem kürzesten Weg ungenutzt durch den Auslassschlitz entweichen. Deshalb ist die Querspülung kaum noch in der Anwendung.

Steuerdiagramm

Während des Gaswechsels sind beim Zweitaktmotor der Auslass- und Überströmschlitz geöffnet. Ebenso wie beim Viertaktmotor erhält man mit einem **Steuerdiagramm** eine übersichtliche Darstellung der Ein- und Ausströmvorgänge. Die einzelnen Vorgänge werden dabei über dem Kurbelwinkel dargestellt. Ein **symmetrisches Steuerdiagramm** zeigt **Bild 3,** und man erhält ein solches beim Zweitaktmotor, wenn die Einlass-, Auslass- und Überströmschlitze genau so viele Winkelgrade vor OT bzw. UT geöffnet, wie sie auch geschlossen werden. Der nach OT gehende Kolben schließt zuerst den Überströmschlitz und danach den Auslassschlitz. Dabei können Frischgase zum Auslass hinaus gedrängt werden. Dies nennt man den **schädlichen Nachauslass.** Der nach UT gehende Kolben öffnet zuerst den

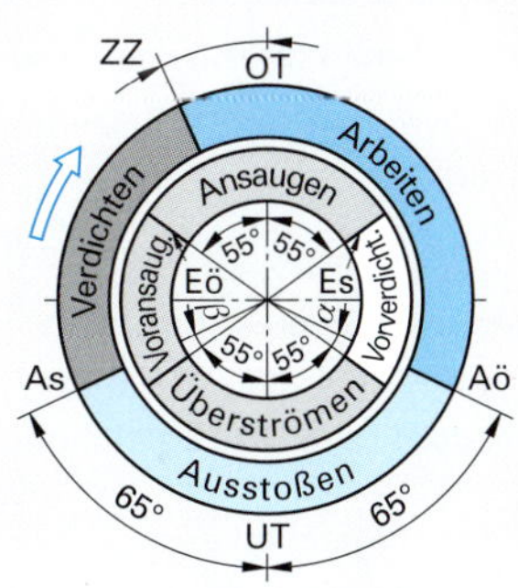

α	Vorauslasswinkel	Aö	Auslassschlitz öffnet
β	Nachauslasswinkel	As	Auslassschlitz schließt
Eö	Einlassschlitz öffnet	Üö	Überströmschlitz öffnet
Es	Einlassschlitz schließt	Üs	Überströmschlitz schließt

Bild 3: Steuerdiagramm

Auslassschlitz und dann den Überströmschlitz. Beim Öffnen des Auslassschlitzes tritt ein starker Druckabfall ein, sodass die restlichen Altgase nicht so stark in die Kurbelkammer zurückschlagen und sich dort mit dem vorverdichteten Frischgas vermischen. Diesen Vorgang nennt man den **günstigen Vorauslass.**

Tabelle 1: Vergleich von Zweitakt-Ottomotor mit Viertakt-Ottomotor

Vorteile des Zweitaktmotors	Vorteile des Viertaktmotors
Geringe Herstellungskosten	Relativ geringer Kraftstoffverbrauch
Kleiner Verschleiß, weil er wenig bewegliche Teile hat	Ruhiges Laufverhalten
Hohe Drehzahlen möglich, da die Ventile entfallen	Größeres Drehmoment
Geringes Leistungsgewicht	Besseres Leerlaufverhalten
Hohe Betriebssicherheit	Geringer Schmierölverbrauch
Gleichmäßiges Drehmoment über die Umdrehung	Geringe thermische Belastung

Durch die einfache Bauweise und das geringe Gewicht eignet sich der Zweitakt-Ottomotor besonders gut für den **Antrieb von Krafträdern.** Meist handelt es sich dabei um Einzylindermotoren. Es wurden aber auch schon bis maximal Sechszylindermotoren als Zweitakter gebaut.

Wegen der hohen Betriebssicherheit werden Zweitakter auch gerne als **Antriebsmaschinen von kleineren Booten,** z. B. Fischkuttern eingesetzt. Unter bestimmten Bedingungen (z. B. auf hoher See) wird dies sogar von den Versicherungen gefordert.

7.3.4 Vergaseranlagen und Benzineinspritzanlagen des Ottomotors

Aufgaben eines Vergasers

Im **Kapitel C7.3.13** werden die wichtigsten Sachverhalte bezüglich der Kraftstoffe beschrieben. Diese können fest, flüssig oder gasförmig sein, wobei feste Kraftstoffe (z. B. Kohlenstaub) bei Verbrennungsmotoren nur im Versuchsstadium verwendet worden sind. Heute ist es noch beinahe die Regel, dass bei Ottomotoren flüssige Kraftstoffe zum Einsatz kommen. Es gilt jedoch:

Eine Verbrennung des Kraftstoffes kann nur in gasförmigem Zustand unter Anwesenheit von Sauerstoff erfolgen. Der Kraftstoff muss demzufolge vergast und mit Sauerstoff vermischt werden.

Diese Aufgaben übernimmt der **Vergaser,** der insgesamt die folgenden Funktionen hat:

- Kraftstoff bereitstellen
- Kraftstoff zerstäuben
- Kraftstoff mit Luft mischen (Luft ist der Sauerstofflieferant)
- Dem jeweiligen Betriebszustand des Motors die Zusammensetzung des Kraftstoff-Luft-Gemisches anpassen.
- Kraftstoff-Luft-Gemisch in der erforderlichen Menge dem jeweiligen Betriebszustand anpassen.

Wirkungsweise eines Vergasers

Wendet man bei einer waagerecht verlaufenden Rohrleitung die **Bernoulli'sche Druckgleichung** (→ **A3.6**) an, dann ist

$$p + \frac{\varrho}{2} \cdot v^2 = \text{konstant}$$ [1]

Wird nun an einer engen Stelle der Rohrleitung in Folge der Kontinuität (→ **A3.5**) die Strömungsgeschwindigkeit v erhöht, dann muss sich dort zwangsläufig der Druck p verkleinern. Durch eine entsprechende Dimensionierung ist es so möglich, den statischen Druck an dieser Stelle kleiner als den atmosphärischen Druck p_{amb} zu machen. Befindet sich an dieser Stelle mit dem Druck $\boldsymbol{p < p_{amb}}$ ein Saugrohr, dann kann man hiermit ein Medium ansaugen.

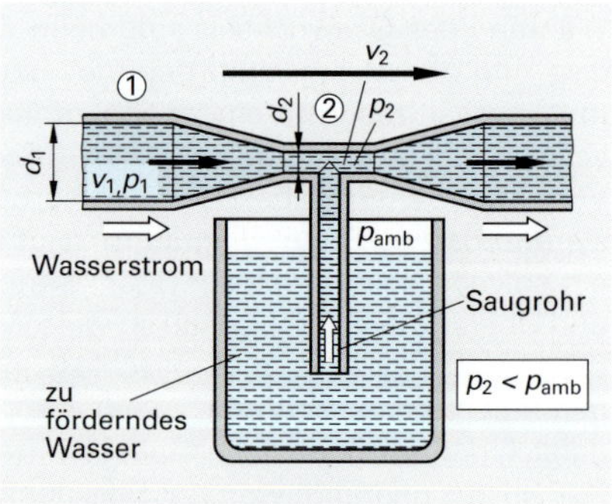

Bild 1: Wasserstrahlpumpe

Dies zeigt **Bild 1/180** am Beispiel einer Wasserstrahlpumpe. Nach dem italienischen Ingenieur Jean-Baptiste **Venturi (1746 bis 1822)** wird dieses physikalische Prinzip als **Venturi-Prinzip** bezeichnet. Die physikalische Wirkung heißt **Injektor-Wirkung.**

Natürlich kann man auf diese Weise gleichzeitig auch zwei Medien, z.B.

Kraftstoff und Luft

ansaugen. Dies ist die Wirkungsweise eines Vergasers, d.h. der **Gemischbildung,** und wird schematisch in **Bild 1** gezeigt.

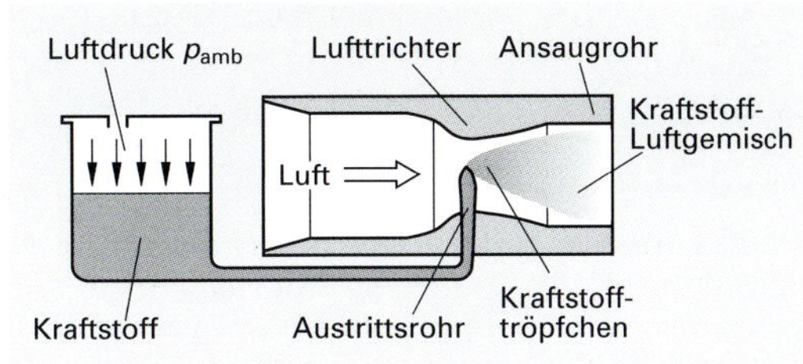

Bild 1: Gemischbildung im Vergaser

Es ist zu erkennen, dass sich das **Kraftstoffaustrittsrohr** an der engsten Stelle, d.h. an der Stelle des kleinsten Druckes befindet. Der Kraftstoff wird infolge des Druckgefälles $\Delta p = p_{amb} - p_{abs}$ (→ **A2.1**) in den **Lufttrichter** gedrückt, vom Luftstrom über den **Luftfilter** angesaugt, mitgerissen, zerstäubt und im Bereich der **Mischkammer** mit dem Luftstrom vermischt. Eine sehr feine Zerstäubung wird erreicht, wenn man den Kraftstoff durch Luftzufuhr über die **Luftdüse** unterhalb des Kraftstoffspiegels zu einem Vorgemisch vermischt.

Durch Betätigung der **Drosselklappe** wird die jeweils erforderliche Menge des Kraftstoff-Luft-Gemisches zugeführt und damit die Motorleistung bzw. die Drehzahl des Motors geregelt.

Je nach Lage des Vergasers bzw. nach der Strömungsrichtung unterscheidet man

- **Flachstromvergaser** ⟶ Vergaser ist horizontal **(Bild 1)** angeordnet
- **Schrägstromvergaser** ⟶ Vergaser ist in Schräglage angeordnet
- **Fallstromvergaser** ⟶ Vergaser ist senkrecht angeordnet

Bild 2 zeigt eine einfache Vergaseranlage als Fallstromvergaser ausgeführt:

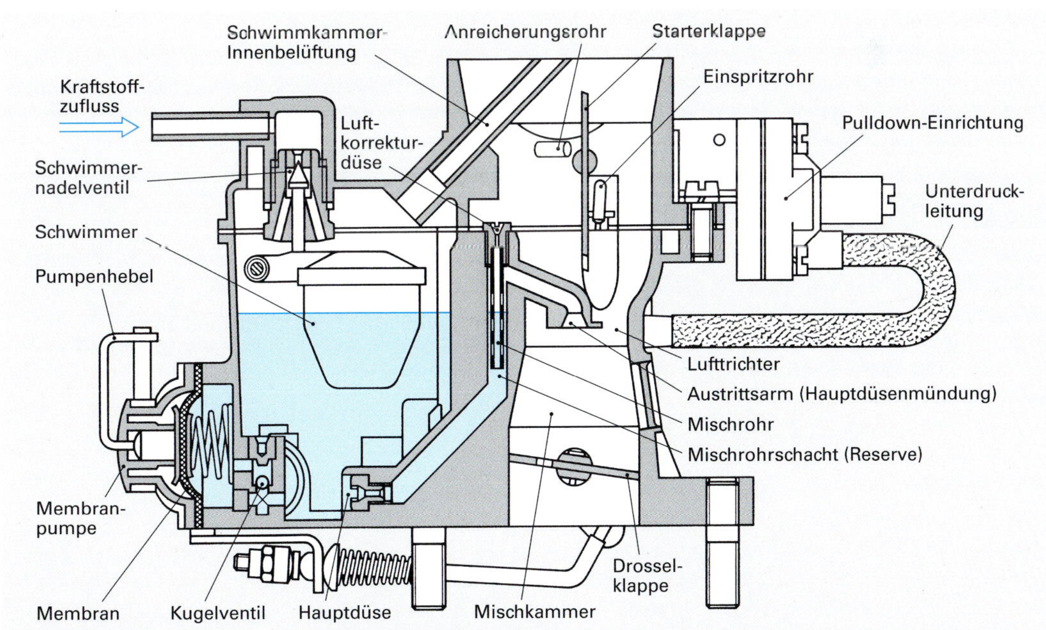

Bild 2: Schematischer Schnitt durch einen Fallstromvergaser

Bei **Teillast** ergibt sich naturgemäß bei dem im **Bild 1** dargestellten Vergaserprinzip ein **Mangel an Luft.** Der in **Bild 2** dargestellte Vergaser korrigiert diesen Mangel und erfüllt außerdem die betrieblichen

Forderungen bei **Volllast, Leerlauf, Beschleunigung** und **Kaltstart.** Diese Betriebszustände mit den zugehörigen Funktionen werden nachfolgend beschrieben:

Teillast

Mittels **Luftkorrekturdüse** und **Mischrohr** wird der zu hohen Anreicherung des Kraftstoff-Luft-Gemisches mit Brennstoff, der **Anfettung,** bei steigendem Luftdurchsatz entgegengewirkt. Bei kleinen Differenzdrücken arbeitet die **Hauptdüse** ohne Korrektur. Mit zunehmendem Unterdruck im **Lufttrichter** sinkt der Brennstoffspiegel im Mischrohr, bis dort Bohrungen freigegeben werden und **Korrekturluft** in den **Mischrohrschacht** eintreten kann. Die Luftströmung durch die **Luftkorrekturdüse** baut dabei die Druckdifferenz an der Hauptdüse ab und vermindert damit die Brennstoffförderung. Die Korrekturluft bildet mit dem Brennstoff eine **Suspension** (Aufschwemmung sehr feiner Luftteilchen in der Flüssigkeit) und verbessert damit die **Brennstoffzerstäubung.**

Volllast

Durch ein **Anreicherungsrohr** mit kalibrierter Bohrung wird bei Volllast die notwendige **Kraftstoff-Anreicherung** des Gemisches vorgenommen. Der Eintritt in das **Saugrohr** ist dabei so angeordnet, dass erst bei großen Luftmengen durch den entsprechend großen Unterdruck und bei voll geöffneter **Drosselklappe** zusätzlicher Brennstoff gefördert wird.

Leerlauf

Ein getrenntes **Leerlaufsystem** mündet unterhalb der Drosselklappe in das Saugrohr und wird von dem dort herrschenden großen Unterdruck beaufschlagt. Zur **Grundeinstellung** dienen getrennte **Düsen für Kraftstoff und Luft.** Das entstehende Kraftstoff-Luft-Gemisch wird durch die **Leerlaufgemisch-Regulierschraube** dosiert. Ein kontinuierlicher Übergang von Leerlauf auf Teillast wird durch eine oder mehrere **Bypassbohrungen** erreicht.

Beschleunigung

Beim plötzlichen Öffnen der Drosselklappe kann der an der Saugrohrwand niedergeschlagene Kraftstofffilm nicht trägheitslos der Beschleunigung folgen und es entsteht daher eine kurzzeitige **Gemischabmagerung** an Stelle der gewünschten Anreicherung. Zur Behebung dieses Mangels spritzt eine mit der Drosselklappe betätigte **Beschleunigerpumpe** zusätzlichen Kraftstoff ein.

Kaltstart

Beim Start des kalten Motors treten besondere Probleme auf: Niedrige Starterdrehzahl, Kondensation des Kraftstoffes an den kalten Wänden, erhöhte Reibung an allen bewegten Motorteilen. Durch Schließen der **Starterklappe** am Vergasereintritt und geringfügiges Öffnen der **Drosselklappe** wird die Wirkung des Saugrohrunterdruckes auf den Lufttrichter ausgedehnt und dadurch zusätzlicher Kraftstoff gefördert. Die Betätigung der Starterklappe erfolgt von Hand **(Choke)** oder automatisch, z.B. durch eine Bimetallfeder **(Kaltstartautomatik).**

Anmerkung:

Bild 2/181 zeigt eine einfache Vergaserausführung, die es erlaubt, die wichtigsten Prinzipien zu erklären. Bei hochentwickelten Ottomotoren wäre sie aber nicht in der Lage, allen Ansprüchen gerecht zu werden. Platzgründe erlauben es nicht, an dieser Stelle weitere der zahlreichen **Vergaserbauarten** zu beschreiben. Es soll aber darauf hingewiesen werden, dass heute meist elektronisch beeinflusste Vergaser **(Ecotronic)** Verwendung finden.

Die oben verwendeten Begriffe Anfettung, Anreicherung und Gemischabmagerung weisen auf **unterschiedliche Kraftstoffanteile** des Kraftstoff-Luft-Gemisches hin. Wie jedes brennbare Gemisch hat auch das

Kraftstoff-Luft-Gemisch eine **untere Zündgrenze** und eine **obere Zündgrenze.** Jenseits dieser Zündgrenzen, die vom Kraftstoffanteil bestimmt werden, gibt es keine Zündung des Kraftstoff-Luft-Gemisches, dazwischen sind die „Verbrennungsqualitäten" sehr unterschiedlich. Hierüber gibt **Tabelle 1** Auskunft. Ein Maß für das Mischungsverhältnis ist das sogenannte **Luftverhältnis** λ. Solche **λ-Werte** sind ebenfalls in **Tabelle 1** zu ersehen.

$$\text{Luftverhältnis} = \frac{\text{zugeführte Luftmenge in kg}}{\text{theoretischer Luftbedarf in kg}}$$

Tabelle 1: Luftverhältnis λ

λ	„Verbrennungsqualität"
< 0,7	Gemisch zu fett, unter unterer Zündgrenze (keine Zündung)
< 1,0	Luftmangel ergibt ein fettes Gemisch und damit eine erhöhte Leistung des Motors
0,9...1,1	Regelgemisch, günstigste Verbrennung
1,0	Die zugeführte Luftmenge entspricht dem theoretischen Luftbedarf, vollkommene Verbrennung
> 1,0	Luftüberschuss führt zu magerem Gemisch, wirtschaftlichster Kraftstoffverbrauch
> 1,25	Das Gemisch ist zu mager, oberhalb der oberen Zündgrenze (keine Zündung)

Bei der heutigen Motortechnik werden die Aufgaben des Vergasers meist von einer **Einspritzanlage** übernommen. **Bild 1** zeigt eine solche **K-Jetronic-Einspritzanlage:**

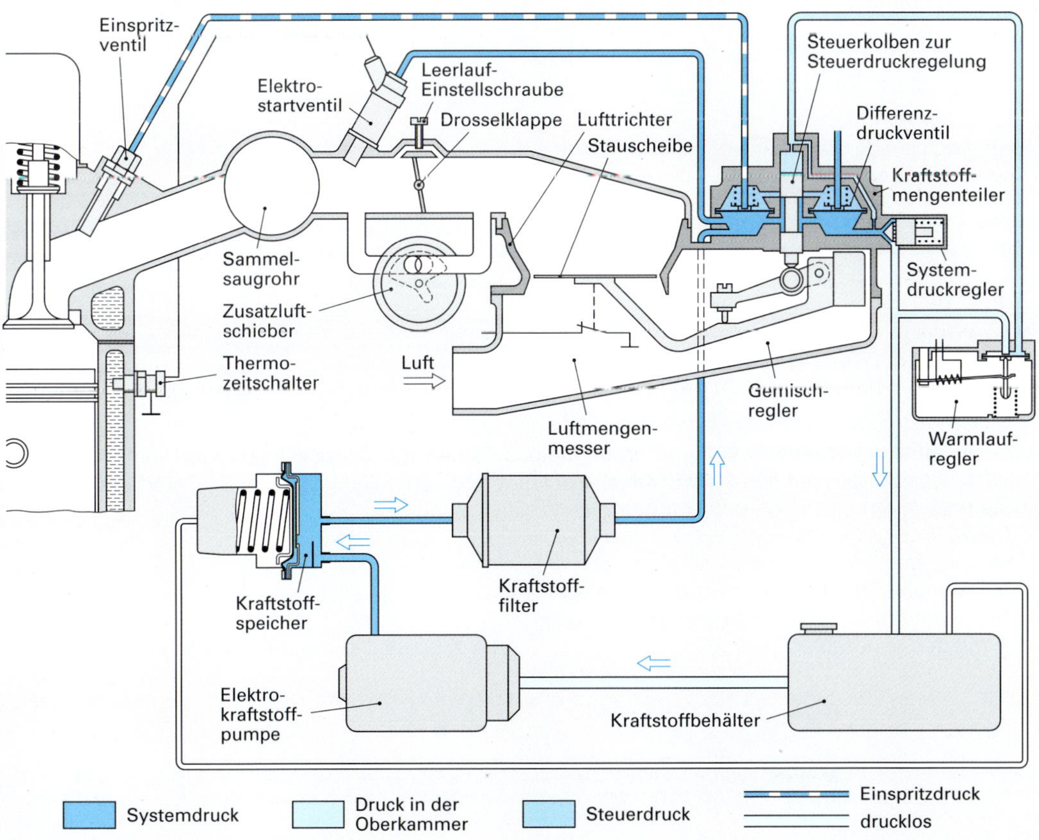

Bild 1: K-Jetronic-Einspritzanlage (kontinuierlich einspritzendes System)

Realisiert wird die Kraftstoffeinspritzung durch **Kraftstoffpumpe** und **Einspritzventile** bzw. **Einspritzpumpe** und **Einspritzdüsen.** Damit ist die optimale Anpassung der Kraftstoffzufuhr an den jeweiligen Betriebszustand des Motors gewährleistet. Bei der in **Bild 1/183** abgebildeten Anlage wird die Einspritzmenge für den Kaltstart elektronisch geregelt. Die Luftmengenmessung wird mithilfe einer Stauscheibe durchgeführt, ferner werden die Drosselklappenstellung, Drehzahl, Luft- und Kühlwassertemperatur berücksichtigt. Die Kraftstoffpumpe ist ebenfalls elektronisch gesteuert und sorgt für den nötigen Einspritzdruck und die richtige Einspritzmenge an den Einspritzdüsen.

Die Kraftstoffeinspritzung bietet gegenüber der Vergasertechnik viele Vorteile, z.B. eine gleichmäßigere Gemischzusammensetzung über den gesamten Drehzahlbereich, weil jedem Zylinder zum relevanten Zeitpunkt exakt die gleiche Kraftstoffmenge zugeführt wird.

7.3.5 Zündung beim Ottomotor

Beim Ottomotor wird das Kraftstoff-Luft-Gemisch durch einen zeitlich gesteuerten **elektrischen Zündfunken** gezündet. Man spricht in diesem Fall von einer **Fremdzündung.** Dazu ist eine **Zündenergie** von 0,03 bis 0,1 Wattsekunden bei einer **Zündspannung** von 15 bis 25 Kilovolt erforderlich.

Die Zündanlage hat folgende Aufgaben:

- Lieferung der Zündspannung, die erforderlich ist, dass bei allen Betriebszuständen des Motors der Zündfunke entstehen kann.
- Lieferung der Zündspannung im richtigen Moment, dem **Zündzeitpunkt,** an die **Zündkerze (Bild 1),** die den **Zündfunken** erzeugt.
- Bei Mehrzylindermotoren die Zündspannung entsprechend der **Zündfolge** der einzelnen Zylinder an die Zündkerzen liefern.

Die Zündkerze liefert also die Funkenstrecke zur Entzündung des Kraftstoff-Luft-Gemisches. Sie benötigt eine hervorragende elektrische Isolierung, damit trotz der hohen elektrischen Spannung keine unerwünschten Ströme fließen. Sie muss außerdem den hohen Temperaturen standhalten und gegenüber dem Brennraum dicht sein.

Die Elektroden dürfen nicht zu heiß werden, weil es sonst zu **Glühzündungen** kommt. Andererseits brauchen sie eine gewisse **Mindesttemperatur,** damit Brennstoff- und Ölrückstände verbrennen können. Sie benötigen daher eine auf den jeweiligen Motor abgestimmte Wärmeleitfähigkeit, die die Temperatur der Zündkerze wesentlich beeinflusst. Ein Kennwert hierfür ist der **Wärmewert der Zündkerze** mit den Kennzahlen 2 bis 10:

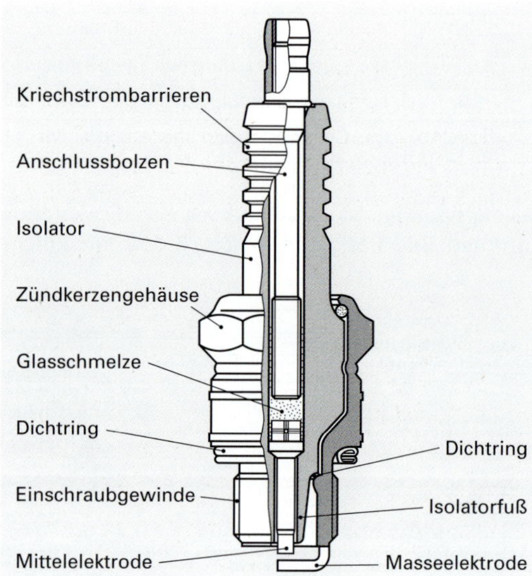

Bild 1: Zündkerze

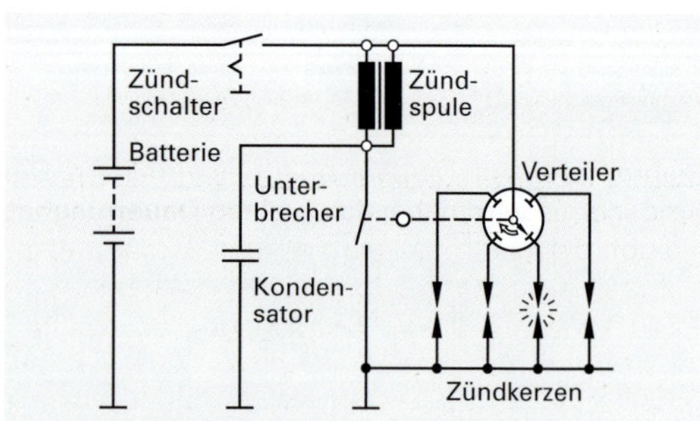

Bild 2: Schaltbild einer Batteriezündanlage

Wärmewert-Kennzahlen	2	3	4	5	6	7	8	9	10
Merkmal	kälter ⟵ Kerze ⟶ wärmer								

Den für den betreffenden Motor richtigen Wärmewert hat man dann gewählt, wenn die Zündkerze im Betrieb sehr schnell ihre Selbstreinigungstemperatur von über 400 °C erreicht und bei Volllast die Temperatur von ca. 850 °C nicht überschreitet. Im Wesentlichen unterscheidet man die folgenden Zündanlagen:

Batteriezündung

Bei dieser Zündanlage wird die Zündenergie beim Starten durch eine **Batterie** bereit gestellt. Die einfachste und gebräuchlichste Anlage ist die **Batterie-Spulenzündung,** deren Schaltbild in **Bild 2/184** abgebildet ist. Vor der Zündung fließt der Strom von der Batterie über die Primärwicklung (→ **C8**) der **Zündspule** und den geschlossenen **Unterbrecherkontakt** zur Masse und erzeugt dabei in der **Spule** ein magnetisches Feld (→ **A12.4**). Im **Zündzeitpunkt** öffnet der **Unterbrecher** und unterbricht damit den Primärstrom. Dadurch wird in der Sekundärwicklung der Zündspule eine sehr hohe Spannung induziert, welche über den **Verteiler** den einzelnen **Zündkerzen** zugeführt wird. Bei laufendem Motor wird die Energieversorgung der Zündanlage durch einen Generator (→ **C8.1.1**), die **Lichtmaschine,** übernommen.

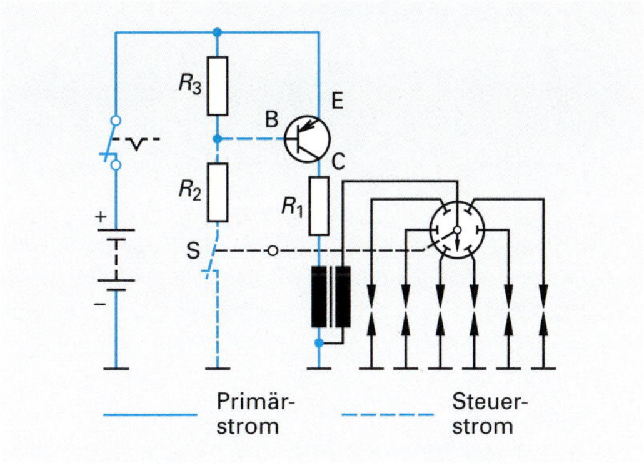

Bild 1: Schaltbild einer kontaktgesteuerten Transistorzündanlage

Transistorzündung

Bei der **Transistor-Spulenzündung (Bild 1)** wird mit einem geringen Unterbrecherstrom ein Transistor gesteuert, der den notwendigen Strom für die Zündspule liefert. Bei der kontaktlosen Transistorzündung wird der Unterbrecherkontakt durch einen **magnetischen oder optischen Impulsgeber** ersetzt. Diese **kontaktlosen Anlagen** besitzen keine Verschleißteile mehr und werden deshalb in vielen Fahrzeugmotoren serienmäßig eingebaut.

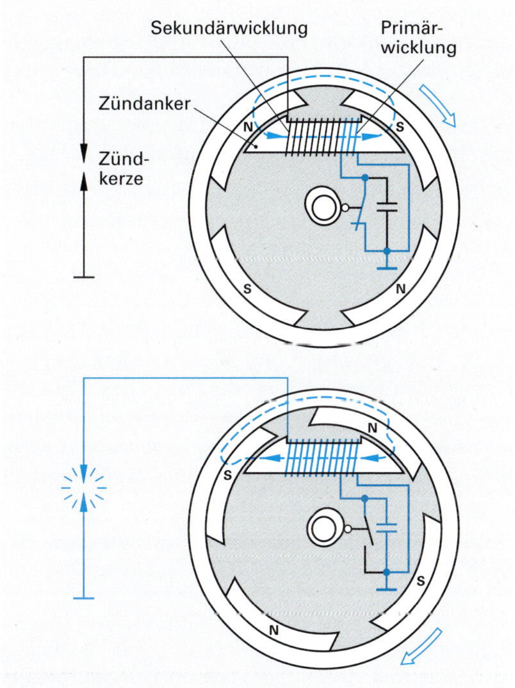

Bild 2: Magnetzünder

Magnetzündung

Die Magnetzündung **(Bild 2)** wird bei Anlagen verwendet, die **keine Batterie** besitzen, so z. B. bei Kleinmotoren von Mopeds oder Rasenmähern. Die Zündenergie wird dabei durch einen **Dauermagnet** erzeugt, der bei 2-Takt-Motoren mit Kurbelwellendrehzahl und bei 4-Takt-Motoren mit halber Kurbelwellendrehzahl umläuft. Dieser Magnet erzeugt im **Zündanker** einen magnetischen Wechselfluss (→ **A12.4**) mit etwa sinusförmigem Verlauf, der in der Primär- und der Sekundärwicklung Spannungen induziert. Bei geschlossenem Unterbrecherkontakt fließt daher im Primärkreis ein Strom. Wie bei der Batteriezündung wird dieser Strom im Zündzeitpunkt unterbrochen und dadurch die Zündspannung in der Sekundärwicklung erzeugt.

Anmerkung:

In diesem Buch konnten nur die gebräuchlichsten Zündanlagen beschrieben werden. Es gibt jedoch noch eine ganze Reihe anderer Systeme, z. B. die **Kondensatorzündung** und die **Thyristorzündung.**

7.3.6 Viertakt-Dieselmotor

Dieselmotoren sind Verbrennungskraftmaschinen, die atmosphärische Luft ansaugen und diese durch Verdichtung so hoch erwärmen, dass sich der eingespritzte Kraftstoff an der Luftladung entzündet. Diesen Vorgang nennt man **Selbstzündung.**

Ursprünglich lag dem nach dem deutschen Ingenieur Rudolf **Diesel (1858 bis 1913)** benannten **Dieselmotor** als Vergleichsprozess der **Diesel-Prozess** (→ **A8.4.1**) zu Grunde. Weil dies heute anders ist, spricht man häufig auch vom **klassischen Dieselprozess.** Da die Wärmezufuhr (Kraftstoffeinspritzung) isobar (→ **A7.1**), d.h. bei konstantem Druck erfolgt, wird dieser Prozess auch **Gleichdruckprozess** genannt.

Bei den heute gebauten Dieselmotoren liegt der **Seiliger-Prozess** (→ **A8.4.3**) zu Grunde, benannt nach dem deutschen Ingenieur Moritz **Seiliger.** Da der Kraftstoff teilweise bei konstantem Volumen, d.h. isochor (→ **A7.2**) und teilweise isobar eingespritzt wird, bezeichnet man diesen Vergleichsprozess auch als gemischten **Raumdruckprozess.**

Hinsichtlich der Person Rudolf Diesel, der 1913 während einer Überfahrt nach England ertrunken ist, wäre noch zu sagen, dass er ursprünglich in der Kältetechnik tätig war (bei Prof. Linde). So waren ihm die thermodynamischen Gesetze bestens bekannt. Da er bei der Konstruktion seines Motors hiervon ausgegangen und somit wissenschaftlich planvoll vorgegangen ist, d.h. die Theorie in die Praxis umgesetzt hat, ist seine Motorkonstruktion unter den ganz großen Ingenieurtaten einzuordnen. **Bild 1** zeigt einen modernen Viertakt-Dieselmotor im Schnitt.

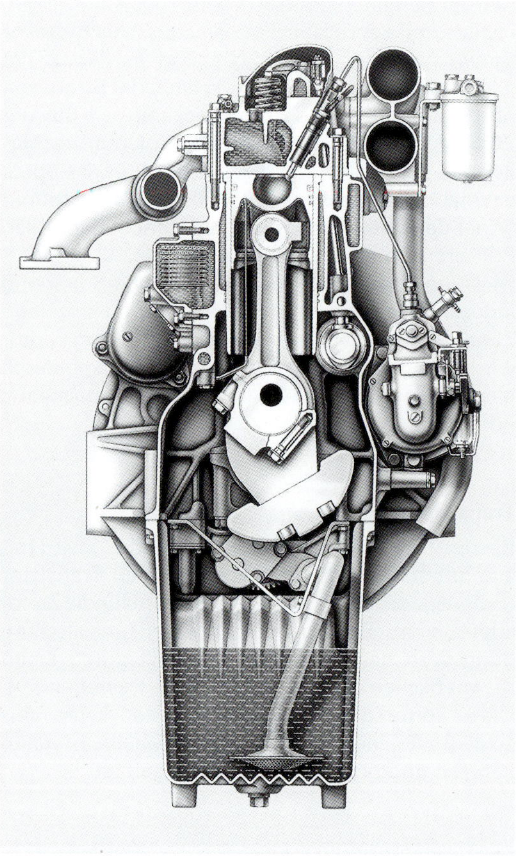

Bild 1: Schnitt durch einen Diesel-Viertaktmotor

Da der Kraftstoff in die hochverdichtete Luft, bei einer Temperatur von über 700 °C, eingespritzt wird, ist es so, dass sich das Kraftstoff-Luft-Gemisch im Verbrennungsraum bildet. Somit brauchen Dieselmotoren keinen Vergaser und sie sind im Teillastbereich besser zu regeln, da keine Drosselverluste durch Drosselklappen entstehen. **Bild 1/187** zeigt die vier Takte des Diesel-Viertakters.

1. Takt (Ansaugen):

Der rückwärts gehende Kolben saugt durch das geöffnete EV Frischluft an.

2. Takt (Verdichten):

Nach dem Ansaugen schließt das EV und der vorwärts gehende Kolben verdichtet die Ladung auf 30 bis 50 bar. Dabei erhitzt sich die Luft auf 700 °C bis 900 °C. Noch vor dem Erreichen des OT wird der Kraftstoff unter hohem Druck (bis 300 bar) in den Brennraum eingespritzt.

3. Takt (Arbeiten):

Der am Ende des Verdichtungstaktes eingespritzte Kraftstoff verdampft und entzündet sich bei dieser hohen Temperatur selbst. Durch die Verbrennung entsteht ein Druck bis zu 90 bar und der Kolben wird dadurch vorwärts bewegt.

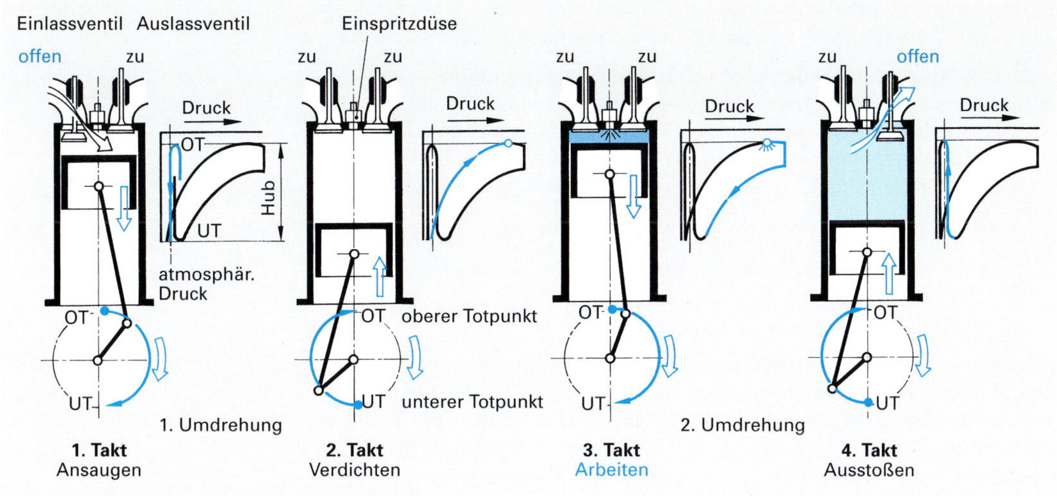

Bild 1: Die vier Takte beim Viertakt-Dieselmotor

4. Takt (Ausstoßen):

Ist der Kolben wieder am UT angelangt, öffnet das AV. Die unter Überdruck stehenden Verbrennungsgase strömen in den Auspuff und werden noch durch den vorwärts gehenden Kolben beschleunigt. Die Altgase haben noch eine Austrittstemperatur von über 600 °C.

Der Dieselmotor arbeitet wesentlich wirtschaftlicher als der Ottomotor. Dies ist damit zu begründen, dass durch die Verdichtung der reinen Luft ein wesentlich höherer Druck im Zylinder erreicht wird und damit das spezifische Arbeitsvermögen des Gases (→ **A6.1**) größer ist.

7.3.7 Gemischbildung beim Dieselmotor

Die Erreichung eines günstigen Brennverlaufes setzt eine gute **Gemischbildung** beim Einspritzen des Kraftstoffes in die verdichtete Luft voraus. Um dies zu erreichen, wurden verschiedene Verfahren entwickelt, und man unterscheidet grundsätzlich die **direkte Einspritzung** in den Hauptbrennraum von den **Kammerverfahren.** Letztere haben einen **Nebenbrennraum** und einen **Hauptbrennraum. Bild 3** zeigt einen Dieselmotor mit direkter Einspritzung. Wegen des Fehlens einer geordneten Luftströmung muss die Gemischbildung in erster Linie durch das **Einspritzsystem** erfolgen. Dies geschieht mit **Mischdüsen (Bild 2).**

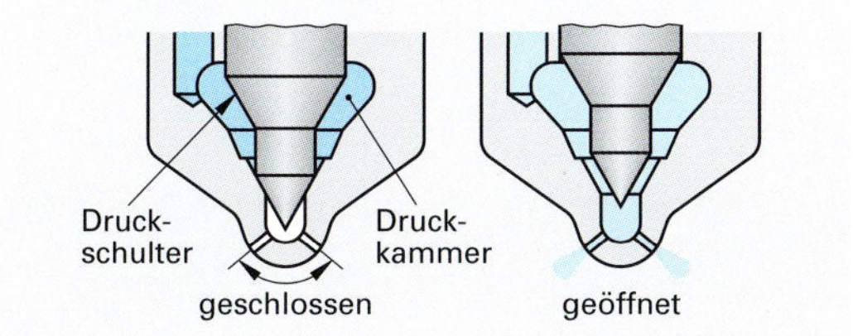

Bild 2: Lochdüse

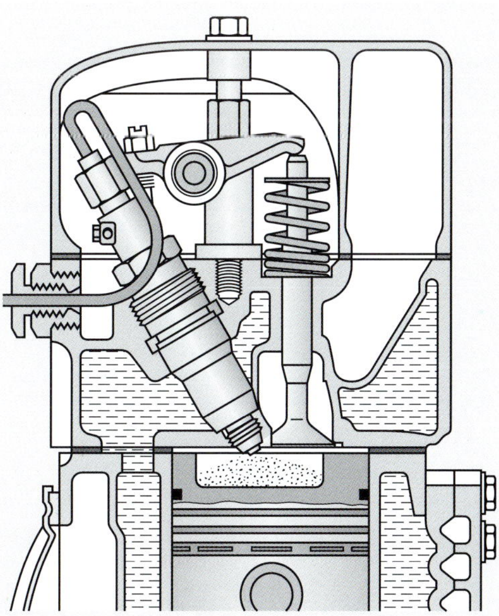

Bild 3: Direkte Einspritzung

Die Einspritzstrahlen müssen möglichst den gesamten Brennraum erfassen. Mithilfe von **Mehrlochdüsen** und einem **Einspritzdruck von ca. 200 bar** wird eine gute Gemischbildung erreicht.

Auch das Mittenkugelverfahren **(M-Verfahren)** ist ein Verfahren der direkten Einspritzung. Dieses Verfahren ist durch den in den Kolbenboden eingelassenen **kugelförmigen Verbrennungsraum** gekennzeichnet **(Bild 1)**. Dadurch entsteht beim Vorlauf des Kolbens, bei mit Luft gefülltem Zylinder, eine intensive Drehbewegung dieser Zylinderladung, was zu einer hervorragenden Mischung des eingespritzten Kraftstoffes mit der Verbrennungsluft führt. Der gesamte Verbrennungsvorgang läuft zeitlich so kontrolliert ab, dass damit ein sehr hoher Wirkungsgrad erreicht wird. **Bild 1** zeigt oben den Ansaugvorgang und unten die Zündung.

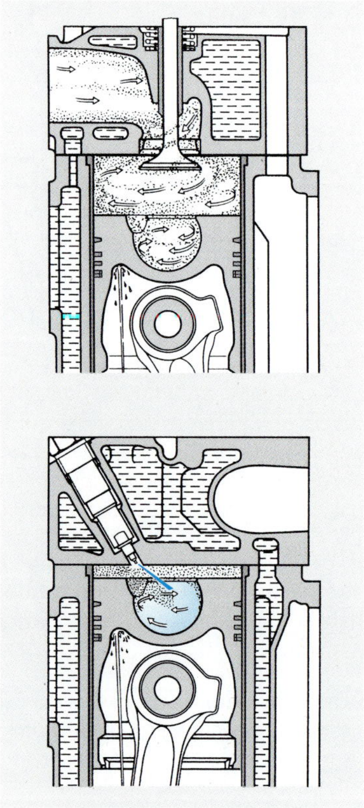

Bild 1: M-Verfahren

Beim **Kammereinspritzverfahren** ist der Brennraum in einen Haupt- und einen Nebenraum unterteilt. Man unterscheidet hier das **Vorkammerverfahren (Bild 2)** vom **Wirbelkammerverfahren (Bild 3)**. Die komplizierte Ausbildung des Zylinderkopfes erhöht die Herstellungskosten beträchtlich, sodass heute bei Großmotoren die Direkteinspritzung immer mehr an Bedeutung gewinnt. Die Kammereinspritzverfahren bieten aber Vorteile in Bezug auf Geräusch und Laufkultur und werden deshalb häufig für Pkw-Dieselmotoren eingesetzt.

Beim **Vorkammerverfahren (Bild 2)** wird der Kraftstoff über eine oder mehrere verhältnismäßig enge Öffnungen in die Vorkammer gespritzt. Eine gerichtete Luftbewegung in der Kammer ist hierbei nicht erforderlich. Hier findet wegen der begrenzten Luftmenge bei konstantem Volumen eine Teilverbrennung statt. Die brennenden Gase und der noch nicht verbrannte Kraftstoff strömen dann in den Zylinderraum (Hauptbrennraum) und es findet dort bei großen Turbulenzen die restliche Verbrennung statt. Beim **Wirbelkammerverfahren (Bild 3)** wird bei der Kompression ein Teil der Luft in eine annähernd rotationsymmetrische Wirbelkammer geleitet. Dort ent-

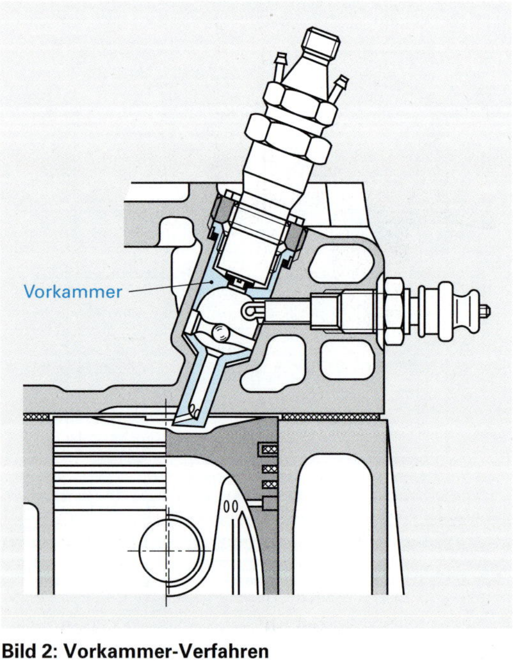

Bild 2: Vorkammer-Verfahren

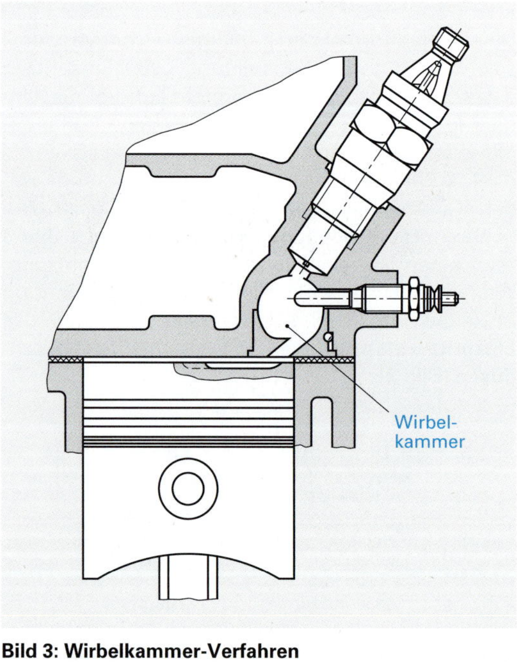

Bild 3: Wirbelkammer-Verfahren

stehen starke Luftwirbel, in welche die Kraftstoffeinspritzung bei einer Teilverbrennung erfolgt. Ebenso wie beim Vorkammerverfahren wird der restliche Kraftstoff in der Hauptbrennkammer (Zylinderraum) mithilfe der sich dort noch befindlichen Luft verbrannt.

7.3.8 Zweitakt-Dieselmotor

Fahrzeugdieselmotoren arbeiten meist nach dem Viertaktverfahren. Bei Großmotoren (bis 15 000 kW), als stationäre Motoren bzw. Motoren für den Schiffsantrieb, kommt jedoch auch das Zweitaktverfahren zur Anwendung. Gelegentlich wird das Zweitaktverfahren auch bei Motoren für schwere Nutzkraftwagen angewendet. Solche Motoren haben einen **gleichmäßigeren Drehmomentenverlauf** und einen **kleineren spezifischen Kraftstoffverbrauch.**

7.3.9 Kraftstoffeinspritzung bei Dieselmotoren

Die Kraftstoffeinspritzung muss in der kurzen zur Verfügung stehenden Zeit eine gute **Zerstäubung** sicherstellen. Daher arbeitet die **Einspritzpumpe (Bild 1)** mit Drücken von 150 bis 1000 bar. Der Kraftstoff wird über einen **Filter** und eine **Vorpumpe** der Einspritzpumpe zugeführt. Am gebräuchlichsten ist die **Reihenpumpe,** bei der für jeden Motorzylinder ein eigenes, über einen Nocken betätigtes Pumpenelement zur Verfügung steht. Die Nockenwelle betätigt den Pumpenkolben über einen **Rollenstößel,** sodass der Kraftstoff über ein federbelastetes **Entlastungsventil** in die **Einspritzleitung** gefördert wird. Wenn der an der **Düse** eingestellte Einspritzdruck erreicht wird, öffnet diese und die Einspritzung setzt ein. Der speziell ausgebildete Pumpenkolben beendet den Einspritzvorgang zum richtigen Zeitpunkt.

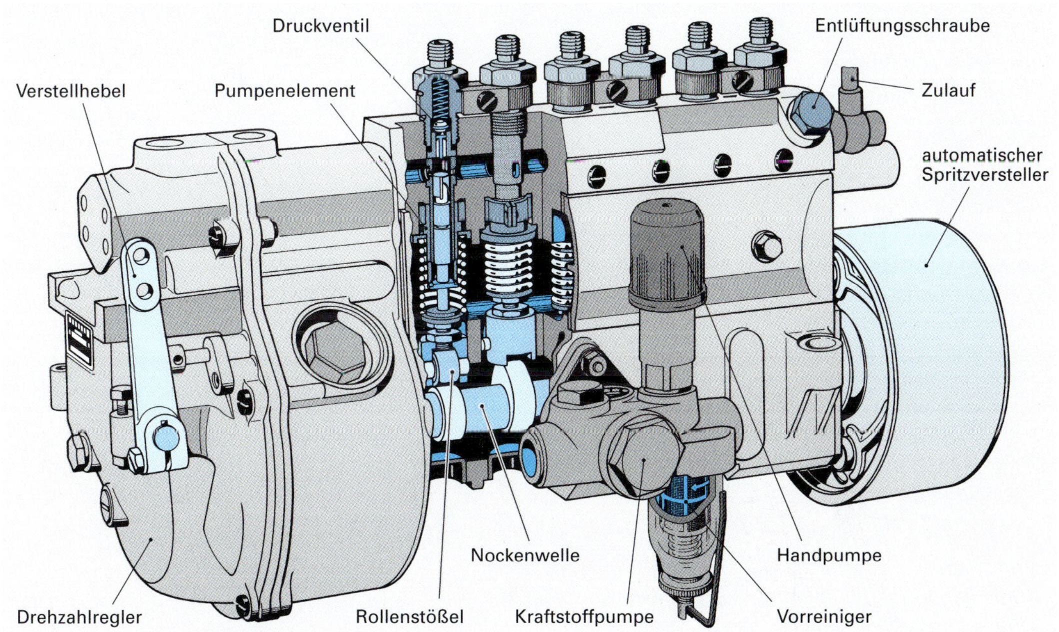

Bild 1: Einspritzpumpe (Reihenpumpe)

7.3.10 Motorkühlung

Durch die Verbrennungsvorgänge in den Zylindern erwärmen sich die Verbrennungskraftmaschinen sehr stark. Es muss daher für eine ausreichende **Kühlung** gesorgt werden. Bei ungenügender Kühlung bzw. auch bei einem völligen Ausfall derselben würden die Motorwerkstoffe zu hoch erhitzt und sie würden versagen. Die Kolben würden fressen und blockieren. Deshalb ist immer ein **Kühlsystem** erforderlich. Als Kühlmedium kommt Luft oder Wasser infrage. Man unterscheidet somit die **Flüssigkeitskühlung** von der **Luftkühlung.** Im Folgenden werden die üblichen Kühlsysteme beschrieben:

Flüssigkeitskühlung

Bei der Flüssigkeitskühlung **(Bild 1)** sind die Motorzylinder und die Zylinderköpfe von Hohlräumen, dem **Kühlmantel** umgeben. Dieser ist mit **Wasser** gefüllt. Das durch eine **Wasserpumpe** in Bewegung gesetzte Wasser fließt im Kreislauf nach oben und sodann von oben nach unten durch den **Kühler**. Im Kühler verteilt sich das Wasser in kleine Kanäle, den **Kühlröhrchen,** die von Kühlluft umspült sind. Im Allgemeinen wird diese **Kühlluft** durch einen **Ventilator** in Bewegung gesetzt. Von der Kühlerunterseite gelangt das gekühlte Wasser wieder in den Motor.

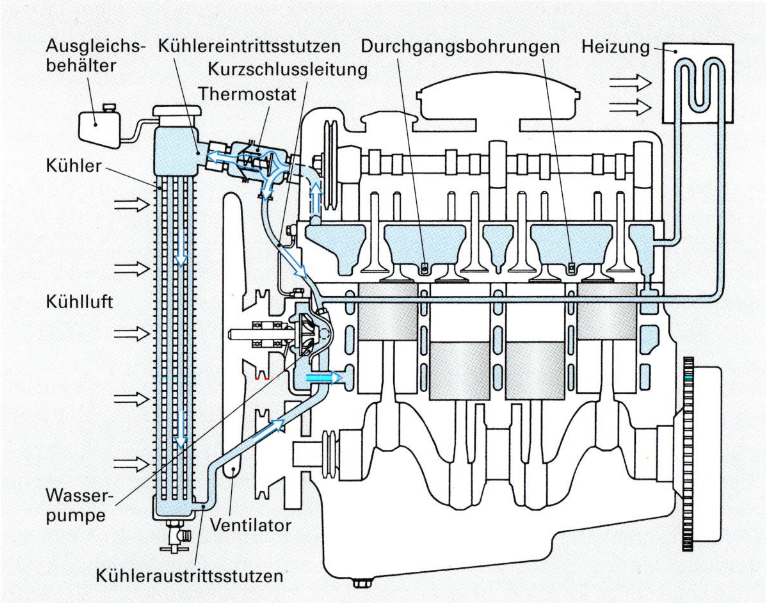

Bild 1: Zwangsumlaufkühlung

Thermosyphonkühlung

Bei diesem Kühlsystem wird auf die Wasserpumpe verzichtet. Der Wasserkreislauf wird durch das im Kühlmantel erwärmte und durch den **statischen Auftrieb** aufsteigende Wasser in Gang gehalten. Nachteilig ist, dass der Wasserstand ständig überprüft werden muss, das Kühlsystem im Laufe der Zeit Wasserstein ansetzt und dass im Winter die Gefahr des Einfrierens besteht. In einem solchen Fall ist mit schweren Schäden am Kühlsystem und Motor zu rechnen.

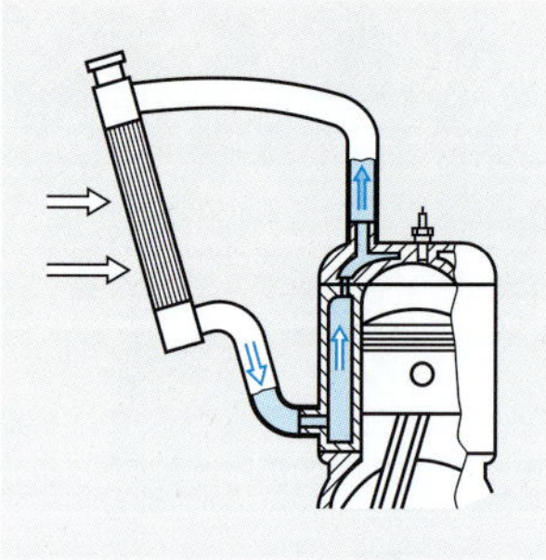

Bild 2: Thermosyphonkühlung

Grundsätzlich ist es so, dass Wasser eine zuverlässige Kühlung gewährleistet und dass es die Motorgeräusche sehr stark dämpft.

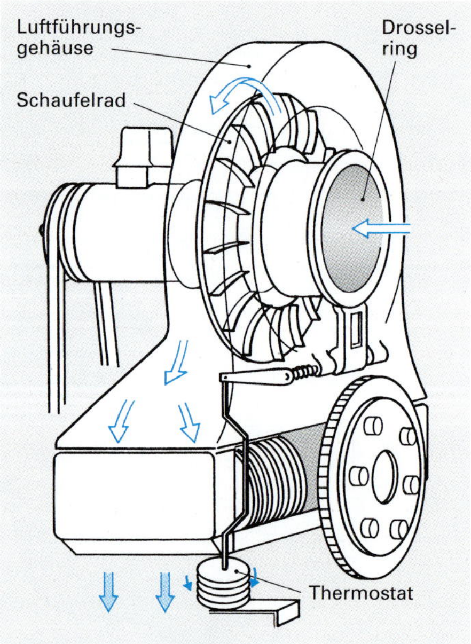

Bild 3: Gebläseluftkühlung

Luftkühlung

Diese ist fast wartungsfrei und wird bei Motorrädern und sonstigen Kraftfahrzeugen eingesetzt. Der **Kühlluftstrom** wird durch ein **Gebläse** erzeugt und durch **Leitbleche** an den heißen Stellen des Motors vorbei geführt **(Bild 3)**. Die Oberflächen dieser heißen Stellen sind mit **Rippen** versehen **(Bild 1/178),** wodurch diese Oberflächen wesentlich vergrößert werden und die Wärme besser abgeführt wird.

Der abgeführte Wärmestrom, dies ist die auf die Zeit bezogene Wärmeenergie, ist der Größe der Oberfläche direkt proportional.

Bei Motorradmotoren und manchmal auch bei Flugzeugmotoren genügt im Allgemeinen der an der Oberfläche vorbei strömende Fahrtwind zur Kühlung.

7.3.11 Kreiskolbenmotor

Nachteilig an allen Kolbenmaschinen mit **Translationskolben** ist, dass die Kolben an ihren äußersten Bahnpunkten, den Totpunkten, eine Bewegungsumkehr ausführen müssen. Die dabei ausgeführten Beschleunigungen und Verzögerungen (→ **A1.3**) erzeugen sehr **große Massenträgheitskräfte** (→ **A1.6**). Diese müssen von der Maschine aufgefangen werden und sind oftmals der Anlass zu einem unruhigen Lauf. Es sind in jedem Fall Maßnahmen zu einem **Massenausgleich** durch Gegengewichte an der Kurbelwelle erforderlich.

Dieser Nachteil ist im **Kreiskolbenmotor** ausgeschaltet. Der bekannteste Kreiskolben-Verbrennungsmotor ist der **Wankelmotor,** genannt nach seinem Erfinder, dem deutschen Ingenieur Felix **Wankel.** Ein solcher Motor ist in **Bild 1** abgebildet:

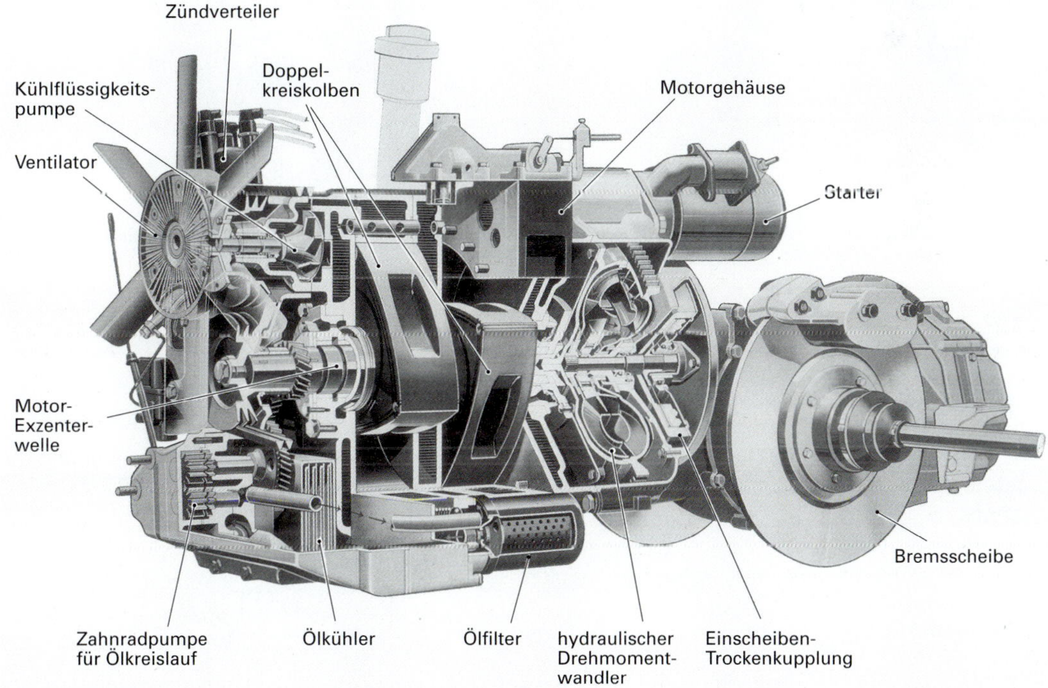

Bild 1: Wankelmotor

Dieser Motor hat ein **geringes Leistungsgewicht,** ein **kleines Raumgewicht,** einen **schwingungsfreien Lauf,** einen **niedrigen Oktanzahl-Bedarf** (→ **C7.3.13**) und verhältnismäßig **kleine Fertigungskosten.** Als Nachteile sind der **hohe Kraftstoffverbrauch** und das **schlechte Abgasverhalten** zu nennen. Diese Nachteile resultieren vor allem aus der **problematischen Kolbenabdichtung** zum Zylinder. Deswegen hat sich dieser Motor bis heute kaum durchgesetzt.

Der Wankelmotor arbeitet nach dem **Viertaktprinzip.** Dieses ist in **Bild 1/192** dargestellt. Der rotierende Kolben hat die Form eines **Bogendreiecks.** Er dichtet somit an drei Stellen gegen das Gehäuse ab, welches so geformt ist, dass während der Kolbendrehbewegung drei Räume von wechselnder Größe entstehen. Während des Ansaugens vergrößert sich der Hubraum, um sich dann anschließend während des Verdichtens wieder zu verkleinern. In der Nähe des Zeitpunktes der größten Verdichtung erfolgt die Zündung.

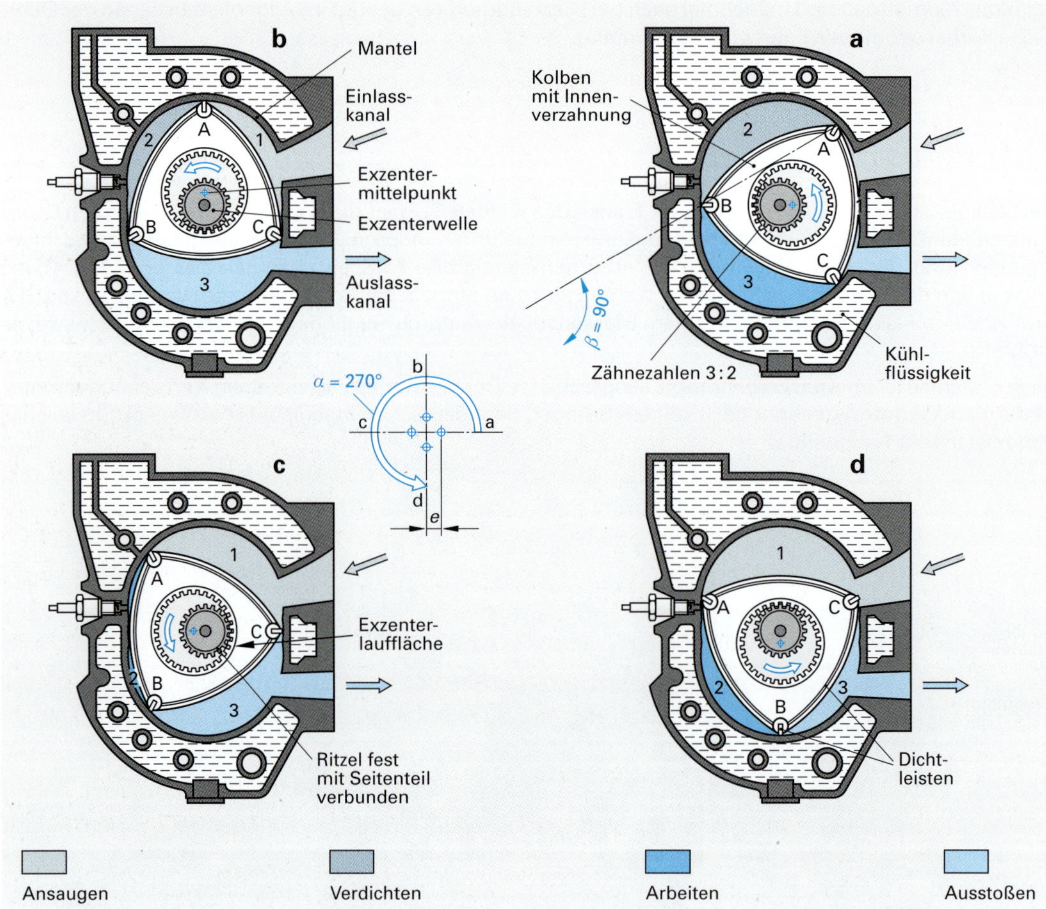

Bild 1: Arbeitsweise des Wankel-Kreiskolbenmotors

Beim Arbeitshub wächst das Hubvolumen, bis schließlich der Kolben die Auslassöffnung freigibt und die Abgase in den Auslasskanal entweichen können. Die Drehzahl des Wankelmotors ist mit ca. 17 000 min^{-1} sehr hoch.

7.3.12 Aufladung

Die Begriffe **Ladung** bzw. **Aufladung** sind bereits in verschiedenen Zusammenhängen erwähnt worden. Hier die Definition:

Unter der Ladung versteht man den im Zylinderraum zur Verfügung stehenden Frischgasanteil. Dieser bestimmt im Wesentlichen Leistung und Drehmoment eines Verbrennungsmotors.

Durch die hohen Drehzahlen ist es so, dass der **Ladungswechsel** in extrem kurzen Zeiten erfolgt. Dabei wirken zwangsläufig große **Massenträgheitskräfte** (→ **A1.6**) auf die angesaugten Gase. Dies führt dazu, dass infolge der Massenträgheit der Grad der Füllung bei Saugmotoren kleiner ist als es dem zur Verfügung stehenden Zylinderraum entspricht.

Tabelle 1: Liefergrad λ

Art des Motors	Liefergrad
Saugmotoren im Zweitaktverfahren	0,5 bis 0,7
Saugmotoren im Viertaktverfahren	0,7 bis 0,9
Aufgeladene Motoren	1,2 bis 1,6

Tabelle 1/192 zeigt dies mit der Kenngröße, die als **Füllungsgrad λ (Liefergrad)** bezeichnet wird. So heißt z. B. $\lambda = 0{,}8$, dass beim Ansaugen nur 80 % des zur Verfügung stehenden Zylinderraumes (bezogen auf den Umgebungsdruck) ausgefüllt werden.

Auf der einen Seite führt ein zu kleiner Liefergrad zu kleiner Leistung und kleinem Drehmoment, auf der anderen Seite ist aber auch darauf zu achten, dass der Liefergrad nicht zu groß ist. Dies führt nämlich bei Ottomotoren zu einer klopfenden Verbrennung und kann bei Dieselmotoren, da der Verbrennungsenddruck zu groß wird, zu schweren Schäden führen.

Bei den **Aufladungssystemen** wird zwischen dynamischer Aufladung und Fremdaufladung unterschieden:

Dynamische Aufladung

Bei der dynamischen Aufladung wird die **Strömungsenergie** (→ **A3.6**) der Frischgase zur besseren Ladung genutzt. Beim Öffnen des EV wird eine zurücklaufende Druckwelle in Richtung Saugrohrende, d. h. in Richtung der ruhenden Luft ausgelöst. Von dieser ausgehend erfolgt eine Reflexion der Druckwelle zurück zum EV. Wenn dieser Vorgang so gesteuert wird, dass die reflektierte Druckwelle das EV gerade erreicht, wenn es offen ist, wird dadurch ein zusätzlicher Aufladeeffekt erzeugt, denn die Luft hat einen größeren Druck und somit pro Volumeneinheit eine größere Masse. Dies lässt sich mithilfe der allgemeinen Zustandsgleichung der Gase (→ **A5.4**) erklären.

Fremdaufladung

Hierbei wird ein **Ladegerät,** kurz als **Lader** bezeichnet, verwendet. Man unterscheidet

- **Lader mit mechanischem Antrieb,** z. B. Luftverdichter, d. h. Kompressoren (→ **D2**)
- **Lader ohne mechanischen Antrieb**
- **Druckwellenlader**

Ein häufig eingesetzter Lader ohne mechanischen Antrieb ist der **Abgasturbolader. Bild 1** zeigt das Schema eines Motors mit einem solchen Abgasturbolader. Solche werden bei Otto- und Dieselmotoren eingesetzt. Sie bestehen aus einer durch Motorabgase betriebenen **Gasturbine** (→ **C7.2**) und einem von dieser Gasturbine angetriebenen **Radialverdichter.** Dieser Verdichter wird auch **Ladegebläse** genannt und er liefert dem Motor eine vorverdichtete Frischladung, wodurch der Liefergrad heraufgesetzt wird. Um eine weitere Steigerung des Füllungsgrades zu erhalten, wird durch einen **Ladeluftkühler** die Verdichtungswärme (→ **A6.2**) abgeführt, wodurch sich die Temperatur der Frischgase senkt. Dies führt bekanntlich zur Volumenverkleinerung pro angesaugter Masseneinheit (→ **A5.3, A5.4**).

Die zunehmende Bedeutung der Abgas-Turboaufladung ist einerseits darin zu suchen, dass mit ihr bei vorgegebenem Hubvolumen und nur geringfügig höherem Motorgewicht wesentlich höhere Leistungswerte erzielt werden können als im Saugbetrieb. Andererseits wird der Wirkungsgrad des Motors verbessert, was zu einem geringeren spezifischen Kraftstoffverbrauch führt.

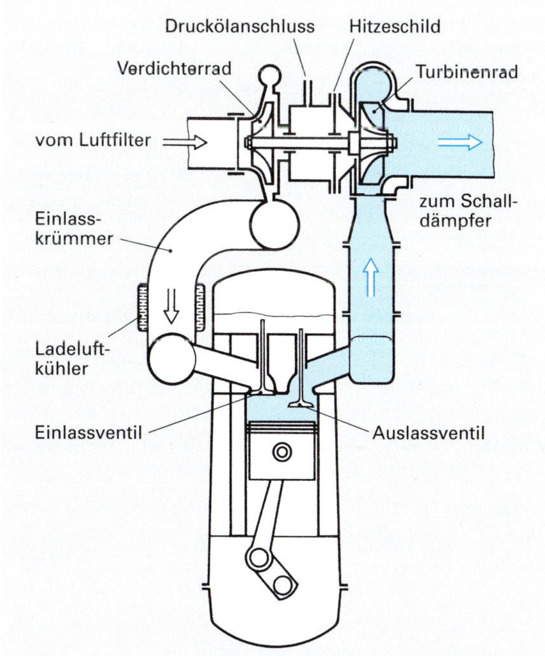

Bild 1: Schema eines Abgasturboladers

Ein Abgasturbolader besteht in seinen Hauptteilen aus Turbinen- und Verdichtergehäuse, Lagerung und Welle mit Turbinen- und Verdichterlaufrad. Die Drehzahlen der Turbolader liegen je nach Baugröße zwischen 50 000 min^{-1} und 240 000 min^{-1}. Die Lager werden als Gleitlager ausgeführt und durch den **Motorölkreis** geschmiert.

C Kraftmaschinen

Als ein gewisser Nachteil des Turboladers muss das verhältnismäßig träge Hochlaufen gewertet werden. Dies hat zur Folge, dass eine rasche Beschleunigung des Motors nur mit einem mehr oder weniger großen Zeitversatz erfolgen kann. Dies wirkt sich insbesondere beim Ottomotor nachteilig aus, denn bei diesem stellt sich ein verringerter Massendurchsatz im Teillastgebiet ein. Dies ist ein großes Hindernis für den vermehrten Einsatz des Abgasturboladers beim Ottomotor.

Insbesondere wegen dieses Nachteils des Turboladers wurde ein trägheitsarmes **Druckwellen-Aufladesystem (Bild 1)** entwickelt. Das vom Kolben durch das AV gedrückte Abgas strömt vom Sammelrohr in die Zellen des Rotors, verdichtet dort die Luft und fließt druckwellenartig zurück in Richtung Auspuff. Die austretenden Gase hinterlassen einen Unterdruck, wodurch Frischluft in die Rotorkammern gesaugt wird. Dort wird sie durch die Rotordrehung im Druckwellenzyklus komprimiert und durch die Ladeluftleitung in den Brennraum gedrückt. Der Rotor wird mittels Keilriemen angetrieben.

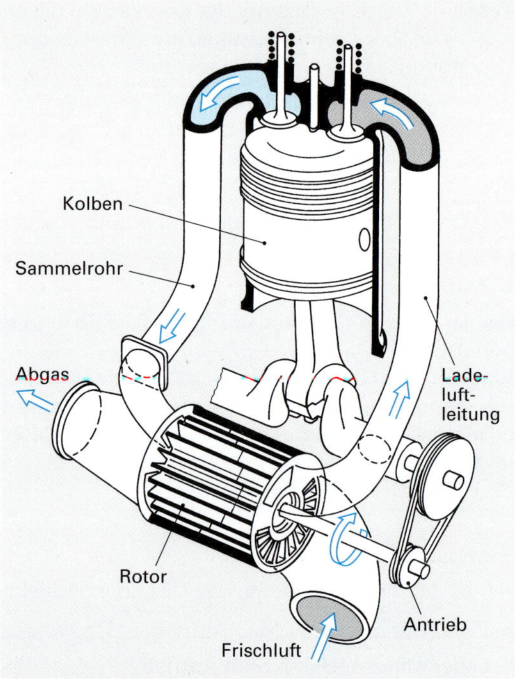

Bild 1: Comprex-Druckwellen-Auflader

Zum **Betrieb von Verbrennungskraftmaschinen** sind noch eine ganze Reihe **weiterer Einzelaggregate** erforderlich, so z. B. Öl- und Wasserpumpe, elektrischer Stromkreis u. a. Hierauf einzugehen, würde den beabsichtigten Rahmen dieses Buches sprengen und muss deshalb unterbleiben.

7.3.13 Kraftstoffe für Verbrennungsmotoren

Wie Sie bereits wissen, wird der zum Betrieb einer Verbrennungskraftmaschine verwendete Brennstoff als **Kraftstoff** bezeichnet. Ebenso wie bei den Brennstoffen allgemein (→ **A5.7, B2.4**), wird auch bei den Kraftstoffen unterteilt in

- **feste Kraftstoffe**
- **flüssige Kraftstoffe**
- **gasförmige Kraftstoffe**

Von den **festen Kraftstoffen** interessierte bei einer früheren Entwicklungsrichtung der **Kohlenstaub.** Der damit betriebene Motor, der **Kohlenstaubmotor,** war ein Verbrennungsmotor, der nach dem Prinzip des Dieselmotors arbeitete. Er wurde mit Leistungen zwischen 50 kW und 600 kW gebaut. Die Entwicklungsarbeiten wurden von dem deutschen Ingenieur Rudolf **Pawlikowski** durchgeführt, und deshalb bezeichnet man solche Motoren auch als **Rupa-Motoren.**

Asche und Kohleteilchen verursachen jedoch einen so hohen Verschleiß, dass man schließlich die schon weit betriebenen Entwicklungen aufgegeben hat. Der Rupa-Motor hat also nur noch eine historische Bedeutung.

Heute beschränkt man sich beim Betrieb von Verbrennungskraftmaschinen ausschließlich auf flüssige und gasförmige Kraftstoffe.

Bei den **gasförmigen Kraftstoffen** ist vor allen der **Wasserstoff** zu nennen, aber auch andere Brenngase und deren Mischungen werden getestet und sind teilweise im Einsatz. Dies gilt besonders bei stationären Motoren. Bei den Kraftfahrzeugmotoren gilt es nun ein Gas-Tankstellennetz aufzubauen. Dies ist in anderen Ländern – z. B. in den Niederlanden – teilweise schon für Wasserstoff, einem sehr umweltfreundlichen Kraftstoff, geschehen.

Strukturen und chemischer Aufbau der Kohlenwasserstoff-Verbindungen

Kraftstoffe werden aus Kohle, Erdöl oder Erdgas hergestellt, d. h., es handelt sich bei den Kraftstoffen um

Kohlen-Wasserstoff-Verbindungen.

Diese werden durch **Raffinieren** bzw. auch durch **synthetische Gewinnung** hergestellt und können in die folgenden Gruppen eingeteilt werden:

- **gesättigte, kettenförmig aufgebaute Kohlenwasserstoffe** mit einfacher Bindung (Paraffine, Iso-Paraffine) C_nH_{2n+2},
- **ungesättigte, kettenförmig aufgebaute Kohlenwasserstoffe** mit Doppelbindung (Olefine) C_nH_{2n} und C_nH_{2n-2}
- **ringförmige Verbindungen** (Naphthene) **mit Einfachbindung,**
- **ringförmige Verbindungen mit Doppelbindungen** (Aromate).

Physikalisch-chemische Eigenschaften der Kraftstoffe

Neben der **Siedetemperatur** (→ **A5.9**), die mit steigender Kohlenstoffzahl **(C-Zahl)** zunimmt, ist der **Heizwert** (→ **A5.7, B2.4**) von großer Bedeutung.

Bei den üblichen Kohlenwasserstoffen bewegen sich die spezifischen Heizwerte **(Hu-Werte)** zwischen 40 und 45 MJ/kg.

Auch die **Dichte** (→ **A5.4**) ist eine Bewertungsgröße bestimmter Kraftstofftypen bzw. Kraftstoffkomponenten. Auch sie steigt mit zunehmender C-Zahl. Bei gleicher C-Zahl haben aber Rundstrukturen eine höhere Dichte als kettenförmige Strukturen.

Zündwilligkeit und Klopffestigkeit

Die Zündwilligkeit ist eine wesentliche Eigenschaft zur Beurteilung der Eignung als Kraftstoff.

Unter der **Zündwilligkeit** versteht man die Neigung eines Kraftstoff-Luft-Gemisches zur Selbstzündung.

Dieselkraftstoffe sollen eine hohe Zündwilligkeit besitzen, was gleichbedeutend mit einem kürzeren Zündverzug ist. Ein Maß für die Zündwilligkeit bei Dieselkraftstoffen ist die

Cetanzahl (CZ).

Sie steht in enger Beziehung zur **Zündverzugszeit** – das ist die Zeitspanne zwischen Einspritzbeginn und dem Druckanstieg im Zylinder infolge der Verbrennung.

Je kleiner der Zündverzug (je zündwilliger der Kraftstoff), desto höher liegt die Cetanzahl, desto kleiner ist die während des Zündverzugs eingespritzte Kraftstoffmenge, desto sanfter ist auch der Druckanstieg während der Verbrennung. Bei Kraftstoffen mit niedriger CZ – also großem Zündverzug – wird bis zum Einsetzen der Zündung erheblich mehr Kraftstoff eingespritzt. Man erhält dann eine starke Drucksteigerung mit zum Teil schlagartiger Verbrennung bei verstärkter Rußbildung. Man spricht dann vom **Dieselklopfen.**

Die CZ wird in einem Prüfmotor ermittelt und sie ist in DIN 51773:2010-04 wie folgt genormt:

Die Cetanzahl (CZ) kennzeichnet die Zündwilligkeit eines Kraftstoffes. Sie gibt an, wieviel n-Cetan, angegeben als Volumenanteil in % in einer Mischung mit 1-Methylnaphthalin, enthalten ist, bei der der gleiche Zündverzug unter gleichen motorischen Bedingungen wie bei dem zu prüfenden Dieselkraftstoff festgestellt wird.

Dieselkraftstoffe haben eine Mindest-CZ von 45. Der Maximalwert liegt bei etwa CZ = 55.

Otto-Kraftstoffe sollen eine geringe Zündwilligkeit besitzen, was einer hohen **Klopffestigkeit** entspricht. Ein Maßstab für die Klopffestigkeit bei Otto-Kraftstoffen ist die

Oktanzahl (OZ).

Je größer die Oktanzahl ist, die ebenfalls in einem Prüfmotor ermittelt wird, desto klopffester ist der Kraftstoff. Man unterscheidet

- **ROZ** = Research-OZ ⟶ Maß für das **Beschleunigungsklopfen,**
- **MOZ** = Motor-OZ ⟶ Maß für das **Hochgeschwindigkeitsklopfen.**

An den Tankstellen wird immer die ROZ angegeben, die grundsätzlich größer als die MOZ ist **(Tabelle 1).**

Tabelle 1: ROZ- und MOZ-Werte von Otto-Kraftstoffen

Kraftstoffart	ROZ-Wert	MOZ-Wert
Super unverbleit	95	86
Normal unverbleit	90	82
Super plus unverbleit	98	88

Cetanzahl und Oktanzahl verlaufen einander entgegengesetzt, d. h. je größer die OZ ist, desto kleiner ist die CZ und umgekehrt.

Faustformel für OZ: $OZ \approx 120 - 2 \cdot CZ$ 1

Mit der Richtlinie 2009/28/EG **(Erneuerbare-Energien-Richtline)** wurde verbindlich festgelegt, dass bis zum Jahr 2020 der zu erreichende Anteil von erneuerbaren Energien an der von den Mitgliedsstaaten der Europäischen Union verbrauchten gesamten Energie bei mindestens 20 % liegen soll.

Damit wurde ab 2011 in Deutschland die EU-Vorgabe umgesetzt, dass der Bioanteil in allen Kraftstoffsorten bis 2020 auf 10 % steigen und einen Beitrag zur Reduzierung der CO_2-Emissionen leisten soll. Hierzu wurde der bisher verwendete Ottokraftstoff E5 durch den Kraftstoff E10 ergänzt.

Mit dem Zusatz „E10" werden Ottokraftstoffe bezeichnet, die gegenüber den bisherigen Ottokraftstoffen einen höheren Anteil an Ethanol enthalten. Der Buchstabe „E" steht für Ethanol, die Zahl „10" für max. 10 Vol.-%.

Die Anpassung der europäischen Norm für Ottokraftstoffe wurde in der DIN EN 228, Ausgabe Januar 2013 umgesetzt.

Wiederholung und Vertiefung

C79 Unterscheiden Sie innere und äußere Verbrennung. Geben Sie Beispiele an.
C80 Nennen Sie Vorteile und Nachteile des Stirling-Motors.
C81 Was versteht man unter einem Turbostrahltriebwerk?
C82 Nach welchen Kriterien werden die Hubkolbenmotoren nach DIN 1940 unterschieden?
C83 Wie unterscheidet man Hubkolbenmotoren nach der Lage der Zylinderachsen und der Zylinderanordnung?
C84 Wo liegt der grundsätzliche Unterschied zwischen Ottomotor und Dieselmotor?
C85 Wo liegt der grundsätzliche Unterschied zwischen Zweitaktverfahren und Viertaktverfahren?
C86 Was versteht man unter dem Verdichtungsverhältnis ε?
C87 Wie unterscheiden Sie Idealprozess von Realprozess? Worauf sind die Unterschiede zurückzuführen?
C88 Welcher Unterschied besteht zwischen untengesteuerten und obengesteuerten Motoren? Wie werden letztere noch genannt?
C89 Welche Aussage macht ein Steuerdiagramm?
C90 Wie erfolgt die Steuerung bei einem Zweitakter?
C91 Unterscheiden Sie Querspülung und Umkehrspülung.
C92 Nennen Sie Vorteile jeweils vom Zweitakter und vom Viertakter.
C93 Erklären Sie das Vergaserprinzip.
C94 Welche Aufgaben hat ein Vergaser zu bewerkstelligen?
C95 Wie werden Vergaser nach Lage und Strömungsrichtung unterschieden?
C96 Welche Aufgabe hat die Drosselklappe?
C97 Welche verschiedenen betrieblichen Forderungen werden beim Vergaser unterschieden?
C98 Was versteht man unter dem Luftverhältnis und in welchem Bereich sollte es bei günstiger Verbrennung liegen?
C99 Was versteht man unter den Zündgrenzen und wie unterscheiden sich diese?
C100 Bringen Sie die untere und die obere Zündgrenze mit dem Luftverhältnis in Zusammenhang.
C101 Welche Aufgaben hat beim Ottomotor die Zündanlage zu übernehmen?
C102 Nach welchen Gesichtspunkten wird der Wärmewert einer Zündkerze gewählt?
C103 Unterscheiden Sie Batteriezündung und Transistorzündung.
C104 Wie werden beim Dieselmotor die Gemischbildungsverfahren grundsätzlich unterschieden?
C105 Wie unterscheiden sich die Kammereinspritzverfahren?
C106 Nennen Sie die Vorteile einer Wasserkühlung.
C107 Welchen großen Vorteil hat der Kreiskolbenmotor und warum hat er sich dennoch bisher wenig durchgesetzt?
C108 Was versteht man unter Aufladung und wie werden die Aufladeverfahren grundsätzlich unterschieden?
C109 Wie werden die Fremdaufladeverfahren unterschieden?
C110 Welche Kraftstoffeigenschaften werden mit dem CZ-Wert und mit dem OZ-Wert festgelegt?
C111 Wie sind CZ-Wert und OZ-Wert miteinander verknüpft?

C8 Elektrische Maschinen und Anlagen

In diesem Kapitel werden die Grundlagen vermittelt, um den prinzipiellen Aufbau und die Wirkungsweisen von elektrischen Motoren, Generatoren und Transformatoren besser verstehen zu können. Physikalisch betrachtet sind elektrische Maschinen ebenfalls Energiewandler, wie zum Beispiel die Fotovoltaikanlagen, die Lichtenergie in elektrische Energie umwandeln. Ein **elektrischer Motor** wandelt jedoch elektrische Energie in mechanische Energie, das heißt in Bewegungsenergie (→ **A1.11**) um. Beim **Generator** ist es umgekehrt: Bewegungsenergie wird in elektrische Energie umgeformt. Der **Transformator** nimmt elektrische Energie auf, gibt sie dann aber auch wieder als elektrische Energie ab, er transformiert nur die anliegende Spannung in eine andere. Bevor wir diese Sachverhalte näher betrachten, soll zunächst auf historische Zusammenhänge eingegangen werden. Mit Hans Christian **Oersteds (1777 bis 1851)** Entdeckung, dass ein stromdurchflossener Leiter eine ablenkende Kraft auf eine Magnetnadel ausübt, wurde die Grundlage für das Teilgebiet **Elektromagnetismus** geschaffen. Aber mit Michael **Faraday (1791 bis 1867)** und Joseph **Henry (1797 bis 1878)** wurde dieses Teilgebiet, das den Zusammenhang zwischen der Elektrizität und dem Magnetismus aufzeigt, zu einer Disziplin, die eine Revolution in der Technikgeschichte einleitete. Henry war es, der den **Elektromagneten** weiterentwickelte und damit im Jahre 1832 mehr als eine halbe Tonne Eisen heben konnte. Im Jahre 1835 erfand Henry einen elektromagnetischen Schalter, das **Relais.** Als Folgeerscheinung dieser Erfindung entwickelte er auch den **Telegrafen.** Jedoch verpasste er beim Telegrafen den Prioritätsanspruch und so konnte der amerikanische Erfinder Samuel Finley Breese **Morse (1791 bis 1872),** der vom gutgläubigen Henry das entscheidende Wissen für den Bau eines Telegrafen erhalten hatte, vorher das Patent im Jahre 1840 für sich beanspruchen.

Faraday entdeckte, dass immer ein Öffnen und Schließen eines elektrischen Stromkreises mithilfe eines Schalters (s. **Bild 1**) in einer zweiten Spule (Sekundärspule), die über einen Eisenring mit der ersten Spule (Primärspule) magnetisch verbunden war, ein elektrischer Stromstoß von einem Galvanometer im 2. Stromkreis angezeigt wurde. Faraday hatte so den ersten **Transformator** (→ **C8.2.3**) erfunden. Ein anderer berühmter Versuch Faradays wird in **Bild 2** gezeigt. Beim Bewegen eines Dauermagneten in einer Spule gelang der Nachweis eines Stromstoßes in derselben Spule, deren Enden mit einem Galvanometer verbunden sind. Somit entdeckte Faraday auch die elektromagnetische Induktion (lat. inductio = das Hineinführen), das **Induktionsgesetz**.

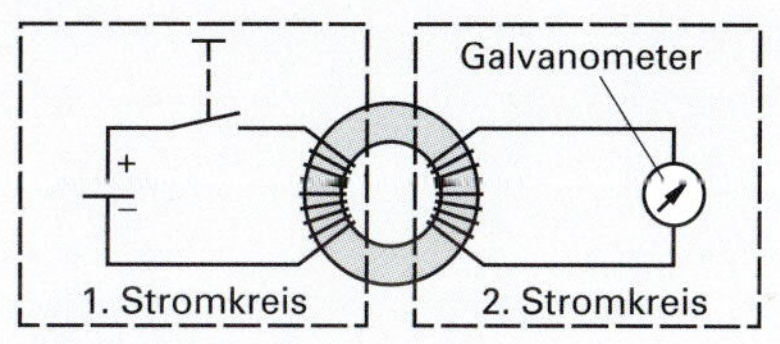

Bild 1: Faradays Entwicklung

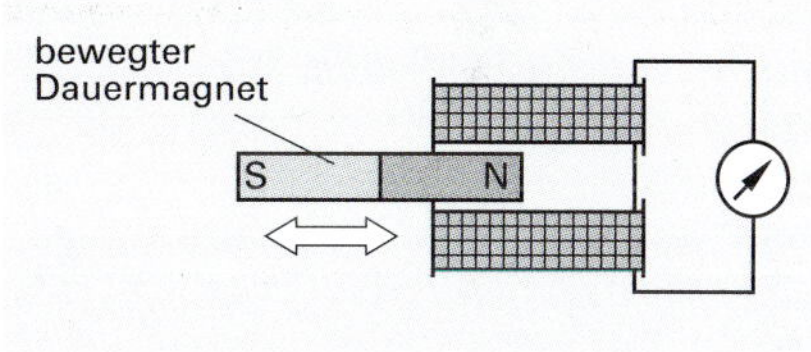

Bild 2: Induktionsgesetz

Allgemein formuliert lautet das Induktionsgesetz:

Bei Bewegung eines elektrischen Leiters in einem Magnetfeld oder bei Bewegung eines Dauermagneten in einer Spule wird eine elektrische Spannung erzeugt.

Damit hatte Faraday die Voraussetzung für seine nächste Entdeckung geschaffen – denn im Jahre 1831 erfand er den ersten **Generator** (→ **C8.1.1**), der nicht nur einen kurzen Stromstoß, sondern kontinuierlich Strom liefern konnte. Dies war eine der folgenreichsten Erfindungen in der Geschichte der Elektrotechnik. Mit anderen Worten: Faraday wies nach, dass Elektrizität durch Magnetismus induziert werden kann. Mit den erläuterten Versuchen war also auch die **Spannungserzeugung durch Induktion** nachgewiesen. Zunächst ist es physikalisch völlig unerheblich, ob die **Spannungserzeugung** bei der **Bewegung eines Leiters** in einem zeitlich konstanten **homogenen Magnetfeld** (→ **A12.6**) zustande kommt oder ob die Spannung im **ruhenden Leiter** bzw. in einer ruhenden Spule (s. **Bild 1/203**) durch ein sich zeitlich änderndes Magnetfeld verursacht wird (→ **A12.4**). Mit der Entdeckung Oersteds, dass ein stromdurchflossener Leiter im Magnetfeld eine Kraft erfährt, war damit auch die Voraussetzung für den späteren Bau eines Elektromotors geschaffen. Wer zuerst den Elektromotor gebaut hat, kann nicht mehr mit Sicherheit beantwortet werden. Erst im Jahre 1834 veröffentlichte Moritz **von Jacobi (1801 bis 1874)** eine Konstruktion eines Elektromotors mit **Kommutator** (→ **C8.2.1**).

8.1 Grundlagen der Spannungserzeugung

Wird eine Leiterschleife zwischen Magnetpolen gedreht, so wird nach dem **Induktionsgesetz** eine elektrische Spannung induziert, die im geschlossenen Stromkreis einen elektrischen Strom verursacht. Die Richtung des Stromflusses hängt von der Drehrichtung der Schleife und von der Richtung der magnetischen Feldlinien ab.

In einem elektrisch leitenden Stab, mit der wirksamen Länge l_w, der in einem magnetischen Feld mit der magnetischen Flussdichte B (Feldliniendichte) mit der Geschwindigkeit v bewegt wird, wird eine elektrische Spannung U_i induziert. In **Bild 1** sind die Größen I, B und v als vektorielle Größen (→ **A1.4**) dargestellt. Unter der wirksamen Länge l_w eines Leiters versteht man denjenigen Längenanteil des Leiters, der tatsächlich von den magnetischen Feldlinien geschnitten wird. Schneidet der Leiter senkrecht, wie in **Bild 1** dargestellt, die magnetischen Feldlinien, so wird eine maximale Spannung im Leiter induziert. Deswegen sind in rotierenden elektrischen Maschinen die Winkel zwischen den Richtungen des Leiters, der Feldlinien und der Bewegung in der Regel 90°. In diesem Fall lautet die Berechnungsformel für die

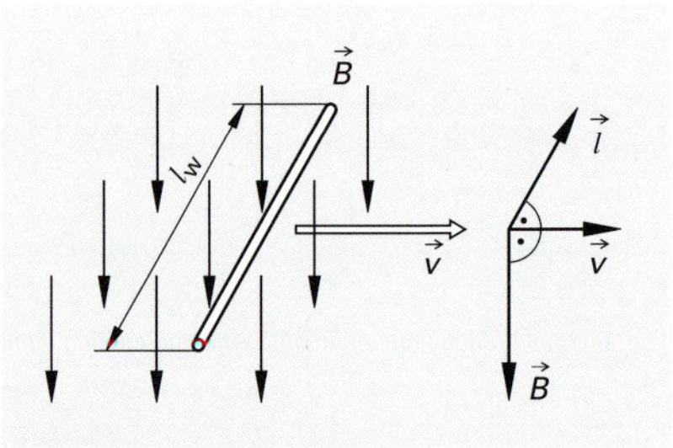

Bild 1: Induktionsgesetz

$$U_i = B \cdot v \cdot l_w \quad (1)$$

induzierte Spannung

$$\left[1\ \mathrm{V} = 1\frac{\mathrm{Vs}}{\mathrm{m^2}} \cdot 1\frac{\mathrm{m}}{\mathrm{s}} \cdot 1\ \mathrm{m}\right]$$

U_i	induzierte Spannung	V
B	magnetische Flussdichte	Vs/m²
v	Geschwindigkeit des Leiters	m/s
l_w	wirksame Leiterlänge	m

8.1.1 Entstehung einer Wechselspannung

Wird eine Leiterschleife zwischen Magnetpolen gedreht (s. **Bild 2**), so schneidet sie die magnetischen Feldlinien. Dabei wird in der Leiterschleife eine Spannung erregt (induziert), die dann den Strom für einen elektrischen Verbraucher liefert. Der Strom wird über zwei Schleifringe mit den dazugehörigen Kohlebürsten entnommen. Die Richtung des Stromflusses hängt von der Bewegungsrichtung der Leiterschleife ab und von dem magnetischen Pol (Nordpol N und Südpol S), an dem sie gerade vorbei gedreht wird. Die Größe der induzierten Spannung U_i ist von der Drehzahl n der Leiterschleife und von der magnetischen Flussdichte B abhängig. Die Spannung U_i in der Leiterschleife nimmt bei konstanter Drehzahl folgenden Verlauf:

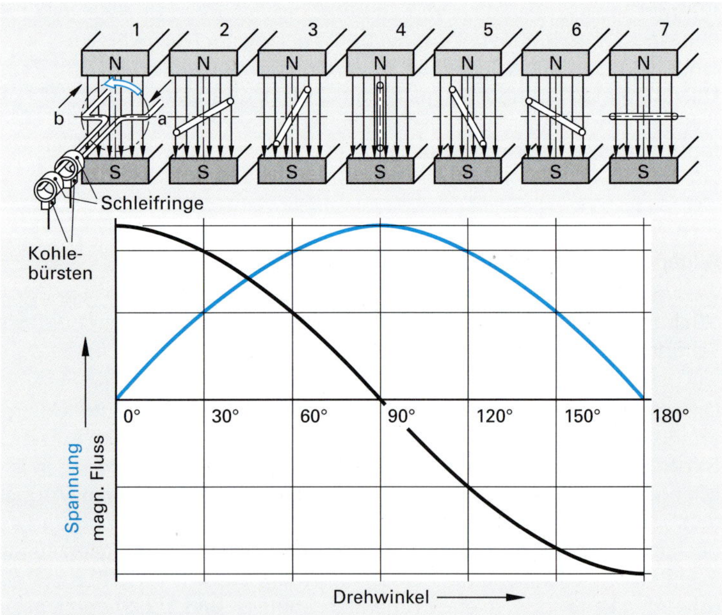

Bild 2: Leiterschleife im Magnetfeld

In waagerechter Stellung schneidet die Leiterschleife keine Feldlinien **(Bild 2)** mehr. Die induzierte Spannung ist Null. Beim Weiterdrehen werden von der Leiterschleife immer mehr Feldlinien je Zeiteinheit geschnitten; die induzierte Spannung wird dadurch immer größer (Stellung 2 und 3). In der gezeichneten Stellung 4 werden die meisten Feldlinien geschnitten. Daher ist auch hier die induzierte Spannung am größten. Beim Weiterdrehen aus Stellung 4 in Stellung 5 nimmt die Spannung wieder ab bis sie den Nullwert erreicht. Die Stromrichtung bei der ersten halben Drehung der Schleife verläuft im Schleifenteil b von vorne nach hinten, über den nicht dargestellten hinteren Schleifenteil zum Schleifenteil a und dann innerhalb des Schleifenteils a von hinten nach vorne.

Bei der zweiten halben Drehung kommt der Schleifenteil a vor den Südpol, der Schleifenteil b dagegen vor den Nordpol. Dies hat zur Folge, dass sich die Stromrichtung ändert, also in a nunmehr der Strom von vorne nach hinten und in b von hinten nach vorne fließt. Die Stromrichtung wechselt nach jeder halben Drehung der Leiterschleife. Einen solchen Strom nennt man **Wechselstrom,** die induzierte Spannung nennt man **Wechselspannung.** Zeichnet man die in jeder Lage der Leiterschleife (1 bis 7) erzeugte Spannung auf, so erhält man eine Wellenlinie, die **Sinuslinie des Wechselstroms.**

Der Wechselstrom ist ein elektrischer Strom, der seine Richtung ständig wechselt (Sinnbild: ~).

Während der Zeitdauer einer ganzen Umdrehung der Leiterschleife erhält man eine positive Halbwelle und eine negative Halbwelle. **Bild 1** zeigt den **Verlauf einer sinusförmigen Wechselspannung** nach zwei ganzen Umdrehungen der Leiterschleife mit einer konstanten Drehzahl. Die Zeitdauer während einer ganzen Umdrehung nennt man **Periodendauer** *T*. **Bild 1** zeigt ferner den Verlauf einer sinusförmigen Wechselspannung *u* in Abhängigkeit von der Zeit *t* und vom Phasenwinkel (Drehwinkel der Leiterschleife) φ in Grad bzw. in der Winkeleinheit rad (s. parallele Achsen).

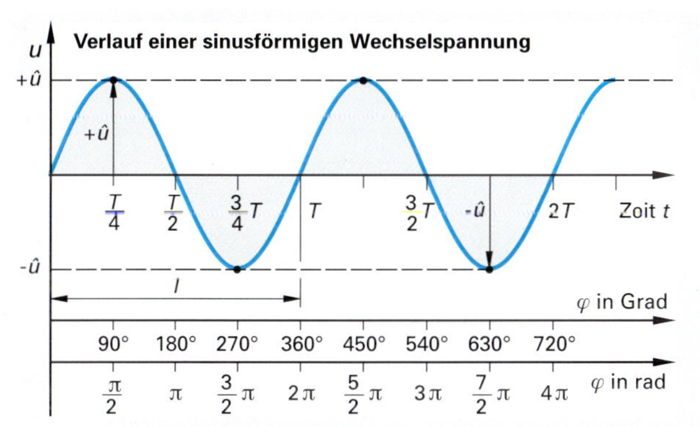

Bild 1: Sinusförmige Wechselspannung

In Bild 1 bedeutet:

u	Momentanwert; das ist der augenblickliche Wert der Wechselspannung
$\hat{u}$	Scheitelwert, maximale Spannung
$+\hat{u}, -\hat{u}$	positiver bzw. negativer Scheitelwert der Spannung
T	Periodendauer, Umlaufdauer der Leiterschleife in s
φ	Phasenwinkel in Grad (°)

(→ A12)

Im **Kapitel A12** zeigt **Bild 1/77,** wie eine Sinuslinie mithilfe eines Kreises, dessen Radius mit dem Scheitelwert der Spannung übereinstimmt, konstruiert werden kann. An dieser Stelle sei darauf hingewiesen, dass das Kapitel **A12.5** bereits alle wichtigen Berechnungsformeln für sinusförmige Wechselgrößen enthält. In der Energietechnik ist die **Frequenz** *f* in der Regel eine konstante Größe, denn der in unseren Energienetzen fließende Wechselstrom hat immer 50 Perioden (d.h. 50 Hertz), das sind 100 Wechsel pro Sekunde. Die Eisenbahn verwendet jedoch für ihren Fahrbetrieb einen Wechselstrom mit einer Frequenz von $16\frac{2}{3}$ Hertz.

Gleichrichtung des Wechselstroms bei Gleichstromgeneratoren

In allen Generatoren wird zunächst Wechselspannung erzeugt. Diese lässt sich jedoch nicht für alle Zwecke verwenden. Zum Laden von Akkumulatoren, für galvanische Anlagen usw. ist ein Strom erforderlich, der stets in gleicher Richtung fließt. Einen solchen Strom (→ **A12.1**) nennt man **Gleichstrom** (Sinnbild: —). Bei den Gleichstromgeneratoren werden nicht die zwei Schleifringe verwendet, sondern auf der Ankerwelle wird ein **Stromwender** – auch **Kommutator** oder **Kollektor** genannt – verwendet, der die Wechselspannung gleichrichtet. **Bild 1/200** zeigt, wie dieser Stromwender in zwei Hälften geteilt ist, die gegeneinander und gegen die Welle isoliert sind. **Bild 1/200** zeigt auch im Stromlinienkennbild wie die negative Halbwelle dadurch nach oben „geklappt“ wird. Wegen des welligen und pulsartigen Verlaufs nennt man diesen Gleichstrom auch einen **pulsierenden Gleichstrom.**

Der Anfang der Drahtschleife ist mit der einen Ringhälfte, das Ende mit der anderen Ringhälfte verbunden. Sobald die Drahtschleife gedreht wird, kommen die beiden Schleifenteile a und b nach einer halben Umdrehung in eine Stellung, von der sich beim Weiterdrehen die Stromrichtung umkehrt. Zum gleichen Zeitpunkt werden durch den geteilten Schleifring **(Stromwender)** die Anschlüsse des äußeren Stromkreises selbsttätig vertauscht.

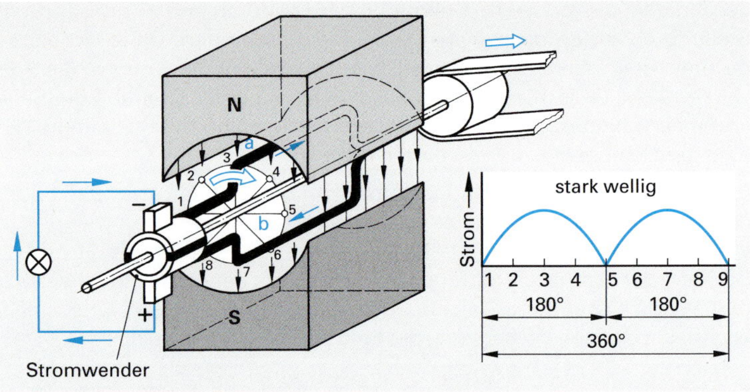

Bild 1: Gleichstromgenerator

Die aufgelegten Bürsten **(Stromabnehmer)** gleiten von der einen Ringhälfte auf die andere. Daher fließt im äußeren Stromkreis der Strom immer in der gleichen Richtung weiter. Bei Licht- und Kraftanlagen sowie in der Reglertechnik wird oft Gleichstrom gleichmäßiger Stärke oder geringer Welligkeit benötigt. Deshalb werden bei **Gleichstromgeneratoren** eine große Anzahl von Drahtschleifen und demzufolge Stromwender mit vielen Ringstücken (Lamellen) verwendet. **Bild 2** zeigt den Läufer eines Gleichstromgenerators mit den entsprechend vielen, in einzelne isolierte Lamellen aufgeteilten Schleifringen. In **Bild 2** ist der Weg einer Drahtschleife rot hervorgehoben worden. Zum vertiefenden Verständnis ist in **Bild 3** noch einmal ein Gleichstromgenerator mit drei Leiterschleifen dargestellt. Die bei nur einer Schleife vorkommende starke Welligkeit des Stromes hat sich somit zu Gunsten einer glätteren Stromkennlinie wesentlich verbessert.

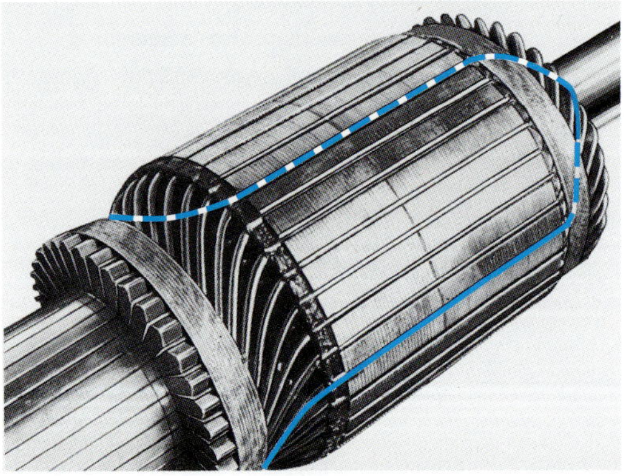

Bild 2: Läufer eines Gleichstromgenerators

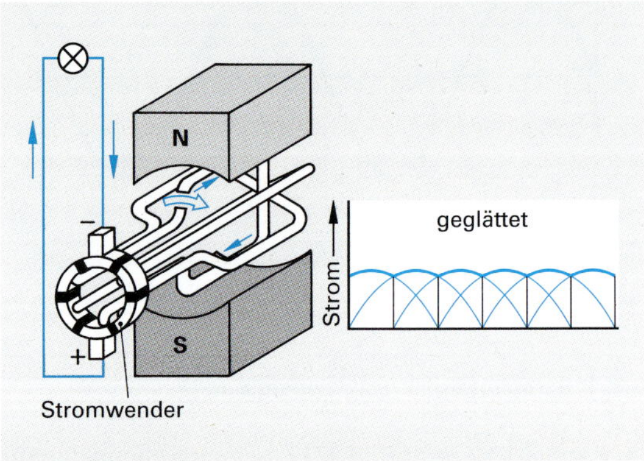

Bild 3: Geglätteter Gleichstrom

8.1.2 Entstehung des Drehstromes

Drehstrom ist heute die wichtigste Stromart. Fast alle Kraftwerke erzeugen Drehstrom. Für die meisten elektrischen Antriebe werden Drehstrommotoren verwendet. Dies resultiert daraus, dass sich Drehstrom leicht umspannen und mit verhältnismäßig niedrigem Aufwand und geringen Verlusten auf große Entfernungen weiterleiten lässt. So wie der in Kapitel **C8.1.1** betrachtete Wechselstromgenerator nur **eine** sinusförmige Wechselspannung erzeugt, erzeugt ein **Drehstrom-Synchrongenerator** eines Kraftwerks nach demselben **Induktionsgesetz** drei um 120° phasenverschobene sinusförmige Wechselspannungen (s. **Bild 1/201**). Diese drei Wechselspannungen haben betragsmäßig gleiche Scheitelwerte (→ **A12.5**), gleiche und konstante Frequenzen. Bei **Kraftwerks-Drehstromgeneratoren** werden jedoch aus konstruktionstechnischen Gründen die „Leiterschleifen", die hier richtiger als Wicklungen bzw. Spulen bezeichnet werden sollten, nicht drehbar in einem Läufer, sondern feststehend in einem Gehäuse untergebracht. Mit anderen Worten: Nicht die „Leterschleifen" werden gedreht, sondern ein Dauermagnetfeld wird gedreht. Dieses Dauermagnetfeld wird mithilfe einer gleichstromdurchflossenen Spule mit Eisenkern (auch **Polrad** genannt, in **Bild 1/201** als

Dauermagnet dargestellt) erzeugt. Der für das Dauermagnetfeld erforderliche Gleichstrom wird über Schleifringe und Kohlebürsten von außen zugeführt. Die äußeren Wicklungen werden nacheinander durch das sich gleichmäßig drehende Dauermagnetfeld von einem sich zeitlich ändernden Magnetfeld durchdrungen und in ihnen werden so sinusförmige Wechselspannungen induziert. **Bild 1** zeigt die Wirkungsweise eines **Drehstromgenerators** einfachster Form. Die im **Gehäuse** (auch **Ständer** oder **Stator** genannt) eingebetteten drei getrennten Wicklungen L1, L2 und L3, die räumlich um 120° gegeneinander versetzt angeordnet sind, nennt man **Drehstromwicklung.** Man nennt eine Wicklung **Phase,** alle drei zusammen ein **Dreiphasensystem.**

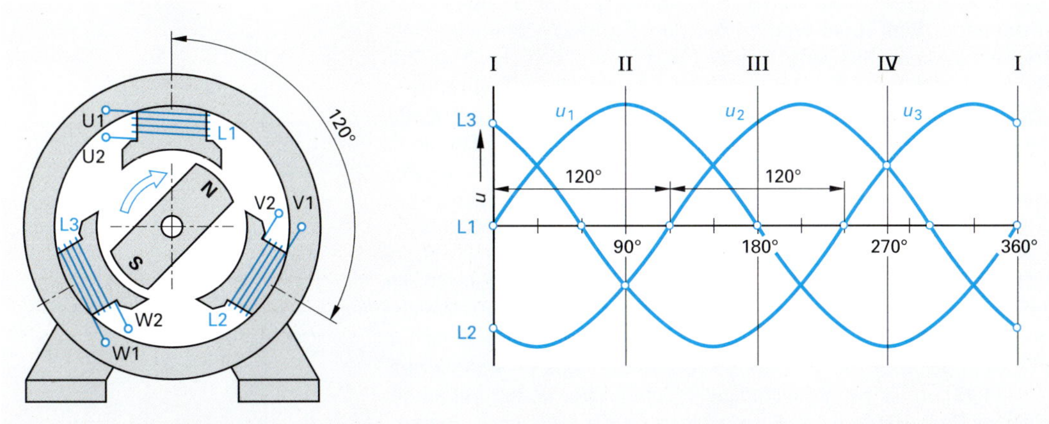

Bild 1: Erzeugung einer Dreiphasenwechselspannung

Für den Drehstrom gilt entsprechend:

> Der Drehstrom besteht aus drei um 120° zueinander phasenverschobenen, sinusförmigen Wechselströmen mit gleichen Frequenzen und gleichen Scheitelwerten.

8.2 Elektromotoren

Die Wirkungsweise aller Elektromotorarten lässt sich auf folgende Gesetzmäßigkeit zurückführen:

> Ein stromdurchflossener Leiter erfährt in einem Magnetfeld eine ablenkende Kraft F, die umso stärker ist, je größer die magnetische Flussdichte B, je größer die elektrische Stromstärke I durch den Leiter und je länger dessen wirksame Leiterlänge l_w ist.

Die **Ablenkkraft** kann wie folgt berechnet werden: $F = B \cdot I \cdot l_w$ (1) $\left[1\,\text{N} = 1\,\frac{\text{N}}{\text{A}\cdot\text{m}} \cdot \text{A} \cdot \text{m}\right]$

Dieser Sachverhalt soll durch das **Bild 2** veranschaulicht werden:

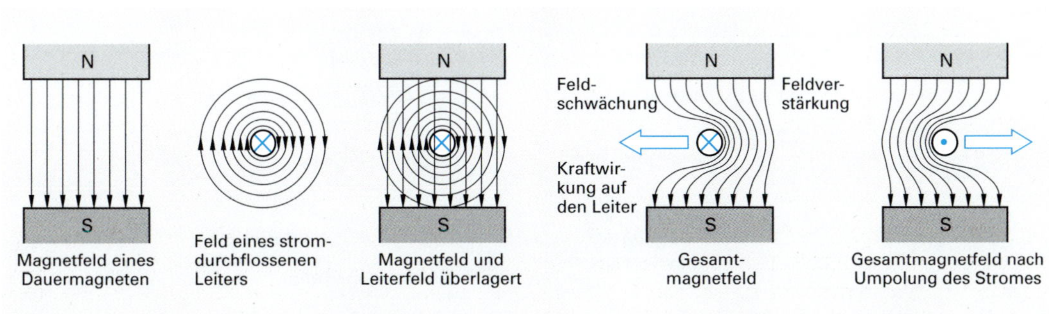

Bild 2: Stromdurchflossener Leiter im Magnetfeld

Ein stromdurchflossener Leiter erzeugt um sich ein konzentrisches magnetisches Feld **(Bild 2/201).** Dieses Feld hat eine bestimmte Richtung, die von der Stromrichtung abhängig ist. Fließt der Strom vom Beschauer weg ⊗, so ist das magnetische Feld um den Leiter im Uhrzeigersinn gerichtet. Liegt nun dieser stromdurchflossene Leiter mit seinem Magnetfeld zwischen den Polen eines anderen Magnetfeldes, so wird er infolge der gegenseitigen Beeinflussung der beiden Magnetfelder nach links abgestoßen. Der rote Pfeil gibt die Bewegungsrichtung der **Ablenkkraft** *F* an. Fließt der Strom im Leiter auf den Beschauer zu ⊙, so wird der Leiter nach rechts abgestoßen.

Sind mehrere Drahtschleifen in die Nuten eines drehbaren Ankers so eingelegt, dass die Bürsten an den blanken Enden der Ankerdrähte schleifen **(Bild 1),** so werden die dem Nordpol nahegelegenen Drähte in anderer Richtung vom Strom durchflossen als die Drähte der gegenüberliegenden Ankerhälfte. Dadurch erfolgt in der oberen Hälfte eine Abstoßung nach links, in der unteren Hälfte nach rechts. Der Anker dreht sich daher immer in gleicher Richtung. Die **Drehkraft** *F* und die **Drehzahl** *n* des Ankers sind von der Stärke des **magnetischen Feldes** *B*, der **Ankerstromstärke** I_a im Leiter, der **Länge des Leiters** *l*, der **Windungszahl** (bzw. Anzahl der Leiter *z*) und von der **Ankerlänge** im magnetischen Feld abhängig. Das an der Welle abgegebene **Drehmoment** (→ **A1.14**) selbst hängt wiederum gemäß der Definition des Drehmoments $\boldsymbol{M = F \cdot r}$ vom Radius *r* ab. Welche mechanische Energie W_{ab} insgesamt an der Welle eines elektrischen Motors abgegeben werden kann, kann mithilfe des **Wirkungsgrads** η (→ **A1.13**) und der zugeführten elektrischen Energie W_{zu} berechnet werden. Dem **Kapitel A12.6** sind ein paar grundlegende Berechnungsformeln, die für alle Elektromotorarten gelten, zu entnehmen. In Bezug auf den **Wirkungsgrad** gilt für alle elektrische Motoren als Faustregel:

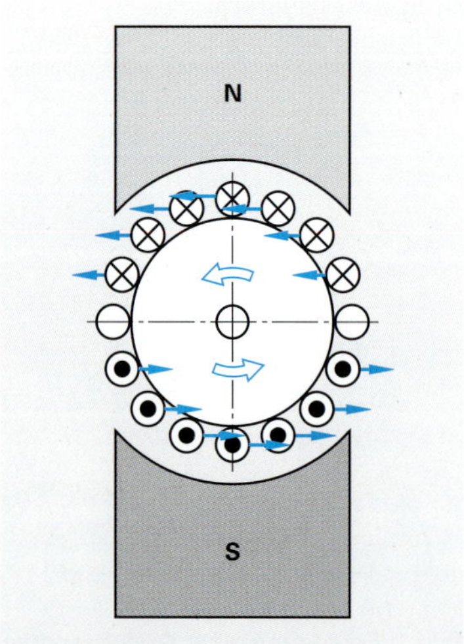

Bild 1: Anker

Der Wirkungsgrad steigt mit der elektrischen Leistung.

Aufgrund unterschiedlicher Verlustarten (z. B. Wärmeverluste) streuen die Wirkungsgrade von elektrischen Motoren in einem weiten Bereich. So haben Kleinstmotoren (1 W bis 10 W) oft Wirkungsgrade von 10 % bis 20 %. Leistungsstarke Drehstrommotoren (einige kW bis einige MW) können Wirkungsgrade bis 95 % erreichen. Das folgende Rechenbeispiel soll zeigen, wie der **Gesamtwirkungsgrad** eines Gleichstrommotors mit einer Anlage zur Drehzahlsteuerung ermittelt wird, und es zeigt schon jetzt eine Möglichkeit, die Drehzahl eines Gleichstrommotors (auch **GM** genannt) zu steuern.

Rechenbeispiel:

Zur **Drehzahlsteuerung** (→ Seite 205) eines Gleichstrommotors wird häufig die **Leonardschaltung (Bild 2)** verwendet. **Tabelle 1** enthält Angaben zum jeweiligen Wirkungsgrad und zur Funktion der einzelnen Anlagenteile.

Tabelle 1: Leonardschaltung

Anlagenteil	Wirkungsgrad	Funktion
Gleichstrommotor M	$\eta_M = 0{,}9$	Antriebsmotor
Steuergenerator G	$\eta_G = 0{,}9$	Spannungsversorgung der Ankerwicklung
Drehstrommotor M 3~	$\eta_D = 0{,}92$	Antrieb des Steuergenerators
Netzgerät NG + Feldsteller	$\eta_{NG} = 0{,}95$	Spannungsversorgung der Erregerwicklungen

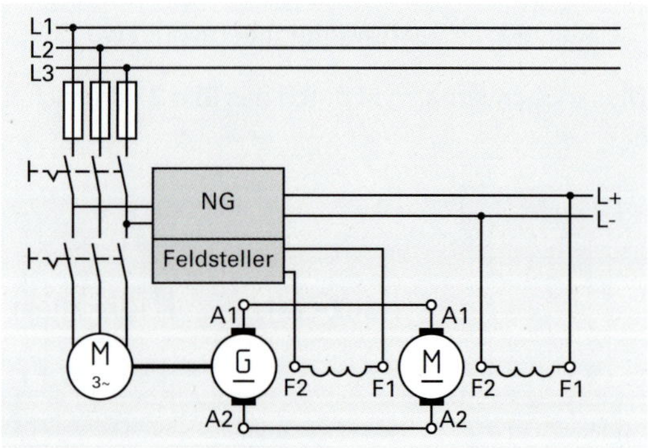

Bild 2: Leonardschaltung

Es ist der gesamte Wirkungsgrad (→ **A1.13**) der Anlage zu berechnen:
Gesamtwirkungsgrad: $\boldsymbol{\eta} = \eta_{NG} \cdot \eta_D \cdot \eta_G \cdot \eta_M = 0{,}95 \cdot 0{,}92 \cdot 0{,}9 \cdot 0{,}9 = 0{,}708 = \mathbf{70{,}8\ \%}$

8.2.1 Gleichstrommotoren

Jeder Gleichstrommotor besteht aus einem **stillstehenden Teil, Stator** oder auch **Ständer** genannt (**Bild 1**), und einem **rotierenden Teil, Läufer** oder auch **Anker** genannt. Allgemein wird der Teil einer elektrischen Maschine, in dem durch Bewegung von Leitern im Magnetfeld die Spannung induziert wird, als Anker bezeichnet. Der gesamte Läufer (**Bild 2**) wird daher oft auch (etwas ungenau) Anker genannt.

Die wichtigsten **Teile des Stators** sind:

Lagerschilde enthalten die Lager, welche den Rotor tragen; nur sehr große Maschinen sind mit getrennten Stehlagern oder dergleichen ausgerüstet

Joch führt den magnetischen Fluss und trägt die anderen Teile

Hauptpole erzeugen mithilfe ihrer **Erregerwicklungen** den magnetischen Fluss und tragen bei großen Maschinen fallweise eine **Kompensationswicklung** (um Feldverzerrungen zu vermeiden)

Wendepole tragen dazu bei, die **Stromwendung** zu **verbessern;** nur sehr kleine Maschinen werden ohne Wendepole hergestellt

Bürstenhalter tragen die Bürsten, die auf dem Stromwender schleifen und über die der Strom dem Anker zugeführt wird (**Bild 3**)

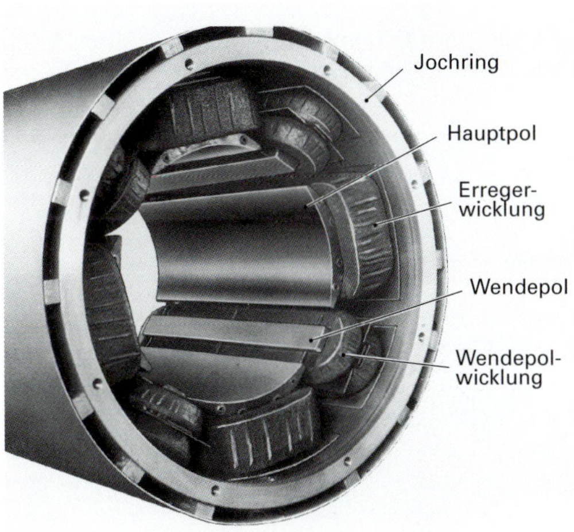

Bild 1: Stator einer Gleichstrommaschine

Die wichtigsten **Teile des Läufers (Bild 2)** sind:

Lüfter um die **Verlustwärme zu verringern,** bläst er die Kühlluft über die Wicklungen und sowohl über, als auch durch das Ankerblechpaket

Welle trägt die anderen Teile und überträgt das mechanische Moment (Drehmoment)

Ankerblechpaket ist aus **Dynamoblech geschichtet,** welches in Nuten die Ankerwicklung trägt und die magnetische Flussdichte *B* verstärkt

Stromwender **(Kommutator),** er ist mit der Ankerwicklung verbunden und wirkt mithilfe seiner Lamellen als mechanischer Gleichrichter

Bild 2: Läufer einer Gleichstrommaschine

Bild 2/201 zeigte bereits: Ein stromdurchflossener Leiter erfährt durch ein äußeres Magnetfeld eine Ablenkkraft. Bei den Gleichstrommotoren wird das äußere Magnetfeld mithilfe der Erregerwicklung im Stator realisiert. Entsprechend hat die Ankerwick-

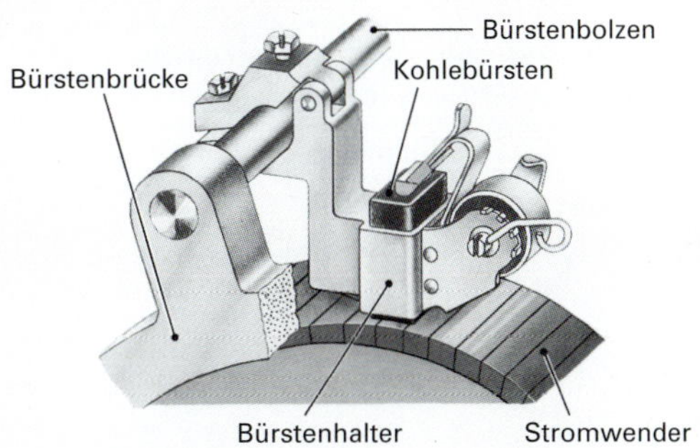

Bild 3: Bürste mit Bürstenhalter

lung im Läufer dieselbe Funktion wie der in **Bild 2/201** dargestellte Leiter. Durch ein **unterschiedliches Verschalten der Erreger- und der Ankerwicklung** ist es möglich, das **Betriebsverhalten** der Motoren zu **beeinflussen. Tabelle 1** zeigt vier **Schaltungsarten.** Das Schaltbild des fremderregten Motors wurde durch die im Zusammenhang der Drehzahlsteuerung hilfreichen verstellbaren Widerstände **(Anlasser** und **Feldsteller)** ergänzt.

- **Fremderregter Gleichstrommotor** – **Erregerwicklung** und **Ankerwicklung** sind an voneinander **unabhängigen Spannungsquellen** angeschlossen
- **Gleichstrom-Nebenschlussmotor** – kurz: GNM, **Erreger-** und **Ankerwicklung** sind **parallel** an einer Spannungsquelle angeschlossen
- **Gleichstrom-Reihenschlussmotor** – kurz: GRM, **Erreger-** und **Ankerwicklung** sind **in Reihe** geschaltet
- **Gleichstrom-Doppelschlussmotor** – auch **Compound-Motor** genannt; er besitzt zwei Erregerwicklungen, wobei die eine Wicklung als Nebenschlusswicklung und die andere als Reihenschlusswicklung geschaltet ist

Tabelle 1: Schaltungen von Gleichstrommotoren

Fremderregter Motor	**Nebenschlussmotor**	**Reihenschlussmotor**	**Doppelschlussmotor**
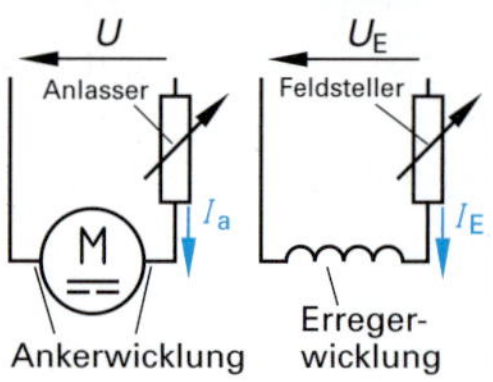 **Bild 1**	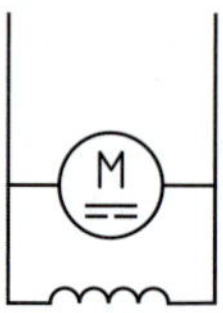 **Bild 2**	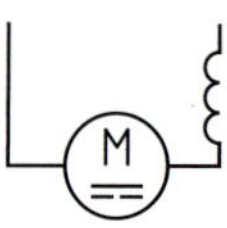 **Bild 3**	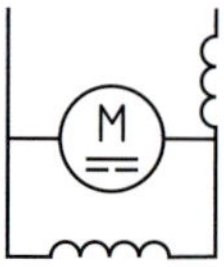 **Bild 4**
Vorteile • Drehzahl ist relativ lastunabhängig; • Drehzahlsteuerung ist mit der Ankerspannung U und mit dem Erregerstrom I_E (also Steuerung mit Anlasssteller und Feldsteller) möglich.	**Vorteile** • Geht im Leerlauf nicht durch; • Drehzahl sinkt bei Belastung nur wenig ab (als **Nebenschlussverhalten** bekannt), Drehzahlsteuerung ist mit Anlasssteller und Feldsteller möglich.	**Vorteile** • Er hat vergleichsweise das größte Anzugsmoment; • besteht das Magnetgestell aus Elektroblech, kann er auch mit Wechselstrom betrieben werden.	**Vorteile** • vereinigt die Vorteile der Nebenschlusswicklung (Sicherheit gegen „Durchgehen") und die der Reihenschlusswicklung (großes Anzugsmoment); • Drehzahlsteuerung mit Anlasser möglich.
Nachteile • Erregerfeld darf im Betriebsfall nicht abgeschaltet werden, sonst kann der Motor „durchgehen"; • bei geringen Drehzahlen und konstantem Lastmoment ist Fremdkühlung nötig.	**Nachteile** • Erregerfeld darf im Betriebsfall nicht abgeschaltet werden, sonst kann der Motor „durchgehen"; • Drehzahl ist nicht so gut steuerbar, da nur eine Spannungsquelle angeschlossen ist.	**Nachteile** • Im Leerlauffall geht der Motor „durch", deshalb ist keine Belastung über Flachriemen möglich; • Drehzahl sinkt bei Belastung stark ab (als Reihenschlussverhalten bekannt).	**Nachteile** • Technisch aufwendiger und somit teurer; • durch die Reihenschlusswicklung ist die Drehzahl lastabhängiger (die Drehzahl fällt bei Belastung etwas stärker ab als beim GNM).
Anwendungsbeispiele • Werkzeugmaschinen (z. B. Fräsmaschinen), • als Kleinstmotoren (z. B. Kassettenrekorder).	**Anwendungsbeispiele** • Wie bei fremderregten Motoren.	**Anwendungsbeispiele** • Elektrofahrzeuge (z. B. Elektroautos, Straßenbahnen, Fernbahnen), • Elektrowerkzeuge.	**Anwendungsbeispiele** • wenn Anzugsmoment eines GNM zu klein ist (z. B. bei Werkzeugmaschinen, → **D5.6**).

Drehzahlsteuerung von Gleichstrommotoren

Beim Einschalten des Gleichstrommotors würde die gesamte Spannung der Gleichspannungsquelle an der Ankerwicklung anliegen. Da aber der Ankerwiderstand sehr klein ist, würde der tatsächliche **Ankerstrom I_a** ein Vielfaches des Nennstromes betragen. Deshalb muss bei leistungsstärkeren Motoren der Ankerstrom beim Einschalten mit einem **Anlasswiderstand** begrenzt werden und somit wird auch das Gleichstromnetz vor Überlastung geschützt.

Der **Anlasswiderstand** begrenzt beim Gleichstrommotor den Einschaltstrom.

Da sich die Ankerwicklung im Magnetfeld der Erregerwicklung dreht, wird in ihr auch eine Spannung induziert (→ **A12.4**). Diese Spannung U_i ist umso größer, je stärker das Erregerfeld B, je größer die wirksame Leiterlänge l_w und je höher die Umfangsgeschwindigkeit v (→ **A1.14**) der Leiterschleife ist. Für einen **in Reihe zur Erregerwicklung** geschalteten Widerstand (**Feldsteller** genannt) gilt:

Mit dem **Feldsteller** kann man die Stärke des Erregerstromes I_E (somit auch das Erregermagnetfeld) einstellen und damit die Höhe der induzierten Spannung U_i in der Ankerwicklung beeinflussen.

Die induzierte Spannung U_i ist beim Motorbetrieb nach dem Induktionsgesetz (→ **A12.4**) immer der äußeren Spannung U (Ankerspannung) entgegengesetzt gerichtet. Die Spannungsdifferenz ($U - U_i$) beeinflusst I_a und damit das Drehmoment. Eine genauere Betrachtung dieser Zusammenhänge muss jedoch der entsprechenden Fachliteratur vorbehalten bleiben. Allgemein gibt es zwei Möglichkeiten zur Drehzahlsteuerung beim **fremderregten Gleichstrommotor**:

- Mit einer **Erhöhung der Ankerspannung** U kann die **Läuferdrehzahl** n bis zur **Nenndrehzahl** n_n erhöht werden. Die Zuführung der Ankerspannung erfolgt mithilfe eines Steuergenerators.
- Mit einer **Verringerung der Erregerstromstärke** I_E kann die Läuferdrehzahl n über die Nenndrehzahl hinaus weiter erhöht werden.

Alle Gleichstrommotoren haben gemeinsame

Vorteile
- Die **Drehzahl** ist in weitem Umfang **stufenlos einstellbar.**
- Der Gleichstrommotor hat ein sehr **hohes Anzugsmoment.** Das Anzugsmoment ist das Drehmoment, das beim Einschalten des Motors bei Nennspannung vorhanden ist.

Nachteile
- Der Stromwender stellt unter Umständen aufgrund von **Funkenbildung** eine erhebliche Störquelle dar. Wegen der maximal möglichen Lamellenspannung (ca. 35 V) gibt es bei leistungsstärkeren Gleichstrommotoren technische Probleme. Die Lamellenspannung ist die maximal mögliche Spannung zwischen zwei isolierten Lamellen des Stromwenders, ohne dass ein elektrischer Funke auftritt.
- Die **Aufnahme** sehr **hoher Ankerströme** ist technisch **schwierig.**

8.2.1.1 Gleichstrommotoren in Sonderbauformen

Es gibt eine Reihe von **Motoren in Sonderbauformen,** die für spezielle Zwecke und Anforderungen der Praxis gebaut worden sind. Folgende Motoren sollen hier kurz vorgestellt werden: **Universalmotor, Scheibenläufermotor** und **Langläufermotor.**

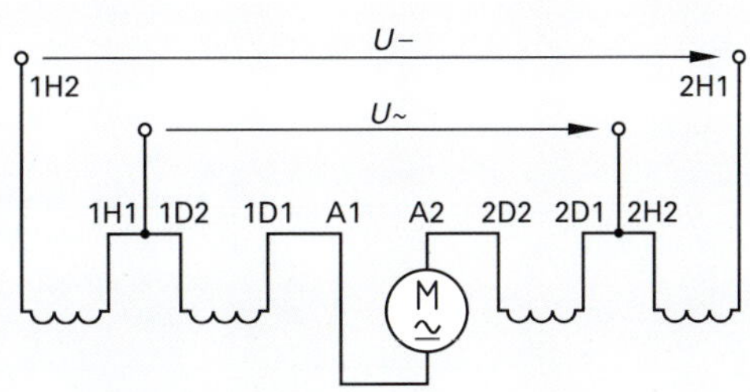

Bild 1: Universalmotor

Der **Universalmotor** (siehe Schaltzeichen in **Bild 1**) unterscheidet sich im Aufbau vom Reihenschlussmotor dadurch, dass die Erregerwicklung aufgeteilt ist. Ein Teil der Wicklung ist vor und der andere Teil ist hinter der Ankerwicklung anschlossen. Dieser Motor ist auch als **Einphasen-Wechselstrommotor** einsetzbar. Weil sich bei periodisch ändernder Stromstärke (bei angelegter Wechselspannung) die magnetische Polarität der Erregerwicklung und die der Ankerwicklung gleichzeitig ändern, bleibt die Drehrichtung des Läufers erhalten. Bei Anschluss an eine **Wechselspannung** $U_{\sim}$ vergrößert sich jedoch wegen des induktiven Blindwiderstands der gesamte Widerstand. Eine kleinere elektrische Stromaufnahme wäre die Folge. Durch **Anzapfung der Erregerwicklung** erreicht man eine **kleinere wirksame Windungszahl** – die Nenndrehzahl des Läufers bleibt erhalten. Die **Tabelle 1** enthält Informationen über den Aufbau, die jeweiligen Vor- und Nachteile und ebenso Anwendungsbeispiele für die Motorarten: **Universalmotor, Scheibenläufermotor** (**Bild 1**) und **Langläufermotor.**

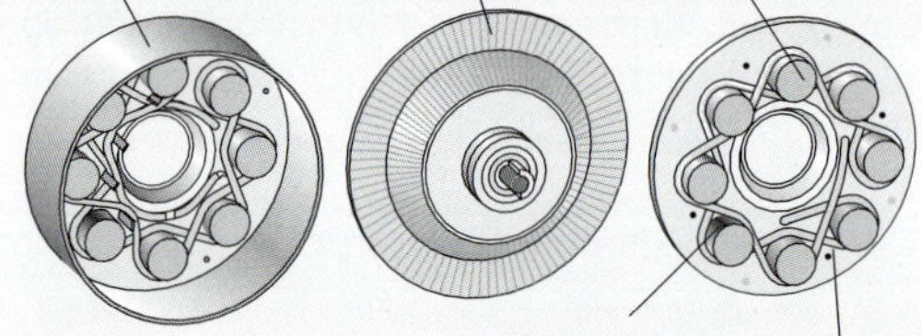

Bild 1: Scheibenläufermotor

Tabelle 1: Gleichstrommotoren in Sonderbauformen

Universalmotor	Scheibenläufermotor	Langläufermotor
Aufbau Der Ständer ist geblecht, die Ankerwicklung ist zwischen einer aufgeteilten Erregerwicklung in Reihe geschaltet. Die Erregerwicklung hat verschiedene Anzapfungen.	**Aufbau** Ist wie ein fremderregter Gleichstrommotor aufgebaut, das Erregermagnetfeld wird von Dauermagneten erzeugt. Der Läufer hat eine kleine Masse.	**Aufbau** Entspricht einem fremderregten Gleichstrommotor mit einem dauermagneterregten Feld. Er hat einen relativ langen, aber kleinen Läuferdurchmesser und eine hohe Lamellenzahl.
Vorteile • er ist für den Gleich- und Wechselspannungsbetrieb geeignet, weil sich bei Wechselspannung der Strom gleichzeitig in der Erreger- und Ankerwicklung ändert, • hat ein großes Anzugsmoment und erreicht hohe Läuferdrehzahlen (bis 30 000 min^{-1}), • er hat ein kleineres Gewicht bei gleicher Leistung, • leichte Drehzahlsteuerung	**Vorteile** • wegen des kleinen Trägheitsmoments (kleine Läufermasse, → **A1.15**) kann er innerhalb von Millisekunden auf eine geforderte Drehzahl hochgefahren, abgestoppt und umgesteuert werden; • hat bei niedrigen Drehzahlen einen gleichmäßigen Lauf und ein konstantes Drehmoment; • er kann kurzfristig stark überlastet werden.	**Vorteile** • er kann schnell beschleunigt und abgebremst werden, • hervorragende Rundlauf- und Langsamlaufeigenschaften (d. h., er hat bei niedrigen Drehzahlen im Lastfall eine konstante Drehzahl, z. B. Schleichdrehzahl von ca. 0,2 min^{-1}), • hohe thermische Überlastbarkeit bei kompakter Bauweise
Nachteile • Läuferdrehzahl ist stark lastabhängig, • meist sind nur Nennleistungen unterhalb von 500 W üblich, • muss funkentstört werden.	**Nachteile** • für Arbeitsmaschinen ungeeignet, • zur Steuerung ist eine Leistungselektronik nötig	**Nachteile** • als leistungsstarker Antriebsmotor für z. B. Elektrofahrzeuge ungeeignet, weil die Stärke des dauermagneterregten Feldes nicht ausreicht
Anwendungsbeispiele • Haushaltsgeräte (z. B. Staubsauger, Handmixer), • Trockenrasierapparate, • Spielzeugmotoren, Elektrowerkzeuge (z. B. Handschleifmaschinen, Bohrmaschinen).	**Anwendungsbeispiele** • als **Servomotor** (Hilfsmotor, der zur schnellen und exakten Positionierung von Werkzeugmaschinen geeignet ist), • als Antriebsmotor für verschiedene Regeleinrichtungen, • Antrieb von Spulenwickeleinrichtungen.	**Anwendungsbeispiele** • als **Servomotor** (Servomotoren besitzen kleine rotierende Läufermassen und können deshalb auch sehr schnell beschleunigt und abgebremst werden), • Transferstraßen, Roboter und Vorschubantriebe in numerisch gesteuerten Werkzeugmaschinen.

8.2.2 Drehstrommotoren

Bei den Drehstrommotoren wird ein Drehmoment mithilfe einer Drehstromwicklung erreicht. Dieses Drehmoment wird dadurch erreicht, dass das Drehfeld der Drehstromwicklung im Ständer entweder eine Kraft auf eine stromdurchflossene Läuferwicklung ausübt (→ **Tabelle 1/210, Synchronmotor**), oder dieses Drehfeld induziert in einem Käfigläufer (→ **Tabelle 1/210, Kurzschlussläufermotor**) oder in einer kurzgeschlossenenen Läuferwicklung (→ **Tabelle 1/210, Schleifringläufermotor**) einen Strom. Dieser induzierte Strom hat wiederum ein Magnetfeld zur Folge, das sich mit dem Drehfeld überlagert – es entsteht ein Drehmoment. Solche Motoren werden auch **Induktionsmotoren** genannt.

Erzeugung des Drehfeldes

Der Ständer eines Drehstrommotors hat den gleichen Aufbau wie der eines Drehstromgenerators (→ **C8.1.2**). Legt man an die Drehstromwicklung des Ständers des in **Bild 1/201** dargestellten Drehstromgenerators eine Dreiphasenwechselspannung (zwischen den Klemmen U1 und U2 der Spule 1 ist die Spannung u_1 usw.), so erzeugt der Drehstrom in den drei Wicklungen magnetische Felder, die zeitlich nacheinander auf- und abgebaut werden. Es entsteht dadurch die gleiche Wirkung, wie wenn sich das Magnetfeld im Kreise drehen würde. Man spricht deshalb von einem **Drehfeld.** Dieser Sachverhalt wird in **Bild 1** dargestellt. Bei den handelsüblichen Drehstrommaschinen sind jedoch die Spulenwicklungen über den Umfang des Ständerblechpakets gleichmäßig verteilt und meistens in Nuten verlegt. In **Bild 1** ist aus Gründen der Übersichtlichkeit nur eine Windung pro Strang eingezeichnet und mit den genormten Klemmenbezeichnungen der Spulenanfänge U1, V1 und W1 bzw. der Spulenden U2, V2 und W2 gekennzeichnet.

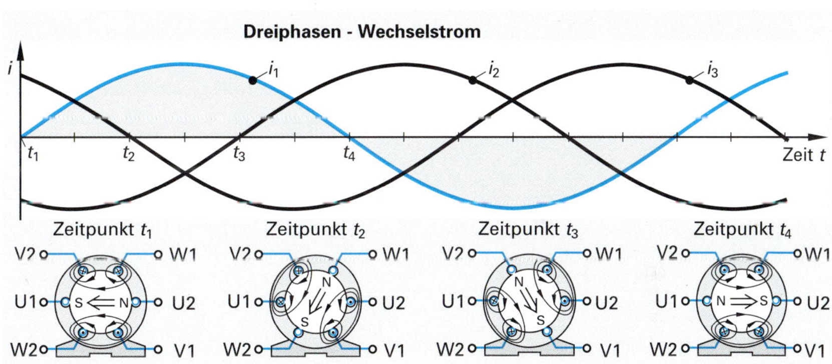

Bild 1: Erzeugung eines Drehfeldes

Bild 1 enthält oben das Liniendiagramm des Drehstroms (→ **C8.1.2**) und zeigt darunter die Entstehung des resultierenden zweipoligen Drehfeldes (der resultierende magnetische Fluss ist als Pfeil dargestellt) zu den vier Zeitpunkten t_1 bis t_4 innerhalb der Ständerspulen. Die Leiterstücke sind dabei senkrecht zur Zeichenebene gerichtet und als Kreise dargestellt. Bei der zeichnerischen Darstellung des Stromes (Schnittdarstellung) und der magnetischen Feldlinien gilt: Ist der Momentanwert der Ströme (i_1, i_2 und i_3) im positiven Bereich des Liniendiagramms, fließt der elektrische Strom in den Spulenanfang (dies wird mit einem Kreuz ⊗ dargestellt) hinein und fließt am Spulenende (mit einem Punkt ⊙ dargestellt) wieder hinaus. Die Richtung der Feldlinien kann mit der **Rechte-Hand-Regel (Bild 2)** bestimmt werden:

> Zeigt der Daumen der rechten Hand in Richtung des elektrischen Stromes, so zeigen die gekrümmten Finger in Richtung der magnetischen Feldlinien.

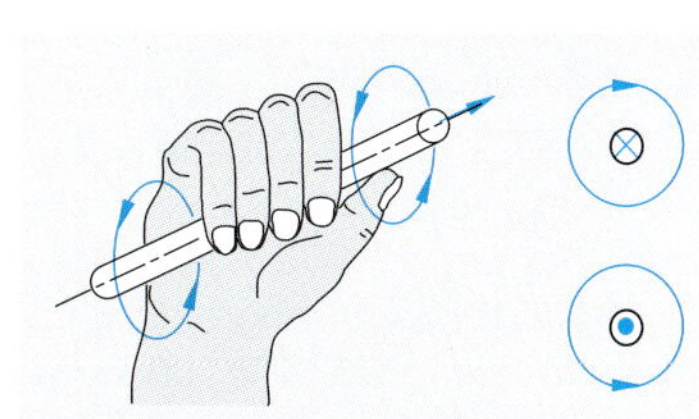
Bild 2: Rechte-Hand-Regel

Während der Periodendauer T beschreibt der **magnetische Fluss Φ** eine volle Umdrehung. Da die Netzfrequenz den konstanten Wert **f = 50 Hz** hat, macht ein Läufer innerhalb des **zweipoligen Drehfelds** während der Periodendauer **T = 0,02 s** (→ **A12.6**) ebenfalls **eine volle Umdrehung.** Die Drehzahl des Drehfelds nennt man **Drehfelddrehzahl** oder **synchrone Drehzahl** n_s. Somit gilt für die **Drehfelddrehzahl:**

$$n_s = 50\ s^{-1} = 3000\ min^{-1} \quad (1)$$

Synchronmotor (Aufbau, → **Tabelle 1/210**)

In einem wie im vorhergehenden Abschnitt beschriebenen Drehfeld kann ein Läufer, der einen Dauermagneten (was bei Maschinen bis ca. 20 kW üblich ist) oder eine vom Gleichstrom durchflossene Ankerwicklung **(Bild 1, Drehstrom-Synchronmaschine)** enthält, **synchron** mitdrehen. Eine solche Maschine nennt man deshalb auch **Synchronmotor.** Die Drehzahl des Läufers heißt **Läuferdrehzahl** und erhält das Formelzeichen n. Es gilt: $\boldsymbol{n = n_s}$ (→ **A12.6**). Verdoppelt man die im Ständer untergebrachte Anzahl der Stränge, so sind sie nicht mehr um 120°, sondern um 60° räumlich versetzt. Die **Polpaarzahl** p des Drehfeldes hat sich verdoppelt und die **Drehfelddrehzahl** hat sich halbiert. Es gilt:

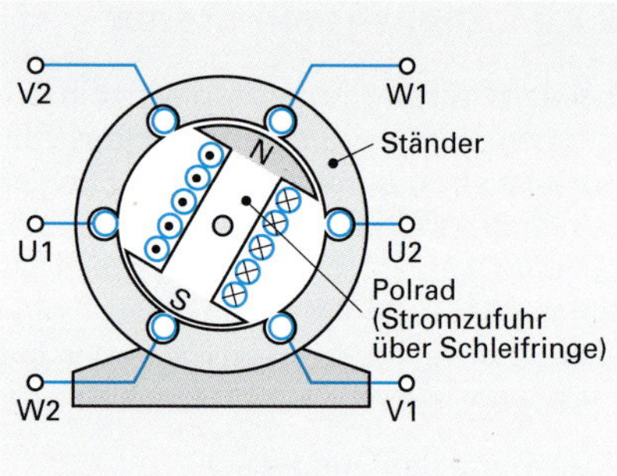

Bild 1: Synchronmotor

Die **Drehfelddrehzahl** n_s ist von der **Frequenz** f und von der **Polpaarzahl** p abhängig.

Wegen $\boldsymbol{n = f/p}$ (→ **A12.6**) kann ein Synchronmotor bei $f = 50$ Hz maximal $n = 3000$ min^{-1} erreichen.

Drehstrom-Asynchronmotor (kurz: DASM → **Tabelle 1/210**)

Wie bereits erwähnt, **induziert** bei den Asynchronmotoren das Drehfeld des Ständers in der Läuferwicklung (Ankerwicklung) einen Strom, den **Läuferstrom** genannt. Dieser Läuferstrom verursacht ein Magnetfeld und bringt damit den Läufer zum Drehen. Da im Läufer nur dann ein Strom induziert werden kann, wenn der Läufer eine kleinere Drehzahl n als das Drehfeld hat, verhalten sich solche Motoren zum Drehfeld immer **asynchron.** Daraus abgeleitet gilt: Die **Läuferdrehzahl** ist **immer kleiner als die Drehfelddrehzahl** ($\boldsymbol{n < n_s}$). Deshalb heißen solche Motoren allgemein **„Asynchronmotoren".** Die Differenz aus der **Drehfelddrehzahl** und der **Läuferdrehzahl** wird als **Schlupf** bezeichnet und erhält das Formelzeichen Δn. In den Grundlagen (→ **A12.6**) sind weitere mathematische Beziehungen für Asynchronmotoren zu finden. Bei Asynchronmotoren tritt unter Nennbedingungen ein Schlupf von ca. 3 bis 8 % auf. Vergrößert man das Lastmoment der Arbeitsmaschine, die mit dem Motor verbunden ist, verringert sich zwangsläufig die Läuferdrehzahl und folglich vergrößert sich der Schlupf.

Der **Schlupf** ist umso **größer, je größer das Lastmoment** ist, das der Läufer aufnimmt.

Rechenbeispiel:

Ein Drehstrommotor mit einem zweipoligen Drehfeld hat bei der Netzfrequenz $f = 50$ Hz die Läuferdrehzahl von $n = 2855$ min^{-1}. Es sind die Schlupfdrehzahl und der Schlupf in % zu berechnen.

Schlupfdrehzahl: $\boldsymbol{\Delta n} = n_s - n = 50 \cdot 60$ min^{-1} − 2855 min^{-1} = **145 min^{-1}**

Schlupf in %: $\boldsymbol{n} = (n_s - n) / n_s = 145$ min^{-1} / 3000 min^{-1} = 0,0483 = **4,83 %**

Je nach Aufbau des Läufers sind verschiedene Arten der **Drehstrom-Asynchronmotoren** zu unterscheiden, und zwar **Asynchronmotor mit Kurzschlussläufer** und **Asynchronmotor mit Schleifringläufer.**

Asynchronmotor mit Kurzschlussläufer

Grundsätzlich besteht auch dieser Motor aus einem **feststehenden Teil** (Gehäuse) und einem **rotierenden Teil,** dem Läufer. Eine detailliertere Beschreibung des Aufbaus ist der **Tabelle 1/210** zu entnehmen. **Bild 2** zeigt das Gehäuse (Ständer) mit der Drehstromwicklung (→ **Bild 1/201, oben**), die vom Drehstrom durchflossen innerhalb dieses Gehäuses ein Drehfeld erzeugt. **Bild 1/209** zeigt den Käfigläufer **(Anker** oder **Rotor** genannt). Statt in einer Läuferwicklung werden in einem Käfigläufer Ströme induziert. Das Ständerdrehfeld schneidet die kurzgeschlossenen Stäbe des Läufers und induziert in ihnen Spannungen, die starke Ströme verursachen.

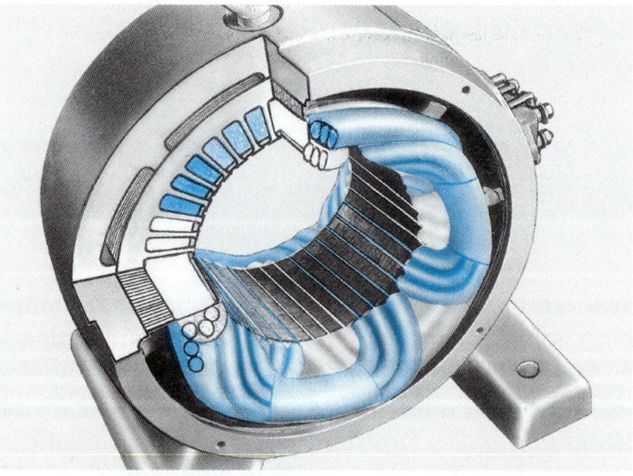
Bild 2: Drehstromwicklung

C Kraftmaschinen

Diesen Vorgang bezeichnet man ebenfalls als **Induktion.** Das Drehfeld und die magnetischen Felder um die Kupferstäbe herum bewirken magnetische Kräfte, die den Läufer zum Drehen veranlassen. In neuerer Zeit wird die „Läuferwicklung" (Stäbe und Kurzschlussringe) der Käfigläufer auch an einem Stück im Druckgussverfahren aus Aluminium hergestellt. Angegossene Lüfterflügel sorgen für eine gute Wärmeableitung und eine ausreichende Belüftung der Wicklungen. Diese Bauart ist billiger. Auch wegen dieses einfachen Aufbaus wird der Asynchronmotor mit Kurzschlussläufer vielseitig eingesetzt. Wird der **Läufer** eines Schleifringläufermotors von einer **Kraftmaschine** mit einer Umdrehungsfrequenz **angetrieben** die etwas höher ist als die Umdrehungsfrequenz des Drehfeldes, kann dieser Motor auch als **Asynchrongenerator** eingesetzt werden. Das Drehfeld induziert in der Läuferwicklung einen Strom, der wiederum ein Läuferdrehfeld hervorruft. Dieses Läuferdrehfeld induziert wie beim Synchrongenerator im Ständer einen Drehstrom und kann so **Wirkleistung an das Netz abgeben.**

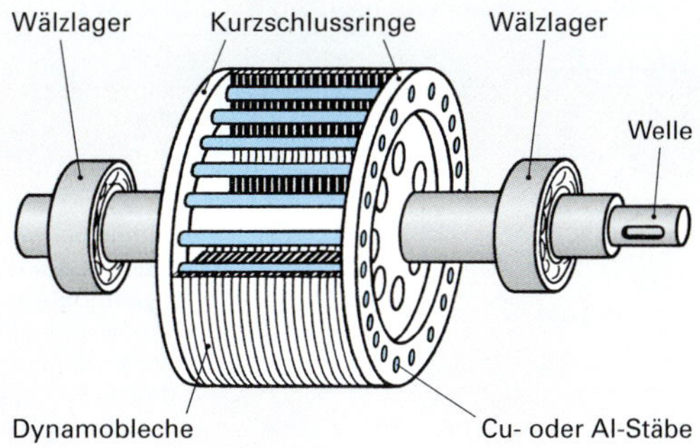

Bild 1: Kurzschlussläufer

Asynchronmotor mit Schleifringläufer

Grundsätzlich besteht dieser Motor ebenso aus einem **feststehenden Teil (Gehäuse)** und einem **rotierenden Teil,** dem **Läufer.** Bei diesem Motor ist die **Drehstromwicklung ohne Anlasswiderstand** direkt mit dem Netz verbunden. Im Läufer sind an Stelle des Käfigs drei isolierte Wicklungen eingebracht. Mit ihnen kann man das Betriebsverhalten besonders bei leistungsstärkeren Motoren günstig beeinflussen. Diese drei Wicklungen sind an ihren Enden miteinander verbunden **(Sternschaltung,** → **A12.7),** während die Anfänge der drei Wicklungen zu drei Schleifringen geführt sind (**Bild 2**) – deshalb auch als **Schleifringläufermotor** bekannt. Auf den Schleifringen gleiten Kohlebürsten, an die der **dreiphasige Anlasswiderstand** (**Bild 3**) angeschlossen ist. Beim Anlassen wird dieser Widerstand allmählich abgeschaltet. In der Endstellung des Widerstandes läuft der Motor mit vollem Läuferstrom als Kurzschlussläufer. Bei Motoren mit langen Betriebszeiten sind zur Verringerung der Reibungsverluste und der Abnutzung der Kohlebürsten **Kurzschließ-** und **Bürstenabhebevorrichtungen** angebracht. Mit diesem Aufwand, nämlich **Anlasswiderstände** einzusetzen und **Läuferwirkwiderstände** zuzuschalten, erzielt man folgende **Vorteile:**

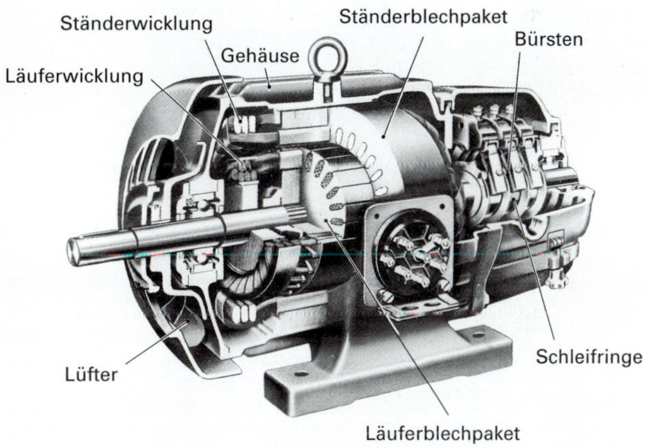

Bild 2: Schleifringläufermotor

- ein hohes **Anzugsmoment,** bis zum Doppelten des Nennmoments, einen kleinen **Anlaufstrom** (wird auf das 1,5-fache des Nennstroms begrenzt)
- mit **Anlasswiderstand** weiches Anfahren unter Last möglich
- über **Läuferwirkwiderstände** ist die Drehzahl stufenlos steuerbar

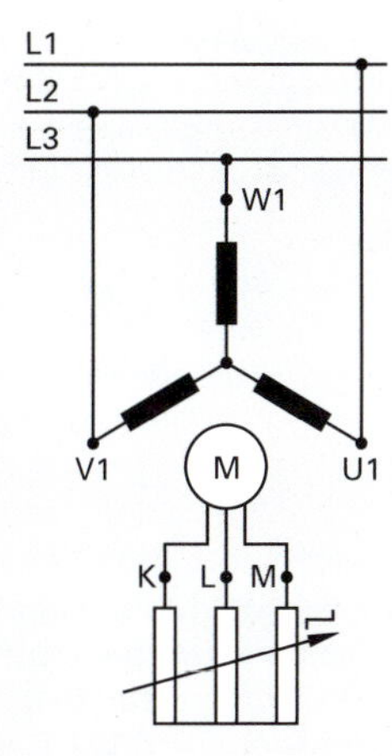

Bild 3: Anlasser

Tabelle 1: Drehstrommotoren (**DASM** = Drehstromasynchronmotor; **GM** = Gleichstrommotor)

Synchronmotor	DASM mit Kurzschlussläufer	DASM mit Schleifringläufer
Aufbau • Der Ständer besteht aus einer geschweißten Tragkonstruktion zur Aufnahme des geschichteten Blechpakets. In ihm befindet sich die Drehstromwicklung zur Erzeugung des Drehfeldes. • Der Läufer enthält entweder einen Dauermagneten (bei Maschinen bis 20 kW üblich) oder eine Läuferwicklung, die über Schleifringe mit Gleichstrom erregt wird.	**Aufbau** • Aufbau des Ständers wie beim Synchronmotor (s. **Bild 1/208**); • Läufer besteht aus einer Welle und einem Stahlzylinder aus vielen Dynamoblechen. Im Stahlzylinder sind Kupferstäbe eingelassen, die an beiden Enden kurzgeschlossen sind, daher der Name Kurzschlusskäfig (s. **Bild 1/209**), wegen der Käfigähnlichkeit auch Käfigläufer genannt.	**Aufbau** • Aufbau des Ständers wie beim Synchronmotor; • im Läufer sind an Stelle der Kupfer- oder Aluminiumstäbe drei isolierte Wicklungen eingesetzt, die an ihren Enden miteinander verbunden sind (Sternschaltung, → **A12.7**), während die Anfänge der 3 Wicklungen zu Schleifringen geführt sind (s. Anschlüsse K, L und M, **Bild 3/209**). Deshalb nennt man diese Bauart auch Schleifringläufer.
Vorteile • der Läufer dreht sich auch bei Belastung synchron zur Drehzahl des Drehfeldes; • er ist gegen Spannungsabsenkung weniger empfindlich als der DASM; • auch als Drehstromgenerator und als Phasenschieber einsetzbar (kann die induktive Belastung des Energienetzes durch die DASMs kompensieren)	**Vorteile** • kein „außer Tritt" fallen; • benötigt keine Anlaufhilfe; weil im ruhenden Zustand durch das Drehfeld im Käfigläufer ein Strom bzw. indirekt ein Magnetfeld induziert wird, kommt der Motor nach Überwindung der Trägkeitskräfte von alleine in Schwung; • die Drehzahl des Läufers sinkt bei Belastung nur wenig ab; • als Einphasenmotor einsetzbar	**Vorteile** • kein „außer Tritt" fallen; • es muss kein Anlasswiderstand mit dem Netz verbunden werden; • er läuft stoßfrei und weich an, man kann die Schleifringe kurzschliessen und dann entspricht sein Betriebsverhalten dem eines Kurzschlussläufermotors; • stufenlose Drehzahlsteuerung durch zusätzliche Widerstände im Läuferstromkreis möglich
Nachteile • benötigt eine Anlaufhilfe, weil der Läufer wegen der Trägheitskräfte nicht sofort aus dem Stillstand beschleunigt werden kann. Als Anlaufhilfe kann bei größeren Maschinen z. B. ein Anlaufkäfig oder eine zusätzliche Kurzschlusswicklung verwendet werden (Motor läuft als DASM an), bei zu großer Belastung fallen sie „außer Tritt", d. h., die magnetische Bindung reisst ab und der Läufer bleibt stehen; • Drehzahlsteuerung nur über die Netzfrequenz möglich	**Nachteile** • hat im Stillstand einen sehr hohen Anlaufstrom (3- bis 8-faches des Nennstromes) und ein relativ kleines Drehmoment; • bei leistungsstarken Motoren kann der hohe Anlaufstrom das Energienetz stark belasten, was für den Motor selbst auch eine Gefahr darstellt, deshalb ist ein besonderes Anlassverfahren nötig; • Drehzahlsteuerung nicht so einfach wie bei den GMs	**Nachteile** • vergleichsweise technisch aufwendige Bauteile erforderlich, ist mechanisch empfindlicher und teuerer als der Kurzschlussläufermotor; • bei großen Motorleistungen ist eine Drehzahlsteuerung mit Widerständen im Dauerbetrieb wegen der Wärmeverluste unwirtschaftlich; • wegen Brandgefahr in landwirtschaftlichen Betrieben verboten
Anwendungsbeispiele • als Wechselstrom-Kleinmotor für z. B.: Uhren, Schallplattenspieler, Tonbandgeräte, Programmschaltwerke, Zeitrelais, Antrieb von Messschreibern; • als Phasenschiebermaschine (bei Unternehmen wichtig, die das Energienetz stark induktiv belasten).	**Anwendungsbeispiele** Wegen des robusten und einfachen Aufbaus wird er nicht nur im kleinsten, sondern auch im großen Leistungsbereich eingesetzt, mit modernen Halbleiterwechselrichtern ist er in weiten Bereichen drehzahlregelbar, z. B.: bei Werkzeugmaschinen, in modernen E-Loks	**Anwendungsbeispiele** • für leistungsstarke Motoren (5 kW bis 500 kW, z. B. als Antrieb für Wasserwerkspumpen, Werkzeugmaschinen); • Antriebe mit Volllast- und Schweranlauf, z. B. für Hebezeuge; • bei Umformern als Motor zur Kupplung der Energienetze

Schleifringläufermotoren haben den **Nachteil,** dass der Läuferanlasser die **Läuferwicklung nie unterbrechen** darf, weil der Motor sonst zum Stillstand kommen würde. Die Folge wäre, dass die Ständerwicklung mit dem Netz elektrisch verbunden bleibt und sich die **Ständerwicklung** bei stillstehendem Motor wegen fehlender Kühlung **unzulässig stark erwärmt.** Im Stillstand verhalten sich Ständer- und Läuferwicklung wie ein Transformator (→ **C8.3**). Das Ständerdrehfeld induziert in der Läuferwicklung unter Umständen eine für den Menschen gefährlich **hohe Läuferstillstandsspannung.**

Asynchronmotor mit Stromverdrängungsläufer

Bei diesem Motor sind keine Anlassvorrichtungen und keine Schleifringe erforderlich. Trotzdem erreicht man dieselben günstigen Anlaufverhältnisse wie beim Schleifringläufer. Außerdem hat er die einfache, unempfindliche Bauart des Kurzschlussläufers. Der Läufer ist als Kurzschlussläufer ausgebildet. Die Läuferstäbe des Rotors haben eine besondere Form und Anordnung **(Bild 1)** und dadurch bei Läuferstillstand im Augenblick des Einschaltens des Ständerdrehfeldes einen sehr hohen elektrischen Widerstand. Der Strom wird in die Außenschichten der Stäbe verdrängt **(Stromverdrängungsläufer)**. Erst bei zunehmender Läuferdrehzahl des Läufers sinkt der Widerstand in den Läuferstäben. Dadurch steigt die Stromstärke.

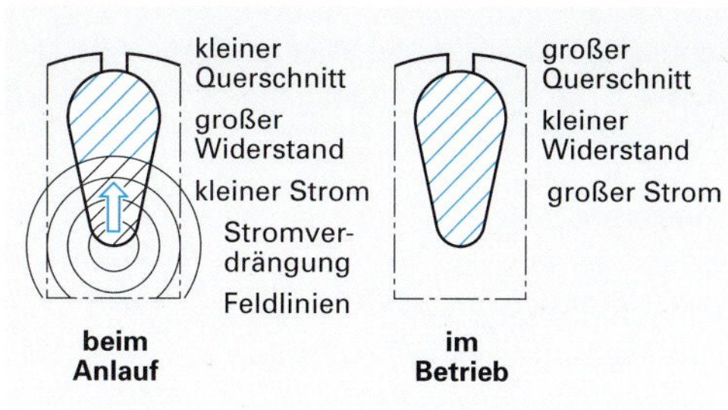

Bild 1: Stromverteilung im Läuferstab

Vorteile Der Asynchronmotor mit Stromverdrängungsläufer läuft weich an und benötigt keine besondere Anlassvorrichtung, die Anlaufströme bleiben in zulässigen Grenzen.

Nachteile Durch den großen Nutquerschnitt ist die magnetische Feldstreuung des induzierten Stromes geringfügig größer. Der Wirkungsgrad η (→ **A12.6**) und der Leistungsfaktor cos φ (→ **A12.6**) sind dadurch etwas kleiner.

Anlaufsteuerung von Drehstrom-Asynchronmotoren

Asynchronmotoren größerer Leistung nehmen, wie schon auf Seite 209 erwähnt, beim Anlauf einen großen Strom auf. Durch diese hohe Stromaufnahme würde es im öffentlichen Netz zu großen Spannungsschwankungen kommen. Daher dürfen Motoren ab einer bestimmten Nennleistung (etwa 4 kW) nicht mehr direkt eingeschaltet werden. Zur Begrenzung des Anlaufstromes gibt es verschiedene Verfahren:

- **Stern-Dreieck-Schaltung** für Drehstrom-Kurzschlussläufermotoren von 4 bis 12 kW Leistung **(Bild 2)**
- **Anlauf mit Anlassvorrichtung** für Schleifringläufermotoren über 12 kW Leistung **(Bild 3/209)**
- **Kurzschlusssanftanlauf** (Kusa-Schaltung) für Kurzschlussläufermotoren **(Bild 3/212)**

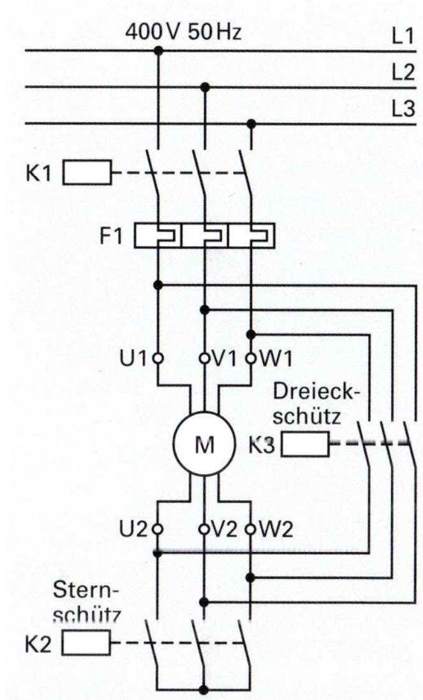

Bild 2: Hauptstromkreis

Stern-Dreieck-Schaltung (kurz: YΔ-Schaltung, → **A12.7**)

Bei der Sternschaltung wird der Anlaufstrom auf 1/3 des Einschaltstromes der Dreieckschaltung reduziert. Diese Verringerung erreicht man durch die Herabsetzung der Wicklungsspannung im Ständer des Motors um den $\sqrt{3}$-fachen Wert. Wird ein Motor mit 400 V Nennspannung in Stern geschaltet, so liegen effektiv nur 400 V / $\sqrt{3}$ = 230 V an den Wicklungen. Die **YΔ-Umschaltung** erfolgt durch einen **Stern-Dreieck-Schütz (Bild 2)**. Die Wicklungsanschlüsse des Motors U1, V1, W1 und U2, V2, W2 sind auf dem Klemmbrett zusammengeführt. Die Umschaltung von Stern auf Dreieck geschieht durch ein Schütz. Bei der Sternschaltung (Y) werden die Wicklungsanschlüsse U2, V2, W2 mit Schütz K2 kurzgeschlossen. Dadurch erhält man den **Sternpunkt**.

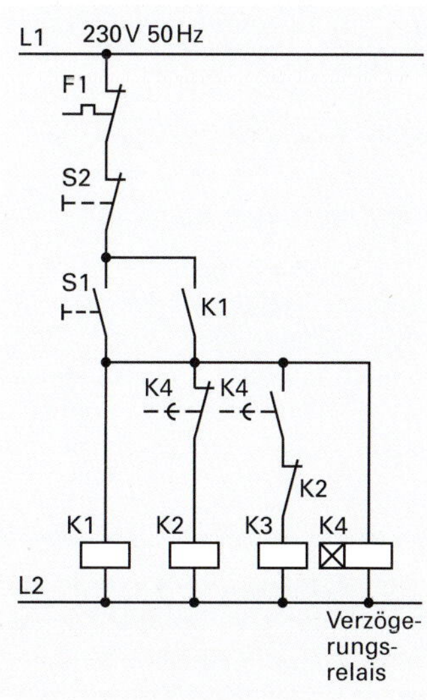

Bild 3: Steuerstromkreis

Nach der Anlaufphase des Motors schaltet sich über das **Zeitrelais K4** das **Sternschütz K2** ab und das **Dreieckschütz K3** an. Die Steuerung der Schütze erfolgt mithilfe eines **Steuerstromkreises (Bild 3/211).** Das Schütz K3 verbindet die Wicklungsanschlüsse U1 mit V2, V1 mit W2, W1 mit U2 zur Dreieck-Schaltung **(Bild 2/211).** Das Motorschutzrelais F1 sichert den Motor vor thermischer Überlastung infolge zu hoher Stromaufnahme.

Anlassschaltung

Die Anlassschaltung für Schleifringläufermotoren wird für Leistungen über 12 kW verwendet. Zur Begrenzung des Anlaufstromes werden Anlasswiderstände *R* in den Läuferstromkreis geschaltet **(Bild 1).** Dadurch wird auch der vom Netz aufgenommene Ständerstrom kleiner, sodass Schleifringläufermotoren direkt ans Netz angeschlossen werden können. Durch das Schütz K1 wird der Motor eingeschaltet. Die Schütze K2 und K3 überbrücken nacheinander mit steigender Motordrehzahl die Anlasswiderstände *R*. Eine andere Art der Anlasssteuerung ist die Regelung der Netzspannung mithilfe eines **Spartransformators (Bild 2).**

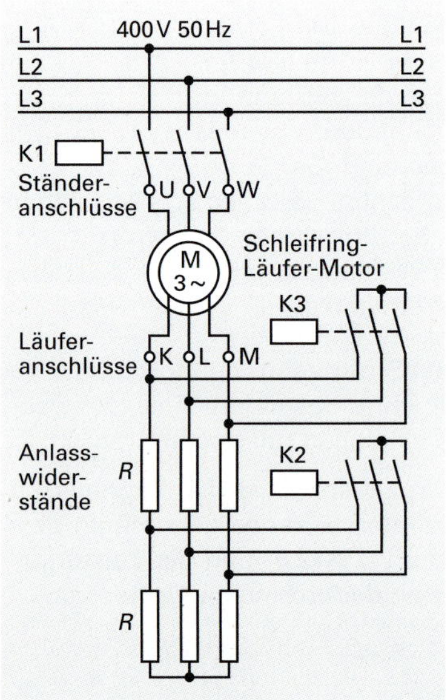

Bild 1: Anlassschaltung

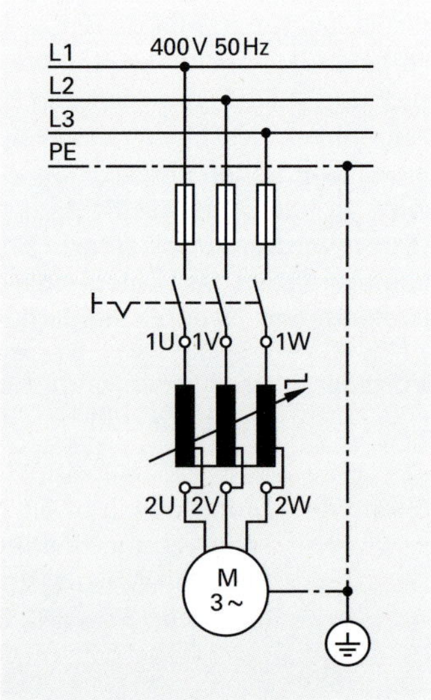

Bild 2: Anlassschaltung mit Spartransformator

Kurzschlusssanftanlauf-Schaltung (Kusa-Schaltung)

Drehstrommotoren haben ein sehr großes Anzugsmoment, das oft wesentlich höher ist als das Nennmoment. Für Antriebe von Werkzeugmaschinen (→ **D5.6**) verlangt man aber einen Sanftanlauf, um das Getriebe zu schonen. Bei der Kusa-Schaltung wird der Anlaufstrom nur in einem Leiter durch einen Widerstand (Kusa-Widerstand) begrenzt. Nach dem Anlaufen wird der **Kusa-Widerstand** durch Schütz K2 überbrückt **(Bild 3).**

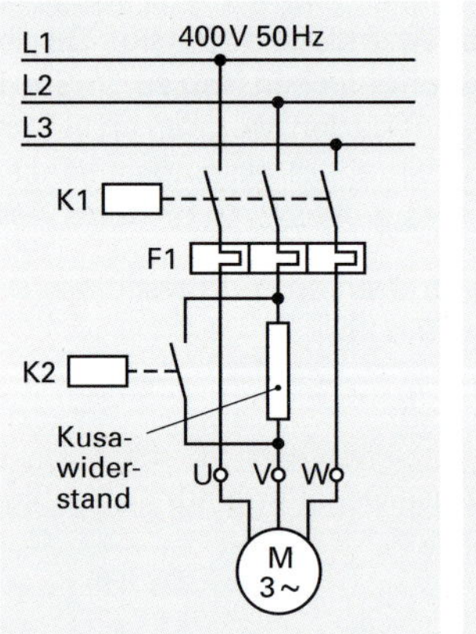

Bild 3: Kusa-Schaltung

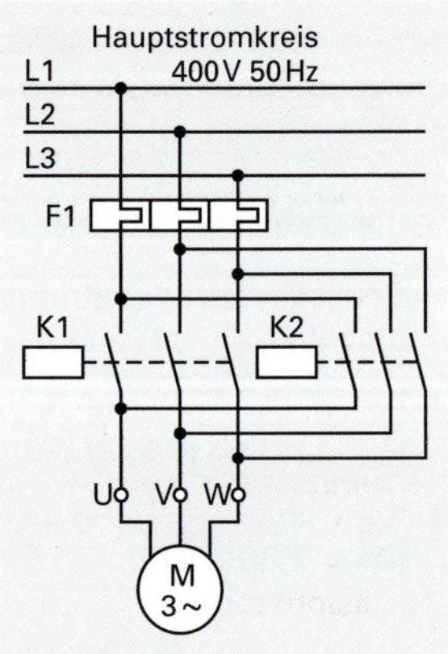

Bild 4: Wendeschützsteuerung

Drehrichtungsumkehrung

Die Drehrichtungsänderung bei Asynchronmotoren erfolgt durch Vertauschen von zwei Anschlussleitungen V und W **(Bild 4).** Das Umschalten erfolgt mit einem **Wendeschütz,** bestehend aus Schütz K1 und K2. K1 und K2 sind gegenseitig verriegelt, wobei K1 den Rechtslauf und K2 den Linkslauf des Motors schaltet.

Drehstrommotor als Einphasen-Wechselstrommotor

Da im Vergleich zu den anderen Motorarten die Vorteile der Asynchronmotoren in Bezug auf einfachen Aufbau, Wirtschaftlichkeit und Robustheit so gewichtig sind, werden sie auch dort eingesetzt, wo nur ein Einphasennetz zur Verfügung steht, z. B. im Haushalt. Schaltet man die Drehstromwicklung des Ständers in Stern **(Bild 5)**

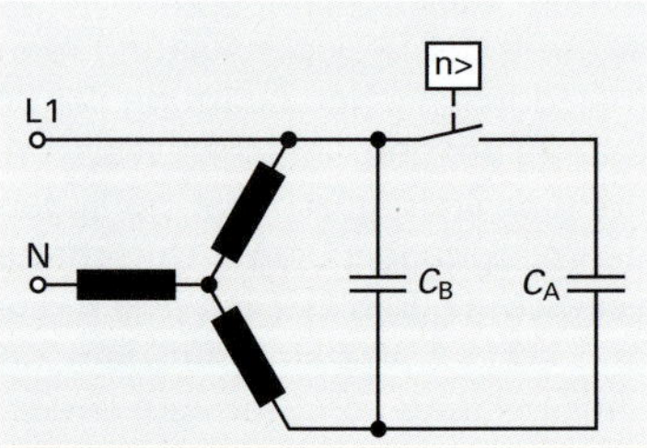

Bild 5: Steinmetzschaltung

oder auch in Dreieck und parallel zu einem Strang einen Kondensator (**Betriebskondensator** C_B genannt), so entsteht innerhalb des Ständers auch bei einer Einphasenwechselspannung ein Drehfeld. Dieses **Drehfeld** hat aber eine **elliptische Form.** Dadurch verringert sich die abgebbare mechanische Motorleistung auf ca. 80 % der Nennleistung und das Anzugsmoment fällt unter Umständen auf die Hälfte des Nennmoments. Für die Berechnung der erforderlichen Kapazität C_B bei einem Energienetz mit $f = 50$ Hz gilt:

Bei einer Wechselspannung von 230 V sind $\boldsymbol{C_B \approx 70\ \mu F}$ je kW Motorleistung nötig.

Durch Zuschaltung eines weiteren Kondensators C_A kann der Motor auch **aus dem Stillstand** heraus, ohne von Hand angeworfen werden zu müssen, hochlaufen. Nach dem Hochlaufen schaltet ein **Fliehkraftschalter** den **Anlaufkondensator** C_A wieder ab. Diese Schaltung nennt man auch **Steinmetzschaltung.** Drehstrommotoren in Steinmetzschaltung werden bis ca. 2 kW Nennleistung betrieben, z. B. als Antrieb bei Betonmaschinen, bei Umwälzpumpen in Heizungsanlagen.

8.2.2.1 Wechselstrommotoren besonderer Bauart

Universalmotor

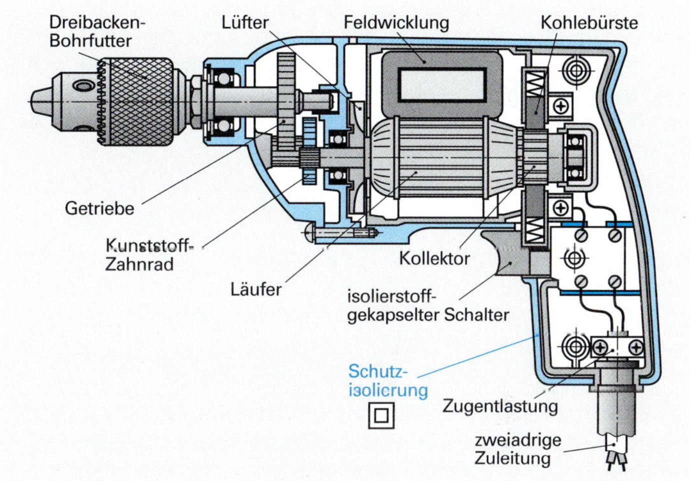

Bild 1: Handbohrmaschine im Schnitt

Ein im privaten Haushalt und in Betrieben sehr viel benutzter Elektromotor ist der unter Gleichstrommotoren (→ **C8.2.1.1**) bereits erwähnte und beschriebene **Universalmotor (Bild 1).** Er wird deshalb sogenannt, weil er sowohl an Gleichstromnetze als auch an Wechselstromnetze angeschlossen werden kann. Eine **Drehzahlsteuerung** mithilfe eines einstellbaren Widerstandes ist wegen der entstehenden Verlustwärme ungünstig. Günstiger ist die Drehzahlsteuerung dadurch, dass man die **Erregerwicklung** (Feldwicklung) des Ständers mit **Anzapfungen** einbaut (→ **Bild 1/205)** und so die am Motor anliegende Wechselspannungshöhe variieren kann. Zunehmend werden jedoch **elektronische Bauelemente** zum Steuern der Drehzahl eingesetzt.

Anwendungsbeispiele Antrieb von Elektrowerkzeugen und Haushaltsgeräten.

Repulsionsmotor

Der Repulsionsmotor ist wie der Asynchronmotor ein **Induktionsmotor.** Bei diesem Motor wird die Ständerwicklung zur Erzeugung des magnetischen Wechselfeldes ohne Anlasswiderstand an das Wechselstromnetz angeschlossen. Der Läufer ist wie der Läufer eines Gleichstrommotors aufgebaut. Die Bürsten des Stromwenders sind miteinander verbunden und dadurch ist die Ankerwicklung kurzgeschlossen. In dieser kurzgeschlossenen Ankerwicklung wird der Läuferstrom induziert. Die Bürsten sind um die Ankerachse schwenkbar. Zum Anlaufen verdreht man die Bürsten um einen bestimmten Winkel entgegen der gewünschten Drehrichtung des Rotors (also bei Linkslauf rechtsherum und bei Rechtslauf linksherum).

Vorteile Der Anlauf erfolgt weich und stoßfrei. Der Repulsionsmotor hat wie ein Reihenschlussmotor ein großes Anlaufmoment, d. h., er zieht unter Last kräftig an. Durch Bürstenverdrehung lässt sich die Drehrichtung ändern und die Drehzahl weitgehend regeln.

Nachteile Die Drehzahl ist stark lastabhängig und neigt zum „Durchgehen“.

Anwendungsbeispiele Einzelantrieb von Druckereimaschinen, Spinnereimaschinen und Kranen.

Linearmotor

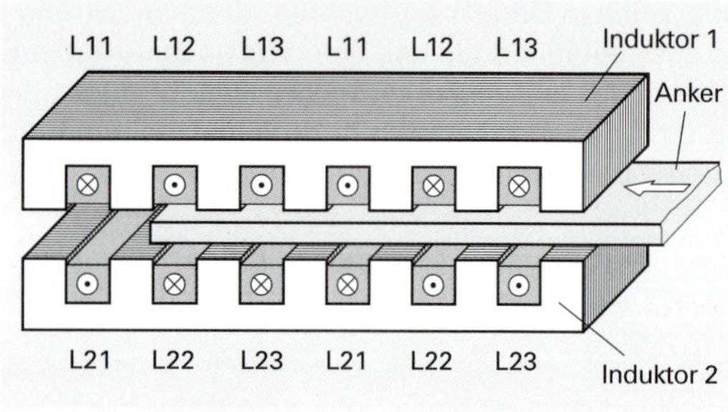

Bild 1: Wechselstromlinearmotor mit zwei Induktoren

Beim Linearmotor wird im Gegensatz zu den bisher besprochenen Motoren keine Drehbewegung des Ankers, sondern eine **lineare,** das heißt eine **geradlinige Bewegung,** erzeugt. Diese geradlinige Bewegung wird durch ein magnetisches Wanderfeld erreicht. Stellt man sich den Ständer mit der Drehstromwicklung eines Drehstrommotors in eine Ebene aufgeschnitten und gestreckt vor (**Bild 1**), so kann man besser verstehen, dass aus dem Drehfeld (→ **Bild 1/207**) ein **magnetisches Wanderfeld** geworden ist. Der Induktor entspricht dem Ständer eines Drehstrommotors. Er besteht aus einem Blechpaket mit rechteckigen Nuten, in denen sich die Drehstromwicklung befindet. Der **Anker** des Linearmotors funktioniert wie ein Kurzschlussläufer. Er besteht aus einem massiven Leiter (z.B. Aluminium). Besteht der Anker aus einem magnetisierbaren Werkstoff (z.B. Stahl), funktioniert der Motor auch ohne einen zweiten Induktor. Die magnetischen Feldlinien des Induktors gehen durch den magnetisch leitfähigen Anker von einem Pol zum nächsten Pol desselben Induktors. Die magnetischen Pole bewegen sich immer in die gleiche Richtung, z.B. von rechts nach links. So wie das Drehfeld im Kurzschlussläufer Ströme induziert (s. Seite 208), so induziert auch das Wanderfeld beim Linearmotor im Anker Ströme. Die induzierten Ströme bewirken zusammen mit dem Wanderfeld eine **magnetische Kraft** auf den beweglichen Anker **(Bild 1).** Der Linearmotor wird z.B. als Antrieb für Rangierbahnen und Förderbänder, elektrische Schnellbahnen und als Sonderform (Polysolenoid-Linearmotor) auch für Türöffner, Abhebevorrichtungen usw. verwendet.

Außer den genannten Gleichstrom- und Wechselstrommotoren gibt es noch eine Reihe von Sonderbauarten, die in Betrieben und bei Eisenbahnen Verwendung finden.

8.3 Transformatoren

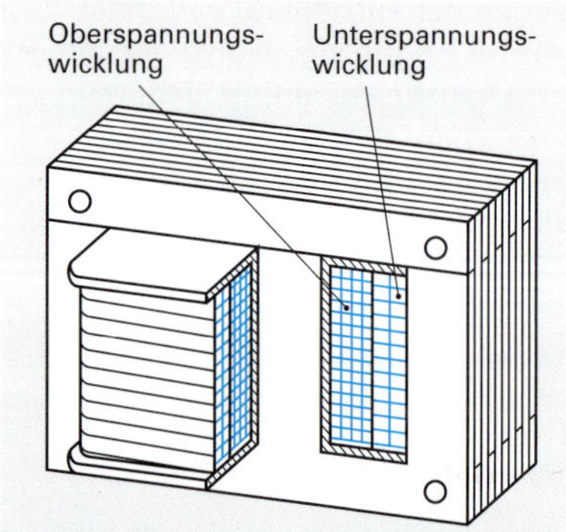

Bild 2: Wicklungsanordnung für niedrige Kurzschlussspannungen

Transformatoren sind elektrische Geräte, mit denen man die **Spannungen erhöhen und verringern,** also umwandeln kann. Deshalb bezeichnet man Transformatoren auch als **Umspanner.** Umspannungen sind beim Transport elektrischer Energie über große Entfernungen hinweg nötig.

Ein **Einphasentransformator (Bild 2)** besteht aus zwei voneinander getrennten Spulen (Wicklungen) auf einem gemeinsamen Eisenkern. Die Spule, der man den umzuspannenden Wechselstrom zuführt, bezeichnet man als **Eingangswicklung (Primärspule),** die zweite, der man den umgespannten Wechselstrom entnimmt, heißt **Ausgangswicklung (Sekundärspule).** Wird der Eingangswicklung Wechselstrom zugeführt, so entsteht um diese ein sich dauernd änderndes Magnetfeld. Seine magnetischen Feldlinien schneiden dabei auch die Ausgangswicklung und erregen in ihr eine Induktionsspannung U_2 und damit einen Wechselstrom mit der gleichen Frequenz wie in der Eingangswicklung. Diese Übertragung der elektrischen Energie von der ersten auf die zweite Spule heißt **Induktion.** Zum Heraufsetzen der Spannung besitzt die Ausgangswicklung **(Bild 2), Oberspannungswicklung**) des Transformators mehr Windungen als die Eingangswicklung **(Unterspannungswicklung).** Am Ort des Verbrauchs muss die durch Fernleitungen (Hochspannungsleitungen) ankommende hohe Spannung in den Transformatoren wieder heruntergespannt werden. Diese Transformatoren haben eine Eingangswicklung mit hoher Windungszahl, dagegen eine Ausgangswicklung mit einer niedrigen Windungszahl. Das Verhältnis der Windungszahlen der beiden Spulen eines Transformators bestimmt also das Verhältnis der Spannungen U_1 und U_2. Die Spannungen verhalten sich wie die Windungszahlen N_1 und N_2 (→ **A12.6**)! Die elektrische Leistung P_2 ist auf der Ausgangsseite infolge geringer Verluste geringfügig kleiner als die Eingangsleistung P_1. Folgende Verluste können beim Transformator auftreten:

Kupferverluste P_{VCu} (Leitungsverluste) und **Eisenverluste** P_{VFe} (Ummagnetisierungsverluste) im Eisenkern. Nimmt man an, dass die **Verluste vernachlässigbar** sind, so gilt für die

Scheinleistung: $S_1 = S_2$ [1] und $U_1 \cdot I_1 = U_2 \cdot I_2$ [2]

Daraus ergibt sich, dass auf der Hochspannungsseite (viele Windungen) der Strom klein und umgekehrt auf der Niederspannungsseite (weniger Windungen) der Strom groß ist.

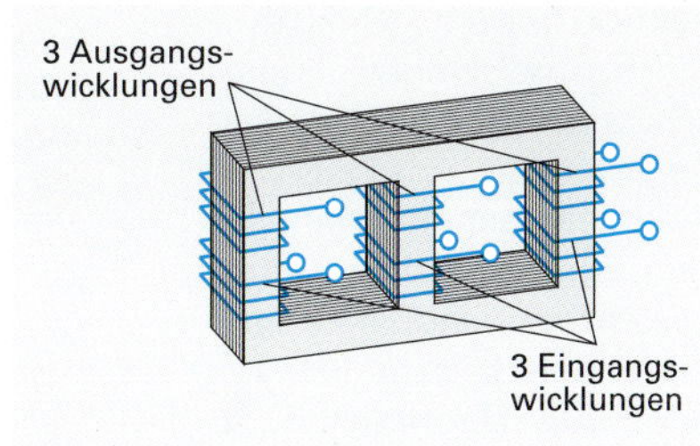

Bild 1: Drehstromtransformator

Die Ströme verhalten sich umgekehrt wie die entsprechenden Windungszahlen bzw. umgekehrt wie die entsprechenden Spannungen ($I_1 / I_2 = N_2 / N_1$ bzw. $I_1 / I_2 = U_2 / U_1$)! (→ **A12.6**)

Ein **Drehstromtransformator** besteht im Prinzip aus drei Spulen auf der Eingangsseite, drei Spulen auf der Ausgangsseite und einem dreiteiligen Eisenkern **(Bild 1)**. Eisenkern und Spulen sind meist in einem Ölkessel untergebracht. Das Öl isoliert die Wicklungen gegeneinander und führt die entstandene Wärme ab. Auf jeder Seite können die drei Spulen sowohl in Stern, als auch in Dreieck geschaltet werden. Die Auswahl der Schaltungsart (auch Schaltgruppe genannt) hängt von der benötigten Spannungshöhe, der Größe und der Art des Lastwiderstandes ab.

8.4 Schutzmaßnahmen

In allen Anlagen mit Betriebsspannungen über 65 V sind Schutzmaßnahmen gegen zu hohe Berührungsspannung vorgeschrieben (z. B.: Schutzisolierung, Schutzkleinspannung, Nullung, ...)

Schutzisolierung

Leistungsschilder schutzisolierter Geräte haben das Zeichen für Schutzisolierung, ein **kleines Quadrat in einem großen Quadrat.** Alle Metallteile, die im Fehlerfall unter Spannung stehen können, müssen zuverlässig isoliert sein. Diese Schutzmaßnahme wird z. B. für netzbetriebene Körperpflegegeräte (Rasierapparate) und für Handbohrmaschinen angewendet. In schutzisolierten Bohrmaschinen kann z. B. die Bohrspindel durch ein Kunststoffzahnrad im Getriebe elektrisch vom Motor getrennt sein. Außerdem müssen das Gehäuse und der Schalter dieser Bohrmaschine zusätzlich isoliert sein.

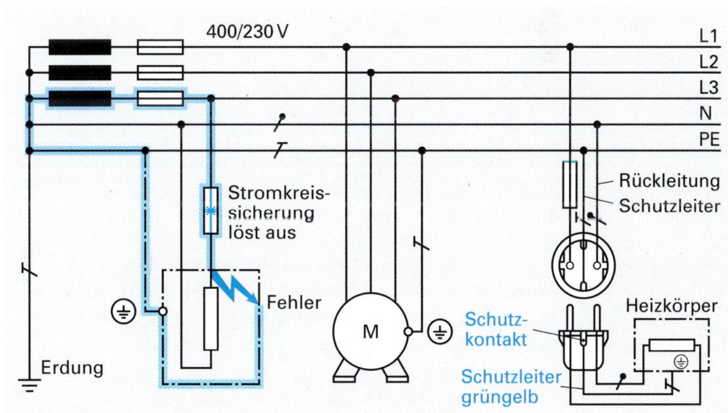

Bild 2: Nullung und Schutzkontaktsteckverbindung

Schutzkleinspannung

Wo Gefahr besteht, dass der Mensch mit leitenden Teilen in Berührung kommt, dürfen aus Sicherheitsgründen nur Kleinspannungen verwendet werden (z. B. bei elektrischen Schweißgeräten in Kesseln und engen Räumen: Spannungen bis 42 V). Bei Kinderspielzeug darf die Spannung höchstens 24 V betragen.

Nullung

Die Nullung ist die am häufigsten angewendete Schutzmaßnahme. Das Gehäuse des angeschlossenen Gerätes wird dabei durch den Schutzleiter **PE** (Farbe **grüngelb**) mit der Erdung verbunden **(Bild 2)**. Tritt in einem Gerät mit Nullung ein **Körperschluss** – das ist eine leitende Verbindung zwischen einem spannungsführenden Leiter und dem Gehäuse einer Maschine – auf, so fließt ein starker Kurzschlussstrom und die vorgeschaltete Gerätesicherung (z. B. Schmelzsicherung) spricht an. Bewegliche Geräte werden über

Schutzkontakt (Schuko-) Steckvorrichtungen angeschlossen **(Bild 2/215).** Dabei muss die Anschlussleitung mindestens dreipolig sein. Ein **dreipoliger Leiter** besteht aus den **spannungsführenden Leitern (L1, L2 oder L3), Neutralleiter N** und dem **Schutzleiter PE.**

Schutztrennung

Durch einen **Trenntransformator (Bild 1)** erhält man eine ungeerdete Spannung. An einen Trenntransformator darf nur ein Verbraucher mit höchstens 15 A Nennstrom angeschlossen werden. Wichtig ist dabei, dass dieser Stromkreis nicht geerdet ist. Man spricht von einer **Erdung,** wenn das elektrisch leitende Gehäuse eines Verbrauchers elektrisch mit dem Schutzleiter verbunden ist **(Bild 1).** Deshalb kann ein Fehler, z. B. ein Körperschluss in einem Gerät, keine Gefahr für den Menschen verursachen, da durch einen Fehler bei Schutztrennung noch kein Stromkreis über den Menschen entstehen kann. Die Schutztrennung wird z. B. für Betonrüttler und Rasiersteckdosen in Badezimmern verwendet.

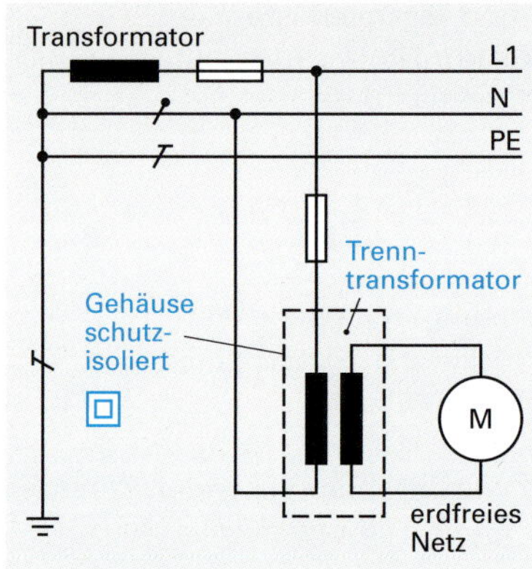

Bild 1: Schutztrennung

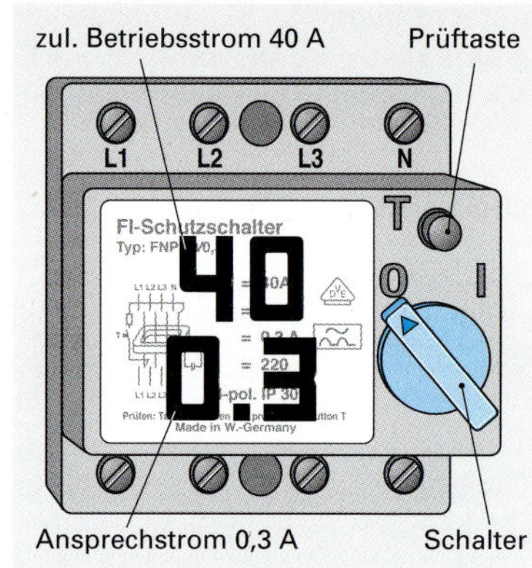

Bild 2: FI-Schutzschalter

FI-Schutzschalter

Eine **größere Sicherheit** als die allgemein übliche Nullung bietet der Einsatz von Schutzschaltern. Dabei können Stromnetze aber auch Einzelgeräte durch einen Fehlerstromschutzschalter **(FI-Schalter)** überwacht werden, der beim Auftreten eines Fehlers abschaltet **(Bild 2).** Im Falle eines Schadens durch Körperschluss fließt der elektrische Strom über die Erde zum Spannungserzeuger zurück; der Schutzschalter schaltet daraufhin innerhalb von 0,2 Sekunden ab. Mit einer Prüftaste T kann ein Fehlerstrom nachgeahmt werden. Bei Betätigung der Taste T muss der Schalter auslösen.

Wiederholung und Vertiefung

C112 Wie lautet das Induktionsgesetz allgemein formuliert?

C113 Erklären Sie die Entstehung einer Wechselspannung mithilfe einer drehbaren Leiterschleife in einem Dauermagnetfeld.

C114 Wodurch ist eine sinusförmige Wechselspannung gekennzeichnet?

C115 Erklären Sie den Aufbau und die Wirkungsweise eines Drehstrom-Synchrongenerators.

C116 Wie und von welchen Faktoren ist die Größe der Ablenkkraft *F* eines stromdurchflossenen Leiters in einem Dauermagnetfeld abhängig?

C117 Erklären Sie den Aufbau und die Wirkungsweise eines Gleichstrommotors.

C118 Von welchen Faktoren hängt der Gesamtwirkungsgrad eines mit einer Leonardschaltung drehzahlgesteuerten Gleichstrommotors ab?

C119 Nennen Sie die Vorteile, Nachteile und Anwendungsbeispiele eines fremderregten Gleichstrommotors.

C120 Welche Aufgabe hat der Kommutator?

C121 Welche Bedeutung haben die Zeichen Y und Δ?

C122 Was ist Drehstrom?

C123 Wodurch unterscheidet sich das Anlass- vom Anlaufverfahren bei den DASMs?

C124 Nennen Sie die Vorteile, Nachteile und Anwendungsbeispiele eines Universalmotors.

C125 Erklären Sie die Wirkungsweise eines Synchronmotors.

C126 Nennen Sie die Vorteile, Nachteile und Anwendungsbeispiele der in Frage 125 genannten Motors.

C127 Welche Motoren sind für die drei verschiedenen Anlaufverfahren von Drehstrom-Asynchronmotoren geeignet?

C128 Begründen Sie, warum die Anlaufverfahren für DASMs erforderlich sind.

C129 Erklären Sie den Aufbau und die Wirkungsweise eines Einphasentransformators.

C130 Erklären Sie folgende Schutzmaßnahmen: Schutzkleinspannung, Nullung, Schutztrennung und FI-Schutzschalter.

C131 Wie sieht das Kennzeichen der Schutzerdung und das der Schutzisolierung aus?

C132 Welche Farbe hat der Schutzleiter?

D Arbeitsmaschinen

Aus der Einführung in die Maschinenkunde ist bekannt:

Unter einer Arbeitsmaschine versteht man eine Maschine, die zu technischen Zwecken Arbeit verrichtet.

Aus der **Bezeichnung einer Arbeitsmaschine** kann in der Regel die Art der von ihr zu verrichtenden Arbeit, z.B. die Gewinnung von Stoffen – etwa in einem Rührwerk oder in einer Papiermaschine –, die Be- und Verarbeitung oder die Veredelung von Stoffen, die Verpackung und den Transport von Produkten und vieles andere mehr abgeleitet werden.

Jede **spezielle Art von Arbeitsmaschine** ist nur in Verbindung mit der von ihr zu verrichtenden Arbeit als sinnvoll zu bezeichnen.

Wegen der genannten Vielfalt wird in diesem Buch nur auf einige weit verbreitete Gruppen von Arbeitsmaschinen, entsprechend **Tabelle 1** und darin auch nur auf die geläufigsten Bauarten eingegangen.

Tabelle 1: Wichtige Gruppen von Arbeitsmaschinen

Bezeichnung	Technische Aufgabe
Verdichter	Druckerhöhung von Gasen und Dämpfen
Pumpen	Fördern von Flüssigkeiten und Gasen
Ventilatoren	Erzeugung von Gas- und Dampfströmungen, Be- und Entlüften
Kältemaschinen	Kühlung von Räumen sowie von festen, flüssigen und gasförmigen Stoffen
Hebe- und Fördermittel	Fördern von festen Körpern
Werkzeugmaschinen	Herstellung von Produkten mittels eines maschinell geführten Werkzeugs
Fahrzeuge	Transport von Gütern

D1 Pumpen

Eine Pumpe ist eine Arbeitsmaschine, welche die ihr von einer Kraftmaschine (Antriebsmaschine) zugeführte Energie an ein Fluid – in der Regel an eine Flüssigkeit – weitergibt. Diese wird dabei in Strömung versetzt, d.h. sie erhält eine **Bewegungsenergie** (→ **A3.6**). Daraus leitet sich ab:

Pumpen bewirken einen Transport von Flüssigkeiten in Rohrleitungen (→ **A3**), manchmal auch in Behältern. Dabei werden meist **Höhenunterschiede** überwunden und man spricht dann vom Fördern der Flüssigkeit.

1.1 Strömungsgesetze

Es ist also meist so, dass eine Pumpe als **Element in einem Rohrleitungssystem** eingebaut ist. Bei der Auslegung einer Pumpe sind somit die für die Rohrleitung anzuwendenden **Strömungsgesetze** (→ **A3**) bei **Berücksichtigung der Fluidreibung** (→ **A4**) in die Überlegungen einzubeziehen.

1.2 Pumpeneinsatzbereiche und Leistungsgrenzen

Bei den Pumpen unterscheidet man zwischen **Verdrängerpumpen** und **Kreiselpumpen.** Die **Leistung einer Pumpe** wird im Wesentlichen durch zwei Daten bestimmt, und zwar durch die

- **Förderhöhe** *H* in m und den
- **Volumenstrom** $\dot{V}$ in m³/s (→ **A3, A4**)

Bild 1 zeigt die **Einsatzbereiche von Pumpen** in Abhängigkeit dieser beiden Größen.

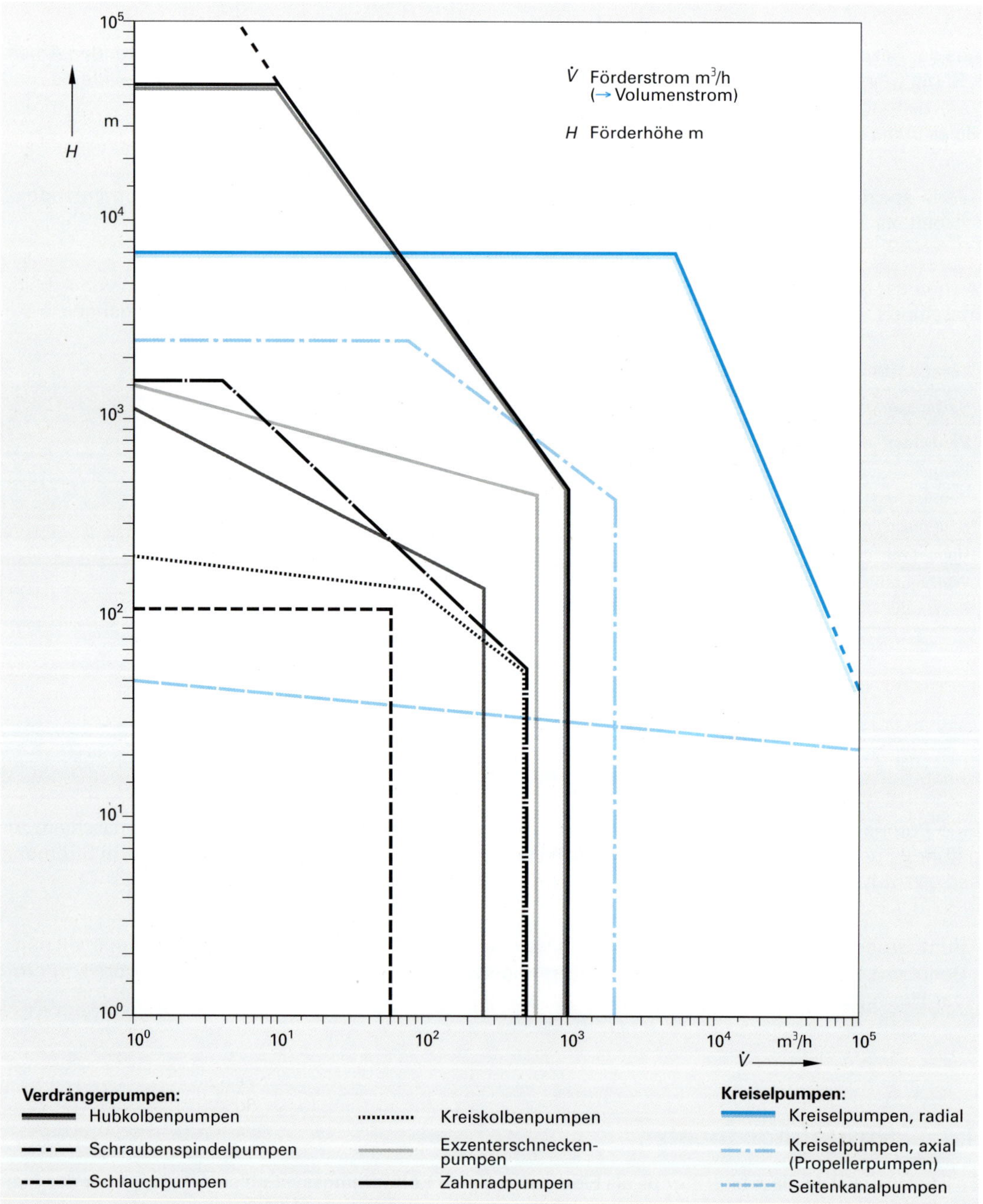

Bild 1: Einsatzbereiche von Pumpen in Abhängigkeit von *H* und $\dot{V}$

1.3 Berechnung der Anlagen-Förderhöhe und der Pumpenleistung

Bild 1 zeigt das Schema einer Pumpenanlage.

Die Förderhöhe der Anlage H_A berechnet sich aus der Summe von geodätischer Höhe H_{geo}, der Widerstandshöhe H_W und der Geschwindigkeitshöhe H_{dyn}:

$$H_A = H_{geo} + H_W + H_{dyn} \quad (1)$$

Förderhöhe der Anlage

Unter $\boldsymbol{H_{geo}}$ wird dabei die **geodätische Förderhöhe,** d.h. die Höhendifferenz der Flüssigkeitsspiegel verstanden. Widerstandshöhe H_W (Verlusthöhe) und Geschwindigkeitshöhe H_{dyn} ergeben sich nach Bernoulli (→ **A3.6, A4.5.1**):

$$H_W = \frac{v^2}{2 \cdot g} \cdot \left(\frac{\lambda \cdot l}{d_i} + \Sigma\zeta \right) \quad (2)$$

Widerstandshöhe

$$H_{dyn} = \frac{p_{II} - p_I}{\varrho \cdot g} + \frac{v_{II}^2 - v_I^2}{2 \cdot g} \quad (3)$$

Geschwindigkeitshöhe

Aus der **Leistungsgleichung** (→ **A1.12**) und der Gleichung für die **potenzielle Energie** (→ **A1.11**) leitet sich ab:

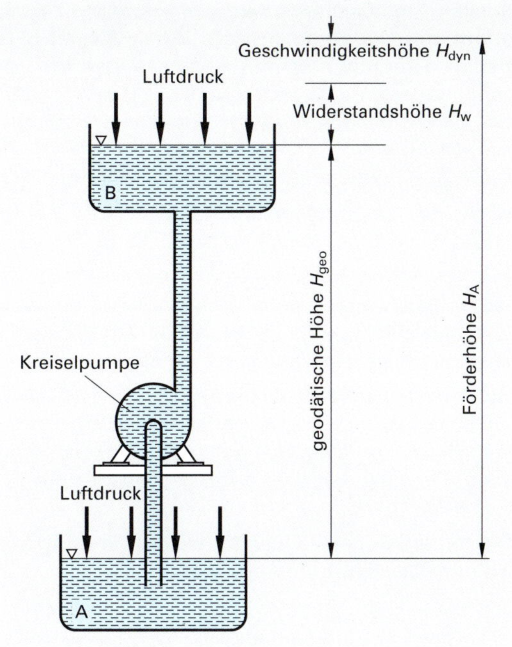

Bild 1: Schema einer Pumpenanlage

Die **Förderleistung** P_n – sie wird auch als **Nutzleistung** bezeichnet – ist der **Förderhöhe** H_A, dem **Volumenstrom** $\dot{V}$ und der **Dichte** ϱ des Fördermediums proportional.

$$[\boldsymbol{P_n}] = [\dot{V}] \cdot [H_A] \cdot [\varrho] \cdot [g] = \frac{m^3}{s} \cdot m \cdot \frac{kg}{m^3} \cdot \frac{m}{s^2} = \frac{Nm}{s} = \frac{Ws}{s} = W = \textbf{Watt}$$

$$P_n = \frac{\dot{V} \cdot H_A \cdot \varrho \cdot g}{1000} \quad (4)$$

Nutzleistung

$$\eta_P = \frac{P_n}{P_a} \quad (5)$$

Pumpenwirkungsgrad < 1

H_A	Förderhöhe der Anlage	m
H_{geo}	Geodätische Förderhöhe	m
p_I	Eintrittsdruck der Anlage (Überdruck)	Pa
p_{II}	Austrittsdruck der Anlage (Überdruck)	Pa
v_I	Mittlere Geschwindigkeit im Eintritt der Anlage	m/s
v_{II}	Mittlere Geschwindigkeit im Austritt der Anlage	m/s
ϱ	Dichte des Fördermediums	kg/m³
H_W	Verlusthöhe	m
v	Strömungsgeschwindigkeit	m/s
g	Fallbeschleunigung	m/s² (g = 9,81 m/s²)
λ	Rohrwiderstandszahl	(ohne Einheit)
l	Länge der geraden Rohrleitung	m
d_i	Innendurchmesser der Rohrleitung	m
ζ	Druckverlustzahl für Formstücke und Armaturen	(ohne Einheit)
P_n	Leistungsbedarf der Pumpe	W
P_a	Förderleistung der Pumpe	W
$\dot{V}$	Förderstrom	m³/s

1.4 Pumpen- und Anlagenkennlinien

In einer Pumpenanlage wird der geförderte Flüssigkeitsstrom, d.h. der Volumenstrom $\dot{V}$ (→ **A3.4, A3.5**) je nach Bedarf einmal größer und einmal kleiner sein, d.h. der **Volumenstrom $\dot{V}$ verändert sich.** Mit $\dot{V} = A \cdot v$ ändert sich bei einem inkompressiblen Fluid die Strömungsgeschwindigkeit v.

Mit der Strömungsgeschwindigkeit v ändert sich aber auch der Strömungswiderstand in der Rohrleitung (→ **A4.6**), und zwar in quadratischer Abhängigkeit. Somit:

Mit steigendem Volumenstrom $\dot{V}$ nimmt die Förderhöhe der Anlage H_A zu. Diese Abhängigkeit wird in der **Anlagenkennlinie** mit $H_A = f(\dot{V})$ gemäß **Bild 1** dargestellt. Diese kann durch einen Messversuch ermittelt werden.

Bei der **Pumpenkennlinie (Bild 1)** mit $H = f(\dot{V})$ ist das Verhalten umgekehrt, denn je größer der Volumenstrom $\dot{V}$ ist, desto kleiner kann nur die Förderhöhe sein. Dies ergibt sich auch eindeutig aus der Leistungsgleichung für Pumpen (→ **D1.3**).

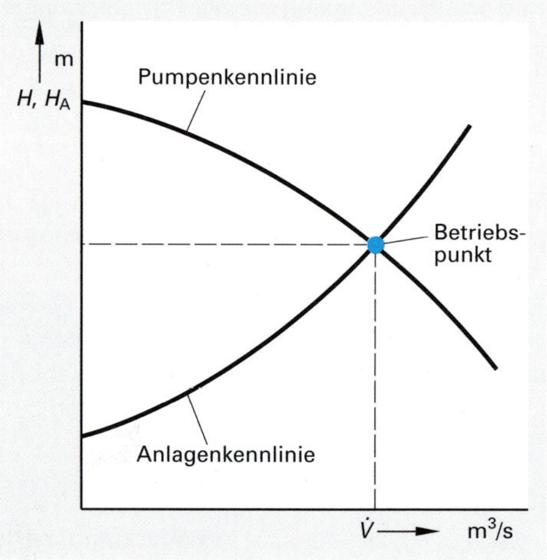

Bild 1: Betriebspunkt

Die Pumpenkennlinie gibt an, welche Förderhöhen H die Pumpe bei verschiedenen Volumenströmen $\dot{V}$ erzeugt. Aus **Bild 1** ist zu ersehen:

Der **Betriebspunkt** einer Kreiselpumpe ergibt sich aus dem Schnittpunkt von Anlagenkennlinie und Pumpenkennlinie.

Dies ist dadurch zu begründen, dass der Druck der Pumpe nicht ausreichen würde, wenn man einen größeren Volumenstrom in das Anlagennetz fördern wollte, als dies im Betriebspunkt der Fall ist. Wollte man andererseits einen kleineren Volumenstrom fördern, dann würde der Pumpendruck, der dann höher als der Gegendruck der Rohrleitung wäre, verursachen, dass mehr strömt.

Soll der Volumenstrom verkleinert werden, dann muss der Widerstand in der Rohrleitung vergrößert werden. Dies geschieht durch allmähliches Schließen des Druckschiebers, wobei eine neue Anlagenkennlinie entsteht. Diese nennt man dann **Drosselkurve.** Drosselt man immer weiter, dann wird schließlich, bei einem Volumenstrom Null, gegen einen **geschlossenen Schieber** gefördert.

1.5 Kreiselpumpen

1.5.1 Arbeitsprinzip von Kreiselpumpen

Bei Kreiselpumpen wird die durch eine Arbeitsmaschine zugeführte mechanische Energie auf das **Fördermedium** übertragen, und zwar als **Druckenergie** (→ **A3.6, A6.1**) und **kinetische Energie** (→ **A1.11, A3.6**). **Kreiselpumpen sind Strömungsmaschinen** (→ **C3.3**).

Ebenso wie bei den Turbinen als Kraftmaschinen (→ **C3.3, C5.2, C7.2**) wird bei den Kreiselpumpen als Arbeitsmaschinen die Energieübertragung durch **Laufräder** realisiert.

Nach der **Laufradform** unterscheidet man **Radialpumpen (Bild 1/221), Diagonalpumpen (Bild 2/221),** die auch als Halbaxialpumpen bezeichnet werden, und **Axialpumpen (Bild 2/221).** Nach der **erreichbaren Förderhöhe** unterscheidet man

- **Niederdruckpumpen** bis etwa 30 m Förderhöhe
- **Mitteldruckpumpen** von 30 m bis 60 m Förderhöhe
- **Hochdruckpumpen** über 60 m Förderhöhe

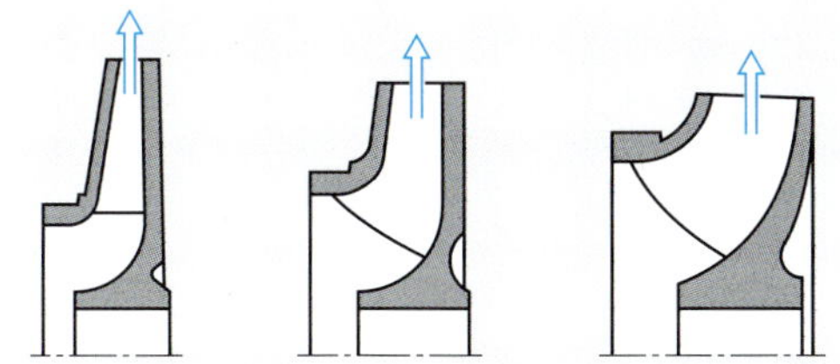

Bild 1: Radiallaufräder

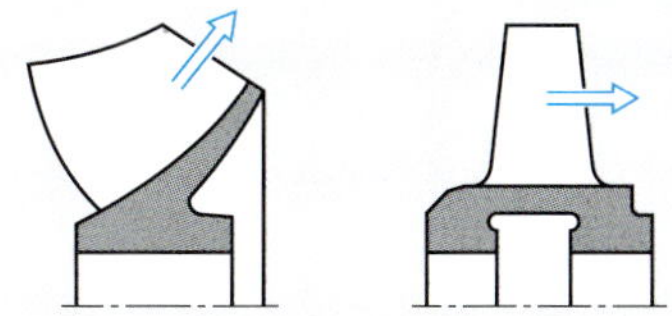

Bild 2: Diagonal- und Axiallaufrad

Des Weiteren wird zwischen **einflutigen** und **zweiflutigen Kreiselpumpen** unterschieden. **Bild 3** zeigt ein zweiflutiges Radialrad, während in den **Bildern 1** und **2** einflutige Pumpenräder abgebildet sind.

Für höhere Drücke werden Kreiselpumpen **mehrstufig** ausgeführt. Dabei entsprechen (beim Fördermedium Wasser) 10 m Förderhöhe ungefähr einem Gegendruck von 1 bar (→ **A2.1**). So muss z. B. eine Kesselspeisepumpe (→ **C2.5.1**) für eine Anlage mit 60 bar Dampfdruck für eine Förderhöhe von mindestens 600 m gebaut sein. **Bild 4** zeigt eine einflutige, vierstufige Kreiselpumpe für Wasserförderung.

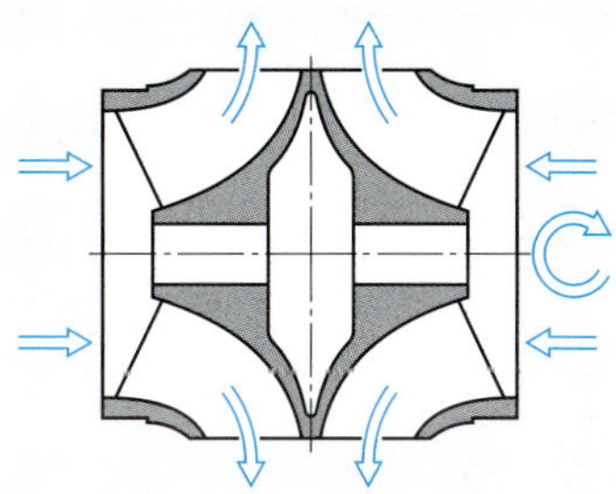

Bild 3: Zweiflutiges Radialrad

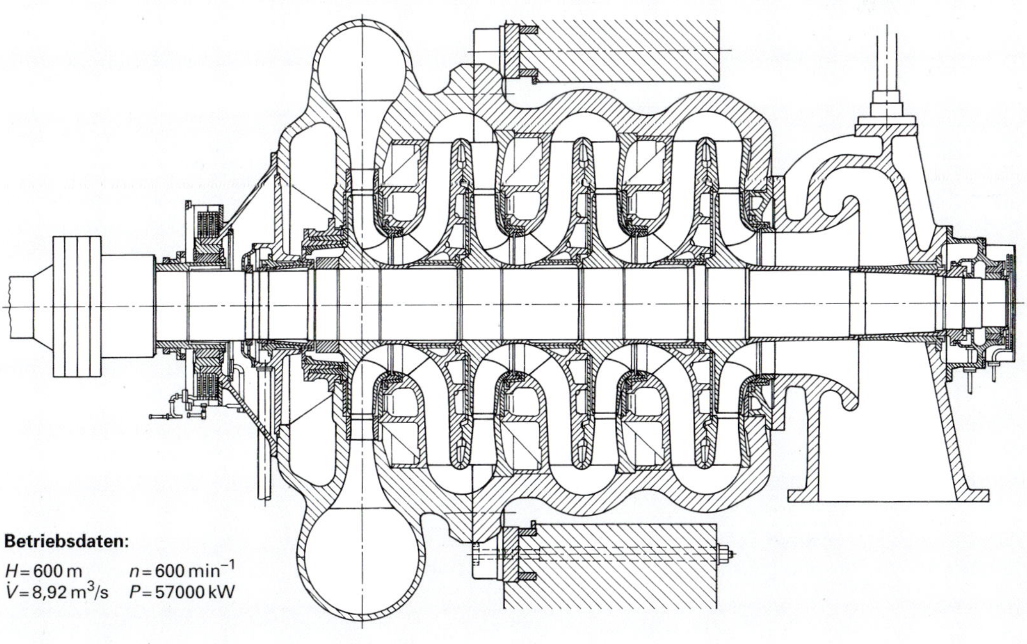

Betriebsdaten:

$H = 600$ m $n = 600$ min^{-1}
$\dot{V} = 8{,}92$ m^3/s $P = 57000$ kW

Bild 4: Einflutige, vierstufige Kreiselpumpe

1.5.2 Die Saugwirkung

Wird gemäß **Bild 1** ein beidseitig offenes Glasrohr ① in eine Flüssigkeit getaucht, so steigt in diesem Rohr die Flüssigkeit auf die Höhe des übrigen Flüssigkeitsspiegels. Verschließt man nun dieses Rohr ② am oberen Ende vollkommen dicht und zieht es anschließend nach oben heraus, dann wird im Rohr infolge des sich ergebenden Unterdruckes (→ **A2.1**) $\boldsymbol{p_e = p_{amb} - p_{abs}}$ Flüssigkeit hochgehoben und der Flüssigkeitsspiegel sinkt um das Maß Δh.

Aus dem **Druckverteilungsdiagramm** des **Bildes 1** lässt sich für den Flüssigkeitsspiegel x – x die folgende Beziehung herleiten:

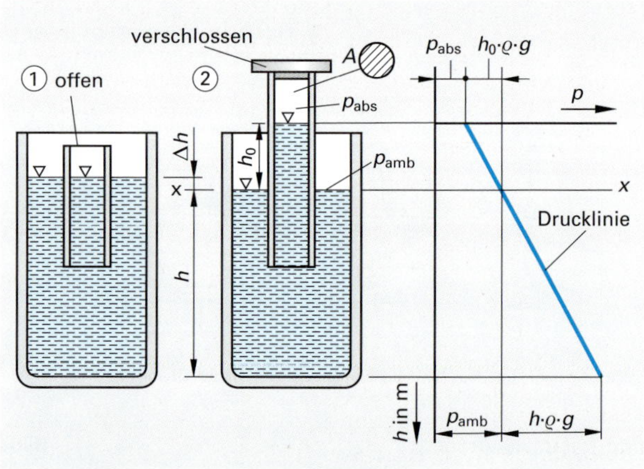

Bild 1: Modellversuch zur Saugwirkung

p_{abs}	absoluter Druck im **Saugraum**	N/m²
p_{amb}	Atmosphärendruck	N/m²
h_0	Saughöhe	m
ϱ	Dichte des Fördermediums	kg/m³
g	Erdbeschleunigung	m/s²

$p_{abs} + h_0 \cdot \varrho \cdot g = p_{amb}$

Somit ergibt sich für die

$$h_0 = \frac{p_{amb} - p_{abs}}{\varrho \cdot g} \quad (1)$$

Saughöhe

Aus vorstehender Gleichung sind die folgenden Regeln zu erkennen:

Ist $p_{abs} = 0$ (vollständiges Vakuum), dann erreicht die Saughöhe ihren Höchstwert.

Je kleiner die Dichte ϱ des geförderten Mediums ist, desto größer ist die Saughöhe h_0.

Zu beachten ist, dass man unter $\boldsymbol{h_0}$ die **theoretische Saughöhe** versteht. Diese ist als Grenzwert zu verstehen, da **keinerlei Verluste von Pumpe und Anlage** eingerechnet sind. Es folgt hieraus:

Die **tatsächliche Saughöhe** h_{tats} einer Saugpumpe ist stets kleiner als die theoretische Saughöhe h_0.

1.5.3 Kavitation und Selbstansaugung

Sinkt in einer Flüssigkeit der statische Druck örtlich unter den Verdampfungsdruck p_S (→ **A5.9**), dann bilden sich dort Dampfblasen. Bei strömenden Flüssigkeiten werden diese Dampfblasen mit der Strömung fortgerissen und brechen in Gebieten höheren Druckes bei gleichzeitiger Kondensation wieder zusammen. Insgesamt nennt man diesen Vorgang **Kavitation** oder **Hohlsog.** Bei der plötzlichen Kondensation findet eine schlagartige Volumenverkleinerung statt, was mit einem heftigen Zusammenprall der Flüssigkeitsteilchen verbunden ist und zu kurzzeitigen Druckstößen von mehr als 10 000 bar führen kann. Diese Druckstöße bewirken in der Nähe der Kavitationsstelle **mechanische Zerstörungen des Werkstoffes.** Bei Pumpen werden beim Auftreten von Kavitation vor allem die Pumpenlaufräder betroffen und zerstört.

Um ein **kavitationsfreies Arbeiten** einer Pumpe zu gewährleisten, darf ein kleinster Druck beim Eintritt des Fördermediums in die Pumpe nicht unterschritten werden. Dies ist der **NPSH-Wert.**

NPSH heißt „Netto-positve Saughöhe“. Man versteht hierunter die absolute Druckhöhe der Flüssigkeit abzüglich der Verdampfungsdruckhöhe im Eintrittsquerschnitt der Pumpe.

Der NPSH-Wert ist vom unterschiedlichen Verdampfungsdruck der verschiedenen Medien und natürlich auch von der Temperatur abhängig (→ **A5.9**).

Um wirklich sicherzugehen, dass keine Kavitation auftritt, wird mit einem gewissen Sicherheitsabstand zum NPSH-Wert gearbeitet, meist mit einer um 0,5 m größeren Druckhöhe als der NPSH-Wert. Der NPSH-Wert lässt sich im Versuch ermitteln, aber auch berechnen. Angaben hierzu erhält man vom **Pumpenhersteller.**

Eines der augenfälligsten betrieblichen Merkmale einer Kreiselpumpe ist, dass sie nicht selbstansaugend ist. Dies bedeutet, dass eine solche Pumpe nicht ansaugen kann, wenn sich Luft oder Gase in der Saugleitung befinden. Sie muss deswegen als **Unterwasserpumpe,** eine solche nennt man auch **Tauchpumpe,** aufgestellt werden. Eine andere Möglichkeit besteht darin, dass man Pumpe und Saugleitung vor dem Starten mit Flüssigkeit füllt.

1.5.4 Bauarten von Kreiselpumpen

Radialpumpe

Sie wissen bereits, dass man Kreiselpumpen nach der **Laufradform,** nach **Druckbereichen** und nach der **Anzahl der Stufen** unterscheidet.

Bild 1 zeigt eine **einstufige Radialpumpe.** Einstufig heißt diese Pumpe, weil sie nur ein Laufrad hat, aus dem das Fördermedium radial, also in einem rechten Winkel zur Pumpenwelle ausströmt. Das Gehäuse der Pumpe bildet im Wesentlichen einen ringförmigen Kanal um das Laufrad, der sich in Richtung Druckstutzen spiralförmig erweitert. Deshalb spricht man auch von einer **Spiralgehäusepumpe.**

Zur Übertragung der Drehbewegung des Laufrades **(Bild 2)** auf das Fördermedium sind zwischen den beiden **Laufradscheiben** (1) mehrere **Laufradschaufeln** (2) angeordnet. Man erkennt, dass das Fördermedium von dem sich sehr schnell drehenden Laufrad in Rotation versetzt und dadurch nach außen geschleudert wird. Durch das Hinausschleudern der Flüssigkeit entsteht am Laufradeintritt ein starker **Unterdruck** (→ **A2.1**).

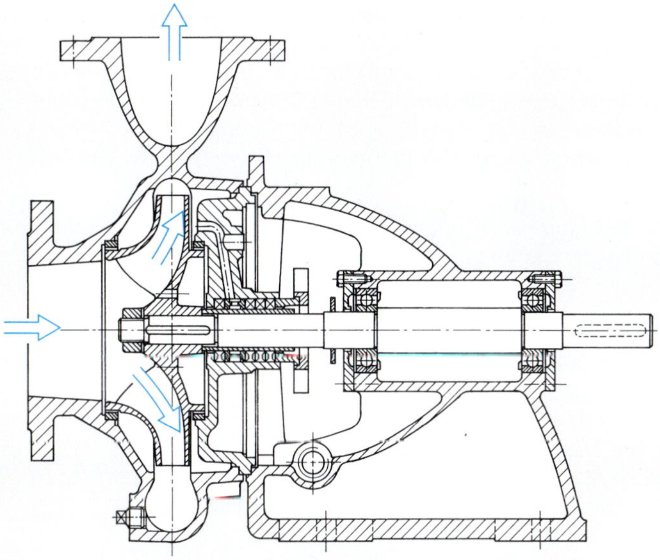

Bild 1: Einstufige Kreiselpumpe mit Spiralgehäuse

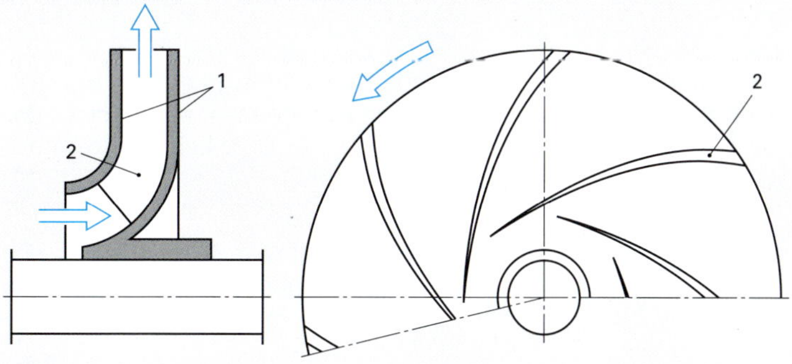

Bild 2: Radiallaufrad

Infolge dieses Unterdruckes wird ständig neues Fördermedium aus der Saugleitung in das Laufrad nachgesaugt. Voraussetzung hierfür ist, dass die Saugleitung mit dem Fördermedium gefüllt ist (→ **D1.5.3**). Wie gesagt, ist darauf zu achten, dass wegen einer eventuellen Kavitation (→ **D1.5.3**) der Unterdruck in den erforderlichen Grenzen gehalten wird. Das Laufrad führt dabei in der Regel eine **konstante Drehzahl** aus und dadurch strömt das Fördermedium gleichmäßig aus der Saugleitung nach.

Im Gegensatz zu einer Kolbenpumpe ist die Kreiselpumpe durch eine kontinuierliche Förderung gekennzeichnet.

Die bisherigen Erläuterungen lassen erkennen:

Die Förderhöhe einer Kreiselpumpe ist von der Drehzahl des Laufrades und dessen Durchmesser abhängig.

Aus wirtschaftlichen Gründen arbeitet man in Sonderfällen mit sehr großen Motor-Drehzahlen, d.h. über $2\,900\ \text{min}^{-1}$, z.B. bei Kesselspeisepumpen. Dadurch kann man zwischen Motor und Pumpe ein kostspieliges Getriebe einsparen.

Da aber die Drehzahlen aus technischen Gründen nach oben begrenzt sind, kann auf diese Weise nicht jede in der Praxis erforderliche Förderhöhe erreicht werden. Deshalb werden gelegentlich mehrere Pumpen hintereinander geschaltet. In einem solchen Fall fördert die erste Pumpe in den Saugstutzen der zweiten Pumpe und für die zweite Pumpe ist dann der Zulaufdruck der Druck, der von der ersten Pumpe erzeugt wird. Diese **Hintereinanderschaltung** (Serienschaltung) kann aber auch bereits konstruktiv dadurch realisiert werden, dass man mehrere Stufen hintereinander auf einer Welle und in einem Gehäuse anordnet. Man spricht dann von einer **mehrstufigen Kreiselpumpe. Bild 4/221** zeigt z.B. eine vierstufige Pumpe.

Bei mehrstufigen Pumpen addieren sich die einzelnen Förderhöhen und damit auch der Leistungsbedarf, nicht aber der Volumenstrom.

Diagonalpumpe

Bild 2/221 zeigt das Laufrad einer Diagonalpumpe, die bekanntlich auch als **Halbaxialpumpe** bezeichnet wird. Dies ist ein **offenes Laufrad,** also ein Laufrad ohne saugseitige Seitenscheibe. Bei einer mehrstufigen Ausführung sind die Laufräder in der Regel geschlossen, d.h., dass sie mit einer saugseitigen Seitenscheibe ausgerüstet sind. Ein solches **geschlossenes Halbaxiallaufrad** ist in **Bild 1** abgebildet. Die Bezeichnung „halbaxial" ergibt sich aus einer Strömungsrichtung, die zwischen radial und axial, also diagonal, liegt.

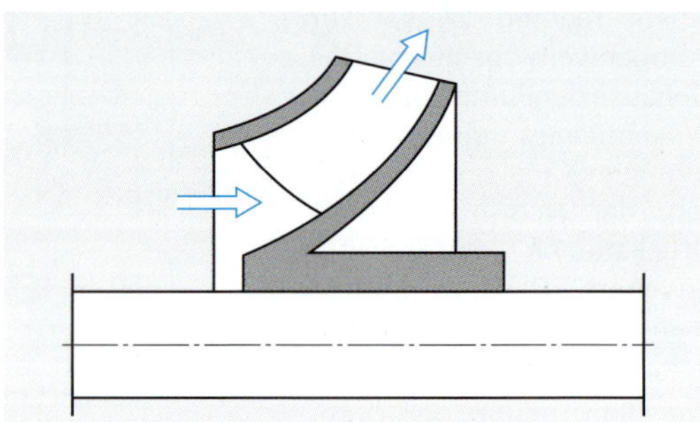

Bild 1: Geschlossenes Halbaxiallaufrad

Diagonalpumpen haben relativ kleine Laufraddurchmesser, sind also für verhältnismäßig kleine Förderhöhen gebaut. Die Laufradquerschnitte sind groß, sodass mäßig stark **verunreinigte Fördermedien** gefördert werden können.

Kanalradpumpe

Das Laufrad einer solchen Pumpe ist von **radial** verlaufenden **Kanälen** durchzogen. Je nach Anzahl der Laufrad-Kanäle unterscheidet man Einkanalrad-Pumpen und Mehrkanalrad-Pumpen. **Bild 2** zeigt das Laufrad einer Zweikanalrad-Pumpe.

Kanalradpumpen sind dafür geeignet, starke Verunreinigungen mitzufördern. Dies ist wegen der großen Laufrad-Kanalquerschnitte möglich. Es versteht sich von selbst, dass dieser Effekt umso stärker vorhanden ist, je weniger Kanäle im Laufrad untergebracht sind. Allerdings ist es so, dass die Laufruhe einer Kanalradpumpe mit der Anzahl der Kanäle zunimmt.

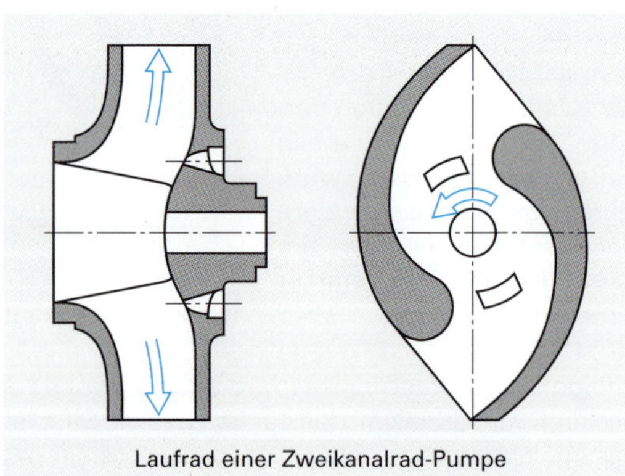

Bild 2: Laufrad einer Zweikanalrad-Pumpe

Freistrompumpe

Dadurch, dass – im Gegensatz zu allen anderen Bauarten – das Laufrad den Innenraum der Pumpe nur zu einem kleinen Teil ausfüllt, ist die **Freistrompumpe (Bild 1)** noch mehr als die Kanalradpumpe zur Förderung von verschmutztem Fördermedium geeignet. Man bezeichnet diese praktisch verstopfungsfreie Pumpe auch als **Wirbelpumpe** oder **Wirbelraumpumpe,** da durch den Freiraum, der auch die Bezeichnung Freistrompumpe erklärt, das Fördermedium im Pumpengehäuse kaum geführt und dadurch stark verwirbelt wird.

Die geschilderte Bauform und die starken Verwirbelungen führen dazu, dass die Freistrompumpe einen verhältnismäßig schlechten Wirkungsgrad (→ **A1.13**) hat. Dadurch ist der Leistungsbedarf der Antriebsmaschine entsprechend groß.

Das Einsatzgebiet einer Freistrompumpe ist dort zu suchen, wo verhältnismäßig kleine Förderhöhen bei **Verstopfungsfreiheit** gefordert werden.

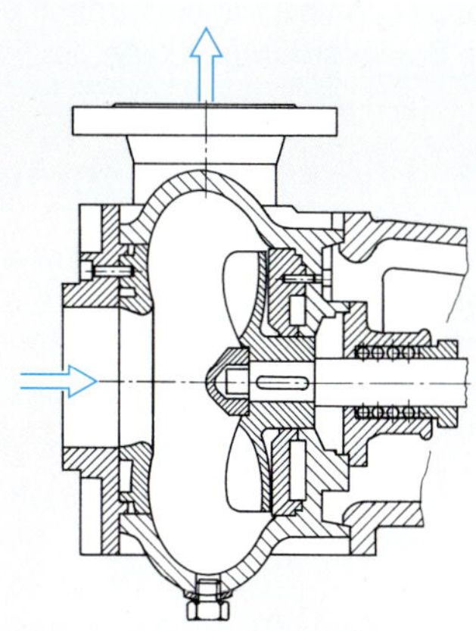

Bild 1: Freistrompumpe

Seitenkanalpumpe

Bei dieser Pumpe wird das Fördermedium außerhalb des Laufrades durch **Seitenkanäle** geführt, was auch die Bezeichnung erklärt. Das Laufrad rotiert zwischen zwei Gehäusescheiben und besteht im Wesentlichen aus radial angeordneten **Flügeln (Bild 2).**

Das Fördermedium verlässt die Pumpe nur dann, wenn vom Sauganschluss her neues Fördermedium nachfließt. Befindet sich in der Saugleitung Luft oder ein sonstiges Gas, dann wird Luft oder Gas so lange weggepumpt, bis wieder Flüssigkeit nachströmt. Diese Bauart kann deshalb auch als **Evakuierungspumpe** verwendet werden.

Die Förderhöhe der Seitenkanalpumpe ist natürlich von der Drehzahl abhängig, aber auch sehr stark von den Spalten zwischen Laufrad und Gehäusescheiben. Besondere Eigenschaften:

- selbstansaugend, also Luft und Gas mitfördernd,
- kleine Durchgangsquerschnitte und dadurch empfindlich gegen Verunreinigungen,
- relativ große Förderhöhe bei verhältnismäßig kleinen Förderströmen,
- es sind mehrstufige Ausführungen möglich.

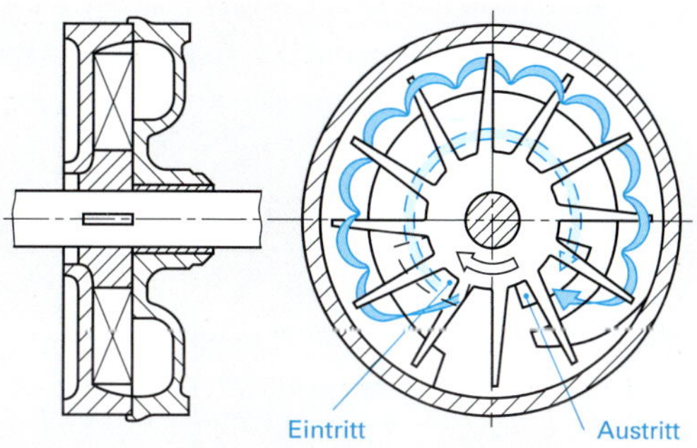

Bild 2: Schema einer Seitenkanalpumpe

Axialpumpe

Man unterscheidet Axialpumpen mit feststehenden Schaufeln von solchen mit verstellbaren Schaufeln. Im ersteren Fall bezeichnet man eine Axialpumpe als **Propellerpumpe,** im zweiten Fall als **Kaplanpumpe** (→ **C5.2.5**). Eine solche ist in **Bild 3** abgebildet.

Bei allen Axialpumpen strömt das Fördermedium parallel zur Pumpenachse.

Diese Bauart eignet sich besonders gut für **große und sehr große Förderströme,** was auch aus der Bemaßung des **Bildes 3** hervorgeht. Die Förder-

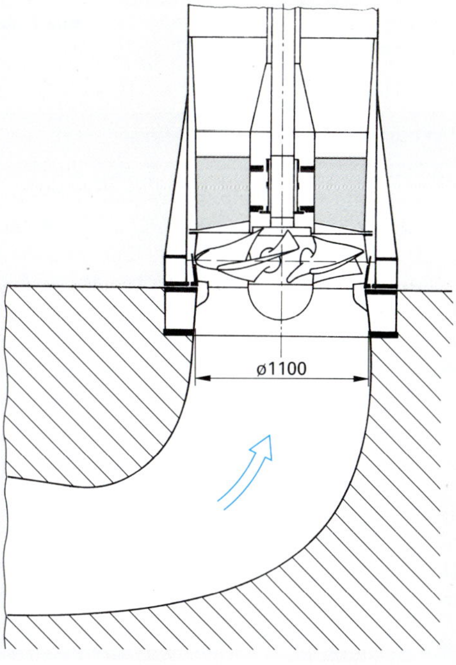

Bild 3: Kaplanpumpe

D Arbeitsmaschinen

menge kann bei Kaplanpumpen durch die Drehzahl und die Laufschaufelverstellung geregelt werden. Bei den Propellerpumpen kann der Förderstrom nur über die Drehzahl geregelt werden.

1.6 Verdrängerpumpen

Die Druckerhöhung im Fördermedium wird bei **Verdrängerpumpen** dadurch erzeugt, dass dieses in einen begrenzten Raum gesaugt wird, der sich mechanisch verkleinert. Dadurch wird die Flüssigkeit verdrängt und man unterscheidet dabei die Verdrängung

- bei **Kolbenpumpen** durch einen hin- und herbewegten Kolben,
- bei **Membranpumpen** durch eine hin- und hergebogene Membrane,
- bei **Umlaufverdrängerpumpen** durch umlaufende Verdränger, z. B. ein Zahn- oder Zellenrad.

1.6.1 Kolbenpumpen

Gemäß der **Bilder 1** bis **3** unterscheidet man

- **Axialpumpen** mit der Kolbenachse parallel zur Zentralachse,
- **Radialpumpen** mit der Kolbenachse radial zur Zentralachse,
- **Reihenpumpen** mit den Kolben in Reihe und den Kolbenachsen senkrecht zur Zentralachse.

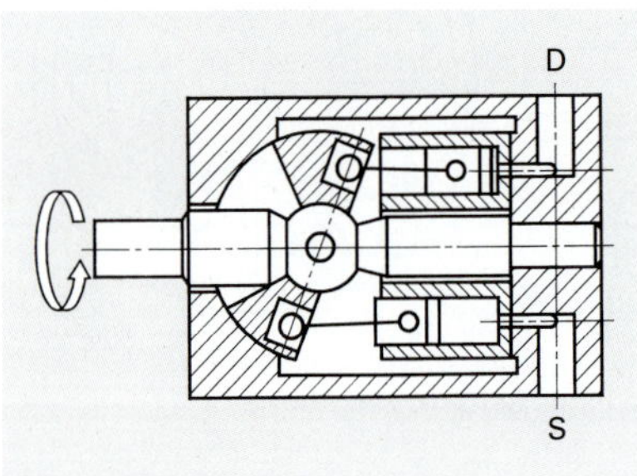

Bild 1: Axialpumpe

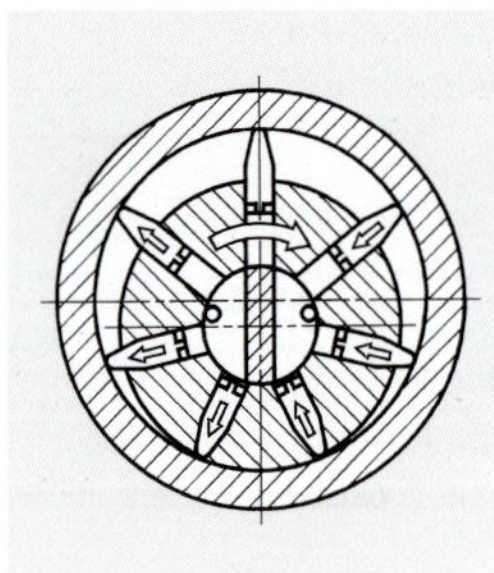

Bild 2: Radialpumpe

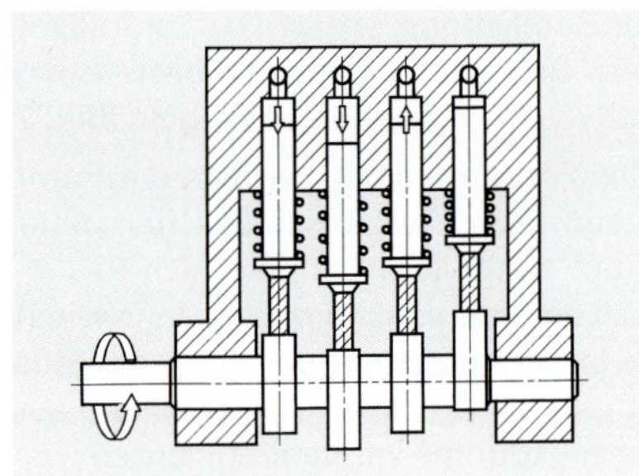

Bild 3: Reihenpumpe

Axialkolben-Taumelscheibenpumpe

Grundsätzlich ist zu sagen, dass sich das Haupt-Einsatzgebiet von **Axialpumpen** bei hydraulisch betriebenen oder hydraulisch gesteuerten Anlagen befindet. Sie haben mehrere Kolben mit kleinen Durchmessern, die parallel oder schräg zur Achse der Antriebswelle angeordnet sind. Durch die Verwendung mehrerer Kolben wird ein annähernd **gleichmäßiger Förderstrom** erzielt.

Bild 4 zeigt eine **Axial-Taumelscheibenpumpe.** Die Kolben sind im feststehenden Pumpengehäuse gelagert und erhalten durch eine **Taumelscheibe** den Arbeitshub und durch **Federn** den Rückhub. Das Fördermedium wird beim Rückhub der Kolben angesaugt. Beim Vorwärtshub (Arbeitshub) schließt der Kolben mit seiner Oberkante den Füllraum und drückt das Fördermedium über das Druckventil in einen gemeinsamen Ringkanal und damit weiter in die Druckleitung. Pumpen dieser Bauart haben einen hohen Wirkungsgrad und erreichen Drücke bis

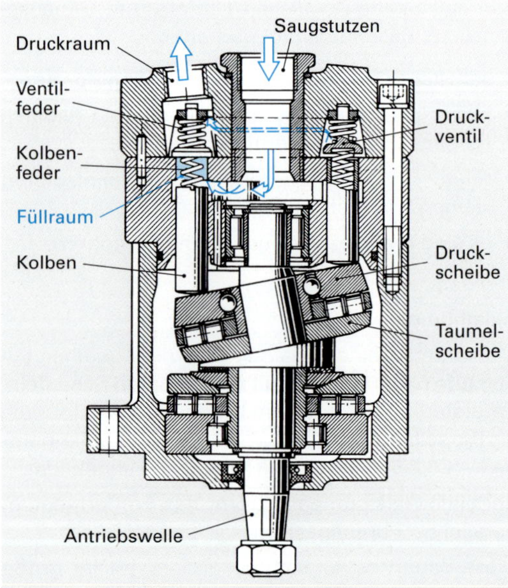

Bild 4: Axialkolben-Taumelscheibenpumpe (10 Kolben)

300 bar. Die Massenträgheit (→ **A1.6**) der Ventile lässt keine hohen Drehzahlen zu. Solche Pumpen sind sehr unempfindlich und können in beliebiger Drehrichtung angetrieben werden.

Axialkolben-Schrägscheibenpumpe

Bild 1 zeigt eine Schrägscheibenpumpe mit **feststehender Schrägscheibe.** Diese Pumpe fördert bei konstanter Antriebsdrehzahl, je nach Schrägstellung der Schrägscheibe, einen veränderlichen Volumenstrom. Wie bei der Taumelscheibenpumpe sind die Kolben parallel zur Zentralachse angeordnet, doch hier rotiert der Trommelkörper mit dem Kolben und die Schrägscheibe steht fest. Zur Veränderung des Volumenstroms kann die Schrägscheibe über eine Verstelleinrichtung mehr oder weniger ausgeschwenkt werden. Bei Drehung der Antriebswelle werden Zylinder, Kolben und Gleitschuhe mitgenommen.

Eine weitere Bauform ist die Axialkolbenpumpe mit **umlaufender Schrägscheibe** und konstanter Schrägstellung. Bei der Ausführung im **Bild 2** erfolgt die Steuerung des Förderstroms innerhalb der Maschine über Ventile. Das im Kolben eingebaute Saugventil wird im oberen Totpunkt der Kolbenbewegung durch die Feder geöffnet, und das Hydrauliköl kann in die Zylinderkammer einströmen. Im weiteren Verlauf der Schrägscheibendrehung wird das Saugventil wieder geschlossen und der Kolben nach rechts gedrückt. Dadurch steigt der Druck im Zylinder und öffnet schließlich das Kugelventil zur Druckleitung, in welche das Fördermedium dann einströmen kann. Wegen der Unwucht der sich mitdrehenden Schrägscheibe wird die Betriebsdrehzahl einer solchen Pumpe auf etwa 1500 min^{-1} begrenzt.

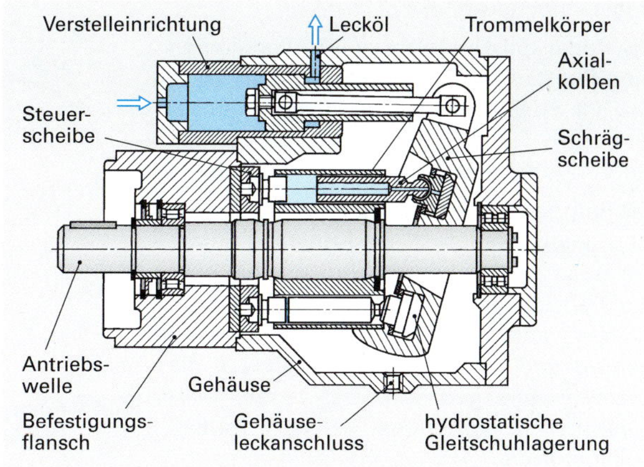

Bild 1: Axial-Schrägscheibenpumpe mit feststehender Schrägscheibe

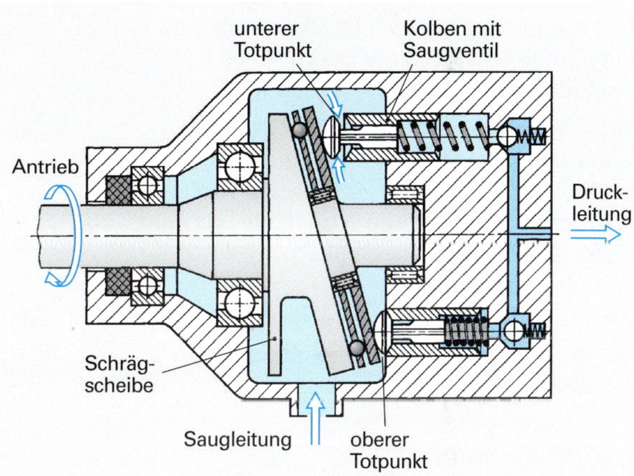

Bild 2: Axial-Schrägscheibenpumpe mit umlaufender Schrägscheibe

Schwenktrommelpumpe

Bild 3 zeigt eine Axialkolbenpumpe in **Schrägachsen-Bauart,** eine sogenannte **Schwenktrommelpumpe.** Bei einer solchen Pumpe werden die Kolben samt der Schwenktrommel von der Triebscheibe über die Kolbenstangen mitgenommen und erzeugen auf diese Weise die Pumpbewegung. Die Fördermenge hängt von der Größe des Kolbenhubs und damit vom Schwenkwinkel der Trommel ab. Die Trommel kann um höchstens 25° zur Mittellage geschwenkt werden, und zwar nach beiden Seiten. Dadurch lässt sich die Richtung des Förderstroms umkehren. Drücke bis 350 bar werden erreicht.

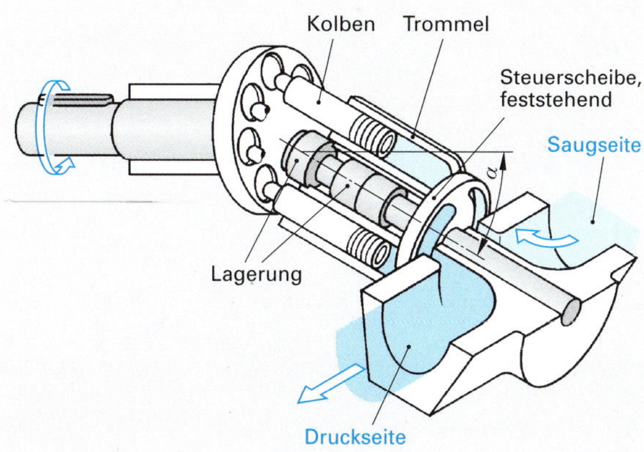

Bild 3: Schwenktrommelpumpe

Radialkolbenpumpe

Die Radialkolbenpumpe ist im Allgemeinen eine Pumpe mit konstantem Förderstrom. Sie hat ihren Namen wegen der radialen, also zum Gehäusemittelpunkt zeigenden Anordnung ihrer Kolben.

Die Pumpenelemente mit Kolben, Saug- und Druckventil sind bei dieser Konstruktion am Gehäuse angeschraubt und bilden eine funktionsfähige Kolbenpumpe **(Bild 1)**. Die Kolben sind in den Pumpenelementen geführt und werden durch Federn auf die Exzenterwelle gedrückt. Deswegen heißt diese Pumpe **außenbeaufschlagte Radialkolbenpumpe.**

Das Saugventil besteht aus einem frei schwingenden Ventilplättchen, das mit der Kante abdichtet. Das Druckventil besteht aus einer Kugel oder einer Platte, die durch eine Feder auf eine Dichtkante gedrückt wird. Es werden Drücke bis zu 650 bar erzeugt.

Der Kolbenhub entspricht der doppelten Exzentrizität. Es gibt Bauarten bei denen die Exzentrizität verändert werden kann. **Der Volumenstrom ist dann von Null bis zu einem Maximalwert variabel.**

Wird die Hubbewegung der Kolben von außen erzwungen, spricht man von einer **innenbeaufschlagten Radialkolbenpumpe.** Eine solche zeigt **Bild 2.**

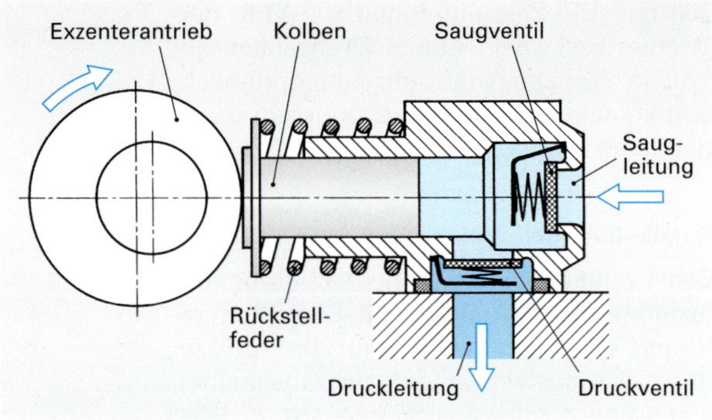

Bild 1: Pumpenelement einer außenbeaufschlagten Radialkolbenpumpe

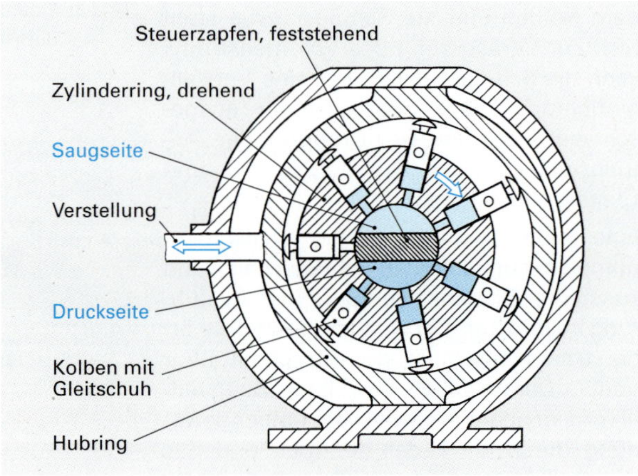

Bild 2: Innenbeaufschlagte Radialkolbenpumpe

Bevor wir uns mit dem Verdrängungsprinzip der Membranpumpe befassen, soll noch kurz auf die **einfachwirkende Arbeitsweise (Bild 3)** und die **doppelwirkende Arbeitsweise (Bild 4) von Kolbenpumpen** eingegangen werden:

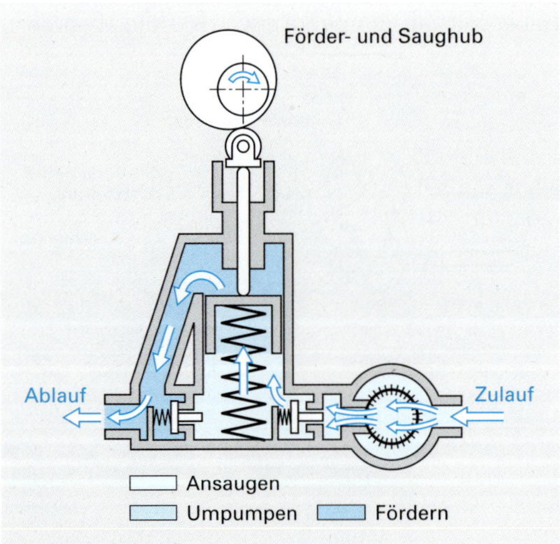

Bild 3: Einfachwirkende Kolbenpumpe

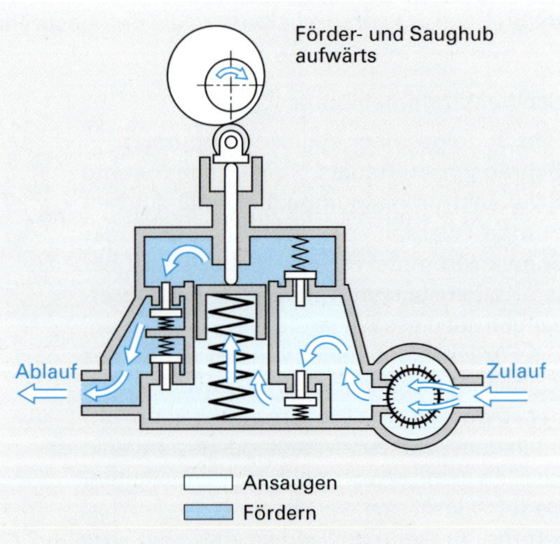

Bild 4: Doppelwirkende Kolbenpumpe

Bei der einfachwirkenden Arbeitsweise ist nur jeder zweite Hub ein Arbeitshub, d. h. Saughub und Arbeitshub wechseln einander ab. Die Steuerung erfolgt durch federbelastete Plattenventile.

Bei der doppelwirkenden Kolbenpumpe wird bei einem Hub gleichzeitig angesaugt und gefördert.

1.6.2 Membranpumpen

Die **Membranpumpen,** die auch **Diaphragmapumpen** genannt werden, arbeiten ebenfalls nach dem Verdrängerprinzip. Sie haben an Stelle eines Kolbens eine biegsame Platte, die Membrane bzw. das Diaphragma. Diese Membrane besteht aus Gummi oder Kunststoff. Das Arbeitsprinzip **(Bild 1)** besteht darin, dass die Membrane durch einen Kolben gebogen wird und dadurch wechselweise ein Unterdruck oder Überdruck im Arbeitsraum der Pumpe entsteht, und zwar durch Volumenvergrößerung bzw. Volumenverkleinerung hinter der Membrane.

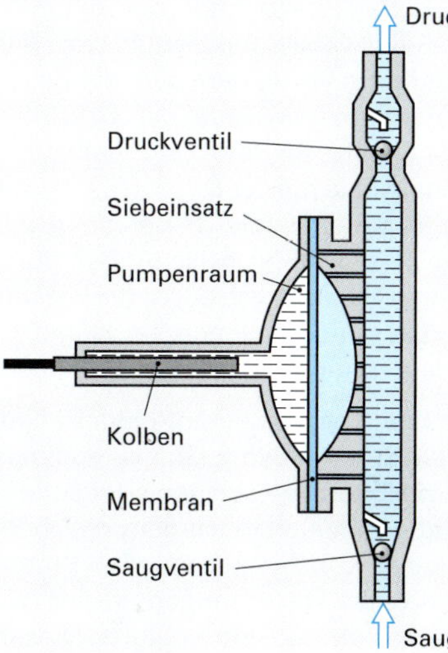

Bild 1: Membranpumpe

Beim Erzeugen des Unterdrucks saugt die Pumpe an, das Fördermedium hebt die **Saugventilkugel** (bei gleichzeitigem Schließen der **Druckventilkugel**) und tritt in den unteren Pumpenraum. Beim Zurückbiegen der Membrane schließt sich das Saugventil und das Fördermedium tritt durch das Membranventil in den oberen Pumpenraum. Beim nächsten Hub fließt es durch die Ausflussöffnung ab. Membranpumpen werden sowohl als **Saugpumpen** sowie als **Druckpumpen** gebaut. Die Druckhöhe ist durch die Haltbarkeit der Membrane begrenzt, es können aber bei Wasser durchaus Saughöhen (→ **D1.5.2**) von 7 Meter erreicht werden. Membranpumpen sind sehr robust und unempfindlich. Sie werden vor allem zur Förderung schlammiger Flüssigkeiten, z. B. zum Auspumpen von Baugruben, eingesetzt.

1.6.3 Umlaufverdrängerpumpen

Die Verdrängung des Fördermediums erfolgt durch umlaufende **Verdränger**. Dies können **Schieber, Zahnräder, Zellenräder** oder **Flügelräder** sein.

Zellenpumpe

Die einfachste Art der Umlaufverdrängerpumpen ist die **Zellenpumpe (Bild 2).** Sie besteht aus einem zylindrischen Gehäuse, in dem sich eine exzentrisch gelagerte, geschlitzte Trommel dreht. Der Schlitz enthält zwei durch Federn auseinandergedrückte **Schieber,** die bei der Umdrehung dauernd an der Gehäusewand entlanggleiten. Sie schieben das an der Saugöffnung eingedrungene Fördermedium vor sich her und drücken es an der Drucköffnung aus der Pumpe heraus. Andere Bauarten enthalten vier oder mehr Schieber. Anstatt durch Federn können bei schnelllaufenden Pumpen die Schieber auch durch die Fliehkraft an die Gehäusewand gedrückt werden.

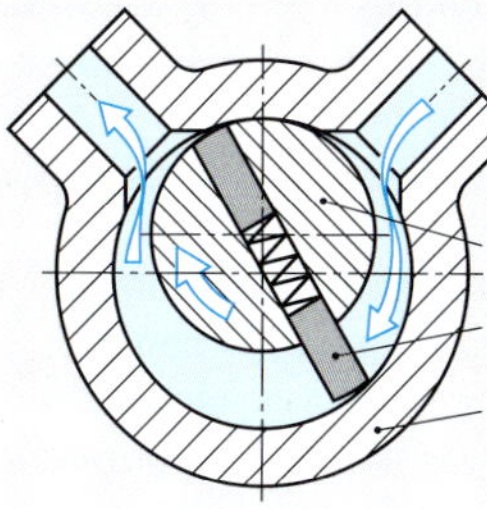

Bild 2: Zellenpumpe

Flügelzellenpumpe

Eine Flügelzellenpumpe **(Bild 1/230)** besteht im Wesentlichen aus einem Rotor, in dessen Schlitze flache, rechteckige **Flügel** radial beweglich angeordnet sind. Diese Flügel liegen an der kurvenförmigen Laufbahn des **Hubringes** an und bilden somit die einzelnen Zellen. Diese werden seitlich durch Druckplatten begrenzt. Die Kurvenform des Hubringes ist so ausgebildet, dass sich je zwei gegenüberliegende Saug- und Druckkammern ergeben, wodurch sich die auf den Rotor wirkenden hydraulischen **Radialkräfte** (→ **A2.2**) gegenseitig aufheben. Saug- und Druckkammern sind über Kanäle in der hinteren bzw. vorderen Druckplatte mit den entsprechenden Anschlüssen im Gehäuse verbunden.

Die Wirkungsweise ist dadurch zu erklären, dass bei drehendem Rotor das Volumen der Zellen größer und dadurch Flüssigkeit angesaugt wird. Bei weiterer Rotordrehung verkleinern sich die Zellen und das Fördermedium wird aus der Druckkammer gedrückt. Die Schlitze im Rotor unterhalb der Flügel sind über Ringkanäle mit der Druckseite verbunden, sodass ein Volumenausgleich bei der Radialbewegung der Flügel möglich ist. Außer durch die Druckwirkung wird zusätzlich durch die Wirkung der Fliehkraft ein besseres Anliegen der Flügel auf der Lauffläche des Hubringes bewirkt.

Während in **Bild 1** eine **Konstant-Flügelzellenpumpe** abgebildet ist, zeigt **Bild 2** eine **verstellbare Flügelzellenpumpe.** Bei einer solchen erfolgt die Förderung des Fördermediums nach dem gleichen Prinzip wie bei einer Konstantpumpe. Der Stator wird jedoch durch einen kreisförmigen, in der Nulllage zentrisch angeordneten Ring gebildet. Dieser wird durch eine Feder, deren Spannkraft einstellbar ist, in exzentrische Stellung gebracht. Dadurch kann das **Fördervolumem von Null auf einen Maximalwert** eingestellt werden.

Mit **Hochleistungs-Flügelzellenpumpen** werden Drücke bis 200 bar erzeugt, bei Drehzahlen zwischen 900 min^{-1} bis maximal 3000 min^{-1}. Durch die Drehzahländerung, die auch stufenlos erfolgen kann, wird der Volumenstrom geregelt.

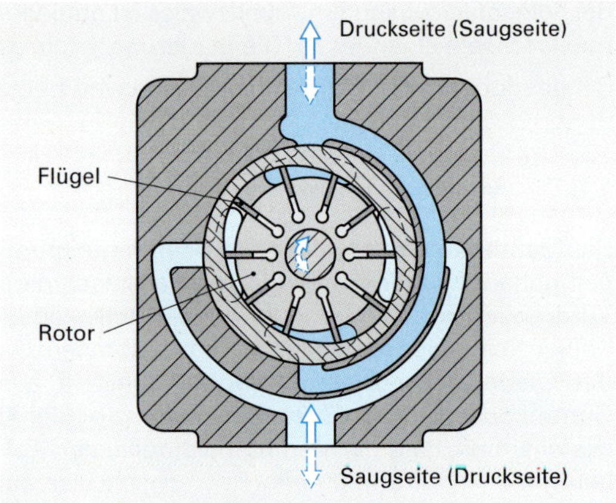

Bild 1: Konstant-Flügelzellenpumpe

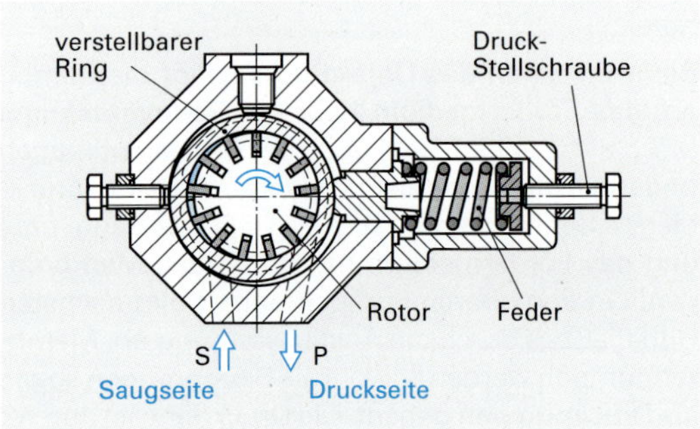

Bild 2: Verstellbare Flügelzellenpumpe

Zahnradpumpe

Bei den Zahnradpumpen unterscheidet man die **außenverzahnten Zahnradpumpen (Bild 3)** von den **innenverzahnten Zahnradpumpen (Bild 1/231).** Bei Zahnradpumpen werden die Hohlräume für die Fluidverdrängung durch die **Zahnlücken** der Zahnräder gebildet. Die außenverzahnte Zahnradpumpe besteht aus einem Zahnradpaar, das sich in einem mehrteiligen Gehäuse befindet. Das eine Zahnrad wird in Pfeilrichtung angetrieben und nimmt das andere Zahnrad mit. Durch diese Drehbewegung der Zahnräder wird das Fördermedium in den Zahnlücken entlang der Gehäusewand von der Saugseite zur Druckseite gefördert. Die gegenüberliegenden kämmenden Zahnradseiten verhindern eine Rückströmung des geförderten Fluids.

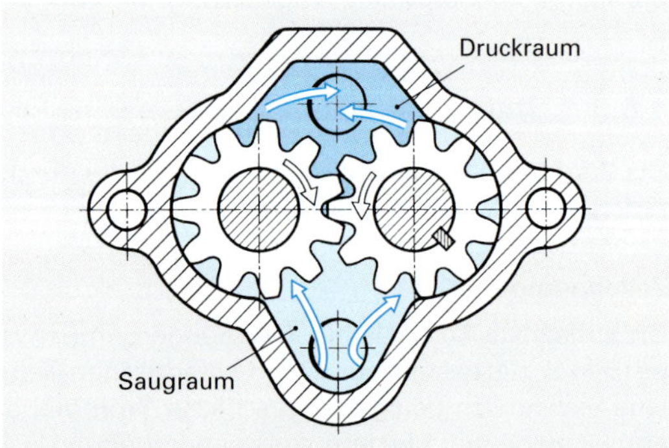

Bild 3: Außenverzahnte Zahnradpumpe

Dabei schließen die Zähne die Zahnlücken schon ab, bevor das Restmedium aus den Zwischenräumen völlig entwichen ist. Dabei kommt es zu einer Verdichtung des Restfluids und zu einem harten Lauf der Pumpe. Deshalb werden in die axial an den Zahnrädern anliegenden Gehäuseteile Entlastungsnuten gefräst, über welche das Restfluid entweichen kann. Außenverzahnte Zahnradpumpen sind einfach im Aufbau, robust und haben einen niedrigen Preis. Bei Drehzahlen über 3000 min^{-1} entwickeln sie aber einen starken Lärm. Es werden Drücke bis 300 bar erreicht.

Die **innenverzahnten Zahnradpumpen (Bild 1)** gewinnen wegen ihrer Laufruhe als umweltfreundliche Pumpenart immer mehr an Bedeutung. Bei einer solchen treibt ein Ritzel ein an den Zahnlücken durchbohrtes Hohlrad an. Das Hohlrad wird durch ein Füllstück und eine Lagerschale in **hydrostatischem Druckausgleich** gehalten. Die Druckflüssigkeit strömt über den Ansaugstutzen und das Hohlrad in den Pumpenraum. Durch die Zahnlücken zwischen Füllstück und Ritzel sowie Füllstück und Hohlrad gelangt das Fördermedium in die Druckleitung. Das hochgespannte Fördermedium presst dabei die Lagerschale gegen das Hohlrad, wodurch das Flankenspiel zwischen Ritzel und Hohlrad beseitigt wird. Die Ritzelwelle ist über elastisch nachgebende Lagerstützen im Gehäuse gelagert und neigt sich entsprechend dem momentanen Betriebsdruck, sodass in den Lagern unzulässige Kantenpressungen vermieden werden.

Die eingangs erwähnte Laufruhe bei Drücken bis 300 bar wird durch die große Eingriffslänge der Zahnräder und durch den flankenspielfreien Lauf erreicht.

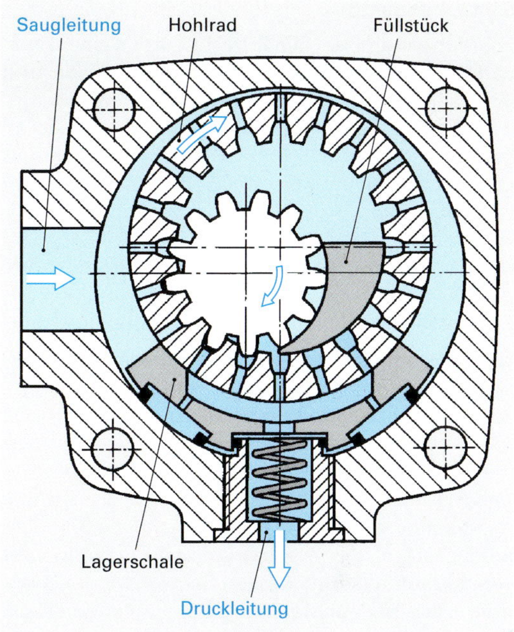

Bild 1: Innenverzahnte Zahnradpumpe

Zahnringpumpe

Bild 2 zeigt eine Zahnringpumpe. Bei einer solchen nimmt das angetriebene Zahnrad den innenverzahnten Ring mit. Die Zähne sind so ausgebildet, dass die Zahnflanken des Rades die Zahnflanken des Ringes in jeder Stellung berühren und so abgeschlossene Förderräume bilden.

Dadurch, dass die Förderräume während der Drehbewegung ihr Volumen ändern, entstehen Saug- und Druckwirkung der Pumpe. Die Zahnringpumpe erlaubt eine höhere Drehzahl als die Zahnradpumpe und erreicht Drücke bis 160 bar. Sie hat eine gedrungene Bauart und sie zeichnet sich durch Laufruhe aus. Die Pumpe wird vor allem für Zapfsäulen von Tankstellen und für Ölfeuerungsanlagen verwendet.

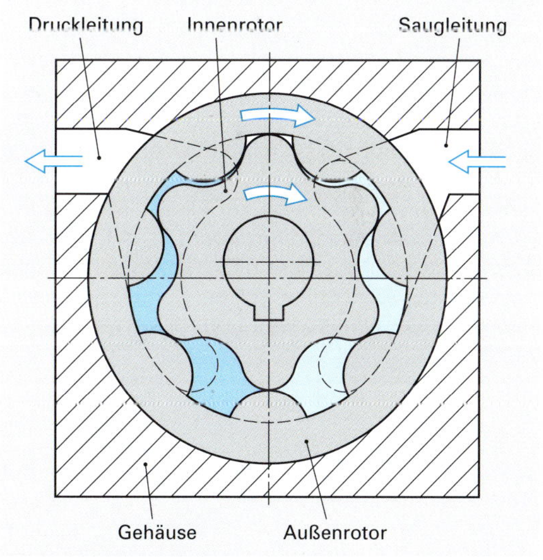

Bild 2: Zahnringpumpe

Flüssigkeitsringpumpe

Eine Abart der Zellenpumpe ist die Flüssigkeitsringpumpe **(Bild 1/232)**.

Sie wird als **Wasserpumpe,** als **Verdichter** (→ **D2**) und als **Vakuumpumpe** verwendet. In dem teilweise mit Flüssigkeit – dies kann **Öl oder Wasser** sein – gefüllten Gehäuse bildet sich durch die Schleuderwirkung des Kreiselrades ein Flüssigkeitsring, der sich an die Gehäusewand anschmiegt. In dem flüssigkeitsfreien, sichelförmigen Raum liegt auf der einen Seite der Saugschlitz und auf der anderen Seite der Druckschlitz. Beide münden nach hinten in die Saug- bzw. Druckleitung. Dadurch, dass sich die durch den Flüssigkeitsring abgedichteten Zellen zwischen den Kreiselradschaufeln vom Ende des Saugschlitzes in Richtung Druckschlitz verkleinern, wird das vorher angesaugte Fördermedium durch den Druckschlitz hinausgedrückt. Ist die Pumpe mit Wasser gefüllt, spricht man auch von einer **Wasserringpumpe.**

Schraubenpumpe

Schraubenpumpen **(Bild 2)** bestehen aus einer zweigängigen Arbeitsspindel mit Rechtsgewinde und aus zwei zweigängigen Laufspindeln mit Linksgewinde. Das Gewindeprofil der Spindeln ist so gestaltet, dass die Spindeln gegeneinander und gegen das sie umgebende Gehäuse mit engem Spiel abdichten. Je zwei Gänge der äußeren Laufspindeln, die Gehäusewandung und ein Gang der Arbeitsspindel grenzen fortlaufend Kammern ab, die bei Rotation der Spindeln gleichförmig von der Eintrittsseite zur Austrittsseite verschoben werden.

Das Volumen aller Kammern ist dabei in jeder Stellung der Spindeln konstant, sodass das eingeschlossene Fördervolumen nie gequetscht wird. Da man außerdem weiß, dass die Pulsation des Volumenstroms umso kleiner ist, je mehr abgegrenzte Kammern sich zwischen Saug- und Verdrängungsraum befinden und dem entsprechend die Spindeln möglichst lang gemacht hat, liefert diese Pumpenart einen Volumenstrom, dessen Schwankungen praktisch ohne Bedeutung sind. Alle rotierenden Teile haben relativ kleine radiale Abmessungen und sind außerdem ausgewuchtet. Es wird ein ruhiger, gleichmäßiger und nahezu geräuschloser Lauf bei Drehzahlen bis 30 000 min^{-1} ermöglicht.

Die gesamte Förderleistung der Pumpe wird durch die Arbeitsspindel verrichtet, daher wird nur diese von außen angetrieben. Beide Laufspindeln werden nur durch das von der Hauptspindel vorgeschobene Fördermedium bewegt, denn über die Gewindeflanken muss nur das von der Flüssigkeitsreibung (→ **A4**) herrührende Drehmoment (→ **A1.14**) übertragen werden. Dadurch ist ein zwangsweiser Antrieb durch Zahnräder überflüssig. Durch einen Ausgleichskolben wird die Arbeitsspindel von jeder hydraulisch verursachten Axialkraft entlastet. Bemerkenswert ist, dass sich bei Schraubenpumpen weder temperaturbedingte Viskositätsänderungen (→ **A4**) noch unterschiedliche Betriebsdrücke auf die Gleichmäßigkeit des Volumenstroms merklich auswirken.

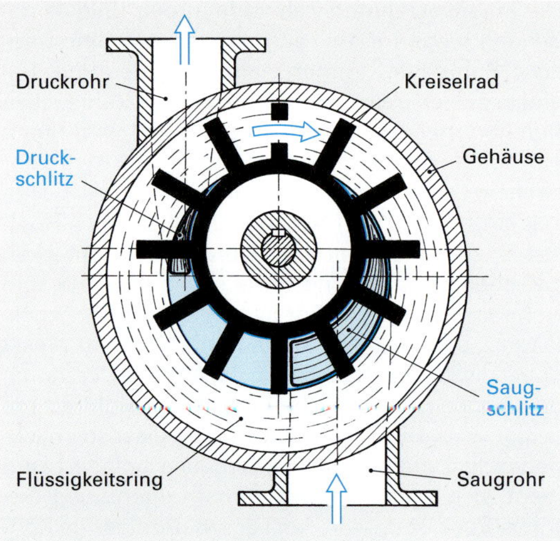

Bild 1: Flüssigkeitsringpumpe

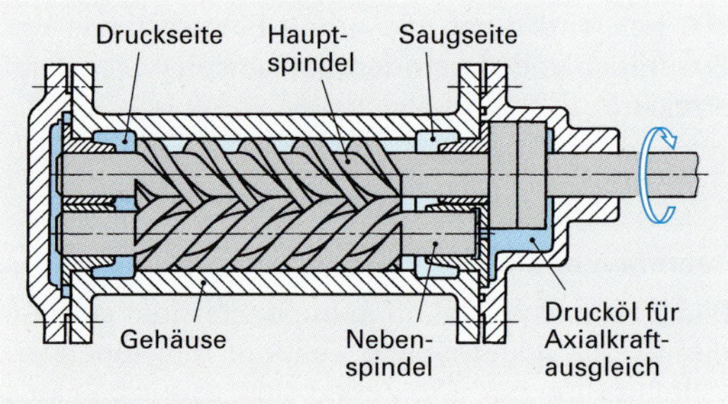

Bild 2: Schraubenpumpe

1.7 Vergleich zwischen Kolben- und Kreiselpumpen

Kolbenpumpen und Kreiselpumpen zeigen grundsätzliche Unterschiede in ihrem Betriebsverhalten. Dadurch ergeben sich auch unterschiedliche Einsatzgebiete (→ **Bild 1/218**).

Bei **Kolbenpumpen** ist der Förderstrom pulsierend; sie erreichen auch bei großen Förderhöhen einen guten Wirkungsgrad. Ihre Drehzahlen sind niedrig (bis 300 min^{-1}) und deshalb muss ihr Antrieb meist ein **Übersetzungsgetriebe** beinhalten. Ihr Anfahrdrehmoment ist beinahe ebenso groß wie das Betriebsdrehmoment. Sie sind **selbstansaugend** und ihre Förderhöhe passt sich selbstständig dem herrschenden Gegendruck an. Die Förderhöhe ist auch unabhängig vom Volumenstrom.

Kreiselpumpen haben einen gleichbleibenden Volumenstrom, der in seiner Größe nicht begrenzt ist. Dagegen ist die Förderhöhe von der Drehzahl abhängig, und hohe Drücke sind nur mit größeren Stufenzahlen erreichbar. Der Wirkungsgrad einer Kreiselpumpe ist stark von der Förderhöhe H_A und vom Volumenstrom $\dot{V}$ abhängig. $\dot{V}$ und H_A beeinflussen sich gegenseitig, wie man an der $\dot{V}$, H_A-Kennlinie (→ **Bild 1/220**) ersehen kann. Bei normaler Bauweise, d.h. ohne Ansaughilfe, kann die Luft nicht aus der

Saugleitung abgesaugt werden. Die Saugleitung muss deshalb vor der Inbetriebnahme entlüftet oder mit Flüssigkeit gefüllt werden. Das erforderliche Anfahrdrehmoment ist klein, und die Bauweise ermöglicht auch bei großen Leistungen die Verwendung leichter, platzsparender und preislich günstiger Pumpen.

1.8 Weitere Pumpenarten

Von den zahlreichen anderen Pumpen-Bauarten, die weder zu den Kreiselpumpen noch zu den Verdrängerpumpen zählen, sollen noch kurz die **Strahlpumpe** und der **Gasmischheber** erläutert werden.

Strahlpumpe

In **Bild 1** ist eine Strahlpumpe schematisch dargestellt. Eine solche beruht auf dem **Bernoulli'schen Prinzip** (→ **A3.6**). Durch Verengung der Rohrleitung entsteht ein Unterdruck, womit die Saugwirkung zu erklären ist. Man spricht dabei von der **Injektorwirkung** bzw. auch vom **Venturiprinzip,** nach dem italienischen Ingenieur Jean-Baptiste **Venturi (1746 bis 1822).** Aus **Bild 1** ist zu erkennen, dass ein aus einer **Treibdüse** (T) austretender Treibmittelstrahl vor der Mündung der **Druckdüse** (D), nach dem genannten Prinzip, einen Unterdruck erzeugt. Durch diesen Unterdruck wird im **Saugrohr** (S) das Fördergut angesaugt und in der **Mischkammer** (M) mit dem Treibmittelstrahl vermischt. Dabei gibt das Treibmittel einen Teil seiner Energie an das Fördergut ab. Das Gemisch aus Treibmittel und Fördergut verlässt die Strahlpumpe durch den **Diffusor** (D). Nach der Art des verwendeten Treibmittels unterscheidet man

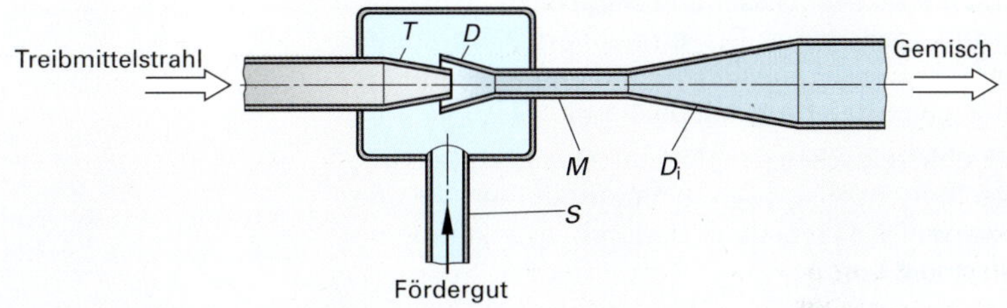

Bild 1: Wasserstrahlpumpe (schematisch)

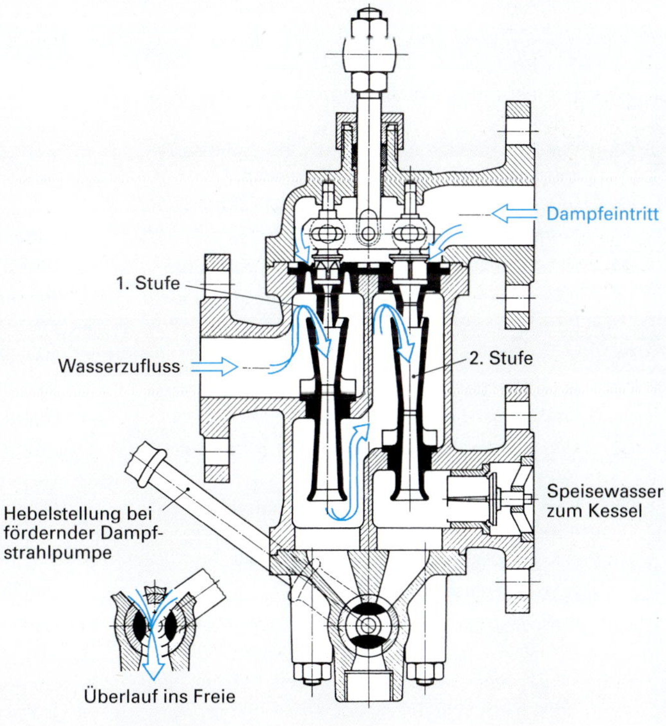

Bild 2: Zweistufige Dampfstrahlpumpe

- **Wasserstrahlpumpe,**
- **Luftstrahlpumpe** und
- **Dampfstrahlpumpe.**

Strahlpumpen arbeiten vergleichsweise mit kleinen Wirkungsgraden, haben aber geringe Anschaffungspreise. Sie sind wartungsarm und unempfindlich gegen verschmutzte und sandhaltige Flüssigkeiten. **Dampfstrahlpumpen** werden z. B. als **Injektoren** zur Förderung des Speisewassers in Dampfkesseln (→ **C2.4**) eingesetzt. **Bild 2** zeigt eine **zweistufige Dampfstrahlpumpe.**

Gasmischheber

Mit Gasmischhebern, auch **Mammutpumpen** genannt, können sehr große Mengen an Fördergut gefördert werden. Ein solcher Gasmischheber **(Bild 1)** besteht aus einem weiten **Förderrohr,** das in das Fördergut (meist ist dies Wasser) eintaucht, und einem hierzu parallel verlaufenden engen **Luftrohr**. Dieses Luftrohr mündet etwas über dem unteren offenen Ende des Förderrohres in das Förderrohr ein.

Die eindringende Druckluft mischt sich mit dem Wasser. Das **Wasser-Luft-Gemisch** hat eine kleinere Dichte als das Wasser und steigt deshalb im Förderrohr nach oben. Die erreichbare Förderhöhe wird durch die Eintauchtiefe und durch die Menge der zugeführten Druckluft bestimmt.

Betrieblich bedeutsam ist bei Gasmischhebern, dass sie – ebenso wie die Strahlpumpen – keine bewegten Teile haben. Dadurch tritt kaum ein Verschleiß auf.

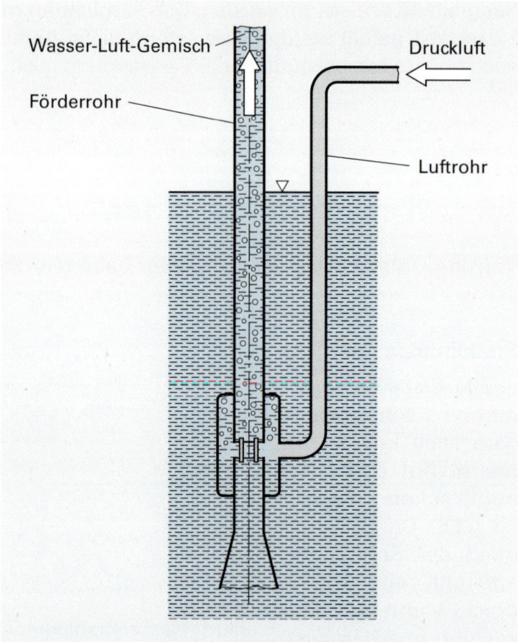

Bild 1: Gasmischheber (schematisch)

Wiederholung und Vertiefung

D1 Nennen Sie die Hauptgruppen von Arbeitsmaschinen.

D2 Welche Aussage machen die Kontinuitätsgleichung und die Gleichung von Bernoulli?

D3 Von welchen Größen ist die Nutzleistung einer Pumpe abhängig?

D4 Unterscheiden Sie Saughöhe und Förderhöhe.

D5 Was versteht man unter dem Betriebspunkt einer Pumpe?

D6 Was bedeutet $H_A = f(\dot{V})$?

D7 In welche Maschinengruppe sind Kreiselpumpen einzuordnen?

D8 Wie werden Kreiselpumpen nach ihrer Laufradform unterschieden?

D9 Was versteht man unter der theoretischen Saughöhe?

D10 Wodurch wird Kavitation verursacht und wie wirkt sich diese aus?

D11 Was versteht man unter dem NPSH-Wert und wie wird dieser in der Praxis nach unten begrenzt?

D12 Wie bringen Sie den NPSH-Wert mit den verschiedenen Fördermedien in Zusammenhang?

D13 Wie unterscheiden sich offenes und geschlossenes Laufrad?

D14 Nennen Sie die wichtigsten Kreiselpumpen-Bauarten.

D15 Welche grundsätzlichen Prinzipien kennt man bei Verdrängerpumpen?

D16 Wie werden die Kolbenpumpen unterschieden?

D17 Beschreiben Sie den Unterschied zwischen einfachwirkender und doppelwirkender Kolbenpumpe.

D18 Beschreiben Sie den Unterschied zwischen außenbeaufschlagter und innenbeaufschlagter Radialkolbenpumpe.

D19 Beschreiben Sie das Prinzip einer Membranpumpe.

D20 Was versteht man unter einer Konstant-Flügelzellenpumpe?

D21 Welche grundsätzlichen Bauformen von Zahnradpumpen sind Ihnen bekannt?

D22 Geben Sie die Verwendungszwecke von Flüssigkeitsringpumpen an.

D23 Welcher grundsätzliche Unterschied hinsichtlich des Ansaugens besteht zwischen Kreiselpumpen und Kolbenpumpen?

D24 Nach welchem Prinzip funktionieren Strahlpumpen?

D25 Unterscheiden Sie die Strahlpumpen nach der Art des verwendeten Treibmittels.

D26 Was versteht man unter einem Gasmischheber und wie wird eine solche Pumpe noch genannt?

D27 In **Bild 1/218** taucht der Begriff „Schlauchpumpe“ auf. Versuchen Sie mithilfe eines technischen Lexikons diesen Begriff zu klären und eine Einordnung in die Pumpenprinzipien vorzunehmen.

D2 Verdichter

Unter einem Verdichter wird eine Arbeitsmaschine zur Verdichtung von gas- oder dampfförmigen Medien von einem niederen **Anfangsdruck** auf einen höheren **Enddruck** verstanden. Anfangs- und Enddruck können gegenüber dem Atmosphärendruck im **Unterdruckgebiet** oder im **Überdruckgebiet** liegen (→ **A2.1**).

Das **Verhältnis der absoluten Drücke** am Anfang der Verdichtung und am Ende der Verdichtung wird als **Druckverhältnis** bezeichnet.

2.1 Verdichterbezeichnungen

Bei **kleinen Druckverhältnissen** sind für Verdichter die folgenden Bezeichnungen üblich:

- **Ventilator** Druckverhältnis bis 1,1. Verwendung nur zur Luftbewegung
- **Gebläse** Druckverhältnis 1,1 bis 3,0. Verwendung in Lüftungsanlagen. Bei Luftabsaugung werden sie auch als **Lüfter** bezeichnet.

Unter einer **Verdichtung,** die man auch als **Kompression** (→ **A5.3, A5.4, A7, A8**) bezeichnet, versteht man die Verringerung des Volumens und dadurch die **Erhöhung des Druckes,** insbesondere bei Gasen und Dämpfen.

Somit ist auch die früher sehr häufig für einen Verdichter verwendete Bezeichnung Kompressor erklärt. An dieser Stelle kann das Folgende festgestellt werden:

Ein **Verdichter** verdichtet bzw. fördert Gase bzw. Dämpfe, eine **Pumpe** fördert Flüssigkeiten.

Sieht man einmal von den Ventilatoren und Gebläsen bzw. Lüftern ab, dann umfasst die große Gruppe der Verdichter – entsprechend unterschiedlicher **Druckbereiche** nach **Tabelle 1**

- **Vakuumpumpen,**
- **Niederdruckverdichter,**
- **Mitteldruckverdichter,**
- **Hochdruckverdichter**
- **Höchstdruckverdichter.**

Tabelle 1: Druckbereiche und Verdichterbezeichnungen

Bezeichnung	Druckbereich	Verwendungszweck
Vakuumpumpe	< p_{amb} (Saugseite)	Fördern von Gasen und Dämpfen aus Räumen in denen ein Unterdruck herrscht (→ **A2.1**)
Niederdruckverdichter	2 bis 10 bar	Hauptsächlich zur Erzeugung von Druckluft für Werkstattbetriebe und zum Antrieb von druckluftbetriebenen Werkzeugen (→ **D6**), Kältemittelverdichter (→ **D3**)
Mitteldruckverdichter	10 bis 100 bar	Ferngasverdichter, chemische Industrie, Verdichter für die Anlassluft von mittleren und großen Dieselmotoren (→ **C7.3**), Kältemittelverdichter (→ **D3**)
Hochdruckverdichter	100 bis 500 bar	Hochdruckbearbeitung in der Fertigung, chemische Industrie, Kältemittelverdichter (→ **D3**)
Höchstdruckverdichter	500 bis 2000 bar	Beinahe ausschließlich in der chemischen Verfahrenstechnik

Verdichter können **Verdrängermaschinen** oder **Strömungsmaschinen** sein, ganz im Sinne der Bezeichnungsprinzipien bei den Verbrennungskraftmaschinen (→ **C7**) und den Pumpen (→ **D1**). Man unterscheidet:

- **Verdrängerverdichter** Hubkolbenverdichter, Drehkolbenverdichter
- **Strömungsverdichter** Turboverdichter

Bild 1/236 zeigt die **Einsatzbereiche** verschiedener Verdichterbauarten.

2.2 Hubkolbenverdichter

Aus **Bild 1** sind die **Arbeitsbereiche von Verdichtern** zu ersehen. Man erkennt, dass der **Hubkolbenverdichter** das Feld der hohen Drücke beherrscht. Bei niedrigen Drücken ist er geeignet, wenn die Fördermengen nicht zu groß sind. Bei einem Druck von 6 bis 8 bar liegt die Grenze der wirtschaftlichen Fördermenge bei einem Ansaug-Volumenstrom von 90 m³/min.

Nach der **Bauart** teilt man die Hubkolbenverdichter, je nach Lage der Zylinder, in **liegende Maschinen** oder **stehende Maschinen**, nach der Anzahl der Zylinder in **Einzylinderausführungen** oder **Mehrzylinderausführungen** ein. Man bedient sich also hier den aus dem Verbrennungsmaschinenbau bekannten Bezeichnungen (→ **C7.3.1**). Dies gilt auch für die Bauartbezeichnungen wie **Reihenverdichter, V-Verdichter, Boxer-Verdichter** und **Sternverdichter**.

Nach der **Anzahl der Druckstufen,** in die das gesamte Druckverhältnis unterteilt wird, unterscheidet man **einstufige Verdichter** und **mehrstufige Verdichter.**

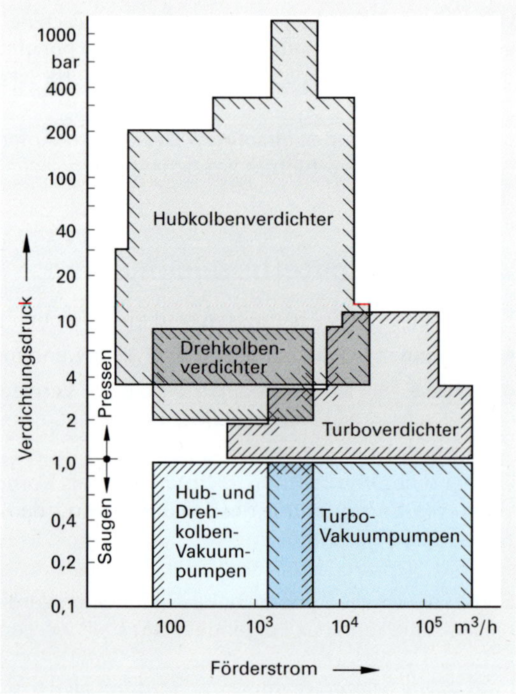

Bild 1: Arbeitsbereiche von Verdichtern

Auch die Wirkungsweise der Hubkolbenverdichter kann in Anlehnung an die Hubkolbenmotoren erklärt werden. Die **Hauptteile** und darunter in einem ***p, V*-Diagramm** (→ **A7, A8, C7.3.2**) werden die einzelnen Arbeitstakte mithilfe des **Bildes 2** erläutert:

Ansaugen

Bei der Bewegung des Kolbens nach rechts von 4 nach 1, in Richtung des **unteren Totpunktes** (UT) wird im Zylinder ein Unterdruck erzeugt. Bei geöffnetem **Saugventil** erfolgt bei dieser Bewegung das Ansaugen des zur Verdichtung bestimmten Gases oder Dampfes.

Verdichten

Bewegt sich der Kolben wieder nach links, d. h. von 1 nach 2 (zum **oberen Totpunkt**), so wird die zur Verdichtung aufzuwendende Arbeit (→ **A6, A8**), die **Verdichterarbeit,** auf das Gas (den Dampf) übertragen. Dieser Vorgang findet bei geschlossenem Saugventil und geschlossenem **Druckventil** statt. Das Gas (der Dampf) wird dabei verdichtet.

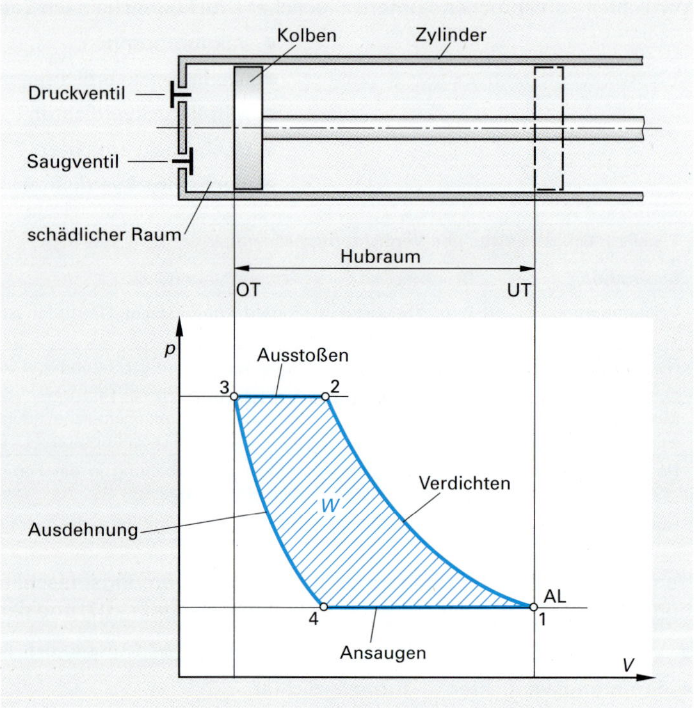

Bild 2: Hauptteile und Arbeitstakte eines Hubkolbenverdichters

Ausstoßen

Ist der gewünschte Druck erreicht, öffnet sich das Druckventil meist selbsttätig, das Gas bzw. der Dampf wird durch die weitere Kolbenbewegung von 2 nach 3 ausgestoßen. Dieses Ausstoßen geschieht so lange, bis der Kolben im OT angekommen ist.

Ausdehnung

Bewegt sich der Kolben wieder in Richtung UT (von 3 nach 4), dehnt sich das im **schädlichen Raum** verbleibende Restgas (Restdampf) in Folge der durch die Kolbenbewegung bedingten Volumenzunahme wieder aus, bis der Druck auf den Ansaugdruck, d. h. den Zustand 4, abgesunken ist. Bei weiterer Bewegung des Kolbens nach rechts öffnet sich wieder das Saugventil, und der **Kreisprozess** (→ **A8**) kann mit neuer Füllung durchlaufen werden.

Es bleibt noch anzumerken, dass die Bezeichnung **AL** im **Bild 1/236 atmosphärische Linie,** d. h. p_{amb} bedeutet.

In **Bild 1** ist ein **einstufiger Kolbenverdichter** dargestellt, sodass Sie sich nochmals die bereits erwähnten Hauptteile in realistischer Ausführung ansehen können. Der Kolben wird durch einen Elektromotor oder einen Verbrennungsmotor angetrieben. Das Verdichtungsmedium (meist Luft) wird über einen **Filter** angesaugt und nach der Verdichtung durch das Druckventil in die Druckleitung gedrückt.

Die gebräuchlichen Kleinanlagen **(Bild 2),** haben einen solchen einstufigen Verdichter mit **Luftkühlung,** die mithilfe von Kühlrippen realisiert wird. Die im **Ansaugfilter** entstaubte Luft wird nach dem Verdichten über den **Wasserabscheider** in den **Windkessel** geleitet. Da Luft nicht nur durch Temperaturabnahme, sondern auch durch Druckzunahme ihrem **Sättigungszustand** (→ **A5.9**) näher kommt bzw. diesen erreicht, wird **im Windkessel immer flüssiges Wasser** ausgeschieden. Dieses lästige und schädliche **Kondenswasser** wird im Wasserabscheider aufgefangen und muss täglich mindestens einmal abgelassen werden.

Lange Druckluftleitungen, die in den Betrieben meist fest installiert sind, erhalten außerdem einen zweiten Wasserabscheider in der Nähe der Verbrauchsstelle. Mitgerissenes Kondenswasser (trotz Wasserabscheider am Windkessel) würde z. B. in den Druckluftwerkzeugen Korrosion verursachen. Damit sich das Kondenswasser sammeln kann gilt folgende Regel:

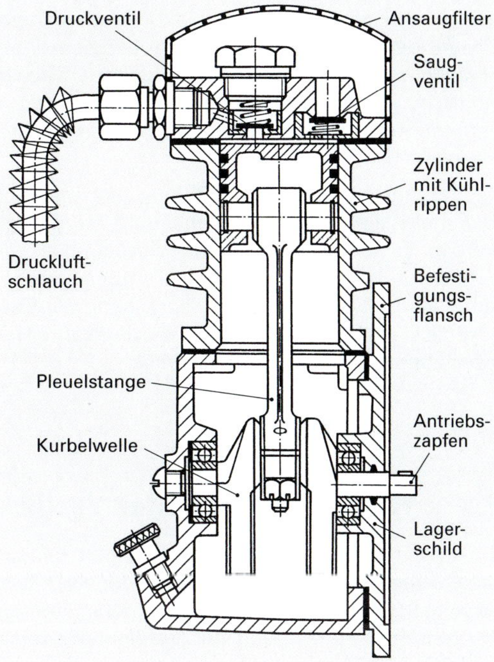

Bild 1: Einstufiger Kolbenverdichter

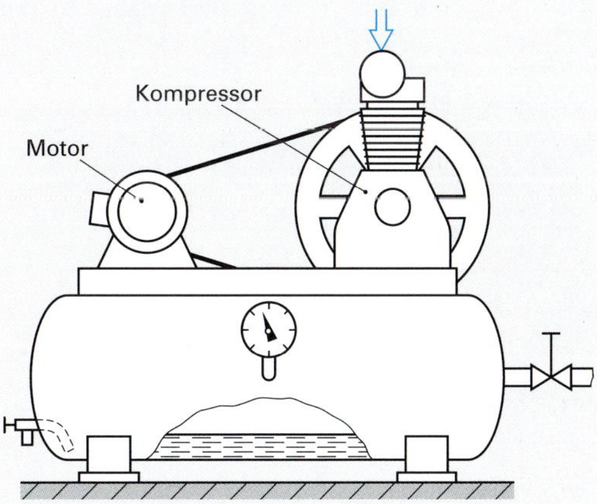

Bild 2: Kleinanlage

Lange **Druckluftleitungen** müssen mit einem **Gefälle von einem Prozent** verlegt werden.

Einstufige Kolbenverdichter erreichen einen Enddruck von etwa 6 bar. Werden höhere Drücke benötigt, so muss das Verdichtermedium in einem **mehrstufigen Verdichter** mehrere Stufen hintereinander durchlaufen. **Bild 1/238** zeigt einen zweistufigen Verdichter in schematischer Darstellung.

Bei **mehrstufigen Kolbenverdichtern** wird das in der ersten Stufe verdichtete Fördermedium einer oder mehreren weiteren **Verdichtungsstufen** zugeführt.

Durch Kühlen in einem **Zwischenkühler** zwischen den einzelnen Stufen wird die **Verdichtungswärme** weitgehend abgeführt. Dies ist besonders beim Einsatz der Verdichter in explosionsgefährdeten Anlagen, z. B. im Bergbau oder in der chemischen Industrie, wichtig, da andernfalls die Gefahr einer Entflammung des Schmieröls und damit einer Explosion besteht.

Der Vorgang einer **Zwischenkühlung** kann natürlich (bei mehr als zwei Stufen) beliebig wiederholt werden. Es soll noch angemerkt werden, dass die **Verdichtungswärme** durch die **Temperaturerhöhung** bei der Verdichtung – entsprechend der **Gasgesetze** (→ **A5.3, A5.4**) – erklärt werden kann. Hierüber aber mehr im nächsten Kapitel.

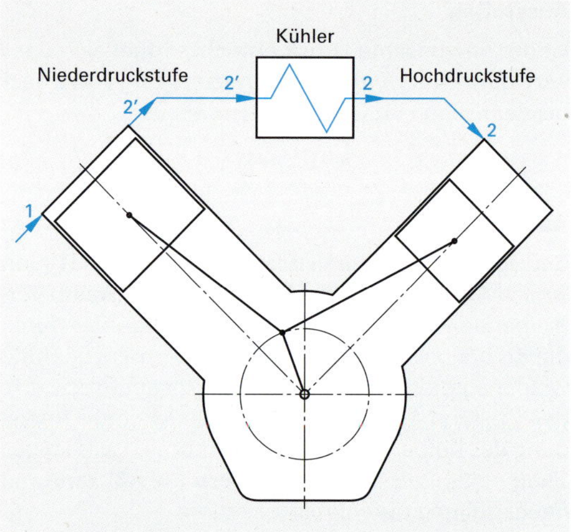

Bild 1: Zweistufiger Kolbenverdichter mit Zwischenkühlung

2.3 Thermodynamik der Verdichtung

Die Kolbenverdichter als Arbeitsmaschinen haben natürlich die Aufgabe unter der Aufwendung von möglichst wenig mechanischer Energie oder elektrischer Energie (geliefert von einer Kraftmaschine), also auf wirtschaftlichste Weise, das Verdichtungsmedium auf den gewünschten Druck zu verdichten. Bei der theoretischen Betrachtung der **Verdichterprozesse** müssen natürlich die **Gesetze der Thermodynamik** (→ **A5.3, A5.4, A6** bis **A10**) berücksichtigt werden. Entsprechend der vorstehenden Reihenfolge sind dies zunächst

- **Vereinigtes Gasgesetz** (→ **A5.3**) und die
- **Allgemeine Zustandsgleichung der Gase** (→ **A5.4**)

In diesem Zusammenhang sollen hier ausgewählte **spezifische** (spezielle, individuelle) **Gaskonstanten** R_B aufgelistet werden **(Tabelle 1)**:

Tabelle 1: Spezifische Gaskonstante einiger Gase und Dämpfe

Gas bzw. Dampf	R_B in J/(kg · K)	Gas bzw. Dampf	R_B in J/(kg · K)
Ethin (Azetylen)	319,5	Methan	518,3
Ammoniak	488,2	Sauerstoff	259,8
Helium	2077,0	Stickstoff	296,8
Kohlenstoffdioxid	188,9	Wasserstoff	4124,0
Luft	287,1	Wasserdampf (bei p_n und 100 °C)	461,5

Die genannten Gasgleichungen haben allerdings nur bei den sogenannten **idealen Gasen** Gültigkeit. Die Gasgesetze sind somit Grenzgesetze.

Unter einem **idealen Gas** versteht man ein Gas, dessen Zustand bezüglich Druck und Temperatur unendlich weit (in der Praxis sehr weit) vom Verflüssigungspunkt (→ **A5.9**) entfernt ist. In diesem Zustand treten zwischen den Elementarteilchen (Atome, Moleküle) so gut wie keine Anziehungskräfte mehr auf.

Die **wirklichen Gase und Dämpfe** bezeichnet man auch als **reale Gase.** Es gilt:

Den Gasgesetzen (Grenzgesetze) nähern sich die realen Gase umso mehr an, je größer ihr spezifisches Volumen v (→ **A5.4**) und je kleiner ihr Druck p ist.

Bei einem idealen Gas hat der Ausdruck ($p \cdot v$)/($R_B \cdot T$) den Wert 1,0. Nimmt man einmal als Fördermedium Luft, dann ist feststellbar, dass dieser Ausdruck geringfügig vom Wert 1 abweicht, und zwar in Abhängigkeit von Temperatur und Druck. So ergibt sich bei 0 °C und 10 bar der Wert 0,9945 und bei 200 °C und 10 bar dagegen 1,0031. Daraus kann gefolgert werden, dass selbst **Luft als geringfügig real** angesehen werden kann. Daher muss die allgemeine Zustandsgleichung der Gase (→ **A5.4**) durch einen **Korrekturfaktor** k ergänzt werden. Allgemein ergibt sich somit für die **Zustandsgleichung für reale Gase** (→ **A5.4**)

$$p \cdot V = k \cdot m \cdot R_B \cdot T \quad (1)$$

Tabelle 1 gibt Korrekturfaktoren k für das Verdichtungsmedium Luft an.

Tabelle 1: Korrekturfaktoren k für Luft

Absoluter Druck in bar	Lufttemperatur in °C				
	0	50	100	150	200
0	1	1	1	1	1
10	0,9945	0,9990	1,0012	1,0025	1,0031
20	0,9895	0,9984	1,0027	1,0051	1,0064
30	0,9851	0,9981	1,0045	1,0078	1,0097
40	0,9812	0,9982	1,0065	1,0108	1,0132
50	0,9779	0,9986	1,0087	1,0139	1,0168
60	0,9751	0,9993	1,0112	1,0172	1,0205
70	0,9730	1,0004	1,0139	1,0206	1,0243
80	0,9714	1,0018	1,0169	1,0242	1,0282
90	0,9704	1,0036	1,0201	1,0279	1,0322
100	0,9699	1,0057	1,0235	1,0319	1,0364

Bei z. B. 5,0 m³ Luft mit einer Temperatur ϑ = 150 °C und einem absoluten Druck von p = 80 bar ergibt sich nach obiger Gleichung eine Luftmasse von m = 321,48 kg. Hätte man aber unter der Annahme idealer Verhältnisse gerechnet, dann hätte sich ein um etwa 2,5 % größerer Wert ergeben. Falls Sie dieses Beispiel nachrechnen, dann achten Sie darauf, dass die Temperatur absolut eingesetzt werden muss und der Druck in N/m². Außerdem ist mit R_B = 287,1 Nm/(kg · K) zu rechnen.

Eine weitere Möglichkeit den realen Zustand (insbesondere bei Dämpfen, d. h. bei sehr realen Gasen) zu berücksichtigen, ist die Verwendung von **Mollier-Diagrammen** (→ **A11**). Diese Möglichkeit kommt in der technischen Praxis auch beinahe ausschließlich zur Anwendung.

Die Verdichtungsarbeit kann **isotherm, adiabat** (isentrop) oder **polytrop** erfolgen (→ **A7**). Es gilt:

Die **isotherme Verdichtung** verlangt den geringsten Arbeitsaufwand, ist also am wirtschaftlichsten. Bei isothermer Verdichtung müssen die Verdichter – wegen der konstanten Temperatur des Verdichtungsmediums – in jedem Fall, d. h. auch bei einstufiger Verdichtung, gekühlt werden.

In den meisten Fällen findet jedoch eine **polytrope Verdichtung** statt. Dies ist dadurch zu begründen, dass der Aufwand einer Kühlung bei isothermer Verdichtung recht groß ist.

Bei den folgenden Betrachtungen zur **Berechnung der Verdichtungsarbeit** wird das p, V-Diagramm des **Bildes 2/236** zu Grunde gelegt. Zwischen den Punkten 1 (Anfangszustand der Verdichtung) und 2 (Endzustand der Verdichtung) findet die Verdichtung statt. Dazu ist die besagte Verdichtungsarbeit zu verrichten. Je nach Zustandsänderung (→ **A7**) ist:

$$W_1 = p_1 \cdot V_1 \cdot \ln\frac{p_2}{p_1}$$ (1)

isotherme Verdichtungsarbeit

$$W_1 = \frac{1}{\varkappa - 1} \cdot (p_2 \cdot V_2 - p_1 \cdot V_1) = m \cdot \frac{R_B}{\varkappa - 1} \cdot (T_2 - T_1)$$ (2)

isentrope (adiabate) Verdichtungsarbeit

$$W_1 = \frac{1}{n - 1} \cdot (p_2 \cdot V_2 - p_1 \cdot V_1) = m \cdot \frac{R_B}{n - 1} \cdot (T_2 - T_1)$$ (3)

polytrope Verdichtungsarbeit

In den vorstehenden Gleichungen ist die **Verdichtungsarbeit** mit W_1 bezeichnet. Dies hat seinen Grund darin, dass die gesamte aufzuwendende Arbeit nicht nur aus der Verdichtungsarbeit, sondern auch noch zusätzlich aus der **Verdrängungsarbeit** W_2 und abzüglich der **Ansaugarbeit** W_3 besteht. Hierüber gibt **Bild 1** Aufschluss. Die Summe der drei verschiedenen Arbeiten wird als **technische Arbeit des Verdichters** W_t bezeichnet. Bei der Zusammensetzung der technischen Arbeit ist zu beachten, dass Verdichtungs- und Verdrängungsarbeit vom Kolben aufzubringen sind, während die Ansaugarbeit auf den Kolben von außen durch den Atmosphärendruck übertragen wird. Somit ergibt sich für die

$$W_t = W_1 + W_2 - W_3$$ (4)

Technische Arbeit

In jedem Fall ist es so, dass die Verdichtungsarbeit W_1 der größte Anteil der technischen Arbeit ist.

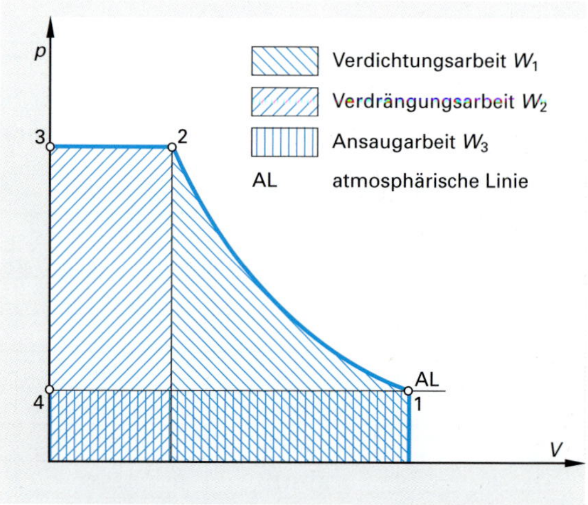

Bild 1: Technische Arbeit in einem Verdichter ohne Berücksichtigung des schädlichen Raumes

Die technische Arbeit ist die von der Kraftmaschine beim Verdichterantrieb aufzuwendende Arbeit.

Bild 2 zeigt das *p, V*-Diagramm eines Verdichters mit **schädlichem Raum** V_0. Im schädlichen Raum, der in jedem Fall Realität ist (→ **Bild 2/236**), befindet sich nach dem Ausschieben des verdichteten Gases (Punkt 3) vor dem oberen Totpunkt ein verdichteter **Restgasanteil** mit dem Druck p_2. Bewegt sich der Kolben in Richtung UT, so expandiert dieses Gas (der Dampf) von 3 nach 4 auf den Anfangsdruck p_1, bevor **frische Ladung** in den Zylinder gelangen kann. Durch diese **Rückexpansion** des im schädlichen Raum vorhandenen Gases wird das Ansaugvolumen von V_H auf V_S verringert. Daraus kann man schlussfolgern:

Ein Verdichter mit schädlichem Raum (Realität) muss für die gleiche Ansaugmenge größere Zylinderabmessungen haben als ein Verdichter ohne schädlichen Raum.

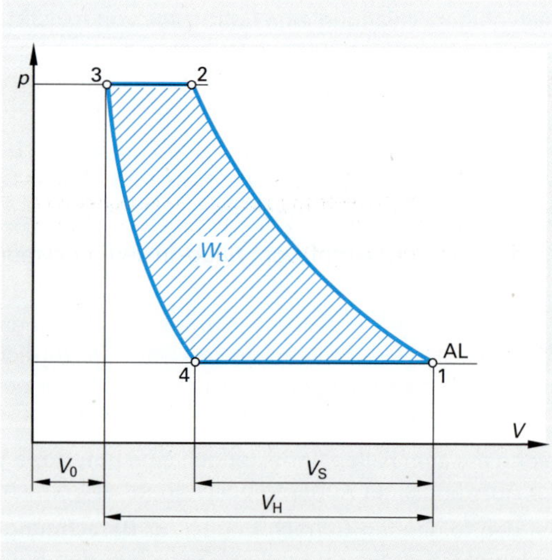

Bild 2: *p, V*-Diagramm eines Verdichters mit schädlichem Raum

Es bedeutet in **Bild 2/240:** V_0 schädlicher Raum in cm³, l
V_H Hubvolumen in cm³, l
V_S durch Rückexpansion verringertes Ansaugvolumen in cm³, l

Das Verhältnis V_S/V_H wird als **Füllungsgrad** bezeichnet. Bei Berücksichtigung des schädlichen Raumes ist der Füllungsgrad kleiner als 1. Es ist:

$$\mu = \frac{V_S}{V_H}$$ 1 **Füllungsgrad**

Ebenso wie das Indikatordiagramm einer Verbrennungskraftmaschine (→ **C7.3.2**) vom Idealprozess abweicht, ist dies auch beim Verdichter der Fall. Sinngemäß zur Verbrennungskraftmaschine spricht man hier vom **wirklichen Verdichter.**

Das **Indikatordiagramm** eines wirklichen Hubkolbenverdichters **(Bild 1) 4'–1'–2'–3'** veranschaulicht die Abweichungen vom verlustlosen Verdichter (mit schädlichem Raum) 4–1–2–3 und damit die **Verdichterverluste.**

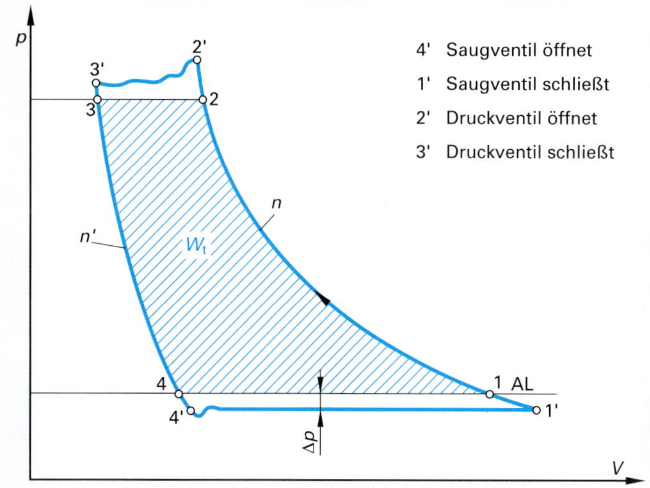

Bild 1: Indikatordiagramm eines wirklichen Verdichters

2.4 Drehkolbenverdichter

Bei einem Drehkolbenverdichter führt der Verdränger eine kreisförmige Bewegung aus. Bei solchen Verdichtern wird eine gleichmäßigere Förderung als bei den Hubkolbenverdichtern erreicht. Außerdem sind sie im Aufbau und in der Arbeitsweise einfacher, da sie weder hin- und hergehende Teile noch Ventile besitzen.

Flügelzellenverdichter

Ein Flügelzellenverdichter **(Bild 2)** hat einen ähnlichen Aufbau wie eine Flügelzellenpumpe (→ **D1.6.3**). Die sich im exzentrisch gelagerten Läufer befindlichen radial verschiebbaren **Schieber** haben die Aufgabe Saug- und Druckraum zu trennen und in den einzelnen **Zellen** die Luft (das Gas, den Dampf) vom Saug- in den Druckraum zu fördern. Dabei wird das Fördermedium verdichtet. Die durch die Verdichtung entstehende Wärme wird durch Kühlung, meist Wasserkühlung, abgeführt.

Für höhere Drücke können mehrere Flügelzellenverdichter hintereinander geschaltet werden. Solche Flügelzellenverdichter werden einstufig für Drücke bis 2,5 bar, zweistufig bis 8 bar verwendet.

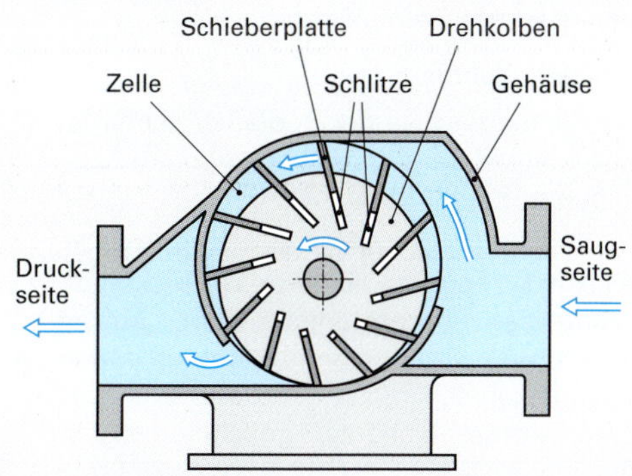

Bild 2: Flügelzellenverdichter

Roots-Gebläse

Flügelzellenpumpen sind einwellige Drehkolbenverdichter, während es sich beim Roots-Gebläse (nach dem englischen Ingenieur J. D. **Roots** benannt) um einen **zweiwelligen Drehkolbenverdichter** handelt. **Bild 1/242** zeigt ein solches Roots-Gebläse, welches auch als **Wälzkolben-Gebläse** bezeichnet wird. Es arbeitet nach dem Prinzip einer Zahnradpumpe (→ **D1.6.3**). Die **Verdrängerkörper** werden auch als **Lemniskaden** bezeichnet. Diese gegenläufigen Rotoren werden zwangsläufig durch ein außerhalb des Druckraumes befindliches Zahnradpaar geführt. Die beiden Lemniskaden berühren sich dabei weder gegenseitig noch berühren sie die Wand des Gehäuses. Deshalb können diese Gebläse auch mit hohen Drehzahlen laufen und sind auch gegen Verschmutzung ziemlich unempfindlich. Sie werden vor allem als **Spülgebläse** für größere Zweitaktmotoren (→ **C7.3.3**) verwendet. Solche Gebläse kommen für kleine Druckverhältnisse (bis 1,5) zum Einsatz.

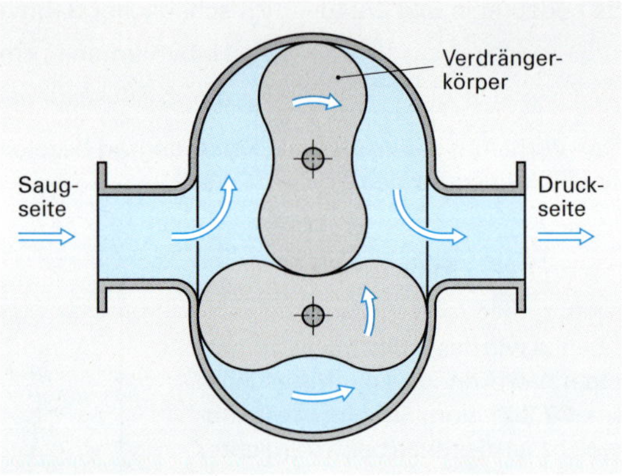

Bild 1: Roots-Gebläse

Schraubenverdichter

Beim Schraubenverdichter handelt es sich ebenfalls um einen **zweiwelligen Drehkolbenverdichter.**

Sie sind besonders für die **ölfreie Verdichtung** geeignet, da das Fördermittel nicht mit dem Schmieröl in Berührung kommt. Somit bilden sie eine notwendige Ergänzung zu den übrigen Verdichter-Bauarten. Sie arbeiten wirtschaftlich bei großen Fördermengen zwischen neunzig und einigen hundert m³ in der Minute.

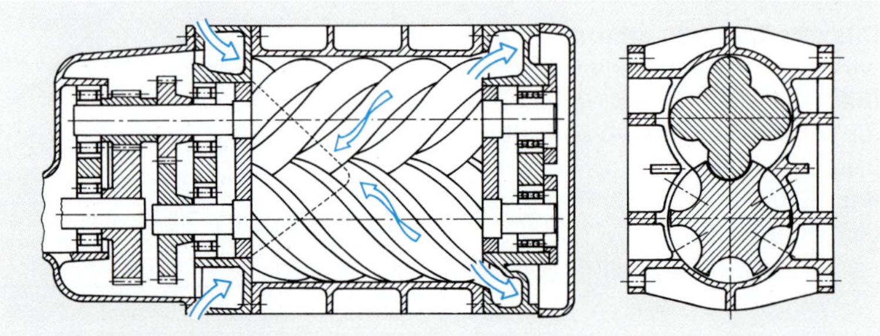
Bild 2: Schraubenverdichter

2.5 Turboverdichter

Bei sehr großen Fördermengen werden oft **Turboverdichter,** die als **Radialverdichter** und **Axialverdichter** gebaut werden, eingesetzt.

Radialverdichter

Die Wirkungsweise der Radialverdichter ist dieselbe wie bei den entsprechenden Kreiselpumpen (→ **D1.5.4**).

Beim **einstufigen Kreiselverdichter (Bild 3),** der zur Erzeugung niederer Drücke dient, strömt das Fördermedium dem Laufrad axial zu und wird durch die Fliehkraft in den Schaufelkanälen radial nach außen in das spiralförmige Gehäuse geschleudert. In diesem wird die Geschwindigkeitsenergie des Fördermediums in Druckenergie umgewandelt. Diese Wirkung des **Spiralrohres** kann durch ein **Laufrad** unterstützt werden.

Einsatzgebiete: Belüftung in Klimaanlagen, Luftzufuhr bei Ölfeuerungen.

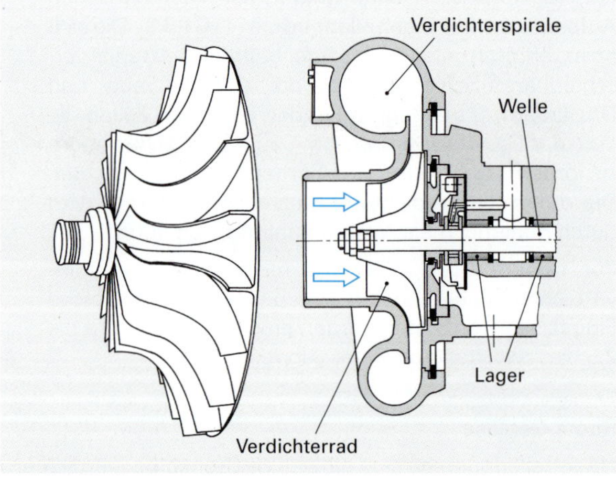

Bild 3: Einstufiger Radialverdichter

Die **mehrstufigen Radialverdichter** – man bezeichnet sie auch als **Kreiselverdichter** – werden für Volumenströme bis 30 m³/s gebaut. Ein solcher ist in **Bild 1** abgebildet.

Da nach jedem **Laufrad** eine **Leitradstufe** die Geschwindigkeitsenergie in Druckenergie umwandelt, erreicht man Drücke bis zu 8 bar. Werden die mehrstufigen Kreiselverdichter in explosionsgefährdeter Umgebung eingesetzt, so muss das Fördermedium einmal oder auch mehrmals zwischengekühlt werden. Solche Betriebe können Gruben oder auch chemische Fabriken sein. Die bei der Verdichtung zum Teil erhebliche Erwärmung kann aber auch von Vorteil sein, z.B. bei der Luftversorgung von Hochöfen und Stahlwerken, da ohnehin bei deren Betrieb die Verbrennungsluft vorgewärmt werden muss. Es findet dabei also eine indirekte **Energie-Rückgewinnung** statt.

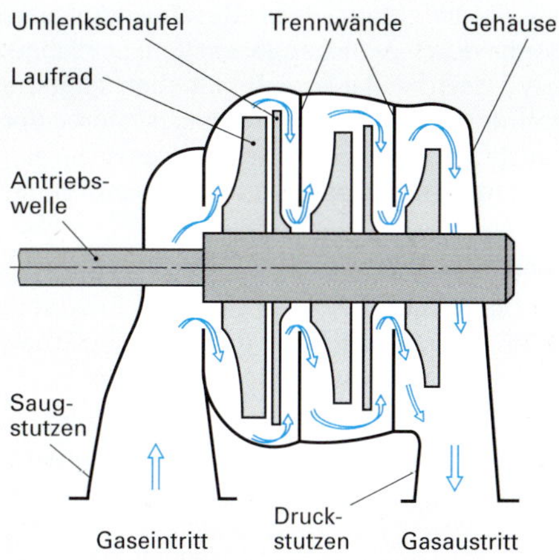

Bild 1: Mehrstufiger Radialverdichter

Axialverdichter

Im Unterschied zu den Radialverdichtern (Kreiselverdichter) strömt das Fördermedium im Axialverdichter in axialer Richtung durch diesen hindurch. Auch bei den Axialverdichtern wird zwischen einstufigen und

Bild 2: Mehrstufiger Axialverdichter mit drehbaren Leitschaufeln (Oberteil abgedeckt)

zweistufigen Verdichtern unterschieden. Auch hier wird die durch die Laufräder übertragene Geschwindigkeitsenergie des Fördermediums durch zwischengeschaltete Leitschaufeln in Druckenergie umgewandelt. Axialverdichter haben allgemein den Vorzug des bequemen Einbaus in Rohrleitungssysteme und Apparate. Sie können auch mit senkrecht angeordneter Welle eingebaut werden, was bei den Radialverdichtern nur bei kleinen Sonderbauarten möglich ist.

Der **einstufige Axialverdichter (Bild 1)** ist für große Fördermengen, nicht aber für große Drücke geeignet. Er wird deshalb vor allem zur Belüftung von Räumen und Tunnel, in Trocknungsanlagen oder Windkanälen und dergleichen verwendet.

Die **mehrstufigen Axialverdichter (Bild 2/243)** nehmen immer mehr an Bedeutung zu. Sie werden in **Gasturbinen** (→ **C7.2**) und **Strahltriebwerken** zur Verdichtung der Verbrennungsluft benötigt. Außerdem finden sie in Hochgeschwindigkeits-Windkanälen Verwendung.

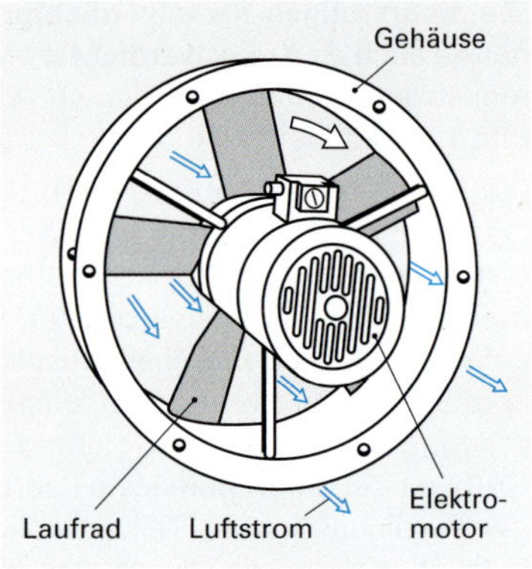

Bild 1: Einstufiger Axiallüfter

Turboverdichter sind Strömungsmaschinen. Deshalb spricht man auch von **Strömungsverdichtern.** Der konstruktive Aufbau ähnelt dem einer Turbine.

2.6 Nutzung von Verdichtern in der Industrie

Verdichter werden in Wirtschaft und Industrie sehr vielfältig eingesetzt. Insbesondere sind Verdichter in den folgenden Einsatzbereichen nicht mehr wegzudenken:

- Versorgung der Betriebswerkstätten mit **Druckluft,**
- Erzeugung von **Reaktionsdrücken in Chemie** und Verfahrentechnik,
- Verdichtung von **Kältemitteldämpfen** bis hin zu Verflüssigung,
- **Druckluftversorgung** in Hoch- und Tiefbaubetrieben sowie in der Hüttenindustrie.

Auswahlkriterien von Verdichtern können sein: Höhe des Enddruckes, Größe und Gleichmäßigkeit des Volumenstroms, Laufruhe, Betriebssicherheit, Regelverhalten, Leckrate u. a.

Wiederholung und Vertiefung

D28 Wie werden Verdichter nach den Druckbereichen unterschieden?

D29 Ordnen Sie Ventilatoren und Gebläsen Druckbereiche zu.

D30 Wie unterscheidet man Verdichter nach der Anzahl der Druckstufen?

D31 Was versteht man bei Hubkolbenverdichtern unter dem schädlichen Raum?

D32 Welche Arbeitstakte kennt man beim Hubkolbenverdichter?

D33 Wie erklären Sie sich das Zustandekommen von Kondenswasser im Windkessel?

D34 Warum müssen Druckluftleitungen mit einem Gefälle verlegt werden?

D35 Welchen Sinn hat die Zwischenkühlung?

D36 Unterscheiden Sie reale Gase (Dämpfe) von den idealen Gasen.

D37 Welche Bedeutung hat der Korrekturfaktor *k* bei der Verdichtung?

D38 Durch welche Zustandsänderungen kann Verdichtungsarbeit realisiert werden?

D39 In welche Teilarbeiten wird die technische Arbeit eines Verdichters unterteilt?

D40 Was versteht man unter Rückexpansion und wie wirkt sich diese aus?

D41 Was versteht man unter dem Füllungsgrad?

D42 Durch welche Maßnahme lassen sich die Verdichterverluste sichtbar machen?

D43 Nennen Sie die verschiedenen Bauarten der Drehkolbenverdichter.

D44 Was versteht man unter Lemniskaden?

D45 Warum können Rootsverdichter mit sehr hohen Drehzahlen laufen?

D46 Welchen großen Vorteil haben Schraubenverdichter?

D47 Unterscheiden Sie die Axiallüfter und nennen Sie deren Einsatzgebiete.

D3 Kälteanlagen und Wärmepumpen

Sowohl mit Kälteanlagen als auch mit Wärmepumpenanlagen wird Wärmeenergie einem Raum entzogen und einem anderen Raum zugeführt. Das Besondere dabei ist, dass der Energietransport von einem Ort mit niedrigerer Temperatur in einen Ort mit höherer Temperatur erfolgt, also genau entgegen der Aussage des **2. Hauptsatzes der Thermodynamik,** d.h. entgegen einem Temperaturgefälle. Man kann jedoch den 2. Hauptsatz (→ **A8.2**) auch wie folgt auslegen:

Ein Transport von Wärmeenergie entgegen einem Temperaturgefälle ist nur mit einem zusätzlichen Aufwand an Energie möglich.

In der Praxis geschieht dies mit einer **Kältemaschine** oder einer **Wärmepumpe.** Beide Geräte arbeiten nach dem gleichen Prinzip und transportieren – wie bereits gesagt – Wärmeenergie von einem Ort mit tiefer Temperatur in einen Ort mit höherer Temperatur. Trotzdem besteht ein Unterschied. Dieser ergibt sich aus der Aufgabenstellung, die für die Wärmepumpe bereits erklärt worden ist (→ **B2.5.3**). Kältemaschine und Wärmepumpe sollen aber hier vergleichend nebeneinander gestellt werden:

Kältemaschine (Bild 1)

Sie hat die Aufgabe einem Raum mit niedriger Temperatur Wärmeenergie zu entziehen und diesen Raum dabei zu kühlen.

Die dem Kühlraum von der Kältemaschine entzogene Wärmeenergie Q_1 und die über die Kältemaschine zugeführte mechanische Energie W werden als Wärmeenergie Q_2 an die Umgebung abgegeben. Da die Umgebung gegenüber dem Kühlraum groß ist, wird diese nicht nennenswert erwärmt.

Wärmepumpe (Bild 2)

Sie hat die Aufgabe, einem Raum mit hoher Temperatur Wärmeenergie zuzuführen und diesen Raum dabei weiter zu heizen.

Die dem Raum zugeführte Wärmeenergie Q_2 setzt sich aus der Summe von mechanischer Energie W – die dem System von der Wärmepumpe zugeführt wird – und der Wärmeenergie Q_1 – die die Wärmepumpe der Umgebung mit niedriger Temperatur entzieht – zusammen. Da die Umgebung gegenüber dem zu heizenden Raum groß ist, kühlt sie nur unwesentlich ab.

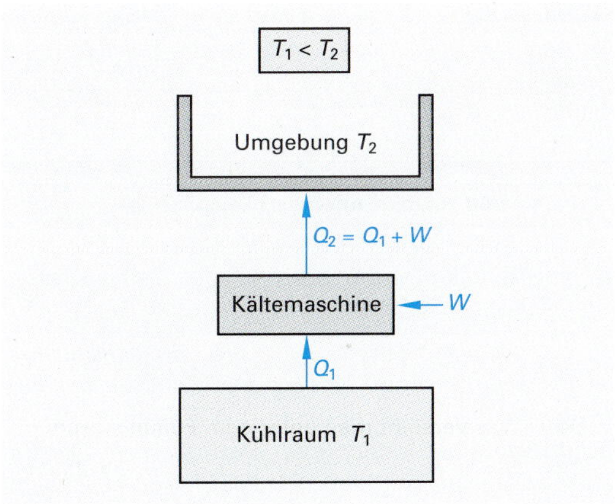

Bild 1: Prinzip der Kältemaschine

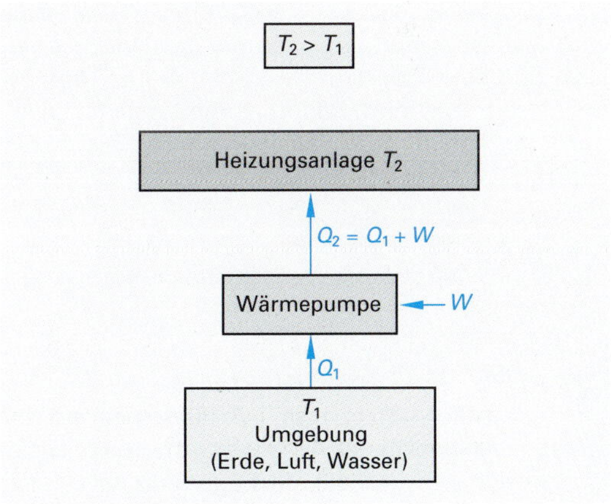

Bild 2: Prinzip der Wärmepumpe (→ B2.5.3)

3.1 Verfahren der Kälteerzeugung

In der **Kältetechnik** bedient man sich einer Reihe verschiedener Verfahren. Viele dieser Verfahren können als Sonderverfahren bezeichnet werden und können deshalb im Rahmen dieses Buches noch nicht einmal erwähnt werden. Meist kommen **Verfahren mit Phasenänderung** (Änderung des Aggregatzustandes) eines Stoffes zur Anwendung. Dieser Stoff wird als **Kältemittel** bezeichnet. Dieses geht wechselweise vom flüssigen in den dampfförmigen Zustand (Aufnahme von Wärmeenergie) und vom dampfförmigen in den flüssigen Zustand (Abgabe von Wärmeenergie) über (→ **A5.9**). Dabei muss – wie bereits begründet – von außen Energie zugeführt werden. Man unterscheidet bezüglich dieser Energieaufnahme wie folgt:

- **Kompressionskältemaschinen** ⟶ Zufuhr von mechanischer Energie
- **Absorptionskältemaschinen** ⟶ Zufuhr von Wärmeenergie
- **Dampfstrahlkältemaschinen** ⟶ Zufuhr von kinetischer Energie (→ **D1.8**)

Der Anteil der **Kompressionskälteerzeugung** liegt bei über 90 %. Deswegen beschränken sich die folgenden Ausführungen nur hierauf. Es soll jedoch erwähnt werden:

Der **Absorptionkälteerzeugung** kommt dadurch eine immer größere Bedeutung zu, dass die erforderliche Wärmezufuhr mit **Abwärme durch Kraft-Wärme-Kopplung** (→ **C4.4**) gedeckt werden kann.

3.1.1 Linkslaufende Kreisprozesse mit Dämpfen

In Verbindung mit dem **2. Hauptsatz der Thermodynamik** (→ **A8.2**) wurde der **rechtslaufende Kreisprozess (Bild 1/66)** behandelt. Ein solcher wird bekanntlich auch als **Kraftmaschinenprozess** oder **motorischer Kreisprozess** bezeichnet, denn die zugeführte Wärmeenergie (→ **A5.6, A6.3**) wird in mechanische Arbeit (→ **A1.11. A1.14, A5.7, A6.1**) umgewandelt. Es sei hier nochmals daran erinnert:

Kraftmaschinen wandeln andere Energien in mechanische Energie (Nutzarbeit W_n) um.

Beim **Kältemaschinenprozess** bzw. beim **Wärmepumpenprozess** wird Wärmeenergie bei niedrigem Temperaturniveau sowie meist mechanische Energie W zugeführt. Ziel ist dabei Wärmeenergie bei hohem Temperaturniveau abzugeben **(Bilder 1/245** und **2/245)**. Diesen Vorgang zeigt **Bild 1** in Form eines **Kreisprozesses.** Dieser hat nur grundsätzliche Aussagekraft, denn ein Kreisprozess kann nicht aus nur zwei Zustandsänderungen bestehen.

Da $p_a > p_b$ ist, muss auch $\boldsymbol{T_a > T_b}$ sein (→ **A8.2**). Beim Vorlauf wird also bei niedrigerer Temperatur Wärmeenergie zugeführt und beim Rücklauf wird bei höherer Temperatur Wärmeenergie abgeführt. Dadurch ergibt sich der linke Drehsinn und man spricht vom **linkslaufenden Kreisprozess.** Somit:

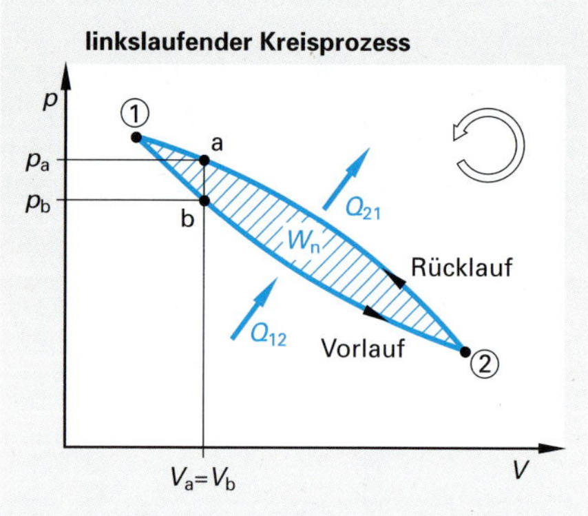

Bild 1: Linkslaufender Kreisprozess

Kältemaschinenprozess und Wärmepumpenprozess sind linkslaufende thermodynamische Kreisprozesse.

Ebenso wie beim Dampfkraftprozess – und im Gegensatz zu den thermodynamischen Prozessen der Verbrennungskraftmaschinen (→ **A8.4**) – muss ein Kreisprozess für Kältemaschinen und Wärmepumpen die **ständige Änderung des Aggregatzustandes flüssig – dampfförmig** berücksichtigen. Bezüglich des Dampfkraftprozesses (→ **A8.4.8, C3.3.2**) wurde bereits festgestellt, dass dies mit dem rechtslaufenden Clausius-Rankine-Prozess realisiert ist. In Analogie hierzu gilt:

Idealer Kältemaschinenprozess und idealer Wärmepumpenprozess sind **linkslaufende Clausius-Rankine-Prozesse.**

Dieser Prozess vollzieht sich zum größten Teil im **Nassdampfgebiet** (→ **A5.9, C2.1**) bei tiefen Temperaturen, also mit kaltem Dampf. Deshalb werden Kältemaschinen und Wärmepumpen oft auch als **Kaltdampfmaschinen** bezeichnet. Ebenfalls in Analogie zum rechtslaufenden Clausius-Rankine-Prozess **(Bild 1/132)** wird in **Bild 1/247** der linkslaufende Clausius-Rankine-Prozess in einem ***T, s*-Diagramm** dargestellt, und zwar in Verbindung mit einem **Schaltbild:**

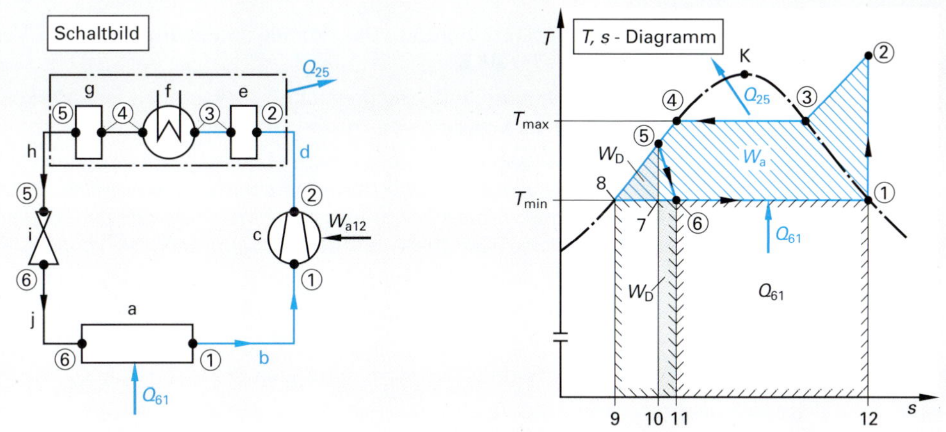

Bild 1: Kältemaschinen- und Wärmepumpenprozess im Schaltbild und im zugehörigen *T, s*-Diagramm

Im Schaltbild des **Bildes 1** bedeuten:

a: **Verdampfer** → Wärmeenergie Q_{61} wird dem Raum mit T_{min} entzogen

b: **Kaltdampfleitung**

c: **Verdichter** (Kompressor) → mechanische Energie W_a wird zugeführt

d: **Heißdampfleitung**

e: **Enthitzer** → Wärmeenergie Q_{23} wird abgegeben

f: **Kondensator** (Verflüssiger) → Wärmeenergie Q_{34} wird abgegeben

g: **Unterkühler** → Wärmeenergie Q_{45} wird abgegeben

(e, f, g) → $Q_{25} = Q_{23} + Q_{34} + Q_{45}$

h: **Flüssigkeitsleitung** des Hochdruckteiles

i: **Drosselorgan** → Verflüssigungsdruck wird auf Verdampfungsdruck gedrosselt

j: **Flüssigkeitsleitung** des Niederdruckteiles

Anmerkung:

Vergleicht man die *T, s*-Diagramme der **Bilder 1** und **1/132,** dann sind geringfügige Flächenabweichungen – bedingt durch **Pumpe** einerseits und **Drosselorgan** andererseits – erkennbar. Dessen ungeachtet werden aber beide Prozesse als Clausius-Rankine-Prozesse bezeichnet.

Im *T, s*-Diagramm des **Bildes 1** bedeuten:

Fläche 1–6–11–12–1 → Die dem Kühlraum (beim Kältemaschinenprozess) bzw. die der Umgebung (beim Wärmepumpenprozess) entzogene Wärmeenergie Q_{61}.

Fläche 1–2–3–4–8–1 → Die vom Verdichter (Kompressor) aufgewendete Verdichtungsarbeit (mechanische Arbeit) W_a.

Fläche 12–2–3–4–5–10–12 → Die gesamte vom Arbeitsmittel (Kältemittel) aufgenommene Energie, die von Enthitzer, Kondensator und Unterkühler an die Umgebung abgegeben wird, d. h. $Q_{25} = Q_{61} + W_a$.

Daraus folgt unmittelbar, dass die Flächen 5–8–7–5 und 6–7–10–11–6 gleich groß sind. Sie entsprechen dem **Drosselverlust** W_D. Dieser Energiebetrag wird dem Kältemittel beim Drosseln entzogen. Dabei verdampft ein Teil des flüssigen Kältemittels bereits vor dem Verdampfer und man bezeichnet dies als **Flashgasbildung.** Der hierfür erforderliche Wärmeenergiebetrag kann demzufolge nicht mehr dem zu kühlenden Raum entzogen werden. Es handelt sich also um einen **Verlust-Energiebetrag.**

Anmerkung:

Durch **Drosselung** erfolgt eine gezielte Druckreduzierung vom **Kondensationsdruck** auf den **Verdampfungsdruck** (→ **A5.9**) des strömenden Fluids (→ **A4.6**).

Als **Qualitätsmerkmal** wird in der Maschinen- und Anlagentechnik bekanntlich der **Wirkungsgrad** (→ **A1.13, A8.3, A12.1**) verwendet. Er ist als der **Quotient von Nutzen zu Aufwand** definiert.

Beim Kältemaschinenprozess und beim Wärmepumpenprozess wird ebenso dieses Verhältnis Nutzen zu Aufwand als Qualitätsmerkmal verwendet, allerdings sind dort, und zwar unterschiedlich, Nutzen und Aufwand anders definiert, und das Verhältnis wird als **Leistungszahl** ε bezeichnet. Bei den folgenden Betrachtungen wird das ***T, s*-Diagramm des Bildes 1/247** zu Grunde gelegt, wobei auch hier grundsätzlich gilt:

Unter der **Leistungszahl** versteht man das Verhältnis von Nutzen zu Aufwand.

Nutzen des Kältemaschinenprozesses: die dem Kühlraum entzogene Wärmeenergie Q_{61}
Aufwand des Kältemaschinenprozesses: die zugeführte mechanische Arbeit W_a. Somit:

$$\varepsilon_K = \frac{Q_{61}}{W_a} \quad \left[\frac{J}{Nm} = \frac{Nm}{Nm} = 1\right]$$ (1)

Leistungszahl der Kältemaschine

Nutzen des Wärmepumpenprozesses: die der Heizungsanlage zugeführte Wärmeenergie Q_{25}
Aufwand des Wärmepumpenprozesses: die zugeführte mechanische Arbeit W_a. Somit:

$$\varepsilon_W = \frac{Q_{25}}{W_a} \quad \left[\frac{J}{Nm} = \frac{Nm}{Nm} = 1\right]$$ (2)

Leistungszahl der Wärmepumpe

Es soll noch erwähnt werden, dass die Leistungszahl der Kältemaschine in der Praxis auch oft als **Kältezahl** und dann folgerichtig die Leistungszahl der Wärmepumpe als **Wärmezahl** bezeichnet wird.

Ebenso wie man durch thermodynamische Maßnahmen den **thermischen Wirkungsgrad** (→ **A8.3**) verbessern kann, ist auch eine **Verbesserung der Leistungszahl** von Kältemaschine und Wärmepumpe möglich. Dies soll am Beispiel eines Kältemaschinenprozesses **(Bild 1)** gezeigt werden. Eine Verbesserung von ε ist durch zweierlei Maßnahmen möglich:

1. Weitere **Unterkühlung** des Kondensats zwischen den Punkten 5 und ⑤'. Dies kann durch eine Vergrößerung des Unterkühlers erreicht werden.
2. **Überhitzung** des trocken gesättigten Dampfes (→ **A5.9, C2.1**) in Heißdampf zwischen den Punkten 1 und ①'. Dies kann in der Praxis durch die Vergrößerung des Verdampfers erreicht werden. Praktischer Nebeneffekt der Überhitzung ist, dass der Verdichter keinen trocken gesättigten Dampf oder gar Nassdampf ansaugt. Damit werden die gefürchteten **Flüssigkeitsschläge** im Verdichter und damit dessen Beschädigung verhindert.

Bild 1 zeigt einen – gegenüber **Bild 1/247** – **optimierten Kältemaschinenprozess.** Bei diesem entspricht in etwa die *T*-Achse maßstäblich der Realität, d. h. T_u z. B. 250 K und T_o z. B. 320 K. Es ist zu erkennen, dass sich die aufgewendete mechanische Arbeit W_a nur

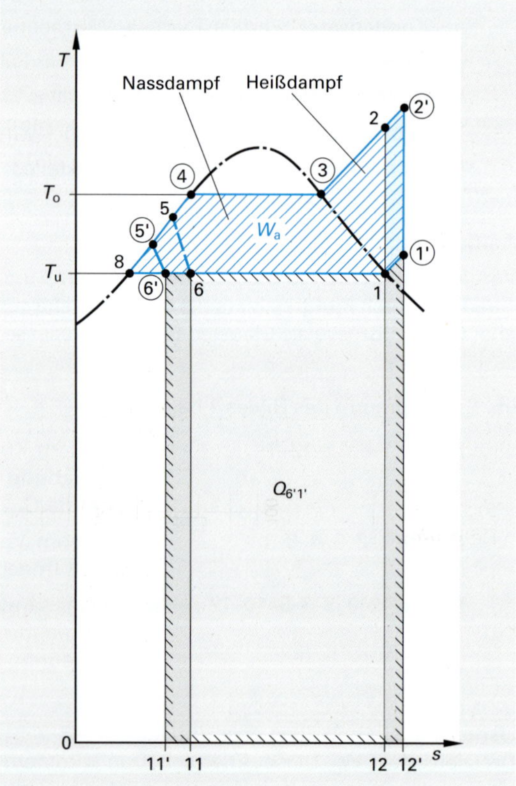

Bild 1: Verbesserung von ε durch Unterkühlung und Überhitzung

D Arbeitsmaschinen

geringfügig vergrößert (Fläche 1–(1')–(2')–2–1). Der **Kältegewinn** dagegen vergrößert sich überproportional, nämlich um die Summe der Flächenstücke (6')–(11')–11–6–(6') und außerdem 1–12–12'–(1')–1. Daraus ergibt sich die **verbesserte Leistungszahl (Kältezahl):**

$$\varepsilon_K = \frac{Q_{6'1'}}{W_a}$$ 1

Das **Arbeitsmittel** im Kältekreislauf ist bekanntlich das **Kältemittel**. Dessen **Zustandsänderungen im Kältemaschinenprozess** werden in der Kältetechnik meist nicht im *T, s*-Diagramm, sondern im

lg *p, h*-Diagramm

(→ **A5.9**) dargestellt. Ein solches zeigt **Bild 1** für das Kältemittel Ammoniak NH_3.

Anmerkung:

Im **Druck, Enthalpie-Diagramm** ist die Druckachse auf der Basis des Zehner-Logarithmus (lg) geteilt. Dies erklärt die obige Bezeichnungsweise, wobei lg als **log** gesprochen wird.

Man sagt also in der technischen Praxis

log *p, h*-Diagramm

Dieses verknüpft die in der Kältetechnik wichtigen Größen. Vor allem sind dies die Größen in der folgenden Aufzählung:

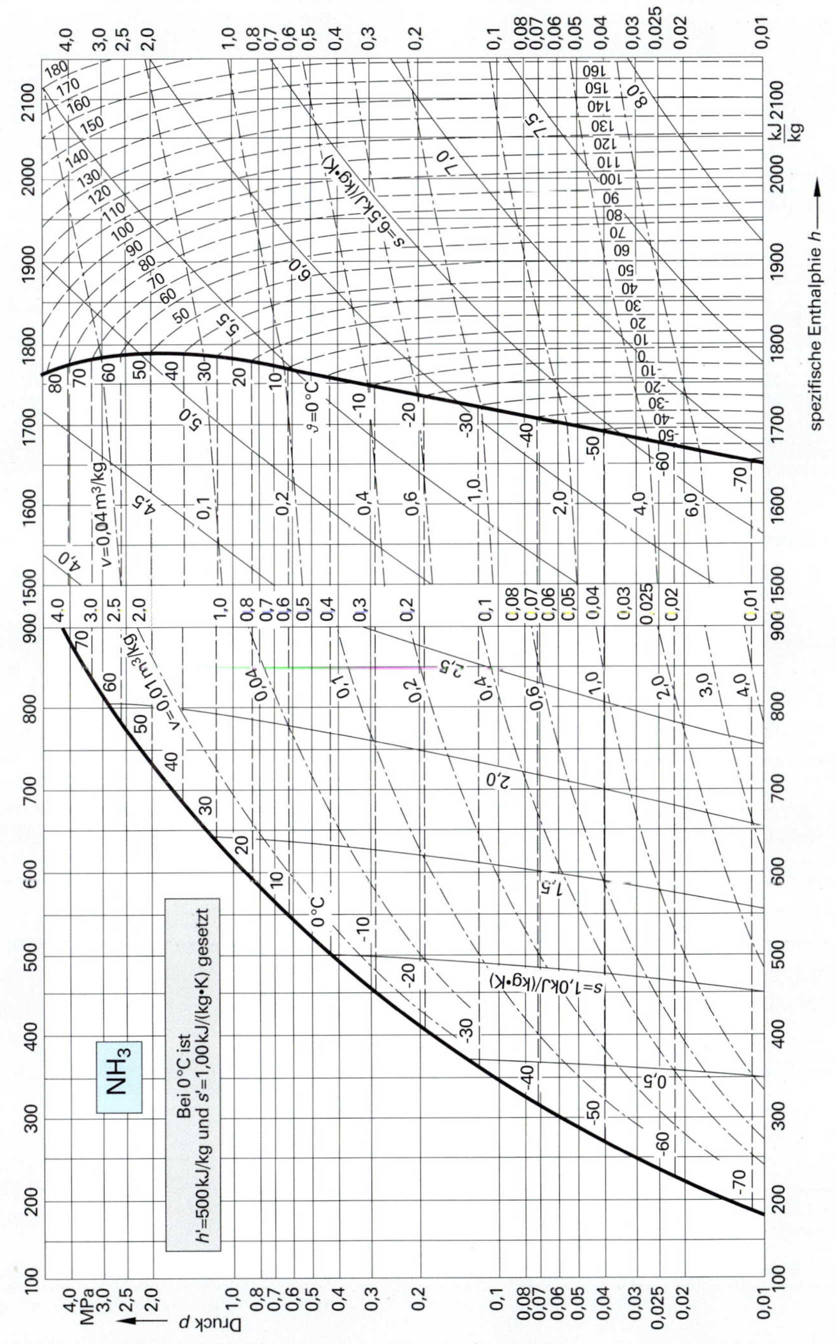

Bild 1: log *p, h*-Diagramm für Ammoniak NH_3

- **Druck** *p*
- **spezifische Enthalpie** *h*
- **spezifische Entropie** *s* (→ **A2.1, A5.4, A5.9, A6.2, A9, A10, A11**)
- **spezifisches Volumen** *v*
- **spezifische Verdampfungswärme** *r*

3.2 Kältemittel

Unter **Kältemittel,** auch **Refrigerant** (R) genannt, versteht man das Arbeitsmedium, das in einem Kältemaschinenprozess bei niedriger Temperatur (Verdampfungstemperatur) und niedrigem Druck (Verdampfungsdruck) Wärmeenergie aufnimmt und bei höherer Temperatur (Kondensationstemperatur) und höherem Druck (Kondensationsdruck) Wärmeenergie abgibt.

3.2.1 Erwünschte Eigenschaften von Kältemitteln

Man unterscheidet bei den Kältemitteln unter **chemischen Eigenschaften, physikalischen Eigenschaften** und **physiologischen Eigenschaften.** In dieser Reihenfolge erfolgt die nachstehende Aufzählung:

- **Chemische Stabilität,** d. h., das Kältemittel darf im eingesetzten Druck-Temperaturbereich nicht zerfallen oder andere Verbindungen eingehen.
- **Inaktivität** gegenüber den verwendeten Werkstoffen, Luft, Feuchtigkeit und Kältemaschinenölen.
- **Unbrennbar und nicht explosiv.**
- **Große Verdampfungswärme;** ergibt eine hohe spezifische Kälteleistung und damit eine kleine umlaufende Kältemittelmenge (Kältemittel-Massenstrom → **A3.4**).
- Der **Verflüssigungsdruck** soll **nicht zu hoch** sein, um geringe Wanddicken der Apparate und Rohrleitungen zu erhalten. Außerdem muss er unterhalb des kritischen Punktes (→ **A5.9**) liegen, damit überhaupt eine Verflüssigung stattfindet.
- Der **Erstarrungspunkt** (→ **A5.8**) muss weit **unterhalb der verlangten Verdampfungstemperatur** liegen.
- **Ungiftigkeit.**
- **Keine Reizwirkung** auf die Atmungsorgane.
- **Kein schädlicher Einfluss** auf das Kühlgut.
- **Umweltverträglichkeit.** (→ **B2.7**)

Sicher bedarf es keiner besonderer Betonung, dass es unmöglich ist, alle diese Eigenschaften einzuhalten. Dennoch ist es so, dass es Eigenschaften gibt, die unabdingbar – zumindest in bestimmten Grenzen – gegeben sein müssen. Ein hoher Stellenwert kommt hierbei der **Brennbarkeit,** der **Giftigkeit** und der **Umweltverträglichkeit** zu. Man kann also sagen:

Bei Kältemitteln muss zwischen erwünschten und erforderlichen Eigenschaften unterschieden werden.

Die **Gesamte Rechtsvorschrift für Kälteanlagenverordnung** (11.08.2014) unterteilt die Kältemittel wie folgt:

Tabelle 1: Einteilung der Kältemittel

Gruppe	Eigenschaft
L1	Nicht brennbare Kältemittel ohne erhebliche gesundheitsschädigende Wirkung auf den Menschen.
L2	Giftige oder ätzende Kältemittel oder solche, deren Gemisch mit Luft eine untere Explosionsgrenze von mindestens 3,5 Vol.-% hat.
L3	Kältemittel, deren Gemisch mit Luft eine untere Explosionsgrenze von weniger als 3,5 Vol.-% hat.

3.2.2 Thermodynamische Daten von Kältemitteln

Die **thermodynamischen Daten** von Kältemitteln können vor allem aus dem **log *p*, *h*-Diagramm** (→ **D3.1.1**), das vom Kältemittelhersteller zu erhalten ist, abgelesen werden.

Tabelle 1 zeigt für die drei verschiedenen Gruppen (→ **Tabelle 1/250**) einige thermodynamische Daten.

Tabelle 1: Absoluter Sättigungsdampfdruck, kritische Daten (→ **A5.9**)

Gruppe	Kurzzeichen nach DIN 8962	Kritische Temperatur in °C	Kritischer Druck in bar	Sättigungsdampfdruck in bar bei				
				–10 °C	32 °C	43 °C	55 °C	63 °C
L1	R–12 B1	153,7	42,5	0,80	3,29	4,48	6,13	7,47
	R–13 B1	67,0	39,6	6,27	18,99	24,27	31,22	36,64
	R–22	96,2	49,9	3,55	12,51	16,41	21,64	25,76
	R–23	26,3	48,7	18,94	–	–	–	–
	R–114	145,7	32,6	0,58	2,68	3,71	5,13	6,28
	R–134 a	101,1	40,6	2,0	8,2	11,0	14,9	18,0
	R–502	82,2	40,8	4,07	13,68	17,78	23,23	27,53
	R–744	31,0	73,8	26,6	–	–	–	–
L2	R–30	237,0	59,7	–	0,7	–	–	–
	R–40	143,1	66,8	2,2	6,9	9,2	12,4	14,8
	R–123	184	36,8	0,20	1,19	1,72	2,49	3,13
	R–160	187,2	52,7	0,53	2,02	2,84	3,97	–
	R–611	212,0	60,0	–	–	1,0	–	–
	R–717	132,4	113,5	2,91	12,38	16,88	23,10	28,11
	R–764	157,7	79,9	1,06	4,87	6,84	9,56	–
	R–1130	243	(53,3)	–	–	–	–	–
L3	R–170	32,3	48,6	18,59	48,60	–	–	–
	R–290	96,8	42,6	3,42	11,29	14,64	19,06	22,52
	R–600	152,0	38,0	0,77	3,02	3,89	5,6	6,9
	R–600 a	135,0	37,2	1,13	4,27	5,73	7,74	9,3
	R–1150	9,5	50,8	32,41	–	–	–	–
	R–1270	91,8	46,0	4,29	13,70	17,64	22,82	26,85

Die Überschrift der obigen **Tabelle 1** bezieht sich auch auf die **kritischen Daten.** Hierunter versteht man die thermodynamischen **Daten im kritischen Punkt** (→ **A5.9, C2.1, C2.4.4**).

Im Zusammenhang mit den thermodynamischen Daten von Kältemitteln muss vor allem noch die

DIN 8960 „Kältemittel": Anforderungen und Kurzzeichen (1998-11)

genannt werden. Dort werden die Kältemittel in verschiedene Gruppen unterteilt. Vor allem wird zwischen den **organischen Kältemitteln** und den **anorganischen Kältemitteln** unterschieden. Auch der Unterschied zwischen den Einphasen-Kältemitteln und den Kältemittelgemischen ist dort erkennbar. Letztere werden in die **azeotropen Kältemittelgemische,** die **Azeotrope** (Reihe 500), und die **nicht azeotropen Kältemittelgemische,** die **Zeotrope** (Reihe 400), unterteilt.

3.2.3 Umweltdaten der Kältemittel

Die **DIN EN 378** „Sicherheitstechnische und umweltrelevante Anforderungen an Kälteanlagen und Wärmepumpen" (Sept. 2000) ist zu beachten.

Viele in der Kältemittelnorm aufgeführten Kältemittel sind heute gesetzlich nicht mehr oder nur noch eingeschränkt zugelassen, z. B. durch die Halon-Verbotsordnung.

Als **Beurteilungskriterium für Kältemittel** hinsichtlich der Umweltverträglichkeit dienen die beiden folgenden, in der DIN 8960 angegebenen Werte bezüglich **Treibhauspotenzial** (GWP-Wert) und **Ozonabbaupotenzial** (ODP-Wert):

GWP-Wert Dieser Wert beschreibt die **Wärmerückhalteeigenschaften,** die den **Treibhauseffekt** verursachen, in der Troposphäre. Es werden drei Werte für die Betrachtungszeiträume 20, 100 und 500 Jahre angegeben. In der DIN 8960 ist der Wert für 100 Jahre zu entnehmen. Bezeichnung GWP_{100}. Bezugsstoff ist **CO_2 mit GWP_{100} = 1.** Dieser Wert beträgt z. B. für das Kältemittel R–11 (nach DIN 8960) 4000. Dieses Kältemittel ist nicht mehr zugelassen. Sein Einfluss auf das Treibhauspotenzial ist 4000-mal so groß wie der von CO_2. Zu bemerken ist noch, dass die momentane Erwärmung der Atmosphäre 0,4 K pro Dekade beträgt. Für natürliche Ökosysteme sind aber nur 0,1 K pro Dekade verträglich!

ODP-Wert Dieser Wert beschreibt den **Ozonabbau** in der Atmosphäre. Bezugsstoff ist **R–11 mit ODP = 1.** Werte unter 1 bedeuten, dass die entsprechenden Stoffe weniger Ozon abbauen als R–11. Als Beispiel sei das Kältemittel R–124 mir ODP = 0,022 angegeben.

Beim Umgang mit Kältemitteln (und anderen Betriebs- und Hilfsstoffen) ist dem Umweltschutz größte Priorität zuzuordnen, denn es geht dabei um die Zukunft der Erde!

Wiederholung und Vertiefung

D48 Unterscheiden Sie die Aufgabe von Kältemaschine und Wärmepumpe.

D49 Was versteht man unter einem Wärmetransport entgegen einem Temperaturgefälle und welche Aussage macht hierüber der 2. Hauptsatz der Thermodynamik?

D50 Wie unterscheidet sich grundsätzlich die Kompressionskälteerzeugung von der Absorptionskälteerzeugung?

D51 Warum nimmt die Bedeutung der Absorptionskälteerzeugung zu?

D52 Wie erklären Sie den Begriff linkslaufender Kreisprozess?

D53 In **Bild 1/247** sind Enthitzer, Kondensator und Unterkühler als eine Baugruppe zusammengefasst. Ordnen Sie den einzelnen Bauteilen Aufgaben zu.

D54 Unterscheiden Sie die Leistungszahl von Kältemaschine und Wärmepumpe.

D55 Was versteht man unter Drosselung?

D56 Welche Maßnahmen zur Verbesserung der Leistungszahl einer Kältemaschine sind Ihnen bekannt?

D57 Wie erklären Sie sich thermodynamisch die Verbesserung der Leistungszahl?

D58 Was versteht man unter Kältegewinn?

D59 Welche Zustandsgrößen sind im log *p, h*-Diagramm vor allem berücksichtigt?

D60 Wie erklären Sie bei der Kältemittelbezeichnung den Buchstaben R?

D61 Nennen Sie wichtige wünschenswerte Eigenschaften von Kältemitteln.

D62 Welchen Titel hat die Unfallverhütungsvorschrift VBG 20 (BGV D4)?

D63 Wie teilt die VBG 20 (BGV D4) die Kältemittel ein?

D64 Versuchen Sie mithilfe eines technisch-naturwissenschaftlichen Lexikons den Begriff Zündgrenze zu erklären.

D65 In welchen Arbeitsunterlagen sind thermodynamische Daten von Kältemitteln zu finden?

D66 Was versteht man unter den kritischen Daten?

D67 In welche Gruppen werden (in DIN 8960) die Kältemittel unterteilt?

D68 Was versteht man unter dem Treibhauspotenzial und wie wird dieses beurteilt?

D69 Was versteht man unter dem Ozonabbaupotenzial und wie wird dieses beurteilt?

D70 Welchen Stellenwert ordnen Sie dem Umweltschutz in der Kältetechnik zu?

D4 Fördermittel und Fördereinrichtungen

Geräte und Maschinen, deren Nutzen in irgendeiner Form das Fördern von Gütern oder Personen ist, werden als **Fördermittel** bezeichnet. Die entsprechende Technik nennt man **Fördertechnik.** Hier wird die Definition des Begriffes „Arbeitsmaschine" zu Beginn dieses Kapitels überdeutlich:

Unter einer Arbeitsmaschine versteht man eine Maschine, die zu technischen Zwecken Arbeit verrichtet.

4.1 Fördertechnik als Element der Logistik

Der Begriff **Logistik** wird meist mit Warentransport gleichgesetzt. Dabei wird nicht bedacht, dass der Warentransport lediglich ein Teilbereich der Logistik darstellt. Obwohl die eigentliche Aufgabe der **Fördertechnik** darin besteht, Waren zu transportieren und deshalb bei unseren Betrachtungen im Vordergrund steht, soll der Begriff Logistik zunächst umfassender definiert werden:

Logistik ist die Planung, Steuerung, Optimierung und Überwachung der Material-, Energie-, Personen- und Informationsflüsse in Systemen.

Leitgedanke bzw. Auftrag der Logistik ist also

- das **richtige Objekt** (z. B. Material, Personen, Informationen),
- zum **richtigen Zeitpunkt,**
- in der **richtigen Menge,**
- in der **richtigen Beschaffenheit und Qualität,**
- am **richtigen Ort,**
- zu den **richtigen Kosten** (auf wirtschaftliche Art und Weise),

bereitzustellen und verfügbar zu machen. Zwei Entwicklungsrichtungen sind für die Entwicklung der Logistik von besonderer Bedeutung gewesen, und zwar

- die **Entwicklung des Informationswesens** und
- die **Entwicklung des Transportwesens und der Fördertechnik.**

Im Zusammenhang mit den Arbeitsmaschinen, d. h. mit dem in diesem Buch vorgegebenen Thema, stehen das Transportwesen (nur sehr eingeschränkt) und vor allem die Fördertechnik im Vordergrund der Überlegungen.

4.2 Einteilung der Fördermittel und der Fördergüter

Entsprechend **Bild 1** werden die Fördermittel in **Unstetigförderer** und **Stetigförderer** unterteilt:

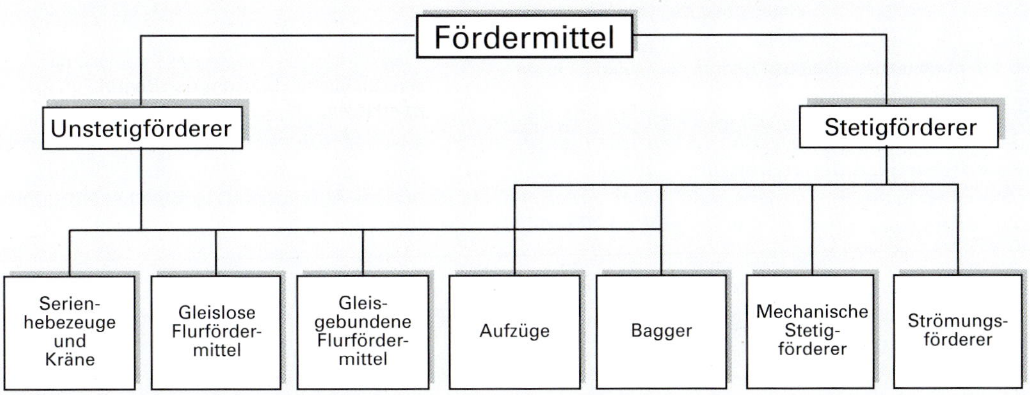

Bild 1: Einteilung der Fördermittel

Aus **Bild 1/253** geht hervor, dass Aufzüge und Bagger sowohl Unstetigförderer (was meist der Fall ist) als auch Stetigförderer sein können.

Die **Fördergüter** werden unterteilt in

- **Stückgüter** (z. B. Kisten, Maschinen, Container) und
- **Schüttgüter** bzw. **Massengüter** (z. B. Kohle, Getreide, Sand).

Bei den Fördergütern ist die **Fördermenge** von wesentlicher Bedeutung, ein Begriff, der im Zusammenhang mit Pumpen (→ **1**) und Verdichtern (→ **2**) bereits erörtert worden ist.

Die Fördermenge wird bei Stückgütern in **Stück/Zeit** und bei Schüttgütern gemäß DIN 1301 als Volumenstrom (→ **A3.4**) in **m³/s** oder als Massenstrom (→ **A3.5**) in **kg/s** angegeben.

4.3 Unstetigförderer

Unstetigförderer sind Fördermittel, die einen unterbrochenen Förderstrom erzeugen.

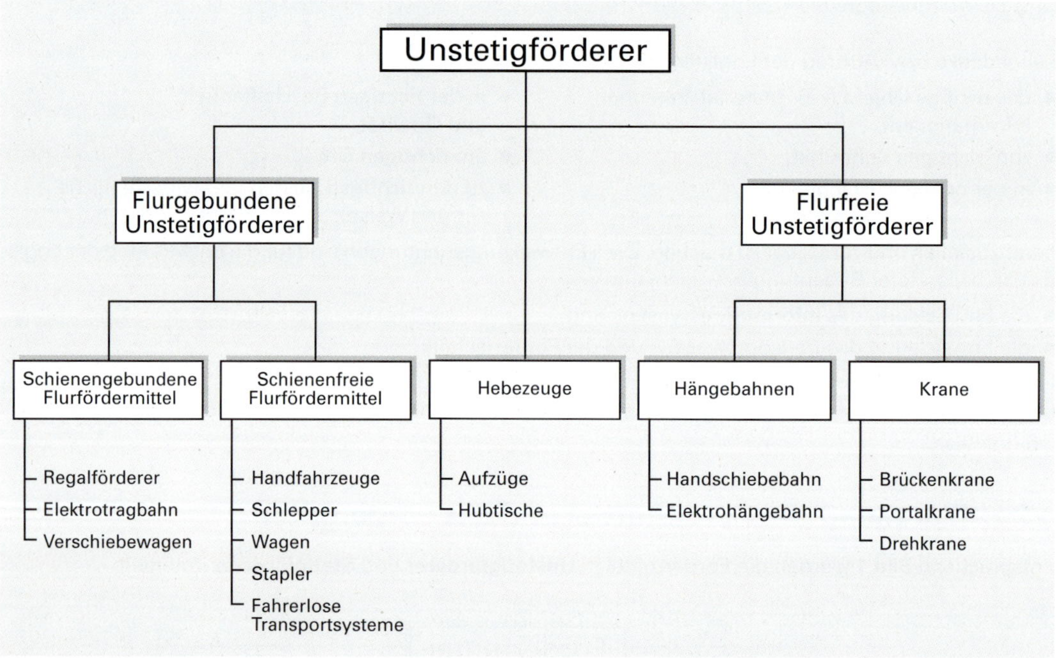

Bild 1: Einteilung der Unstetigförderer

Bild 1 zeigt eine Einteilung der Unstetigförderer, die zwar ziemlich weitgehend ist, aber keinen Anspruch auf Vollständigkeit erheben kann. Es ist zu ersehen, dass man zwischen **flurgebundenen Unstetigförderern** und **flurfreien Unstetigförderern** unterscheidet. Des Weiteren kennt man noch die Hebezeuge, die auf senkrechten oder schrägen Förderwegen fördern. Dies sind insbesondere **Aufzüge** und **Hubtische. Flurgebundene Förderer** werden auch **Flurförderer** oder **Flurförderzeuge** genannt.

Unter Flurförderern (Flurförderzeugen) versteht man schienengebundene oder schienenfreie Fördermittel, deren Arbeitsbereich flächig (sinngemäß in Fluren) oder räumlich ist. Sie arbeiten in **Arbeitsspielen.**

Wie bereits gesagt, stellen alleine schon die Unstetigförderer ein solch großes Stoffgebiet dar, dass es unmöglich ist, auf alle Gegebenheiten einzugehen. Deswegen sollen nur die wichtigsten Bauarten, unter dem Gesichtspunkt der Häufigkeit ihres Einsatzes besprochen werden, und zwar nach Untergruppen geordnet.

4.3.1 Schienengebundene Flurfördermittel

Schienengebundene Flurfördermittel haben eine einzelne Schiene oder paarweise angeordnete Schienen als **Zwangsführung.** Die Schienen können direkt auf dem Fußboden, an der Decke oder aufgeständert angebracht sein.

Man unterscheidet

- **Regalförderer** (→ **D4.5**),
- **Elektrotragbahnen** und
- **Verschiebewagen.**

Bild 1 zeigt als Beispiel ein automatisches **Hochregallager** mit kurvengängigen Regalförderern (Regalbediengeräte). In **Bild 2** ist die Streckenführung einer **Elektrotragbahn** abgebildet.

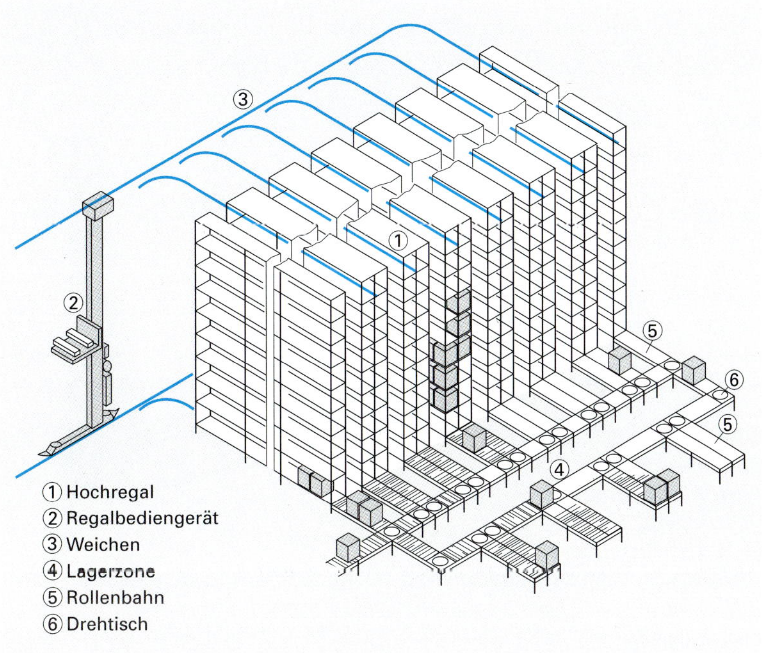

Bild 1: Automatisches Hochregallager mit kurvengängigen Regalförderzeugen

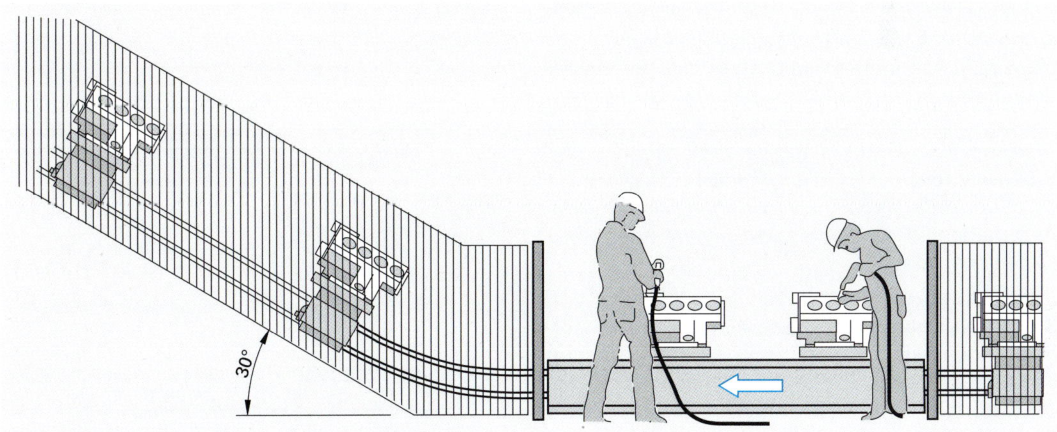

Bild 2: Streckenführung einer Elektrotragbahn

4.3.2 Schienenfreie Flurfördermittel

Bei den **schienenfreien Flurfördermitteln** wird im Wesentlichen wie folgt unterschieden:

- **Handfahrzeuge**
- **Schlepper**
- **Wagen**
- **Stapler**

Abgesehen von den Handhubwagen wird bei den meisten schienenfreien Flurfördermitteln der Kraftaufwand durch Motorleistung erbracht.

Bei **Elektroantrieb** wird die erforderliche elektrische Energie einer mitgeführten Batterie entnommen. Oft werden auch **Verbrennungsmotoren** für den Antrieb verwendet. Wegen der Abgase ist der Einsatz aber meist nur außerhalb der Gebäude zulässig. Zudem werden auch **Hybridfahrzeuge** eingesetzt, die sowohl mit Dieselantrieb als auch mit Elektroantrieb ausgestattet sind. Im Gebäude wird dabei der Elektroantrieb, im Freien der Dieselantrieb verwendet.

Unter Hybridantrieb versteht man einen Fahrzeugantrieb, bei dem mehrere Antriebsarten (meist zwei) im Wechsel oder nebeneinander wirken.

Handhubwagen

Die früher üblichen einfachen Handwagen mussten meist von Hand oder mit besonderen Hebevorrichtungen zeitraubend be- und entladen werden. Mit den heute üblichen Handhubwagen **(Bild 1)** arbeitet man schneller, leichter und billiger. Bei solchen Wagen lässt sich die Plattform durch eine Hebelübersetzung um 50 bis 100 mm heben oder senken. Die Last kann dann unterfahren, hochgehoben und weggefahren werden.

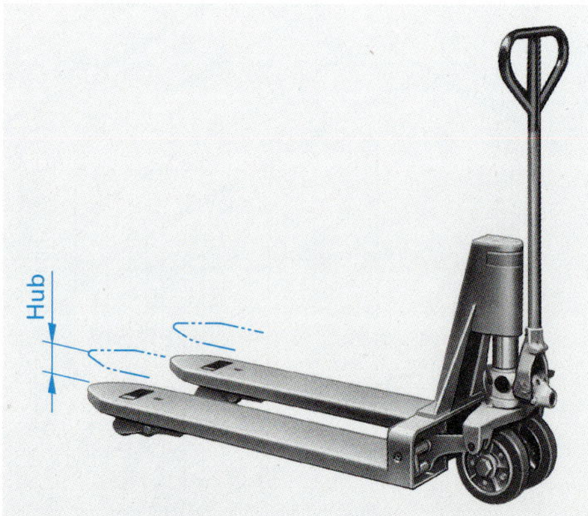

Bild 1: Handhubwagen

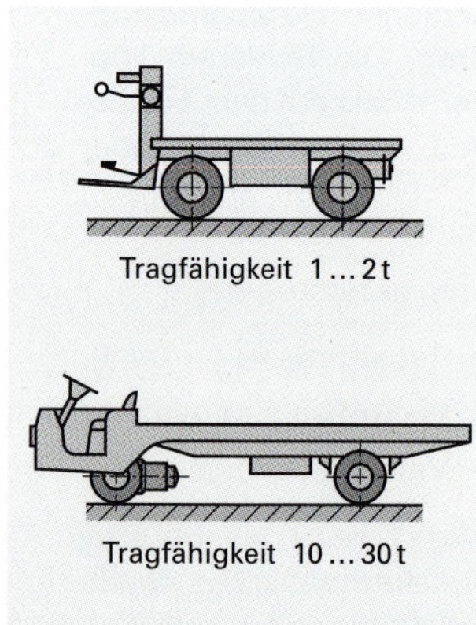

Bild 2: Elektrokarren

Elektrokarren

Elektrokarren **(Bild 2)** sind schienenfreie Flurfördermittel, deren Antrieb für die Fahrbewegung und die Hubbewegung mit einem Elektromotor (→ **C8.2**) ausgestattet ist. Die erforderliche elektrische Energie wird in **Akkumulatoren** gespeichert, deren Wiederaufladung bei Nacht mit billigem Nachtstrom erfolgen kann. Der Elektromotor erfordert wenig Wartung, der Akkumulator ist aber gegen grobe Stöße während der Fahrt empfindlich. Die Fahrbahn sollte demzufolge gut instand sein. Außerdem sind Akkumulatoren sehr teuer und haben eine relativ kurze Lebensdauer.

Elektrokarren werden bis zu einer Tragkraft von 30 kN und einem Fahrbereich bis zu 50 km je Aufladung des Akkumulators gebaut. Eine Aufladung erfordert je nach Größe des Fahrzeuges 15 bis 30 kWh. Die Fahrgeschwindigkeit beträgt 12 bis 20 km/h.

Diese Fahrzeuge haben eine **hohe Anfahrbeschleunigung** (→ **A1.3**). Dadurch ergeben sich bei einem betriebsbedingten häufigen Halten gute Durchschnittsgeschwindigkeiten.

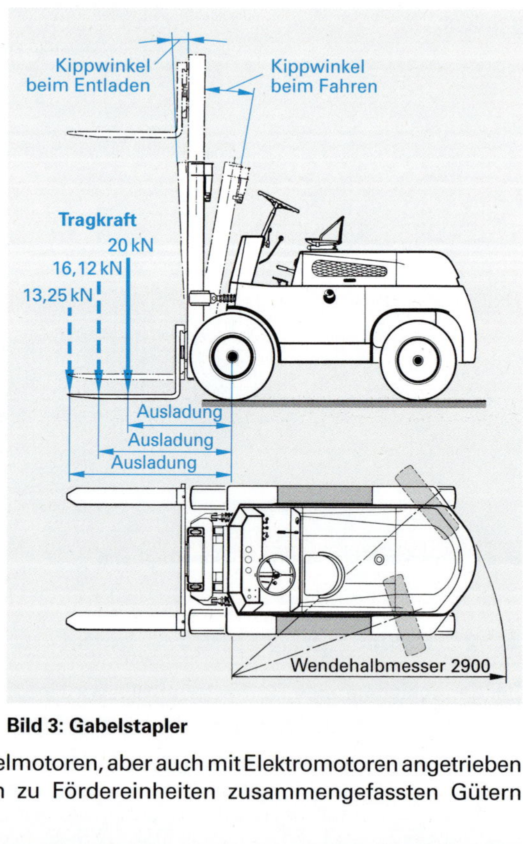

Bild 3: Gabelstapler

Gabelstapler

Gabelstapler **(Bild 3)** sind Fahrzeuge, die meist mit Dieselmotoren, aber auch mit Elektromotoren angetrieben werden. Zum Anheben von Stückgütern oder von zu Fördereinheiten zusammengefassten Gütern sind Gabelstapler mit Greifern in Form einer starken Gabel versehen. Mit dieser kann die Last gut unterfahren werden. Gabel und Last können dann an einem Hubgerüst hochgehoben oder gesenkt werden. Zum leichten Entladen wird das Hubgerüst samt den Gabeln nach vorne und zum sicheren Festhalten beim Fahren nach hinten geneigt.

Gabelstapler stellt man für Tragkräfte von 5 kN bis 500 kN her. Die Fahrgeschwindigkeiten sind mit denen der Elektrokarren vergleichbar. Zu beachten ist:

Je weiter außen die Last gefasst werden muss, je größer also der Hebelarm und damit das **Kippmoment** (→ **A1.8**) ist, desto geringer ist die Tragkraft. Achtung: **Unfallgefahr!**

4.3.3 Hebezeuge

Unter Hebezeugen versteht man Unstetigförderer, die zur Überbrückung einer Höhendifferenz eingesetzt werden.

Die Überbrückung solcher Höhendifferenzen ist z.B. beim Beladen eines LKW oder zum Erreichen von Stockwerken in Gebäuden erforderlich. Gehoben werden Lasten und Personen. Wesentliche Hebezeuge sind Aufzüge und Hubtische.

Aufzüge

Bei den Aufzügen unterscheidet man zwischen dem **Seilaufzug (Bild 1)**, der für beinahe unbegrenzte Förderhöhen gebaut werden kann und dem **Hydraulikaufzug (Bild 2)**. Bei letzterem erfolgt der Antrieb über Hydraulikzylinder. Dadurch ist die Förderhöhe begrenzt, die Fahreigenschaften werden aber als sehr angenehm und solide empfunden.

Hubtische

Hubtische sind Hebezeuge, die überall dort eingesetzt werden, wo ein **Niveauausgleich** erforderlich ist. Meistens werden sie nur für geringe Förderhöhen eingesetzt. In **Bild 3** ist schematisch der Einsatz eines **Scherenhubtisches** dargestellt.

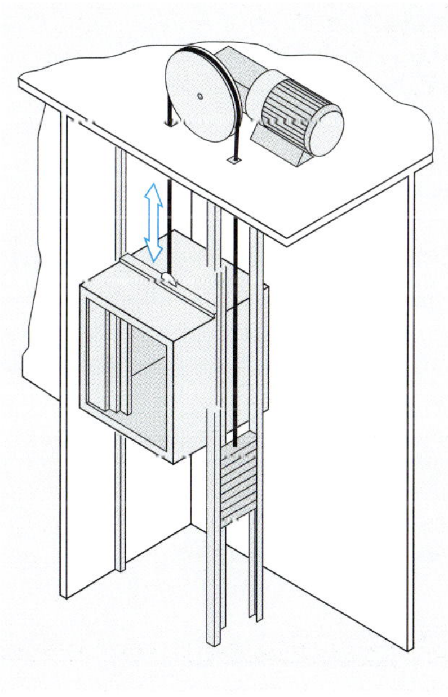

Bild 1: Seilaufzug

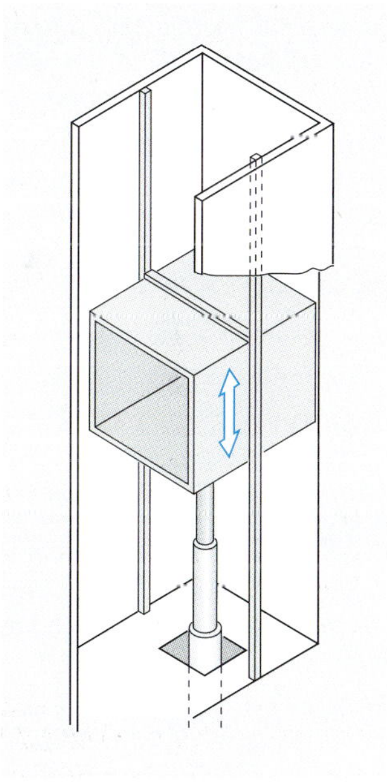

Bild 2: Hydraulikaufzug

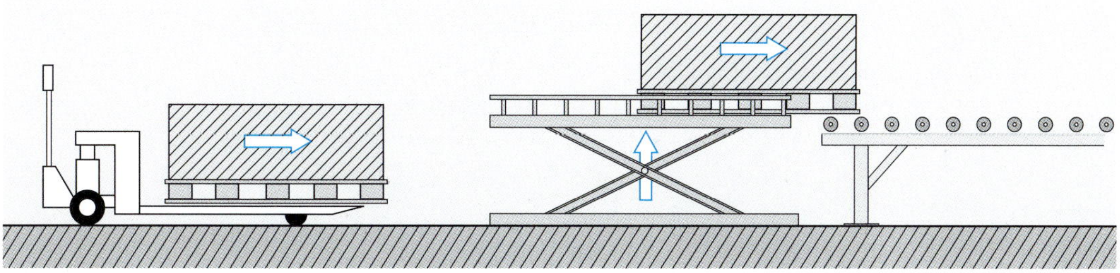

Bild 3: Praktischer Einsatz eines Scherenhubtisches

4.3.4 Hängebahnen

Flurfreie Hängebahnen sind Unstetigförderer, bei denen einzelne Gehänge in Schienensystemen geführt werden. Die Schienen sind aufgeständert oder an der Hallendecke befestigt. Nach der Art des Antriebes unterscheidet man

- **Handschiebebahnen (Bild 1)** und
- **Elektrohängebahnen.**

Während Handschiebebahnen (von Hand verschoben) in der Regel nur bei kurzen Wegstrecken eingesetzt werden, kommen Elektrohängebahnen meist bei Beförderung über längere Wegstrecken zum Einsatz.

Als Laufbahn dienen die Untergurte von Walzprofilen oder besondere Bahnen **(Bild 2)**. Hängebahnen finden z. B. als Einschienenbahnen in Montagehallen Verwendung, da sie jede beliebige Streckenführung erlauben. Außerdem lassen sich in die Bahnen Weichen, Drehscheiben und Absenkstationen einbauen, sodass die Lasten auch auf Abzweigstrecken gefahren, dort abgesetzt und aufgenommen werden können.

Nachteilig ist, dass der Arbeitsbereich auf einen schmalen Streifen unter der Last beschränkt ist. Den Elektrohängebahnen wird der Strom entweder durch Gummikabel **(Bild 2)** oder durch Stromschienen, die längs der Fahrbahn oder im Fahrbahnprofil verlaufen, zugeführt.

Die Steuerung von Elektrohängebahnen erfolgt meist vom Werkflur aus, kann aber auch bei zeitlich bestimmten Bewegungen vollautomatisch mittels Computersteuerung durchgeführt werden.

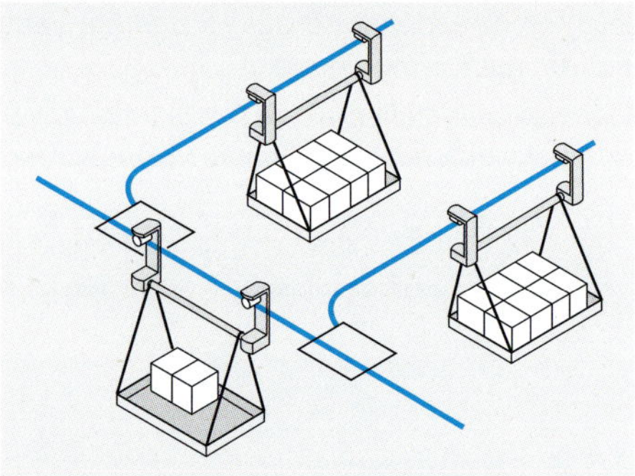

Bild 1: Handschiebebahn

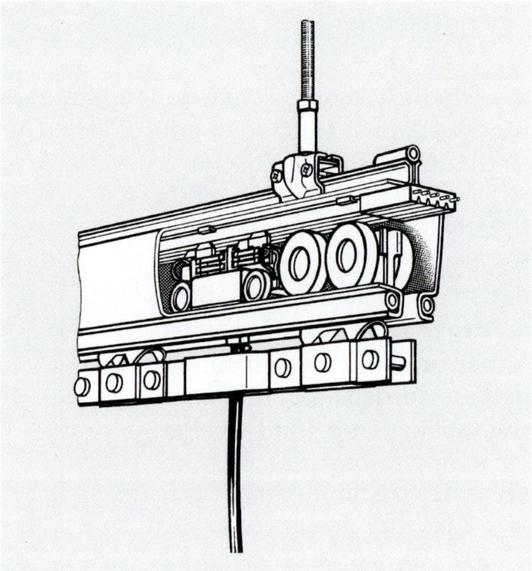

Bild 2: Profilschiene einer Hängebahn

4.3.5 Krane

Krane sind flurfreie Unstetigförderer für den vertikalen und horizontalen Transport von Fördergütern. Ein wesentlicher Vorteil von Kranen ist die beliebige Linienführung der Bewegung.

Krane werden meist in Montage-, Fertigungs- und Lagerhallen, auf Baustellen sowie zum Be- und Entladen von LKWs, Eisenbahnwaggons und Schiffen eingesetzt. Wichtige DIN-Normen:

DIN 15001-1 (1973-11)
Krane; Begriffe, Einteilung nach der Bauart

DIN 15002-2 (1975-07)
Krane; Begriffe, Einteilung nach der Verwendung

Man unterscheidet die wichtigsten Arten wie folgt:

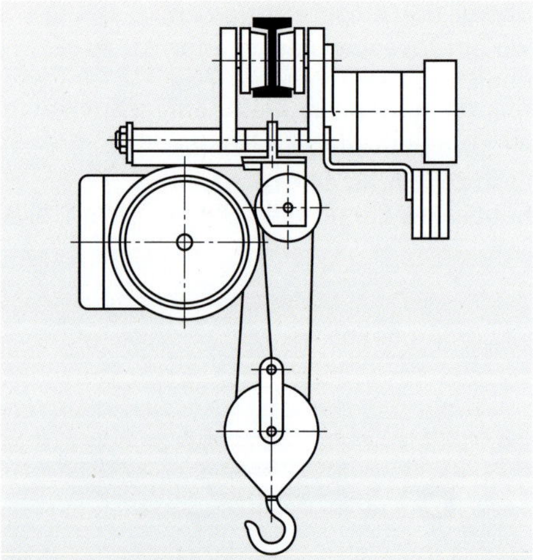

Bild 3: Untergurtlaufkatze

Hängekrane

Bild 3/258 zeigt eine **Laufkatze** wie sie z. B. auch bei Elektrohängebahnen verwendet wird. Hierunter versteht man ein manuell oder elektrisch verfahrbares Hebezeug mit eigenem Fahrwerk. Soll eine solche Laufkatze die gesamte Hallenfläche bestreichen, so hängt man sie an einer verfahrbaren Kranlaufbahn auf. Solche **Hängekrane (Bild 1)** können so ausgeführt werden, dass die Laufkatze auch mittels einer Auskragung in ein Nachbarfeld, auf einen anderen Hängekran oder eine Hängebahn überfahren kann.

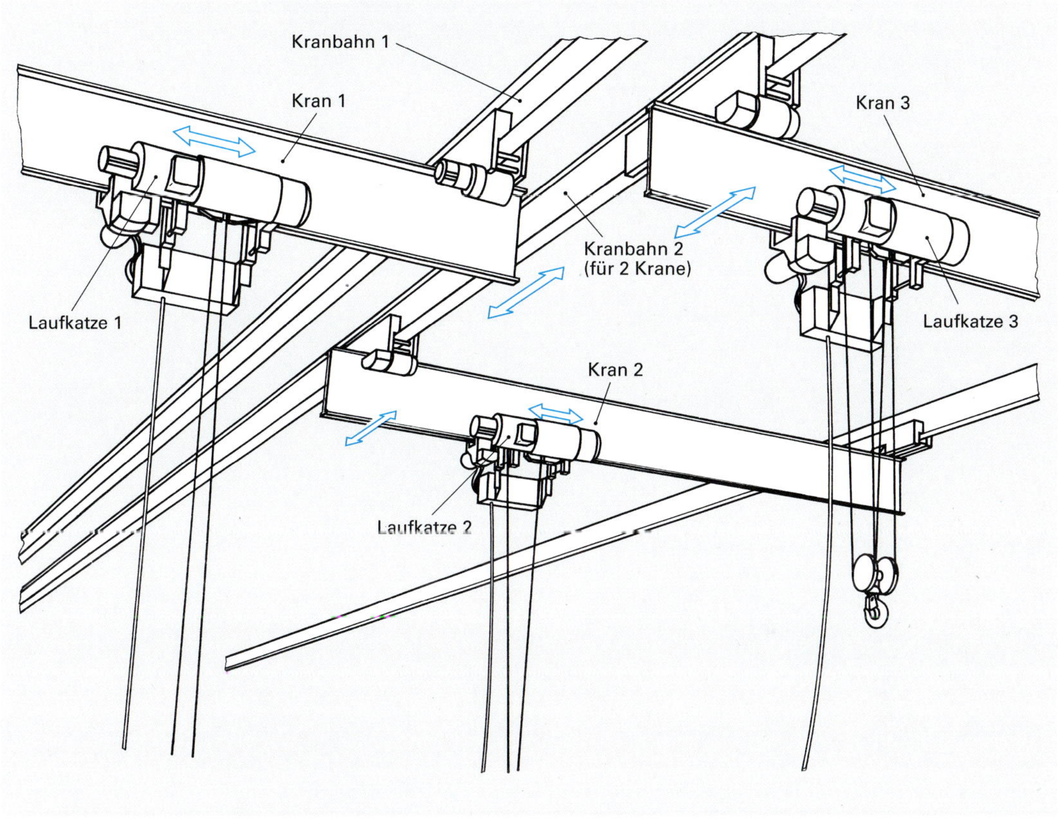

Bild 1: Schematische Darstellung einer Hängekrananlage mit Überfahrmöglichkeit für die Laufkatze

Brückenkrane

In großen Fabriken und Fertigungsstätten wie z.B. Werkhallen des Großmaschinenbaus, in Gießereien, Hüttenwerken und Kraftmaschinenhallen müssen oft sehr schwere Lasten gehoben und bewegt werden. Für diesen Zweck sind **Laufkrane mit großen Spannweiten** erforderlich. Der Krankörper überspannt dabei den Betriebsraum wie eine Brücke **(Bild 1/260)** und heißt deshalb **Brückenkran.** Er besteht aus einem **Kranträger (Bild 1/260 unten)** oder aus zwei Kranträgern **(Bild 1/260 oben).** Der oder die Kranträger sind an ihrem Ende mit Kopfträgern verbunden. In den **Kopfträgern** sind die Kranlaufräder eingebaut.

Die Laufräder laufen auf Kranschienen und ermöglichen die **Hauptbewegung** des Kranes längs des Betriebsbereiches.

Auf den Kranträgern fährt die Laufkatze, und zwar beim Einträger-Kran als **Untergurtlaufkatze (Bild 1/260),** beim Zweiträger-Laufkran als **Obergurtlaufkatze** oder als **Zweischienenlaufkatze.**

Die Laufkatze dient der Bewegung quer zur Hauptbewegung, führt also die Querbewegung **(Nebenbewegung)** aus.

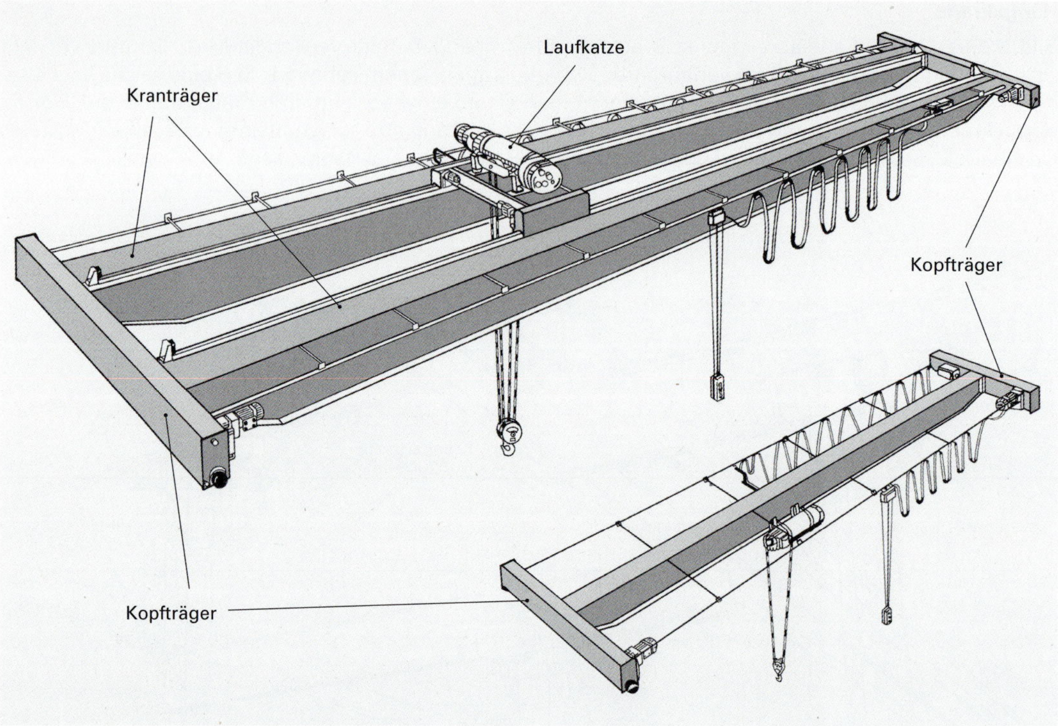

Bild 1: Einträger- und Zweiträger-Brückenkran

Längs- und Querbewegung ermöglichen es, zusammen mit dem **Kranhaken** eine rechteckige Arbeitsfläche zu bestreichen.

Die **Stromzuführung** zum Kran erfolgt über Schleppkabel oder bei längeren Kranbahnen durch Schleifleitungen. Die Katzstromzuführung erfolgt meist nur durch Schleifkabel. Die **Laufkatze** ist eine Einheit aus einem Trägerrahmen mit dem Katzfahrantrieb und einem Elektroseilzug mit Unterflasche. Die **Steuerung** sämtlicher Bewegungen kann auch hier wieder vom Hallenflur aus mittels Drucktastenschalter erfolgen. Ist dies bei größeren Kranfahrgeschwindigkeiten nicht mehr möglich, wird ein Kranführerstand oder eine Kranführerkabine entweder am Kranträger oder an der Laufkatze vorgesehen.

Für die Fahrbewegung gibt es **Normgeschwindigkeiten,** gestuft von 12,5 m/min bis 125 m/min. Die Auswahl der günstigsten Geschwindigkeit erfolgt in Abhängigkeit von der Kranbahnlänge bzw. von der Spannweite des Kranes.

Entsprechend der Unfallverhütungsvorschrift **BGV D6** darf ab einer Kranfahrgeschwindigkeit von 63 m/min die Steuerung mittels Drucktastenschalter nicht mehr erfolgen.

Durch zusätzliche Endschalter werden die Hubbewegungen und die Senkbewegungen sowie die Kranfahrwege und die Katzfahrwege begrenzt. Für Montagezwecke (z. B. im Stahlbau oder im Industrieanlagenbau), bei denen ein genaues Absetzen der Last erforderlich ist, werden die Hubwerke mit einem **Feinhubantrieb** ausgestattet. Der Feinhubantrieb kann als Zusatzantrieb am Elektrozug angebracht werden. Bei größeren Lasten wird oft eine Laufkatze mit zwei voneinander unabhängigen **Windwerken** ausgerüstet.

In Großfertigungsstätten (z. B. im Flugzeugbau) oder aber auch in Hüttenwerken werden meist verschiedene Krane entsprechend dem Betriebsablauf kombiniert. Diese Brückenkrane haben dann alle unterschiedliche Aufgaben zu erfüllen und sind somit als **Sonderausführungen** zu bezeichnen. **Bild 1/261** zeigt z. B. die Krankombination in einem Hüttenwerk.

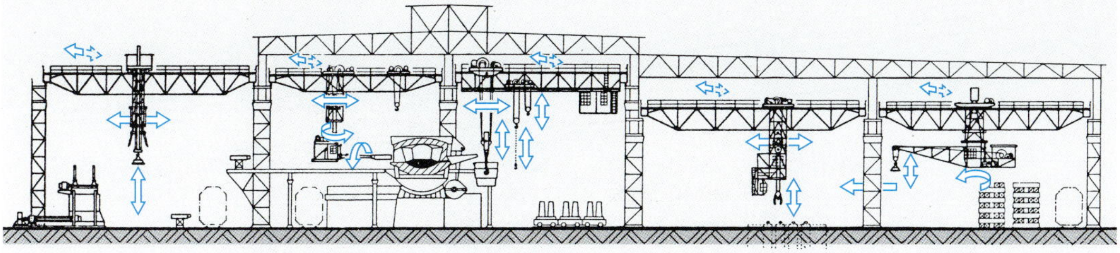

Bild 1: Krankombination in einem Hüttenwerk

Die in **Bild 1** abgebildeten **Sonderausführungen** sollen im Folgenden kurz beschrieben werden:

Beschickkrane haben die Aufgabe, den festen Einsatz (Masseln, Schrott, Zuschläge) in die Stahlerzeugungsöfen einzubringen. Der Führerstand dieser Krane sitzt an einem Gerüst in Höhe der Beschickungsöffnungen der Öfen. In dieser Höhe befindet sich auch ein waagerechter Ausleger, Schwengel genannt. Mit diesem Schwengel wird eine der bereitstehenden Mulden erfasst, in den Ofen gefahren, hineingekippt, ausgefahren und wieder zur Abholung zwecks neuer Füllung abgestellt. Alle diese Vorgänge finden in einer Gefahrenzone statt und müssen deshalb vom Kranführer gesteuert und überwacht werden.

Gießkrane heben und befördern die mit flüssigem Roheisen oder Stahl gefüllten Gießpfannen. Zum Kippen der Gießpfannen besitzen diese Krane ein zweites Windwerk.

Stripperkrane (Abstreifkrane) werden zum Abziehen der Kokillen vom gegossenen Stahlblock verwendet. Eine kräftige Zange fasst dabei die Blockform an den seitlich mit angegossenen Ohren. Während der Kran die Blockform anhebt, drückt ein Stempel von oben auf den Block und löst ihn dabei aus der Form. Stripperkrane werden auch zur Beförderung der Formen und Blöcke verwendet.

Tiefofenkrane bringen die gegossenen Stahlblöcke zur Zwischenlagerung vor der weiteren Bearbeitung in den Tiefofen. Eine selbstschließende Tiefofenzange **(Bild 2)** fasst den Block. Beim Anheben drückt das Gewicht des Blockes die Scherenarme dieser Zange durch Schlitzführungen auseinander. Dadurch werden die Körner an den Scherenenden in den Block gedrückt. Zum Lösen wird der Zangendrehpunkt mit einem Zugseil angehoben. Die Schlitzführungen spreizen die Zangenenden und lösen die Körner. Tiefofenkrane sind häufig mit einer Vorrichtung zum Abheben, Ausschwenken und Wiederaufsetzen der Tiefofendeckel (Türen) versehen.

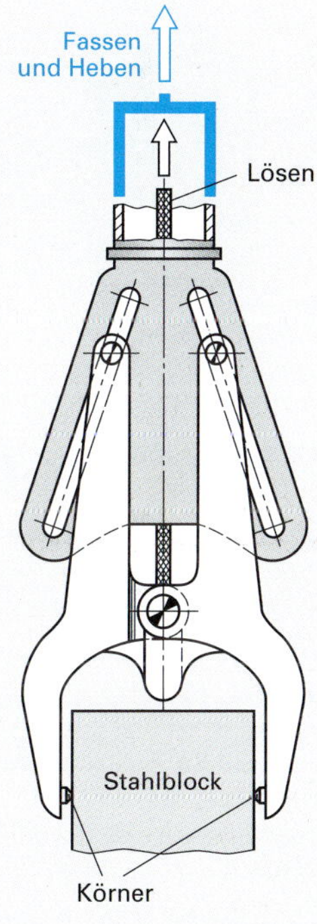

Bild 2: Tiefofenschlitzzange

Weitere Sonderbauformen der Brückenkrane sind die **Portalkrane (Bild 1/262).** Solche bieten den Vorteil, dass die Kranbahn am Boden verlegt werden kann. Der Kran selbst überspannt dann den Arbeitsbereich wie ein Portal. **Verladebrücken (Bild 2/262)** sind Portalkrane, auf deren Kranträgern ein **Auslegerdrehkran** läuft. Damit können breite Lagerplätze, mehrere Eisenbahngleise, Hafenbecken und Kaianlagen überspannt werden. Sie werden meist für den Umschlag (Schiff – Bahn – Straße) verwendet.

Eine weitere Sonderbauform ist der **Konsol- oder Wandlaufkran,** bei dem sich die Kranbrücke auskragend über zwei, an der Wand übereinander liegenden Kranschienen abstützt.

Dreh- und Schwenkkrane besitzen ebenfalls eine ausladende Kranbrücke, die auf einer Säule drehbar oder an der Wand schwenkbar gelagert ist.

Stapelkrane (Bild 3/262), als Sonderausführung von Brückenkranen, dienen dem Warenumschlag in Lagern. Ihre Besonderheit besteht darin, dass die Laufkatze einen drehbaren Mast trägt. Auf diesem kann der

Bild 1: Portalkran

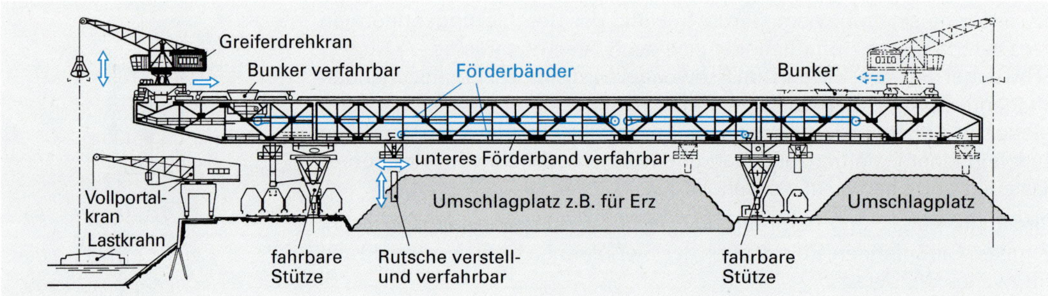

Bild 2: Verladebrücke

Führerstand mit den geeigneten Lastaufnahmemitteln (Gabel, Dorn o.Ä.) auf- und abgefahren werden.

Die **Kranbrückenträger** können in **Fachwerkbauweise** oder in **Vollwandträgerbauweise** ausgeführt werden. Immer mehr setzt sich jedoch die **Kastenträgerbauweise** durch, da diese Träger durch ihre hohe Biege- und Torsionssteifigkeit der Beanspruchung besser standhalten.

Die Träger können zum Übergang zu den Kopfträgern hin – entsprechend dem Biegemomentenverlauf – verjüngt werden. Sie selbst sind verschweißt, die Verbindung zu den Kopfträgern ist eine Schraubenverbindung mit hochfesten Schrauben. Diese Schrauben können die Querkräfte durch Reibschluss zwischen den Anschlussplatten aufnehmen. Zusätzlich werden jedoch zum Auffangen der großen Querkräfte meist noch eine Schubleiste oder auch Scherstifte bzw. Scherbuchsen vorgesehen.

Bild 3: Stapelkran

Schiffbaukrane und Hafenkrane

Für den Zusammenbau und für Reparaturarbeiten bei Schiffen benötigt man Großkrane mit **hoher Standsicherheit** (→ **A1.8**). **Bild 1** zeigt einen solchen Kran bei der Arbeit. Sie sind über den seitlichen Zubringergleisen der Wertftanlagen aufgestellt, nehmen die vorgearbeiteten Schiffsteile auf und bringen sie an die Montagestelle. Sehr schwere Bauteile werden von zwei gegenüberstehenden Kranen gefasst **(Bild 2):**

Bild 1: Großkran für den Schiffbau

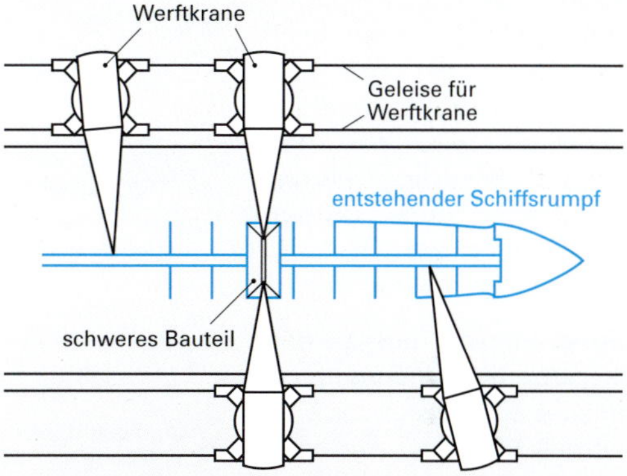

Bild 2: Einsatz von Großkranen beim Schiffbau

Die Teile werden von den Kranen so lange in der richtigen Lage gehalten, bis sie am entstehenden Schiffskörper befestigt sind.

Schiffbau- und Hafenkrane werden häufig mit einem Lenkersystem, man spricht dann von einem **Wippausleger (Bild 3),** gebaut. Damit ist es möglich, die meist sehr schweren Lasten beim Einziehen und Ausfahren des Auslegers horizontal zu bewegen. Dadurch wird zusätzliche **Hubarbeit** (→ **A1.11**), die bei einem bogenförmigen Lastweg aufgebracht werden müsste, vermieden.

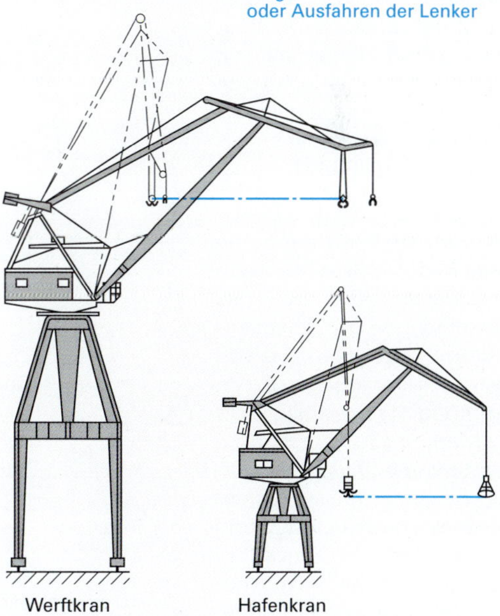

Bild 3: Krane mit Lenkersystem (Wippkrane)

Baukrane

Im Hochbau fördert man Baustoffe und Fertigteile entweder mit **Bauaufzügen** oder mit **Baukranen,** den sogenannten **Turmdrehkranen.** Bauaufzüge werden meist an Gerüsten befestigt und können nur den senkrechten Transport von Lasten ausführen. Turmdrehkrane können auf Gleisen entlang der Baustelle verfahren und samt Ausleger um ihre senkrechte Achse gedreht werden. Durch Wippen des Auslegers kann man bei Turmdrehkranen mit Ausleger **(Bild 2/264)** die Last unmittelbar an der Arbeitsstelle absetzen. Häufig ist der Ausleger eines Turmdrehkranes mit einer Laufkatze ausgerüstet. Dies ermöglicht es, die Last an einem waagerechten Ausleger über der gesamten Baustelle zu verfahren.

Um dem Kranführer eine gute Übersicht über die Baustelle und die gute Beobachtung der Bewegung der Last zu geben, liegt der Bedienungsstand möglichst hoch. Da die Stützfläche des Kranes auf den Gleisen relativ klein ist, besteht wegen der dadurch kleinen **Kippsicherheit** (→ **A1.8**) die Gefahr des Kippens durch

Überlast oder auch durch starken Winddruck, wobei es natürlich auch so sein kann, dass beide Einflussgrößen gleichzeitig wirken.

Um die Kippsicherheit zu vergrößern, befinden sich die Motoren und Windwerke auf der untersten Plattform, dem Drehgestell. Aus dem gleichen Grund sind auch dort die Gegengewichte untergebracht. Es wird also der Grundsatz beherzigt, dass die Kippsicherheit umso größer ist, je tiefer der Gesamtschwerpunkt (→ **A1.8**) liegt.

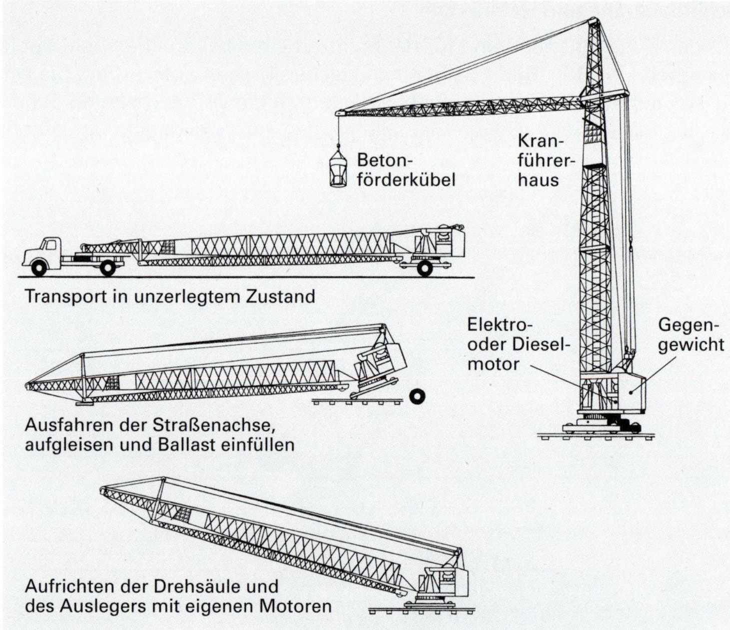

Bild 1: Aufrichten eines Turmdrehkrans

Turmdrehkrane müssen mit einer **Überlastsicherung** ausgerüstet sein. Sie soll das Kippen des Krans bei zu hoher Belastung verhindern, muss also beim Erreichen eines bestimmten **Lastkippmomentes** ansprechen (→ **A1.8**). Für den kleineren Baubetrieb lassen sich Turmdrehkrane in zusammengeklapptem Zustand von Baustelle zu Baustelle transportieren und mit eigener Kraft betriebsbereit machen. Solche Geräte werden dann auch meist stationär aufgebaut **(Bild 1)**.

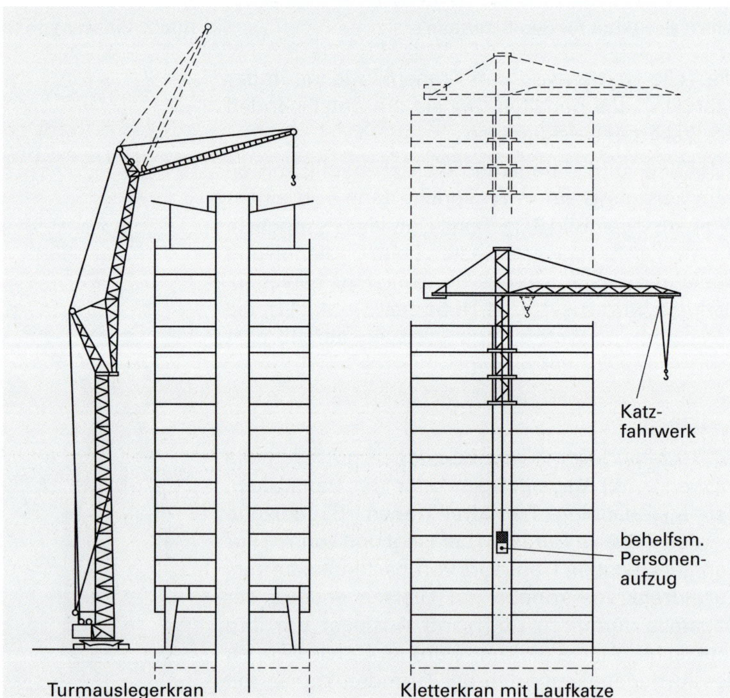

Bild 2: Wippkran und Kletterkran mit Katzfahrwerk

Für sehr hohe Bauwerke verwendet man Baukrane, deren Hubhöhe mit dem Wachsen des Bauwerkes durch das Einsetzen von Zwischenstücken oder das Ansetzen von Verlängerungsträgern vergrößert werden kann. Oft werden auch sogenannte **Kletterkrane (Bild 2)** verwendet. Diese sind meist in einem Aufzugsschacht befestigt und werden darin von Stockwerk zu Stockwerk mit hoch gehoben. Beim Arbeiten in höheren Stockwerken wird auch die Personenbeförderung schwierig. Man baut daher in den von unten frei werdenden Schacht einen behelfsmäßigen Personenaufzug ein.

Um vom Stromnetz unabhängig zu sein, werden besonders für den Tiefbau Krane mit Dieselantrieb versehen. Mit Raupenketten sind sie an jeder Stelle verwendbar. Die Fahrgeschwindigkeit dieser **Raupenbagger** ist verhältnismäßig klein. Deshalb – und um auch die Straßen zu schonen – müssen sie mit besonderen Tiefladern von Baustelle zu Baustelle befördert werden.

Kabelkrane

Sehr große Spannweiten, wie sie z. B. beim Bau von Talsperren, Schleusen, bei Steinbrüchen u. Ä. gegeben sind, können von Laufkranen oder Verladebrücken nicht mehr überbrückt werden. In solchen Fällen werden **Kabelkrane (Bild 1)** eingesetzt.

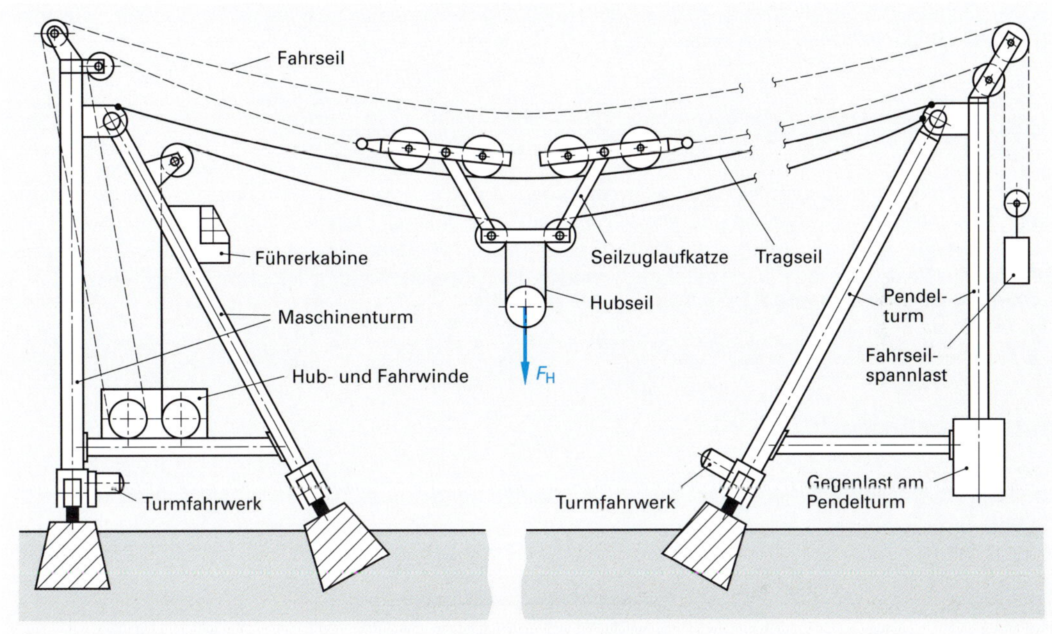

Bild 1: Kabelkran

Bei den Kabelkranen fährt die Laufkatze auf einem starken Drahtseil, das zwischen zwei Stützen gespannt ist. In einer der Stützen ist das Führerhaus mit den Bedienungseinrichtungen eingebaut, sodass der Kranführer das Arbeitsfeld gut überblicken kann. Von hier aus zieht das **Zugseil** die **Kabelkrankatze** mit verhältnismäßig großen Geschwindigkeiten zur gewünschten Einsatzstelle. Auch die Bedienungsseile für Greifer, Fördergefäße, Kranhaken etc. werden vom Führerhaus aus gesteuert. Anzeigegeräte zeigen dem Kranführer bei langen Fahrwegen und

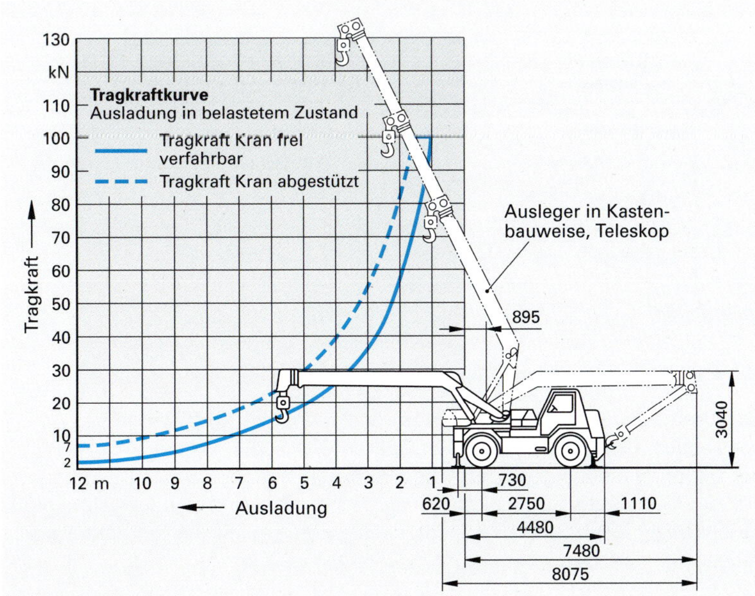

Bild 2: Mobilkran

großen Hubhöhen die Stellung der Kabelkrankatze an. Mit Kabelkranen werden Spannweiten bis zu 750 m und Hubhöhen über 100 m bewältigt.

Mobilkrane

Mobilkrane **(Bild 2/265)** besitzen für die Kran- und Fahrbewegung nur einen Antriebsmotor, meist einen Dieselantrieb. Sie sind in der Regel für nur geringe Fahrgeschwindigkeiten ausgelegt und werden hauptsächlich bei Lager-, Bau- und Montagearbeiten eingesetzt.

Die zulässige Tragkraft ist vor allem von der Lage und Länge des Auslegers, aber auch von sonstigen statischen Gegebenheiten abhängig, insbesondere auch von der Lage der Schwerpunkte. Nach den Gesetzen der Statik gilt der wichtige Grundsatz:

Die Kippsicherheit verändert sich bei geneigtem Untergrund durch Veränderung der Schwerpunktlage. Achtung **Unfallgefahr!**

Bei den Mobilkranen befindet sich auf einem gummibereiften Fahrgestell ein Auslegerkran, der mit Motorkraft um seine senkrechte Achse gedreht werden kann. Der Ausleger kann als Fachwerkkonstruktion oder als geschweißte Blechkonstruktion ausgeführt sein. Um den Arbeitsbereich zu erweitern, kann der Ausleger auch als Teleskop gestaltet sein und somit verschiedene Auslegerlängen annehmen. Das Ein- und Ausfahren des Auslegers erfolgt hydraulisch.

4.4 Stetigförderer

Stetigförderer sind Fördermittel, die ihre Förderleistung stetig, d. h. kontinuierlich (andauernd) anbieten.

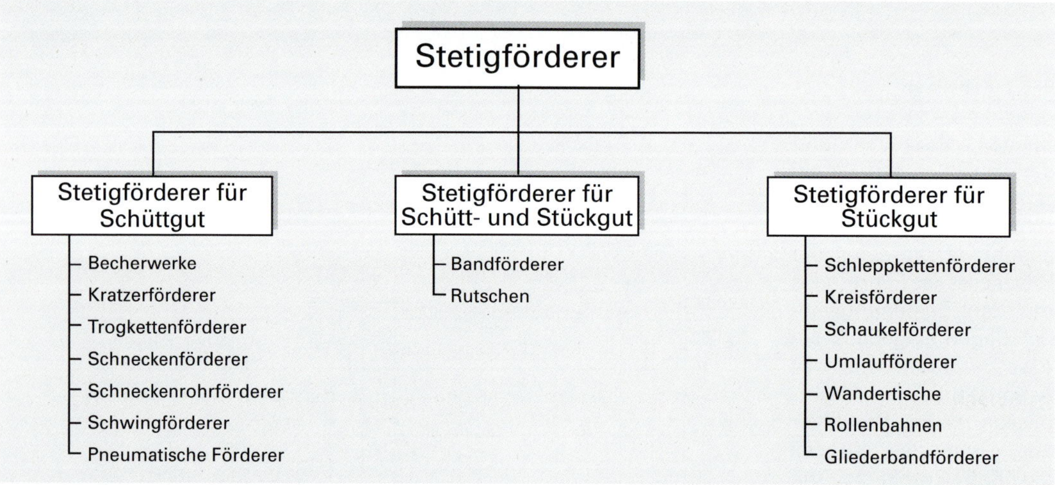

Bild 1: Einteilung der Stetigförderer

Bild 1 zeigt die Einteilung der Stetigförderer. Auch diese Einteilung ist relativ weitgehend, kann aber ebenso wie die Einteilung der Unstetigförderer **(Bild 1/254)** keinen Anspruch auf Vollständigkeit erheben. Dennoch können nicht alle aufgeführten Bauarten an dieser Stelle besprochen werden. Wir müssen uns also auf die wichtigsten und in der technischen Praxis am häufigsten eingesetzten Ausführungsformen beschränken. Bevor dies geschieht, noch einige logistische Betrachtungen:

Der **Anteil der Transportkosten** an den Gesamtkosten der Erzeugung wichtiger Güter beträgt durchschnittlich 30 bis 40 %. Bei einfachen Erzeugnissen, die keine umfangreichen Bearbeitungsgänge erforderlich machen, z. B. Brot, Kartoffeln, Kohle, Getreide, sind die Kostenanteile für den Transport noch größer. Man versucht daher, die Kosten für die Materialbewegung auf dem Weg vom Rohstoff zum Fertigerzeugnis durch bessere technische Einrichtungen zu senken.

Auch für die Automatisierung der Fertigung in den Betrieben benötigt man den Einsatz von umfangreichen Fördermitteln, damit der Materialfluss von Arbeitsplatz zu Arbeitsplatz und von Abteilung zu Abteilung zweckmäßig und kostensparend gestaltet werden kann. Solche Einrichtungen, die vor allen Dingen der **Beförderung von Massengütern** dienen, sind neben den Flurförderzeugen die **Stetigförderer.** Grundlegende Norm ist die

DIN 15202-1 (1994-04) Stetigförderer „Benennung"

DIN 15202-2 (1981-11) Stetigförderer „Zubehörgeräte"

In Österreich findet man Stetigförderer in der Gruppe **ÖNORM M 9700 bis M 9799**

In diesen Normen werden die Stetigförderer unterteilt

- **nach Art des Fördergutes** (z. B. Schüttgutförderer)
- **nach konstruktivem Aufbau** (z. B. Schneckenförderer)
- **nach Lage des Fördergutes** (z. B. Bodenförderer)

4.4.1 Stetigförderer für Schüttgut

Becherwerke

Becherwerke bestehen aus einer größeren Anzahl von trogförmigen Bechern, die an den beiden Stirnflächen mit endlosen Laschenketten verbunden oder an einem Gummigurt befestigt sind und die durch die Bewegung der Ketten oder des Gummigurtes mitgenommen werden. Die Becher nehmen mit ihrer Schürfkante das Schüttgut selbst auf **(Bild 1)** und entleeren sich bei der Umkehr am höchsten Punkt, entweder durch Schwerkraft **(Bild 2)** oder durch Zentrifugalkraft **(Bild 3).** Solche Becherwerke eignen sich für Schräg- und Senkrechtförderung und werden auch als **Elevator** bezeichnet. Eine wichtige Berechnungsgröße ist der

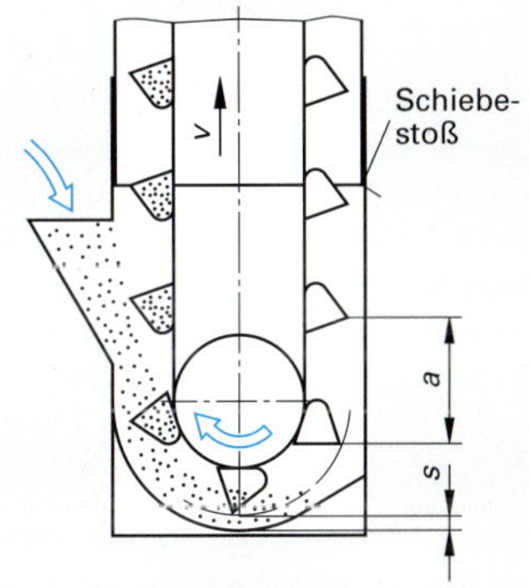

Bild 1: Einfüllstelle eines Becherwerkes

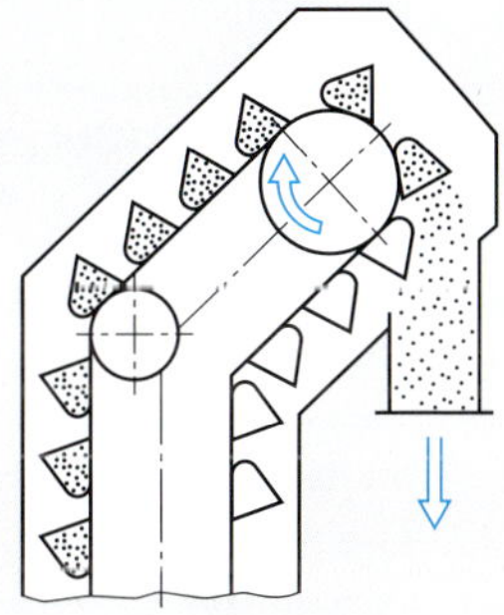

Bild 2: Schwerkraftentleerung

$$\dot{m} = 3600 \cdot \frac{V}{a} \cdot v \cdot \varphi \cdot \varrho \quad (1)$$

Massenstrom

V	Becherinhalt	m^3
v	Fördergeschwindigkeit	m/s
a	Becherabstand	m
φ	Füllgrad	
ϱ	Schüttgutdichte	t/m^3

Bild 1/268 zeigt den schematischen Aufbau eines Pendelbecherwerkes. Die Becher sind an den Transportketten so aufgehängt, dass der Schwerpunkt des Bechers unterhalb des Drehpunktes liegt. Das Schüttgut bleibt also somit in jeder Transportrichtung im Becher. Pendelbecherwerke werden z. B. zur Beschickung von Kohlebunkern eingesetzt, wenn der Förderweg von der Horizontalen in die Vertikale umgelenkt werden muss.

Das Schüttgut kann an beliebigen Stellen mithilfe von Kippvorrichtungen entleert werden. Hierfür besitzen die Becher an ihren Stirnwänden Rollen oder Nocken, die gegen ein- und ausrückbare Kurvenbahnen oder ortsfeste Kippvorrichtungen fahren und die Becher dabei um 90° kippen.

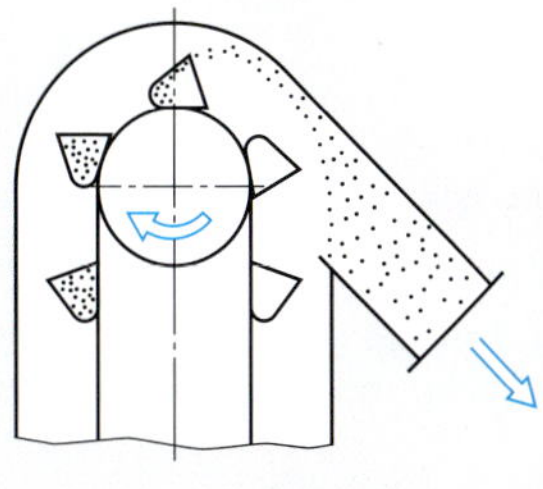

Bild 3: Zentrifugalkraftentleerung

Eine **Spannstation** sorgt in Abhängigkeit von der momentanen Belastung und unabhängig von der **Antriebsstation** für die richtige Spannung der Kette.

Becherwerke werden ausgeführt für eine

Fördergeschwindigkeit

$v = 0{,}2$ bis $0{,}5$ m/s 1

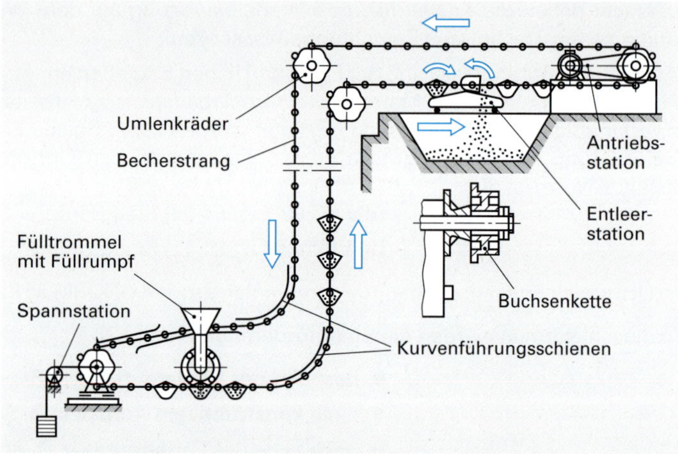

Bild 1: Schematischer Aufbau eines Pendelbecherwerkes

Schneckenförderer

In den Schneckenförderern dreht sich eine Schnecke aus Stahlblech in einem rinnenförmigen Halbrundtrog und schiebt das Schüttgut der Abgabeseite zu. Der Antrieb erfolgt meist mit Getriebemotoren, d.h. durch eine Kombination eines Elektromotors mit einem Getriebe, bei einer Übersetzung in kleine Drehzahlen.

Förderschnecken eignen sich für waagerechte, schräge und steile Förderung bei kurzen Förderstrecken. Sie beanspruchen verhältnismäßig wenig Raum und lassen sich mit einfachen Mitteln staubfrei kapseln. Schneckenförderer verwendet man vielseitig für das Fördern von unempfindlichen, nicht klebenden Schüttgütern, z.B. bei der Beseitigung der Asche von Dampferzeugern, beim Zuteilen von Rohstoffen an Verarbeitungsmaschinen, etwa von gekörntem Kunststoff (Granulat) in Spritzgussautomaten.

Der Förderstrom ist bei konstanter Drehzahl gleichmäßig, was z.B. bei einer sich anschließenden kontinuierlichen Fertigung unbedingt erforderlich ist. Ist ein zeitlich veränderlicher Förderstrom erforderlich, kann dies durch Veränderung der Drehzahl (Stellmotor) realisiert werden.

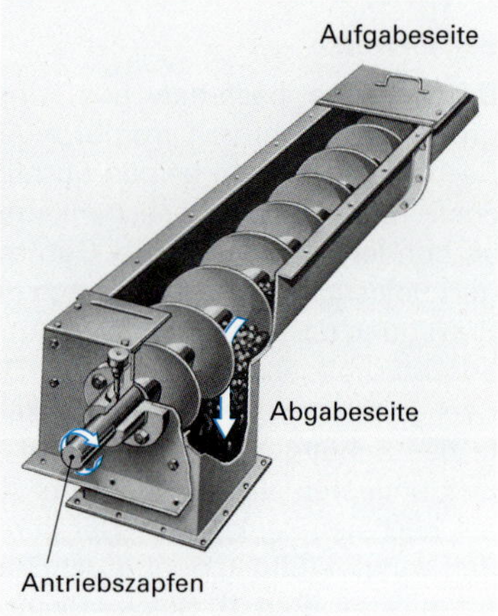

Bild 2: Schneckenförderer

Bild 3 zeigt den Aufbau eines Schneckenförderers:

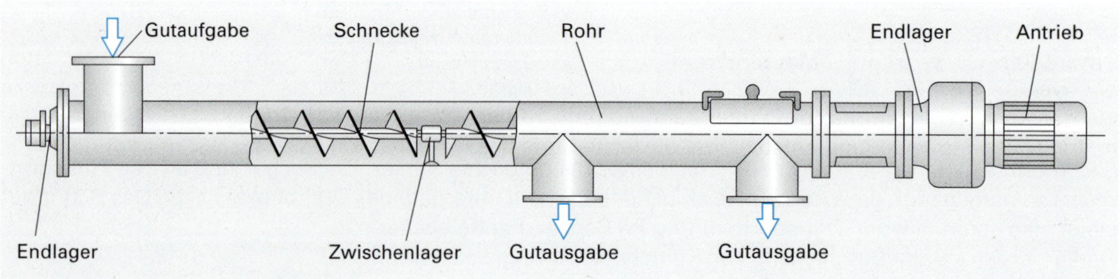

Bild 3: Aufbau eines Schneckenförderers

Schwingförderer

In einer waagerechten oder schwach geneigten, hin- und hergehenden Rinne werden im Schwingförderer beim Hingang Massenträgheitskräfte (→ **A1.6**) auf das Fördergut übertragen, die dieses während des Rinnenrückganges vorwärts bewegen. Nach dem Arbeitsverfahren teilt man die Schwingförderer wie folgt ein:

- **Schwingrinne** (Wurfverfahren, **Bild 1/269**)
- **Schüttelrutsche** (Gleitverfahren, **Bild 2/269**)

Bei den **Schwingrinnen** wird die Rinne durch schnelle Schwingungen mit kleiner Amplitude (Schwingungsausschlag) von 0,05 bis 15 mm vor-aufwärts und zurück-abwärts bewegt. Dies kann durch verschiedene technische Möglichkeiten realisiert werden, und zwar mit einem **Elektro-Magnet-Vibrator,** durch **Unwuchtantrieb** oder durch **Schubkurbelantrieb.**

Hin- und Rückgang der schräg gerichteten, im Idealfall sinusförmigen Schwingbewegung **(Bild 1),** haben die gleiche Zeitdauer. Das in der Rinne liegende Schüttgut wird so durch „kleine Würfe" **(Wurfverfahren)** in eine fließende Bewegung versetzt. Ausschlaggebend für den Wurf ist die vertikale Rinnenbeschleunigung a_y, die größer als die Erdbeschleunigung g (→ **A1.3, A1.6**) sein muss. Ist a_y kleiner als g, dann hebt das Gut nicht von der Rinne ab.

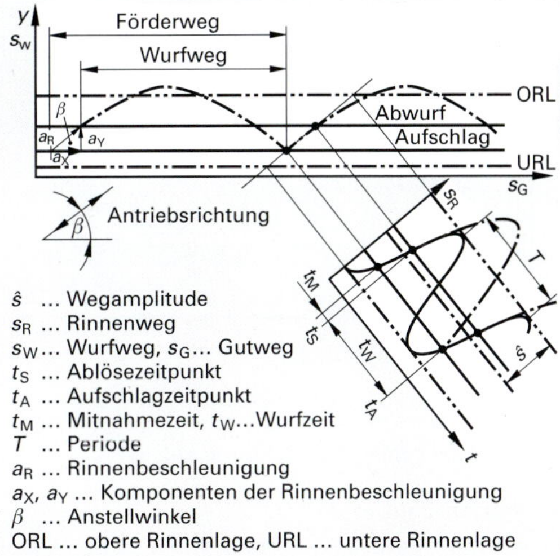

Bild 1: Darstellung des Wurfverfahrens (Mikrowurf)

In diesem Fall gleitet das Fördergut und man spricht dann vom **Gleitverfahren,** welches in der **Schüttelrutsche (Bild 2)** realisiert ist. In einer solchen wird das Fördergut in einer ungleichförmig hin- und hergehenden Rinne stetig beschleunigt (→ **A1.3**) und bis zur Überwindung des Reibschlusses (→ **A1.10**), also der ruhenden Reibung (Haftreibung → **A1.10**) mitgenommen. Von da an und während des Rinnenrückganges gleitet das Fördergut infolge seiner kinetischen Energie (→ **A1.11**) so lange weiter, bis diese Energie durch die Gleitreibung (Reibung der Bewegung → **A1.10**) aufgezehrt ist. Ein weiterer Hin- und Hergang beschleunigt das Fördergut aufs Neue. Wichtig dabei ist:

Das Fördergut hebt beim Gleitverfahren in keinem Zeitaugenblick von der Rinne ab.

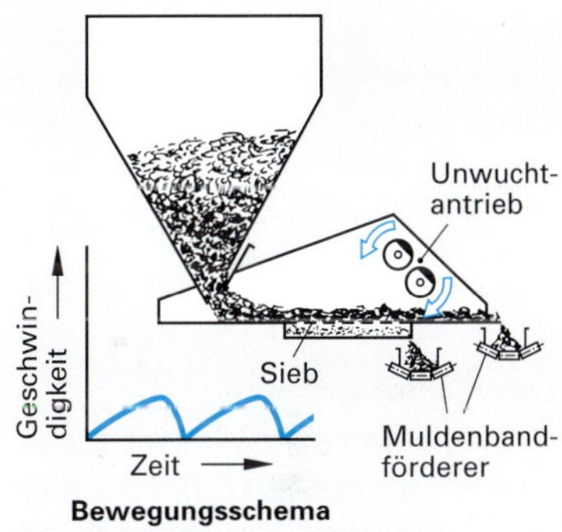

Bild 2: Schüttelrutsche mit Siebeinrichtung

Schüttelrutschen werden gelegentlich im Steinkohlebergbau eingesetzt. Für den Rutschenantrieb benutzt man dort meist **Druckluftmotoren,** die die Hin- und Herbewegung eines Kolbens auf die Rutsche übertragen und wegen ihrer Funkenfreiheit explosionssicher sind. Schüttelrutschen für Erz-, Kali- und Salzbergwerke werden auch mit Elektromotoren über Zahnradgetriebe und Kurbeltrieb angetrieben. Damit die unregelmäßige Schwingbewegung entsteht, hat die letzte Stufe des Getriebes ein elliptisches Zahnräderpaar.

Auch für die Zustellung von Schüttgütern bei Dosier-, Beschickungs- und Siebanlagen **(Bild 2)** verwendet man Schüttelrutschen. Diese werden elektromotorisch mit einem Unwuchtantrieb oder aber elektromagnetisch angetrieben. Bei der hohen Schüttelfrequenz dieser Antriebe bewegt sich das Fördergut nahezu gleichförmig in der Rinne.

Pneumatische Förderer

Im Zusammenhang mit der Nutzung von Verdichtern in der Industrie (→ **D2.6**) wurde auch die Versorgung der Betriebswerkstätten mit Druckluft erwähnt. Ein spezieller Anwendungsbereich ist die **Verwendung von Druckluft als Energieträger bei Förderzeugen.** Diese Förderzeuge werden als **pneumatische Förderer** oder als **Druckluftförderanlagen** bezeichnet. In **Bild 1/270** ist eine solche im Schema dargestellt. Dabei wird die Druckluft durch ein **Gebläse** (→ **D2.1**) erzeugt. Vom Zellenrad ① erfolgt die Zuführung des Fördergutes in die Transportleitung, über das Zellenrad ② wird das Fördergut dosiert zur weiteren Verwendung entnommen.

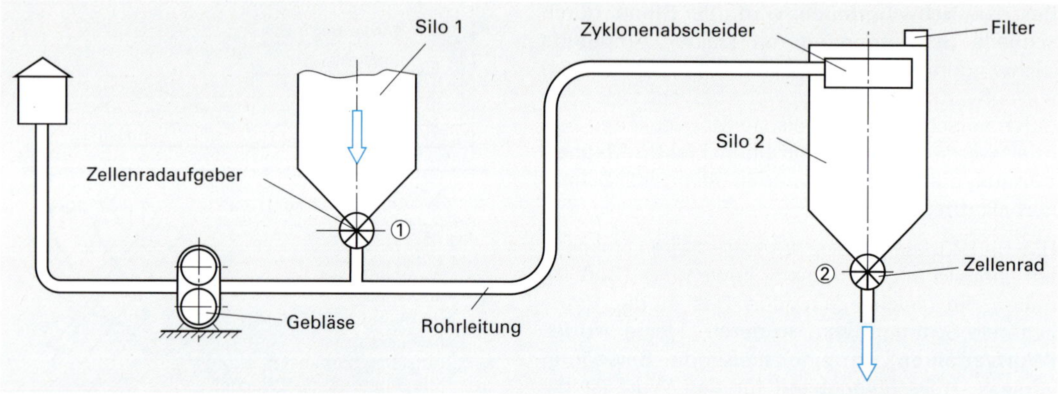

Bild 1: Schema einer Druckluftförderanlage

Trogkettenförderer

Beim Trogkettenförderer **(Bild 2)** sind die Zugketten durch Stege miteinander verbunden. Diese schieben das Schüttgut vor sich her. Dabei gleitet dieses auf einer festen Unterlage, dem **Trog.** Als Antrieb sieht man einen Hauptmotor für die Kräfte auf der Förderseite und einen Hilfsmotor für die Kräfte auf der Rücklaufseite vor. Beim Rücklauf müssen große Massenkräfte (→ **A2.6**), bedingt durch Kette und Stege sowie Reibungskräfte (→ **A2.10**) zwischen Kette, Steg und Unterlage überwunden werden.

v = 0,5 m/s bis 0,9 m/s [1]	**Fördergeschwindigkeit**

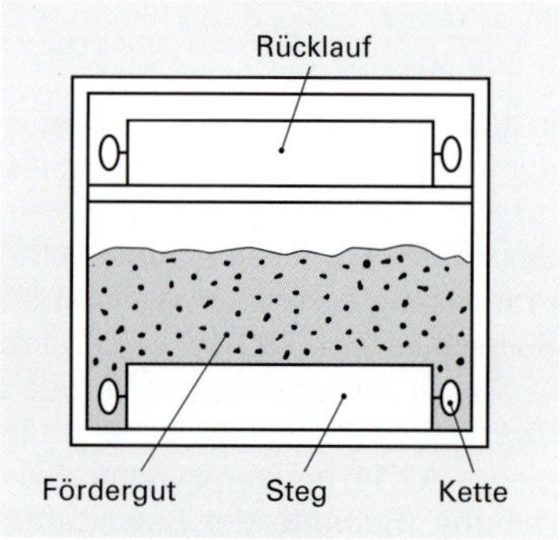

Bild 2: Trogkettenförderer

Stauscheibenförderer

Ähnlich dem Kettenförderer arbeitet auch der Stauscheibenförderer **(Bild 3).** Hier sind an Stelle der Stege sogenannte **Stauscheiben,** die ebenfalls das Schüttgut vor sich herschieben, nur an einer Zugkette befestigt. Der Stauscheibenförderer wird meist bei fallender Förderung eingesetzt.

Sowohl Trogkettenförderer als auch Stauscheibenförderer müssen unter Umständen bei fallender Förderung – nämlich dann, wenn der Haftreibungswinkel (→ **A2.10**) zwischen Fördergut und Unterlage überschritten wird, gebremst werden, da das Fördergut rutscht und damit eine Vortriebkraft auf die Kette bewirkt. In diesem Fall wirkt das Fördergut also antreibend.

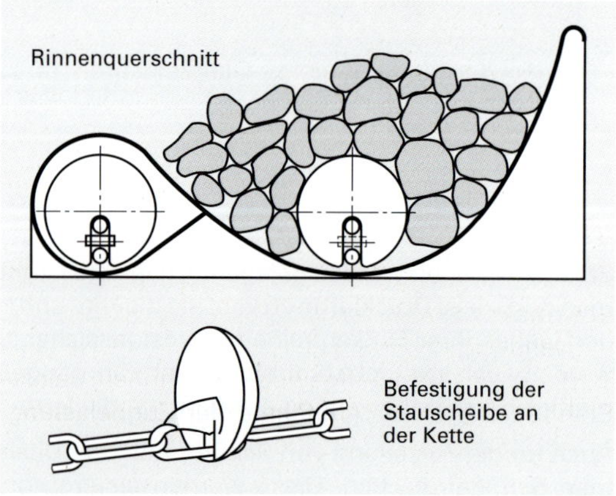

Bild 3: Stauscheibenförderer

4.4.2 Stetigförderer für Schütt- und Stückgut

Tragkettenförderer

Beim Tragkettenförderer übernimmt die Kette neben der Zugfunktion noch die Tragfunktion. Das Fördergut kann Stückgut oder Schüttgut in Behältern sein und liegt direkt auf der Tragkette. Durch geeignete Einrichtungen, z. B. einem **Rollenhubtisch (Bild 1/271),** ist eine Überleitung auf ein anderes Fördersystem, z. B. eine **Rollenbahn,** möglich.

Schwerkraftförderer

Schwerkraftförderer sind Stetigförderer für Schütt- und Stückgut, bei denen das Fördergut alleine durch die Schwerkraft befördert wird. Sie haben also keinen Antrieb.

Bei der **Wendelrutsche (Bild 3)** rutscht das Fördergut in einer um eine meist senkrechte Achse schraubenförmig angeordneten Rinne. Infolge der Fliehkraft wird das Fördergut von der Mitte an die Außenseite getrieben, wodurch sich die Reibungskraft (→ **A1.10**), infolge der größeren Normalkraft, zwischen Wendel und Gut erhöht und damit die Rutschgeschwindigkeit verringert. Die Wendel wirkt bezüglich der Geschwindigkeit „selbstregulierend".

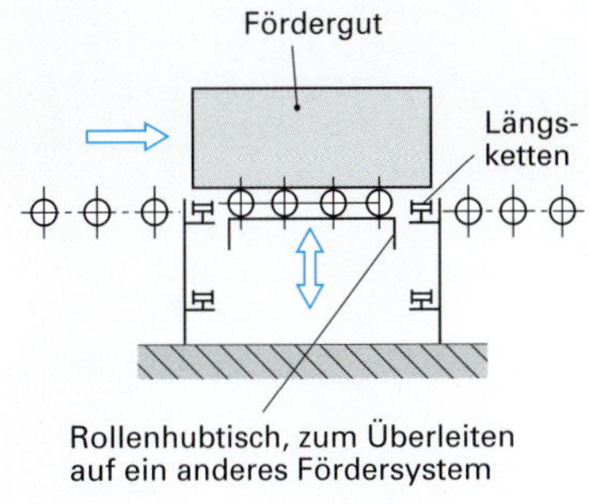

Bild 1: Rollenhubtisch

Gerade Rutschen dienen der Abwärtsbewegung über Neigungen bis ca. 60° gegen die Waagerechte (über 170 % Neigung), je nach Art des Fördergutes. Sie werden aus Holz oder Stahlblechen gefertigt und meist mit Gleitbahnen aus Kunststoff versehen. Damit wird der Verschleiß und die Reibung vermindert. Staubende Güter lässt man in geschlossenen Rutschen, d.h. in Rohren gleiten.

Rollen Behälter mit dem Fördergut über ortsfeste Rollen **(Bild 2)** auf einer leicht geneigten Bahn, erfolgt die Förderung ebenfalls in Folge der Schwerkaft. Man spricht dann von einer **Rollenbahn.**

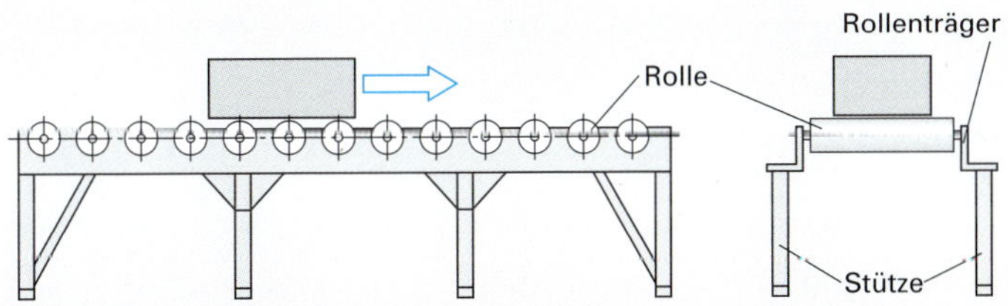

Bild 2: Nicht angetriebene Rollenbahn

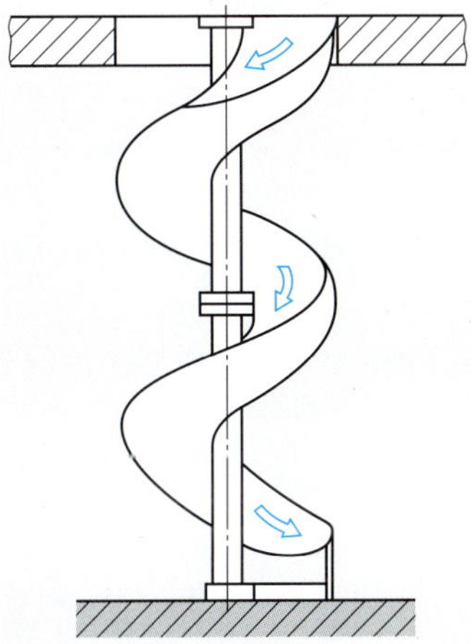

Bild 3: Wendelrutsche

Bandförderer

Der am meisten eingesetzte Stetigförderer ist der Bandförderer. **Bild 4** zeigt einen **Muldenbandförderer** und in **Bild 1/272** ist das Schema einer **Gurtförderanlage** abgebildet. Als Transportmittel verwendet man ein endloses Band aus Gummi mit Einlagen aus Textil- oder Kunststoffgewebe. Bei hohen Belastungen wird eine Stahlseileinlage zur Aufnahme der Zugbelastung in das Gummiband eingearbeitet.

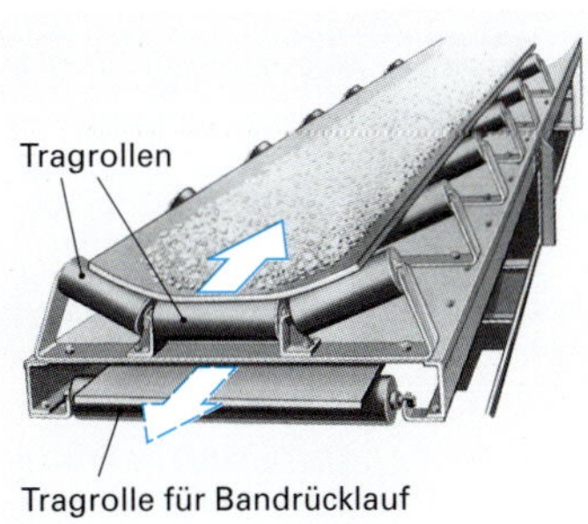

Bild 4: Muldenbandförderer

Wird das **Förderband** gleichzeitig als Arbeitstisch benutzt, wie z.B. in der Nahrungsmittelindustrie, so verwendet man breite Stahlbänder aus nichtrostendem Stahl. Diese lassen sich gut sauber halten, können erwärmt (z.B. bei Backwaren) oder gekühlt werden (z.B. bei Schokoladewaren). Auch Textilbänder und Bänder aus Drahtgeflecht werden je nach Art des Fördergutes verwendet. Das Förderband wird über zwei Trommeln gelegt. Ein Elektromotor treibt eine oder manchmal auch beide Trommeln und damit das gespannte Förderband – ähnlich wie einen Treibriemen – an. Das Fördergut wird entweder von Hand auf das Band aufgebracht, von anderen Förderbändern übernommen oder aus Bunkern auf das Förderband geschüttet. Mitlaufende **Tragrollen** unterstützen das Band auf seiner Förderseite (Tragseite). Der Tragrollenabstand beträgt auf dieser Seite ca. 1,0 bis 1,4 m und auf seinem Rücklaufweg ca. 6 m, sodass das Förderband durch das Gewicht des Fördergutes und durch das Eigengewicht nicht zu stark durchgedrückt werden kann.

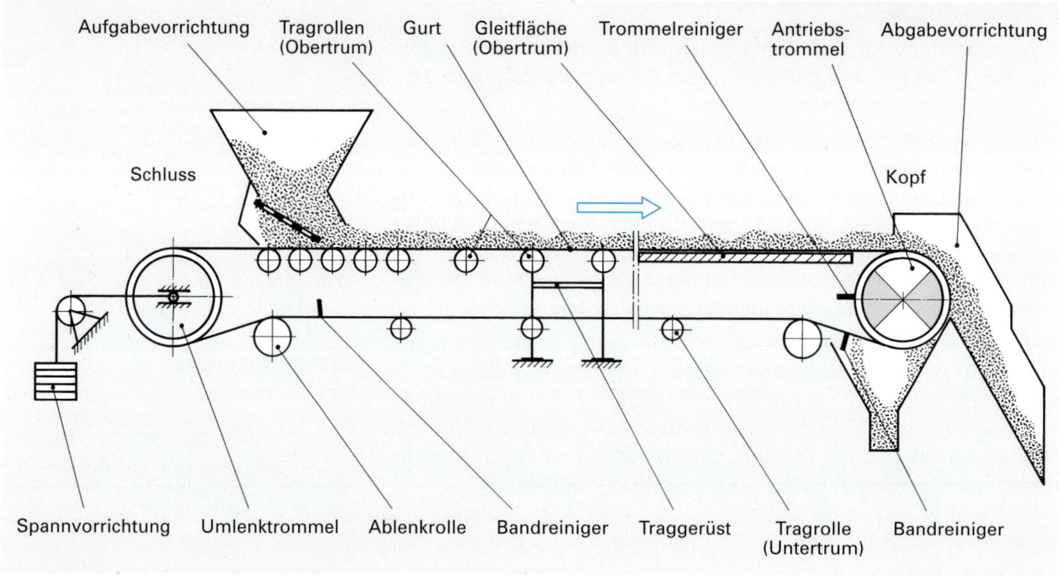

Bild 1: Schema einer Gurtförderanlage

Aus **Bild 1** ist zu ersehen, dass das Fördergut am Ende der Förderstrecke in eine Schurre (Rutsche) fällt. Es besteht auch die Möglichkeit, dass das Fördergut von einem Abstreifer vom Band genommen wird.

Für **Steilförderung (Bild 2)** und **Stückgutförderung** werden die Förderbänder mit Stollen oder Rippen versehen, um das Zurückrutschen des Fördergutes zu vermeiden. Zur Erhöhung der Förderleistung werden die Tragrollen so angeordnet, dass das Band gemuldet wird. Man spricht dann vom **Muldenbandförderer (Bild 4/271).** Durch die Muldung wird der Füllquerschnitt vergrößert und damit auch die Fördermenge. Außerdem kann das Fördergut wegen der Fixierung zur Mitte nicht vom Band fallen.

$v = 0{,}5$ bis $7{,}5$ m/s [1] **Fördergeschwindigkeit**

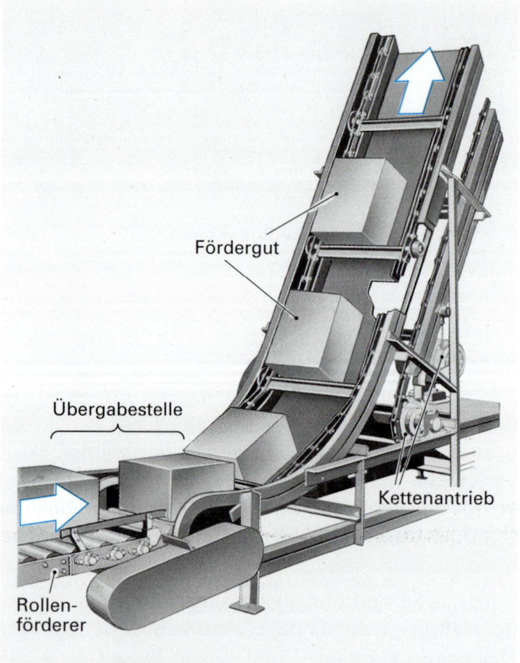

Bild 2: Steilförderer

Durch die hohe erreichbare Fördergeschwindigkeit erreicht man einen Massenstrom (→ **A3.5**) bis zu 20 000 t/h. Bei der **Berechnung der Antriebsleistung** ist zu berücksichtigen, dass neben den großen Massen aus Fördergut und Band (Translationsleistung → **A1.12**) auch noch die Rollenmassen der Tragrollen (Rotationsleistung → **A1.14, A1.15**) zu beschleunigen sind. Daraus resultieren **große Beschleunigungsleistungen,** die der Motor aufbringen muss.

Da man Förderbänder oft unter Last anfahren muss, ist es zweckmäßig, zwischen Motor und Band eine hydraulische Kupplung als **Anlaufkupplung** zu schalten. Diese ermöglicht den Einsatz eines Motors mit geringerem Anzugsmoment. Dies ist ein großer Vorteil, denn Motoren mit großem Anzugsmoment benötigen einen großen Anlaufstrom. Dadurch steigen die Energiekosten.

Förderbänder werden heute bis zu einer Länge von 10 km (!) gebaut. Je nach Länge der Förderstrecke können Steigungen bis 25 % (!) überwunden werden.

Ein Beispiel dafür, welch hohe Förderleistungen mit Förderbändern bewältigt werden können, ist der **Schaufelradbagger** im **Bild 1**. Er wird im Braunkohlebergbau (→ **B1, B2**) zur Beseitigung des Abraums, d. h. der Erdschicht über der Braunkohle, eingesetzt. Beim Einsatz dieses Schaufelradbaggers wird durch ein Schaufelrad mit 12 m Durchmesser die Erdschicht gelöst und auf ein 2,4 m breites Förderband geschüttet. Auf diesem wird die Erde bis zur Höhenmitte des Baggers gefördert und dort weiteren Förderbändern übergeben. Über Schütten (Verladeschurren) fällt der Abraum in die bereitgestellten Abraumwaggons. In einer Stunde können 3500 m³ gelöst und in 82 Abraumwagen (9 Abraumzüge) zu den Absetzeinrichtungen gebracht werden.

Bild 1: Schaufelradbagger

Oberbau mit Schaufelradträger und Verladeband lassen sich unabhängig voneinander um einen Drehkranz schwenken. Deshalb muss die Übergabe des Fördergutes von einem auf das nächste Förderband in der Drehmitte erfolgen. Die gesamte Konstruktion mit einem Gesamtgewicht von 62 MN ruht auf 8 Gleiskettenfahrwerken und ist in Kurven selbstfahrend beweglich. Der abgebildete Schaufelradbagger ist etwa 100 m lang und 40 m hoch. Heute werden Schaufelradbagger mit doppeltem Schaufelraddurchmesser (bis 24 m) gebaut.

4.4.3 Stetigförderer für Stückgut

Rollengangsysteme

Dies sind meist ortsfeste Förderbahnen mit Tragrollen, die in einem Rahmen gelagert sind. Etwa jede dritte Tragrolle wird durch eine umlaufende Kette angetrieben, während die übrigen Rollen frei mitlaufen. Um einen einwandfreien Transport zu gewährleisten, wird das Fördergut auf Paletten gelegt.

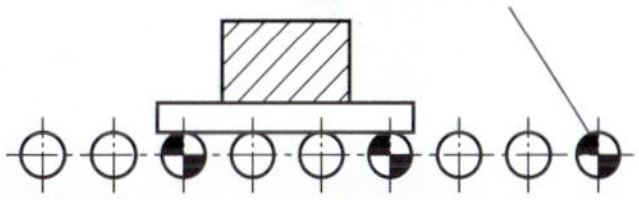

Bild 2: Rollengangsystem

Schleppkettenförderer

Für die Förderung mit dem Schleppkettenförderer **(Bild 1/274)** wird das Fördergut auf Förderwagen, die auf Schienen laufen, gelegt. Als Zugkette verwendet man eine umlaufende Laschenkette, die mit Mitnehmernocken versehen ist. Diese Nocken greifen in die Ankuppelvorrichtung am Förderwagen ein und schleppen so den Wagen mit. In dieser Form spricht man auch von einer **Bodenringbahn.**

In der hängenden Form des Schleppkettenförderers spricht man von **Kreisförderern.** Eine endlose Kette wird über Tragrollen auf Führungsschienen den Förderweg entlang bewegt. Das Fördergut selbst hängt an den Tragrollen. Mit solchen Stetigförderern können große Steigungen und beliebige Kurven überwunden werden. Der Förderweg kann daher durch verschiedene Stockwerke führen. Um Raum zu sparen, werden die Förderbahnen meist an der Decke befestigt. Am Arbeitsplatz können die Bahnen abgesenkt und dann wieder hochgeführt werden.

Eine Sonderform des Schleppkettenförderers ist das **Power and Free-System (Bild 2/274).** Bei diesem System hängt die Last nicht an den Tragrollen der Kette, sondern läuft, an eigenen Wagen hängend, auf einer unter der Kettenbahn liegenden Laufbahn, es wird auch von der **Schleppkreisförderung** gesprochen. Hierbei kann die Last durch geeignete Vorrichtungen ein- und ausgekuppelt werden. Die Kettenbahnen können aus Walzprofilen (I-Träger) bestehen oder aus Hohlprofilen gefertigt sein. In Hohlprofilen laufen die Kette und die Tragrollen staubgeschützt.

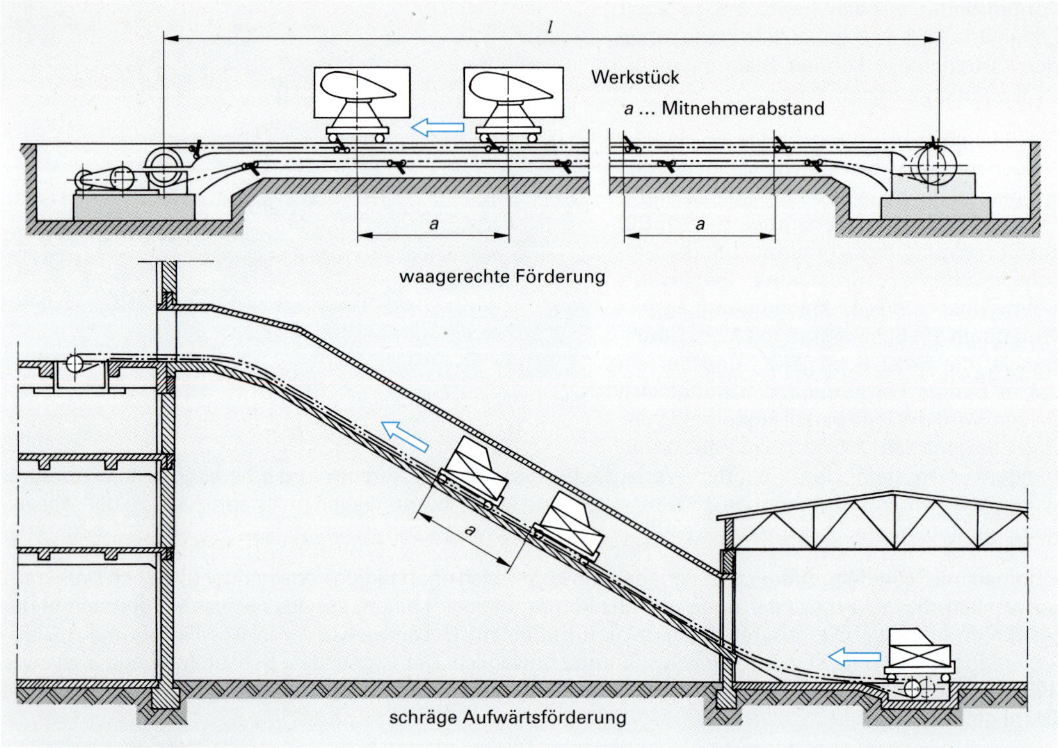

Bild 1: Schleppkettenförderer

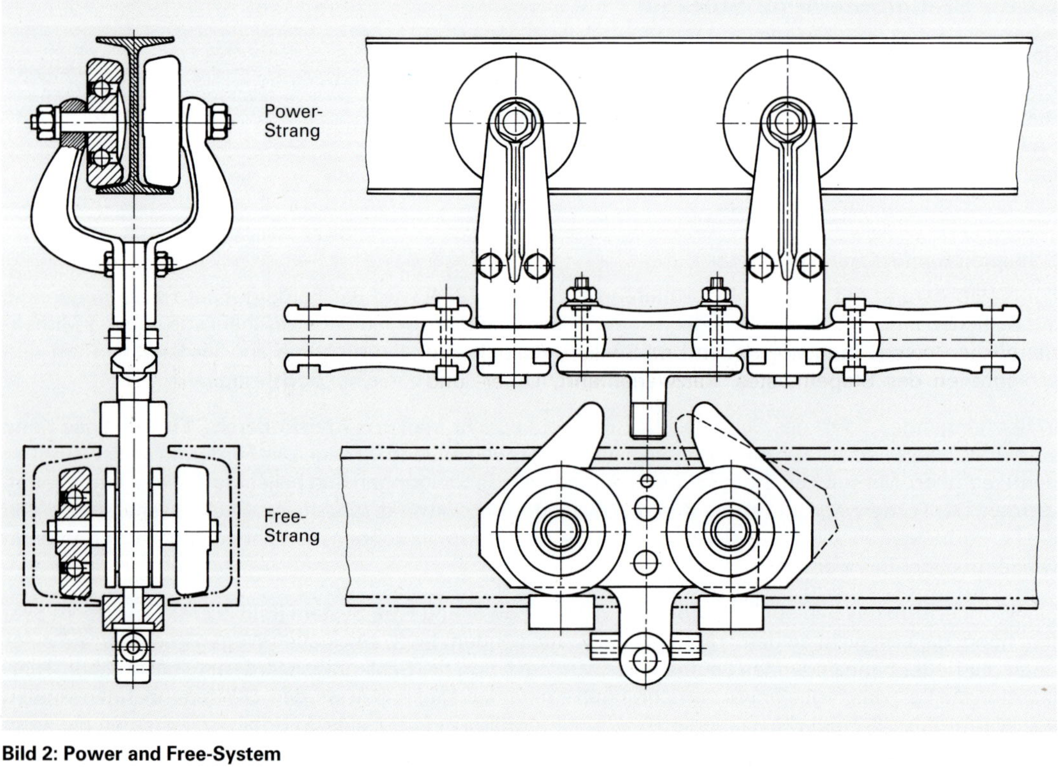

Bild 2: Power and Free-System

Plattenbandförderer

Plattenbandförderer werden als Gliederbandförderer **(Bild 1)** oder als Wandertische **(Bild 2)** ausgeführt. Sie werden besonders bei schweren Fördergütern verwendet.

Beim **Gliederbandförderer** sind schmale Platten aus Holz oder Stahl mit Laufrollen versehen, die entlang dem Förderweg in Führungsschienen laufen. Die einzelnen Platten sind durch Förderketten zu einem endlosen Band zusammengebaut. Dieses ist über zwei prismatische Trommeln, die Antriebstrommel und die Umkehrtrommel, gelegt. Mit Gliederbandförderungen können auch nach oben steigende und nach unten geneigte Förderwege gefahren werden.

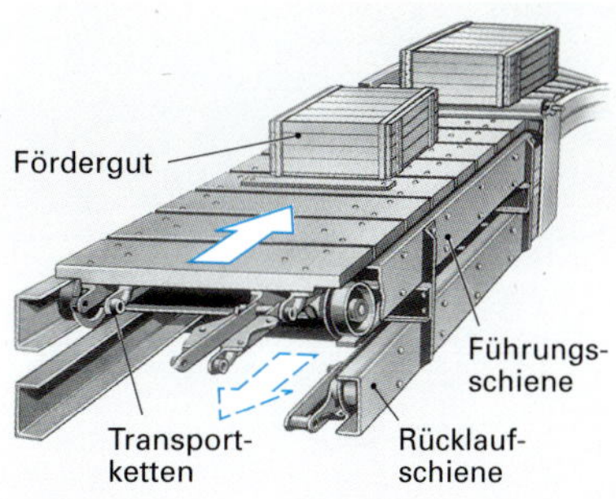

Bild 1: Gliederbandförderer

Bei den **Wandertischen** werden meist nierenförmige Platten aus Holz oder Stahlblech auf einer Schleppkette so angebracht, dass sich das Plattenband auch in den Kurven bewegen kann. Solche Wandertische eignen sich besonders gut als Stetigförderer in der Fließfertigung.

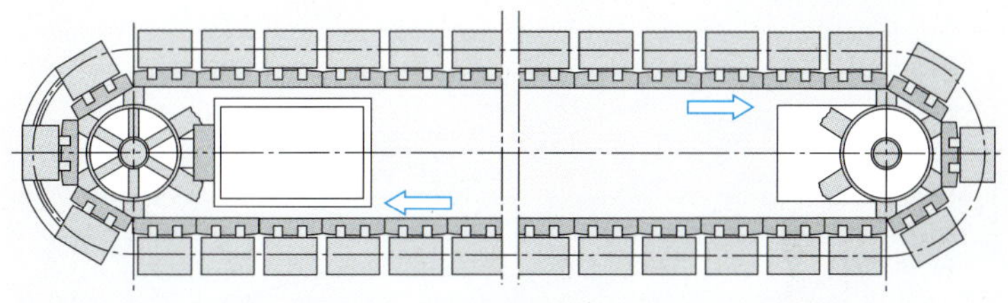

Bild 2: Horizontal umlaufender Wandertisch in der Draufsicht

4.5 Beispiel einer Förderanlage mit Unstetigförderern

Regalförderer (Regalbediengerät)

Für das häufig notwendige Umschlagen von Stückgütern und Fördereinheiten in Lagerhallen verwendet man einen Regalförderer **(Bild 3).** Er besitzt wie der Gabelstapler (→ **D4.3.2**) ein Hubgerüst, den Stapelmast, mit der heb- und senkbaren Gabel. Der Stapelmast hängt jedoch von einer Laufkatze, dem Katzwagen, nach unten herab und ist mit diesem Katzwagen quer zu den Regalgängen verfahrbar. Die Längsbewegung in den Regalgängen führt der Unterwagen aus, der auf Laufschienen, die auf den Regalen angebracht sind, bewegt werden kann.

Um den Regalförderer auch in anderen Gängen einsetzen zu können, kann der gesamte Unterwagen in einen Oberwagen einfahren und mit diesem quer an den Regalstirnseiten verfahren werden.

Sämtliche Bewegungen wie Heben und Senken, Rechts- und Linksdrehen des Stapelmastes, Katzwagenfahrt, Unter- und Oberwagenbewegung werden vom Führerstand (Mitfahrer) aus betätigt bzw. bei modernen Konstruktionen von einem Schaltpult aus vollautomatisch und meist computergesteuert durchgeführt.

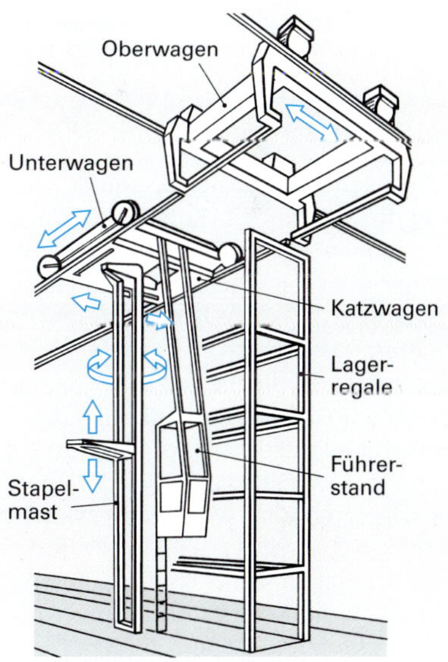

Bild 3: Regalförderer

4.6 Beispiel einer Förderanlage mit Stetigförderern

Förderanlagen mit Stetigförderern verwendet man, wenn ein regelmäßiger, zeitlich vorausgeplanter Transport von gleichartigen Fördergütern, wie etwa bei der **Fließfertigung,** notwendig ist. Ein Beispiel für das **Zusammenwirken von Stetigförderern verschiedener Art** zeigt die in **Bild 1/276** abgebildete Anlage zur Herstellung von Kühlschränken. Der Orientierungspunkt für den gesamten **Materialfluss** ist das Endmontageband im 1. Stockwerk der Anlage. Es gibt den **Arbeitstakt** vor.

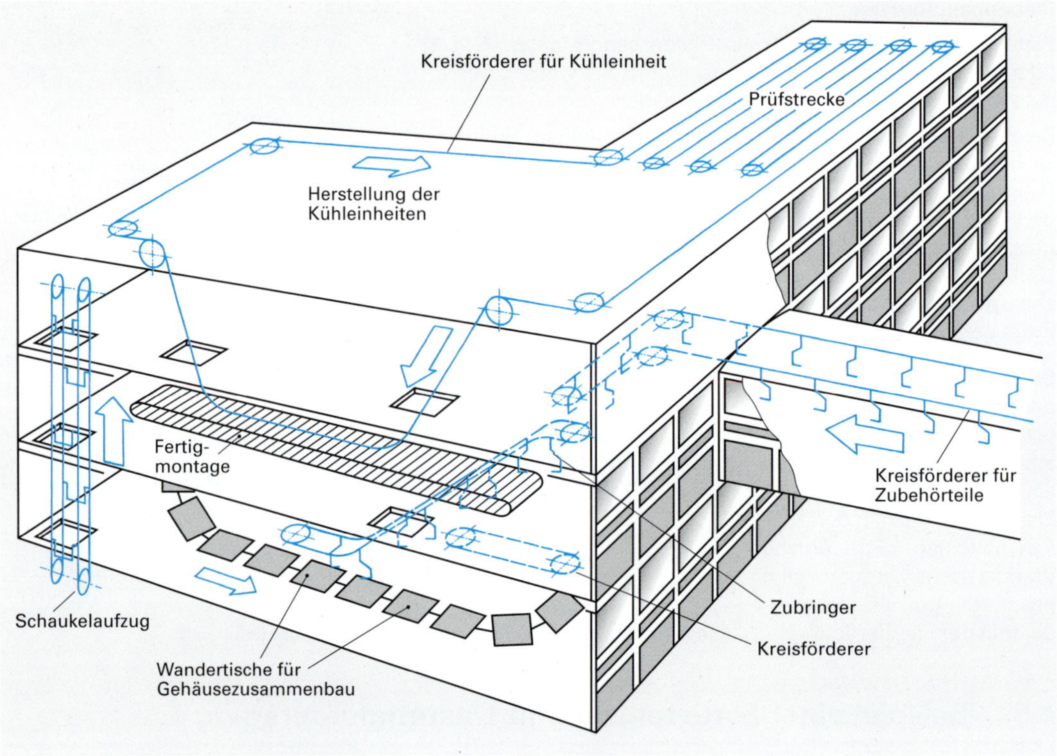

Bild 1: Förderanlage mit Stetigförderern

Dieses Endmontageband stellt eine **Fließfertigung** dar, die mit **Wandertischen** und **Schleppkettenförderern** ausgerüstet ist und bestimmt die Fördergeschwindigkeit aller übrigen Fördereinrichtungen.

Die wesentlichen Baugruppen des Kühlschrankes sind das Gehäuse mit Tür und Einbauten, das Zubehör und die Kühleinheit (Kühlaggregat). Die Kühleinheiten werden im 2. Stock des Gebäudes hergestellt und vor dem Einbau in die Gehäuse auf einer 240 m langen Prüfstrecke einem automatisch gesteuerten Probelauf von 90 min Dauer unterzogen. Die Kühleinheiten hängen dabei an besonders hierfür hergestellten **Gehängen** an einem **Kreisförderer** und durchziehen den Prüfraum in zahlreichen Schleifen. Die geprüften Aggregate bewegen sich mit dem gleichen Kreisförderer zum Endmontageband. Die Gehäuse werden vom Zuschnitt der Bleche bis hin zum fertigen Gehäuse im Erdgeschoss hergestellt. Man stellt dann diese Einzelteile zu **Transporteinheiten** (Gehäuse, Tür, Einbauteile) zusammen. **Kreisförderer** tragen diese **Fördereinheiten** durch umfangreiche und aufwendige Anlagen für die Oberflächenbehandlung. In einzelnen Kammern dieser Anlage werden die Teile entfettet, phosphatiert, mit Grundlack gespritzt, getrocknet, mit Decklack gespritzt, wieder getrocknet und kommen dann zu den **Wandertischen** für den Zusammenbau der Gehäuse. Von dort gelangen die fertigen Gehäuse von Arbeitsplatz zu Arbeitsplatz. An diesen verschiedenen Arbeitsplätzen wird die Kühleinheit eingebaut und das Zubehör eingesetzt. Nach einer Endprüfung gelangen die fertigen Kühlschränke in die sich anschließende Versandabteilung. Die **Schleppketten** der Anlage laufen in Bodenkanälen. Die **Kreisförderer** sind, soweit dies zweckentsprechend ist, an der Decke der Räume angebracht, sodass der Materialfluss nicht durch die **Stetigförderer** behindert wird.

Neben diesen Stetigförderern benötigt man noch **Pendelförderer,** die Werkstoffe, Normteile, Halbfertigteile, Fertigteile, Kältemittel (→ **D3.2**) und sonstige Materialien zu den einzelnen Arbeitsplätzen bringen.

Wiederholung und Vertiefung

D71 Was versteht man unter Logistik und welche Aufgabe kommt den Fördermitteln in der Logistik zu?

D72 In welche beiden Gruppen werden die Fördermittel eingeteilt?

D73 Wie werden die Unstetigförderer unterschieden?

D74 Was versteht man unter Flurförderzeugen und wie erklären Sie sich diese Bezeichnung?

D75 Nennen Sie schienenfreie Flurfördermittel.

D76 Was versteht man unter einem Hebezeug?

D77 Wie werden die Krane als Fördermittel eingeteilt und wie werden sie nach DIN 15001 unterschieden?

D78 Welche Bewegungen werden bei den Brückenkranen unterschieden?

D79 Welche wichtige Vorschrift ist in der BGV D6 hinsichtlich der Steuerung mittels Drucktastenschalter festgeschrieben?

D80 Was versteht man unter einem Kletterkran und in welche Gruppe der Krane sind sie einzuordnen?

D81 Wie ist der Begriff Stetigförderer definiert und in welche Hauptgruppen werden sie unterteilt?

D82 Nach welchen Gesichtspunkten werden Stetigförderer in der Normung unterschieden?

D83 Wozu werden Schneckenförderer verwendet?

D84 Was versteht man unter einem pneumatischen Förderer?

D85 Wie unterscheiden sich Schwingrinne und Schüttelrutsche?

D86 Wodurch zeichnen sich Schwerkraftförderer aus?

D87 Bei welchen Förderern ist es sinnvoll, eine Anlaufkupplung zu verwenden? Welchen Sinn hat eine solche?

D88 Was versteht man unter einem Rollengangsystem und wie wird bei einem solchen das Fördergut gelagert?

D89 Was versteht man unter einer Fließfertigung und welche grundsätzliche Aussage kann man über die Festlegung des Arbeitstaktes bei einer Fließfertigung machen?

D90 Beschreiben Sie den Einsatzbereich eines Regalförderer.

D91 Was versteht man unter einem Kreisförderer?

4.7 Wichtige Bauelemente und Bauteilgruppen in der Fördertechnik

Es versteht sich von selbst, dass in Anbetracht der Vielfalt der Fördermittel, die Vielfalt ihrer Elemente bzw. Bauteile noch viel größer ist. Deswegen können in diesem Buch nur die wichtigsten Bauelemente bzw. Bauteilgruppen angesprochen werden.

4.7.1 Seile

Faserseile

In der Fördertechnik zählen die Seile zu den elementaren Bauteilen. Neben den Drahtseilen werden Hanfseile und Chemiefaserseile, die zusammenfassend als **Faserseile** bezeichnet werden, verwendet. Wichtige Normen und Richtlinien für Faserseile sind

DIN 83302 (1988-11)	**DIN EN ISO 1968** (2005-08)	**DIN 83319** (2013-04)	**DIN EN ISO 1440** (2012-11)
DIN EN ISO 9554 (2011-01)	**DIN EN 1261** (1995-10)	**DIN EN ISO 1181** (2005-02)	**VDI-Richtlinie 2500** (1990-04)

Hanfseile werden meist aus Manila- oder Sisal-Hanfen hergestellt. Sie sind sehr biegsam, weisen aber nur eine geringe Zugfestigkeit von 90 bis 120 N/mm² auf. Die Festigkeit der Hanfseile wird durch Feuchtigkeit vermindert. Deshalb sollen sie zum Schutz gegen Witterungseinflüsse imprägniert werden. Hanfseile finden hauptsächlich als Anschlagseile (Lastsicherung) Verwendung. **Chemiefaserseile** (Kunststoffseile) werden aus Polyamid-, Polyester- oder Polyäthylenfäden hergestellt. Ihre Zugfestigkeit ist wesentlich höher als die der Hanfseile, jedoch sind sie schlechter biegsam. Chemiefaserseile sind weitgehend chemikalien- und witterungsbeständig, können jedoch von höheren Temperaturen geschädigt werden.

Erkennbar geschädigte Tragelemente, z. B. Seile, dürfen keinesfalls verwendet werden! Sie sind aus dem Verkehr zu ziehen.

Drahtseile

Drahtseile werden aus dünnen Stahldrähten mit hoher Festigkeit zusammengesetzt. Einzelheiten über Machart, Festigkeit und Verwendung ergeben sich aus

DIN EN 12385.

Bei der Seilfertigung werden die einzelnen **Drähte** schraubenförmig mit

Linksdrall (Kurzzeichen s) oder **Rechtsdrall** (Kurzzeichen z)

zu einer **Litze** zusammengedreht.

Mehrere solcher Litzen werden dann – meist um eine gut gefettete Hanfseele – zu einem **Seil** geschlagen. Man unterscheidet dabei wie gesagt

Linksschlag Kurzzeichen s und **Rechtsschlag Kurzzeichen** z.

Außerdem wird, entsprechend **Bild 1,** unterschieden in

Gleichschlagseil und **Kreuzschlagseil.**

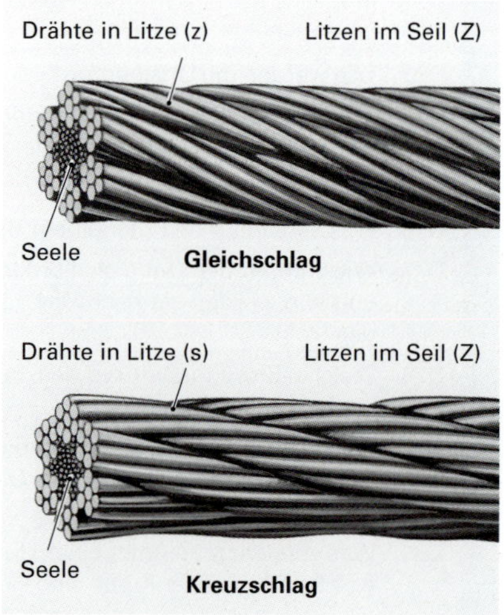

Bild 1: Seilschlagarten

Beim Gleichschlagseil sind die Stahldrähte in den Litzen sowie die Litzen im Seil in gleicher Richtung gedreht, man sagt „in die gleiche Richtung geschlagen". Gleichschlagseile sind gut biegsam und haben eine gute Auflage in der Seilscheibenrille. Da sie jedoch infolge der gleichen Schlagrichtung der Drähte und Litzen zum Aufdrehen neigen, dürfen sie nur für geführte Lasten und nicht für frei hängende Lasten verwendet werden. Kreuzschlagseile haben diesen Nachteil nicht, da die Flechtrichtungen der Drähte und Litzen verschieden sind. Diese Seile eignen sich auch für frei hängende Lasten und werden hauptsächlich im Kranbau eingesetzt. Von außen erkennt man den Unterschied von Gleichschlagseil und Kreuzschlagseil daran, dass beim Gleichschlag die Drähte der Litzen quer zur Seilachse liegen, während beim Kreuzschlag die Drähte der Litzen in Seilachsenrichtung erscheinen.

In den oben genannten Normen wird bei den Drahtseilen auch nach verschiedenen **Macharten** unterschieden, worauf in diesem Buch aber nicht näher eingegangen wird. Außer der Machart ist zur Bestimmung des Seiles noch die **Flechtformel** von Wichtigkeit.

Die Flechtformel macht Angaben über die Seilkonstruktion, vor allem über die Drahtzahl in der Litze und die Litzenzahl im Seil.

Die **Berechnung des Seildurchmessers** erfolgt nach **DIN ISO 4309** (2012-07) „Krane – Drahtseile – Wartung und Instandhaltung, Inspektion und Ablage".

Nach der Art des Betriebes und der Wichtigkeit der Funktion legt man bei der Berechnung des Seildurchmessers eine 6- bis 10-fache Sicherheit zu Grunde.

Drahtseile werden als **Tragseile,** z.B. bei Kranen, Aufzügen und Baggern verwendet. Zu den Drahtseilen gehören auch die im Bergbau verwendeten **Förderseile.**

4.7.2 Seilbefestigungen und Seilverbindungen

Unter einer **Seilspleißung** versteht man das dauerhafte Verbinden von Faser- und Drahtseilen. Dadurch können gerissene Seile wieder zusammengefügt oder Seile verlängert werden. Zu diesem Zweck werden die Seile über die Spleißlänge – etwa dem 500-fachen Litzendurchmesser – aufgedreht und die einzelnen Drähte so abgeschnitten, dass sich deren Drahtenden gleichmäßig über die Spleißlänge verteilen. Dabei müssen die Litzen mit einem dünnen Draht abgebunden werden, damit ein weiteres Aufdrehen vermieden wird. Außerdem wird die **Seilseele** (Seilkern) über die gesamte Spleißlänge entfernt. Nun werden die Litzen ineinander geflochten und deren Enden nach innen an die Stelle der Seele gesteckt. Diese Art der Seilverbindung ist reibschlüssig und bringt den Vorteil, dass der ursprüngliche Seildurchmesser erhalten bleibt. Das Seil kann so ungehindert über Seilscheiben und auf Seiltrommeln laufen.

Bei einer **Seilkausche (Bild 1)** handelt es sich um den Endpunkt eines Seiles, der die Möglichkeit bietet, das Seil einzuhängen. Zur Herstellung wird das Seil über eine genormte **Kausche** gelegt und das freie Seilende entweder verspleißt oder mit **Seilklemmen** festgeklemmt. Bei der **Seilbirne (Bild 2)** werden die Litzen des Seiles aufgelöst und in die Seilbirne stoffschlüssig eingegossen. Eine weitere Möglichkeit, einen Seilendpunkt herzustellen, bietet das **Keilschloss (Bild 3).** Das Seilende wird dabei über ein Klemmstück gelegt und damit in das Schloss eingesteckt. Durch die im Seil wirkende Kraft wird das Seil im Schloss eingeklemmt. Es handelt sich also um eine Reibschlussverbindung.

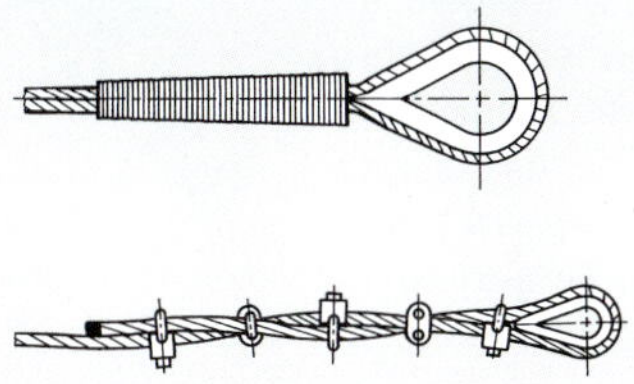

Bild 1: Seilkausche

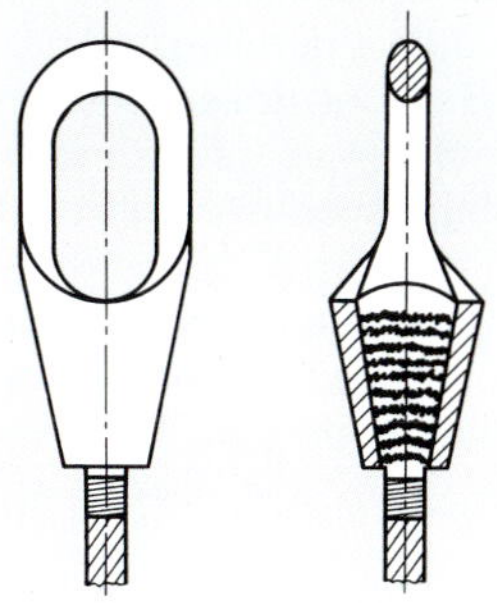

Bild 2: Seilbirne

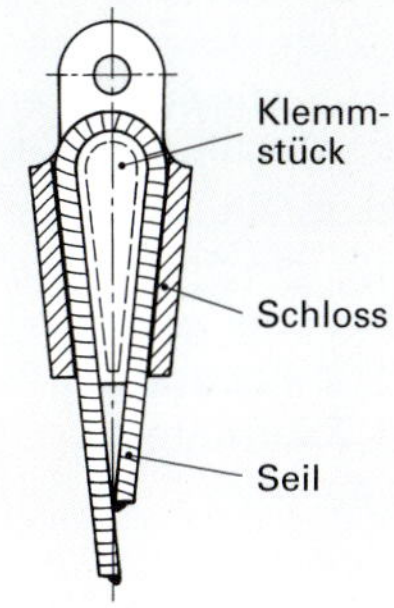

Bild 3: Keilschloss

4.7.3 Ketten

In der Fördertechnik haben Ketten gegenüber Stahlseilen eine untergeordnete Bedeutung. Dies erklärt sich aus dem hohen Eigengewicht, der geringen Elastizität und den kleinen zulässigen Geschwindigkeiten. Ketten bieten jedoch eine höhere Tragfähigkeit und eine bessere Beständigkeit gegen Korrosion. Außerdem bieten Ketten durch Formschluss mit dem Kettenrad eine bessere Fixierung der Last. Im Wesentlichen unterscheidet man Gelenkketten von den Gliederketten.

Gelenkketten

Durch den bereits erwähnten Formschluss bieten **Gelenk- oder Laschenketten (Bild 4)** mit den zugehörigen **Kettenrädern (Bild 5)** eine schlupffreie Kraftübertragung. Die **Gallketten** nach **DIN 8150** bestehen aus geraden oder geschweiften Laschen, die durch Bolzen gelenkig miteinander verbunden sind. Die Bolzen sind an den Enden entweder vernietet oder versplintet. Am Ende offen verwendete Kettenstränge besitzen verstärkte Endglieder.

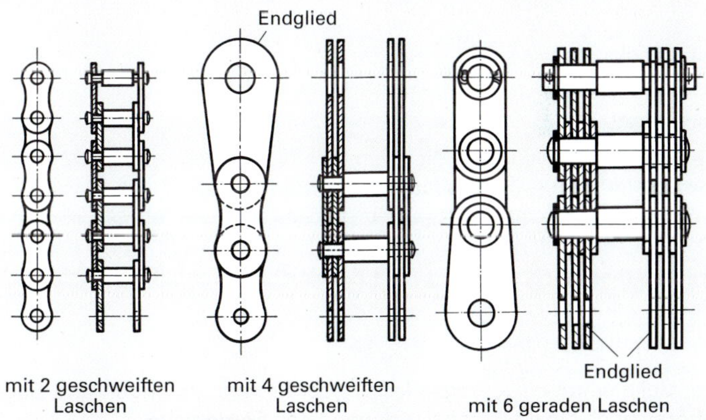

Bild 4: Gallketten

Zur Übertragung größerer Kräfte sind die Ketten mit doppelten oder dreifachen Laschen ausgeführt.

Kettenräder haben Zähne, deren konstruktive Form sich aus der Bewegung zwischen Zahn und Bolzen ergibt. Dabei werden Zähnezahlen von 12 nur in seltenen Fällen unterschritten, da sonst der Verschleiß zu groß ist.

Bei **Rollenketten** nach **DIN 8187** befindet sich auf dem Bolzen eine bewegliche Rolle. Diese rollt beim Auf- und Ablaufen der Kette ab. Dadurch ergeben sich wesentlich günstigere Reibungsverhältnisse (→ **A1.10**) als bei den Gallketten. **Bild 5** zeigt eine **einfache Rollenkette.** Bei größeren Kräften werden Mehrfachrollenketten verwendet.

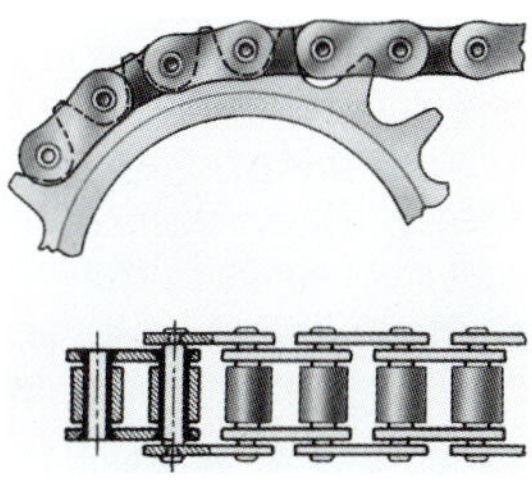

Bild 5: Einfache Rollenkette

Zahnketten (Bild 1) nach **DIN 8190** haben gezahnte Laschen, die in die Zahnlücken der Kettenräder eingreifen und dadurch eine größere Laufruhe aufweisen als Gall- und Rollenketten. Hier ist es so, dass die Kettenräder nicht weniger als 17 Zähne haben sollen, da andernfalls zu große Reibungsverluste auftreten. Die zulässigen Kettengeschwindigkeiten liegen im Mittel bei 12 m/s und es lassen sich dabei große Kräfte und damit große Leistungen (→ **A1.12, A1.14**) übertragen. Bei stoßartigen Beanspruchungen längen sich die Zahnketten und dadurch werden die Eingriffsverhältnisse ungünstiger bzw. die Reibungsverluste werden größer.

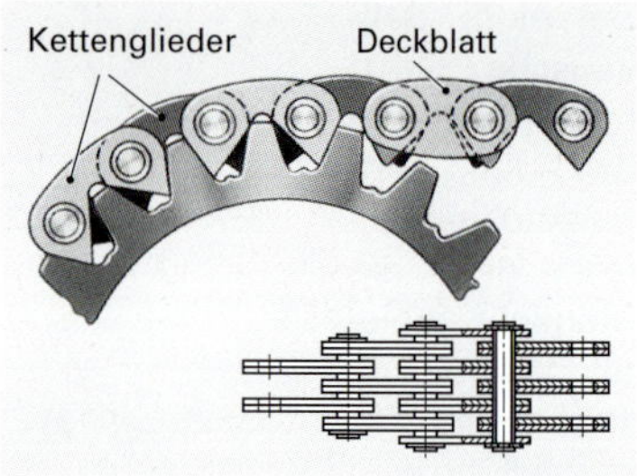

Bild 1: Zahnkette

Auch die **Förderketten (Bild 2)** sind Gelenkketten, und sie sind in **DIN 8165** (1992-03), **DIN 8175** (1980-02) sowie **DIN 8176** (1980-01) genormt. Zur Mitnahme des Fördergutes sind die Laschen zweckentsprechend ausgebildet. Meist werden nur kleine Kräfte bei relativ niedrigen Arbeitsgeschwindigkeiten übertragen.

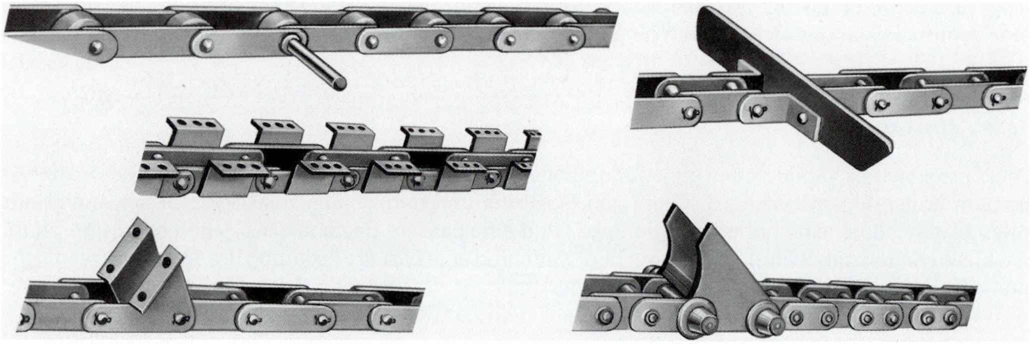

Bild 2: Förderketten

Gliederketten

Die **Gliederketten** – in den Normen **DIN 766** (2014-07), **DIN 762** (2014-07) und **DIN 764** (2010-10) als **Rundstahlkette (Bild 3)** bezeichnet – werden als **Lastketten** verwendet. **Stegketten** mit Gliedsteg verwendet man als **Ankerketten**. Meist sind die Enden der Glieder elektrisch verschweißt, und die Ketten werden als **lehrenhaltig** (Ausführung A) und als **nicht lehrenhaltig** (Ausführung B) hergestellt.

Die lehrenhaltigen (kalibrierten) Ketten sind für verzahnte Rollen oder Trommeln bestimmt. Bei ihnen stellt sich das eine Glied in die Mittelrinne, während sich das nächste Glied quer dazu in die Aussparung am Umfang legt **(Bild 4).** Dadurch erreicht man eine sichere Kettenmitnahme.

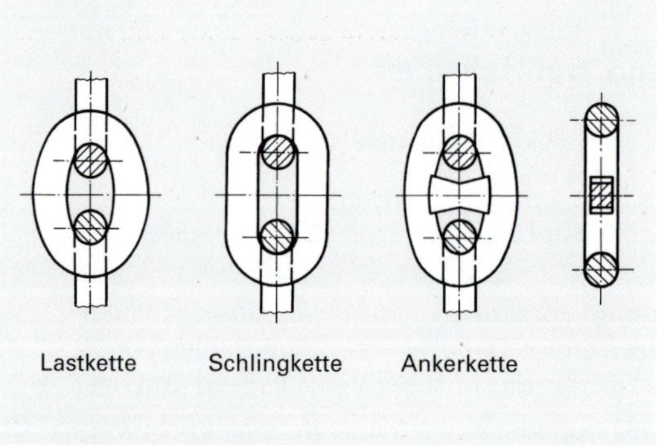

Bild 3: Rundstahlketten

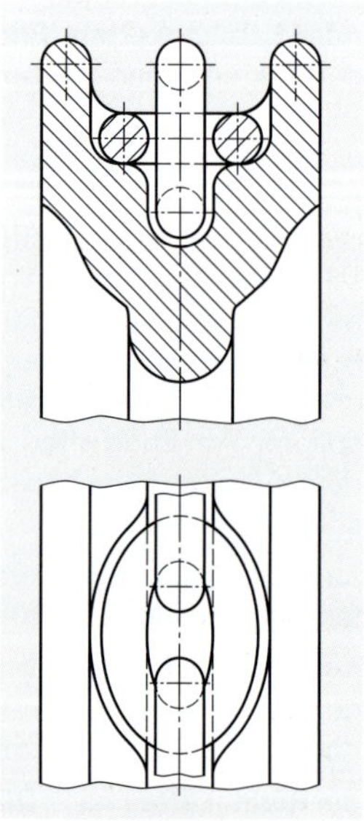

Bild 4: Kettenrad

Kleine Gliederkettenräder werden als **Kettennuss** bezeichnet. Gliederketten sind auch als **geprüfte Ketten** erhältlich.

4.7.4 Rollen und Flaschenzüge

Rein physikalisch sind **Rollen** (feste und lose Rolle) und **Flaschenzüge** innerhalb der Mechanik den **einfachen Maschinen** zugeordnet, und zwar ebenso wie z.B. der **Hebel** und die **schiefe Ebene.** Die hierfür geltenden Gesetze sind in jedem Physiklehrbuch (s. Literaturverzeichnis) nachlesbar. Bezüglich der Rollen wäre jedoch an dieser Stelle zu sagen, dass **Seilrollen** genormt sind. Insbesondere sind hierfür **DIN 15020** (2011-01), **DIN 15061** (1977-08) und **DIN 15062** (1982-07) zuständig.

Bei den Flaschenzügen unterscheidet man

- **Rollenflaschenzüge**
- **Schraubenflaschenzüge**
- **Planetenflaschenzüge**

Der **einfache Rollenflaschenzug** besteht aus einer festen und einer losen Rolle, und die Last wird von zwei Seilsträngen getragen. Beim **Mehrfachflaschenzug** hängt die Last an mehreren Seilsträngen (s. Physik). Einen weitaus größeren Einsatzbereich hat der **Schraubenflaschenzug (Bild 1).** Bei diesem wird die für das Heben großer Lasten erforderliche große Übersetzung mit einem Schneckengetriebe erreicht. Beim **Planetenflaschenzug (Bild 2)** ist an Stelle des Schneckengetriebes ein Planetengetriebe als Umlaufgetriebe eingebaut.

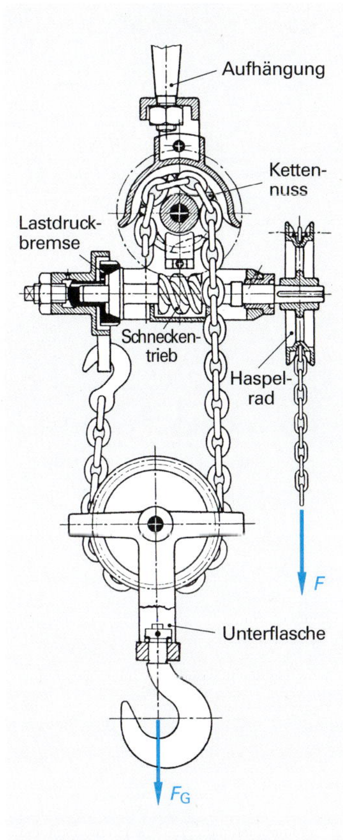

Bild 1: Schraubenflaschenzug

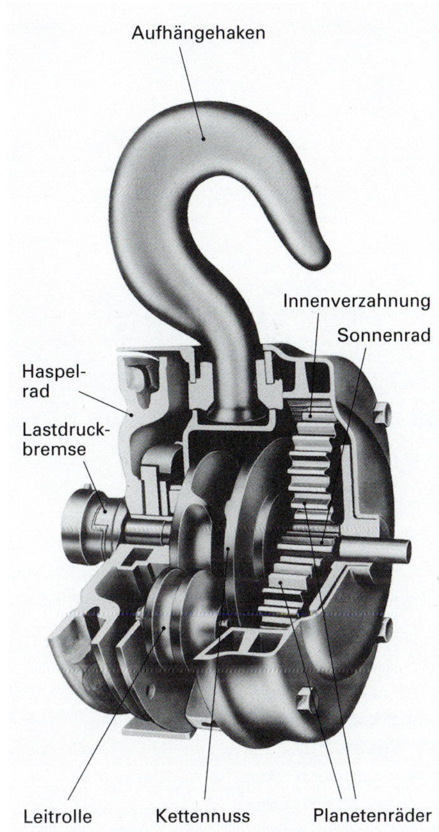

Bild 2: Planetenflaschenzug

4.7.5 Seiltrommeln und Treibscheiben

Die Abmessungen von **Seiltrommeln** sind in der **DIN 15020** (2011-01) genormt. Sie dienen zum Antrieb und zur Speicherung der Seile und müssen so eingerichtet sein, dass das Verwickeln des Seiles auf der Trommel verhindert wird. Dies erreicht man durch **Seilrillen (Bild 1/282)** oder bei glatten Trommeln durch **Seilwickler.** Die Seilrillen werden schraubenlinienförmig am Trommelmantel angeordnet, und zur Speicherung von Seilen kann man das Seil bei großen Seillängen auch in mehreren Lagen aufwickeln. Seiltrommeln gibt es in gegossener und geschweißter Ausführung.

Seiltrommeldurchmesser und Seilart (insbesondere der Durchmesser des Seiles) sind aufeinander abzustimmen.

Treibscheiben dienen der Bewegung, d.h. dem Antrieb des Seiles. Der Antrieb erfolgt dabei mittels Reibung. Dabei ist die Treibfähigkeit, d.h. die **Seilreibung** (→ **A1.10**), stark von der Rillenform und vom Umschlingungswinkel des Seiles abhängig.

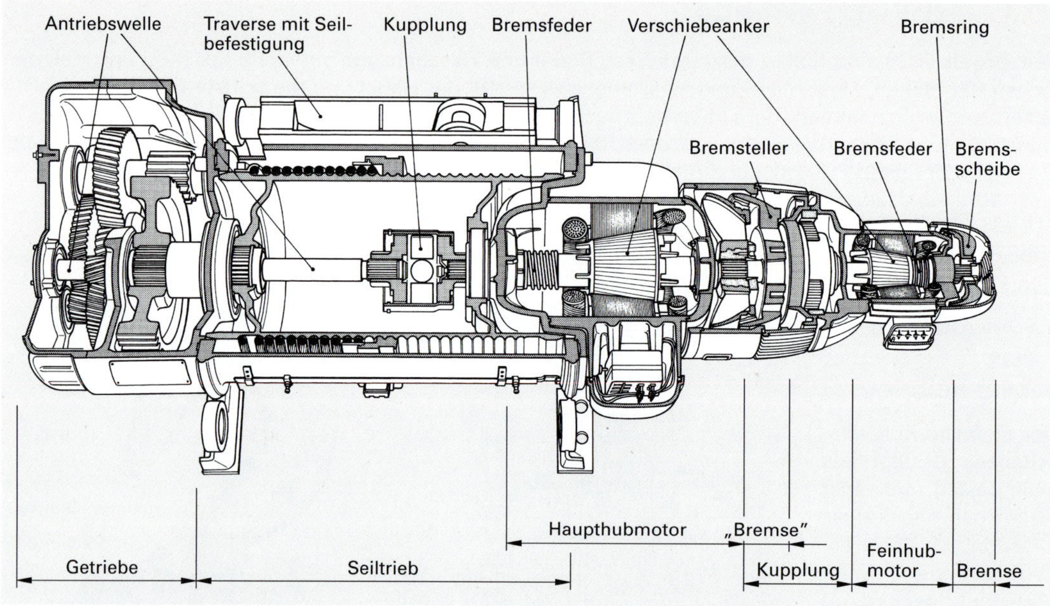

Bild 1: Elektrozug im Schnitt mit zum Teil auf der Seiltrommel aufgewickeltem Seil

4.7.6 Lastaufnahmemittel

Unter Lastaufnahmemitteln versteht man alle Vorrichtungen, die es ermöglichen, eine Last aufzunehmen oder zu bewegen. Sie sind zum großen Teil genormt.

Bild 2 zeigt als Beispiel einen **einfachen Lasthaken** nach **DIN 15401** (1982-11) mit diversen Bemaßungen und in **Bild 3** ist ein **Doppellasthaken** nach **DIN 15402** (1982-11) abgebildet.

Weitere Lastaufnahmemittel sind z. B.:

- **Seilgreifer**
- **Lastmagnet**
- **Tragdorn**
- **Schaufel**
- **Kartonklammer**
- **Schneeräumer**
- **Behälterentleerer**
- **Kübel** u. a.

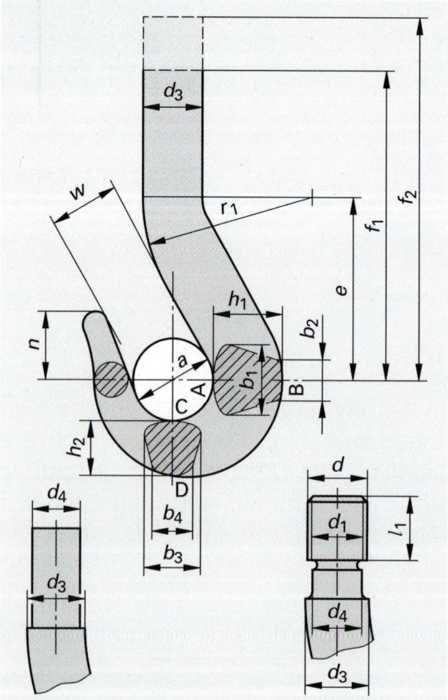

Bild 2: Einfacher Lasthaken

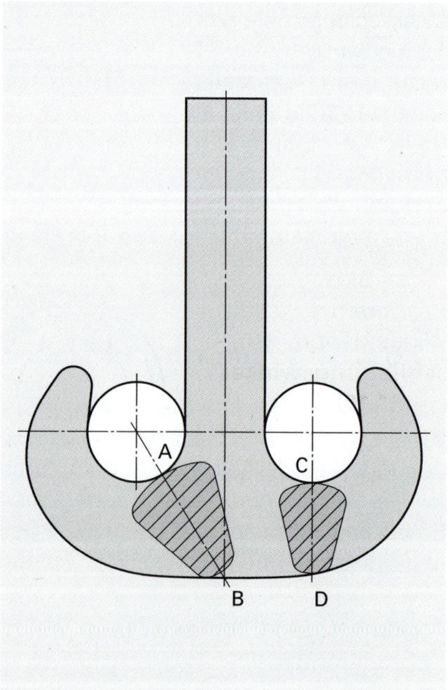

Bild 3: Doppellasthaken

Bei diesen Lastaufnahmemitteln handelt es sich meist um **Anbaugeräte,** d. h. um Geräte, die an ein Grundgerät angebaut werden können.

4.7.7 Laufräder

Laufräder für Kran- und Katzfahrwerke sind in **DIN 15070** bis **DIN 15084** (1977-12) genormt. Sie sind üblicherweise mit zwei Spurkränzen versehen **(Bild 1)**. Laufräder für Untergurtlaufkatzen haben nur einen Spurkranz und eine konische Lauffläche **(Bild 1)**. Sie werden meist aus Stahlguss, Kugelgraphitguss oder Kunststoff hergestellt. Die Berechnung des Raddurchmessers erfolgt nach **DIN 15070** (1977-12). Laufräder ohne Spurkranz können nur dann Querkräfte aufnehmen, wenn zusätzlich seitliche Führungsrollen vorgesehen werden.

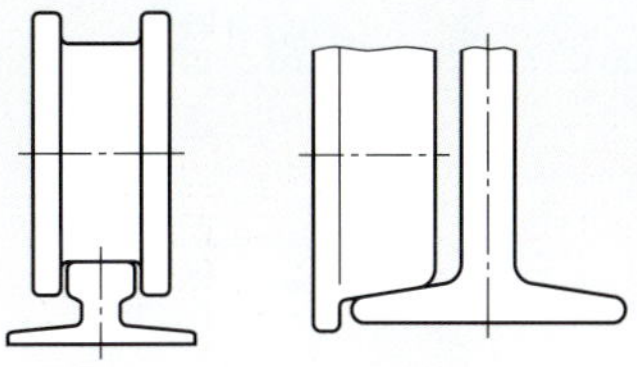

Bild 1: Laufräder

4.7.8 Bremsen

Bremsen dienen zum Festhalten, Anhalten und Regulieren der Lastbewegung oder des Fördermittels.

Sie werden in der Fördertechnik nach dem **Verwendungszweck** unterschieden, und zwar in

- **Haltebremsen** Sie halten die Last nach Beendigung der Bewegung in Schwebe
- **Fahrbremsen** Sie beenden die Fahrbewegung des Fördermittels
- **Senkbremsen** Sie regulieren die Senkgeschwindigkeit beim Manövrieren
- **Sicherheitsbremsen** Sie wirken unabhängig zu den bisher genannten Bremsen, falls eine solche ausfällt.

Außerdem wird natürlich noch nach der **Bauart** unterschieden, und zwar wie folgt:

- **Backenbremse (Bild 2)**
- **Bandbremse (Bild 3)**
- **Scheibenbremse (Bild 4)**

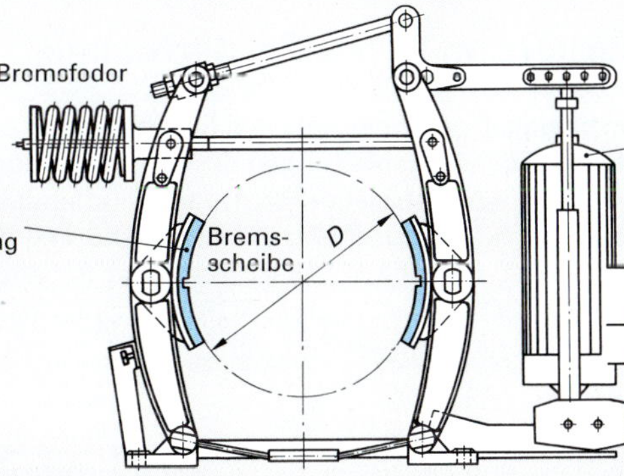

Bild 2: Doppelbackenbremse

Bild 2 zeigt eine drehrichtungsunabhängige **Doppelbackenbremse,** während **Bild 3** eine **Bandbremse,** deren Wirkung vom Umschlingungswinkel (→ **A1.10**) abhängig ist, zeigt.

Bei der **Scheibenbremse,** die ebenfalls drehrichtungsunabhängig ist, werden die Bremsbacken beidseitig gegen eine Bremsscheibe gedrückt.

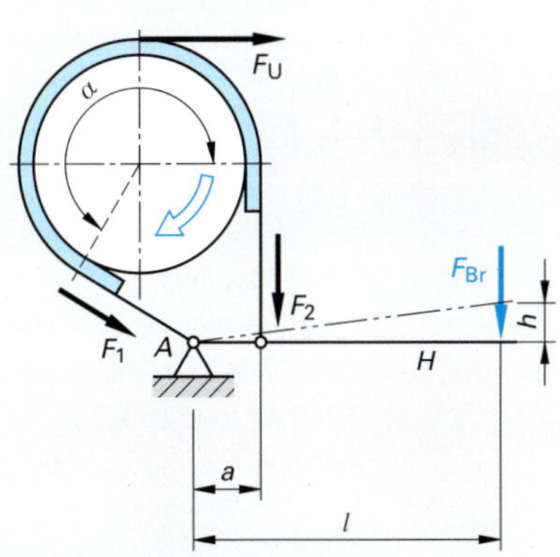

Bild 3: Bandbremse

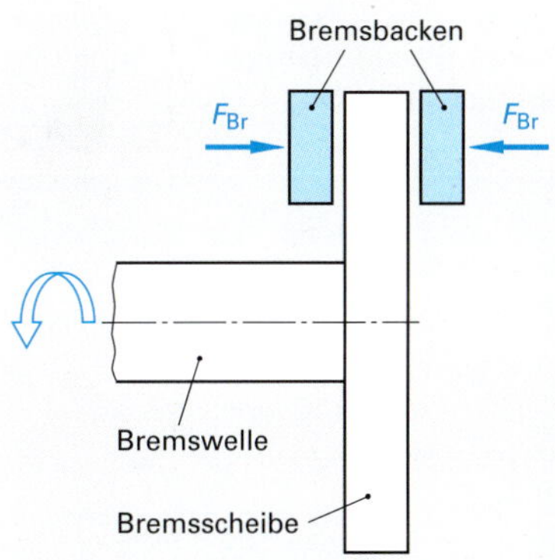

Bild 4: Scheibenbremse

Exemplarisch zeigt **Tabelle 1/284** die Kriterien bei der **einfachen Backenbremse.**

Tabelle 1: Einfache Backenbremse (→ **A1.7, A1.10**)

überhöhtes Hebellager D	**unterzogenes Hebellager D**	**tangentiales Hebellager D**
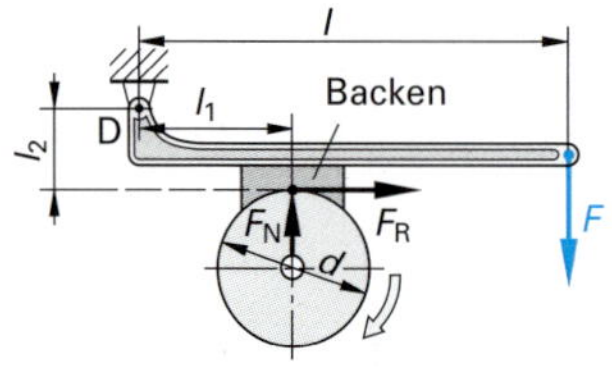	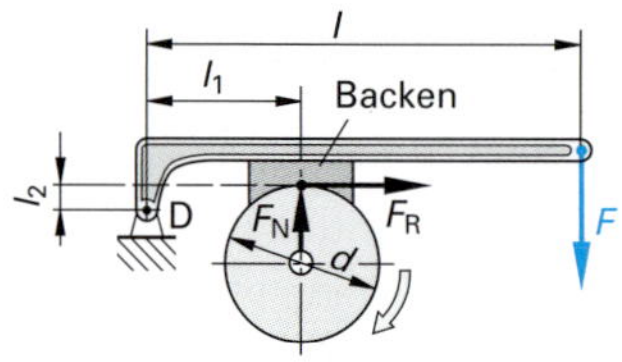	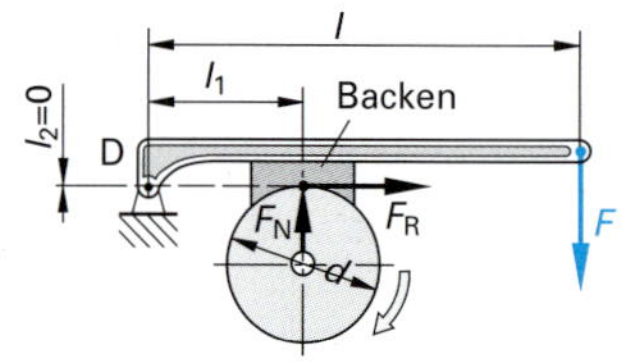
F_R bei Rechtslauf am Backen $\Sigma M_{d(D)} = 0$ liefert mit $F_R = \mu \cdot F_N$: $F_N \cdot l_1 + \mu \cdot F_N \cdot l_2 - F \cdot l = 0$ Somit: **Hebelkraft** $F = F_N \cdot \frac{l_1 \pm \mu \cdot l_2}{l}$ **1** ⊕ bei Rechtslauf ⊖ bei Linkslauf **Selbsthemmung** tritt bei **Linkslauf** ein mit $l_1 - \mu \cdot l_2 = 0$, **Selbsthemmungskriterium:** $l_1 \leq \mu \cdot l_2$ **4**	F_R bei Rechtslauf am Backen $\Sigma M_{d(D)} = 0$ liefert mit $F_R = \mu \cdot F_N$: $F_N \cdot l_1 - \mu \cdot F_N \cdot l_2 - F \cdot l = 0$ Somit: **Hebelkraft** $F = F_N \cdot \frac{l_1 \pm \mu \cdot l_2}{l}$ **2** ⊖ bei Rechtslauf ⊕ bei Linkslauf **Selbsthemmung** tritt bei **Rechtslauf** ein mit $l_1 - \mu \cdot l_2 = 0$, **Selbsthemmungskriterium:** $l_1 \leq \mu \cdot l_2$ **5**	F_R bei Rechtslauf am Backen $\Sigma M_{d(D)} = 0$ liefert mit $F_R = \mu \cdot F_N$: $F_N \cdot l_1 - F \cdot l = 0$ Somit: **Hebelkraft** $F = F_N \cdot \frac{l_1}{l}$ **3** unabhängig von Rechts- oder Linkslauf, d.h. **keine Selbsthemmung**

4.8 Unfallverhütung in der Fördertechnik

Fördereinrichtungen binden in der Regel sehr viel Betriebskapital. Deshalb versteht es sich von selbst, dass **Wartungsvorschriften** und **Betriebsanleitungen** des Herstellers sorgfältigst zu beachten sind. Dies hat auch große Auswirkungen auf die **Arbeitssicherheit.** Da von Fördereinrichtungen eine besondere Unfallgefahr ausgeht, werden nachfolgend Vorschriften zur Unfallverhütung der **Deutschen Gesetzlichen Unfallversicherung (DGUV)** aufgelistet. Die DGUV Vorschriften und Regeln lösten 2014 die alten berufsgenossenschaftlichen Vorschriften **„BGV"** und Regeln **„BGR"** ab. Unter der Internet-Adresse „www.dguv.de" können die Vorschriften und Regeln eingesehen werden.

- **DGUV Vorschrift 52** (BGV D6) **„Krane"**
- **DGUV Vorschrift 54** (BGV D8) **„Winden, Hub- und Zuggeräte"**
- **DGUV Vorschrift 68** (BGV D27) **„Flurförderfahrzeuge"**
- **DGUV Vorschrift 70** (BGV D29) **„Fahrzeuge"**
- **DGUV Vorschrift 73** (BGV D30) **„Schienenbahnen"**
- **DGUV Vorschrift 74** (BGV D31) **„Seilschwebebahnen und Schlepplifte"**
- **DGUV Regel 100-500** (BGR 500 Kapitel 2.9) **„Betreiben von Stetigförderern"**
- **DGUV Regel 100-500** (BGR 500 Kapitel 2.10) **„Betreiben von Hebebühnen"**

Wiederholung und Vertiefung

D92 Wie unterscheidet man die Faserseile? Nennen Sie Vor- und Nachteile.

D93 Wie ist mit beschädigten Tragelementen grundsätzlich zu verfahren?

D94 Was versteht man unter einer Litze?

D95 Unterscheiden Sie Gleichschlagseil und Kreuzschlagseil.

D96 Was versteht man unter einer Seilspleißung?

D97 Warum wird die Zähnezahl von Kettenrädern nach unten begrenzt?

D98 Wie werden die Gelenkketten unterschieden? Nennen Sie wichtige Normen der Gelenkketten.

D99 Was versteht man unter einer Kettennuss?

D100 Wie werden die Flaschenzüge unterschieden?

D101 Was ist bei der Paarung von Seiltrommel und Seil zu beachten?

D102 Welche Aufgabe hat eine Treibscheibe?

D103 Nennen Sie die Ihnen bekannten Lastaufnahmemittel.

D104 Welche Vorteile haben Ketten gegenüber Seilen?

D5 Werkzeugmaschinen

Werkzeugmaschinen besitzen an der Gesamtheit der industriellen Produktion als Produktionsmittel einen wesentlichen Anteil. Sowohl die **Qualität der gefertigten Produkte,** als auch die **Wirtschaftlichkeit der Produktion** hängt vom technischen Stand und der ständigen Weiterentwicklung der Werkzeugmaschinen ab.

Die Entwicklung der Werkzeugmaschinen lässt sich aus bildlichen und schriftlichen Überlieferungen sowie aus historischen Sammlungsgegenständen rekonstruieren. Mit dem Einsatz von Meißel und Schabewerkzeugen begann bereits in der Steinzeit der Einsatz von Werkzeugen. Aber erst im 8. Jahrhundert wurde die **Drehmaschine** in ihrer primitivsten Form eingesetzt. Als Antrieb diente hierbei ein Fiedelbogen. Die fußbetriebene Wippe stellte als Weiterentwicklung bis zum 15. Jahrhundert eine der wichtigsten Antriebsprinzipien dar. **Bild 1** zeigt einen Drechsler an einer Wippendrehbank.

Mit der Erfindung der Dampfmaschine (→ **C3.1**) wurden im 18. Jahrhundert die ersten leistungsfähigen Bohrmaschinen für die Metallbearbeitung entwickelt. Ende des 18. Jahrhunderts fand die erste **Bettdrehmaschine** ihren Einsatz. Die Entwicklung der wichtigsten Arten von Werkzeugmaschinen war Ende des 19. Jahrhunderts weitgehend abgeschlossen.

Mit der Erfindung des Gasmotors und wenig spater des 4-Takt-Motors (→ **C7.3.2**) in der Mitte des 19. Jahrhunderts wurde die Dampfmaschine als Maschinenantrieb abgelöst. Die Energie wurde nun von einer zentralen Arbeitsmaschine durch gewaltige **Transmissionsantriebe** zu den Werkzeugmaschinen in die Produktionsstätte geleitet. Erst durch die Erfindung des Drehstrommotors (→ **C8.2.2**) gegen Ende des 19. Jahrhunderts wurde die Transmission durch **Einzelantriebe** an den Maschinen abgelöst.

Bild 2 zeigt die Bearbeitung eines Werkstücks durch manuelles und maschinelles Drehen. Während bei der manuellen Fertigung der Drehmeißel von der Hand gehalten und geführt werden musste, war die Bearbeitung des Werkstücks durch die Mechanisierung der Arbeitsbewegung unabhängig von der Kraft und Geschicklichkeit des Drehers möglich.

Durch die schnell fortschreitende Entwicklung der Rechnertechnik fand in den zurückliegenden Jahren die **Automatisierung** der Arbeitsbewegungen ihren Einzug.

Mit der Weiterführung der Automatisierung besteht heutzutage die Möglichkeit zur Komplettbearbeitung des Werkstückes (→ **D5.2.3**).

Bild 1: Drehbank mit fußbetriebenem Wippantrieb

Bild 2: Manuelles und maschinelles Drehen

5.1 Einteilung der Werkzeugmaschinen nach den Fertigungsverfahren

Durch die Vielfalt der fertigungstechnischen Probleme hat sich ein breites Spektrum an unterschiedlichen Werkzeugmaschinen herausgebildet. Es bestand daher die Forderung nach einer systematischen Gliederung der Werkzeugmaschinen, die eine Einteilung der Maschinen und Anlagen nach den **Fertigungsverfahren** (DIN 8580) mit sich zog.

Bild 1 zeigt die Einordnung der Werkzeugmaschinen für die Metallbearbeitung. Eine Werkzeugmaschine wird hierbei als eine **mechanisierte oder automatisierte Fertigungseinrichtung** betrachtet, mit der eine vorgegebene Form oder eine Veränderung am Werkstück erzeugt wird. Dieser Vorgang erfolgt durch eine **relative Bewegung zwischen Werkzeug und Werkstück.**

Der Begriff der Werkzeugmaschine beschränkt sich weitgehend auf die Fertigungsverfahren **Umformen, Trennen** und **Fügen.**

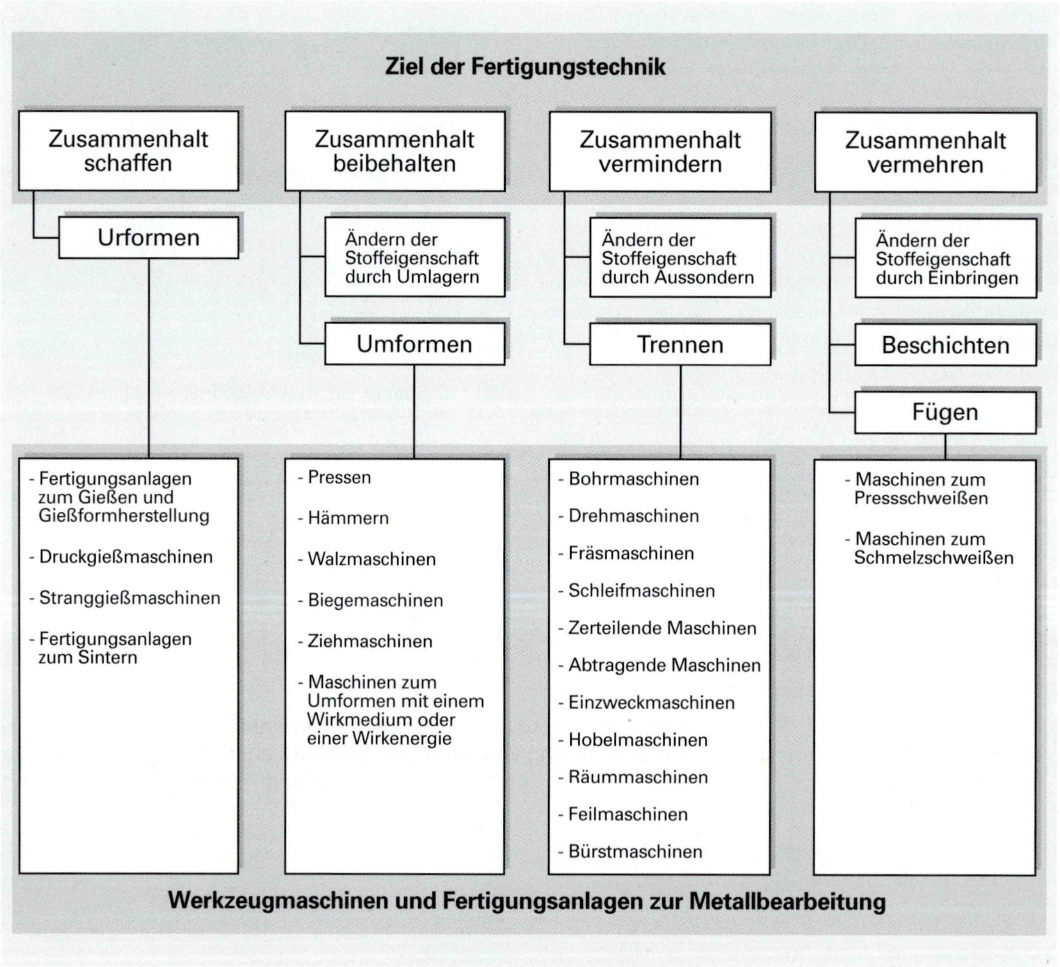

Bild 1: Gliederung der Werkzeugmaschinen nach den Fertigungsverfahren

Fertigungsanlagen zum **Urformen, Beschichten** oder zur **Änderung der Stoffeigenschaften** (z. B. Vergüten, Einsatzhärten, Aufkohlen u. a.) werden nicht der Gruppe der Werkzeugmaschinen zugeordnet. Aus Gründen des Überblicks werden aber in diesem Buch neben den Werkzeugmaschinen die urformenden Maschinen und Anlagen betrachtet.

5.2 Automatisierung von Werkzeugmaschinen

Ziel des Einsatzes von Werkzeugmaschinen ist die Steigerung der Produktivität, Flexibilität sowie der Wirtschaftlichkeit bei der geforderten Fertigungsqualität. Dieses Ziel wurde im Wesentlichen durch die Automatisierung der Werkzeugmaschinen erreicht.

Die ersten **automatisierten Werkzeugmaschinen** wurden mit **mechanischen Ablaufsteuerungen** ausgerüstet. Die einzelnen Bewegungen an der Maschine wurden hierbei mit Hebeln, Nocken oder **Kurvenscheiben** gesteuert. Dieses Verfahren wird heute noch bei **Drehautomaten** eingesetzt. Der in **Bild 1** gezeigte Drehautomat bewegt seinen **Revolverschlitten** für die **Längsbewegung.** Zwei **Planschlitten** führen die **Querbewegung** der jeweiligen Arbeitsgänge aus.

Die mechanische Steuerung des Drehautomaten erfolgt über mehrere der dargestellten Kurvenscheiben. Mit einer Kurvenscheibe werden bestimmte Informationen zur **Geometrie des Werkstücks** gespeichert.

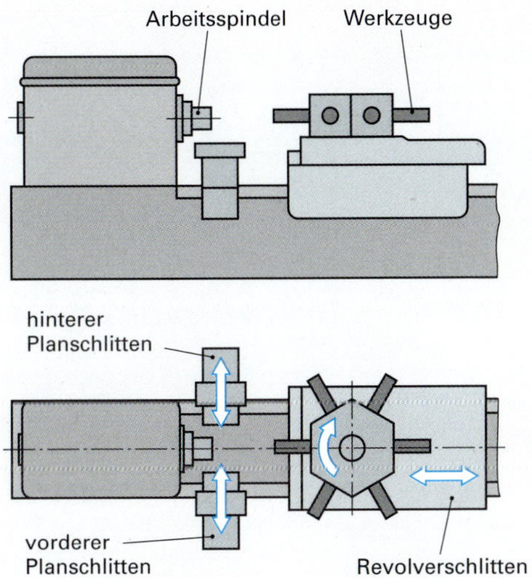

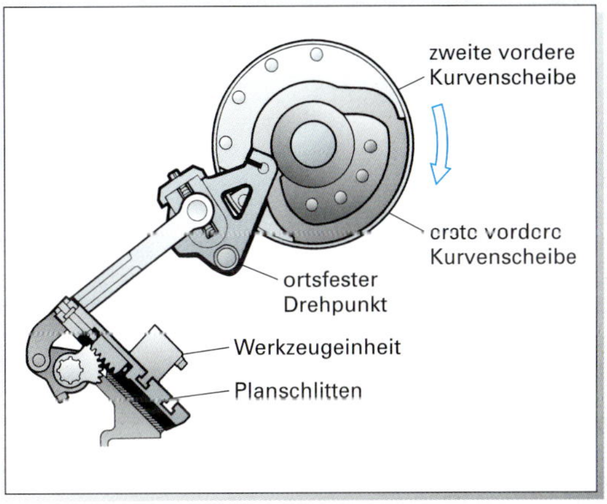

Bild 1: Drehautomat mit kurvenscheibengesteuertem Plan- und Revolverschlitten

Mit der weiteren Entwicklung der automatisierten Werkzeugmaschinen kamen **hydraulische Nachformeinrichtungen,** insbesondere bei Fräsmaschinen zum Einsatz. Die auch als **Kopierfräsmaschinen** bezeichneten Maschinen ermöglichten eine wirtschaftliche Fertigung komplexer Formen.

1953 wurden in den USA die ersten **numerisch gesteuerten Werkzeugmaschinen** für die Produktion eingesetzt. Mit der schnell fortschreitenden Entwicklung von **Mikroprozessoren** stehen heute leistungsfähige **CNC-Werkzeugmaschinen** zur Verfügung, die im gesamten Datennetz des Produktionsbetriebes integriert werden können (Computer Numerical Control, CNC).

5.2.1 Technische Merkmale automatisierter Werkzeugmaschinen

Automatisierte Werkzeugmaschinen sind je nach Bearbeitungsaufgabe unterschiedlich aufgebaut. Vergleicht man die verschiedenen Maschinentypen, so lassen sich die wichtigsten Merkmale anhand ihrer Funktionen aufführen. Betrachtet man die Werkzeugmaschine als System, so können für die meisten automatisierten Werkzeugmaschinen folgende Funktionseinheiten genannt werden:

Hauptantriebseinheit

Die Hauptantriebseinheit wandelt elektrische Energie (→ **A12.1**) in mechanische Energie (→ **A1.11**) um und stellt somit Bewegungsenergie (→ **A1.11**) für die Hauptarbeitsbewegung zur Verfügung. Diese Bewegung wird bei allen **spanenden Werkzeugmaschinen** durch die **Drehbewegung** (→ **A1.15**) der Arbeitsspindel ausgeführt. Bei **Pressen** und **Stoßmaschinen** sind es **lineare Bewegungen** des Stößels und bei Hobelmaschinen sind es lineare Bewegungen des Tisches. Die Hauptantriebseinheit besteht je nach Maschinentyp aus einem Elektromotor oder einem Hydraulikmotor. Bei spanenden automatisierten Werkzeugmaschinen werden für den Hauptantrieb Gleichstrommotoren (→ **C8.2.1**) oder Drehstrom-Servomotoren (→ **C8.2.2**) eingesetzt. Die Hauptantriebseinheit der in **Bild 1** gezeigten CNC-Schrägbettdrehmaschine befindet sich unterhalb der Arbeitsspindel.

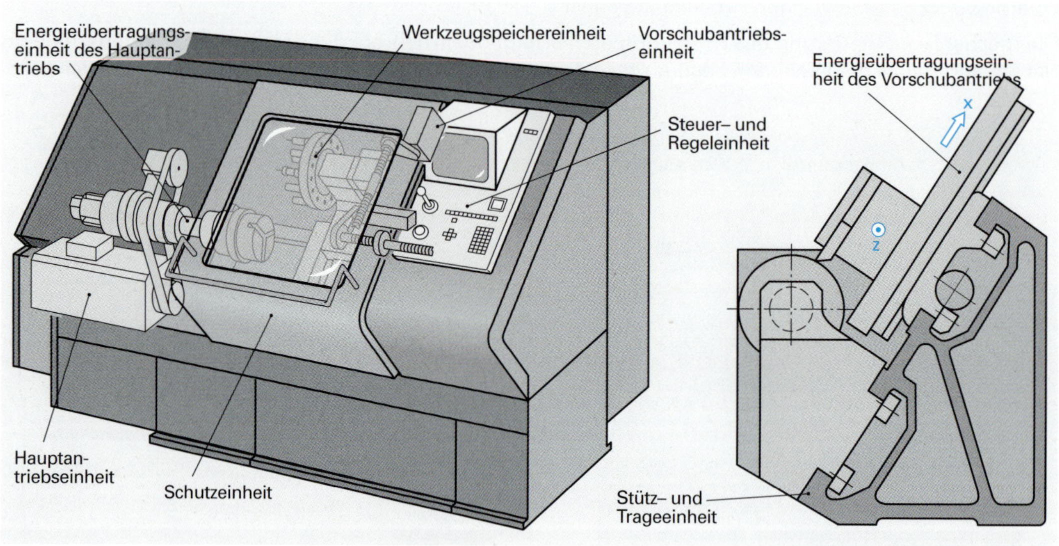

Bild 1: Funktionseinheiten einer CNC-Drehmaschine

Energieübertragungseinheit des Hauptantriebes

Die Energieübertragungseinheit des Hauptantriebes überträgt die mit dem Hauptantriebsmotor erzeugte Drehbewegung (→ **A1.14**) als Arbeitsbewegung an das Werkstück. Die Energieübertragung vom Hauptantrieb zum Werkstück erfolgt bei der in **Bild 1** aufgeführten CNC-Maschine über einen Riementrieb (→ **A1.14**) und die **Arbeitsspindel.** Durch den Einsatz des Riementriebes werden sowohl Schwingungsübertragungen als auch Wärmeeinflüsse vom Motor auf das Werkstück vermieden. Die Arbeitsspindel sorgt für die Übertragung des Drehmoments auf das Werkstück.

Vorschubantriebseinheit

Mit der Vorschubantriebseinheit wird anhand der vorgegebenen Bewegungsanweisungen in Verbindung mit den Werkzeugen die **Werkstückkontur** erzeugt. Daher werden insbesondere an die Vorschubmotoren hohe Anforderungen gestellt, die als **Stellglieder im Regelkreis der Werkzeugmaschine** die Bearbeitungsqualität wesentlich beeinflussen. Zur Erzeugung der Vorschubbewegung können wie beim Hauptantrieb Hydraulikmotoren oder Elektromotoren eingesetzt werden. Es lassen sich mit diesen Vorschubmotoren Geschwindigkeiten (→ **A1.2**; **A1.14**) vom kleinsten Vorschub bis zu hohen Eilgangsgeschwindigkeiten verwirklichen. Als Vorschubmotor wird für die in **Bild 1** gezeigte Werkzeugmaschine ein Gleichstromservomotor eingesetzt. Für jede Bewegungsrichtung wird ein separater Vorschubmotor benötigt.

Energieübertragungseinheit des Vorschubantriebes

Die Energieübertragungseinheit des Vorschubantriebes überträgt die mit dem Vorschubmotor erzeugte Drehbewegung als lineare Vorschubbewegung an das Werkzeug. Zur Übertragung dieser Bewegung werden bei automatisierten Werkzeugmaschinen Kupplungen, **Spindel-Mutter-Systeme** mit entsprechender Lagerung, Längs- und Querschlitten mit den zugehörigen Führungseinheiten sowie **Spanneinheiten** eingesetzt.

Die Aufgabe des Spindel-Mutter-Systems besteht in der Umwandlung der Drehbewegung in die lineare Vorschubbewegung. Bei der in **Bild 1/288** dargestellten CNC-Drehmaschine besitzt das Spindel-Mutter-System eine nahezu spielfreie Vorschubbewegung durch den Einsatz von Kugelumlaufspindeln.

Stütz- und Trageeinheit

Die Stütz- und Trageeinheit bildet den Grundkörper der Werkzeugmaschinen. Sie dient zur Aufnahme der einzelnen Bau- und Funktionselemente der Maschine. Bei der in **Bild 1/288** vorgestellten CNC-Drehmaschine wird als Grundkörper ein **Schrägbett** eingesetzt. Die Werkzeuge sind bei dieser Maschinenform hinter der Drehmitte angeordnet, sodass die **Bearbeitungsspäne** nicht auf das Werkzeug fallen. Durch die Schrägbettbauweise können die Bearbeitungsspäne direkt abgeführt werden. Es wird somit eine Wärmeübertragung (→ **C2.4.1**) der Späne auf das Werkzeug und auf den Grundkörper vermieden.

Steuer- und Regeleinheit

Die Steuer- und Regeleinheit der automatisierten Werkzeugmaschine besteht aus einer Vielzahl von Bauteilen und Baugruppen, deren Zusammenwirken durch das Betriebssystem eines Rechners unterstützt wird.

Die Steuerung ist das Bindeglied zwischen Mensch und Werkzeugmaschine.

Die Kommunikation mit der Steuerung wird über entsprechende **Schnittstellen** ermöglicht. Wie in **Bild 1/288** zu erkennen ist, besteht die Schnittstelle zum Menschen aus dem **Bedienerpult**. Die wichtigsten Bauteile der Regeleinheit sind die **Wegmesssysteme**. In CNC-Werkzeugmaschinen kommen fast ausschließlich **inkrementale Wegmesssysteme** zum Einsatz. Hierbei wird der Weg durch das Auszählen von Hell- und Dunkelfeldern auf einem Maßstab ermittelt. Beim Anschalten der Maschine ist der Steuerung die augenblickliche Position des Schlittens nicht bekannt. Erst durch das Anfahren eines **Referenzpunktes** wird die Position des Schlittens festgelegt. Zusätzlich besitzt die gezeigte CNC-Drehmaschine Anschlüsse für eine **externe Datenübertragung.**

Führungseinheit

Mit der Führungseinheit wird die lineare Bewegung der Werkzeuge oder Werkstücke in den jeweiligen Bearbeitungsachsen ermöglicht **(Bild 1/288).** Zur Erzielung der geforderten Werkstückkontur muss die Führung mit einem sehr geringen Spiel ausgestattet sein, das sich bei größerer Erwärmung nur geringfügig vergrößern darf. Führungen brauchen eine ausreichende Steifigkeit und **Schwingungsdämpfung,** damit die auftretenden Bearbeitungskräfte entsprechend aufgenommen werden. Die Reibung (→ **A1.10**) zwischen den Führungsflächen sollte möglichst gering sein, und die Führung sollte so gebaut sein, dass die Späne und der Schmutz die genaue Bewegung des Schlittens nicht behindern.

Werkzeugspeichereinheit

Die Werkzeugspeichereinheit besteht aus einem beweglichen oder einem stationären Werkzeugmagazin. Je nach **Werkzeugmagazin** sind zusätzliche Handhabungs- oder Greifersysteme zur Zuführung des Werkzeuges an die Werkzeugaufnahme notwendig. Das in **Bild 1/288** eingesetzte Werkzeugmagazin der CNC-Drehmaschine wird als **Revolvermagazin** bezeichnet. Diese Werkzeugmagazinierung benötigt keine weitere Zuführungseinrichtung. Werkzeuge für CNC-Fräsmaschinen und Bearbeitungszentren werden z. B. in **Kettenmagazinen** gespeichert. Die Zuführung des Werkzeuges zur Aufnahme erfolgt hierbei über **Greifersysteme.** Größere Werkzeugmaschinen sind oftmals mit stationären Werkzeugmagazinen verbunden. Hierbei wird das Werkzeug auf fest stehenden Paletten oder Leisten gespeichert und von Handhabungsgeräten in die Werkzeugaufnahme eingesetzt.

Temperierungseinheit

Die Temperierungseinheit dient zur Zuführung von **Kühlschmierstoffen** an das im Einsatz befindliche Werkzeug. Die verwendeten Kühlschmierstoffe sollen hierbei die entstandene Wärme ableiten, sowie die auftretende Reibung zwischen Werkstück und Werkzeug verringern. Spanende CNC-Maschinen können aufgrund ihres Aufbaus wesentlich größere **Zeitspanungsvolumina** als konventionelle Maschinen erreichen. Die entsprechend höhere Belastung der Werkzeuge erfordert vielfach eine sehr große Menge an zugeführtem Kühlwasser.

Schutzeinheit

Die Schutzeinheit dient zum Schutz des Maschinenbedieners und der CNC-Maschinen **(Bild 1/288).** Durch Verkapselung einer Werkzeugmaschine wird der Maschinenbediener vor beweglichen Maschinenteilen sowie dem Austreten von Spänen und Kühlschmierstoff geschützt. Sicherheitsschalter, z. B. an einer Schiebetür, verhindern das Arbeiten an der Maschine bei offener Tür. Zum Einrichten der Maschine kann die **Sicherheitsverriegelung** z. B. durch einen Fußschalter außer Betrieb gesetzt werden. Größere Maschinen und Fertigungsanlagen werden neben der Verkapselung der einzelnen Maschinen auch noch mit **Schutzgittern** ausgerüstet. Für den Schutz und somit den Werteerhalt der Maschine sind mechanische und elektronische Sicherheitseinrichtungen vorgesehen. So können z.B. Grenztaster der jeweiligen Wegmesssysteme das gewaltsame Auffahren der Maschinenschlitten verhindern. Mechanische **Überlastschutzeinheiten** verhindern die Übertragung zu großer Drehmomente (→ **A1.7**) auf die Antriebseinheit.

5.2.2 Steuern und Regeln von CNC-Werkzeugmaschinen

Die Bearbeitung von Werkstücken auf CNC-Werkzeugmaschinen wird mittels **CNC-Programmen** durchgeführt. Für die Eingabe der CNC-Programme werden unterschiedliche Möglichkeiten genutzt. Während bei älteren CNC-Maschinen das CNC-Programm in die Steuerung über **Lochstreifen** oder **Magnetband-Kassetten** eingegeben wird, kann bei neueren CNC-Maschinen das CNC-Programm direkt über **Datenleitungen** z. B. von der Konstruktionsabteilung zur jeweiligen Maschine übermittelt werden.

Bei allen CNC-Maschinen besteht die Möglichkeit, CNC-Programme per Hand zu verändern oder vollständig neu einzugeben.

Das **Betriebssystem** der CNC-Steuerung ermöglicht das Zusammenwirken der Komponenten der Steuerung, sowie der Kommunikation mit Bediener und Werkzeugmaschine. Die Kommunikation des Bedieners erfolgt über **Menüs,** die über Funktionstasten angewählt werden. Je nach CNC-Steuerung gibt es verschiedene **PC-ähnliche Benutzeroberflächen (Bild 1).**

Die Eingabe von CNC-Programmen wird durch grafische Darstellungen unterstützt. Die CNC-Steuerung berechnet nicht nur alle notwendigen Werte für die **Verfahrbewegungen,** sondern überwacht u. a. auch den Arbeitsraum, führt Kollisionsbetrachtungen und automatische **Werkzeugverschleißkorrekturen** durch. Die hierfür notwendigen Informationen werden im Werkzeugspeicher der CNC-Steuerung abgelegt.

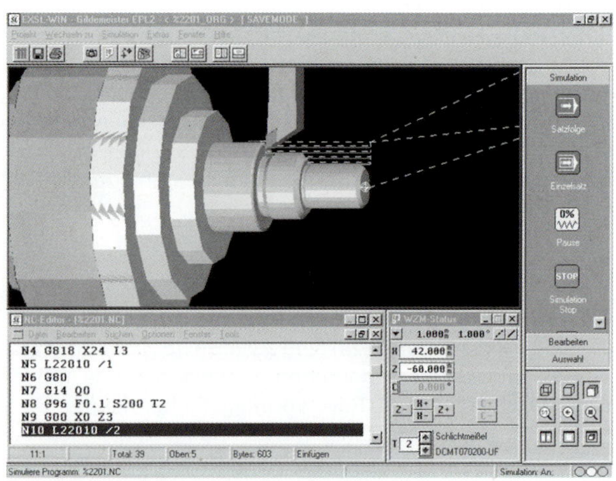

Bild 1: Benutzeroberfläche zur CNC-Programmierung

Der nutzbare Befehlsumfang, komfortable Zusatzfunktionen sowie die Möglichkeit der **Dialogprogrammierung** sind wesentliche Qualitätsmerkmale einer modernen Steuerung.

Die eingegebenen Informationen aus dem CNC-Programm und die zusätzlich eingegebenen Daten werden in der CNC-Steuerung dekodiert und nach **geometrischen und technologischen Daten** getrennt weiterverarbeitet. Die geometrischen Daten enthalten alle Angaben über die zu verfahrenden Werkzeugwege, aus denen schließlich die gewünschte Geometrie des Werkstücks entsteht.

Technologische Informationen sind die **Schaltfunktionen** für z. B. der Vorschubgeschwindigkeit, der Spindeldrehzahl, dem Werkzeugwechsel oder der Kühlschmiermittelzu- und -abschaltung. Die Schaltfunktionen gelangen als Schaltbefehl an die **Anpasssteuerung der CNC-Maschine.** Die Anpasssteuerung verknüpft die von der CNC-Maschine kommenden Rückmeldungen mit den **Schaltbefehlen** und übermittelt hieraus **Steuerbefehle** an die zu schaltenden Aggregate der Maschine. Die Verknüpfung besteht zum größten Teil aus Verriegelungs- bzw. Sicherheitsschaltungen, damit **widersprüchliche Befehle** nicht ausgelöst werden.

Die Programmierung der zu erzeugenden Kontur wird durch die Angabe von **Koordinaten** der jeweiligen **Konturpunkte** des Werkstücks durchgeführt. Die Punkte zwischen den Konturpunkten werden, falls erforderlich, aufgrund der Eingabe von Wegbefehlen durch die Steuerung interpoliert. Je nach Verlauf und Komplexität der Bewegung zwischen den Konturpunkten unterscheidet man zwischen **Punkt-, Strecken- und Bahnsteuerung.**

Die **Punktsteuerung** wird für einfache Positioniervorgänge eingesetzt.

Bild 1 verdeutlicht das Positionieren des Werkzeugs in Bezug zum Werkstück. Der Weg von einem Positionspunkt zum nächsten wird in möglichst kurzer Zeit zurückgelegt und kann auch je nach CNC-Maschine geradlinig oder kurvenförmig ausfallen. Hierzu werden alle beteiligten **Maschinenachsen** gleichzeitig mit der maximal eingestellten Geschwindigkeit verfahren und bei Erreichen des jeweiligen Zielpunktes gestoppt. Ist in allen **Maschinenachsen** der **Positionssollwert** erreicht, kann die Werkstückbearbeitung beginnen.

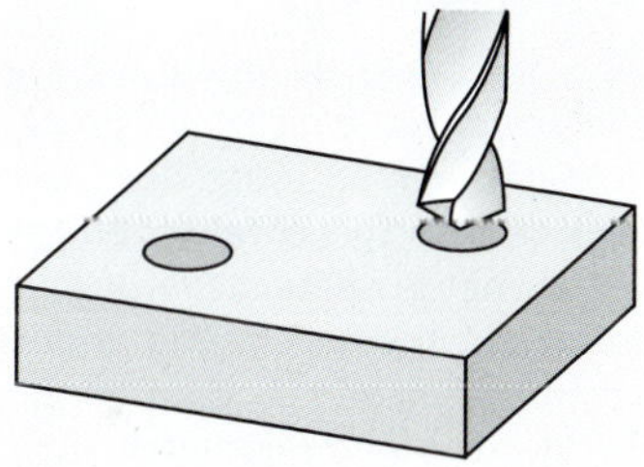

Bild 1: Punktsteuerung

Punktsteuerungen werden z. B. bei **Bohrmaschinen, Stanzmaschinen, Verdrahtungsmaschinen** oder in **Punktschweißanlagen** eingesetzt.

Bei der **Streckensteuerung** wird der Endpunkt einer Bearbeitungsstrecke auf einem geradlinigen achsparallelen Weg angefahren, wobei das Werkzeug beim Verfahren im Eingriff sein kann. Das Werkzeug kann nur mit jeweils einer Achse der Maschine bewegt werden.

Bei einer einfachen Streckensteuerung wird jeweils nur eine **Bearbeitungsachse** angesteuert. Deshalb ist es mit der einfachen Streckensteuerung nur möglich, **achsparallele Verfahrbewegungen** im Arbeitsvorschub zu erzeugen. Mit einer erweiterten Streckensteuerung können beliebige Geraden verfahren werden **(Bild 2).**

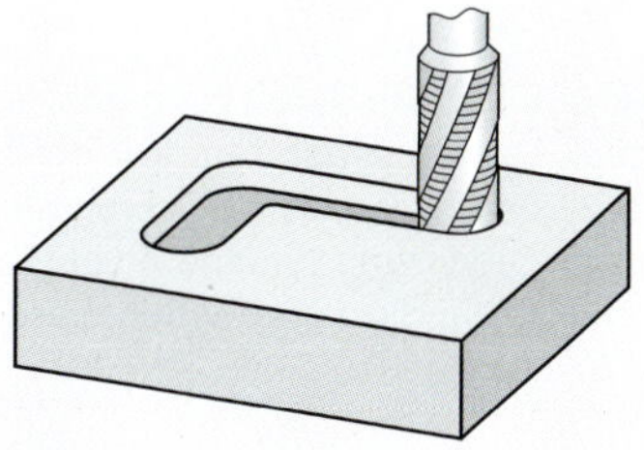

Bild 2: Streckensteuerung

Einfache Streckensteuerungen verwendet man u.a. bei aufgerüsteten konventionellen **Dreh- und Fräsmaschinen, Nutenfräsmaschinen** und **Montagegeräten.** Erweiterte Streckensteuerungen werden für einfache **CNC-Drehmaschinen** und **CNC-Fräsmaschinen** eingesetzt.

Die **Bahnsteuerung** ermöglicht Werkzeug- und Tischbewegungen nach beliebig vorgegebenen Konturen. Dafür werden mindestens zwei Achsantriebe funktional aufeinander angesteuert.

Je nach Anzahl der gleichzeitig und unabhängig voneinander steuerbaren Achsen wird bei Bahnsteuerungen zwischen **2D-, 2½D-, 3D- und mehrachsigen Steuerungen** unterschieden:

2D-Bahnsteuerung

Bei einer 2D-Bahnsteuerung sind zwei gleichzeitig steuerbare Achsen festgelegt **(Bild 1).** Besitzt die Maschine eine dritte Achse, so kann diese nur unabhängig von den beiden anderen gesteuert werden. So wird z. B. bei der CNC-Fräsmaschine das Werkzeug in seiner dritten Achse lediglich auf einen festen Wert zugestellt, während mit den zwei steuerbaren Achsen die Werkstückkontur bearbeitet wird. Die 2D-Bahnsteuerung wird für Drehmaschinen verwendet, die keine angetriebenen Werkzeuge im Revolver und keinen **Winkelschrittgeber** für die Hauptantriebsspindel besitzen. Die Steuerungsart wird ebenso in CNC-gesteuerten **Außenrundschleifmaschinen** und einfachen **CNC-Fräsmaschinen** eingesetzt.

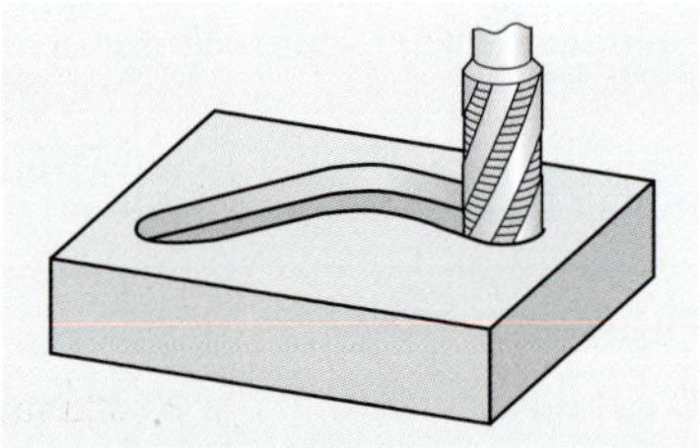

Bild 1: 2D-Bahnsteuerung

2½D-Bahnsteuerung

Mit einer 2½D-Bahnsteuerung kann der Bediener wählen, welche beiden Achsen gleichzeitig gesteuert werden sollen **(Bild 2).** Zum Programmanfang muss der Steuerung mitgeteilt werden, welche beiden Achsen gleichzeitig benutzt werden. Die dritte Achse ist dann, wie bei der 2D-Bahnsteuerung, lediglich für die **Zustellbewegung** einsetzbar. Die gleichzeitig angesteuerten Achsen bauen eine **Bearbeitungsebene** auf. Die Ebenenauswahl der Achsen X–Y erfolgt über den Programmierbefehl G17, der Achsen Z–X über den Befehl G18 und der Achsen Y–Z über den Befehl G19. Die 2½D-Bahnsteuerung wird für CNC-gesteuerte Universalfräsmaschinen eingesetzt. Bei diesen Maschinen verfügt der Bediener über die Möglichkeit, den Vertikalfräskopf mit seiner senkrecht liegenden Arbeitsspindel abzubauen und das Werkzeug direkt in die Aufnahme der horizontal liegenden Arbeitsspindel einzuspannen. Entsprechend müssen bei diesem Vorgang die **Bearbeitungsebenen** gewechselt werden.

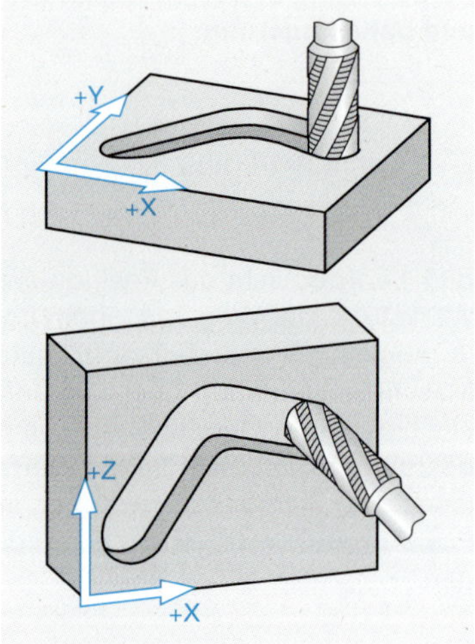

Bild 2: 2½D-Bahnsteuerung

3D-Bahnsteuerung

Die 3D-Bahnsteuerung ermöglicht das gleichzeitige Steuern von drei Achsen **(Bild 3).** Damit kann das Werkzeug relativ einfach zum Werkstück auf beliebigen räumlichen Bahnen geführt werden. 3D-Bahnsteuerungen werden bei **Fräsmaschinen** angewandt. Der Einsatz dieser Steuerung kann heute bei komplexen CNC-Werkzeugmaschinen als Standard angesehen werden.

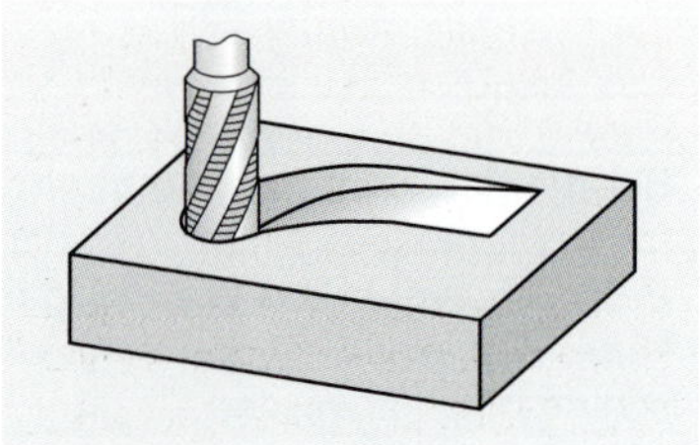

Bild 3: 3D-Bahnsteuerung

Bei der **mehrachsigen Bahnsteuerung** werden neben den drei Maschinenachsen auch rotatorische Achsen durch die Steuerung gleichzeitig angesprochen.

So wird z. B. bei der 5-Achsen-Bahnsteuerung einer Fräsmaschine eine **rotatorische Achse** für die Bewegung des Schwenkkopfes benötigt. Hierdurch wird das Werkzeug unter einer bestimmten Richtung zum Werkstück in Eingriff gebracht. Eine zweite rotatorische Achse steuert bei dieser Maschine den aufgesetzten Drehtisch an. Mit einer so gesteuerten Maschine ist es möglich, Bohrungen unter beliebigen räumlichen

Richtungen auszuführen oder komplizierte Konturen z. B. mit einem **Messerkopf** herzustellen. Mehrachsige Bahnsteuerungen setzt man vor allem bei Fräsmaschinen ein, mit denen entsprechende **Freiformflächen** erzeugt werden müssen, wie z. B. Flächen an Schmiedegesenken oder Gießformen.

Neueste CNC-Steuerungen verwalten bis zu 30 Achsen gleichzeitig. Durch eine **mehrkanalige Auslegung der Steuerung** können unterschiedliche Gruppen von Achsen unterschiedliche Bewegungen ausführen. Jeder Kanal repräsentiert dabei eine eigenständige CNC-Steuerung mit mehreren Achsen und einem eigenen CNC-Programm, Decodierung, Satzaufbereitung und Interpolation. Die Programme der einzelnen Kanäle können parallel bearbeitet werden. Eingesetzt werden diese CNC-Steuerungen z. B. in flexiblen selbstrüstenden **Fertigungszellen.** Die zunehmende Anwendung **computerunterstützter Fertigung** setzt voraus, dass die CNC-Steuerungen mehrere **Schnittstellen** zu weiteren rechnergestützten Systemen aufweisen. Nachfolgend sind beispielsweise sechs **Schnittstellen einer modernen CNC-Steuerung** aufgeführt:

- Schnittstelle für die CNC-Programmübertragung (Leser, USB, Magnetband, DNC)
- Schnittstelle für die Verbindung der CNC-Bedienereinheit mit übergeordneten Zellen- oder Betriebsrechnern
- Schnittstelle zur Ferndiagnose über weltweite Datennetze
- DNC-Schnittstelle zur Steuerung der Werkzeugüberwachung und der Werkzeugvoreinstellungen
- Schnittstelle zur Übertragung von Messwerten, die z. B. zur Dokumentation der Werkstückqualität einsetzbar ist
- Schnittstelle zur Kommunikation über lokale (LAN) und weltweite (WAN) Netzwerke mit hoher Datenübertragungsgeschwindigkeit

Mit dem Einsatz von CNC-Maschinen ist für jeden Betrieb individuell zu prüfen, ob die technischen, wirtschaftlichen und personellen Voraussetzungen gegeben sind.

5.2.3 Automatisierung und Flexibilität

Die zunehmende **Automatisierung** der Werkzeugmaschinen eröffnet die Möglichkeit zu einer Erweiterung und Verkettung unterschiedlicher Maschinen zu einer **flexiblen Fertigungsanlage.** Der Grundbaustein einer flexiblen Fertigungsanlage ist die CNC-Werkzeugmaschine und das **Bearbeitungszentrum**. Im Unterschied zur CNC-Drehmaschine können auf dem Bearbeitungszentrum (BAZ) mehrere Fertigungsverfahren (z. B. Drehen und Fräsen) ausgeführt werden. Eine weitere Automatisierung der flexiblen Fertigungsanlagen soll zur Steigerung der Produktivität führen. Dieses Ziel wird jedoch nur dann erreicht, wenn mit dem Auftrag eine entsprechend große **Stückzahl** an Teilen zu produzieren ist. Wie in **Bild 1** zu erkennen ist, führt die zunehmende Automatisierung zu einer Abnahme der Flexibilität, da kleinere Aufträge aufgrund des hohen Steuerungs- und Rüstaufwandes unwirtschaftlich sind.

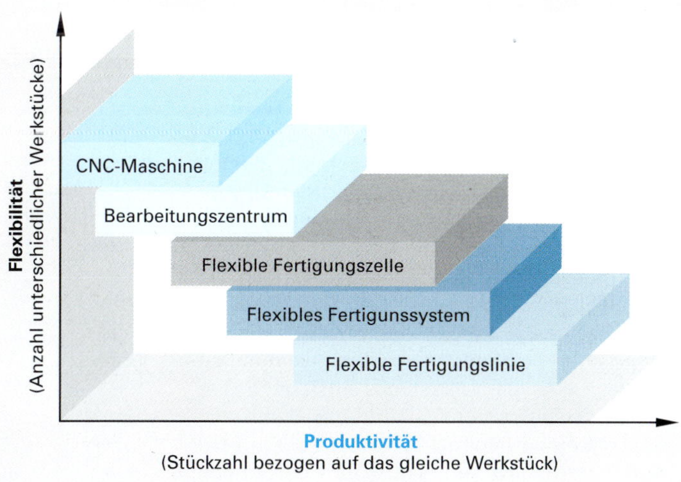

Bild 1: Flexibilität und Produktivität von Fertigungsanlagen

Die in **Bild 1** skizzierte **flexible Fertigungszelle** stellt die niedrigste Stufe einer flexiblen Fertigungsanlage dar. Durch die Erweiterung der NC-Maschine oder des Bearbeitungszentrums mit einem **Werkstückspeicher,** einem **Transportsystem** (→ **D4.4.3**) und einer **Werkstückwechselstation** wird eine flexible Fertigungszelle gebildet. Mit der flexiblen Fertigungszelle können mehrere Fertigungsverfahren zur Herstellung eines Werkstücks in einer Aufspannung ausgeführt werden. Mithilfe von flexiblen Fertigungszellen kann eine Komplettbearbeitung von Werkstücken erfolgen.

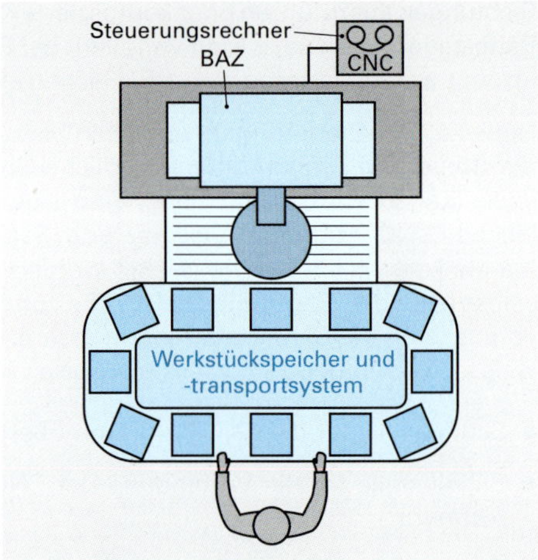

Bild 1: Flexible Fertigungszelle

Flexible Fertigungszellen werden hauptsächlich in der Klein- und Mittelserienfertigung bei verschiedenartigen Einzelteilen eingesetzt.

Das **flexible Fertigungssystem** ist durch eine hohe Stufe der Automatisierung gekennzeichnet **(Bild 2).** Es umfasst eine **Verkettung mehrerer NC-Maschinen, Bearbeitungszentren oder flexibler Fertigungszellen.** Hierbei erfolgt der Werkstücktransport zwischen den Bearbeitungsstationen gesteuert durch einen übergreifenden **Leitrechner.** Die zu fertigenden Werkstücke können auf den unterschiedlichsten Bearbeitungsstationen angefahren werden. Der Werkstücktransport zwischen den Bearbeitungsstationen wird mit einem **automatisierten Transportsystem** (→ **D4.4.3**) geregelt, das über einen zentralen Leitrechner angesprochen wird. Je nachdem, an welcher Bearbeitungsstation sich das Werkstück befindet, erhalten die Bearbeitungsstationen über den zentralen Leitrechner Informationen, wann die Bearbeitung des Werkstückes stattfinden soll. Weitere Bestandteile eines flexiblen Fertigungssystems sind die automatisierten Werkzeug- und Werkstücklager, die ebenso wie das Transportsystem über einen Leitrechner integriert sind. Anwendungen finden sich u.a. für variantenreiche Kleinserien in der Fahrzeugindustrie.

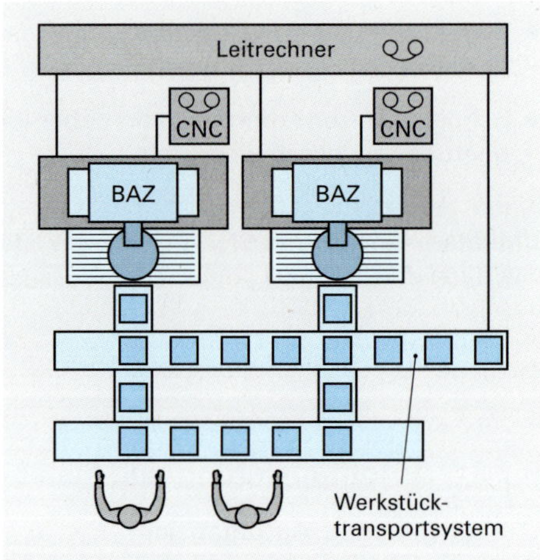

Bild 2: Flexibles Fertigungssystem

Für die Bearbeitung **fertigungsähnlicher Werkstücke** in sehr großen Stückzahlen, die einen hohen Fertigungsaufwand erfordern, können **flexible Fertigungslinien** eingesetzt werden **(Bild 3).** Hierbei werden die **Bearbeitungsstationen in einer festgelegten Reihenfolge** aufgestellt. Die Werkstücke müssen alle Bearbeitungsstationen der **Fertigungslinie** durchlaufen. Der Durchlauf der Fertigungsaufträge ist getaktet, sodass zwischen den einzelnen Bearbeitungsstationen kein ablaufbedingtes Liegen der Werkstücke entsteht. Die **Fertigungsdurchlaufzeit** eines Auftrages durch eine **Fließfertigung** ist minimal, denn mit jedem Fertigungsfortschritt ist ein Transport verbunden, sodass die Bearbeitungszeit der Durchlaufzeit entspricht. Ein Leitrechner ist nicht erforderlich. Flexible Fertigungslinien findet man vor allem in der **Massenfertigung.**

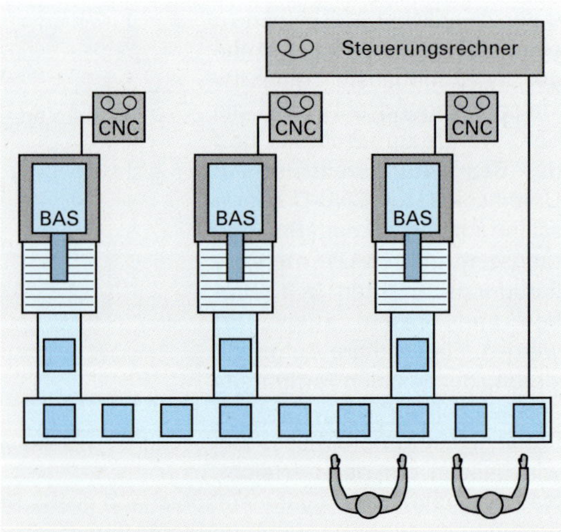

Bild 3: Flexible Fertigungslinie

5.3 Urformende Maschinen und Anlagen

Anlagen und Maschinen zum Urformen gehören nicht zu der Gruppe der Werkzeugmaschinen, da keine Werkzeuge, sondern **Formen** zur Herstellung eines Werkstücks eingesetzt werden.

Der Aufbau der Maschinen zum Urformen besitzt aber einige Gemeinsamkeiten zu dem Aufbau der Werkzeugmaschinen. Aus Gründen des Überblicks werden daher einige „urformende Maschinen und Anlagen" vorgestellt.

5.3.1 Fertigungsmaschinen zur Gießformherstellung

Das **Gießen** von Werkstücken erfolgt über Formen, die ein negatives Abbild des Werkstücks wiedergeben. Die **Formherstellung** wird je nach **Gießverfahren** über **Dauermodelle** oder **verlorene Modelle** durchgeführt. Die Modelle bilden den Hohlraum in der **Form,** die aus Sand oder Keramik besteht. Damit das Dauermodell aus der Form entnommen werden kann, wird die Form zweigeteilt. Sollen im Werkstück Hohlräume entstehen, so müssen nach der Entnahme des Modells ein oder mehrere **Kerne** in die Form eingelegt werden.

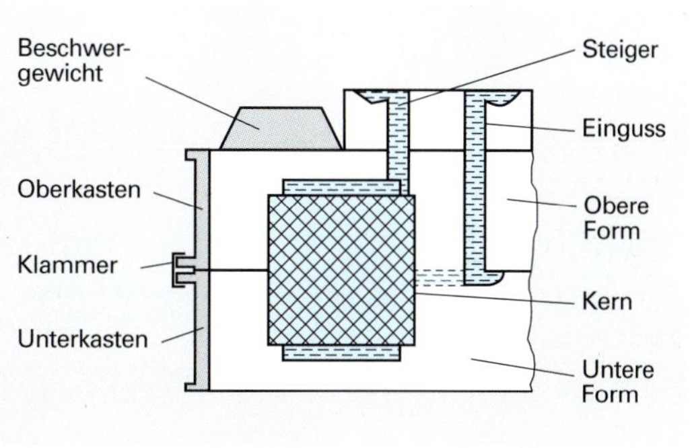

Bild 1: Formkasten mit Kern

Bild 1 zeigt die Skizze einer Form mit **Ober- und Unterkastenrahmen** sowie dem eingelegten Kern aus Sand. Damit die Form beim Gießprozess nicht auseinandergeht, muss eventuell ein **Beschwergewicht** auf den Oberkasten gelegt werden. Die Schmelze wird beim Abguss in den **Eingusstrichter** geschüttet. Der **Steiger** dient zur Entlüftung, zum Nachrücken der Schmelze sowie als Raum für aufsteigende Verunreinigungen und Gase in der Schmelze.

In der **Einzel- und Kleinserienfertigung** werden die Formen oftmals mit der Hand hergestellt, bei größeren Aufträgen maschinell. Das **Maschinenformverfahren** wird in den Gießereien vorwiegend für kleine und mittelgroße Gussstücke eingesetzt.

Mit den **Formmaschinen** ist es möglich, Gussteile in großer Stückzahl mit gleichbleibender Qualität herzustellen.

Nachdem der Sand in den **Formkasten** der Maschine geschüttet wurde, muss eine **Verdichtung des Formstoffes** erfolgen. Für diesen Prozess stehen unterschiedliche Verfahren zur Verfügung. **Bild 2** zeigt die Verdichtung des Sandes durch einen Luftstrom und einen nachfolgenden Pressvorgang. Nach dem Verdichten erfolgt das Abheben der Form von der **Modellplatte.**

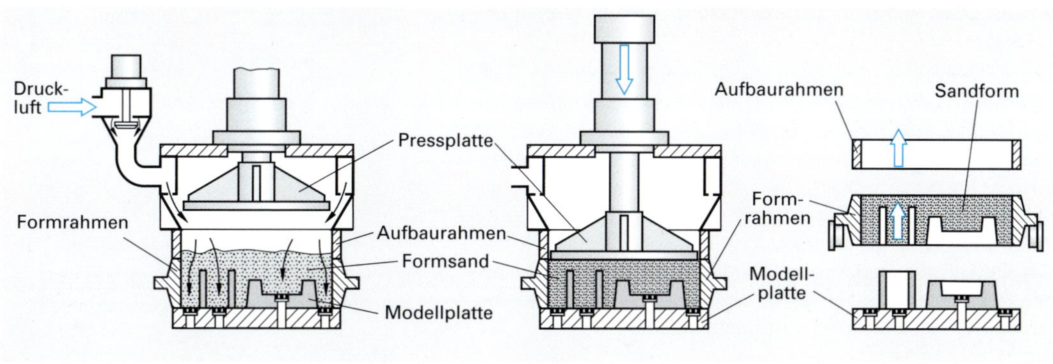

Bild 2: Maschinenformherstellung

5.3.2 Druckgießmaschinen

Bei der Massenfertigung von Werkstücken wird das **Druckgießverfahren** eingesetzt. Hierfür werden spezielle Druckgusslegierungen genutzt. Die Form bleibt bei diesem Verfahren für eine große Zahl von Werkstücken erhalten. Sie unterliegt aber durch die hohen Einströmgeschwindigkeiten des Metalls einem Verschleiß.

Die **Druckgießtechnik** ist weitgehend mit der Entwicklung und Herstellung präziser **Druckgießmaschinen** verbunden, die eine automatisierte Fertigung ermöglichen. Die Druckgießmaschinen gliedern sich je nach Arbeitsweise, die vorwiegend von der Schmelztemperatur (→ **A5.8**) des verwendeten Gießwerkstoffs abhängig ist, in zwei große Hauptgruppen, nämlich der **Warmkammermaschinen** und der **Kaltkammermaschinen.**

Niedrigschmelzende Druckgusslegierungen werden in **Warmkammermaschinen** verarbeitet. **Bild 1** zeigt die schematische Darstellung der Warmkammer-Kolben-Druckgießmaschine. Bei dieser Maschine ist das Metallbad, in dem sich die Schmelze befindet, ein Teil der Maschine. Die Druckkammer befindet sich hierbei ständig in der Schmelze. Da die Entnahme der Schmelze im Schmelzbad erfolgt, können die an der Oberfläche befindlichen Verunreinigungen nicht in die Form gelangen. **Bild 2** zeigt einen Ausschnitt der Maschine mit der **Druckkammer** und dem **Metallbad.**

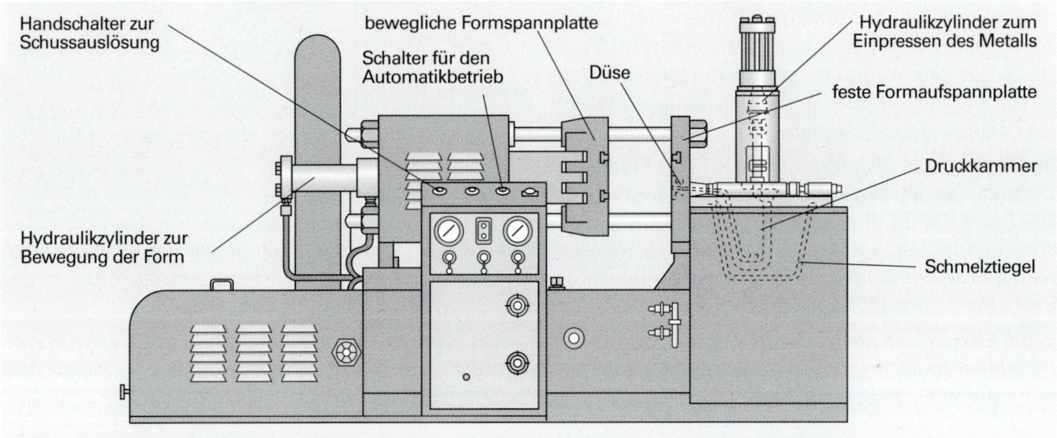

Bild 1: Druckgießmaschine für das Warmkammerverfahren

Das Anpressen und Abreißen der **Gießdüse** erfolgt bei der dargestellten Druckgießmaschine durch das Zurückziehen der beweglichen **Formspannplatte.** Die feststehende Formspannplatte befindet sich an der Ofenseite der Maschine. Nach dem Öffnen der Form wird der Abguss aus der Form ausgestoßen und fällt über eine Rutsche in den Werkstückbehälter.

Hochschmelzende Druckgusslegierungen werden in **Kaltkammermaschinen** verarbeitet. Bei diesen Maschinen ist das Metallbad von der eigentlichen Maschine getrennt, da sonst die Erwärmung der Maschine und der **Druckgussform** zu hoch wäre. Die für den Abguss notwendige Metallmenge wird unmittelbar vor dem Einpressen manuell oder automatisiert in die Druckkammer geschöpft. Der Vorteil des Kaltkammerverfahrens liegt in dem Erreichen der hohen Anpressdrücke (→ **A2.1**), die beim Warmkammerverfahren nur unzureichend aufgebaut werden.

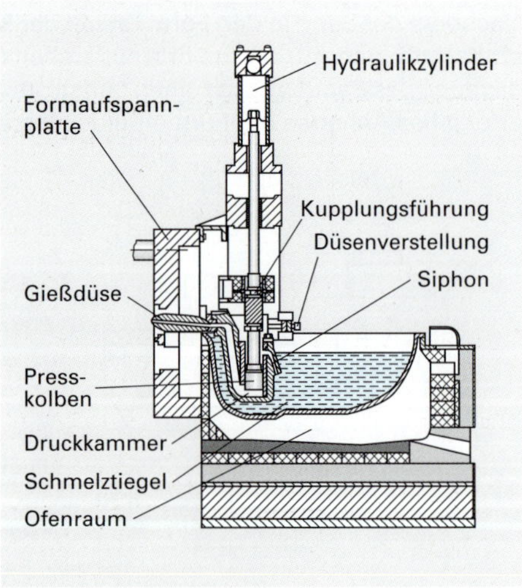

Bild 2: Druckkammer

5.3.3 Stranggießanlage

Stranggießen ist ein Gießverfahren, bei dem in einem kontinuierlichen Gießvorgang Profile mit einem gleichbleibenden Querschnitt hergestellt werden können. Endprodukt des Stranggießens ist die Bramme, die anschließend weiterverarbeitet wird.

Dabei wird das flüssige Metall in eine beidseitig offene, wassergekühlte **Durchlaufkokille** gegossen. Die **Kokille** ist nur beim Angießen auf der Gegenseite geschlossen. Mit der Größe und Form der Kokille wird der Querschnitt des Strangs bestimmt. In der Kokille kühlt sich die Schmelze gerade so weit ab, dass sich eine feste und damit **tragfähige Außenschale** des Strangs bildet.

Wie in **Bild 1** zu erkennen ist, wird der teilerstarrte Strang dann aus der Form gezogen und durch die **Primärkühlung** weiter abgekühlt. Er durchläuft hierbei einen ovalförmigen Bogen zwischen beidseitig angebrachten Förderwellen. Hinter dem Ovalbogen wird der Strang durch Förderwellen in die Waagerechte geführt, bis er vollständig erstarrt ist und zerteilt werden kann. Die **Kühlung** (→ **D3**) erfolgt dabei entweder allein für die Form oder durch wassergekühlte Förderwellen. Man spricht hierbei vom „trockenen Gießen". Eine zusätzliche Kühlung erfolgt durch das Aufspritzen von Wasser auf den Strang. Das Abtrennen des Stranges erfolgt in periodisch bestimmten Abschnittlängen, die anschließend weiter verarbeitet werden können.

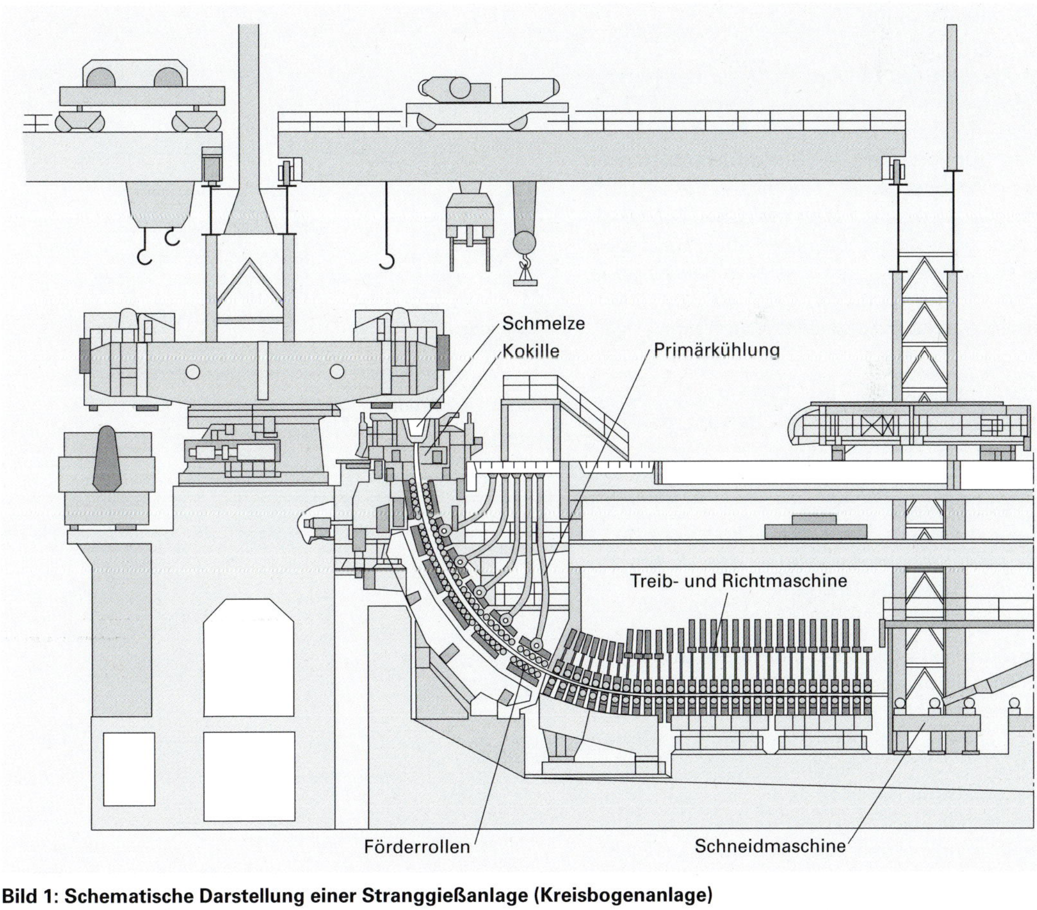

Bild 1: Schematische Darstellung einer Stranggießanlage (Kreisbogenanlage)

Alternativ zur in **Bild 1** dargestellten Kreisbogenanlage werden Stranggießanlagen in der horizontalen oder vertikalen Ausführung betrieben. Bei der horizontalen Anlage kann sich bei großen Abmessungen die Schwerkraft (→ **A1.6**) ungünstig auf die Erstarrung auswirken. Die Abziehgeschwindigkeit muss hierbei genau auf die Erstarrungsgeschwindigkeit abgestimmt werden. Auf den meisten Anlagen ist das Herstellen mehrerer – paralleler – Stränge gleichzeitig möglich.

5.3.4 Fertigungsanlagen zum Sintern

Sintern ist ein Verfahren der **Pulvermetallurgie,** mit dem die Werkstücke durch **Formpressen** eines **Metallpulvergemisches** hergestellt werden. Hierbei können die Werkstücke aus Werkstoffen bestehen, die schmelzmetallurgisch nicht oder nur äußerst schwierig verarbeitet werden können (z. B. eine Legierung aus Wolfram, Nickel und Kupfer). Ebenso lassen sich durch das Sinterverfahren Metallstrukturen erzeugen, die durch Schmelzen nicht möglich sind. So lassen sich z.B. poröse Werkstoffe herstellen, die in der **Filtertechnik** oder bei **selbstschmierenden Lagern** eingesetzt werden.

Sinterformteile sind **Massenteile.** Sie lassen sich wegen der hohen Werkzeug- und Maschinenkosten nur in größeren Stückzahlen wirtschaftlich produzieren.

Die Herstellung der **Sinterformteile** umfasst die folgenden vier Schritte:

- Zubereitung des Pulvers durch das Mahlen und Mischen der Metalle
- Pressen des Pulvers
- Sintern der Presslinge
- Nachbehandlung

Das **Pressen des Pulvers** stellt bei der Herstellung der Sinterformteile die schwierigste Phase des Fertigungsprozesses dar. **Bild 1** zeigt eine Presse zur Fertigung von **Sinterformteilen nach dem Abziehverfahren.** Ziel dieses Pressverfahrens ist das Erreichen einer **gleichmäßigen Dichte** des zu verdichtenden Metallpulvers. Dieses Ziel erreicht man durch eine aufeinander abgestimmte Bewegung des Ober- und Unterstempels, sowie der **Matrize** nach unten hin.

Höhenunterschiede im Werkstück werden durch **feste und bewegliche Unterstempel** berücksichtigt. Während der feste Unterstempel das Metallpulver an der höchsten Stelle des Werkstücks verdichtet, wird die gleiche Dichte an der dünneren Stelle des Werkstücks durch eine nachgebende Bewegung des Unterstempels nach unten hin erzielt.

Mit dem Pressvorgang findet eine **Bewegung des Metallpulvers an der Matrizenwand** statt, die zu einer entsprechenden Reibung (→ **A1.10**) führt. Dieser Effekt verursacht eine **geringere Dichte** (→ **A2.1**) des verdichteten Metallpulvers. Die **Bewegung der Matrize** in Stempelrichtung verringert die Reibung des Pulvers an der Matrizenwand und erzielt eine gleichmäßige Dichte. Ein Ausgleich der unterschiedlichen Bewegungen von Matrize und Unterstempel wird durch Federn erreicht.

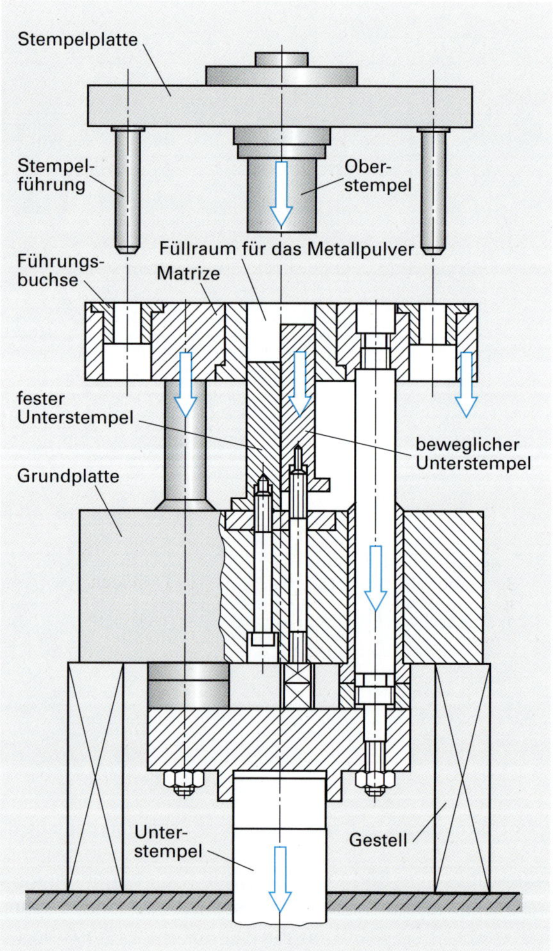

Bild 1: Presse zur Herstellung von Sinterformteilen

Unter dem **Sintern der Presslinge** wird entweder eine Erwärmung des verdichteten Pulvers knapp unter dem Schmelzpunkt aller Pulverbestandteile oder eine Erwärmung des Presslings, bei der mindestens ein Pulverbestandteil über dem Schmelzpunkt liegt, verstanden.

Die **erste Alternative** führt zu einem **Kornwachstum,** verbunden mit einer **Oberflächendiffusion.** Bei der **zweiten Variante schmilzt nur ein Pulverbestandteil,** umfließt die festen Bestandteile und bindet diese nach der Erstarrung fest ein.

Mit dem Sintern ist der eigentliche pulvermetallurgische Vorgang abgeschlossen. In den meisten Fällen schließen sich jedoch eine **Nachbehandlung** wie z. B. **Kalibrieren** (Nachverdichten, Verbesserung der Form- und Maßgenauigkeit sowie der Materialeigenschaften), **spanende Nachbearbeitungen** oder **Imprägnieren** (Füllen der Poren mit z. B. Öl oder Graphit) an.

5.4 Umformende Werkzeugmaschinen

Der Einsatz einer **umformenden Werkzeugmaschine** führt zu einer **plastischen Formgebung** eines Werkstückes im festen Zustand. Bei diesem Vorgang wird sowohl die Masse, als auch die Dichte des Materials beibehalten. Es findet nur eine Umverteilung der Masse statt. Mit dem Umformen als **spanloses Fertigungsverfahren** sind nur geringe Materialverluste und kurze Fertigungszeiten zu verzeichnen. Vorteilhaft wirkt sich das Umformen häufig auch auf eine Festigkeitssteigerung (Kaltverfestigung, optimaler Faserverlauf) aus.

Umformende Werkzeugmaschinen werden häufig nur bei großen Stückzahlen eines Auftrages eingesetzt, sodass die hohen Werkzeugkosten nicht so stark ins Gewicht fallen.

Eine Einteilung der umformenden Werkzeugmaschinen nach den Fertigungsverfahren zum Umformen (Druck-, Zugdruck-, Zug-, Biege- und Schubumformen) ist nicht zweckmäßig, da sich auf einer Maschine durch den Einbau verschiedenartiger Werkzeuge und Hilfseinrichtungen mehrere Fertigungsverfahren verwirklichen lassen. Aus diesem Grunde bietet sich die in **Bild 1** vorgestellte Einteilung nach der Maschinenart und der Maschinenfunktion an.

Werkzeugmaschinen zum Umformen

Pressen	Walzmaschinen	Biegemaschinen	Ziehmaschinen	Hämmer	Maschinen mit Wirkmedien
- mechanische Pressen - Schwungradspindelpressen - hydraulische Pressen - pneumatische Pressen	- Längswalzmaschinen - Querwalzmaschinen - Schrägwalzmaschinen - Ringwalzmaschinen - Drückwalzmaschinen - Glattwalzmaschinen - Sonderbauformen	- Gesenkbiegepressen - Rollbiegemaschinen - Walzbiegemaschinen - Schwenkbiegemaschinen - Umlaufbiegerichtmaschinen - Maschinen für freies Biegen - Biegeautomat für Drähte oder Bänder	- Gleitziehmaschinen - Walzziehmaschinen - Streckziehmaschinen - Maschinen zum Weiten - Streckrichtmaschinen	- Schabottehammer - Gegenschlaghammer	- Wirkmedien mit kraftgebundener Wirkung - Wirkmedien mit energiegebundener Wirkung - Maschinen zum Umformen mit Wirkenergie

Bild 1: Einteilung der Werkzeugmaschinen zum Umformen

Eine weitere Einteilung der umformenden Werkzeugmaschinen erfolgt z. B. nach der Funktion, Kinematik, Werkzeugbewegung, Antrieb oder dem Anwendungsbereich bzw. Einsatzgebiet. Je nach Art der Maschine spricht man von energiegebundenen, weggebundenen oder kraftgebundenen umformenden Werkzeugmaschinen.

5.4.1 Pressen

Pressen nehmen bei den umformenden Werkzeugmaschinen den größten Anteil ein. Sie werden sowohl in der **Warmumformung** als auch in der **Kaltumformung** eingesetzt. Nach der **Art des Antriebs** wird zwischen **mechanischen Pressen** und **hydraulischen Pressen** unterschieden.

Mechanische Pressen

Die mechanischen Pressen werden je nach Arbeitsweise als Schwungradspindelpresse, Exzenter- und Kurbelpresse, Kniehebelpresse sowie der Keilpresse ausgeführt.

Zum Aufbringen der notwendigen **Umformarbeit** (→ **A1.11**) wird bei der in **Bild 1** skizzierten Kurbelpresse die Energie in einem rotierenden **Schwungrad** gespeichert (→ **A1.16**) und mittels einer **Kupplung** auf den **Stößel** übertragen. Die Umsetzung der **Drehbewegung** auf eine **Längsbewegung** des Stößels charakterisiert die Arbeitsweise der Presse. **Bild 1** verdeutlicht den Antrieb des Stößels an einer **Kurbelpresse.** Das Schwungrad wird hierbei über einen **Elektromotor** und einem **Riementrieb** in Bewegung gesetzt. Nachdem das Schwungrad die erforderliche **Umformarbeit** gespeichert hat, wird die Drehbewegung auf die **Vorgelegewelle** mittels einer Kupplung übertragen. Während durch das **Zahnradvorgelege** eine Verminderung der Umdrehungsfrequenz (→ **A1.14**) stattfindet, wird über die Kurbelwelle und dem **Pleuel** die rotatorische Bewegung in eine lineare Bewegung auf den Stößel umgesetzt.

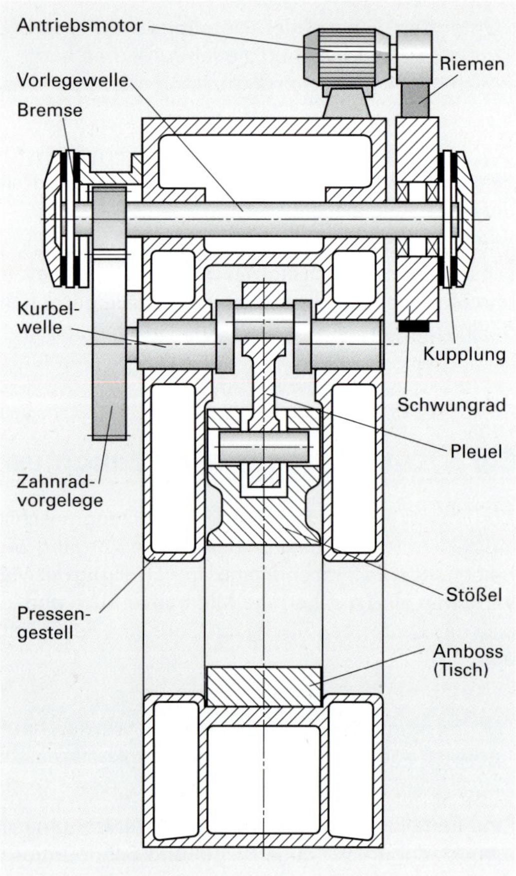

Bild 1: Kurbelpresse

Hydraulische Pressen

Hydraulische Pressen zählen zu den **kraftgebundenen Umformmaschinen.**

Im Gegensatz zu den mechanischen Pressen steht bei der hydraulischen Presse bei jeder Stößelstellung die **maximale Nennkraft** zur Verfügung. Unterschieden werden die hydraulischen Pressen nach ihrem **Wirkprinzip.** Je nachdem, wie viele Stößel gleichzeitig im Einsatz sind, wird von einer **einfach-, zweifach- oder dreifachwirkenden Presse** gesprochen. **Bild 2** zeigt eine dreifachwirkende hydraulische Presse, bei der zwei Stößel von oben und einer von unten wirkt. Diese Presse wird z. B. beim **Tiefziehen** eingesetzt. Der obere Hauptstößel führt die Arbeitsbewegung aus, der zweite nebenliegende Stößel ist für den Niederhalter bestimmt, der untere Stößel dient als Auswerfer.

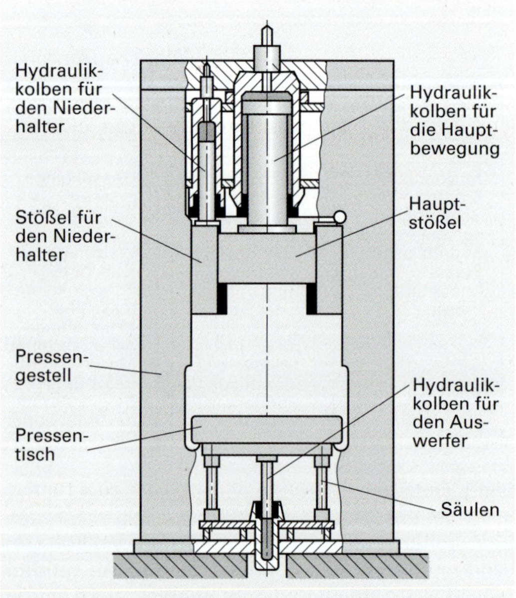

Bild 2: Hydraulische Presse

5.4.2 Walzmaschinen

Als Walzmaschinen werden umformende Werkzeugmaschinen bezeichnet, bei denen eine oder mehrere sich drehende Walzen eine Veränderung der Werkstückgeometrie herbeiführen.

Je nach Anordnung der **Walzen** zum Werkstück wird zwischen **Längs-, Quer-** und **Schrägwalzmaschinen** unterschieden. Die in **Bild 1** dargestellte **Ringwalzmaschine** dient zum Walzen von nahtlosen ringförmigen Werkstücken aus vorgewärmten, durch Pressen oder Hämmern hergestellten Ringrohlingen. Der Ring wird zwischen der **Hauptwalze** und der **Dornwalze** horizontal und zwischen den **Axialwalzen** vertikal umgeformt. Über die **Zentrierrollen** findet eine automatische Zentrierung des Ringes statt.

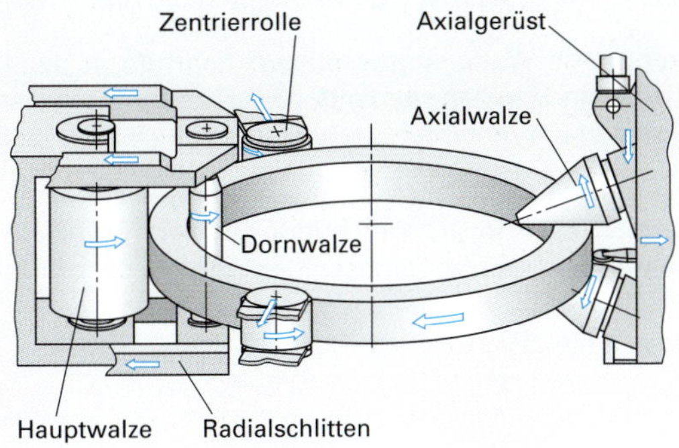

Bild 1: Ringwalzmaschine

5.4.3 Biegemaschinen

Biegemaschinen sind umformende Werkzeugmaschinen, bei denen um eine gerade Biegeachse Biegungen am Werkstück vorgenommen werden. Die Biegung des Werkstücks erfolgt mittels geradlinig oder drehend bewegter Werkzeuge.

Unterteilt werden die **Biegemaschinen** nach ihrer **Bauform** oder ihrer **Kinematik**. Die in **Bild 2** aufgeführte **Schwenkbiegemaschine** führt mit der **Biegewange** eine schwenkende Biegebewegung aus. Je nach **Spitzschiene** können scharfkantige Abkantungen oder verschieden große Radien gefertigt werden. Mit der hydraulisch angetriebenen Biegewange können Bleche bis ca. 6 mm Dicke bearbeitet werden.

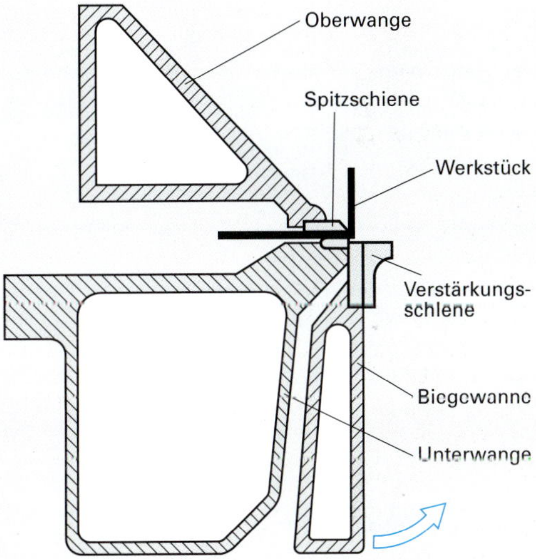

Bild 2: Schwenkbiegemaschine

5.4.4 Ziehmaschinen

Ziehmaschinen dienen hauptsächlich zur Nachbearbeitung von Drähten, Rohren, Stäben oder Profilen.

Bild 3 verdeutlicht den Aufbau einer **Mehrfach-Drahtziehmaschine,** die aus mehreren **Blockziehmaschinen** zusammengestellt ist. Hierbei wird der von einer **Haspel** ablaufende Draht mittels einer **Ziehtrommel** durch einen **Ziehstein** gezogen und somit im Querschnitt verjüngt.

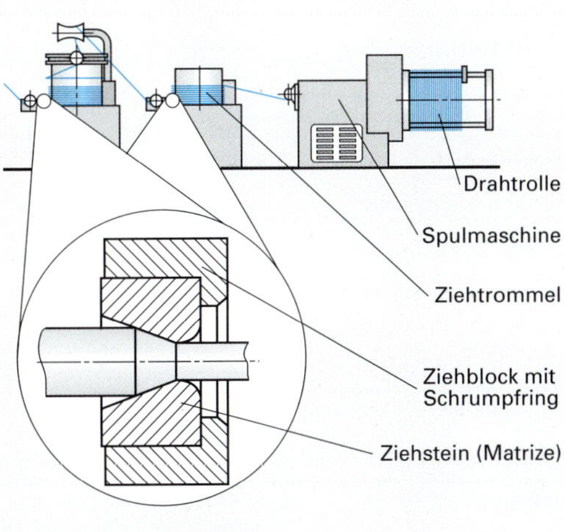

Bild 3: Mehrfach-Drahtziehmaschine

D Arbeitsmaschinen

5.5 Trennende Werkzeugmaschinen

Trennende Werkzeugmaschinen nehmen in der betrieblichen Praxis den größten Einsatzbereich ein. Häufig sind bei den **spanenden Werkzeugmaschinen** die Werkzeuge einfach und kostengünstig aufgebaut. Somit ist ein rentabler Einsatz auch bei geringeren Stückzahlen möglich.

Die trennenden Werkzeugmaschinen werden nach den in **Bild 1** aufgeführten Bereichen eingeteilt. Jeder Bereich kann in entsprechende **Fertigungsverfahren** unterteilt werden. Die Bezeichnung der meisten trennenden Werkzeugmaschinen erfolgt aufgrund des angewandten Fertigungsverfahrens.

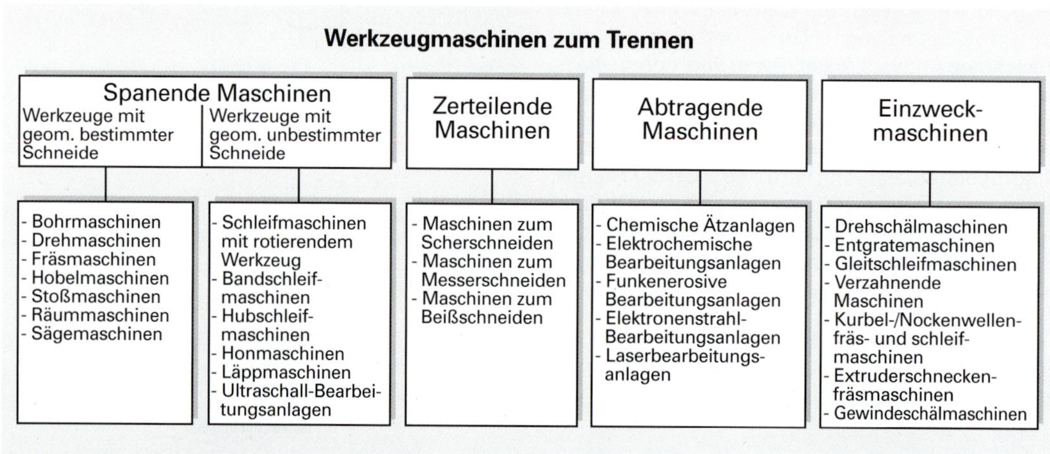

Bild 1: Einteilung der Werkzeugmaschinen zum Trennen

5.5.1 Bohrmaschinen

Bohrmaschinen sind spanende Werkzeugmaschinen für rotatorisch bewegte Werkzeuge mit **geometrisch bestimmten Schneiden.** Hierbei wird die vom Werkzeug ausgeführte Schnittbewegung durch eine axiale Vorschubbewegung des Werkzeugs oder auch des Werkstücks überlagert.

Zu den Bohrmaschinen zählen die in **Tabelle 1** aufgeführten **Maschinenarten.**

Tabelle 1: Bohrmaschinenarten

Maschinenart	Beschreibung
Handbohrmaschinen	Handbohrmaschinen werden im privaten Haushalt aber auch im gewerblichen Bereich aufgrund ihrer hohen Mobilität eingesetzt. Dabei kommen elektrische oder durch Druckluft verwendete Antriebseinheiten zur Anwendung.
Einspindelbohrmaschinen	Einspindelbohrmaschinen werden als Säulen- oder Ständerbohrmaschinen ausgeführt. Säulenbohrmaschinen **(Bild 1/303)** sind in der Regel nur für kleinere Bohrungen bis ca. 30 mm Bohrungsdurchmesser geeignet. Für größere Bohrungsdurchmesser verleiht die Ständerbauweise der Maschine eine hohe Steifigkeit.
Mehrspindelbohrmaschinen	Zur Fertigung von Werkstücken, bei denen eine große Anzahl von Bohrungen einzubringen sind, werden Bohrmaschinen mit Mehrspindelbohreinheiten eingesetzt. Durch eine gleichzeitige Fertigung der Bohrungen wird eine hohe Wirtschaftlichkeit erreicht.
Tiefbohrmaschinen	Bohrungen, bei denen das Verhältnis von Länge zu Durchmesser größer als 10 ist, werden auf eigens hierfür entwickelten Tiefbohrmaschinen gefertigt. Spezielle Werkzeuge werden hierbei mit Hochdruckspülungen beaufschlagt.

Bohrmaschinen charakterisieren sich dadurch, dass auf allen Maschinen beliebige **Bohrverfahren,** wie z. B. das Bohren mit Spiral- und Hartmetallbohrern, das **Senken, Reiben** oder **Gewindeschneiden,** ausgeführt werden können.

Bei der in **Bild 1** dargestellten **Säulenbohrmaschine** lassen sich Gewinde mithilfe von Gewindeschneidköpfen schneiden. Der Vorschub wird bei dieser Maschine überwiegend von Hand oder durch den vom Hauptantrieb abgezweigten **Vorschubantrieb** ausgeführt. Je nach Werkstückgröße lässt sich der Tisch von Hand in die entsprechende Höhenlage justieren.

Größere Werkstücke können **auf Auslegerbohrmaschinen** gefertigt werden. Die auch als **Radialbohrmaschinen** bezeichneten Maschinen besitzen einen schwenkbaren Ausleger, der um eine Säule um 360° geschwenkt werden kann. Der **Ausleger** trägt einen horizontal verfahrbaren **Bohrschlitten** mit dem entsprechenden Werkzeug.

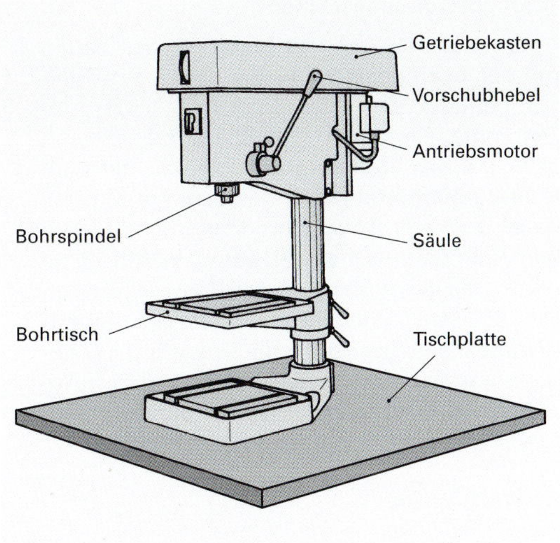

Bild 1: Säulenbohrmaschine

Müssen größere Bohrungen gefertigt werden, so können die auftretenden **Bearbeitungskräfte** durch einen stabilen kastenförmigen Ständer aufgefangen werden. Bohrmaschinen in der **Zweiständer-Ausführung** werden als **Portalbohrmaschinen** oder **Lehrenbohrwerke** bezeichnet. Sie dienen zur Herstellung von Bohrungen mit höchster Maßgenauigkeit.

5.5.2 Drehmaschinen

Drehmaschinen sind spanende Werkzeugmaschinen zur Herstellung rotationssymmetrischer Werkstücke, die in der Grundausführung mit nicht angetriebenen Werkzeugen bearbeitet werden. Während das Werkstück die **Schnittbewegung** ausführt, wird die **Vorschubbewegung** über das Werkzeug erzeugt. Die **Schneiden am Werkzeug** sind **geometrisch bestimmt.** In der erweiterten Ausführung besitzen die Drehmaschinen heute vielfach angetriebene Werkzeuge.

Die Bezeichnung der **Drehmaschinen** orientiert sich an der jeweiligen **Bettform der Maschine** und an der **Lage der Hauptantriebsspindel** zum Fundament.

Flachbettdrehmaschinen

Flachbettdrehmaschinen finden ihren Einsatzbereich dort, wo hohe Maschinensteifigkeiten benötigt werden. Ebenso sind **konventionelle Maschinen** häufig durch die im **Bild 2** aufgeführte **Flachbett-Bauweise** geprägt, da bei diesen Maschinen das Werkzeug vor der Drehmitte angeordnet ist. Diese Ausführung ermöglicht eine Bedienung der Maschine von Hand. Das Werkzeug wird z. B. durch einfache **Meißelhalter** oder **Schnellwechselhalter** gespannt.

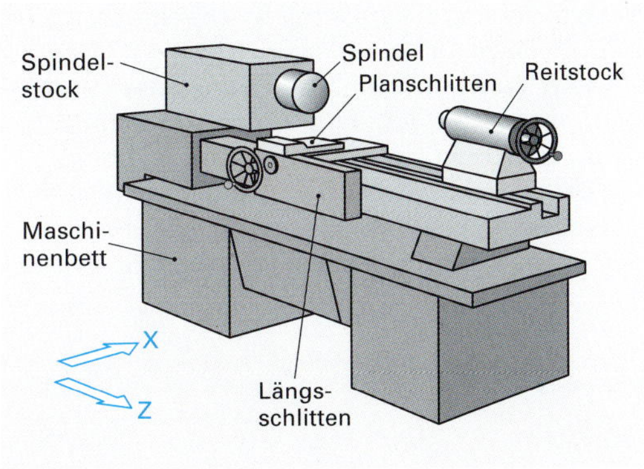

Bild 2: Flachbettdrehmaschine

Schrägbettdrehmaschinen

Automatisierte Drehmaschinen werden häufig mit der **Schrägbett-Bauweise** eingesetzt. Hierbei befindet sich das Werkzeug hinter der Drehmitte. Die erwärmten **Späne** fallen somit nicht auf das Werkzeug und können mit dem **Kühlschmiermittel** durch das schräge Maschinenbett schnell abtransportiert werden. Die Gefahr einer **thermischen Belastung** der Maschine wird somit gegenüber anderen Bauweisen deutlich reduziert. Die in **Bild 1** skizzierte **Schrägbettdrehmaschine** besitzt für die Werkzeugaufnahme einen **Trommelrevolver.** Durch den **automatischen Werkzeugwechsel** ist die Komplettbearbeitung in einer Aufspannung möglich.

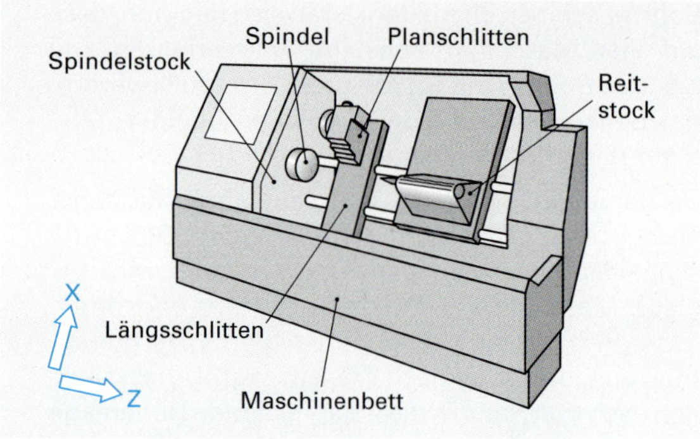

Bild 1: Schrägbettdrehmaschine

Frontbettdrehmaschine

Die Frontbettdrehmaschine zeigt bei der automatisierten Bearbeitung von **kurzen Werkstücken** ihre Vorteile gegenüber anderen Bauformen. Die gute Zugänglichkeit zum **Einspannfutter** ermöglicht einen **schnellen automatischen Werkstückwechsel.** Die in **Bild 2** verdeutlichte Anordnung von zwei **parallelen Spindelstöcken** ermöglicht die gleichzeitige Bearbeitung von zwei identischen Werkstücken.

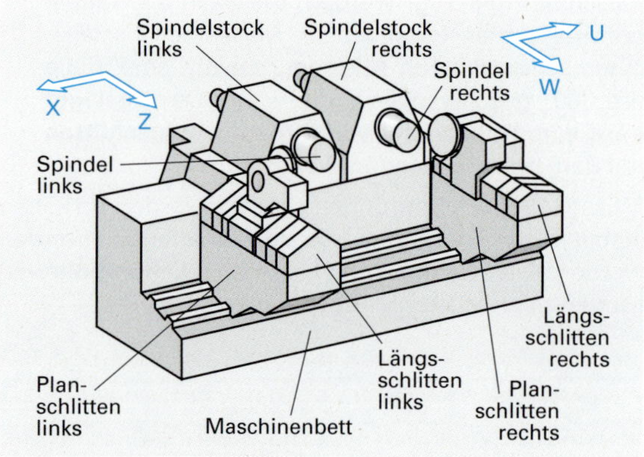

Bild 2: Frontbettdrehmaschine

Senkrecht-Drehmaschine

Die **Lage der Spindel** bei den oben beschriebenen Drehmaschinen ist gekennzeichnet durch eine **waagerechte Position.** Die in **Bild 3** beschriebene **Senkrecht-Drehmaschine** besitzt eine **Ständerbettform.** Die **Antriebsspindel** hat bei dieser Maschine eine **senkrechte Lage.** Die auch als **Karusseldrehmaschine** bezeichnete Bauform ermöglicht eine Aufnahme von großen Werkstücken ohne **Biegebeanspruchung** der Spindel. Die Senkrecht-Drehmaschine ist für Werkstücke mit einem großen Durchmesser, aber nicht zu großen Längen geeignet. Das schwere Werkstück kann auf der **Planscheibe** relativ einfach aufgespannt werden. Im Ständer unter dem **Drehtisch** befindet sich der **Hauptantrieb.** Dieser Antrieb ermöglicht **Drehmomente** (→ **A1.14**) von bis zu 340 000 Nm und besitzt eine **Leistungsabgabe** von über 250 kW.

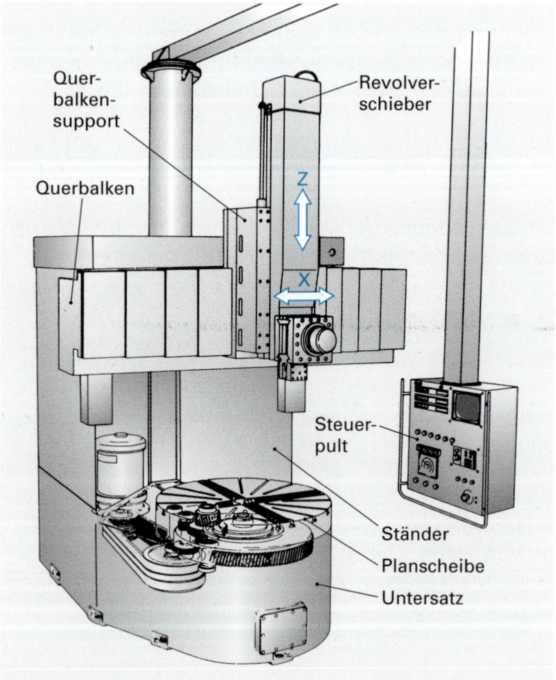

Bild 3: Senkrecht-Drehmaschine

5.5.3 Fräsmaschinen

Fräsmaschinen sind spanende Werkzeugmaschinen mit Werkzeugen, die eine rotatorische Schnittbewegung ausführen. Die **Werkzeuge** sind hierbei **geometrisch bestimmt.** Die Vorschubbewegung wird je nach Fräsmaschine über das Werkzeug oder die Bewegung des Werkstücks ausgeführt. Hauptsächlich findet eine Vorschubbewegung senkrecht zur Achsrichtung der Hauptantriebsspindel statt.

Fräsmaschinen werden nach der Anordnung der Schlitten, der Lage der Arbeitsspindel oder der Art der Bearbeitungsaufgabe bezeichnet. Nach der **Anordnung der Schlitten** wird grundsätzlich zwischen der **Konsol-, Bett- und Portalfräsmaschine** unterschieden.

Wird eine Bezeichnung nach der **Lage der Arbeitsspindel** durchgeführt, so spricht man von **einer Waagerecht- oder Senkrechtfräsmaschine.**

Zweckgebundene Fräsmaschinen werden nach der **Art der Bearbeitungsaufgabe** eingeteilt. So sind z.B. Nutenfräsmaschinen nur für das Fräsen von Nuten, meistens in Wellen, konzipiert. **Kopierfräsmaschinen** besitzen parallel zum Werkzeug einen Fühler, der die Aufgabe hat, ein Modell abzutasten. Das Werkstück wird entsprechend der Abtastung gefräst.

Konsolfräsmaschinen

Die Konsolfräsmaschine besitzt eine in der Höhe verfahrbare **Konsole.** Sie wird je nach Lage der Schlitten als Waagerecht- oder Senkrechtfräsmaschine ausgeführt. Bei der **Waagerechtfräsmaschine** befindet sich die Hauptantriebsspindel in der horizontalen Position. Die **Senkrechtfräsmaschine** besitzt eine vertikal liegende Antriebsspindel. Häufig ist bei Konsolfräsmaschinen die Antriebsspindel in die senkrechte oder waagerechte Lage durch Abnahme bzw. Einbau des Fräskopfes umbaubar. In diesem Falle wird von einer **Universalfräsmaschine** gesprochen.

Die in **Bild 1** vorgestellte **CNC-Universalfräsmaschine** besitzt einen schnell abnehmbaren Schwenkkopf, der noch zusätzlich in unterschiedliche Winkelpositionen gedreht werden kann. Die **Zustellbewegung** der in diesem Bild senkrecht skizzierten Antriebsspindel wird durch das Auf- und Abfahren der Konsole realisiert. Die **Vorschubbewegung** der dargestellten CNC-Fräsmaschine erfolgt über die gleichzeitige Verfahrbewegung des Längsschlittens, an dem sich die Konsole befindet und der Querbewegung des Fräskopfes.

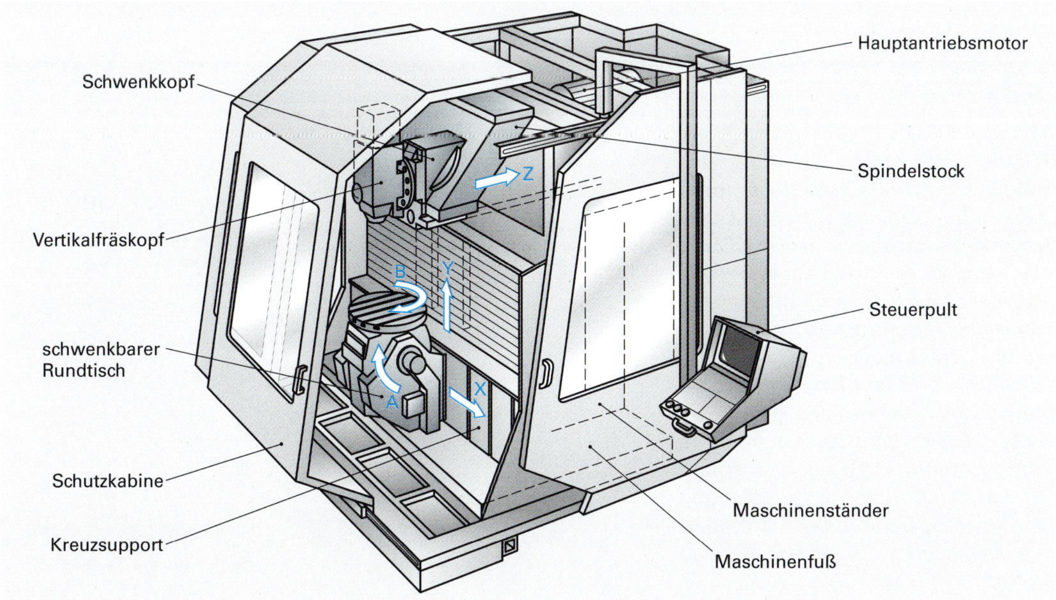

Bild 1: Universalfräsmaschine in Konsolbauweise

Bettfräsmaschinen

Das auf der Bettfräsmaschine eingespannte Werkstück kann nicht wie bei der Konsolfräsmaschine in der Höhe verfahren werden. **Eine Verfahrbewegung in der Höhe findet nur durch den Fräskopf statt.** Diese Bauart ermöglicht eine Bearbeitung schwerer Werkstücke. Je nach Maschinentyp kann die Querbewegung durch den Fräskopf erfolgen. In diesem Fall wird von einer **Kreuzbettbauweise** gesprochen. Wird die Vorschubbewegung in der Querrichtung durch den mit dem Werkstück aufgespannten Querschlitten ausgeführt, so handelt es sich um eine **Kreuztischbauweise.** Wird die Vorschubbewegung in allen Achsen durch den Ständer bzw. den Fräskopf betätigt, so liegt eine **Festständerbauweise** vor.

Wie bei den Konsolfräsmaschinen, kann auch bei den Bettfräsmaschinen die **Hauptantriebsspindel in der waagerechten oder senkrechten Lage** eingebaut sein. **Bild 1** zeigt zwei unterschiedliche Bettfräsmaschinen in jeweils einer **Festständerbauweise mit einer horizontalen Spindel** sowie in einer **Kreuztischbauweise mit einer vertikalen Antriebsspindel.**

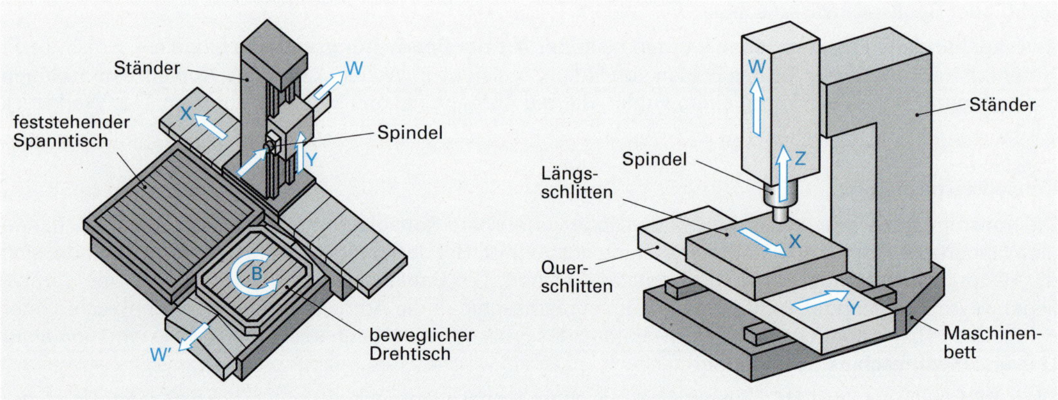

Bild 1: Bettfräsmaschinen in Festständer- und Kreuztischbauweise

Portalfräsmaschinen

Besonders großflächige Werkstücke können auf den bisher betrachteten Fräsmaschinen nicht gefertigt werden. Bei diesen Werkstücken kommen die **Portalfräsmaschinen** zum Einsatz.

Das Werkzeug wird bei der Portalfräsmaschine durch das **Maschinenportal** in der Höhe zugestellt und in der Querrichtung bewegt. Bei der in **Bild 2** beschriebenen Portalfräsmaschine wird der **Vorschub in Längsrichtung** durch die Verfahrbewegung des gesamten Maschinenportals realisiert. Die Bauform dieser Maschine wird als **Gantrybauweise** beschrieben. Bei der **Tischbauweise** wird der Vorschub in Längsrichtung durch die Bewegung des Tisches mit dem aufgespannten Werkstück ausgeführt. Der Platzbedarf dieser Maschine ist entsprechend größer.

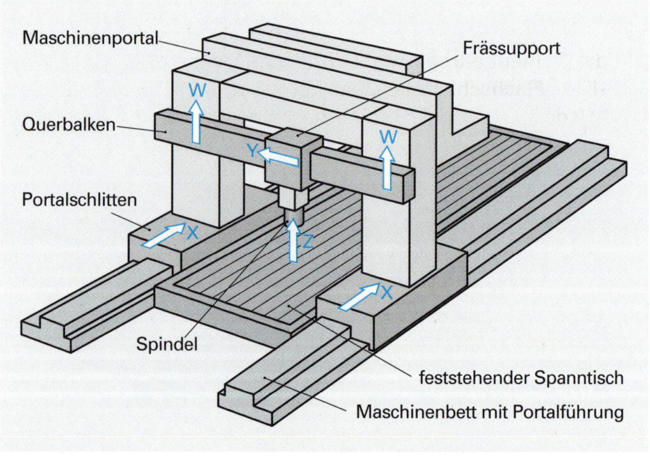

Bild 2: Portalfräsmaschine in Gantrybauweise

5.5.4 Schleifmaschinen

Schleifmaschinen besitzen meist ein zylindrisches **Werkzeug,** das **geometrisch nicht bestimmt** ist. Das Werkzeug führt grundsätzlich durch Rotation die **Schnittbewegung** aus. Überlagert wird die Schnittbewegung von einer oder mehreren **Vorschubbewegungen** des Werkstücks und des Werkzeugs. Die **Zustellbewegung** erfolgt fast immer durch das Werkzeug. Die Form der zu schleifenden Werkstücke bestimmt die Bauart der Maschine.

Beim Schleifen sind die Aufgaben und Anforderungen an die **Schleifmaschine** je nach Werkstück sehr unterschiedlich. Dementsprechend gibt es vielfältige **Bauformen** von Schleifmaschinen. Die am häufigsten vertretenen Schleifmaschinen sind die zum **Rundschleifen** und **Planschleifen** von Werkstücken. Als Schleifmaschinen zum Rundschleifen können die Außenrundschleifmaschine, Innenrundschleifmaschine, Universalschleifmaschine sowie die Walzenschleifmaschine und Spitzenlos-Rundschleifmaschine genannt werden.

Bild 1 zeigt eine Gegenüberstellung der Außen- und Spitzenlos-Rundschleifmaschine. Während bei der **Außenrundschleifmaschine** das Werkstück zwischen Spitzen eingespannt und die Vorschubbewegung durch die Schleifscheibe ausgeführt wird, erfolgt bei der **Spitzenlos-Rundschleifmaschine** eine Schleifbearbeitung ohne eine Einspannung des Werkstücks. Das Werkstück wird hierbei lose zwischen der **Schleifscheibe** und der **Regelscheibe** hindurchgeführt. Ein Durchrutschen des Werkstücks wird durch eine **Auflageschiene** verhindert.

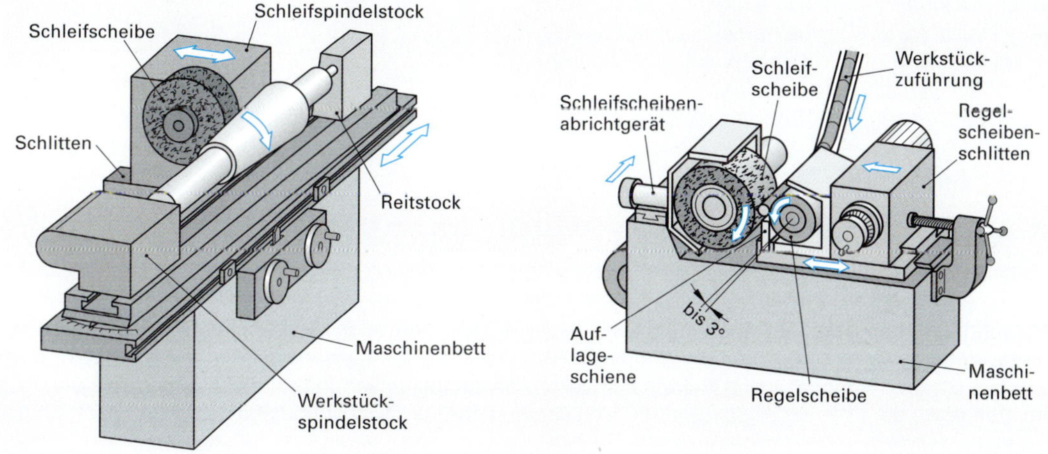

Bild 1: Gegenüberstellung der Außen- und Spitzenlos-Rundschleifmaschine

Für die Schleifbearbeitung von Flächen wird die **Plan- bzw. Flachschleifmaschine** herangezogen. Die in **Bild 2** dargestellte Planschleifmaschine führt eine Vorschubbewegung über einen pendelnden **Langtisch** aus. Alternativ hierzu kann die Planschleifmaschine mit einem **Rundtisch** ausgeführt werden. Die Arbeitsspindel befindet sich in der Planschleifmaschine in einer waagerechten Lage.

Für die Schleifbearbeitung von Werkzeugen werden heute CNC-gesteuerte **Werkzeugschleifmaschinen** eingesetzt. Diese besitzen bis zu sechs voneinander unabhängige Achsen, die eine kurvenförmige Verfahrbewegung der Schleifscheibe zum Scharfschleifen der Werkzeuge ermöglichen.

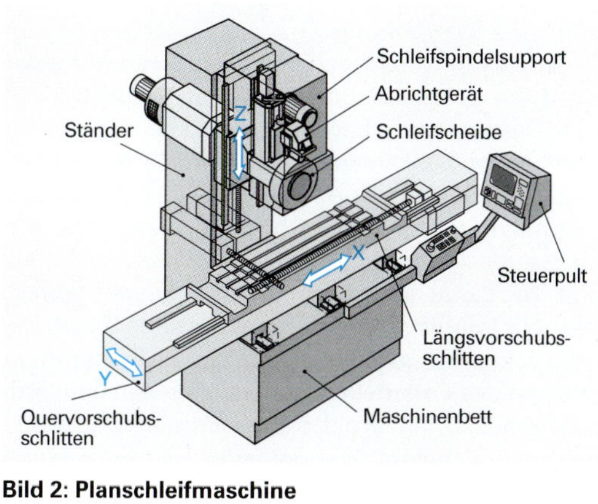

Bild 2: Planschleifmaschine

5.5.5 Zerteilende Maschinen

Zerteilende Maschinen führen ein mechanisches Trennen eines Blechmaterials ohne Spanbildung durch. Die meisten zerteilenden Maschinen arbeiten nach dem Prinzip des Scherschneidens mit einem **geometrisch bestimmten Werkzeug.**

Die Schnittbewegung bei zerteilenden Maschinen erfolgt entlang einer offenen oder geschlossenen **Schnittlinie.**

Bei der in **Bild 1** skizzierten **Tafelschere** wird das Blechmaterial entlang einer **offenen Schnittlinie** mit einem hydraulisch bewegten **Obermesser** und einem feststehenden **Untermesser** abgetrennt. Bearbeitet werden Bleche über 2 mm Dicke. Der Bildausschnitt verdeutlicht weitere Zusatzeinrichtungen wie z.B. den **Niederhalter** für das Blech sowie den **Blechanschlag** und das **Schutzgitter** für den Handschutz.

Die Trennbearbeitung entlang einer **geschlossenen Schnittlinie** erfolgt über Werkzeuge mit einem **Schneidstempel** und einer **Schneidplatte.** Die hierfür eingesetzten **Schneidpressen** sind konstruktiv auf die Besonderheiten des Schneidens ausgerichtet. Vielfach werden Kurbel- oder Exzenterpressen (→ **D5.4.1**) eingesetzt, die kleine Hübe bei großen Hubzahlen ermöglichen.

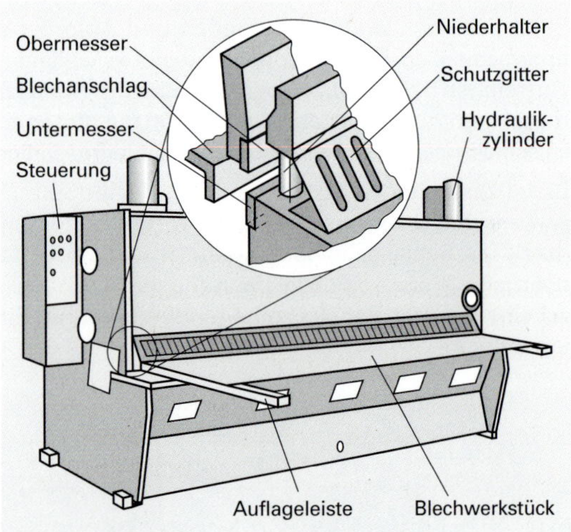

Bild 1: Tafelschere

5.5.6 Abtragende Maschinen

Abtragende Maschinen verursachen die Trennung von Materialpartikeln an einem Werkstück durch eine chemische, elektrochemische oder thermische Einwirkung auf das Werkstück.

Während das **chemische Abtragen** durch Ätzanlagen erfolgt, beruht das **elektrochemische Abtragen** auf dem Ladungsaustausch zwischen der **Anode als Werkstück** und der **Kathode als Werkzeug** in einem **Elektrolyten.** Die hierfür eingesetzten **elektrochemischen Senkanlagen** verhindern durch eine starke Spülung die Ablage der vom Werkstück gelösten Partikel auf die Kathode. Das kontinuierliche Senken der Kathode führt zu einer negativen Abbildung des Werkzeugs auf das Werkstück.

Das **thermische Abtragen** wird z.B. mit der in **Bild 2** gezeigten **funkenerosiven Senkanlage** durchgeführt. Die Bearbeitung des Werkstücks findet im Gegensatz zum **elektrochemischen Senken** in einer elektrisch **nicht-leitenden Flüssigkeit (Dielektrikum)** statt. Das Werkzeug bewegt sich wie bei der elektrochemischen Senkanlage kontinuierlich nach unten, wobei regelmäßig eine Anhebung des Werkzeugs zur Spülung erfolgt. Die Abtragung erfolgt **punktförmig** an der engsten Stelle zwischen Werkstück und Werkzeug aufgrund einer **Funkenentladung.** Der vom **Impulsgenerator** bereitgestellte Strom bewirkt beim Abschalten des Impulses ein Zusammenbrechen des **Entladekanals,** das ein explosionsartiges Herausschleudern des angeschmolzenen Materials mit sich zieht. Die gelösten Partikel werden über eine **Spülung** entfernt.

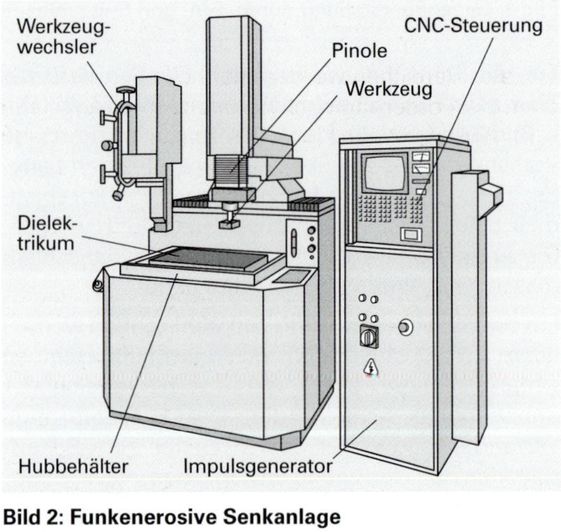

Bild 2: Funkenerosive Senkanlage

5.5.7 Einzweckmaschinen

Zweckgebundene Werkzeugmaschinen sind nur für eine spezielle Bearbeitungsaufgabe konzipiert. Sie müssen häufig besondere kinematische Funktionen zur Fertigung des entsprechenden Werkstücks ausführen.

Aus der Vielzahl der **Einzweckmaschinen** wird exemplarisch die **Wälzfräsmaschine** vorgestellt. Das Werkzeug der Wälzfräsmaschine stellt aus geometrischer Sicht eine Getriebeschnecke dar. Während der Bearbeitung wälzen das **Werkzeug als Schnecke** und das zu fertigende **Zahnrad als Schneckenrad** aufeinander ab. Bei der in **Bild 1** dargestellten Wälzfräsmaschine werden die aufeinander abgestimmten **Vorschubbewegungen** und **Wälzbewegungen** des Werkstücks und Werkzeugs über einen geschlossenen Getriebezug realisiert. Bei **CNC-Wälzfräsmaschinen** wird die **kinematische Kopplung** der **Wälzachsen** durch ein elektronisches **Wälzmodul** realisiert.

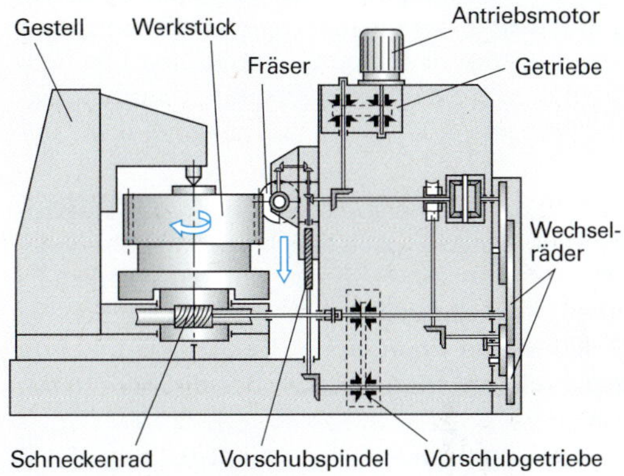

Bild 1: Wälzfräsmaschine

5.6 Fügende Werkzeugmaschinen und Anlagen

Fügeverfahren werden in der Technik in zahlreichen Varianten eingesetzt. Unterschieden wird hierbei zwischen **lösbaren** und **unlösbaren Fügeverbindungen.** Bei den unlösbaren Fügeverbindungen nimmt die **Schweißtechnik** einen großen Stellenwert ein. Eine Einteilung der Schweißverfahren erfolgt in **Schmelzschweißverfahren** und **Pressschweißverfahren. Bild 2** gibt einen Überblick über die Schweißverfahren.

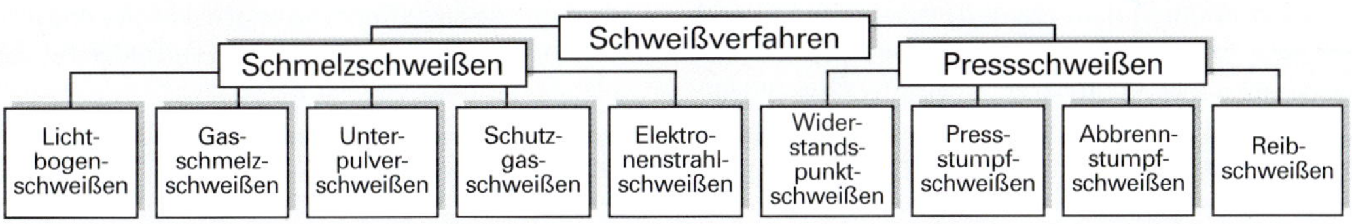

Bild 2: Überblick zu den Schweißverfahren

In vielen Bereichen werden manuelle Schweißtechniken, wie z. B. das **Lichtbogenhandschweißen,** eingesetzt. Die Forderung nach **Schmelzschweißverfahren,** mit denen lange Nähte schweißbar werden, führte zur Entwicklung von **mechanisierten und automatisierten Schweißverfahren.**

Das Prinzip der umhüllten **Stabelektrode** lässt sich für diese **Schweißverfahren** nicht einsetzen. Es entwickelten sich daher Schmelzschweißverfahren, bei denen ein **blanker Zusatzwerkstoff** eingesetzt wird. Die Erzeugung einer **sauerstofffreien Atmosphäre** an der Schweißstelle erfolgt durch **Pulver** oder **Schutzgas.** Beim **Unter-Pulver-Schweißen** (UP-Verfahren) wird das Pulver vor dem Schweißen auf die Schweißnaht aufgelegt. Beim **Schutzgasschweißen** wird die Schweißstelle von einem Schutzgas umhüllt. Beide Verfahren lassen sich durch **Handhabungsgeräte** mechanisieren und auch automatisieren. Beim **Elektronenstrahlschweißen** als weitere Schmelzschweißtechnik wird kein Zusatzwerkstoff benötigt. Die hierfür entwickelte Anlage wird nachfolgend in **Bild 1/310** vorgestellt.

Beim **Pressschweißen** werden die zu verbindenden Teile mit Anwendung von Kraft mit oder ohne Zusatzwerkstoff gefügt. Zu den Verfahrensvarianten zählen hierbei das **Widerstandspunkt-, Pressstumpf-, Abbrennstumpf-** und das **Reibschweißen.** Das zuletzt genannte Verfahren wird mit einer nachfolgend beschriebenen Werkzeugmaschine **(Bild 2/310)** ausgeführt.

5.6.1 Anlagen zum Schmelzschweißen

Das **Elektronenstrahlschweißen** ist ein **Schmelzschweißverfahren,** bei dem die **Wärmeenergie** (→ **A6.6**) durch den Aufprall beschleunigter **Elektronen** gewonnen wird. Bei der in **Bild 1** gezeigten Elektronenstrahlschweißanlage treten freie Elektronen aus einer glühend aufgeheizten **Wolframelektrode** aus und werden im **Vakuum** durch ein **elektrisches Feld** (→ **A12.4**) in Richtung **Anode** beschleunigt. Hierbei erhalten die Elektronen eine Geschwindigkeit, die etwa 2/3 der Lichtgeschwindigkeit entspricht.

Durch eine **Fokussierspule** wird dann der **Elektronenstrahl** wie Licht durch eine Linse eng gebündelt. Beim Auftreffen des Strahls auf das Werkstück werden die Elektronen gebremst. Dabei geben sie ihre **kinetische Energie** (→ **A1.11**) in Form von **Wärme** ab, die den Werkstoff zum Schmelzen bringt.

Zum Schweißen führt man die **Fuge** zweier Bauteile genau in dem gebündelten Elektronenstrahl entlang. Das Material verbindet sich durch die erstarrte tiefe **Schweißnaht.** Es wird kein **Zusatzwerkstoff** benötigt. Durch die Tiefenwirkung ist das Elektronenstrahlschweißen gütemäßig eines der besten Schweißverfahren.

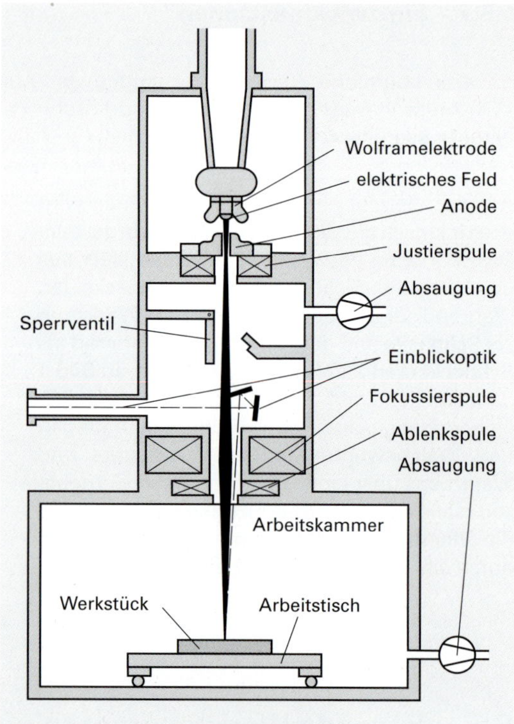

Bild 1: Elektronenstrahlschweißanlage

5.6.2 Werkzeugmaschinen zum Pressschweißen

Reibschweißen zählt mit zu den **Pressschweißverfahren,** bei dem zwei **rotationssymmetrische Werkstücke** in einem Arbeitsgang ohne **Zusatzwerkstoff** stumpf miteinander verbunden werden. Die **Reibschweißmaschine** ähnelt in ihrem Aufbau einer **Drehmaschine** (→ **D5.5.2**).

Bild 2 zeigt den prinzipiellen Aufbau der **Antriebseinheit** einer Reibschweißmaschine. Während der **Antrieb** des linken Werkstücks über einen Elektromotor erfolgt, verharrt das rechte Werkstück im Stillstand. Über einen **Hydraulikzylinder** (→ **A2.2**) wird nun das stillstehende Werkstück gegen das rotierende Werkstück gedrückt. Die auftretende **mechanische Reibung** (→ **A1.10**) führt zur Erwärmung der **Kontaktstellen.** Haben sich die **Verbindungsflächen** bis auf **Schweißtemperatur** erwärmt, wird das rotierende Teil ruckartig abgebremst. Am Ende wird der **Axialdruck** erhöht. Dabei verkürzt sich das verschweißte Werkstück axial, was zu einer **Wulstbildung** führt.

Universalreibschweißmaschinen enthalten zusätzlich ein Werkzeug, mit dem der Wulst im noch warmen Zustand abgedreht oder abgeschert wird.

Zur Übertragung der hohen **Axialkräfte** muss die Reibschweißmaschine im Gegensatz zur Drehmaschine mechanisch sehr steif ausgelegt werden. Die **Bremseinheit** (→ **D4.5.8**) der Maschine muss einen sofortigen Stillstand gewährleisten.

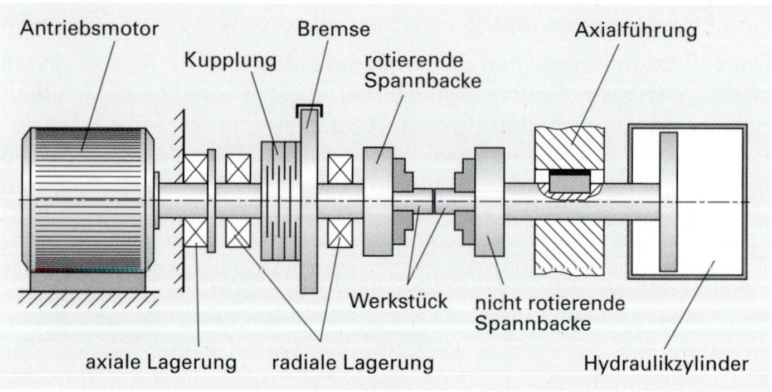

Bild 2: Prinzip einer Reibschweißmaschine

5.7 Werkzeug- und Werkstücksysteme an trennenden Werkzeugmaschinen

Werkzeug- und Werkstücksysteme an trennenden Werkzeugmaschinen erfüllen die Funktion der **Handhabung,** des **Transports** oder der **Speicherung** der Werkzeuge und Werkstücke. Hierzu werden die unterschiedlichsten Halter-, Spann- und Trägersysteme für die Werkzeugmaschinen eingesetzt. **Halter- und Spannsysteme** dienen zur genauen Positionierung der Werkzeuge und Werkstücke, **Trägersysteme** ermöglichen eine Aufnahme und Abgabe mehrerer Werkzeuge und Werkstücke. Im Folgenden werden exemplarisch (!) **Werkzeug- und Werkstücksysteme** an **Drehmaschinen** beschrieben.

Werkzeugsysteme an Drehmaschinen

Die vorgestellten Werkzeugsysteme an Drehmaschinen dienen zum Halten und Spannen der Werkzeuge. In der klassischen Grundform besteht ein **Drehwerkzeug** aus einem **Schaft** und einem **Schneidteil.** Die Schneidkörper werden heute fast ausschließlich in Form von **Wendeschneidplatten** auf **Haltern** geklemmt. Zum Spannen eines **Vierkanthalters** wird der in **Bild 1** gezeigte **Vierfachdrehmeißelhalter** eingesetzt. Nachteilig bei diesem Spannsystem ist die Lageeinstellung des Werkzeugs direkt an der Maschine.

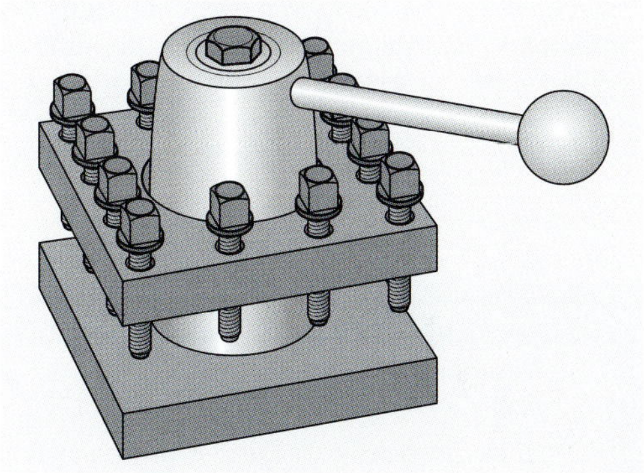

Bild 1: Vierfachdrehmeißelhalter

Der in **Bild 2** skizzierte **Werkzeughalter mit Zylinderschaft** erlaubt eine manuelle Voreinstellung des Werkzeugs mit seinem Vierkanthalter außerhalb der Maschine. Das Einspannen des Zylinderschafts in die Maschine führt zu einer genauen Lagebestimmung des Werkzeugs.

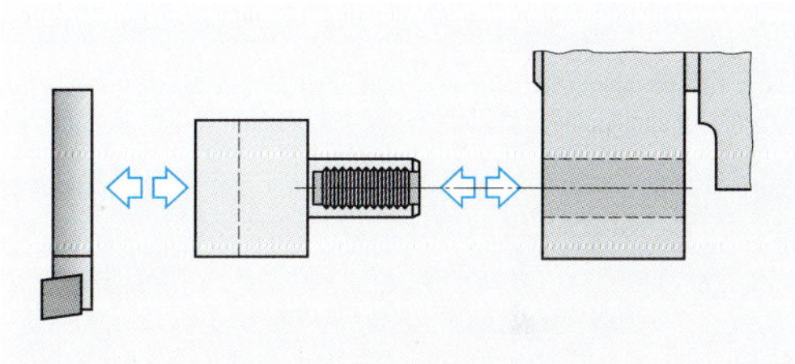

Bild 2: Werkzeughalter mit Zylinderschaft

Das in **Bild 3** gezeigte **Schneidkopf-System** benötigt keine manuelle Voreinstellung des Werkzeugs mehr. Der auszuwechselnde **Drehmeißel** besteht hierbei nur noch aus einem kleinen Schneidkopf, der auf einem Werkzeughalter mittels einer Kupplung befestigt ist.

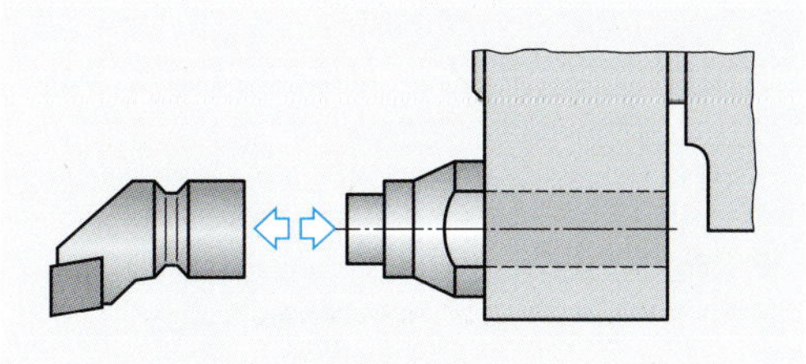

Bild 3: Schneidkopf-System

Die Wahl eines bestimmten **Werkzeugträgers** zur Aufnahme unterschiedlicher Werkzeuge hat einen unmittelbaren Einfluss auf die **Flexibilität** des Maschineneinsatzes. Bei Drehmaschinen sind häufig **Revolversysteme in Stern-, Kronen- oder Scheibenform** zur Aufnahme von 6 bis 14 Werkzeugen anzutreffen.

Der in **Bild 4** aufgeführte **Sternrevolver** besitzt 12 Plätze für Werkzeuge mit dem Schneidkopf-System. Hierbei sind 6 Werkzeugplätze mit **Antriebseinheiten** ausgestattet, die einen Antrieb von Bohrern oder Fräsern ermöglichen. Eine Antriebseinheit besitzt eine **Synchronspindel.** Wird auf diesem Werkzeugplatz eine **Werkstückaufnahme mit einem Futter** eingesetzt, so kann während des Abstechens die abzustechende Werkstückseite gehalten werden und dabei **synchron** zur Hauptspindel rotieren.

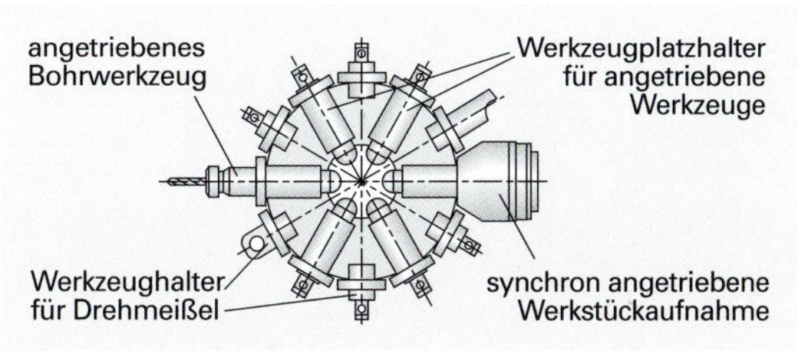

Bild 4: Sternrevolver

Werkstücksysteme an Drehmaschinen

Zum **Spannen der Werkstücke** werden an den Drehmaschinen **Spannfutter** verwendet. Das in **Bild 1** gezeigte Drehmaschinenfutter wird auf den **Spindelkopf der Hauptantriebsspindel** aufgesetzt. Der Spindelkopf ist zur einheitlichen Aufnahme genormt. Das Drehmaschinenfutter dient zum raschen und **zentrischen Spannen** verschieden geformter Werkstücke. Je nach Werkstück werden Drehmaschinenfutter mit drei oder vier **Backen** verwendet. Längere Werkstücke werden z.B. **zwischen Spitzen** gespannt. Während auf der Futterseite z.B. ein **Stirn-Seiten-Mitnehmer** eingesetzt wird, befindet sich auf der nicht-angetriebenen Seite des Werkstücks eine **mitlaufende Zentrierspitze.** Für die Aufnahme der Spitzen müssen im Werkstück **Zentrierbohrungen** eingearbeitet sein.

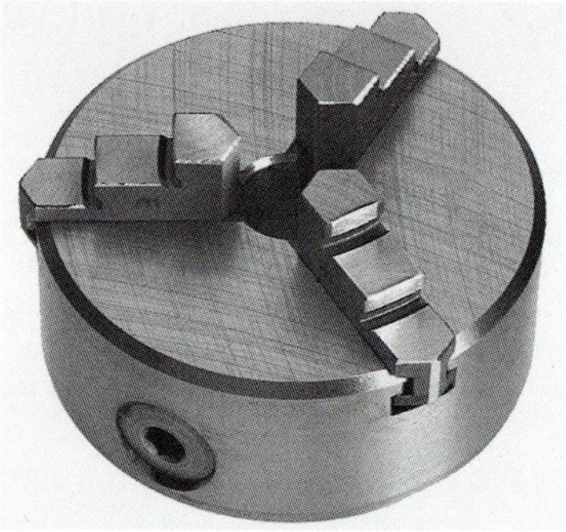

Bild 1: Drehmaschinenfutter

Wiederholung und Vertiefung

D105 Auf welche Fertigungsverfahren wird der Begriff Werkzeugmaschinen angewendet?

D106 Beschreiben Sie die Wirkungsweise einer mechanischen Ablaufsteuerung für Drehautomaten.

D107 Führen Sie eine Systemanalyse für die CNC-Drehmaschine durch. Geben Sie hierbei die Funktionseinheiten der CNC-Drehmaschine an.

D108 Beschreiben Sie die Funktionsweise der Energieübertragungseinheit der CNC-Drehmaschine.

D109 Erläutern Sie den Aufbau der Vorschubantriebseinheit der CNC-Drehmaschine.

D110 Wie unterscheidet sich die Punktsteuerung von der Streckensteuerung?

D111 In welchen Steuerungsarten wird die Bahnsteuerung unterteilt?

D112 Wodurch unterscheidet sich die 2D-Bahnsteuerung zur $2^1/_2$D-Bahnsteuerung?

D113 Durch welche Schnittstellen kann sich eine CNC-Steuerung auszeichnen?

D114 Wodurch erhöht sich die Produktivität von Werkzeugmaschinen?

D115 Beschreiben Sie den Unterschied des Bearbeitungszentrums zur flexiblen Fertigungszelle.

D116 Wodurch kennzeichnet sich das flexible Fertigungssystem?

D117 Wie unterscheidet sich die flexible Fertigungslinie zum flexiblen Fertigungssystem?

D118 Beschreiben Sie den Ablauf der Maschinenformherstellung beim Gießen.

D119 Warum wird beim Druckgießen zwischen dem Warmkammerverfahren und dem Kaltkammerverfahren unterschieden?

D120 Erläutern Sie den Verfahrensablauf an einer Stranggießanlage.

D121 Wie kann beim Pressen des Pulvers von Sinterformteilen eine gleichmäßige Dichte erreicht werden?

D122 Welche Schritte werden zur Herstellung eines Sinterteils durchgeführt?

D123 Beschreiben Sie die Wirkungsweise der Kurbelpresse.

D124 Welche Vorteile bietet eine hydraulische Presse im Vergleich zur Kurbelpresse?

D125 Welche Arten von Bohrmaschinen werden in der Praxis eingesetzt?

D126 Welche Gründe führten zur Entwicklung der Schrägbettdrehmaschine?

D127 Welche Vorteile hat eine Senkrecht-Drehmaschine zur Flachbettdrehmaschine?

D128 Erläutern Sie die verschiedenen Arten von Fräsmaschinen anhand der Anordnung der Schlitten.

D129 Wie erfolgt die Bearbeitung von Werkstücken an einer Spitzenlos-Rundschleifmaschine?

D130 Wodurch unterscheidet sich eine Schneidpresse von einer Tafelschere?

D131 Beschreiben Sie die Herstellung eines Werkstücks auf einer funkenerosiven Senkanlage.

D132 Erläutern Sie die Funktion der Elektronenstrahlschweißanlage.

Lösungshinweise

Kapitel A, Seiten 15 bis 82

A1 Gase und Dämpfe werden in der Strömungslehre als inkompressible Fluide bezeichnet, wenn die Strömungsgeschwindigkeit $v \leq 100$ m/s beträgt.

A2 Unter dem Volumenstrom versteht man das je Zeiteinheit durch den Rohrquerschnitt geflossene Fluidvolumen und unter dem Massenstrom die je Zeiteinheit durch den Rohrquerschnitt geflossene Fluidmasse. Der mathematische Zusammenhang zwischen dem Volumen- und dem Massenstrom ist: $\dot{V} = \dot{m}/\rho$

A3 Ordnet man einer Stromlinie eine geringe radiale Ausdehnung zu, so spricht man von einer Stromröhre. Sie ist dadurch gekennzeichnet, dass das Fluid in ihr wie in einer festen Röhre strömt.

A4 $$\dot{V} = A \cdot v \Rightarrow v = \frac{\dot{V}}{A} = \frac{12\ \text{m}^3/35\ \text{min}}{\pi/4 \cdot (0{,}035\ \text{m})^2} = \frac{12 \cdot 4}{35 \cdot \pi \cdot 0{,}035^2}\,\frac{\text{m}}{\text{min}} = 356{,}4\,\frac{\text{m}}{\text{min}} = 5{,}94\,\frac{\text{m}}{\text{s}}$$

A5 $$A = \pi \cdot \frac{d^2}{4} = \frac{\dot{V}}{v} \Rightarrow d = \sqrt{\frac{4 \cdot \dot{V}}{v \cdot \pi}} = \sqrt{\frac{4 \cdot 12\ \text{m}^3 \cdot s}{3600\ s \cdot 0{,}6\ \text{m} \cdot \pi}} = 0{,}084\ \text{m} = 8{,}4\ \text{cm}$$

A6 a) $$\dot{V} = A \cdot v \Rightarrow = v_1 = \frac{\dot{V}}{A_1} = \frac{0{,}05\ \text{m}^3/s \cdot 4}{\pi \cdot (0{,}0835\ \text{m})^2} = 9{,}13\,\frac{\text{m}}{\text{s}}$$

$$\frac{v_1}{v_2} = \frac{d_2^2}{d_1^2} \Rightarrow v_2 = v_1 \cdot \frac{d_1^2}{d_2^2} = 9{,}13\,\frac{\text{m}}{\text{s}} \cdot \frac{(83{,}5\ \text{mm})^2}{(57{,}5\ \text{mm})^2} = 19{,}25\,\frac{\text{m}}{\text{s}}$$

b) $h_1 = h_2$ $$p_1 + \frac{\rho}{2} \cdot v_1^2 = p_2 + \frac{\rho}{2} \cdot v_2^2 \Rightarrow p_2 = p_1 + \frac{\rho}{2} v_1^2 - \frac{\rho}{2} v_2^2$$

$$p_2 = 7\ \text{bar} + \frac{1\,000\ \text{kg}}{2\ \text{m}^3} \cdot \left(\left(9{,}13\,\frac{\text{m}}{\text{s}}\right)^2 - \left(19{,}25\,\frac{\text{m}}{\text{s}}\right)^2\right) = 700\,000\,\frac{N}{\text{m}^2} + 500\,\frac{\text{kg}}{\text{m}^3} \cdot \left(-287{,}2\,\frac{\text{m}^2}{s^2}\right)$$

$$= 70\,000\,\frac{N}{\text{m}^2} - 143\,600\,\frac{N}{\text{m}^2} = 556\,400\ \text{Pa} = 5{,}564\ \text{bar}$$

A7 Gesamtdruckhöhe $h_{ges} = h_{st} + h + h_{dyn}$. Die Gesamtdruckhöhe h_{ges} eines strömenden Fluids setzt sich aus den Teilbeträgen statische Höhe h_{st}, geodätische Höhe h und Geschwindigkeitshöhe h_{dyn} zusammen.

A8 Bei Vernachlässigung von Strömungsverlusten bei einer Rohrströmung ist die Summe aus potenzieller Energie, kinetischer Energie und Druckenergie konstant; dadurch bleibt die Gesamtenergie über die gesamte Fließstrecke konstant, was einem waagerechten Verlauf der Energielinie (ideelle Energielinie) entspricht. Nach Umrechnung der drei Energieformen auf die entsprechenden Höhen (geodätische Höhe, Geschwindigkeitshöhe, statische Höhe) ergibt sich als Summe dieser drei Höhen ebenfalls ein konstanter Wert.

A9 Ein Piezometer ist ein Messgerät zur Bestimmung meist hydrostatischer Drücke. Im Allgemeinen besteht es aus einem auf einem durchströmten Körper aufgesetzten Steigrohr. In diesem Steigrohr wird die Höhe des Fluidspiegels gemessen, woraus dann der Druck berechnet werden kann. Verbindet man alle Piezometerspiegel entlang einer durchflossenen Rohrleitung, so erhält man die Piezometerlinie, die auch als Drucklinie bezeichnet wird.

A10 Unter der geodätischen Höhe versteht man die Höhe des Messpunktes in einer Piezometerröhre bezüglich einer Referenzhöhe. In horizontal durchströmten Rohrleitungen ist die geodätische Höhe konstant.

A11 Das Verhältnis der dynamischen Viskosität zur Fluiddichte wird als kinematische Viskosität bezeichnet.

A12 → **Bild 1/35**

A13 Die Strömungsgeschwindigkeit, bei der die laminare Strömung in die turbulente Strömung umschlägt, wird als kritische Geschwindigkeit v_{krit} bezeichnet, sie ist eine Grenzgeschwindigkeit.

A14 Unter konzentrationsbezogener Viskosität bei Fluidmischungen versteht man die zum Teil starke Abhängigkeit der Viskosität von der prozentualen Zusammensetzung der in der Mischung enthaltenen Anteile.

A15 $\nu = \frac{\eta}{\rho} = \frac{1{,}7 \cdot 10^{-5}\ Pas \cdot \mathrm{m}^3}{1{,}293\ \mathrm{kg}} = 1{,}3 \cdot 10^{-5}\ \frac{\mathrm{m}^2}{s}$

A16 $v_{krit} = \frac{2320 \cdot v}{d} = \frac{2320 \cdot 300 \cdot 10^{-6}\ \mathrm{m}^2/s}{0{,}1\ \mathrm{m}} = 6{,}96\ \frac{\mathrm{m}}{s}$

A17 Bei nicht kreisförmigen Querschnitten wird als charakteristische Größe für die Abmessung der Rohrleitung der hydraulische Durchmesser $d_h = 4 \cdot A/U$ in die Gleichung zur Berechnung der Reynold'schen Zahl eingesetzt (A = Strömungsquerschnitt in m², U = Umfang des Strömungsquerschnittes in m).

A18 Die Summe aus der Reibungskraft F_R und der Druckwiderstandskraft F_D wird als Strömungswiderstandkraft F_W bezeichnet.

A19 Der Staudruck ist gleich der Erhöhung des Drucks am Staupunkt eines umströmten Körpers gegenüber dem statischen Druck des Fluids.

A20 Die Strömung durch ein Leitungssystem erfährt durch Reibung an den Leitungswänden, durch Krümmer, Flansche und Ventile einen Druckverlust. Dieser wird auch als Verlust- oder Widerstandshöhe bezeichnet. Der physikalische Zusammenhang zwischen dem Druckverlust Δp und der Verlusthöhe h ist $\Delta p = \rho \cdot g \cdot h$.

A21 $F = C_W \cdot \frac{\rho}{2} \cdot v^2 \cdot A \Rightarrow C_W = \frac{2 \cdot F}{\rho \cdot v^2 \cdot A} = \frac{2 \cdot 1{,}2\ \mathrm{N}}{1{,}3\ \mathrm{kg/m^3} \cdot (10\ \mathrm{m/s})^2 \cdot 0{,}05\ \mathrm{m}^2}\ 0{,}369$

A22 a) $\dot{V} = A \cdot v \Rightarrow v = \frac{\dot{V}}{A} = \frac{\dot{V}}{\pi/4 \cdot d^2} = \frac{12\ \mathrm{m}^3 \cdot 4}{60\ \mathrm{s} \cdot \pi \cdot (0{,}5\ \mathrm{m})^2} = 1{,}02\ \frac{\mathrm{m}}{s}$

b) $Re = \frac{v \cdot d}{\nu} = \frac{1{,}02\ \mathrm{m/s} \cdot 0{,}5\ \mathrm{m}}{1{,}15 \cdot 10^{-6}\ \mathrm{m^2/s}} = 443 \cdot 10^3$

c) **Tabelle 1/41** → $\lambda = 0{,}0032 + \frac{0{,}221}{Re^{0{,}237}} = 0{,}0133$

d) $\Delta p_{st} = \lambda \cdot \frac{l}{d} \cdot \frac{\rho}{2} \cdot v^2 = 0{,}0133 \cdot \frac{2000\ \mathrm{m}}{0{,}5\ \mathrm{m}} \cdot \frac{1000\ \mathrm{kg/m^3}}{2} \cdot (1{,}02\ \mathrm{m/s})^2 = 27\,674\ \mathrm{N/m^2} = 0{,}27\ \mathrm{bar}$

A23 $\Delta p_{st} = \xi \cdot \frac{\rho}{2} \cdot v^2 = 0{,}2 \cdot \frac{870\ \mathrm{kg/m^3}}{2} \cdot \left(3{,}5\ \frac{\mathrm{m}}{\mathrm{s}}\right)^2 = 1066\ \frac{\mathrm{N}}{\mathrm{m}^2} = 0{,}01066\ \mathrm{bar}$

A24 Mechanische Arbeit (mechanische Energie in Form potenzieller Energie) kann in Wärmeenergie umgewandelt werden.

A25 Im *F, s*-Diagramm und im *p, V*-Diagramm entspricht die Fläche unter der Kraftlinie bzw. unter der Drucklinie der Volumenänderungsarbeit.

A26 Als innere Energie bezeichnet man die Bewegungsenergie der Elementarbausteine (Brownsche Molekularbewegung). Äußere Energieformen sind die potenzielle oder kinetische Energie des Gesamtsystems (des Körpers).

A27 Bei der Umwandlung von Wärmeenergie in mechanische Arbeit wird in der Regel auch ein Teilbetrag in innere Energie umgewandelt.

A28 Die spezifische Wärmekapazität bei konstantem Druck bzw. bei konstantem Volumen so wie spezifische Gaskonstante sind stoffabhängig. Sie sind über die Beziehung $R_B = c_P - c_V$ miteinander verknüpft und haben damit die gleiche Einheit kJ/(kg · K).

A29 $R_B = c_P - c_V$ $\qquad c_P = \frac{\kappa}{\kappa - 1} \cdot R_B \qquad c_V = \frac{R_B}{\kappa - 1}$ $\qquad$ mit $\kappa = \frac{c_P}{c_V}$

A30 a) $T_2 = \frac{T_1 \cdot p_2}{p_1} = 867\ K \Rightarrow \vartheta_2 = 594\ °C$ $\qquad$ b) $Q = m \cdot c_V \cdot (T_2 - T_1) = 4511\ kJ$

A31 Bei einer isothermen Zustandsänderung wird die dem geschlossenen System zugeführte Wärmeenergie Q völlig in Volumenänderungsarbeit W_V umgewandelt.

A32 Bei einer Kompression kommt es zu einer Drucksteigerung, bei einer Kontraktion zu einer Zusammenziehung.

A33 a) $V_2 = \frac{p_1 \cdot V_1}{p_2} = 35\ m^3$ $\qquad$ b) $W_V = p_1 \cdot V_1 \cdot \ln \frac{p_2}{p_1} = 6811\ kJ$

A34 Bei einer isentropen Zustandsänderung wird keine Wärmeenergie mit der Umgebung ausgetauscht. $p \cdot V^{\kappa} = \text{konst.}$

A35

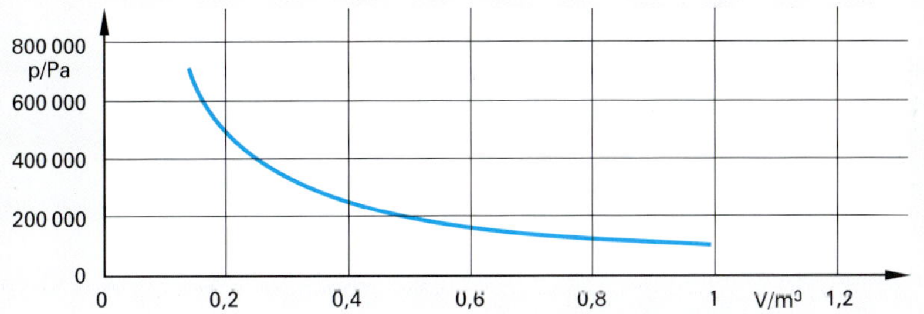

$V_2 = \frac{p_1 \cdot V_1}{p_2} = 0{,}14\ m^3 \qquad W_V = p_1 \cdot V_1 \cdot \ln \frac{p_2}{p_1} = -\ 192{,}7\ kJ$

A36 Soll in einer Wärmekraftmaschine periodisch Wärmeenergie in mechanische Arbeit umgewandelt werden, dann genügt eine Zustandsänderung nicht. Bei einer Kolbenmaschine muss beispielsweise durch eine zweite Zustandsänderung der Kolben wieder in seine Ausgangslage gebracht werden.

A37 Der zweite Hauptsatz der Thermodynamik besagt, dass Wärmeenergie nur dann in mechanische Energie umgewandelt werden kann, wenn in einem Kreisprozess zwischen Vor- und Rücklauf ein Temperaturgefälle vorliegt.

A38 Der thermische Wirkungsgrad ist definiert als Quotient aus der Nutzwärme und der aufgewendeten Wärme bzw. aus der Nutzarbeit und der aufgewendeten Wärme.

A39 Bei der isochoren Zustandsänderung ist die Volumenänderungsarbeit null. Die zu- bzw. abgeführte Wärmeenergie wird vollständig zur Änderung der inneren Energie benötigt.

A40 $W_n = W_{v34} - W_{v12} \qquad W_n = m \cdot \frac{R_B}{\kappa - 1} \cdot (T_3 - T_4) - m \cdot \frac{R_B}{\kappa - 1} \cdot (T_2 - T_1) \qquad W_n = m \cdot \frac{R_B}{\kappa - 1} \cdot (T_3 + T_2 - T_4 - T_1)$

A41

$$\eta_{th} = \frac{W_n}{Q_{23}} \qquad \eta_{th} = \frac{m \cdot \frac{R_B}{\kappa - 1} \cdot (T_3 - T_4) - m \cdot \frac{R_B}{\kappa - 1} (T_2 - T_1)}{m \cdot c_V \cdot (T_3 - T_2)} \qquad \eta_{th} = \frac{(T_3 - T_4) - (T_2 - T_1)}{(T_3 - T_2)}$$

$$\eta_{th} = \frac{(T_3 - T_2) - (T_4 - T_1)}{(T_3 - T_2)} = 1 - \frac{T_4 - T_1}{T_3 - T_2} \quad \text{mit} \quad T_2 = T_1 \cdot \left(\frac{V_1}{V_2}\right)^{\kappa-1} \quad \text{und} \quad T_4 = T_3 \cdot \left(\frac{V_3}{V_4}\right)^{\kappa-1} = T_3 \cdot \left(\frac{V_2}{V_1}\right)^{\kappa-1}$$

und $\varepsilon = \frac{V_1}{V_2}$ wird $T_2 = T_1 \cdot \varepsilon^{\kappa-1}$ und $T_4 = T_3 \cdot \frac{1}{\varepsilon^{\kappa-1}}$ folgt: $\eta_{th} = 1 - \frac{1}{\varepsilon^{\kappa-1}}$

A42 $T_1 = 300\ K$ $T_4 = 1\,150\ K$
$T_2 = 850\ K$ $T_5 = 450\ K$
$T_3 = 1\,000\ K$ $\kappa = 1{,}4$

$$\eta_{th} = 1 - \frac{T_5 - T_1}{T_3 - T_2 + \kappa \cdot (T_4 - T_3)} = 0{,}583$$

A43 Im *p, V*-Diagramm wird die Arbeit und im *T, s*-Diagramm die Wärme als Fläche dargestellt.

A44 Diese Entropieänderung ist bei Wärmezufuhr positiv, bei Wärmeabfuhr negativ.

A45

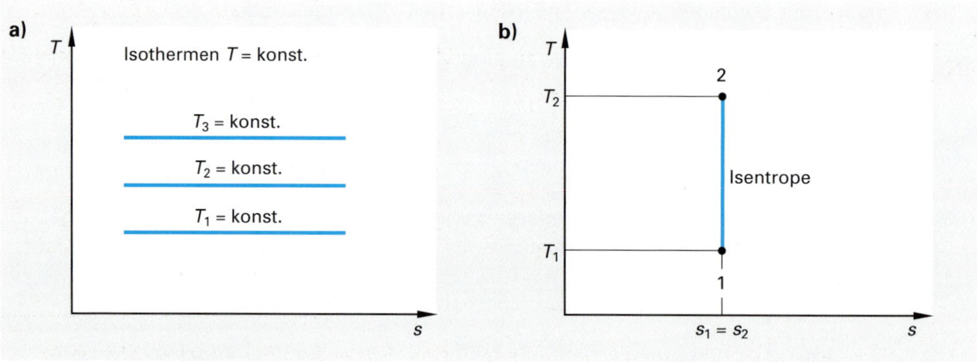

A46 Druck, Enthalpie-Diagramm
Temperatur, Entropie-Diagramm
Enthalpie, Entropie-Diagramm

A47 Was ist ein ideales Gas?
- einatomige Moleküle mit
  - keinerlei gegenseitiger Wechselwirkung
  - keinem Eigenvolumen (punktförmig)

Wann sind reale Gase ideal?
Reale Gase verhalten sich wie ideale Gase bei niedriger Konzentration und hoher Temperatur, weil:
- wenig Moleküle in großem Volumen
- mittlerer Abstand >> Durchmesser
- kinetische Energie >> Bindungsenergie
- Anziehungskräfte << Stoßkräfte

A48 Im Zustandsdiagramm können ideale und reale Kreisprozesse übersichtlich gegenübergestellt und dadurch Verbesserungspotenziale deutlich gemacht werden.

Kapitel B, Seiten 83 bis 110

B1 29 330 kJ/kg

B2 **Primärenergie** ist die in den natürlichen Energieträgern enthaltene Energie.
Sekundärenergie ist die durch Umwandlung aus der Primärenergie gewonnene Energie.
Erneuerbare Energien sind die durch Umwandlung aus nichtfossilen Energieträgern (z. B. Wasser, Wind- und Sonnenenergie) erhaltene Energien.
Nichterneuerbare Energien sind die durch Verbrennungsprozesse von fossilen Energieträgern erhaltene Energien.

B3 **Primärenergieträger:** Kohle, Erdöl, Erdgas, Uran, Wasser, Erd- und Sonnenwärme.
Prozentualer Anteil der Primärenergie in Deutschland:
Mineralöl (33,3 %), Erdgas (22,3 %), Steinkohle (12,8 %), Kernenergie (7,6 %), Braunkohle (11,7 %), Wasser, Wind, Sonstige (12,2 %).

B4 **Spezifischer Heizwert:** Der spezifische Heizwert eines Brennstoffs gibt an, wie viel Energie in Form von Wärme bei der Verbrennung pro Kilogramm des Brennstoffs gewonnen werden kann, bei der es nicht zu einer Kondensation des im Abgas enthaltenen Wasserdampfes kommt.

Spezifischer Brennwert: Der spezifische Brennwert eines Brennstoffes gibt die Wärmemenge, die bei der Verbrennung und anschließenden Abkühlung auf die Ausgangstemperatur des brennbaren Gemisches sowie bei deren Kondensation frei wird, pro Kilogramm des Brennstoffes an.

B5 **Vorteile der erneuerbaren Energiequellen:**

- sie bieten einen unbegrenzten Vorrat und sind heimisch,
- sie sind umweltfreundlich und schonen die Ressourcen unseres Planeten,
- sie besitzen in den Entwicklungsländern teilweise bessere natürliche Bedingungen,
- bietet für die mittelständische Industrie einen hohen Anreiz.

Nachteile der erneuerbaren Energiequellen:

- meist relativ geringe Energiedichte,
- oft ungünstiges Verhältnis zwischen Aufwand einerseits und Ertrag andererseits,
- häufig starke Eingriffe in den Natur- und Landschaftshaushalt bzw. Landschaftsbild,
- Abhängigkeit von Tages- und Jahreszeiten, klimatischen und geologischen Verhältnissen,
- technische Probleme mit der Speicherbarkeit.

B6 **Biomasse** enthalten organische Stoffe (z.B. Holz, Stroh) zur energetischen Nutzung.
Voraussetzungen: Mithilfe von Sonnenenergie bilden die Pflanzen aus dem Kohlenstoffdioxid der Luft sowie Mineralien und Wasser aus der Erde ihre Biomasse.

B7

- Ausschließlich naturbelassene Brennstoffe,
- es sind trockene Brennstoffe zu verwenden,
- es ist genügend Luft zuzuführen, Feuerstelle muss sauber gehalten werden, Rauch ist zu vermeiden.

B8 Das sind in geometrische Form gepresste Holzspäne oder Strohfasern, in absolut trockenem Zustand.

B9 **Bestandteile von Biogas:** Methan, Kohlenstoffdioxid, geringe Mengen an Stickstoff, Wasserstoff, Schwefelwasserstoff.

Spezifischer Brennwert von Biogas: 25 000 kJ/kg

Der **spezifische Brennwert-Vergleich** Biogas mit Erdgas Typ H (41 300 kJ/kg) zeigt, dass der spezifische Brennwert von Erdgas Typ H ca. 65 % größer ist, als der vom Biogas.

B10 Mithilfe von Bakterien werden organische Abfälle unter Luftabschluss zersetzt und dabei entsteht das brennbare Gasgemisch Biogas oder auch Faulgas genannt.

B11 Ein Transport von Wärmeenergie entgegen einem Temperaturgefälle ist (nach dem 2. HS) nur mit einem zusätzlichen Aufwand an Energie möglich. Dies ist mit einer Wärmepumpe realisierbar.

B12 Hauptbestandteile einer Wärmepumpe: Verdampfer mit Kältemittel, Verdichter, Verflüssiger mit den Anschlüssen zum Heizungskreislauf, Expansionsventil.

B13 Das Expansionsventil sorgt dafür, dass das Kältemittel sich entspannt und sich dabei abkühlt.

B14 Die in Abluft oder Abwässern steckende Wärmeenergie kann teilweise zurückgewonnen werden und so kann der Wirkungsgrad positiv beeinflusst werden.

B15 **Voraussetzungen** für einen wirtschaftlichen Betrieb einer Wärmepumpe:

- möglichst hohes Temperaturniveau der Wärmequelle,
- das Temperaturniveau soll möglichst immer bei Wärmebedarf konstant zur Verfügung stehen,
- das die Wärme abgebende Medium muss in ausreichender Menge vorhanden sein.

B16 Als Regel gilt, dass der Flächenbedarf für die Verlegung der Erdkollektoren mindestens so groß sein muss wie die zu beheizende Wohn- oder Gewerbefläche.

B17 **Solarthermische Umwandlung:** Das ist die direkte Umwandlung der Sonnenenergie in Wärmeenergie mithilfe von Sonnenkollektoren.

Solarelektrische Umwandlung: Das ist die direkte Umwandlung der Sonnenenergie in elektrische Energie mithilfe von Fotovoltaik-Anlagen.

B18 **Sonnenkollektoren:** Die Sonnenstrahlen erwärmen eine spezielle Wärmeträgerflüssigkeit in den Kollektoren.

Umwälzpumpe: Die Umwälzpumpe leitet die erwärmte Wärmeträgerflüssigkeit zunächst in die untere Heizspirale, die sich in einem Warmwasserspeicher befindet, und anschließend wird die abgekühlte Flüssigkeit in die Kollektoren zurückgeführt.

Thermostat: Er hat die Aufgabe die Umwälzpumpe immer dann einzuschalten, wenn die Temperatur Wärmeträgerflüssigkeit im Kollektor höher ist als die Temperatur im unteren Teil des Warmwasserspeichers.

Warmwasserspeicher: Mithilfe einer bestimmten Wassermenge wird die Wärme gespeichert. Um Wärmeverluste nach außen zu vermeiden, ist der Warmwasserspeicher entsprechend wärmeisoliert. Der Warmwasserspeicher enthält Warmwasseranschlüsse und auch eine Heizungsspirale mit den entsprechenden Anschlüssen für den Heizungskreislauf, wenn ein Warmwasserspeicher mit Heizungsunterstützung vorhanden ist.

B19 Der innere fotoelektrische Effekt besagt: Fällt Licht auf eine Halbleiter-Sperrschicht, so werden im Innern dieses Halbleiters elektrische Ladungen (d. h. Bindungselektronen) freigesetzt.

B20 Die **Energierücklaufzeit** ist diejenige Zeit, die nötig ist, um die elektrische Energie über die Sonneneinstrahlung zu erhalten, die betragsmäßig genau so groß ist, wie die Energie, die nötig ist, um die Solarzellen industriell herzustellen.

B21 Eine netzgekoppelte Anlage enthält im Wesentlichen folgende Bauteile: den Solargenerator (Solarmodule), das **Montagegestell,** den **Netzwechselrichter** und den **Stromeinspeisezähler.**

B22 Ein solches System enthält im Wesentlichen folgende Bauteile: **Solargenerator, Montagegestell, Laderegler, Solarakkumulator.** Falls der Betreiber eine Wechselspannung wünscht, muss noch ein **Wechselrichter** an den Akkumulator angeschlossen werden, mit dem man dann herkömmliche 230-V-Haushaltsgeräte betreiben kann. Die Entscheidung, ob eine solche Anlage nur Gleichstromgeräte oder Wechselstromgeräte versorgen soll, hängt vom Einzelfall ab, d. h. von der gesamten Leistung, die die angeschlossenen Verbraucher haben.

B23 6 parallel geschaltete Stränge, wobei jeder Strang aus 3 in Reihe geschalteten Modulen besteht. $P_{ges} = 2160$ W.

B24 Mit senkrechter Drehachse: bis ca. 100 kW; mit waagrechter Drehachse: über 100 kW.

B25 **Pitch-Regelung:** Das ist eine Regelung durch Verändern der Einstellwinkel an den Rotorblättern, z. B. mithilfe der Hydraulik und bei größeren WEA's mit elektromotorischem Verstellantrieb.

Stall-Regelung: Für kleine und mittelgroße Anlagen bis ca. 600 kW wird zur Begrenzung der Windturbinenleistung das Prinzip des Strömungsabrisses angewandt. Bei Windstärken über dem Nennbereich kommen die Rotorblätter infolge der konstruktionsbedingten Gegebenheiten in den Stallbetrieb. Bei dieser Art von Anlagen können verbraucherorientierte Eingriffe an der Windturbine nur durch das elektrische Lastmoment des Generators über den gesamten mechanischen Triebstrang rückwirkend auf die Turbine vorgenommen werden. Die Regelung beschränkt sich weitgehend auf die Steuerung der Ein- und Ausschaltvorgänge. Besonders bei **Windparks** – bestehend aus mehreren Einzelanlagen – wird dies durch eine Fernüberwachung im Rahmen eines **Parkmanagements** realisiert.

B26 **Rotor:** Wegen aerodynamischer Verluste (die Luftmassen müssen hinter dem Rotor abtransportiert werden) können dem Wind maximal 40 % seiner nutzbaren Energie entnommen werden.

Getriebe: Beim Getriebe, das sich zwischen der Rotorwelle und der Generatorwelle befindet, treten bis 10 % Reibungsverluste auf.

Generator: Die vom Getriebe kommende mechanische Energie wandelt der Generator bis zu 20 % in Wärmeenergie um. Damit bleibt nach Abzug der verschiedenen Verluste von der Windenergie in der Regel ein Drittel für die elektrische Energie übrig. Bei der Berechnung und technischen Auslegung einer Windenergieanlage müssen die einzelnen Wirkungsgrade multipliziert werden. Zur Verdeutlichung dieses Sachverhalts dient entsprechend obiger Zahlen folgendes **Zahlenbeispiel** zum **Gesamtwirkungsgrad:**

$\eta_{ges} = \eta_{Rotor} \cdot \eta_{Getriebe} \cdot \eta_{Generator} = 0{,}40 \cdot 0{,}90 \cdot 0{,}80 = 29\ \%$

B27 Der zu erwartende **jährliche Energieertrag** einer WEA hängt nicht nur von der Baugröße und vom Gesamtwirkungsgrad der WEA ab, sondern er ist auch **vom Standort abhängig.** Das heißt, der Energieertrag ist ferner von **der durchschnittlichen Jahreswindgeschwindigkeit** in **Nabenhöhe,** von der **Luftdichte** und von der **Temperatur** abhängig. Bei Windparks müssen eventuell noch **Abschattungsverluste** berücksichtigt werden

B28 Rotor, Hauptwelle, Getriebe, Generator, Bremssystem, Gondel, Nachführungssystem, Turm, Fundament, Trafostation.

B29 Startwind: $v = 2{,}5$ m/s (Windstärke 2) Stoppwind: $v = 25$ m/s (Windstärke 10)

B30 In Nabenhöhe wird die Windrichtung kontinuierlich gemessen. Wird eine zulässige Abweichung überschritten, so wird die Gondel aktiv nachgeführt. Getriebemotoren, die einen gelagerten Drehkranz verstellen, realisieren die Nachführung.

B31 325 Einfamilienhäuser

B32 Unter der Elektrolyse des Wassers versteht man die elektrochemische Zerlegung von Wasser in seine Bestandteile Sauerstoff und Wasserstoff.

B33 Bei der „kalten Verbrennung" von Wasserstoff und Sauerstoff wird in der Brennstoffzelle elektrischer Strom erzeugt. Bei der heißen Verbrennung reagieren die beiden Gase explosionsartig (Knallgas) miteinander. Beides mal ist das Reaktionsprodukt Wasser.

B34 Je nach Brennstoffzellentyp wird der Zelle als Brenngas Wasserstoff, Methanol, Erdgas, Kohlegas oder Biogas zugeführt. Als Oxidationsmittel dient entweder reiner Sauerstoff oder der in der zugeführten Luft enthaltene Sauerstoff.

B35 Die Vorteile einer Brennstoffzelle liegen darin, dass sie einen hohen Wirkungsgrad, Wasser als Reaktionsprodukt und keine Schadstoffemission haben. Außerdem können sie geräuscharm und in kontinuierlichem Betrieb arbeiten. Eine Brennstoffzelle ist aber erst ein echter Gewinn, wenn es gelingt den Wasserstoff nicht aus Erdöl oder Erdgas, sondern aus Solar-, Wind- oder Wasserkraftwerken zu gewinnen.

B36 Je nach Aufgabenstellung und Anwendungsgebiet werden die Brennstoffzellen bei unterschiedlichen Temperaturen (80 °C–1 000 °C) und mit verschiedenen Brenngasen betrieben (→ **Tabelle 2/104**).

B37 Zur Erzeugung von Strom sind außer der Brennstoffzelle noch weitere Komponenten erforderlich: Aufbereitung des Gases im Reformer, elektrischer Betriebsteil zur Stromerzeugung, Gasnachbehandlung, Nutzung der Abwärme.

B38 Unter der „Reformierung" versteht man die Aufbereitung des Brenngases. Je nach Brennstoffzellentyp erfolgt diese Reformierung extern in einer getrennten Anlage, die der Zelle vorgeschaltet ist, oder intern in der Zelle selbst.

B39 Bei der Direkt-Brennstoffzelle erfolgt die Reformierung (Aufbereitung) des Brenngases im Innern des Zellenblocks.

B40 Laufwasserkraftwerk, Speicherkraftwerk, Gezeitenkraftwerk

B41 Wasserkraftwerke nützen einen Teil der von der Sonne auf die Erde eingestrahlten Energie. Diese Sonnenwärme verdunstet Wasser von der Oberfläche der Erde, der Wasserdampf steigt durch Auftrieb hoch, kondensiert zu kleinen Wassertropfen, die als Regen wieder zur Erde fallen, und der in höheren Lagen in Speicherseen gesammelt wird.

B42 Beim Bau eines Wasserkraftwerkes müssen folgende Punkte beachtet werden: Genügend Wasser mit dem notwendigen Gefälle; Berücksichtigung von Natur- und Landschaftsschutzgesetzen; Wasserrechte; Bebauungspläne; Untergrund des Bauplatzes u. a.

B43 Durch folgende Maßnahmen kann Energie eingespart werden: Sparsamer Energieverbrauch; geringe Energieverluste; effektive Ausnützung der Energie; Wartung der Energieversorgungssysteme.

B44 Großwasserkraftwerke werden hauptsächlich im Gebirge gebaut, da dort viel Wasser und ein großer Höhenunterschied zur Verfügung steht. Flusskraftwerke sind eher Kleinwasserkraftwerke. Unter einem Kleinwasserkraftwerk versteht man ein Kraftwerk mit einer Leistung von bis zu 1000 kW.

B45 Mit der modernsten Kraftwerkstechnik bei Kohle-Großkraftwerken können gegenüber den momentan genutzten Kraftwerken noch mindestens 10 % mehr Energie gewonnen werden.

B46 Unter der Emission versteht man die Abgabe von luftfremden Stoffen, von Wärme, von Schall u. a. Unter Immission versteht man die Einwirkung störender Einflüsse (Gase, Wärme, Schall) auf den Menschen und die Umwelt.

B47 Die Luftverunreiniger werden in drei Schadstoffgruppen eingeteilt:
Anorganische gasförmige Stoffe; organische flüchtige Verbindungen; partikelförmige Stoffe und Stoffgemische.

B48 Treibhausgase sind Gase, die zur Erwärmung der Atmosphäre beitragen. Es sind dies hauptsächlich CO_2, Methan, N_2O und Fluorkohlenwasserstoffe.

B49 Partikelförmige Luftverunreinigungen sind nicht gas- oder dampfförmige Stoffe, sondern kleine Teilchen wie Ruß, Flugasche, Kohlenstaub, normaler Staub u. a.

B50 Bei der Nutzung nachwachsender Biomasse wird nur so viel CO_2 freigesetzt, wie vorher von der Pflanze aus der Luft, dem Boden oder dem Wasser aufgenommen wurde.

Kapitel C, Seiten 111 bis 216

C1 In einer Dampfkraftmaschine wird als Arbeitsmedium Dampf verwendet und in einer Verbrennungskraftmaschine ein Verbrennungsgas.

C2 Nassdampf und Sattdampf haben die gleiche Temperatur, die als Siedetemperatur bezeichnet wird.

C3 Die Summe aus Flüssigkeitswärme, Verdampfungswärme und Überhitzungswärme wird als Dampferzeugungswärme bezeichnet.

C4 Siehe Kapitel C2.3.1, C2.3.2 und C2.3.3.

C5 Ein Zonenwanderrost besteht aus mehreren Zonen: Vorwärm- und Trocknungszone, Verbrennungszone, Glutzone und Schlackenzone.

C6 Bei der Kohlenstaubfeuerung kann über einen großen Lastbereich gefahren werden. Aufgrund der feinen Kohlepartikeln ist die Oberfläche, die für die Verbrennung zur Verfügung steht, groß. Der Wirkungsgrad ist groß und die Anheizzeit gering.

C7 Bei der Schmelzfeuerung ist der Gehalt an Flugasche im Abgas gering, weil ein Großteil der Asche als flüssige Schlacke vorliegt. Außerdem kann Kohle mit hohem Ascheanteil wirtschaftlich verbrannt werden.

C8 Die Frischdampfparameter sind $T = 550$ °C und $p = 250$ bar.

C9 Die Wärmeübertragung ist gegeben durch Wärmeleitung, Wärmestrahlung und Konvektion (freie oder erzwungene Konvektion).

C10 Die Wärmestrahlung wird unterschieden in Flammenstrahlung und Gasstrahlung.

C11 Beim Dreizugkessel werden zusätzlich zum Flammrohr wasserumspülte Rauchrohre verbaut und hin- und hergeleitet. Dadurch entstehen zusätzlich Züge, die die Wärmetauscherfläche vergrößern.

C12 Beim gewellten Flammrohr wird die Oberfläche vergrößert sowie die Wärmeübertragung durch mehr Turbulenzen verbessert.

C13 Die Umlaufziffer ist das Verhältnis aus umlaufender Wassermasse zur erzeugter Dampfmasse. $U = 50$ bedeutet daher, dass 1 kg Wasser 50 mal umlaufen muss, bis es vollkommen verdampft ist.

C14 Beim Naturumlaufkessel entsteht der Umlauf durch freie Konvektion infolge von Dichteunterschieden zwischen kälterem und wärmerem Wasser. Beim Zwangsumlaufkessel erfolgt der Umlauf durch erzwungene Konvektion mittels einer Umwälzpumpe.

C15 Beim Bensonkessel wird der Wasserdruck derart gewählt, dass der kritische Punkt erreicht wird, sodass keine Verdampfungswärme notwendig ist.

C16 In der Trommel werden Wasser und Dampf voneinander getrennt.

C17 Der Verdampfungspunkt ist die Stelle im Rohrleitungssystem, an der die letzten Wasserteilchen verdampfen.

C18 Im Überhitzer wird der Dampf über den Nassdampfzustand erhitzt, um durch eine höhere Temperatur den Wirkungsgrad zu erhöhen.

C19 Unterschieden werden können Überhitzer in Strahlungsüberhitzer und Konvektions- oder Berührungsüberhitzer.

C20 Die wichtigsten Hilfsanlagen sind: Kesselspeisepumpe, Speisewasservorwärmer, Luftvorwärmer, Rußbläser, Überhitzer, Staubfilteranlagen, Wasseraufbereitung

C21 Bei versetzter Anordnung der Rohrbündel verkleinert sich die Durchströmfläche, wodurch sich die Strömungsgeschwindigkeit und damit der Wärmeübergang erhöht.

C22 Das Kesselspeisewasser muss gereinigt, enthärtet und entgast werden.

C23 Die Kolbendampfmaschine hat gegenüber der Dampfturbine einen deutlich schlechteren Wirkungsgrad, nahe 300-fach geringere Leistung und ein schlechteres Masse/Leistungs-Verhältnis.

C24 Der Dampfmotor hat eine günstige Momentencharakteristik. Er liefert eine bei hoher Drehzahl und kleinem Gewicht große Leistung. Bei nichtstationärem Einsatz bei kleinem Bauraum ist die Dampferzeugung unwirtschaftlich.

C25 Bekannte Ausführungsformen sind der doppeltwirkende Dampfmotor mit Kolbenschiebersteuerung und der einfachwirkende Dampfmotor mit Ventilsteuerung.

C26 Die Verfahrensstufen Füllung und Expansion bilden zusammen den Arbeitstakt.

C27 Gegenüber Kolbenmaschinen, bei denen Massen hin- und herbewegt und dabei beschleunigt und verzögert werden, wirken bei der rotierenden Dampfturbine im Nennbetrieb keine Massenträgheitskräfte.

C28 Im *T,s*-Diagramm bilden sich Wärmemengen als Flächen ab. Im *h,s*-Diagramm können die umgesetzten Energiemengen unter Berücksichtigung der thermischen und mechanischen Verluste dargestellt werden.

C29 Beim adiabaten Wärmegefälle, auch als isentropes Wärmegefälle, wird keine Wärme mit der Umgebung ausgetauscht.

C30 $\eta_{th} = \frac{\text{Nutzarbeit}}{\text{zugeführte Wärme}} = \frac{W_{n12} - W_{n34}}{Q_{56} + Q_{67}}$

C31 $\rho = \frac{\text{Laufradgefälle}}{\text{Stufengefälle}}$

C32 Bewegt sich ein „Beobachter" auf einem Fluidstrahl durch die Laufschaufeln, so ist seine Geschwindigkeit relativ zu seiner stillstehenden Umgebung gerichtet. Diese Relativgeschwindigkeit bildet zusammen mit der Umfangsgeschwindigkeit der Laufschaufeln und der Absolutgeschwindigkeit des Fluids das Geschwindigkeitsdreieck.

C33 Die Umfangskraft errechnet sich aus dem Impulssatz: $F_u = \dot{m} \cdot (w_{1u} + w_{2u})$
und die Umfangsleistung aus: $P_u = F_u \cdot u = \dot{m} \cdot u \cdot (w_{1u} + w_{2u})$

C34 Die Durchflussrichtung bei Turbinen kann axial, radial oder radial-axial sein.

C35 Bei der Gleichdruckturbine wird das Druckgefälle nahezu vollständig in der Leitschaufel in kinetische Energie umgesetzt, während bei der Überdruckturbine das Druckgefälle sowohl in der Leitals auch in der Laufschaufel abgebaut wird.

C36 Labyrinthdichtungen sind berührungslose Spaltdichtungen. Die Labyrinthdichtungen dichten an den Gleitlagern das Innere des Gehäuses gegenüber der Umgebung ab.

C37 Die Leitschaufeln sitzen aufgrund des starken Druckgefälles auf starken Zwischenböden. Diese Zwischenböden unterteilen die Turbine in einzelne Kammern.

C38 Es handelt sich um Strömungsverluste infolge von Reibung.

C39 Es handelt sich um den Reaktionsgrad $\rho = 0{,}5$, bei dem je zur Hälfte das Druckgefälle in den Leit- und in den Laufschaufeln umgesetzt wird. Der Reaktionsgrad ist nur von Bedeutung bei Überdruckturbinen.

C40 Der Radreibungsverlust entsteht zwischen den umlaufenden Radscheiben und dem stillstehenden Zwischenboden bei der Kammerturbine. Der Ventilationsverlust tritt bei Teilbeaufschlagung auf, wobei die nicht beaufschlagten Schaufeln den Umgebungsdampf ansaugen und mitreißen.

C41 Gleichdruck- und Überdruckturbine sind gleichwertig.

C42 Da bei der Überdruckturbine im Laufrad ein Druckgefälle vorliegt, kommt es dadurch zu einem Axialschub. Dieser Axialschub wird durch einen Ausgleichskolben kompensiert.

C43 Der Bolzendrehzahlwächter ist Bestandteil des Schnellschlussventils. Dieses schließt bei Lastausfall des Generators, um eine Überdrehzahl zu verhindern, mithilfe eines federbelasteten Bolzens in einer am unbelasteten Ende der Turbinenwelle vorhandenen radialen Bohrung.

C44 Der Axialwächter überwacht die Turbinenläuferverschiebung der Überdruckturbine. Der Schmierölwächter überwacht die gesamte Ölversorgung und den Öldruck.

C45 Beim Anfahren der Turbine muss der volle Öldruck anstehen, damit der Turbinenläufer in den Gleitlagern angehoben werden kann, sodass auch bei geringer Drehzahl die volle Schmierung gewährleistet werden kann.

C46 Die Bezeichnung Gegenlaufturbine rührt daher, dass bei der Radialdampfturbine zwei gegenläufig drehende Wellen wirken, auf denen die Schaufeln von Stufe zu Stufe abwechselnd als Lauf- und Leitschaufel angeordnet sind. Damit ist die Laufschaufel der einen Welle gleichzeitig Leitschaufel für die andere Welle.

C47 Getriebeturbinen sind Turbinen, die nicht fest, sondern über ein Getriebe mit der Arbeitsmaschine verbunden sind. Grund hierfür sind meist unterschiedliche Betriebsdrehzahlen von Turbine und angetriebener Maschine.

C48 Ein Sankey-Diagramm zeigt den vollständigen Umsatz von zu- und abgeführter Energie unter Berücksichtigung der Energieverluste anschaulich in einem Flussbild.

C49 Der klassische Dampfkraftprozess wird als Clausius-Rankine-Prozess bezeichnet.

C50 Konventionelle Kraftwerke werden mit fossilen Brennstoffen wie Kohle, Öl oder Gas betrieben.

C51 Die bei der Kernspaltung entstehenden schnellen Neutronen müssen durch elastische Stöße mit den Moderatoratomen abgebremst werden, da nur langsame (thermische) Neutronen für die Kernspaltung geeignet sind.

C52 Das für die Kernspaltung geeignete U-235 ist im natürlich vorkommenden Uran nur zu 0,7 % vorhanden. Um eine Kettenreaktion im Reaktor aufrecht erhalten zu können, muss der Anteil des spaltbaren U-235 auf ungefähr 3 % erhöht (angereichert) werden.

C53 Die Abbremsung der schnellen Neutronen durch möglichst wenig Stöße ist dann möglich, wenn die Stoßpartner ungefähr die gleiche Masse haben. Besonders geeignet ist dazu leichtes oder schweres Wasser oder Graphit.

C54 Am meisten verbreitet sind die beiden Leichtwasserreaktoren, der Siedewasserreaktor und der Druckwasserreaktor. Außerdem gibt es noch den Schwerwasserreaktor, den Schnellen Brüter und den Hochtemperaturreaktor.

C55 Der Multiplikationsfaktor k ist der Quotient aus der mittleren Anzahl der verbrauchten Neutronen und der Anzahl derjenigen erzeugten Neutronen, die anschließend eine neue Kernspaltung bewirken. In einem Reaktor im stabilen Dauerbetrieb ist der Multiplikationsfaktor $k = 1$. Beim Anfahren muss $k > 1$ sein, damit die Anzahl der Kettenreaktionen ansteigt. Bei einer Leistungsverringerung oder beim Abschalten des Reaktors muss $k < 1$ sein.

C56 Bei Leichtwasserreaktoren wurde das in den Brennstäben befindliche Uran auf 3 % mit dem spaltbaren Uran U-235 angereichert.

C57 Die Regelung eines Reaktors erfolgt mithilfe der Steuerstäbe, die ein hohes Neutronenabsorptionsvermögen haben. Durch Einfahren oder Ausfahren der Steuerstäbe kann der Multiplikationsfaktor k auf den Wert eingestellt werden, der gerade benötigt wird.

C58 Die Wiederaufbereitung von Kernbrennstoffen dient der Trennung der in abgebrannten Brennelementen enthaltenen und während des Betriebes entstandenen Stoffe in wieder verwertbare Anteile (ungenutzte Kernbrennstoffe, sowie Plutonium und verschiedene nutzbare Radioisotope) sowie in hoch, mittel und schwach radioaktiven Abfall.

C59 Der Siedewasserreaktor hat nur einen Kühlkreislauf. Der im Reaktor entstandene Wasserdampf wird direkt auf die Turbine geleitet, die mit dem Generator gekoppelt ist. Da der aus dem Reaktor kommende Dampf nicht frei von radioaktiven Verunreinigungen ist, muss die Turbine mit in den Sicherheitsbereich mit einbezogen werden.

C60 In einem GUD-Kraftwerk wird der Gasturbinen-Prozess mit dem Dampfkraftprozess kombiniert. Hierbei wird die Abwärme der Gasturbine genutzt, um einen Dampfkessel zu befeuern. Der Dampf wird weiter überhitzt und einer Dampfturbine zugeführt.

C61 Der Grundgedanke der KWK und des GUD-Prozesses liegt in der Nutzung der Abwärme. Dabei ist das Hauptprinzip der KWK die dezentrale Nutzung von Elektrizität und Wärme. Beim GUD-Kraftwerk geht es um die Erzeugung elektrischer Energie.

C62 Prinzipiell können folgende Technologien zum Einsatz kommen:

- Dampfmotor
- Dampfturbine
- Verbrennungsmotor
- Gasturbine
- Stirling-Motor
- Brennstoffzelle

C63 Block-Heiz-Kraftwerke sind Anlagen mit Kraft-Wärme-Kopplung. BHKW können für kleine Verbräuche genutzt werden, beispielsweise für Mehrfamilienhäuser oder Gewerbebetriebe in Verbindung mit einer Heizungsanlage.

C64

- Verbrennungsmotor mit Generator
- Dampferzeuger/Wärmetauscher
- Katalysator

C65 Nach dem Kraft-Wärme-Kopplungsgesetz werden Betreibern von KWK-Anlagen staatliche Zuschüsse gewährt.

C66 Der natürliche Wasserkreislauf entsteht durch die Sonneneinstrahlung, die zur Verdunstung von Oberflächenwasser führt. Das verdunstete Oberflächenwasser steigt auf und kondensiert in der Atmosphäre in einer Höhe, in der der Taupunkt vorliegt. Damit kommt es zur Wolkenbildung. Bei Übersättigung kommt es zu Regen und damit zu neuem Oberflächenwasser. Der Kreislauf ist geschlossen.

C67 Das oberschlächtige Wasserrad nutzt die potenzielle Energie des Wassers und das unterschlächtige Wasserrad die kinetische Energie.

C68 Mit Eintritts- und Austrittsdreieck werden die aus den Geschwindigkeitsparallelogrammen abgeleiteten Geschwindigkeitsverhältnisse am Ein- und Austritt des Turbinenrades bezeichnet. Die Dreiecke beinhalten die Umfangs-, Relativ- und Absolutgeschwindigkeit.

C69 Peltonturbine: 100 bis 2000 m Fallhöhe
Francisturbine: 60 bis 600 m Fallhöhe
Kaplanturbine: 2 bis 60 m Fallhöhe

C70 Man spricht von einer Hochdruckanlage, wenn eine Fallhöhe von mehr als 50 m vorliegt.

C71 Die Peltonturbine ist eine Gleichdruckturbine und die Francis- und Kaplanturbine eine Überdruckturbine.

C72 Die Peltonturbine wird auch als Freistrahlturbine bezeichnet, weil die Schaufeln des Laufrades von einem nicht geführten Freistrahl angetrieben werden.

C73 Der Strahlablenker lenkt den Strahl teilweise oder ganz vom Laufrad der Peltonturbine ab, um schnell auf Lastwechsel oder Druckstöße reagieren zu können.

C74 Die Kaplanturbine ist geeignet für große Wassermengen und kleine Fallhöhen.

C75 Pumpenturbinen sind in der Kraftwerksanlage raum- und kostensparend. Sie haben als Kombinationsmaschine einen geringeren Wirkungsgrad als spezielle Turbinen oder Pumpen.

C76 Laufwasserkraftwerke können über das verstellbare Stauwehr Pegelschwankungen ausgleichen.

C77 Pumpspeicherkraftwerke liefern in Spitzenlastzeiten schnell elektrische Energie. Der Wasserspeicher wird in lastärmeren Zeiten wieder aufgefüllt.

C78 „Energieverluste“ entstehen durch Reibung in der Mechanik sowie durch innere Reibung in der Flüssigkeit.

C79 Bei Wärmekraftmaschinen findet die innere Verbrennung in der Kraftmaschine selbst statt (z.B. Otto-Motor, Gasturbine), während beim Stirlingmotor die äußere Verbrennung des Brennstoffs vorliegt und die Wärme über die Zylinderwand dem Innern des Stirlingmotors zugeführt wird.

C80 Vorteile des Stirlingmotors sind:

- Betrieb mit kontinuierlicher Wärmezufuhr
- als Vielstoffmotor einsetzbar
- Arbeitsgas wird in einem geschlossenen System geführt.

Nachteile des Stirlingmotors sind:

- je nach Konstruktion großes Totvolumen
- Prozesswärme muss durch eine dicke Zylinderwand
- hoher mittlerer Betriebsdruck

C81 Ein Turbostrahltriebwerk besteht aus einem Niederdruck- und einem Hochdruckverdichter zum Verdichten der Brennluft, die als Hauptstrom in die Brennkammer geht. Das in der Brennkammer erzeugte Verbrennungsgas geht als Primärstrom zusammen mit dem Sekundärstrom durch die Düse, wodurch der Schub entsteht.

C82 Die Einteilung der Hubkolbenmotoren nach DIN 1940 ist wie folgt:

- Einteilung nach Arbeitsverfahren
- Einteilung nach dem Ansaugzustand
- Einteilung nach der Art, wie Kraftstoff und Luft in den Zylinder eingebracht werden.

C83 Unterschieden wird in:
- Stehender Motor
- Liegender Motor
- Hängender Motor
- V-Motor
- Boxer-Motor
- Reihen-Motor
- Sternmotor

C84 Ottomotoren sind Verbrennungskraftmaschinen, bei denen die Verbrennung des verdichteten Kraftstoff-Luft-Gemischs durch eine zeitlich gesteuerte Fremdzündung eingeleitet wird.

Dieselmotoren sind Verbrennungskraftmaschinen, die atmosphärische Luft ansaugen und diese durch Verdichtung so hoch erwärmen, dass sich der eingespritzte Kraftstoff an der Luftladung entzündet.

C85 Beim Viertaktmotor sind für ein Arbeitsspiel vier Hübe (Takte), d. h. zwei Kurbelumdrehungen notwendig. Beim Zweitaktmotor werden zwei Takte in einem Hub vereinigt.

C86 Das Verdichtungsverhältnis ist das Verhältnis des gesamten Zylinderraumes vor der Verdichtung (Hubraum + Verdichtungsraum) zum verbliebenen Raum nach der Verdichtung (Verdichtungsraum).

C87 Realprozesse unterscheiden sich durch Verluste von den Idealprozessen. Reale Zustandsänderungen verlaufen entlang einer Polytropen.

C88 Die Lage der Nockenwelle (oben oder unten) bestimmt die Unterscheidung nach obengesteuerten (kopfgesteuerten) und untengesteuerten Motoren.

C89 Im Steuerdiagramm sind die Steuerzeiten der Ventile, d. h. die Öffnungszeiten des Einlassventils und die Schließzeiten des Auslassventils abgebildet.

C90 Der Zweitaktmotor besitzt keine Ventile. Ein- und Auslass werden über Steuerschlitze realisiert.

C91 Bei der Umkehrspülung werden die Spülströme im Zylinder umgekehrt. Dabei schieben die schräg zur Zylinderachse einströmenden Frischgase die Altgase entlang zur Zylinderwand zum Auslassschlitz.

Bei der Querspülung ist der Überströmschlitz gegenüber dem Auslassschlitz angeordnet, sodass beim Spülvorgang der Ladungswechsel quer zur Zylinderachse erfolgt.

C92 Vorteile des Zweitakters: geringe Herstellungskosten, geringer Verschleiß wegen weniger beweglicher Teile, hohe Drehzahl möglich wegen Entfall der Ventile, geringes Leistungsgewicht, hohe Betriebssicherheit, gleichmäßiges Drehmoment.

Vorteile des Viertakters sind: relativ geringer Kraftstoffverbrauch, ruhiges Laufverhalten, größeres Drehmoment, besseres Leerlaufverhalten, geringer Schmierstoffverbrauch, geringe thermische Belastung

C93 Beim Vergaser wird nach dem Venturi-Prinzip aufgrund der Injektorwirkung Kraftstoff in den Luftstrom angesaugt und zerstäubt.

C94 Die Aufgaben des Vergasers sind:
- Kraftstoff bereitstellen
- Kraftstoff zerstäuben
- Kraftstoff entsprechend dem Betriebszustand des Motors mit Luft mischen
- Kraftstoff-Luft-Gemisch entsprechend dem Betriebszustand des Motors in der nötigen Menge bereitstellen

C95 Vergaser werden wie folgt unterschieden:
- Flachstromvergaser
- Fallstromvergaser
- Schrägstromvergaser

C96 Mit der Drosselklappe wird die entsprechend dem Betriebszustand des Motors benötigte Menge an Kraftstoff-Luft-Gemisch zugeführt und damit die Motorleistung bzw. die Drehzahl geregelt.

C97 Die betrieblichen Forderungen an den Vergaser sind: Teillast, Volllast, Beschleunigung, Kaltstart

C98 Das Luftverhältnis ist das Verhältnis aus zugeführter Luftmenge und theoretischem Luftbedarf. Die günstigste Verbrennung liegt bei einem Regelgemisch von 0,9 bis 1,1 vor.

C99 Das Kraftstoff-Luft-Gemisch hat eine obere und untere Zündgrenze. Sie unterscheiden sich nach dem Luftverhältnis.

C100 Bei der unteren Zündgrenze ist das Gemisch zu fett ($\lambda < 0{,}7$) und bei der oberen Zündgrenze ist das Gemisch zu mager ($\lambda > 1{,}25$).

C101 Die Zündanlage hat beim Otto-Motor die Aufgaben, die Zündspannung zum richtigen Zündzeitpunkt an die Zündkerze zu liefern, damit diese den Zündfunken erzeugen kann sowie bei Mehrzylindermotoren die Zündfolge zu steuern.

C102 Der Wärmewert der Zündkerze ist ein Maß für ihre Wärmeleitfähigkeit. Sie richtet sich nach den Erfordernissen, dass die Zündkerze nicht zu heiß wird, damit es nicht zu Glühzündungen kommt, und dass sie nicht zu kalt wird, damit unerwünschte Verbrennungsrückstände verbrannt werden können.

C103 Bei der Batteriezündung wird die Zündenergie durch eine Batterie bereitgestellt. Bei der Transistor-Spulenzündung wird mit einem geringen Unterbrecherstrom ein Transistor gesteuert, der den Strom für die Zündspule liefert.

C104 Unterschieden wird die Gemischbildung beim Dieselmotor grundsätzlich nach dem Verfahren der direkten Einspritzung und dem Kammerverfahren.

C105 Bei Kammerverfahren unterscheidet man nach dem Vorkammerverfahren und dem Wirbelkammerverfahren.

C106 Die Wasserkühlung ist zuverlässig und sie dämpft die Motorgeräusche.

C107 Die Vorteile des Kreiskolbenmotors sind: geringes Leistungsgewicht, kleines Raumgewicht, schwingungsfreier Lauf, niedriger Oktanzahl-Bedarf und relativ geringe Fertigungskosten. Aufgrund des hohen Kraftstoffverbauchs, des schlechten Abgasverhaltens und der problematischen Kolbenabdichtung hat er sich nicht durchgesetzt.

C108 Aufladung ist der im Zylinder zur Verfügung stehende Frischgasanteil. Unterschieden wird nach dynamischer Aufladung und Fremdaufladung.

C109 Fremdauflader unterscheiden sich nach Lader mit mechanischem Antrieb, Lader ohne mechanischen Antrieb und Druckwellenlader.

C110 Die Cetanzahl (CZ) kennzeichnet die Zündwilligkeit des Kraftstoffs und die Oktanzahl (OZ) die Klopffestigkeit.

C111 Cetanzahl und Oktanzahl verlaufen entgegengesetzt. Je größer die Oktanzahl ist, desto kleiner ist die Cetanzahl.

C112 Bei Bewegung eines elektrischen Leiters in einem Magnetfeld oder bei Bewegung eines Dauermagneten in einer Spule wird eine elektrische Spannung erzeugt.

C113 Wird eine Leiterschleife im homogenen Magnetfeld gleichmäßig gedreht, so ist an den Enden der Leiterschleife eines sinusförmige Wechselspannung festzustellen.

C114 Spitzenwert bzw. maximale Spannung oder Effektivwert der Spannung, Frequenz oder Periodendauer, Phasenlage

C115 **Aufbau:** Der Ständer besteht aus einer Tragkonstruktion, die eine Drehstromwicklung enthält. Der Läufer besteht aus einer Welle und einem Stahlzylinder aus vielen Dynamoblechen. Im Stahlzylinder sind Kupferstäbe eingelassen, die an beiden Enden kurzgeschlossen sind, daher der Name Kurzschlusskäfig. Enthält der Läufer eine Läuferwicklung, so nennt man diesen Motor Drehstrommotor mit Schleifringläufer.

Wirkungsweise: Das Drehfeld der drehstromdurchflossenen Drehstromwicklung im Ständer induziert in der Läuferwicklung (Ankerwicklung) einen Strom, auch **Läuferstrom** genannt. Dieser Läuferstrom verursacht ein Magnetfeld und bringt damit den Läufer zum Drehen, da das Drehfeld zusammen mit dem Läuferfeld ein Drehmoment bewirkt. Da im Läufer nur dann ein Strom induziert werden kann, wenn der Läufer eine kleinere Drehzahl als das Drehfeld hat, verhalten sich solche Motoren zum Drehfeld immer **asynchron.**

C116 Ein stromdurchflossener Leiter erfährt in einem Magnetfeld eine ablenkende Kraft *F*, die umso stärker ist, je größer die magnetische Flussdichte *B*, je größer die elektrische Stromstärke *I* durch den Leiter und je länger dessen wirksame Leiterlänge ist.

C117 Der Gleichstrommotor besteht aus dem Ständer und dem Läufer. **Ständer:** Magnetteil mit Jochring aus Stahl und ausgeprägten Polen mit entsprechenden Erregerwicklungen. **Läufer:** Stahlwelle mit Bleckpaket, in dem sich die Ankerwicklung in Nuten befindet.

Das Magnetfeld der vom Gleichstrom durchflossenen Ankerwicklung überlagert sich mit dem Erregermagnetfeld des Ständers und dadurch entsteht gemäß der Motorregel ein Drehmoment. Durch die entsprechende Unterteilung des Schleifrings in Lamellen (Stromwender) wird eine Stromrichtungsänderung in der Ankerwicklung erreicht, um die Beibehaltung der Drehrichtung zu gewährleisten.

C118 Der Gesamtwirkungsgrad hängt von allen Einzelwirkungsgraden der in der Leonhardschaltung beteiligten Anlagenteile ab: Gleichstrommotor, Steuergenerator, Drehstrommotor, Netzgerät mit Feldsteller. Das Produkt aller Einzelwirkungsgrade ergibt den Gesamtwirkungsgrad.

C119 **Vorteile:** Drehzahl ist relativ lastunabhängig; Drehzahlsteuerung ist mit der Ankerspannung *U* und mit dem Erregerstrom I_E (also Steuerung mit Anlasssteller und Feldsteller) möglich.

Nachteile: Erregerfeld darf im Betriebsfall nicht abgeschaltet werden, sonst kann der Motor „durchgehen"; bei geringen Drehzahlen und konstantem Lastmoment ist Fremdkühlung nötig.

Anwendungsbeispiele: Werkzeugmaschinen (z. B. Fräsmaschinen), als Kleinstmotoren.

C120 Der Kommutator hat beim Gleichstrommotor die Funktion die Richtung des Gleichstroms im Läufer zu ändern, dass der Läufer sich weiterdrehen kann. Beim Gleichstromgenerator hat der Kommutator die Funktion aus der erzeugten sinusförmigen Wechselspannung eine pulsierende Gleichspannung zu machen, denn die negativen Halbwellen werden nach oben „geklappt".

C121 Sternschaltung und Dreieckschaltung

C122 Drehstrom sind drei um je 120° zueinander phasenverschobene sinusförmige Wechselströme.

C123 **Anlassverfahren:** Zur Verkleinerung des Anlaufstromes kann man zusätzliche Widerstände hinzuschalten oder die angelegte Spannung verkleinern.

Anlaufverfahren: Der Drehstrommotor wird beim Einschalten zunächst in Stern geschaltet und dann in Dreieck, um den Einschaltstrom zu verringern.

C124 **Vorteile:** Er ist für den Gleich- und Wechselspannungsbetrieb geeignet, weil sich bei Wechselspannung der Strom gleichzeitig in der Erreger- und Ankerwicklung ändert, er hat ein großes Anzugsmoment und erreicht hohe Läuferdrehzahlen (bis 30 000 min^{-1}), er hat ein kleineres Gewicht bei gleicher Leistung, leichte Drehzahlsteuerung.

Nachteile: Die Läuferdrehzahl ist stark lastabhängig, er ist nur bei Nennleistungen unterhalb von 500 W üblich, er muss funkentstört werden.

Anwendungsbeispiele: Haushaltsgeräte (z. B. Staubsauger, Handmixer), Trockenrasierapparate, Spielzeugmotoren, Elektrowerkzeuge (z. B. Handschleifmaschinen, Bohrmaschinen).

C125 Der **Synchronmotor** hat wie der Drehstrommotor im Ständer eine Drehstromwicklung. Das Drehfeld wirkt auf den Läufer, der einen Dauermagneten (bei Maschinen bis ca. 20 kW ist der Einsatz eines Dauermagneten üblich) oder eine vom Gleichstrom durchflossene Ankerwicklung besitzen kann. Der Läufer dreht sich synchron mit dem Drehfeld.

C126 **Vorteile:** Der Läufer dreht sich auch bei Belastung synchron zur Drehzahl des Drehfeldes; er ist gegen Spannungsabsenkung weniger empfindlich als ein DASM; ist auch als Drehstromgenerator und als Phasenschieber einsetzbar (kann die induktive Belastung des Energienetzes durch die DASM's kompensieren)

Nachteile: Er benötigt eine Anlaufhilfe, weil der Läufer wegen der Trägheitskräfte nicht sofort aus dem Stillstand beschleunigt werden kann. Als Anlaufhilfe kann bei größeren Maschinen z. B. ein Anlaufkäfig oder eine zusätzliche Kurzschlusswicklung verwendet werden (Motor läuft als DASM an), bei zu großer Belastung fallen sie „außer Tritt", d. h., die magnetische Bindung reißt ab und der Läufer bleibt stehen; Drehzahlsteuerung nur über die Netzfrequenz möglich.

Anwendungsbeispiele als Wechselstrom-Kleinmotor für z. B.: Uhren, Schallplattenspieler, Tonbandgeräte, Programmschaltwerke, Zeitrelais, Antrieb von Messschreibern, als Phasenschiebermaschine (bei Unternehmen wichtig, die das Energienetz stark induktiv belasten).

C127 **Stern-Dreieck-Schaltung** für Drehstrom-Kurzschlussläufermotoren von 4 bis 12 kW Leistung
Anlauf mit Anlassvorrichtung für Schleifringläufermotoren über 12 kW Leistung
Kurzschlusssanftanlauf (Kusa-Schaltung) für Kurzschlussläufermotoren

C128 Beim Anlauf nehmen die Drehstrommotoren einen großen Strom auf. Durch diese hohe Stromaufnahme würde es im öffentlichen Netz zu großen Spannungsschwankungen kommen. Daher dürfen Motoren ab einer bestimmten Nennleistung (etwa 4 kW) nicht mehr direkt eingeschaltet werden.

C129 **Aufbau:** Der Einphasen-Transformator besteht aus zwei Spulen, die mit einem geblechten Eisenkern magnetisch gekoppelt sind.

Wirkungsweise: Transformatoren sind elektrische Geräte, mit denen man die Spannungen erhöhen und verringern kann. Ein **Einphasentransformator** besteht aus zwei voneinander getrennten Spulen (Wicklungen) auf einem gemeinsamen Eisenkern. Die Spule, der man den umzuspannenden Wechselstrom zuführt, bezeichnet man als **Eingangswicklung (Primärspule),** die zweite, der man den umgespannten Wechselstrom entnimmt, heißt **Ausgangswicklung (Sekundärspule).** Wird der Eingangswicklung Wechselstrom zugeführt, so entsteht um diese ein sich dauernd änderndes Magnetfeld. Seine magnetischen Feldlinien schneiden dabei auch die Ausgangswicklung und erregen in ihr eine Induktionsspannung in Abhängigkeit der Windungszahlen der Primär- und der Sekundärspule.

C130 **Schutzkleinspannung:** Wo Gefahr besteht, dass der Mensch mit leitenden Teilen in Berührung kommt, dürfen aus Sicherheitsgründen nur Kleinspannungen verwendet werden (z. B. bei elektrischen Schweißgeräten in Kesseln und engen Räumen: Spannungen bis 42 V). Bei Kinderspielzeug darf die Spannung höchstens 24 V betragen.

Nullung: Das Gehäuse des angeschlossenen Gerätes wird dabei durch den Schutzleiter **PE** (Farbe **grün-gelb**) mit der Erdung verbunden. Tritt in einem Gerät mit Nullung ein Körperschluss auf, (dies ist eine leitende Verbindung zwischen einem spannungsführenden Leiter und dem Gehäuse einer Maschine), so fließt ein starker Kurzschlussstrom und die vorgeschaltete Gerätesicherung (z. B. Schmelzsicherung) spricht an.

C131 **Schutzerdung:** drei parallele, verschieden lange Striche (→ **1/216**)
Schutzisolierung: Ein kleines Quadrat in einem großen Quadrat

C132 grün-gelb

Kapitel D, Seiten 217 bis 312

D1 Hauptgruppen von Arbeitsmaschinen sind: Verdichter, Pumpen, Ventilatoren, Kältemaschinen, Hebe- und Fördermittel, Werkzeugmaschinen, Fahrzeuge.

D2 In einem strömenden Fluid ist die Summe aus dem statischen Druck, dem geodätischen Druck und dem Geschwindigkeitsdruck an jeder Stelle konstant.

D3 Die Nutzleistung ist der Förderhöhe, dem Volumenstrom und der Dichte proportional.

D4 Die Förderhöhe ist die Summe aus der geodätischen Höhe, der Widerstandshöhe und der Geschwindigkeitshöhe und beinhaltet die Höhe auf der Saug- und Druckseite. Die Saughöhe erreicht ihren Höchstwert, wenn am Eintritt der Pumpe der Druck $p_{abs} = 0$ ist.

D5 Der Betriebspunkt einer Pumpe ergibt sich aus dem Schnittpunkt von Pumpen- und Anlagenkennlinie.

D6 $H_A = f(\dot{V})$ bedeutet die Anlagenkennlinie, bei der die Förderhöhe mit zunehmendem Volumenstrom ansteigt.

D7 Kreiselpumpen gehören zu den Arbeitsmaschinen.

D8 Die Laufräder der Kreiselpumpen unterscheiden sich in Radial-, Diagonal- und Axialpumpen.

D9 Die theoretische Saughöhe ist ein Grenzwert, der weder Verluste in der Pumpe noch in der Anlage berücksichtigt.

D10 Kavitation entsteht dann, wenn der statische Druck örtlich unter den Dampfdruck sinkt, sodass sich Dampfblasen bilden können. Geraten diese Dampfblasen wieder in eine Zone höheren Drucks, kommt es zur spontanen Kondensation mit starker Volumenverringerung, was wiederum zu hohen Druckstößen führt. Dieses führt zu mechanischen Zerstörungen des Werkstoffs in der Nähe.

D11 Der NPSH-Wert steht für die absolute Druckhöhe einer Flüssigkeit abzüglich der Verdampfungshöhe im Eintrittsquerschnitt der Pumpe und ist der kleinste Druck am Eintritt in die Pumpe.

D12 Der NPSH-Wert ist abhängig von der Dampfkurve der jeweiligen Flüssigkeit.

D13 Im Gegensatz zu geschlossenen Laufrädern haben offene Laufräder keine saugseitigen Seitenscheiben.

D14 Die wichtigsten Kreiselpumpen-Bauarten sind: Diagonalpumpe, Kanalradpumpe, Freistrompumpe, Seitenkanalpumpe, Axialpumpe

D15 Die grundsätzlichen Prinzipien von Verdrängerpumpen sind:
Kolbenpumpen mit hin- und herbewegten Kolben, Membranpumpen mit hin- und hergebogenen Membran und Umlaufverdrängerpumpe mit umlaufendem Verdränger.

D16 Unterschieden werden Kolbenpumpen in Axial-, Radial- und Reihenpumpen

D17 Bei der einfachwirkenden Kolbenpumpe wechseln Saug- und Arbeitshub einander ab. Somit ist nur jeder zweite Hub ein Arbeitshub. Bei der doppeltwirkenden Kolbenpumpe wird bei jedem Hub gleichzeitig angesaugt und gefördert.

D18 Bei einer *innen beaufschlagten* (aber außen abgestützten) Radialkolbenpumpe wird der Arbeitsraum der Zylinder von „innen" (z.B. über eine Hohlwelle) befüllt. Wird der Arbeitsraum von „außen" befüllt, handelt es sich um eine *außen beaufschlagte* Radialkolbenpumpe (aber innen abgestützt).

D19 Bei einer Membranpumpe wird eine Membran über einen Kolben gebogen, wodurch wechselseitig der Raum hinter der Membran vergrößert bzw. verkleinert wird und dadurch ein Unter- und ein Überdruck im Arbeitsraum der Pumpe entsteht.

D20 Bei einer Konstant-Flügelzellenpumpe lässt sich der Volumenstrom in der Pumpe nicht einstellen.

D21 Grundsätzlich lassen sich Zahnradpumpen unterscheiden in innenverzahnte und außenverzahnte Zahnradpumpen.

D22 Flüssigkeitsringpumpen lassen sich als Wasserpumpen, als Verdichter und als Vakuumpumpen einsetzen.

D23 Übliche Kreiselpumpen sind unter normalen Umständen nicht in der Lage, eine Zulaufleitung, die zu einem geodätisch unter der Pumpe liegenden Flüssigkeitsspiegel führt, zu entlüften. Selbstansaugende Pumpen müssen in der Lage sein, ohne zusätzliche externe Hilfseinrichtungen die Pumpensaugleitung zu entlüften. Kolbenpumpen sind selbstansaugend.

D24 Eine Wasserstrahl-Pumpe basiert auf dem Bernoulli-Prinzip. In einer Rohrleitung wird der Querschnitt verengt, wodurch es zu einer Geschwindigkeitserhöhung und damit einer Erhöhung des dynamischen Drucks kommt. Da der Gesamtdruck konstant sein muss, verringert sich der statische Druck, bis hin zu einem Unterdruck, wodurch eine Saugwirkung entsteht.

D25 Strahlpumpen unterscheiden sich in Wasser-, Luft- und Dampfstrahlpumpen.

D26 Gasmischheber werden auch als Mammutpumpen bezeichnet. Bei einem Gasmischheber wird in einem, meist mit Wasser gefüllten Tauchrohr Druckluft feinst verteilt, was zu einer Verringerung der Dichte des Wasser-Luft-Gemisches führt und dieses somit aufsteigen kann.

D27 Schlauchpumpen, auch Peristaltikpumpen genannt, sind sehr gut für abrasive, korrosive oder scherempfindliche Medien geeignet. Schlauchpumpen arbeiten nach dem Verdrängerprinzip.

D28 Verdichter werden wie folgt unterschieden:

- Vakuumpumpe ($p < p_{amb}$)
- Mitteldruckverdichter (p = 10 bis 100 bar)
- Höchstdruckverdichter (p = 500 bis 2000 bar)
- Niederdruckverdichter (p = 2 bis 10 bar)
- Hochdruckverdichter (p = 100 bis 500 bar)

D29 Ventilatoren (p bis 1,1 bar) und Gebläse (p = 1,1 bis 3 bar) gehören zu den Niederdruckverdichtern und werden zur Luftbewegung eingesetzt.

D30 Verdichter werden unterschieden in ein- und mehrstufige Verdichter.

D31 Als schädlicher Raum wird das konstruktiv bedingte Restvolumen im Zylinder oberhalb des Oberen Totpunktes bezeichnet.

D32 Beim Hubkolbenverdichter bilden die Takte Ansaugen, Verdichten, Ausstoßen und Ausdehnen den Kreisprozess.

D33 Im Verdichter wird bei Druckzunahme der Sättigungszustand der Luft erreicht, wodurch im Windkessel flüssiges Wasser ausfällt.

D34 Damit ausgefallenes Kondensat nicht in der Druckleitung verbleibt, muss die Leitung mit Gefälle verlegt werden. Vor dem Verbraucher wird das Kondensat von einem Wasserabscheider abgeschieden.

D35 Die Zwischenkühlung erfolgt bei mehrstufigen Anlagen von Stufe zu Stufe. Thermodynamisch kommt dadurch der Verdichtungsprozess der isothermen Verdichtung nahe, die im Hinblick auf die aufzubringende Verdichtungsarbeit am günstigsten ist. Außerdem sind in explosionsgefährdeten Betrieben Temperaturgrenzen vorgeschrieben, damit es nicht zu einer Entflammung von Schmieröl kommt.

D36 Beim idealen Gas werden alle Gasteilchen als ausdehnungslose Massepunkte angenommen, welche sich frei, also ohne den Einfluss durch Anziehungskräfte, durch das ihnen zur Verfügung stehende Volumen bewegen können. Der Zustand eines idealen Gases befindet sich weit entfernt vom Verflüssigungspunkt.

D37 Mit dem Korrekturfaktor k wird die Abweichung der Luft als reales Gas vom idealen Gas berücksichtigt.

D38 Verdichtungsarbeit kann verrichtet werden durch eine isotherme, eine isentrope und eine polytrope Zustandsänderung.

D39 Die technische Arbeit des Verdichters ergibt sich aus der Summe aus Verdichtungsarbeit, Verdrängungsarbeit und Ansaugarbeit.

D40 Die Rückexpansion ist die Entspannung des im schädlichen Raum verbliebenen Restgases, bevor neue Ladung angesaugt wird. Durch das Restgas verringert sich das ansaugbare neue Gas.

D41 Der Füllungsgrad ist das Verhältnis aus dem durch Rückexpansion verringerten Ansaugvolumen und dem Hubvolumen.

D42 Die Verluste von realen Kreisprozessen lassen sich anschaulich im Indikatordiagramm durch Vergleich mit dem idealen Kreisprozess darstellen.

D43 Die verschiedenen Bauarten von Drehkolbenverdichtern sind die Flügelzellenverdichter, die Roots-Gebläse und die Schraubenverdichter.

D44 Die Verdrängerkörper in einem Wälzkörper-Gebläse werden auch als Lemniskaden bezeichnet.

D45 Dadurch, dass sich die Verdrängerkörper weder gegenseitig noch die Gehäusewand berühren, können Roots-Gebläse mit hohen Drehzahlen betrieben werden.

D46 Schraubenverdichter verdichten ölfrei, da das Fördermittel nicht mit Schmieröl in Berührung kommt.

D47 Axialverdichter werden unterschieden in ein- und mehrstufige Verdichter. Einstufige Axialverdichter werden eingesetzt zur Belüftung bei großem Fördervolumen und geringem Druck. Mehrstufige Axialverdichter finden Anwendung in Gasturbinen und Strahltriebwerken zur Verdichtung der Verbrennungsluft.

D48 Eine Kältemaschine hat die Aufgabe, einen Raum zu kühlen, indem ihm Wärmeenergie entzogen wird. Demgegenüber dient eine Wärmepumpe dazu, einen Raum zu heizen, indem Wärme zugeführt wird.

D49 Bei einem Wärmetransport entgegen einem Temperaturgefälle muss von außen Energie zugeführt werden.

D50 Bei der Kompressionskälteerzeugung muss von außen mechanische Energie (technische Arbeit) und bei der Absorptionskältemaschine Wärmeenergie zugeführt werden.

D51 Die Absorptionskälteerzeugung wird an Bedeutung zunehmen, da die von außen zuzuführende Wärme durch Abwärme aus der Kraft-Wärme-Kopplung erfolgen kann. Allerdings ist der Anteil der Absorptionskälteerzeugung in Deutschland bei etwa 1 %, weltweit bei 8 %.

D52 Der Drehsinn eines Kreisprozesses ergibt sich aus der Abfolge der einzelnen Zustandsänderungen.

D53 Die Aufgabe des Enthitzers, des Kondensators und des Unterkühlers ist die Abgabe der vom Kältemittel aufgenommenen gesamten Energie.

D54 **Leistungszahl der Kältemaschine**: Verhältnis aus der dem Kühlraum entzogenen Wärmeenergie zur zugeführten technischen Arbeit.

Leistungszahl der Wärmepumpe: Verhältnis aus der dem Heizraum zugeführten Wärmeenergie zur zugeführten technischen Arbeit.

D55 Die Drosselung ist die Druckreduzierung vom Kondensations- auf den Verdampfungsdruck.

D56 Eine Verbesserung der Leistungszahl lässt sich erreichen durch eine zusätzliche Unterkühlung des Kondensats sowie durch eine Überhitzung des trocken gesättigten Dampfes.

D57 Während die aufzubringende mechanische Arbeit nur geringfügig vergrößert werden muss, vergrößert sich der Kältegewinn überproportional.

D58 Der Kältegewinn durch Unterkühlung und Überhitzung lässt sich anschaulich im T,s-Diagramm als Flächenvergrößerung unterhalb der unteren Temperatur T_u darstellen.

D59 Im log p,h-Diagramm sind dargestellt der Druck, die spezifische Enthalpie, die spezifische Entropie, das spezifische Volumen sowie die spezifische Verdampfungswärme.

D60 Das Kurzzeichen R stammt von dem Begriff Refrigerant, das für Kältemittel steht.

D61 Wünschenswerte Eigenschaften sind:

- chemische Stabilität
- unbrennbar und nicht explosiv
- nicht zu hoher Verdampfungsdruck
- keine Reizwirkung auf Atmungsorgane
- Erstarrungspunkt weit unterhalb der verlangten Verdampfungstemperatur
- Inaktivität
- große Verdampfungswärme
- ungiftig
- Umweltverträglichkeit
- kein schädlicher Einfluss auf das Kühlgut

D62 BGR bedeutet Berufsgenossenschaftliche Regeln für Sicherheit und Gesundheit bei der Arbeit (BG-Regeln). Die BG 500 findet Anwendung für das Betreiben von bzw. das Arbeiten an/mit dort näher bezeichneten Arbeitsmitteln.

D63 Unterschieden werden die Kältemittel nach organischen und anorganischen Kältemitteln.

D64 Zündgrenzen oder Explosionsgrenzen sind Grenzen des Explosionsbereiches. Die untere Explosionsgrenze (UEG) bzw. die obere Explosionsgrenze (OEG) sind der untere bzw. obere Grenzwert der Konzentration (Stoffmengenanteil) eines brennbaren Stoffes in einem Gemisch von Gasen, Dämpfen, Nebeln und/oder Stäuben, in dem sich nach dem Zünden eine von der Zündquelle unabhängige Flamme gerade nicht mehr selbstständig fortpflanzen kann **(Technische Regeln für Gefahrstoffe, TRGS 407, Ausgabe Juni 2013)**.

D65 In der DIN 8960 finden sich thermodynamische Daten von Kältemitteln.

D66 Kritische Daten bezeichnen die thermodynamischen Daten Temperatur und Druck am kritischen Punkt. Der **kritische Punkt** kennzeichnet den thermodynamischen Zustand eines Stoffes, der durch Angleichen der Dichten von flüssiger Phase und Gasphase entsteht. Die Unterschiede zwischen beiden Aggregatzuständen hören an diesem Punkt auf zu existieren.

D67 Die Kältemittel werden aufgeteilt in anorganische und organische Kältemittel. Letztere werden wiederum unterschieden in Kohlenwasserstoffe und halogenierte Kohlenwasserstoffe.

D68 Das Treibhauspotenzial (GWP-Wert) ist ein Maß für die Wärmerückhalteeigenschaften eines Kältemittels, die den Treibhauseffekt verursachen.

D69 Das Ozonabbaupotenzial (ODP-Wert) gibt an, inwieweit ein Kältemittel mehr oder weniger Ozon abbaut als der Bezugsstoff R-11 mit ODP = 1.

D70 Die Verwendung umweltverträglicher Kältemittel haben in der Kältetechnik einen hohen Stellenwert. Viele ältere Kältemittel mit hohem Treibhaus- und Ozonabbaupotenzial sind mittlerweile gesetzlich verboten. Für die Verwendung von Kältemitteln und den Betrieb von Kälteanlagen gelten hohe Umweltstandards.

D71 Unter Logistik versteht man die Planung, Steuerung, Optimierung und Überwachung der Material-, Energie-, Personen- und Informationsflüsse in Systemen. Fördermittel sollen Material zum richtigen Zeitpunkt in der richtigen Menge an den richtigen Ort zu bringen.

D72 Fördermittel werden in die Gruppen Unstetigförderer und Stetigförderer eingeteilt.

D73 Es wird zwischen flurgebundenen und flurfreien Unstetigförderer unterschieden.

D74 Unter Flurförderzeugen versteht man schienengebundene oder schienenfreie Fördermittel, deren Arbeitsbereich flächig oder räumlich ist. Ihre Bezeichnung erklärt sich daraus, dass es Fahrzeuge, Wagen oder Stapler sind, mit denen der Transport durchgeführt wird.

D75 Schienenfreie Fördermittel sind Fahrzeuge, Schlepper, Wagen oder Stapler.

D76 Unter Hebezeugen versteht man Unstetigförderer, die zur Überbrückung einer Höhendifferenz eingesetzt werden.

D77 Krane werden als flurfreie Fördermittel für den vertikalen oder horizontalen Transport von Fördergütern eingeteilt. Nach der DIN 15001-1 und DIN 15002-2 werden bei Kranen zwischen der Bauart und der Verwendung unterschieden.

D78 Bei Brückenkranen wird zwischen der Längs- und Querbewegung unterschieden. Zusammen mit dem Kranhaken hat der Brückenkran eine rechteckige Arbeitsfläche.

D79 Die Unfallverhütungsvorschrift BGV D6 legt fest, dass ein Kran, der mit einem Drucktaster gesteuert wird, höchstens mit einer Kranfahrgeschwindigkeit von 63 m/min bewegt werden darf.

D80 Kletterkrane sind Baukrane, deren Hubhöhe mit dem Wachsen der Bauwerke durch das Einsetzen von Zwischenstücken oder das Ansetzen von Verlängerungsträgern vergrößert werden kann. Sie werden meistens im Aufzugsschacht befestigt.

D81 Stetigförderer sind Fördermittel, die ihre Förderleistung kontinuierlich anbieten. Es wird zwischen Stetigförderer für Schüttgut, Schütt- und Stückgut und für Stückgut unterschieden.

D82 In den Normen werden Stetigförderer nach Art des Fördergutes, konstruktivem Aufbau und der Lage des Fördergutes unterschieden.

D83 Schneckenförderer schieben das Schüttgut durch die Drehung der Schnecke von der Aufgabeseite zur Abgabeseite.

D84 Unter einem pneumatischen Förderer versteht man eine Förderanlage, die das Schüttgut mittels Druckluft von einem zum anderen Silo durch Rohrleitungen transportiert.

D85 Die Schwingrinne arbeitet nach dem Wurfverfahren, bei der das Schüttgut durch schnelle Schwingungen mit kleinen Amplituden wurfartig abhebt und in eine fließende Bewegung versetzt wird. Die Schüttelrutsche arbeitet nach dem Gleitverfahren. Hierbei hebt das Schüttgut zu keinem Zeitpunkt von der Rinne ab. Es wird durch Schwingbewegung der Rinne stetig beschleunigt.

D86 Beim Schwerkraftförderer wird Schütt- oder Stückgut allein durch die Schwerkraft befördert. Sie haben also keinen Antrieb. Es werden Wendelrutschen, gerade Rutschen oder leicht geneigte Rollenbahnen als Schwerkraftförderer eingesetzt.

D87 Anlaufkupplungen werden bei Bandförderer eingesetzt, die oft unter Last anfahren müssen. Durch die hydraulische Kupplung benötigt der Antriebsmotor des Förderbands nur ein geringes Anzugsmoment. Es werden kleinere Anlaufströme benötigt, die zur Einsparung von Energiekosten führen.

D88 Bei einem Rollengangsystem wird nur etwa jede dritte Tragrolle angetrieben. Die übrigen Rollen laufen frei mit. Das Fördergut wird beim Rollengangsystem auf Paletten gelagert, damit ein einwandfreier Transport gewährleistet ist.

D89 Bei einer Fließfertigung werden die zu montierenden Stückgüter kontinuierlich befördert. Hierzu eignet sich z.B. der Wandertisch. Die Paletten des Wandertisches werden im Arbeitstakt stetig weiter bewegt. Die Endmontage gibt den Arbeitstakt vor.

D90 Der Regalförderer ist ein schienengebundener Unstetigförderer, der bei häufig zu bewegenden Stückgütern in Regalgängen eingesetzt wird. Durch den Einsatz eines Oberwagens an der Stirnseite der Regale kann der Regalförderer auch die Regalgänge wechseln.

D91 Kreisförderer sind Schleppkettenförderer in hängender Form. Das Fördergut hängt an Tragrollen, die auf Schienen mit einer Endloskette bewegt werden. Die Tragrollen können hierbei beliebige Kurven und große Steigungen überwinden.

D92 Faserseile werden in Hanfseile und Chemiefaserseile unterschieden.

D93 Beschädigte Tragelemente dürfen grundsätzlich nicht mehr verwendet werden und sind aus dem Verkehr zu ziehen.

D94 Eine Litze besteht aus einzelnen Drähten, die mit Links- oder Rechtsdrall zusammengedreht sind. Mehrere Litzen werden zu einem Seil geschlagen.

D95 Bei einem Gleichschlagseil sind die einzelnen Drähte der Litze, als auch die zu einem Seil geschlagenen Litzen, in gleicher Richtung gedreht. Kreuzschlagseile haben unterschiedliche Flechtrichtungen von Drähten und Litzen.

D96 Unter einer Seilspleißung versteht man das dauerhafte Verbinden von Faser- und Drahtseilen. Gerissene Seile können somit zusammengefügt oder verlängert werden.

D97 Ist die Zähnezahl eines Kettenrades unter 12, tritt ein zu großer Verschleiß auf.

D98 Bei Gelenkketten unterscheidet man zwischen Gallketten (DIN 8150), Rollenketten (DIN 8187), Zahnketten (DIN 8190) und Förderketten (DIN 8165, DIN 8175, DIN 8176).

D99 Kleine Gliederkettenräder werden als Kettennuss bezeichnet.

D100 Bei den Flaschenzügen unterscheidet man zwischen Rollen-, Schrauben- und Planetenflaschenzügen.

D101 Bei der Paarung von Seiltrommel und Seil ist darauf zu achten, dass das Verwickeln des Seils auf der Seiltrommel verhindert wird. Seiltrommel und Seil müssen zudem aufeinander abgestimmt sein.

D102 Treibscheiben haben die Aufgabe, das Seil mittels Reibung anzutreiben.

D103 Einfacher Lasthaken, Doppellasthaken, Seilgreifer, Lastmagnet, Tragdorn u. a.

D104 Ketten bieten gegenüber Seilen eine höhere Tragfähigkeit, bessere Beständigkeit gegen Korrosion und eine formschlüssige Verbindung.

D105 Der Begriff Werkzeugmaschinen beschränkt sich weitgehend auf die Fertigungsverfahren Umformen, Trennen und Fügen.

D106 Bei der mechanischen Ablaufsteuerung erfolgt die mechanische Steuerung der Plan- und Revolverschlitten durch mehrere Kurvenscheiben, die jeweils bestimmte geometrische Informationen zur Geometrie des Werkstücks beinhalten.

D107 Die Hauptfunktion einer CNC-Drehmaschine ist das Drehen. Hierfür müssen die Teilfunktionen Antreiben, Übertragen, Stützen, Tragen, Steuern, Regeln, Speichern und Schützen ausgeführt werden. Entsprechend den Teilfunktionen werden Funktionseinheiten gebildet. Die wichtigsten Funktionseinheiten der CNC-Drehmaschine sind: Hauptantriebseinheit, Energieübertragungseinheit des Haupt- und Vorschubantriebs, Werkzeugspeichereinheit, Vorschubantriebseinheit, Schutzeinheit, Steuer- und Regeleinheit, Stütz- und Trageeinheit.

D108 Die Energieübertragungseinheit des Hauptantriebs überträgt die Drehbewegung des Hauptantriebmotors als Arbeitsbewegung an das Werkstück. Die Energieübertragungseinheit des Vor schubantriebs überträgt die Drehbewegung des Vorschubmotors an die Vorschubbewegung des Werkzeugs.

D109 Die Vorschubantriebseinheit besteht aus einem Vorschubantriebsmotor, der Energieübertragungseinheit sowie dem Vorschubschlitten mit dem Werkzeughalter und dem Werkzeug.

D110 Bei der Punktsteuerung können nur einzelne Punkte im Koordinatensystem angefahren werden. Sie wird zur Positionierung des Werkzeugs eingesetzt. Bei der Streckensteuerung wird der Endpunkt einer Bearbeitungsstrecke auf einem geradlinigen achsparallelen Weg angefahren. Es kann immer nur auf einer Achse der Maschine verfahren werden.

D111 Die Bahnsteuerung wird in 2D-, $2^1/_2$D-, 3D- und mehrachsige Bahnsteuerung unterteilt.

D112 Mit der 2D-Bahnsteuerung können gleichzeitig zwei Achsen der Maschine verfahren werden. Mit einer $2^1/_2$D-Bahnsteuerung kann der Bediener wählen welche der drei Raumachsen X, Y oder Z zusammen gleichzeitig für Verfahrbewegungen genutzt werden.

D113 Eine CNC-Steuerung kann Schnittstellen zur Programmübertragung, Programmeingabe und Bedienung, Ferndiagnose, Werkzeugüberwachung, Messwertübertragung und Kommunikation mit Datennetzen haben.

D114 Die Produktivität von Werkzeugmaschinen erhöht sich durch die Verringerung der Flexibilität.

D115 Ein Bearbeitungszentrum stellt eine erweiterte CNC-Maschine dar, auf der mehrere Fertigungsverfahren (z.B. Drehen und Fräsen) ausgeführt werden können. Eine flexible Fertigungszelle besteht aus einer Maschine gekoppelt mit einem Werkstückspeicher und Werkstücktransportsystem.

D116 Das flexible Fertigungssystem ist eine Verkettung von mehreren Maschinen mit automatisierten Transportsystemen, sowie Werkzeug- und Werkstückspeicher. Gesteuert wird der Informations- und Materialfluss über einen Leitrechner.

D117 Bei einem flexiblen Fertigungssystem kann jede Maschine wahllos angefahren werden. Auf einer flexiblen Fertigungslinie werden die Maschinen in der aufgestellten Reihenfolge angefahren.

D118 Beim Maschinenformen wird in den Form- und Aufbaurahmen Quarzsand eingefüllt und verdichtet. Anschließend werden der Aufbaurahmen und die Modellplatte entnommen.

D119 Beim Warmkammerverfahren befindet sich die Schmelze permanent in der Druckkammer. Beim Kaltkammerverfahren wird die Schmelze für jeden Abguss in die Druckkammer gefüllt. Hochschmelzende Metalle wie z. B. Aluminium- oder Kupferlegierungen sind nur für das Kaltkammerverfahren geeignet.

D120 Zum Stranggießen wird die Schmelze in eine wassergekühlte Durchlaufkokille eingefüllt. Die erstarrte Schmelze durchläuft einen ovalförmigen Bogen zwischen beidseitig angebrachten Förderwellen. Die Primärkühlung sorgt für ein weiteres Abkühlen des Stranges. Hinter dem Ovalbogen durchläuft der Strang eine Richtmaschine, wo er in Form gebracht wird. An der Schneidmaschine wird der Strang auf Länge abgeschnitten. Endprodukt ist die Bramme, die anschließend weiterverarbeitet wird.

D121 Durch die unterschiedlichen Bewegungen verschiedener Stempel sowie der Bewegung der Matrize in Stempelrichtung können weitgehend gleichmäßige Dichten im Pressling erreicht werden.

D122 Die Herstellung von Sinterformteilen umfasst vier Schritte: Zubereiten und Mischen des Pulvers – Pressen des Pulvers – Sintern der Presslinge – Nachbehandlung z. B. durch Kalibrieren.

D123 Der Antriebsmotor der Kurbelpresse bringt das Schwungrad über einen Riementrieb in Drehbewegung. Hat das Schwungrad seine notwendige Energie zum Pressen gespeichert, wird die Kupplung angezogen und die Drehbewegung wird auf die Vorlegewelle übertragen. Über ein Zahnradvorgelege wird die Drehzahl auf die Kurbelwelle verringert und das Drehmoment erhöht. Durch den Pleuel wird die Drehbewegung in eine lineare Bewegung umgewandelt und auf den Stößel gebracht. Zwischen Stößel und Amboss befindet sich das Werkstück. Die Bremse stoppt die Drehbewegung der Vorlegewelle.

D124 Im Gegensatz zur Kurbelpresse steht der hydraulischen Presse bei jeder Stößelstellung die maximale Presskraft zur Verfügung. Auch kann mit einer Hydraulikpresse meist eine größere Umformarbeit verrichtet werden.

D125 In der Praxis unterscheidet man bei Bohrmaschinen zwischen einer Handbohrmaschine, Einspindelbohrmaschine, Mehrspindelbohrmaschine und Tiefbohrmaschine. Je nach Bauart wird zwischen einer Säulenbohrmaschine, Auslegerbohrmaschine oder Portalbohrmaschine unterschieden.

D126 Die automatisierte Bearbeitung von Drehteilen erfordert einen möglichst automatischen Abtransport der Späne. Durch die Schrägbettausführung der CNC-Drehmaschine wird gewährleistet, dass die Späne zum Abtransport herunterfallen.

D127 Auf einer Senkrechtdrehmaschine können im Gegensatz zu einer Flachdrehmaschine große schwere Werkstücke gedreht werden.

D128 Nach der Anordnung der Schlitten wird zwischen der Konsol-, Bett- und Portalfräsmaschine unterschieden. Bei der Konsolfräsmaschine wird das Werkstück auch in vertikaler Richtung bewegt. Auf der Bettfräsmaschine kann das Werkstück mit den Schlitten nur in horizontalen Richtungen bewegt werden. Bei der Portalfräsmaschine werden der Vorschub in Längsrichtung durch das Maschinenportal oder den Längsschlitten realisiert. Vorschübe in Querrichtung oder Höhenbewegungen werden nur durch das Maschinenportal ausgeführt.

D129 Auf einer Spitzenlos-Rundschleifmaschine befindet sich das Werkstück zwischen Schleif- und Regelscheibe. Das Werkstück ist nicht eingespannt, sondern bewegt sich durch die Neigung der Regelscheibe langsam in Längsrichtung weiter. Die Auflageschiene verhindert das Durchrutschen des Werkstücks. Die Werkstückzufuhr erfolgt über eine Rutsche.

D130 Mit der Tafelschere können ausschließlich gerade Schnitte für Bleche ausgeführt werden. Die Schnittbewegung erfolgt hierbei entlang einer offenen Schnittlinie. Für Schnitte mit einer geschlossenen Schnittlinie werden Schneidstempel verwendet. Der Schneidstempel entspricht mit seiner Außenkontur der Schnittlinie des Ausschnitts oder Lochschnitts. Als Werkzeugmaschine zum Schneiden mit einem Schneidstempel werden Schneidpressen verwendet.

D131 Beim funkenerosiven Senken (Erodieren) befindet sich das Werkstück in einer nichtleitenden Flüssigkeit (Dielektrikum). Zwischen Werkzeug und Werkstück ist ein definierter Spalt. Die Abtragung des Materials erfolgt punktförmig an der engsten Stelle des Spalts aufgrund einer Funkenentladung. Der anliegende Impulsstrom führt zu einem Zusammenbrechen des Entladungskanals bei der Funkenentladung, das ein explosionsartiges Herausschleudern des angeschmolzenen Materials mit sich zieht.

D132 Das Elektrodenschweißen findet in einer Vakuumkammer statt. Hierbei werden Elektroden von einer Wolframelektrode fokussiert auf die Werkstückoberfläche beschleunigt. Beim Auftreffen der Elektroden geben diese ihre kinetische Energie in Form von Wärme frei, die den Werkstoff zum Schmelzen bringt. Es wird beim Elektrodenschweißen kein Zusatzwerkstoff eingesetzt.

Sachwortverzeichnis